AF193294

Historia universal de los objetos con mente

Manuel Rodríguez Díaz

Historia universal de los objetos con mente
Manuel Rodríguez Díaz

Esta obra ha sido publicada por su autor a través del servicio de autopublicación de EDITORIAL PLANETA, S.A.U. para su distribución y puesta a disposición del público bajo la marca editorial Universo de Letras por lo que el autor asume toda la responsabilidad por los contenidos incluidos en la misma.

No se permite la reproducción total o parcial de este libro, ni su incorporación a un sistema informático, ni su transmisión en cualquier forma o por cualquier medio, sea éste electrónico, mecánico, por fotocopia, por grabación u otros métodos, sin el permiso previo y por escrito del autor. La infracción de los derechos mencionados puede ser constitutiva de delito contra la propiedad intelectual (Art. 270 y siguientes del Código Penal).

© Manuel Rodríguez Díaz, 2025

Diseño de la cubierta: Equipo de diseño de Universo de Letras
Imagen de cubierta: ©Shutterstock.com

Obra publicada por el sello Universo de Letras
www.universodeletras.com

Primera edición: 2025

ISBN: 9788410460287
ISBN eBook: 9788410461796

*Para Sisa y Manuel, a los que abrazo agradecido,
allá donde se encuentren. Para Maiti, con la que cada
día comparto las ideas que aquí se presentan.*

Manual de instrucciones

La mente, la consciencia y el tiempo son tres de las cosas más valiosas que tenemos. Este libro presenta una historia de una de ellas, la mente. No obstante, el tiempo también hay que considerarlo, por lo que el lector deberá decidir cuánto de su tiempo quiere dedicar a comprender su mente.

El libro se puede leer de distintas maneras, dependiendo de los intereses del lector y de cuánto tiempo quiera invertir en su lectura.

Para los lectores que prefieran las narraciones noveladas, lo mejor es saltar el primer capítulo y luego hacer una lectura rápida del resto del libro. No deberá detenerse en los nombres y las cifras. Tampoco es necesario que analice los conceptos que no resultan evidentes en la primera mirada. Este libro es una historia, y lo importante es poder apreciarla en su conjunto.

Para los lectores interesados en algunos aspectos particulares de la mente, lo mejor es localizarlos en el índice y dirigirse directamente a ellos. El texto dispone de un índice pormenorizado de materias que hace posible su uso como libro de consulta. Por ejemplo, los interesados en la mente humana podrán dirigirse directamente a la tercera parte del libro, y los interesados en el mundo vegetal podrán saltar hasta el capítulo 11.

Para los lectores que quieran analizar la mente con más profundidad, lo mejor es comenzar desde el principio, y seguir el curso de los acontecimientos hasta el final. Se proporcionan numerosos detalles que pueden ayudar a delimitar con más precisión las propuestas fundamentales del libro. Como verán, son propuestas ambiciosas que en alguna ocasión podrían resultar polémicas. De esto se trata, de analizar las propuestas para luego poder discutirlas. Los humanos somos un interrogante abierto cuyo destino no es cerrarse, sino más bien agrandarse hasta abarcarlo todo. Este libro no pretende cerrar preguntas con respuestas definitivas. Pretende promover la apertura de preguntas que, en la medida de lo posible, sean cada vez más profundas y relevantes.

Se incluyen referencias bibliográficas que pueden facilitar la búsqueda de información adicional. La presencia de referencias bibliográficas no debe dificultar la lectura del texto, por lo que son señaladas con un superíndice numérico que puede consultarse fácilmente al final del libro.

El libro puede comenzar a leerse con una actitud y luego releerse con otra. No pretende ser un libro con principio y final, un libro que una vez terminado pierde su interés. Su vocación es la de libro abierto que pueda evolucionar con la información que la ciencia genera cada día, y con la polémica y el análisis crítico que entre todos podemos mantener.

Índice

Primera parte:
Las extrañas mentes de los objetos más pequeños

Segunda parte:
La mente genera la vida y se desarrolla en su interior

Tercera parte:
El ser humano, la mente da un salto hacia delante y se observa a sí misma

Cuarta parte:
La mente artificial, el producto más reciente de la mente humana

Quinta parte:
Todas las mentes son una sola

Capítulo 1
Mente, YO y consciencia: algunas consideraciones preliminares

En este libro se describe la evolución de la mente en el universo. De fondo tendremos la concepción de la evolución del universo propuesta por astrofísicos, físicos relativistas y físicos cuánticos. Según esta concepción, tras la eclosión inicial del espacio-tiempo en el big-bang, surgieron los átomos y las moléculas, luego las estrellas y las galaxias, y finalmente sistemas planetarios como el nuestro. Como veremos, en este marco sin vida, ya surgen las primeras mentes. Con la aparición posterior de la vida en nuestro planeta, la mente acelera su desarrollo, pasando de los seres unicelulares a los pluricelulares, y del mar a la tierra firme. En este tránsito surge el sistema nervioso, un sustrato en el que la mente encuentra el caldo de cultivo ideal para su desarrollo acelerado. Sin embargo, no hemos de confundirnos asumiendo que la mente solo existe en el sistema nervioso de los animales de los últimos 500 millones de años. En la concepción que se presenta aquí, la mente emerge de la dinámica universal, quizás como el producto principal de su evolución. La mente aparece antes de la aparición del primer sistema nervioso, e incluso, antes de la aparición de la vida. La mente que comentaremos ya está presente en los estadios iniciales del universo, progresando sin descanso por todos sus rincones. El sistema nervioso no generó la primera mente del universo conocido, y probablemente tampoco generará la última. Compartimos el mundo con otras muchas mentes, las que nos han precedido, y de las cuales somos herederos, y las que surgen a nuestro alrededor, y que probablemente nos heredarán.

Pero ¿qué es una mente?, ¿qué tipos de mente hay?, ¿qué relación hay entre mente y conciencia?... Estas, y otras preguntas similares, no pueden responderse de forma asertiva en la actualidad, por lo que en este primer capítulo acotaremos algunos conceptos que, en la medida de lo posible, delimiten y enmarque nuestra narración posterior.

¿Qué es la mente?

El término *mente* ha sido utilizado con acepciones muy diversas. Tan diversas que pensamos evitarlo, y sustituirlo por otro término más neutro, y menos contaminado por la ambigüedad. Finalmente decidimos utilizarlo, pero haciendo algunas acotaciones que delimiten el uso que haremos de este término. Estas acotaciones se presentan en este primer capítulo. Primero haremos acotaciones positivas (lo que la mente es), y luego negativas (lo que la mente no es).

Comenzamos con una definición genérica y abstracta de mente, que de forma inmediata llevamos a un contexto más intuitivo y familiar. En la concepción que usaremos, **la mente es la progresión local del orden, el movimiento contrario al desorden aleatorio generado por la entropía**. El concepto entropía surgió entre los físicos decimonónicos que desarrollaron la termodinámica. Rudolf Clausius observó que las diferencias de temperatura podían utilizarse para realizar un trabajo, y que, cuando las diferencias de temperatura desaparecían, ya no se podía realizar trabajo alguno. En física, el término *trabajo* no hace necesariamente referencia a intención o productividad. Para la mecánica clásica, una fuerza realiza un trabajo cuando genera un desplazamiento en la dirección de la fuerza aplicada. Este concepto fue luego aplicado por la termodinámica a las interacciones por calor (ej. mover una locomotora). Luego James Clerk Maxwell generalizó estas ideas para cualquier diferencia energética, definiendo la *energía disponible* como la parte de la *energía total* que puede ser «canalizada» para producir un trabajo. En este caso, el término *trabajo* también se aplica a las interacciones magnéticas, eléctricas, químicas, etc. Por tanto, trabajo implica la aplicación de una fuerza en una dirección, y es lo opuesto a la aplicación aleatoria de fuerzas o al reposo.

El término *entropía* fue introducido para señalar la pérdida de *energía disponible*. Se definen entonces las leyes universales de la termodinámica, leyes que son de aplicación general, y que determinan la evolución del universo. La **primera ley** afirma que la energía del universo (energía total) es constante y no cambia nunca, y ni se crea ni se destruye. La **segunda ley** afirma que la *energía disponible* siempre disminuye. Según esta ley, la *energía disponible* se disipa y pasa inexorablemente a *energía no disponible*. A esta disipación inexorable de la energía se la denomina *entropía*. La segunda ley previene contra el «movimiento perpetuo» que podría generarse si se consiguiera confeccionar una máquina en la que la *energía disponible* para realizar un trabajo fuera la *energía total*. Esta máquina con *perpetuum movile* no ha sido creada nunca, y la segunda ley de la termodinámica indica que nunca se creará.

La segunda ley de la termodinámica condena el universo a una «muerte por desorden». Con la reducción progresiva de la energía disponible, el movimiento universal será cada vez más aleatorio. Cuando ya no exista *energía disponible*, la *energía total* seguirá moviendo el universo, pero de forma completamente errática y carente de dirección. Ya no será posible realizar trabajo alguno con ella. Será un universo sin mente.

La mente como movimiento ordenado

El concepto de mente que proponemos aquí no se opone a la segunda ley de la termodinámica ni propone la existencia de máquinas con *perpetuum movile*. La **mente** que proponemos hace referencia a un fenómeno universal por el cual el cosmos crea regiones en las que el orden se abre camino de forma inexorable, y conquista ámbitos aparentemente protegidos contra la entropía y el desorden aleatorio que esta genera. La creación mental de orden a partir del desorden tiene algunas limitaciones, y precisa de algunos requisitos.

La principal limitación de la mente es su «localidad». La mente que conocemos no es capaz de influir en el curso general del universo. Su actividad es siempre local. Crea orden, pero siempre en un ámbito restringido. Podría pensarse que solo lo crea en el ámbito de la vida, pero esto no es cierto. Como veremos, la mente ordena su ámbito de actuación antes de la aparición de la vida (mente prebiótica) y, cuando esta aparece, lo sigue creando en entornos que no reúnen las características que atribuimos a los seres vivos (mente artificial). Es verdad que, hasta el día de hoy, los avances más espectaculares de la mente se han desarrollado en los seres vivos, sin embargo, esto no tiene que ser así para siempre, ni tiene que estar ocurriendo de la misma manera en otros lugares del cosmos. Por tanto, no debemos asimilar mente a vida. La mente incluye la vida, pero es algo más genérico, más universal.

Podemos preguntarnos si la localidad de la mente la condena a su extinción. Si la dinámica global del universo sigue el curso de la entropía, y cada vez existe menos *energía disponible* para realizar trabajos mentales de ordenación, la mente se extinguirá algún día. Creo que no debemos apresurar conclusiones como esta. Como veremos, la mente se desarrolla mediante la adaptación al entorno, encontrando soluciones adaptativas que en unas ocasiones suponen su modificación interna, y en otras la modificación del entorno. ¿Hasta dónde llegará la mente en su capacidad para modificar el entorno? No lo sabemos y no podemos saberlo. Solo podemos «pensar» con la mente de la que disponemos en la actualidad. La mente evoluciona y no podemos saber lo que esta podrá decirnos en el futuro. La mente abre el universo a futuros que no podemos predecir en la actualidad.

Hemos comentado la limitación principal de la mente, su localidad. Pero ¿cuáles son los requisitos imprescindibles para que la mente aparezca y se desarrolle? Los dispositivos con mente han de resultar estables y adquirir complejidad con el trascurso del tiempo. Para ello han de estar abiertos a la información proveniente del entorno, y han de poder responder de forma adaptativa a sus cambios. Estas habilidades se observan en múltiples objetos de nuestro entorno a los cuales podemos atribuir mente. Para ello proponemos los siguientes criterios.

Requisitos básicos para la atribución de mente

Los requisitos básicos para atribuir mente a cualquier objeto se muestran en la **figura 1.1.**, y son los siguientes:

Requisito 1: todas las mentes han de disponer de un dispositivo material (**dispositivo de soporte**) integrado por múltiples componentes independientes. Con un solo componente no existiría movimiento interno, y el dispositivo de soporte no podría realizar «trabajos mentales».

Requisito 2: los dispositivos de soporte han de disponer de recursos energéticos propios, que faciliten la interacción de sus componentes, y aporten la energía necesaria para la realización de los «trabajos mentales». Los elementos del dispositivo de soporte han de ser **elementos interactuantes**.

Requisito 3: la interacción entre los elementos del dispositivo de soporte han de facilitar su estabilidad y pervivencia (propiedad reflexiva). Si las interacciones entre los componentes de un dispositivo no facilitan su estabilidad, el dispositivo se dispersa, y solo dispone de una existencia fugaz que no permitirá su evolución.

Requisito 4: los elementos del dispositivo de soporte han de ser sensibles al entorno (propiedad internalizadora). Los dispositivos con soporte estable, pero cuyos elementos interactuantes no responden a la acción del mundo exterior, tampoco dispondrán de mente. La mente se construye y evoluciona por «interacción con el exterior», y solo los dispositivos de soporte cuyos elementos se mantengan abiertos a la interacción con objetos externos podrán desarrollar una mente. Si no es así, el dispositivo resultante será «inerte», «insensible» y «aislado», no dispondrá de la posibilidad de evolucionar junto con el universo, y no será incluido aquí dentro de la categoría de objetos con mente. No obstante, la capacidad internalizadora deberá ser compatible con la propiedad reflexiva. Si la llegada de información deteriora la función reflexiva, el dispositivo de soporte será inestable, y la persistencia de la mente será breve y no podrá evolucionar.

Requisito 5: el dispositivo de soporte deberá poder actuar sobre el entorno (propiedad externalizadora). Esta propiedad produce una retroinformación continua por la que el emisor y el receptor del mensaje intercambian sus papeles, generándose así una conversación en ambas direcciones. Sin interacción bidireccional el dispositivo de soporte sería un mero «espejo» pasivo del exterior, incapaz de transformar su entorno. Por tanto, en la concepción que proponemos aquí, la mente debe poder ser informada por el mundo, y debe poder responder a este, informándole de su estado interno. Si no hay interacción bidireccional no hay mente.

Requisito 6: Una última propiedad que es necesaria para la aparición de la mente es la **propiedad monotélica**. Los elementos interactuantes de un objeto mental pueden seguir cursos diversos, e incluso contradictorios. Sin embargo, la respuesta final del objeto mental ha de ser unitaria. Si el dispositivo de soporte genera varias respuestas simultáneas y contradictorias, ya no se podría hablar de una única mente. Podría tratarse de dos mentes independientes, o incluso contrapuestas, pero no de una única mente. Como veremos, esto puede ocurrir incluso con nuestra mente, la cual se puede escindir en dos mentes independientes con conductas contradictorias, cuando los pacientes sufren un deterioro de las fibras nerviosas que conectan el cerebro derecho con el izquierdo (ej. con un brazo me pongo la chaqueta, mientras que con el otro me la quito). Además, muchos objetos contienen en su interior mentes independientes que no están asociadas funcionalmente, y que no generan conductas monotélicas. Estos objetos tampoco disponen de una mente propia. Por ejemplo, un caramelo contiene infinidad de moléculas de glucosa a las que, como veremos, podríamos reconocerles mente. Sin embargo, el caramelo como tal no dispone de conducta monotélica, y quedará fuera de los dispositivos con mente.

Requisitos para la identificación de objetos con mente:

1.- disponer de múltiples elementos internos (**dispositivo de soporte).**

2.- disponer de **energía** que facilite la interacción entre los componentes de su dispositivo de soporte (**elementos interactuantes**).

3.- interacción interna para facilitar la pervivencia (*propiedad reflexiva*).

4.- respuesta a la información proveniente del exterior (*propiedad internalizadora*).

5.- actuación sobre objetos externos (*propiedad externalizadora*)

6.- conducta unitaria (**propiedad monotélica**).

Fig. 1.1: Criterios para la identificación de mente

A todos los dispositivos con múltiples componentes interactuantes, y cuya actividad global respete la propiedad reflexiva, externalizadora, internalizadora y monotélica, les reconoceremos la condición de dispositivo con mente. Estas propiedades serán, pues, condición necesaria y suficiente para la identificación de **objetos con mente**. La evolución del universo ha generado multitud de objetos con estas características, objetos con mente que a lo largo de este libro se describirán siguiendo un criterio evolutivo.

Tipos de mente

Muchas de las mentes que comentaremos están integradas por objetos individuales que por sí mismos no contienen mente. A estas mentes las denominaremos *mentes individuales*. La interacción bidireccional de estas mentes promueve su agrupamiento en nuevos objetos con mentes más complejas (mentes multimentales). La integración funcional de mentes individuales en mentes multimentales, difumina la identidad y los límites de las mentes más simples. De hecho, los elementos de soporte de las mentes individuales que se han integrado en mentes multimentales, suelen ser considerados solo como pertenecientes a la mente multimental. Creemos que esto es un error. Si la condición de la mente individual no se mantiene tras la integración, lo habitual es que la mente multimental sea inestable, resulte inviable y se desintegre. Las mentes complejas suelen ser mentes de mentes, y si las mentes individuales que ha incorporado no mantienen su propiedad reflexiva, la multimente no funcionará.

El soporte físico de nuestra mente, el cerebro, es un ejemplo. Nuestro cerebro contiene muchos millones de neuronas, cada una con una mente propia que responde a los requerimientos de su entorno inmediato, por ejemplo, liberando su neurotransmisor. A su vez, las neuronas están integradas por multitud de objetos mentales más simples, como las cadenas de nucleótidos de los cromosomas, o las proteínas de la membrana nuclear. Los nucleótidos y las proteínas están, a su vez, integradas por mentes más simples que incluyen, por ejemplo, átomos de fósforo o de carbono. El cerebro es, por tanto, una mente de mentes, de mentes, de mentes. Sin embargo, ninguna de las mentes integradas en el cerebro puede generar por su cuenta las funciones monotélicas propias de la mente humana. Ninguna neurona individual puede ejecutar tareas complejas que, como la emisión de la palabra, son propias de la mente humana en su conjunto. Nuestro cerebro puede agrupar la actividad mental de multitud de neuronas, y usarlas para hablar o para escuchar. Los neurocientíficos, en ocasiones, buscamos las bases de las funciones mentales complejas en los dispositivos de soporte más pequeños, bajando desde las áreas cerebrales a las neuronas, y luego a los canales iónicos y a las proteínas de sus membranas. Sin embargo, este descenso al detalle nos puede alejar de nuestro objetivo, ya que la función no está en la actividad de neuronas particulares, sino en la interacción de millones de ellas. Aunque todas las neuronas colaboran, ninguna conoce su participación en estas tareas globales. Así que, para analizar el dispositivo de soporte de la mente siempre hay que buscar la escala explicativa más adecuada.

Algunas funciones mentales pueden perder la utilidad que tenían en los ancestros mentales. Estas funciones mentales pueden quedar latentes y sin uso, o ser recicladas para otras tareas. La reasignación de mentes en desuso a nuevas tareas la denominamos *reciclado mental*. El reciclado es una actividad habitual en biología evolutiva, y podemos decir que su importancia se incrementa con la complejidad del ser vivo. El reciclado es muy frecuente en nuestro sistema nervioso, donde la mayor parte de los mecanismos neuroquímicos, que son utilizados para sus funciones particulares, fueron desarrollados previamente para realizar funciones no asociadas al sistema nervioso.

La evolución ha desarrollado mentes cuyo soporte material no pertenece a individuos físicos particulares, sino que está distribuido por varios individuos. A las mentes con un sustrato material distribuido por múltiples individuos les llamaremos **mentes dispersas**. Un ejemplo de mente dispersa es la mente de los grupos de hormigas que comentaremos en capítulos posteriores.

La mayor parte de las mentes han sido generadas de forma natural y sin que nadie diseñe su dispositivo de soporte, o supervise los resultados de los cambios espontáneos de este (mente natural). En la actualidad, unas mentes naturales han comenzado a construir otras mentes, a las que denominaremos *mentes artificiales*. La mente artificial es de aparición muy reciente. Fue desarrollada inicialmente en soporte mecánico, sufriendo luego un desarrollo exponencial con su implementación en soporte electrónico. La mente artificial presenta una evolución muy acelerada, incorporando funciones previamente ejecutadas por mentes naturales. Al ser construida por otra mente y no por la selección evolutiva natural, el objetivo de la mente artificial no tiene por qué ser la pervivencia de su dispositivo de soporte. Generalmente, las mentes artificiales son creadas para facilitar la supervivencia de las mentes naturales que las crearon, más que la pervivencia suya propia. Son, por tanto, **mentes al servicio de otras mentes**. Sin embargo, la evolución de la mente artificial es impredecible, especialmente si se desarrollan los procesadores con inteligencia artificial de propósito general y los procesadores cuánticos. Por ahora, nuestra mente abierta, que es la que desarrolla la mente artificial, es la única que atribuye características y funciones a los dispositivos con mente artificial. Sin embargo, ya comienzan a crearse mentes artificiales capaces de desarrollar otras mentes artificiales más complejas, por lo que habrá que esperar para ver cómo las mentes naturales y las artificiales conviven en el futuro. Además, las mentes artificiales han comenzado a fundirse con las naturales, apareciendo las **mentes ciborg**, mentes en las cuales la frontera que delimita ambas naturalezas ya comienza a resultar borrosa.

En los primeros capítulos haremos un resumen de los comportamientos observados en las mentes más simples, las **nanomentes** que operan en la escala de los átomos. A partir de estas nanomentes ascenderemos por las **micromentes** primero (en la escala de las bacterias) y por las **minimentes** luego (la de los eucariotas, las nidarias y los pulpos). Luego nos situaremos en la escala de los metros, la escala de las **macromentes**, la escala de los mamíferos, los homínidos y la del ser humano. ¿Existen mentes en escalas superiores? No podemos descartarlo, pero mirar hacia arriba es mucho más difícil que mirar hacia abajo. Podemos ver nuestras neuronas, pero ellas no nos pueden ver a nosotros. No obstante, al final del libro haremos algunos comentarios sobre cómo podrían ser estas mentes más amplias, mentes que podrían llegar a abarcar escalas planetarias.

Como veremos, no todas las mentes corresponden a seres vivos. En realidad, a muchos objetos que reúnen las características mentales propuestas, no se les puede atribuir función vital alguna. En el próximo capítulo hablaremos de las mentes sin vida, mentes que fueron generadas de forma natural en los estadios más tempranos de la evolución del universo (mentes inanimadas naturales). En los últimos capítulos de este libro hablaremos de otras mentes sin vida, las mentes inanimadas artificiales producidas por el ser humano a partir de elementos inorgánicos. Estas mentes no pueden ser presentadas desde una perspectiva evolutiva, ya que, o aparecieron y progresaron mucho antes de la aparición del primer ser vivo (mentes naturales), o han sido creadas por nosotros recientemente (mentes artificiales). Las mentes inanimadas naturales son el resultado de un largo proceso astrofísico ocurrido en los albores del universo. Las mentes inanimadas artificiales también son el resultado de un proceso, solo que, en este caso, se trata de un proceso acelerado en el que median los fenómenos socioculturales, más que los astrofísicos.

Clasificación de los objetos mentales desde la perspectiva evolutiva

La evolución no parece estar guiada o supervisada por un observador externo, por lo que casi nunca sigue un camino lineal. El desarrollo de la mente y del cerebro, a lo largo de la evolución, está repleto de rutas anfractuosas y quebradas. Muchas de estas rutas terminan en un *cul-de-sac* intransitable, que obliga a los seres vivos a volver por el camino ya recorrido, o a precipitarse por la extinción. La evolución parece recorrer todos los caminos posibles, y es la «tala» automática de los caminos sin salida, la que determina el trayecto evolutivo que finalmente recorren las especies y las mentes. No encontraremos, por tanto, un trayecto único para la evolución del sistema nervioso y de la mente. En su lugar encontraremos una infinidad de trayectos paralelos, muchos de los cuales terminan en la extinción. En nuestro planeta han vivido más de 4000 millones de especies, generándose unas 1000 especies nuevas cada año. Se estima que, de todas las especies generadas por la evolución, solo perviven unos 30 millones, y de estas solo hemos identificado 1,7 millones. Por tanto, hoy solo compartimos el planeta con un 1 % de todas las especies animales que alguna vez han existido, el otro 99 % fueron rutas sin salida, caminos «talados» por la evolución.

La clasificación de los seres vivos con los métodos cladísticos de *Willi Henning*, ofrece indicios útiles para iluminar los primeros pasos de la evolución filogénica de las especies y, por tanto, de los soportes materiales de la mente de los seres vivos. Este método identifica los caracteres ancestrales (plesiomórficos) y los caracteres propios e independientes (apomórficos), estableciendo así un árbol evolutivo (cladograma) basado en el principio de parsimonia. Según el **principio de parsimonia**, si dos animales comparten un carácter común (carácter homólogo) probablemente disponen de un ancestro común que ya tenía ese carácter. Por tanto, los caracteres homólogos de dos especies no suelen ser apomórficos (aparecidos independientemente en ambos animales), sino plesiomórficos (heredados de un ancestro que ya disponía de él). La aplicación de estos métodos ha generado árboles evolutivos muy complejos, y que no siempre están exentos de debate. Con nuestra información actual, no es posible estructurar la evolución de la mente con este método, o con métodos similares.

Las mentes actuales solo representan una pequeña parte de la inmensa diversidad de mentes que en nuestro planeta han sido, y que en el caso de las mentes animales no superan el 1 %. Estos números hacen palidecer al autor de este libro, que de ninguna manera pretende identificar, clasificar y ordenar todas las mentes que nos rodean. Un objetivo así supondría una tarea inmensa, para la cual no se dispone de suficiente información. El objetivo de este libro es mucho menos ambicioso. Nos conformamos con presentar algunos ejemplos de mentes que, a nuestro modo de ver, representan a las principales tipologías mentales de nuestro planeta. Por tanto, solo presentaremos algunas mentes particulares, seleccionadas en función de su relevancia para la evolución de la mente en nuestro planeta, y de los conocimientos disponibles. Como hemos comentado, muchas mentes parecen haber surgido de otras más primitivas, incorporando sus capacidades y añadiéndoles nuevas funciones. Por ello, la presentación de cada nueva mente se abordará desde una perspectiva evolutiva, identificando las mentes de las que proviene y aquellas a las que da lugar.

Se describirán distintos ejemplos de cada tipología mental. Observar la mente en funcionamiento es más ilustrativo que proceder a una descripción fría y pormenorizada de sus características. Por ello, en la descripción de algunos ejemplos descenderemos a detalles que nos permitan intuir la naturaleza y las posibilidades adaptativas de la mente en cuestión. No obstante, ningún ser vivo tiene una tipología mental única. Lo habitual es que los animales dispongan de varias tipologías mentales, solo que en los ejemplos que expondremos predomina la tipología mental que está siendo descrita. Esta preponderancia es otro criterio utilizado para elegir las especies animales utilizadas como ejemplo de mentes particulares. En total, presentaremos 14 mentes diferentes, de las cuales diez están vinculadas a la vida, y cuatro no lo están.

No obstante, antes de comenzar el viaje por la evolución de la mente haremos algunos comentarios destinados a prevenir malentendidos. Hemos presentado una definición de mente, criterios para identificarla y tipos generales de mente que nos iremos encontrando a lo largo del libro. Terminaremos el capítulo comentando algunos conceptos que suelen identificarse, de forma equívoca, con la mente.

Conviene no confundir mente y conciencia

Mente y consciencia no son términos equivalentes que hagan alusión al mismo fenómeno. En este libro hablaremos de la mente y no de la conciencia. La conciencia nos acompaña siempre, pero desconocemos su naturaleza. Podemos usar palabras para referir experiencias conscientes, pero estas no transmiten su contenido esencial. La conciencia aparece generalmente asociada a la infinidad de objetos mentales que cruzan nuestra mente a cada momento, y su presencia podría facilitar algunas actividades humanas. Sin embargo, la mayor parte de la información que transita por nuestra mente nunca alcanza la conciencia. Este es el caso, por ejemplo, de la información necesaria para planificar la conducta motora, y que en su inmensa mayoría nunca abandona el ámbito del inconsciente. A la información mental que no se acompaña de una experiencia consciente la denominaremos *información inconsciente*, y al proceso mental que trabaja con esta información le denominaremos *proceso implícito*. La pequeña parte de la información mental que es presentada a la consciencia será referida como *información consciente*, y al proceso mental asociado le denominaremos *proceso explícito*.

No abordaremos el fenómeno de la conciencia de forma directa, pero tampoco renunciamos a utilizar las experiencias conscientes para evaluar algunos procesos mentales. Aunque aquí se hablará de la mente y no de la consciencia, en la tercera parte del libro se incluyen algunas descripciones de experiencias conscientes (ej. de sujetos con daño cerebral) para hacer acotaciones con respecto a la dinámica mental asociada. Esta posibilidad no está disponible en el caso de la mente de otros seres vivos, la cual solo podrá ser abordada desde el exterior, y a partir de su conducta.

Conviene no confundir mente y cerebro

La mente humana guarda una estrecha relación con el cerebro. Muchos de los fenómenos mentales se pueden asociar a actividades particulares de zonas específicas del cerebro. Sin embargo, no hemos de confundir el ámbito de la mente con la actividad biológica del cerebro. El estudio de estas relaciones está aportando resultados prácticos y útiles para el tratamiento de enfermedades mentales y neurológicas. Sin embargo, no hemos de asumir que el ámbito de la mente y el cerebro son lo mismo. No resulta adecuado sustituir, por ejemplo, conducta depresiva por reducción de la actividad del neurotransmisor dopamina en el núcleo accumbens. Estos fenómenos están asociados, pero no son lo mismo.

Disponemos de una mente con una integración multimental masiva. También disponemos de múltiples mentes que no están integradas en el sistema nervioso, pero que funcionan de forma coordinada con este. Un ejemplo es el sistema inmunitario, el cual dispone de una mente muy compleja, cuya actividad es independiente de la del sistema nervioso. También disponemos de mentes que no están asociadas al sistema nervioso y que, por lo que sabemos, tampoco están asociadas a la consciencia.

Además, muchas particularidades del sistema nervioso no participan en actividades mentales, y solo algunos componentes neuronales parecen influir en su capacidad para procesar información. Los eventos de membrana y los eventos sinápticos parecen ser los más importantes, pero junto a estos, las neuronas realizan muchas otras tareas que son necesarias para mantenerse vivas, pero que no participan del procesamiento de la información. Por tanto, mente, sistema nervioso y consciencia son ámbitos relacionados pero diferentes.

El sistema nervioso es el objeto más complejo que conocemos. La inmensa diversidad de cerebros, y la enorme complejidad de este órgano, hacen que cualquier intento de descripción sistemática de su evolución escape a los objetivos de este libro. Cualquier tarea mental normalmente implica a millones de neuronas distribuidas por muchas áreas cerebrales diferentes. Detenernos en una descripción de todas las áreas implicadas en cada función mental sería también una tarea ímproba, que precisa de conocimientos neuroanatómicos pormenorizados de los que probablemente no disponen todos los lectores potenciales de este texto. Por tanto, no descenderemos a detalles neuroanatómicos precisos, salvo en algunas ocasiones en las que comprender el detalle aclara la naturaleza de la función mental que se está comentando.

Conviene no confundir mente y yo

Mente y yo no son términos equivalentes que hagan alusión al mismo fenómeno. El yo hace referencia a una parte de la mente, la parte que identifica «lo que pertenece al individuo», y lo segrega de aquello que no le es propio. La evolución de la mente no habría resultado tan efectiva si el individuo no dispusiera de una función *yo*. La selección natural está basada en la pervivencia de los individuos más aptos, y no funcionaría si su mente no pudiera identificar lo que le es propio, aquello que hay que defender de la acción del entorno. Los algoritmos para identificar el *yo* son parte de la mente, y han de estar implementados sobre las mismas bases materiales que soportan las otras funciones mentales.

Puesto que el funcionamiento de la mente no está necesariamente asociado a la conciencia, uno de sus subproductos, el *yo*, tampoco lo está. Habitualmente miramos el funcionamiento de nuestra mente desde la atalaya de la consciencia, y esto también ocurre con el *yo*, una función mental a la que nuestra consciencia «observa» sin descanso. Con frecuencia se identifica al *yo* como el núcleo central de nuestra consciencia, asumiendo que no hay *yo* sin consciencia ni consciencia sin *yo*. También se suele asumir que la mente y el *yo* son consustanciales a la identidad del sujeto. Por ello, solemos utilizar «yo», «mente» y «consciencia» de forma indistinta. Por ejemplo, si digo «pensé», generalmente asumo que hay un «*yo*» que es el que piensa, y que la «mente pensante» y el «*yo* pensante» son lo mismo, siendo ambas necesariamente conscientes. Este intercambio de palabras y conceptos genera confusión y malentendidos. Aquí, los términos mente, consciencia y *yo* serán utilizados de forma específica e independiente, y nunca de forma intercambiable.

Conocimiento formal e informal, dos maneras de conocer

En los primeros capítulos miraremos hacia atrás, resumiendo la historia de los componentes que luego darán soporte físico a las mentes que conocemos. Una parte esencial de lo que hace funcionar nuestra mente depende del desarrollo de estos componentes físicos, y conocer cómo influyen en lo que pensamos y hacemos, nos ayudará a comprender la dinámica natural de nuestra mente.

No defenderemos actitudes mecanicistas que nos reducirían a meros autómatas inconscientes de nuestra condición. Tampoco defenderemos una visión idealista que nos desligue de nuestra condición biológica y de nuestro cerebro. La información que la etología, neuropsicología, neurobiología y otras disciplinas aportan sobre las características de numerosas mentes no puede ser desdeñada. Sin embargo, reducir nuestro ser y nuestra mente a lo que los datos actuales nos muestran, limitaría nuestra perspectiva de forma injustificada. Además de datos, información y razones, somos sentimientos y otras muchas cosas sin las cuales no podríamos salir de casa cada mañana.

Podemos conocer midiendo, calculando y modelando la realidad con nuestra lengua natural, o con lenguajes más abstractos (conocimiento formal). También podemos conocer mirando a los ojos, escuchando música y atendiendo a las emociones que a cada momento nos asaltan (conocimiento informal). El conocimiento informal permite abordar nuestra dinámica mental mediante la consciencia, y usando procedimientos que nada tienen que ver con el método científico. El *conocimiento formal* utiliza lenguajes naturales, como la palabra y la escritura, y otros lenguajes más abstractos como las matemáticas. Con ellos, se planifican estudios, se adquieren datos, se analizan resultados, y se transmiten a otros la información y las conclusiones resultantes. El *conocimiento informal* no puede ser adquirido, analizado o trasmitido de forma precisa. Podemos escribir durante días sobre una pieza musical o sobre la emoción generada por un cielo estrellado, pero estos escritos no trasmitirán la esencia del conocimiento informal adquirido con la experiencia. Las palabras solo «señalan» a otros la dirección en la que deben orientar sus recuerdos para «revivir» algunas experiencias. Un tratado sobre la naturaleza física de la luz o sobre la fisiología de la percepción visual, nunca podrá sustituir a la percepción directa del color. El *conocimiento informal* no precisa de una planificación ni de un análisis estructurado, aparece espontáneamente a cada momento y nunca nos abandona. Ambas modalidades de conocimiento (formal vs. informal) son imprescindibles, insustituibles y no intercambiables, y nuestra mente suele agruparlos en objetos de conocimiento que contienen, de forma «extrañamente integrada», ambas modalidades de información.

En los primeros capítulos nos centraremos en el estudio de las mentes más simples, utilizando para ello una aproximación «formal». Las mentes más primitivas nos resultan lejanas, y su posible estudio informal resultaría poco ilustrativo y engañoso. Nada de lo que hemos vivido se asemeja, por ejemplo, a lo que ocurre en un átomo, o en la molécula de ADN. De estas mentes pretéritas solo podemos hablar «formalmente». En la tercera sección del libro hablaremos de nuestra propia mente y entonces sí utilizaremos el conocimiento informal.

Consideraciones finales, antes de comenzar

Al igual que el pulpo genera una representación interna de los espacios que lo rodean, nosotros podemos generar representaciones con escalas mucho más amplias que la nuestra propia (años luz, parsecs...). Sin embargo, en todos los casos se trata de representaciones de mentes «locales» incapaces de trascender los límites de su escala. Nuestro trabajo no consiste en conocer la verdad absoluta, hemos de contentarnos con hacer una representación honesta de lo que una mente humana puede llegar a representar. Los eucariotas, las nidarias, los pulpos, los chimpancés y nosotros disponemos de mentes diferentes que generan «representaciones» diferentes de la realidad. No podemos generar un «conocimiento absoluto y definitivo de la verdad», en el caso de que esta exista. ¿Como nos «ven» las hormigas? ¿Podrían las hormigas llegar a percibir la «esencia» de nuestra mente, o llegar a percibir el entorno como lo hacemos nosotros? ¿Podríamos nosotros apercibirnos de la existencia de mentes en niveles superiores? **Siendo lo que somos, somos todo lo que hay que ser.** Percibiendo lo que podemos percibir percibiremos todo lo que hay que percibir. Inventar lo que no podemos conocer, y creernos lo que no somos nos saca de nuestra posición en la naturaleza, nos extravía. Aceptar que nuestra tarea es «comprender como la mente humana puede hacerlo» nos devolverá a nuestra posición real en el mundo. Hemos de mirarnos con nuestros ojos humanos, y dejar que cada ser se mire con los suyos. Además, hemos de mirar a los demás seres con nuestros ojos, aún a sabiendas de que solo contemplaremos lo que la mirada humana puede alcanzar. Confiemos en que cualquier mente de una escala superior, a la que no podemos ver, nos mire y nos cuide, al menos en la medida en que nosotros cuidamos a otras mentes de nuestra escala, o de escalas más pequeñas.

Ya comenzamos. **Buen viaje**

PRIMERA PARTE:

Las extrañas mentes de los objetos más pequeños

Capítulo 2
El universo antes de la aparición de la mente

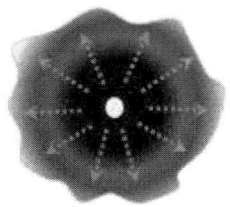

El universo inicial estaba libre de mente. En este capítulo comentaremos los principales acontecimientos que fueron necesarios para que la primera mente pudiera aparecer. Muchas de las habilidades mentales de las que nos sentimos propietarios no son nuestras, son habilidades que ya comenzaron a desarrollarse en las fases más precoces de la evolución del universo. La evolución premental del universo promovió la aparición tanto de los materiales que luego constituirán los dispositivos de soporte de las mentes, como de las fuerzas que facilitarán las relaciones dentro de los dispositivos mentales, y entre estos y su entorno. A continuación, hablaremos de la aparición de la materia de la que están hechas todas las mentes, y de las fuerzas que determinan su funcionamiento.

Los primeros pasos del universo, la aparición del espacio/tiempo, y la formación de las partículas subatómicas

Según nos dice la cosmología actual, no había nada, solo una singularidad cuántica (lo que quiera que esto signifique). Fue la fluctuación azarosa de esta singularidad la que creó el universo hace **13 770 millones de años**

(MA) (Fig. 2.1). La **singularidad primigenia** presentó, por causas desconocidas, una rápida expansión (**inflación**), duplicando su volumen cada 10^{-38} **segundos** (**Big Bang**). Durante las primeras 260 duplicaciones, ocurridas en tan solo 10^{-35} segundos, el universo ya disponía de toda su energía, la cual ha permanecido constante hasta ahora. Con el universo apareció el espacio y el tiempo, y fuera del universo en expansión no hay nada, ni siquiera espacio. Lo que conocemos como espacio es fruto de la expansión universal, y no existe fuera del universo que se expande. Nuestro universo no se expande en el espacio. Es el espacio el que se expande con el universo, un espacio que posiciona todo lo que luego nos rodeará [1-4].

La temperatura inicial era muy elevada (*$1,417 \times 10^{32}K$*) (0 grados kelvin K equivale a -273,15 grados Celsius, la temperatura mínima posible). En los momentos iniciales del universo, el espacio estaba saturado de energía libre. Con la expansión universal, la densidad energética se reduce y la temperatura local disminuye, un proceso que aún continúa en nuestros días. La reducción de la densidad energética facilitó entonces la agregación de la energía libre en partículas materiales. Actualmente se asume que las partículas materiales son una acumulación de energía sin entidad propia. Las características de las partículas materiales que irán apareciendo con la expansión universal, dependen de la temperatura del momento, con lo que algunas partículas que aparecen a ciertas temperaturas, luego desaparecen. Sabemos de su existencia porque aparecen nuevamente cuando, en los grandes aceleradores de partículas, se consiguen liberar energías similares a las existentes en diversos momentos de la evolución del universo.

A los 10^{-34} **segundos** tras el inicio de esta expansión, la densidad de la energía creada en los primeros momentos del universo se reduce lo suficiente como para que los primeros objetos físicos comiencen a aparecer. A los 10^{-11} **seg.** (*$1,5 \times 10^{15}K$*) aparecen los bosones **W+**, **W-** y **Z⁰**, y probablemente el bosón de Higgs (**H**). De estas y otras partículas subatómicas hablaremos al presentar el modelo estándar. A los 10^{-6} **seg.** (*$1,5 \times 10^{12}K$*) aparecen los **quarks**, que en esos momentos circulan libremente por el espacio disponible. Aparecen también los **gluones**, partículas responsables de la interacción entre los quarks. A los 10^{-3} **seg.** (*$1,5 \times 10^{11}K$*) el creciente universo ya dispone de **fotones**, **electrones/positrones**, **neutrinos/antineutrinos**, y **muones positivos/negativos**. La acción de los gluones aproxima fatídicamente a los quarks, haciendo que queden confinados para siempre en el interior de los nacientes **protones** y **neutrones**. En ese momento, el número de neutrones y protones era muy bajo (1 protón o 1 neutrón por cada 1000 millones de fotones, electrones o neutrinos).

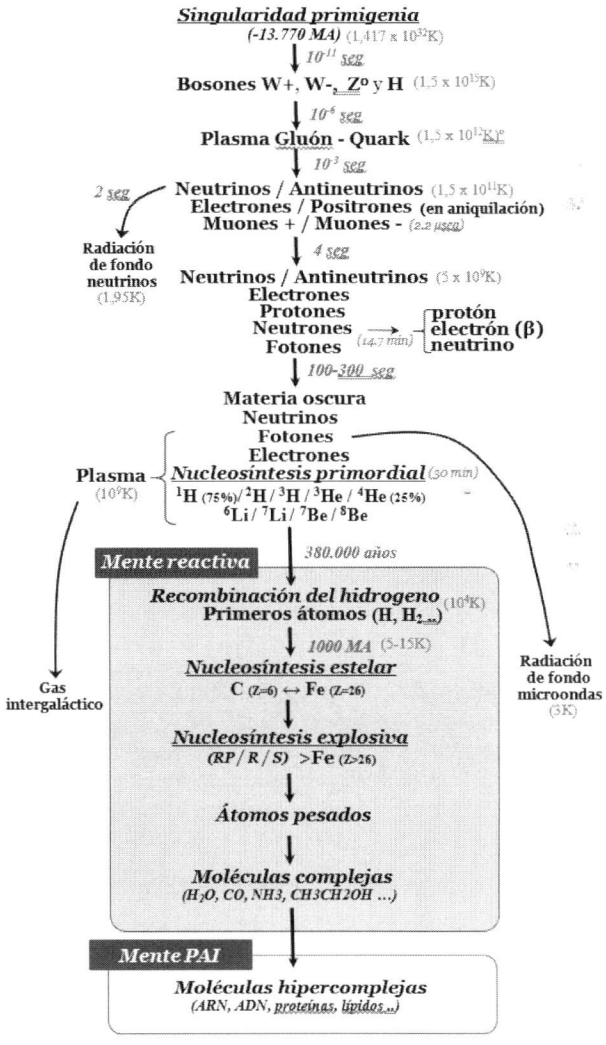

Fig. 2.1 Evolución cósmica inicial

Algunas de las partículas generadas en los momentos iniciales del universo se destruyen rápidamente. Este es el caso de los muones, que se desintegran mediante una interacción débil, y de los positrones, que se aniquilan al interaccionar con un número mayor de electrones. Aunque los neutrones tampoco son estables en el espacio vacío, y se desintegran en un protón, un electrón (radiación β) y un neutrino, su vida media es mayor que la de los muones y los positrones. Durante los **primeros 4 segundos**, el universo en expansión dispone básicamente de fotones, neutrinos, protones, electrones, y algunos neutrones que, mezclados de forma aleatoria constituyen el **plasma primigenio**. La agitación térmica de este plasma ($5 \times 10^9 K$) facilita la agregación de protones y neutrones, y la formación de protonúcleos atómicos denominados *nucleidos*.

A estas partículas habría que añadir las asociadas a la materia oscura. Las partículas de la materia oscura solo interaccionan mediante la gravedad, y son aún desconocidas. Se han propuesto algunas como el neutralino, el axión o el WINP (*interacting massive particle*), pero para ninguna disponemos aún de evidencia experimental. De hecho, la materia oscura fue identificada de forma indirecta, al detectarse anomalías en la rotación de las galaxias y los cúmulos de galaxias, y en la masa de las lentes gravitatorias. Para explicar estos fenómenos había que contar con grandes masas que solo interaccionen con la materia ordinaria mediante la gravedad. Esta es la materia oscura, que representa más del 80 % de la masa total del universo. Con una masa tan descomunal, la materia oscura genera efectos drásticos sobre la distribución de la materia convencional por el cosmos. De hecho, la acción gravitatoria de la materia oscura determina el movimiento de las galaxias y de los cúmulos de galaxias. También es responsable de la agrupación de cúmulos de galaxias en «filamentos», estructuras inmensas que se extienden por todo el universo y que, al dejar grandes vacíos entre ellos, proporcionan un aspecto de tela de araña tridimensional al conjunto del cosmos[5-7].

A la acción de la materia oscura hemos de añadir la de la energía oscura[8,9]. El adjetivo «oscuro» hace referencia, también aquí, a una presencia que solo se detecta indirectamente, por los efectos de la gravedad. La gravedad debería reducir la velocidad de expansión del universo. La inercia de la expansión generada por el Big Bang debería reducirse por la acción opuesta de la gravedad, particularmente ahora que la acción gravitatoria de la materia oscura se suma a la de la materia convencional. Sin embargo, las medidas y los cálculos demuestran que el universo acelera continuamente su expansión. La explicación postulada para justificar esta aceleración expansiva es la existencia de una fuerza nueva que separa los objetos con masa, produciendo una repulsión gravitatoria. Esta nueva fuerza es la energía oscura. Los datos sugieren que la densidad de la energía oscura es constante y que, como el espacio se expande, la energía oscura del universo se incrementa continuamente. Los cálculos actuales indican que la densidad total del universo estaría compuesta por un 5 % de materia ordinaria, un 27 % de materia oscura y un 68 % de energía oscura.

Expansión del espacio, aparición del tiempo, creación de materia ordinaria y materia oscura, etc., generan un escenario extraño y complejo para la aparición de la mente. Además, a las partículas ya comentadas hemos de añadir otras más inestables, pero que han sido observadas directamente en los experimentos con aceleradores de partículas. Algunas de estas partículas están incluidas en el modelo estándar que comentamos a continuación.

El modelo estándar

La **figura 2.2** muestra una foto de familia de las principales partículas del mundo subatómico, partículas incluidas en el **modelo estándar**[10].

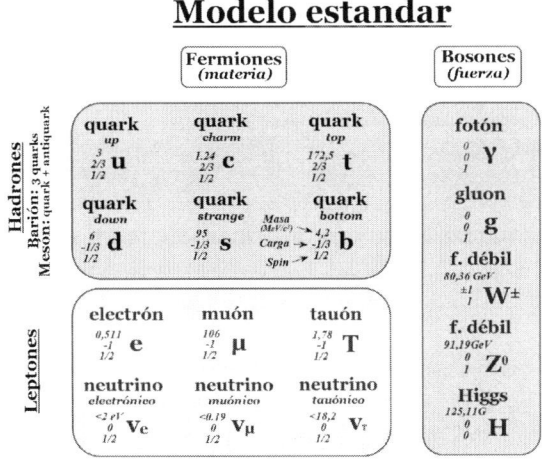

Fig. 2.2 Modelo Estándar

Este modelo clasifica a las partículas en dos grandes grupos, las que constituyen la materia (fermiones) y las que portan las fuerzas y determinan cómo se comporta la materia (bosones). Dentro de cada tipología encontramos diversas partículas con características específicas, que se pueden distinguir por su masa, carga eléctrica y spin. La acción de la carga eléctrica nos resulta intuitiva, pero el espín y la masa son más abstractos. El spin representa algo así como el número de giros que hemos de dar en torno a una partícula para volver a la posición inicial. Aunque el concepto de masa resulta intuitivamente evidente en nuestro macromundo, en el micromundo no lo es tanto. En el micromundo la masa es una agregación de energía. Se produce por la acción de un «campo energético» que ocupa todo el espacio, incluyendo sus regiones aparentemente «vacías». El vacío no está vacío, solo está vacío de partículas detectables. El vacío dispone de una energía residual entre la que encontramos la energía asociada a la aparición de la masa. Se trata del campo de Higgs, el cual actúa dando masa a la partícula de Higgs que comentaremos en el próximo parágrafo, pero también a todas las demás partículas con masa. Desde esta perspectiva la masa no es algo con entidad propia, es un fenómeno que en determinadas condiciones es generado por el campo de Higgs. Es probable que este campo apareciera durante el Big Bang, y fuera responsable de la aparición de las primeras partículas del universo, incluyendo los quarks. A esta materia dependiente del campo de Higgs hemos de añadir la masa de la materia oscura. Como ya comentamos, esta masa es más abundante que la de las partículas convencionales, pero de ella aún conocemos muy poco (Fig. 2.3).

Todos los **fermiones** tienen un spin fraccional (1/2), y están sometidos al principio de exclusión de Pauli, lo que impide que puedan compartir el mismo espacio. Hay dos clases principales de fermiones, los hadrones y los leptones. Los **hadrones** están formados por **quarks**. Como se muestra en la **figura 2.2**, hay 6 tipos de quarks: arriba (*up*; **u**), abajo (*down*, **d**), encantado (*charm*, **c**), extraño (*strange*; **s**), cima (*top*; **t**) y fondo (*bottom*; **b**). Los quarks nunca están libres en el espacio, siempre están agrupados. El agrupamiento de 2 quarks (quark + antiquark) genera los **mesones** (piones, kaones...). El agrupamiento de 3 quarks (ya sean quarks o antiquarks) generan los **bariones** (protones, neutrones y ocho partículas más). Los dos bariones más relevantes son el **protón** (2 quarks arriba y 1 quark abajo), y el **neutrón** (1 quark arriba y 2 quarks abajo). Los otros fermiones son los **leptones**. Hay seis leptones, el electrón, el neutrino electrónico, el muón, el neutrino muónico, el tauón, y el neutrino tauónico. De todos los fermiones solo los quarks u y d, los electrones y los neutrinos son estables. Los demás fermiones tienen vidas medias muy cortas, e inferiores a los 2 microsegundos.

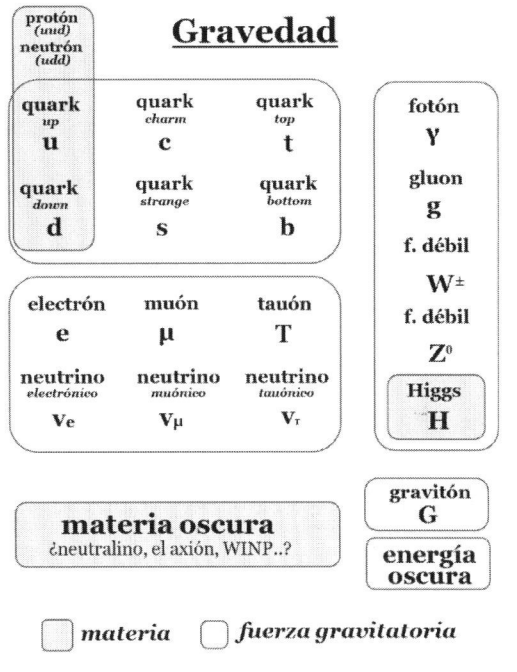

Fig. 2.3 Modelo Estándar Gravedad

El modelo estándar recoge 4 **bosones**: el **fotón** (que vehiculiza la interacción electromagnética de partículas con carga eléctrica), el **gluón** (para la interacción nuclear fuerte de los quarks), y las **W⁺**, **W⁻**, y **Z⁰** (fuerza nuclear débil implicada en la desintegración del neutrón). Los **fotones** son partículas de especial relevancia para el funcionamiento de nuestro cerebro y nuestra mente. El fotón es una partícula simple (sin componentes) que trasporta una cantidad de energía que se corresponde con su frecuencia de oscilación multiplicada por una constante, la constante de Planck (6.63×10^{-34} J.s). Los fotones son los vehículos de trasmisión de la fuerza electromagnética, la fuerza principal que media la comunicación entre las partículas que intervienen en el funcionamiento del cerebro. La energía contenida en una partícula es igual a su masa multiplicada por la velocidad de la luz al cuadrado ($E = m\,c^2$). Dado que la velocidad de la luz es muy elevada *(299 792 458 metros/seg.)*, pequeñas masas como las de los protones pueden almacenar cantidades enormes de energía. Las partículas nunca están en reposo. Las podemos confinar en pequeños espacios, pero ellas siempre estarán sometidas a extrañas «oscilaciones» que nunca se aminoran, como sí lo hacen los osciladores de nuestro macromundo sometidos al rozamiento. Estas oscilaciones, junto con otras características de los protones y los electrones, son los ingredientes básicos con los que se estructurará la mente más simple, la mente reactiva del átomo.

A estos cuatro bosones hemos de añadir el **bosón de Higgs**, un bosón caracterizado recientemente, y que, como ya comentamos, está implicado en el origen de la masa de las partículas elementales. Se ha propuesto la existencia de un bosón para la fuerza gravitatoria, el **gravitón**, pero al no haber sido tipificado aún, no se incluye en la lista de partículas del modelo estándar[11]. A todas estas partículas se añaden sus respectivas antipartículas, y, probablemente, las partículas involucradas en la materia oscura (¿neutralino, axión, WINP...?) y en la energía oscura (Fig. 2.3). Las colisiones generadas en los aceleradores de partículas han identificado muchas más partículas, sin embargo, todas ellas tienen una vida extremadamente corta.

En la actualidad se hacen intensos esfuerzos para encontrar principios generales que expliquen la gran diversidad de elementos subatómicos, y permitan agruparlos todos en unas pocas leyes generales. En este intento se encuentra la teoría de cuerdas, la cual parte de que todas las partículas conocidas están constituidas por elementos mucho más pequeños, que se comportan como cuerdas vibrantes. La teoría de cuerdas ha encontrado importantes dificultades para explicar algunos fenómenos del micromundo, por lo cual aún no puede ofrecer hallazgos tan sustanciales como para sustituir al modelo estándar.

Las partículas subatómicas no generan mente

¿Podemos **atribuir mente** a alguna de las partículas subatómicas comentadas? Creemos que ninguna de ellas reúne los requisitos enunciados en el capítulo anterior. El primer requisito es disponer de un dispositivo de soporte con **múltiples elementos**. Aunque todos los fermiones tienen masa, en su inmensa mayoría solo disponen de un componente. Una excepción son los hadrones compuestos por dos quarks (mesones) o por tres quarks (bariones). Estas partículas disponen de componentes individuales (quarks) que interactúan intercambiando gluones. Esto les permite cumplir con los **dos requisitos iniciales de los objetos con mente**, tener un dispositivo de soporte con varios componentes internos, y disponer de energía que permita la interacción de los componentes del dispositivo de soporte.

La **propiedad reflexiva** que promueve la estabilidad estructural del soporte mental solo lo cumplen unas pocas partículas subatómicas. Entre los bariones solo los protones son estables (vida media $> 10^{31}$ seg.). Los neutrones disponen de una vida media corta (880 seg.), pero integrados en el núcleo atómico su vida se prolonga considerablemente. El resto de los bariones (delta, lambda, sigma, omega y xi) tienen una vida media muy corta ($<$ 10^{-10} seg.). Todos los mesones tienen una vida media corta ($< 10^{-8}$ seg.). Entre los leptones, solo los electrones y los neutrinos tienen una vida media larga, ya que la vida de los muones es de 2.2×10^{-6} segundos, y la de los tauones es de 2.9×10^{-13} segundos.

El cuarto criterio, presencia de una **propiedad externalizadora** que promueva su actuación sobre objetos externos, lo reúnen casi todas las partículas, si bien es mucho menos evidente en muones y fotones. La **propiedad internalizadora** podría cumplirse en algunas partículas, y especialmente en aquellas que, al disponer de carga eléctrica, pueden interaccionar con objetos relativamente lejanos. No obstante, los quarks de los mesones y los bariones presentan una interacción muy intensa, y con un radio de acción muy corto. De hecho, el radio de acción de la fuerza nuclear fuerte que media estas interacciones, y que está vehiculizada por el intercambio de gluones, no se extiende más allá del radio de los hadrones, y en los átomos está confinada en el núcleo. Los quarks tienen carga eléctrica fraccionaria que puede condicionar la conducta de los electrones, incluyendo aquellos que orbitan el núcleo. Sin embargo, la acción de estos electrones sobre la conducta de los quarks de los protones nucleares no se ha podido evidenciar experimentalmente, y es, en función de la información disponible, minúscula o nula. Por tanto, no se cumple aquí la **propiedad internalizadora** propuesta para los objetos con mente.

No es fácil determinar si los elementos subatómicos cumplen con la **propiedad monotélica**. Como se describirá posteriormente, en el mundo de las partículas subatómicas rigen las leyes cuánticas, incluyendo la superposición. Según el principio de superposición, los elementos cuánticos recorren todos los caminos posibles y, por tanto, pueden comportarse simultáneamente de formas incompatibles (gato vivo **y** gato muerto de Schrödinger). Cuando interaccionan con otros objetos del entorno, esta ambigüedad conductual desaparece, y solo encontramos gato vivo **o** gato muerto. La extraña conducta probabilística del mundo subatómico dificulta, o impide, la evaluación de la propiedad monotélica en estos objetos.

Por tanto, ninguna de las partículas subatómicas conocidas reúne todos los requisitos necesarios para atribuirles mente. Los más cercanos son los protones y los neutrones, que disponen de múltiples componentes interactuantes, de una vida media larga, y de la posibilidad de actuar sobre objetos externos. Sin embargo, los quarks que componen a los protones y a los neutrones, responden principalmente a sus fuerzas gluónicas internas, y no son sensibles al mundo exterior. Como veremos, los protones y los neutrones pueden agruparse para constituir núcleos atómicos, y la siguiente pregunta que podemos hacernos es si estos núcleos reúnen las características necesarias para que podamos considerarlos como objetos con mente. Pero antes de responder a esta pregunta, hemos de volver a la evolución cósmica para intentar entender cómo y por qué se construyeron los núcleos atómicos.

El agrupamiento inicial de las partículas subatómicas: la nucleosíntesis primordial

100-180 seg. (10^9K) después del origen del universo, los protones y los neutrones que aún resisten a la desintegración β, se unen de forma estable, apareciendo los primeros protonúcleos atómicos (nucleidos) (Fig. 2.4). Integrados con los protones, los neutrones alargan su vida media en el interior de los nucleidos. No obstante, siguen siendo más inestables que los protones, con lo que la proporción de protones y neutrones era entonces de 87 % y 13 % respectivamente. El nucleido más sencillo es el *hidrógeno* 1, con un solo protón. La agrupación de un protón y un neutrón genera el *hidrógeno 2* (o deuterio), *que luego incorpora* un nuevo protón y genera el helio-3, y luego un neutrón que termina generando el helio-4. Muchos de los nucleidos creados son inestables y desaparecen rápidamente tras su creación. Este es el caso del hidrógeno-2 (1 protón + 1 neutrón), el hidrógeno-3 (1 protón + 2 neutrones), el helio-3 (2 protones + 1 neutrón), y el litio-7 (3 protones + 4 neutrones). Fruto de esta desintegración espontánea, a los cuatro minutos tras la aparición del universo el 99,9 % de los nucleidos disponibles son hidrógeno-1 (75 %) y helio-4 (25 %). Dado que los nucleidos se transformarán posteriormente en auténticos núcleos atómicos, al proceso de creación de nucleidos se le conoce como *nucleosíntesis primordial*[12], y a los isótopos generados en esta fase de les denomina *isótopos primordiales*.

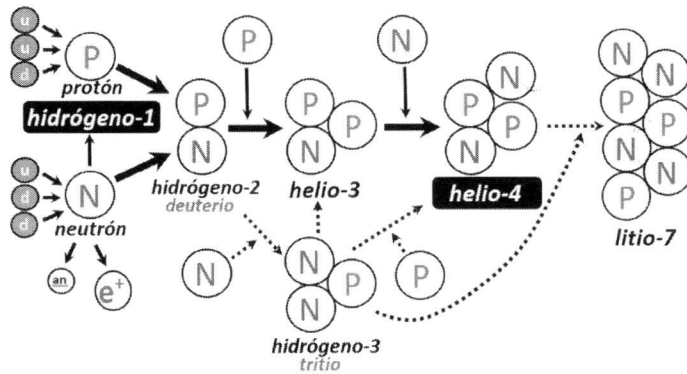

hidrógeno-1 + helio-4: *99.9 de los nucleidos generados en la nucleosíntesis primordial*

Fig. 2.4 Formación de nucleidos

La agrupación de quark en protones y neutrones, y de estos en núcleos atómicos, fue posible gracias a tres fuerzas, la **fuerza nuclear fuerte** (mediada por gluones), la **fuerza nuclear débil** (mediada por bosones W⁺, W, Z⁰), y la interacción mediada por los **piones**. La potencia de estas fuerzas evita la dispersión producida por la agitación térmica, y por la fuerza electromagnética que tiende a distanciar a los protones con carga positiva. Los nucleidos tienen una altísima densidad (10^{18}kg por metro cúbico), y sin su creación nunca se habrían generado átomos ni compuestos químicos estables, y la mente nunca habría surgido. La inmensa mayoría de los núcleos atómicos del universo se generaron durante la nucleosíntesis primordial, siendo el hidrógeno el elemento más abundante del universo (75 % de la masa de las partículas convencionales). Esta abundancia se mantiene durante la evolución posterior del universo. Más del 60 % del peso cerebral está constituido por agua y, dado que un cerebro humano promedio pesa $\approx$1400 gramos, y que en un gramo de agua hay unos 10^{23} protones, nuestro cerebro debe disponer de al menos $8,4 \times 10^{25}$ protones.

Los nucleidos no generan mente

Los nucleidos son estructuras compactas que luego aglutinarán el 99,999 de la masa de los átomos. Su diámetro es de 10^{-15} metros, unas 10 000-100 000 veces menor que el diámetro del átomo. Al contener protones y neutrones, los nucleidos cumplen con el primer criterio para la identificación de mente, que es disponer de un soporte material con múltiples elementos. Los nucleidos son estables gracias a los piones, mesones que, a pesar de disponer de una vida media muy corta (<26 nanosegundos), evitan la dispersión de los protones y neutrones del nucleido. Por tanto, la estabilidad del hidrógeno-1 y del helio-4 cumple la propiedad reflexiva de los objetos con mente (requisito 3). El hidrógeno-1 también cumple con la propiedad externalizadora. Al disponer de carga eléctrica, este nucleido puede modificar la actividad de otros elementos con carga, como los electrones próximos. De hecho, el hidrógeno-1 luego podrá participar directamente en funciones fisiológicas importantes para las células de nuestro sistema nervioso. Por ejemplo, la concentración celular de hidrógeno-1 (pH) determina la dinámica de numerosas reacciones químicas, modificando incluso la actividad de grandes proteínas de la membrana celular que regulan el trasporte de aminoácidos.

Sin embargo, los nucleidos no cumplen con la propiedad internalizadora. Aunque ellos pueden actuar sobre su entorno, su dinámica interna no está influida por elementos externos. La fuerza nuclear fuerte y la fuerza nuclear débil del interior de los nucleidos son muy poderosas, mucho más poderosas que las fuerzas electromagnética y gravitatoria. Por eso, aunque los componentes nucleares tienen carga eléctrica y masa, la acción electromagnética y gravitatoria proveniente del exterior del nucleido no parece afectar su comportamiento de forma significativa. La interacción gluónica de los nucleidos es muy poderosa y, en su diminuto radio de acción (10^{-15}m), evoluciona de forma independiente a lo que pueda ocurrir en el resto del mundo. Si se pudiera modular la actividad nuclear desde el exterior, los alquimistas habrían podido producir oro y otros elementos químicos. No pudieron, y hoy sabemos que para hacerlo hay que disponer de altísimas energías que no pueden generarse por medios químicos.

Los nucleidos, y posteriormente los núcleos atómicos, pueden generar fenómenos que, como la radioactividad, afectan el entorno, y tienen una gran importancia para la ciencia en general y para la biología, la medicina, y las neurociencias en particular. Los núcleos inestables de los isótopos radioactivos emiten partículas altamente energéticas que son utilizadas con finalidad terapéutica (radioterapia) o diagnóstica (SPECT o el PET). Hasta donde conocemos, la emisión radioactiva depende de factores internos al propio núcleo, y no puede ser considerada como «respuesta» a la acción de agentes externos. Por tanto, nucleidos y núcleos atómicos están aislados, y su comportamiento no está condicionado por la acción de agentes externos. No se cumple, por tanto, la propiedad internalizadora de la mente (requisito 5). Además, salvo para el hidrógeno-1, los nucleidos no disponen de una existencia independiente. Pueden tenerla en el interior de las estrellas, pero en las condiciones habituales siempre los encontraremos rodeados de electrones y formando átomos.

Últimos comentarios sobre el mundo premental

Para terminar esta descripción del universo antes de la aparición de la mente, hemos de indicar que el mundo premental no ha podido ser observado directamente. Podemos estimar lo ocurrido entonces a partir de las leyes físicas que conocemos y de las observaciones experimentales obtenidas en aceleradores de partículas que simulan los estadios prementales del universo. Estas estimaciones nos indican que, durante sus primeros 300 000 años, las partículas y los nucleidos se agitaban aleatoriamente en un plasma a alta temperatura, en el cual los fotones saltaban continuamente entre nucleidos y electrones. El universo de entonces se mostraba como un objeto translúcido, pero no transparente. Había luz, pero solo una luz difusa que no podía atravesar la «neblina» del plasma. Con esa luz no se podría generar una imagen nítida del universo de entonces.

300 000 años tras el Big-Bang el descenso de temperatura generado por la expansión del universo ya permitía que la atracción electromagnética entre protones (carga positiva) y electrones (carga negativa) generara configuraciones estables. Aparecen entonces los primeros átomos (recombinación). Estos átomos son eléctricamente neutros, con lo que los fotones ya no tienen que interaccionar con ellos, y pueden viajar libremente por el espacio. Muchos de estos fotones no interaccionarán nunca con partículas materiales, viajando libres hasta la actualidad. Con ellos sí es posible generar una imagen realista de lo que ocurría en el universo de entonces. Los fotones alargaron sus fluctuaciones (longitud de onda) como consecuencia de la expansión del espacio, hasta convertirse en microondas de 160,2 GHz. No obstante, mantuvieron su trayectoria inicial inalterada, con lo que han podido ser utilizados para «fotografiar» la estructura del cosmos primigenio (radiación cósmica de microondas)[13,14]. Las microondas nos pueden informar de lo ocurrido 300 000 años después de la aparición del cosmos, pero no de los acontecimientos anteriores. Los neutrinos sí podrían hacerlo. Los neutrinos interaccionan poco con la materia, con lo que han podido continuar viajando libremente desde su formación, en los primeros **2 segundos** de existencia del universo, hasta hoy. Con los neutrinos se podría generar una imagen muy precoz de la formación del universo. Sin embargo, al ser tan poco interactivos, aún no se dispone de sensores adecuados para observar la **radiación cósmica de neutrinos** y estudiar directamente la evolución del universo en estas fechas tan tempranas.

Por tanto, lo ocurrido en las fases iniciales de la evolución del universo lo podemos deducir a partir de las leyes físicas que conocemos y de experimentos con los aceleradores, pero no lo podemos observar directamente. Estas deducciones sugieren que el universo primigenio creó múltiples objetos interactivos con características específicas, pero que ninguno de ellos disponía de mente. A pesar de ello, nos hemos detenido en algunos detalles de estos objetos, ya que, aunque no disponen de mente, luego se convertirán en el dispositivo de soporte de la mente más básica, la mente reactiva de los átomos.

Capítulo 3
La aparición de la primera mente: la mente reactiva de los átomos más simples

La formación de los átomos más simples

Como veremos a continuación, será la interacción electromagnética entre nucleidos y electrones la que habilitará la aparición de la primera mente, la **mente reactiva del átomo**. Se trata de la mente más simple, que utilizará los dispositivos de soporte más sencillos. Con la expansión del espacio, la agitación térmica de nucleidos y partículas se reduce (10^4-10^3 K), y ya no puede impedir que la atracción electromagnética de electrones y nucleidos termine por generar los primeros átomos estables (recombinación del hidrógeno). **380 000 años** tras el inicio del universo, la atracción de nucleidos (con carga positiva) y electrones (con carga negativa) supera la fuerza disruptiva de la agitación térmica, apareciendo los primeros átomos con carga neta neutra (desacoplamiento materia/energía). La inmensa mayoría de estos átomos se generaron en torno a los nucleidos más estables y habituales, el hidrógeno-1 y el helio-4. Se trata de átomos muy simples, el átomo de hidrógeno con un protón en el núcleo y un electrón a su alrededor, y el átomo de helio, con dos protones y dos neutrones en su núcleo, y dos electrones a su alrededor. Son átomos simples, pero que ya reúnen las características básicas de los objetos con mente.

Los átomos más simples generan mentes demasiado simples

Lo que ocurre en el núcleo permanece en el núcleo, pero lo que ocurre en la interacción electromagnética del núcleo con los electrones sí que puede influir, y ser influido, por el entorno. La dinámica interactiva entre el núcleo y los electrones mantiene a los electrones cautivos en torno al núcleo, y es la base de la química general, y de la neuroquímica en particular. Los átomos creados en torno al hidrógeno-1, reúnen todos los requisitos propuestos en el capítulo 1 para la identificación de objetos con mente. Estos átomos disponen de múltiples componentes (criterio 1) cuya interacción (criterio 2) les facilita una pervivencia estable (criterio 3). Además, son sensibles a los acontecimientos del entorno (criterio 4), reaccionando ante ellos (criterio 5) de forma unitaria y monotélica (criterio 6). El reconocimiento de mente para el átomo de helio es más problemático, ya que, como veremos, es un gas noble que prácticamente no interactúa con otros átomos.

Los átomos producidos tras la nucleosíntesis primordial generan una mente muy simple que, no obstante, no puede progresar. Son átomos poco interactivos que se distancian en un vacío en expansión. El hidrógeno puede agruparse para formar una molécula con dos átomos (hidrógeno molecular), pero el helio tiene su capa electrónica completa y no interacciona ni siquiera consigo mismo. Puesto que la nucleosíntesis primordial no puede generar núcleos más pesados, el desarrollo de la mente parecía haberse detenido en estos estadios tan primitivos de la evolución del universo. Y así ocurrió durante unos **1000 MA**, durante los cuales el universo se expandió y enfrió hasta los 5-15K. Durante este inmenso intervalo de tiempo, la segunda ley de la termodinámica parecía haber detenido el desarrollo de la mente de forma definitiva. Sin la aparición de núcleos atómicos más complejos, los átomos no podían evolucionar, y la mente reactiva no disponía de dispositivos de soporte que permitieran su progreso. Pero ¿cómo desarrollar núcleos atómicos más complejos? Entonces la gravedad acudió al rescate.

La gravedad, las estrellas y la progresión de la mente

La gravedad aproxima los objetos con masa, y los nucleidos y núcleos atómicos que contienen mucha de la masa convencional comienzan a agruparse (Fig. 2.3)[15]. Aunque la energía oscura acelera la expansión del universo, la gravedad aproxima los átomos disponibles y, **1000 MA** tras el Big Bang, produce las primeras **protogalaxias** (Fig. 3.1). El espacio se ha enfriado hasta los 5-15 K, pero los átomos de hidrógeno y helio de las protogalaxias se aproximan y forman nubes de mayor densidad (protoestrellas) en las que la temperatura se incrementa como consecuencia de la colisión entre átomos, nucleidos, protones, neutrones y electrones. Finalmente, las partículas con masa colapsan hacia el interior de protoestrellas, donde se alcanza una alta temperatura que inicia la **fusión nuclear**. Así surgen las **estrellas** que generarán nucleidos más complejos, con los cuales la mente atómica podrá reiniciar su evolución.

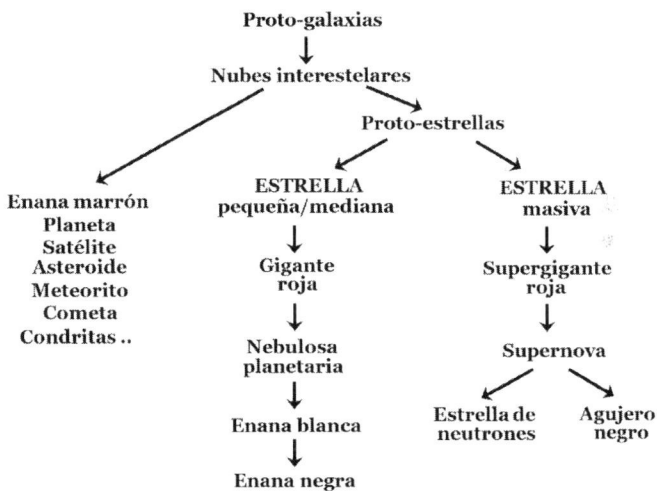

Figura 3.1: Evolución de las estrellas

Los nuevos nucleidos serán expulsados de las estrellas y, una vez fuera, comenzarán a combinarse con los electrones del lugar, para constituir átomos mucho más complejos que los generados por la nucleosíntesis primordial. En torno a las estrellas aparecen agregados materiales menores (planetas, satélites, asteroides, meteoritos, cometas, condritas carbonáceas, etc.) que acogerán a los nuevos átomos y serán el hogar para el avance de la mente reactiva. Algunos de estos objetos fríos se encuentran próximos a una estrella, la cual también aportará la energía radiante necesaria para promover la interacción atómica, la aparición de moléculas y, en definitiva, la confección de dispositivos de soporte complejos en los que la mente pueda progresar con rapidez.

Con todo ello, la progresión de la mente, que durante tantos millones de años parecía haberse detenido irremisiblemente, disponía ahora de amplias autopistas para reiniciar su desarrollo. Pero antes de continuar con el avance de la mente, haremos algunos comentarios sobre los procesos estelares que permitieron el desarrollo de los núcleos atómicos complejos. Comentaremos algunos detalles, ya que los nuevos nucleidos serán la argamasa sobre la que se construyan las mentes reactivas atómicas más evolucionadas.

La nucleosíntesis estelar y la aparición de átomos complejos

Los núcleos atómicos complejos se crean en el interior de las estrellas (nucleosíntesis estelar)[16,17]. La nucleosíntesis estelar depende de la masa de la estrella, y de su fase evolutiva (Fig. 3.1). Las estrellas pueden ser pequeñas/medianas, con masas 0.5-10 veces la del Sol, o masivas, con masas más de 10 veces superiores a la del Sol. Todas las estrellas tienen un inicio, una evolución y un final. Las estrellas pequeñas y medianas (el Sol es una de ellas) evolucionan a **gigantes rojas**, que a su vez evolucionan a **nebulosas planetarias**, y finalmente a **enanas blancas** y a **enanas negras** que ya persistirán durante largos periodos de tiempo. Las estrellas más masivas evolucionarán a **supergigantes rojas**, y estas a **supernovas** que pueden terminar sus días como **estrellas de neutrones** o **agujeros negros**.

La temperatura de las **estrellas pequeñas/medianas** es muy superior en sus regiones centrales. Por ejemplo, el Sol tiene 15 millones de grados en su centro y 5800 grados en su superficie. La alta temperatura del núcleo de estas estrellas acelera la fusión del hidrógeno, y la formación de más helio. La *figura 3.2* muestra de forma esquemática el proceso básico mediante el cual nuestro Sol nos calienta. Los núcleos de hidrógeno (protones), atraídos por la gravedad hasta el centro de la estrella, tropiezan continuamente entre ellos, incrementando la temperatura local hasta los 15 millones de grados. Los protones, con carga eléctrica positiva, se repelen, pero la agitación térmica hace que ocasionalmente puedan aproximarse lo suficiente como para dar una oportunidad al efecto túnel. Este efecto es la consecuencia de la naturaleza probabilística de la mente atómica de la que hablaremos luego. Por el efecto túnel ocurre lo que parecía imposible, que dos protones se aproximen hasta quedar ligados irremisiblemente en el núcleo de un nuevo átomo. La probabilidad de que esta aproximación ocurra es bajísima (10^{-20}), pero con tantos protones danzando, esta aproximación termina por ocurrir. Ocurre una vez cada 100 trillones de choques entre protones, y esta bajísima probabilidad es necesaria para que nuestro Sol no se consuma en un instante.

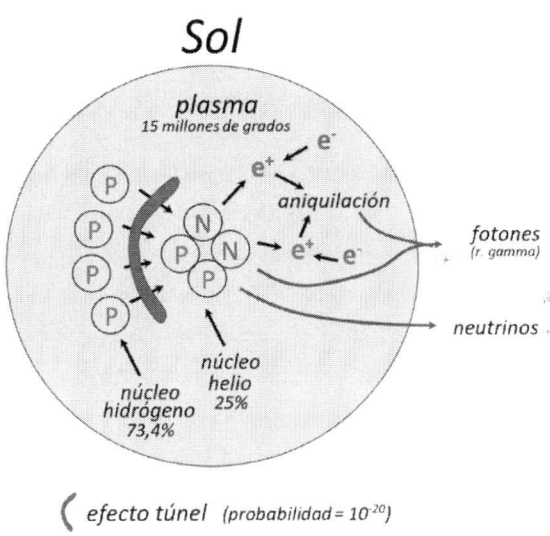

Figura 3.2: Reacciones estelares básicas

Cuando se consiguen agregar cuatro protones (cadena protón-protón), dos de ellos terminan por desintegrarse y transformarse en neutrones, emitiendo fotones altamente energéticos (radiación gamma), y positrones que se aniquilarán inmediatamente al interaccionar con los electrones libres del plasma subatómico del interior del sol. Esta aniquilación genera más radiación gamma que, añadida a la generada por la desintegración de los protones, mantiene la temperatura del Sol a los niveles necesarios para generar una agregación protónica estable. Si la probabilidad de agregación protónica fuera mucho mayor, el incremento térmico aumentaría la agregación de protones, y el proceso terminaría con una explosión gigantesca que destruiría el sol. Hay estrellas con más masa que el Sol (estrellas masivas) y que, al disponer de mayor temperatura en su interior, tienen una vida media más corta, pero pueden producir, como veremos luego, núcleos atómicos más complejos[18].

No obstante, el helio producido por la agregación protónica se acumula luego en el centro de la estrella, aumentando la compresión gravitatoria del hidrógeno, y acelerando el proceso de fusión atómica. Aparecen así las *gigantes rojas* con temperaturas más altas en su porción central y un mayor diámetro. La alta temperatura del centro de la estrella fusiona tres átomos de helio (proceso triple alfa), generando núcleos de **carbono**, que luego incorporan otro nucleido helio-4 para producir núcleos de **oxígeno** (Fig. 3.3). En este momento, la estrella tiene un núcleo de carbono/oxígeno rodeado de una capa de helio, rodeada de una capa de hidrógeno. Las capas más externas continúan expandiéndose para formar **nebulosas planetarias** con hidrógeno y helio y, en menor proporción, carbono y oxígeno[19-21]. La expansión de las capas superficiales de estas estrellas deja desnudo su núcleo de carbono/oxígeno, y las estrellas se transforman en **enanas blancas** muy densas, pero cuya temperatura ya no permite la creación de nuevos núcleos atómicos pesados. En este estado las estrellas permanecen durante largos intervalos hasta convertirse en **enanas negras frías** y poco luminosas (Fig. 3.1). La duración de todo este proceso depende de la masa de la estrella. Las estrellas menos masivas tienen una vida media más larga, que en algunos casos puede haberse prolongado desde el inicio del universo hasta nuestros días. Nuestro Sol dispondrá de una vida media de 9 millones de años, de los cuales ya ha consumido la mitad. Es una estrella de tercera generación, lo cual significa que los núcleos atómicos que la formaron provenían de una estrella «abuela» mucho más masiva que terminó su vida aportando masa a otra estrella «madre» algo menos masiva, y que también terminó su vida, aportando los núcleos atómicos cuya agregación generaron nuestro Sol.

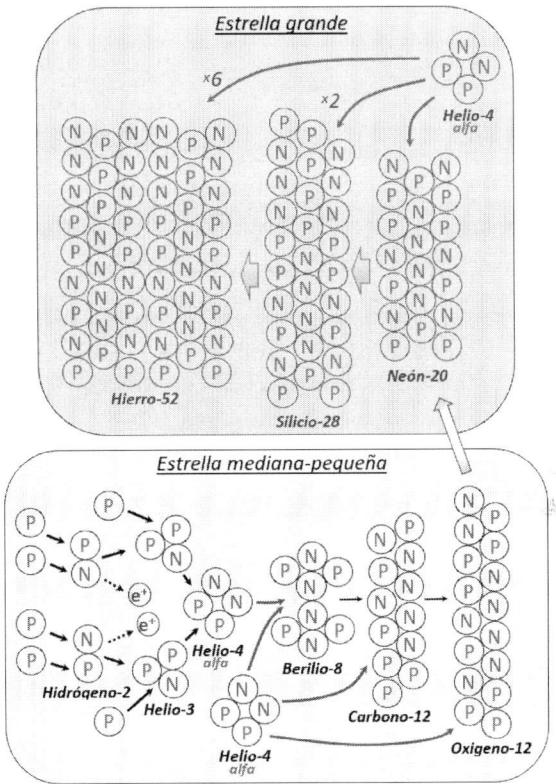

Figura 3.3: Reacciones estelares complejas

Como ya comentamos, aunque las **estrellas muy masivas** disponen de una vida media corta, su alta compresión gravitacional genera temperaturas que permiten ir incorporando helio-4 a los nucleidos hasta generar el niquel-56 (*Fig. 3.3*). En esta incorporación se producen nucleidos tan importantes para el desarrollo posterior de la mente como el **sodio**, el **potasio,** el **cloro** y el **silicio**. La temperatura de estas estrellas ya no permite incorporar helio-4 a nucleidos más pesados que el niquel-56. La gravedad agrega estos núcleos más pesados en el centro de la estrella, lo que incrementa la temperatura en su centro y aumenta el diámetro de la estrella. Aparecen así las **supergigantes rojas** (Fig. 3.1). En los estadios terminales de esta estrella, se reducen las fusiones nucleares, y la contracción gravitatoria ya no es compensada por la expansión generada por las altas temperaturas del núcleo estelar. Se produce entonces una contracción estelar que, al liberar grandes cantidades de energía, fusiona protones y electrones, formando neutrones y neutrinos. Esta fase dura apenas unos segundos y se conoce como **fase de neutronización**. Los neutrones, aglutinados ahora en altísima densidad en el centro de la estrella, atraen los núcleos presentes en las otras capas de la estrella. Cuando estos núcleos llegan al bloque central de neutrones de la estrella, son despedidos hacia el exterior, donde se transforman en una **supernova**. Este proceso alimenta el medio interestelar con núcleos atómicos pesados, como el del hierro. Los neutrones, que se mantienen aglutinados en el centro de la estrella, terminan por generar una **estrella de neutrones**. Las estrellas de neutrones más masivas se transformarán, finalmente, en **agujeros negros**[22,23], objetos masivos y compactos en los que la gravedad alcanza valores tan elevados que impiden que las partículas, por muy poco masivas que sean, puedan volver al medio interestelar.

¿Cómo se forman los núcleos más pesados que el níquel-56? El procedimiento para estos nucleidos consiste en adquirir los protones y neutrones directamente del entorno (nucleosíntesis explosiva)[24,25]. Una posibilidad es la absorción rápida de protones de entornos con alta densidad protónica y muy alta temperatura (proceso rp). A partir de los 1000 millones de grados, la agitación térmica supera la repulsión electromagnética de protones y núcleos, y los protones positivos pueden entrar ocasionalmente en los núcleos, a pesar de que ambos tienen la misma carga eléctrica. Aunque el escenario de esta reacción nuclear no está bien identificado, el *proceso rp* podría ocurrir en **estrellas binarias**. Una de las estrellas atraería el hidrógeno y el helio de la otra, generando, por colisión y fricción, la temperatura necesaria para que el *proceso rp* pueda completarse.

Otra posibilidad consiste en absorber neutrones del medio. Los **neutrones** no tienen carga eléctrica, y su aproximación al núcleo no está interferida por fuerzas electromagnéticas repulsivas. Los neutrones libres pueden entrar en el núcleo mediante dos procesos, el **proceso s** y el **proceso r**. Prácticamente no existen neutrones libres en el medio, ya que, como se indicó anteriormente, los neutrones extranucleares se desintegran y tienen una vida media corta. Los neutrones para estos procesos han de ser aportados por reacciones de fusión, como la del carbono 13 y el helio 4, que generan oxígeno 16 y liberan un neutrón. En el **proceso s** (*slow* por lento) el neutrón entra en el núcleo haciéndolo inestable, y generando una desintegración beta que transforma el neutrón incorporado en un protón. Este proceso se puede repetir varias veces, generando núcleos cada vez más pesados que pueden alcanzar un número másico de hasta 209. Los núcleos atómicos con un número másico superior a 209 son muy inestables, y se desintegran rápidamente emitiendo partículas alfa. El **proceso r** (*rapid* por rápido) se puede producir solo en presencia de una fuente masiva de neutrones, que incrementa la probabilidad de que alguno de ellos alcance el núcleo atómico antes de sufrir una desintegración beta. Este proceso podría facilitar la producción de isótopos, átomos con el mismo número de protones, pero con distinto número de neutrones. Las supernovas son fuentes masivas de neutrones, y podrían facilitar la síntesis de nuevos elementos químicos mediante el *proceso r*. El uranio terrestre, por ejemplo, se formó hace 6000 millones de años en una estrella masiva, que lo creó y expulsó al medio interestelar, desde donde alcanzó nuestro sistema planetario.

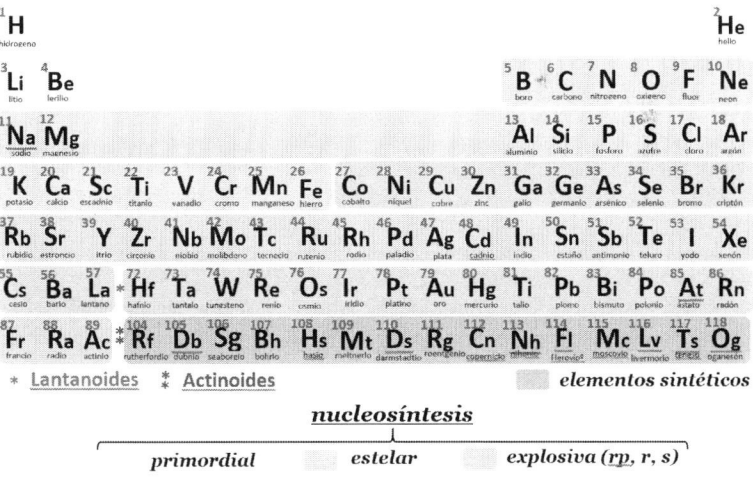

Figura 3.4: **Tabla periódica y estrellas**

Hemos revisado el proceso genérico por el que se producen los núcleos atómicos, desde la nucleosíntesis primordial, a la nucleosíntesis estelar, y a la nucleosíntesis explosiva. El resultado posterior de todas estas reacciones nucleares es la aparición de átomos cada vez más masivos y complejos. La figura 3.4 presenta la tabla periódica, una «fotografía de familia» de todos estos átomos. En esta tabla se señala cada átomo según el origen de su núcleo, distinguiendo átomos con nucleosíntesis natural (primordial, estelar o explosiva) y átomos generados mediante nucleosíntesis artificial. El análisis más pormenorizado de esta «foto» se realizará en el próximo capítulo, donde además se describe como los núcleos atómicos complejos promueven el desarrollo de la mente.

Capítulo 4
La mente reactiva:
átomos y moléculas

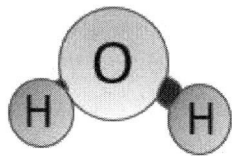

Como ya comentamos, 380 000 años después del inicio del universo, los núcleos atómicos y los electrones que fluían libremente por el espacio se agruparon generando átomos (recombinación). Los átomos y las moléculas generados por esta interacción, ya reúnen las propiedades básicas de los objetos con mente. Su dispositivo material de soporte dispone de múltiples elementos (requisito 1) interactuantes (requisito 2) cuya actividad conjunta le aporta estabilidad (requisito 3), y que, además, son sensibles a la acción del entorno (requisito 4). Los átomos no solo están abiertos a las influencias del mundo exterior, sino que también pueden actuar de forma enérgica sobre él (requisito 5). La confluencia de los requisitos 4 y 5 es tan relevante y generalizada que permitirá el desarrollo de toda la química, la bioquímica y, posteriormente, la neuroquímica. Además, la interactividad de los requisitos 4 y 5 no supone un riesgo significativo para la estabilidad atómica, y resulta compatible con la propiedad reflexiva del requisito 3. Por tanto, **el átomo será la primera estructura que cumpla con los cinco primeros requisitos propuestos para los objetos con mente**. Se trata de una circunstancia excepcional, sin la cual no habría surgido la primera mente, y ninguna de las mentes de las que hablaremos en los próximos capítulos se habría generado.

El átomo también cumple con el requisito 6, la conducta monotélica. Sin embargo, aquí hemos de hacer comentarios relativos al extraño comportamiento cuántico de los átomos. Como veremos a continuación, la mente atómica se comporta de forma muy diferente a las mentes del macrocosmos que comentaremos con posterioridad. Algunas de las características del átomo pueden ser descritas con herramientas matemáticas, pero son incomprensibles desde el punto de vista de la lógica habitual. Por ejemplo, el átomo puede actuar como onda y como partícula. Como onda, el átomo puede realizar simultáneamente acciones incompatibles. Cuando los elementos del átomo interaccionan con otras estructuras se colapsa su función de onda, y se comportan como partículas. Tras el colapso la conducta de todos los elementos del átomo resulta coherente, y el átomo genera una única acción, una conducta monotélica. Por tanto, la monotelia solo aparece tras la interacción atómica. Cuando el átomo está libre de interacciones, su conducta no es monotélica, pero de esto hablaremos con posterioridad.

A esta primera mente la denominamos *mente reactiva*. Esta denominación hace referencia a su característica principal, la de reaccionar continuamente al entorno, generando respuestas que no son necesariamente adaptativas. La mente reactiva del átomo es la más simple, ya que no contextualiza la información recibida, no dispone de memoria, y no planifica conductas futuras. Ninguna de las propiedades y habilidades que encontraremos en las mentes más complejas, y que comentaremos en capítulos posteriores, están presentes en la mente reactiva del átomo. Cada interacción con el mundo exterior se produce como si fuera la primera, ya que estas mentes no aprenden con la experiencia. Nada de lo ocurrido previamente influirá en los nuevos encuentros, no se arrastran cambios en el estado interno de los átomos, no hay planes preconcebidos, y no hay aprendizajes que recordar. Además, a ninguna mente atómica le importa lo que ocurre en el resto del universo, solo importa: 1- su propia naturaleza, que en el caso de los átomos es principalmente el número de electrones de su última capa, y 2- encontrarse lo suficientemente próxima a otra mente atómica como para presentar una interacción «local» con ella. Por estos motivos hemos denominado a esta mente como *mente reactiva*, una mente para la cual lo único relevante es la presencia de otra mente próxima a la que reaccionar. No obstante, hablamos de la mente reactiva de átomos en interacción con el entorno, y que, por tanto, han colapsado a su estado de partícula. El comportamiento ondulatorio de los átomos es mucho más complejo e incluye funciones que, como el enmarañamiento no local, están comenzando a utilizarse para procesar información y para realizar tareas «extrañas» como la teletransportación, la encriptación de datos y la superconductividad. Estos comportamientos serán comentados en el siguiente apartado y en los últimos capítulos del libro, cuando hablemos de la mente cuántica.

A continuación, haremos una breve introducción a las conductas más relevantes del comportamiento de la **mente reactiva del átomo**, primero, desde la perspectiva de la física cuántica, y luego, desde la perspectiva de la química. Finalmente presentaremos la **mente reactiva molecular** desde la perspectiva de la química. Si el lector obtuvo buena nota en Física y Química del Bachiller, puede saltar directamente al siguiente capítulo, ya que seguramente dispone de la información que se presentará a continuación.

Extrañeza contraintuitiva en la mente reactiva del átomo: la perspectiva de la física cuántica

A pesar de su aparente simplicidad, la mente reactiva de átomos y moléculas dista mucho de ser tan monótona y uniforme como la que puede observarse, por ejemplo, en la conducta de las piezas mecánicas de un reloj. El átomo es la mente más pequeña, pero su conducta resulta compleja y extraña a nuestra mente. Para una mente activa, proactiva, retrofleja, contextualizada, interactiva y abierta como la nuestra, la mente reactiva del átomo resulta, en muchas ocasiones, «contraintuitiva». La primera razón para nuestra «extrañeza» deriva del hecho de que nuestra mente fue desarrollada para trabajar con objetos compuestos por un número inconcebiblemente grande de átomos. Las mentes del macromundo comprimen drásticamente los «grandes números» de la naturaleza (billones de átomos), hasta reducirlos a elementos simples y unitarios (ej. hormiga o mesa), que serán con los que finalmente trabajaremos. Una hormiga es un objeto de estudio constituido por infinidad de otros objetos más pequeños que no percibimos. No podemos percibir todos los subelementos que componen la hormiga, hasta llegar a la escala atómica, y de hacerlo, nuestra mente no podría procesar tantos datos.

La mente de la hormiga es el resultado de la interacción masiva de un número ingente de mentes reactivas (átomos y moléculas), una interacción en paralelo que no puede ser analizada como tal por las limitadas capacidades de nuestro cerebro, de nuestros ordenadores actuales, o de los ordenadores que podríamos desarrollar en un futuro previsible. Como veremos posteriormente, nuestro análisis siempre implica una «compresión salvaje» de datos. Por ejemplo, para mantener la hidratación corporal, nuestra mente trabaja con objetos como SED > buscar AGUA > llenar VASO > beber. Esta simplificación extrema funciona, y resulta ser la más útil para la supervivencia. Sin embargo, cada uno de los objetos de este diagrama de flujo está integrado por una infinidad de otros objetos más pequeños, hasta llegar a la escala atómica. Además, cuando se alcanza la escala atómica, los objetos se comportan de manera «extraña», y su conducta se parece poco a la que observamos en los macrobjetos de nuestra escala.

Antes sabíamos más

Durante la primera parte del siglo xx, el extraño comportamiento de los átomos desencadenó un cambio revolucionario en nuestra perspectiva de la realidad. A finales del siglo xix, la física parecía haber llegado a los secretos más recónditos del mundo. Ya no quedaba nada nuevo por conocer. Se sabía cómo funcionaba todo y solo quedaban algunas lagunas por rellenar, lagunas que en cualquier caso no iban a cambiar nuestra noción básica de la naturaleza del cosmos. Algunos físicos de entonces militaban (a veces sin reconocerlo) en el grupo de los «mecanicistas-reduccionistas», un grupo para el cual todo funciona como un mecanismo automático inexorable, como un reloj. Para ellos, todo aquello que aparenta un comportamiento «espontáneo» está determinado por las mismas leyes «mecánicas» que parecen determinar el mundo en el que vivimos los humanos. En esta concepción, la conducta de los objetos con un comportamiento «espontáneo», parece «impredecible» porque es el resultado de la interacción de una infinidad de microelementos que no podemos observar directamente. De poder hacerlo, veríamos a los microelementos como «objetos mecánicos», y a los macrobjetos como los resultados mecánicos de sus acciones. Esta creencia tan optimista sufrió un grave revés cuando se empezaron a medir las conductas de los objetos muy pequeños o grandes.

Se producen entonces dos «catástrofes» en el mundo de la física, catástrofes generadas por datos que la física clásica no podía explicar, y que promovieron la aparición de la física relativista y de la mecánica cuántica. Los datos aportados por el estudio de objetos muy masivos o muy veloces, no resultaban congruentes con las estimaciones de la física clásica newtoniana. Para poder integrar estos datos en los modelos científicos se desarrolló el nuevo paradigma de la **física relativista**. La física relativista cambió completamente el marco de la mecánica clásica, transformando, por ejemplo, el espacio recto en curvo, la invarianza de la masa de los objetos, en otra masa que ahora depende de su velocidad, el trascurso parsimonioso y homogéneo del tiempo, en otro tiempo que ahora también depende de la velocidad, etc. No obstante, estos cambios sustituyeron unos mecanismos por otros, pero no modificaron la concepción «mecanicista» del mundo.

La **mecánica cuántica** surge para intentar explicar el micromundo atómico, un ámbito que no había sido abordado ni por la física decimonónica ni por la física relativista. Para la física decimonónica el micromundo era uno de los pequeños huecos del conocimiento que aún permanecían a la espera de ser «rellenados» por la aplicación de la física clásica, un hueco que no debería cambiar el paradigma global de la física. No se esperaba encontrar nada nuevo en el microcosmos, solo objetos más pequeños a los que aplicar las mismas leyes que actuaban en los objetos de mayores dimensiones. Con su aplicación al microcosmos, la física clásica esperaba ganar precisión en ámbitos que, como la termodinámica, concitaban un interés creciente tras la aparición de las máquinas de vapor. El microcosmos también explicaría la conducta de los animales y del ser humano. Desde la perspectiva decimonónica, todas las mentes no serían más que el resultado macroscópico de la acción conjunta de un gran número de mecanismos microscópicos. Todo lo que ocurre no sería más que el resultado observable de infinidad de pequeños mecanismos actuando al unísono, aunque cada uno actuando por su cuenta, y en función de sus circunstancias «locales». En definitiva, actuando como las piezas del reloj. Muchos neurocientíficos actuales mantienen una actitud mecanicista similar, al menos implícitamente. Para ellos, explicar un fenómeno mental ha de consistir básicamente en identificar los mecanismos atómicos que lo determinan. Por ejemplo, la comprensión del lenguaje humano la obtendríamos estudiando la actividad de los átomos y moléculas que determinan la actividad de las neuronas implicadas en las redes neuronales que forman parte de la corteza cerebral que realiza la función del lenguaje.

El camino «descendente» hacia lo pequeño, emprendido por numerosos y esforzados neurocientíficos, ha resultado ser muy fructífero, no solo para el conocimiento del cerebro sino también para el control de distintas enfermedades neurológicas y mentales[26]. Sin embargo, cuando se busca en el mundo del átomo una justificación mecanicista para explicar la dinámica mental, la creencia en el soporte mecánico de las mentes se desvanece. Lo más pequeño, el átomo, presenta una conducta inesperadamente compleja y sospechosamente impredecible. Nada que ver con el «pequeño reloj» automático y predecible que esperábamos encontrar. Podemos hacer predicciones muy precisas sobre el comportamiento promedio de los átomos, pero cuando se trata de predecir lo que hará un átomo en particular, nuestras predicciones se reducen a estimaciones probabilísticas. Podemos dar valores a la probabilidad de que un electrón se encuentre en una posición atómica concreta, pero nuestras herramientas de cálculo no nos permiten estimar con seguridad dónde se encuentra ahora y dónde se encontrará trascurrido un tiempo. Esta incertidumbre es tan radical que afecta incluso al «ser» de las partículas subatómicas. Dice la física cuántica que, si obtenemos evidencia de la existencia de un electrón, no podemos estar seguros de volverlo a encontrar de nuevo. La persistencia del ser está cuantificada, ya que la existencia de las partículas no es permanente y que estas solo disponen de una «probabilidad de existencia». Si miramos a los electrones con una resolución temporal suficiente, los veríamos «fluctuar entre la existencia y la inexistencia».

El estudio de la naturaleza y de las interacciones de los componentes de los átomos ha resultado tan problemático que ha requerido el desarrollo de una disciplina específica, la **física cuántica**[27,28]. A pesar de que esta disciplina ha ocupado a algunas de las mentes más brillantes del último siglo, aún seguimos sin «comprender» bien cómo funciona el átomo, y sin poder predecir con precisión la conducta de su mente. Es verdad que hoy disponemos de algoritmos matemáticos que permiten estimar el comportamiento de poblaciones de átomos con gran precisión (generalmente de muchos billones de unidades), pero esta precisión se reduce dramáticamente cuando se estudian átomos particulares. Además, la eficiencia de los cálculos no se acompaña de una comprensión «razonable» de los acontecimientos, circunstancia que ha llevado a algunos físicos cuánticos a limitar su actividad científica al «cálculo de probabilidades», evitando cualquier interpretación de lo que en realidad ocurre en el átomo.

Otros físicos no han cejado en su empeño por «comprender». Con su macromente, intentan entender micromentes reactivas cuya complejidad y rareza distan mucho de la pretendida simpleza conductual que esperábamos encontrar en los átomos. La física cuántica lleva un siglo sumida en discusiones sin fin en las que se apoyan o rebaten numerosas interpretaciones de los datos disponibles. La interpretación más clásica u ortodoxa (interpretación de Copenhague promovida inicialmente por *Niels Bohr* y *Werner Heisenberg*) afirma que no es posible comprender lo que ocurre en el átomo con una mente como la nuestra, una mente desarrollada para realizar tareas en el «macromundo». También afirma que «mirar» al átomo con nuestra mente implica necesariamente transformarlo, por lo que solo son aceptables preguntas básicas como: ¿Qué probabilidad hay de obtener una medida concreta en respuesta a una pregunta específica, que se sigue de un diseño experimental *ad hoc*, y de un experimento en el que se utilizan los equipos de medida disponibles? Para estos físicos, lo que la ciencia ofrece son solo «probabilidades» de que una acción experimental genere un resultado concreto. Así, la ciencia no informa sobre la naturaleza de la realidad, y no debe pretender observar la verdad como tal. Solo establece relaciones entre condiciones iniciales y medidas finales, y esta relación será siempre de naturaleza probabilística. Además, la probabilidad de la medida no está asociada a limitaciones metodológicas, sino que es la expresión directa de la conducta reactiva de la mente atómica. Por tanto, la descripción de la mente atómica ha de basarse en los «conceptos» derivados de la mecánica cuántica, aceptando apriorísticamente la «extrañeza» que estos nos producen.

Componentes de la mente reactiva del átomo

La mente del átomo dispone de dos tipos básicos de elementos constitutivos (el núcleo atómico y los electrones) y de una fuerza que promueve sus interacciones (la fuerza electromagnética trasmitida mediante el intercambio de «fotones virtuales»). La conducta de los elementos constitutivos de esta mente es sustancialmente diferente de la de los objetos macroscópicos, ya que, entre otras cosas, son a la vez ondas y partículas.

A nuestra escala, **las ondas** no disponen de estructura material propia y solo representan interacciones entre objetos cercanos. Cuando una ola avanza por la superficie del océano, ninguna masa se desplaza con la ola. El desplazamiento que percibimos es el resultado de oscilaciones «verticales» de la presión hidrostática, que hacen que las moléculas de agua tiendan a ascender o descender de forma agrupada. Estas presiones también se propagan trasversalmente (en sentido horizontal a la superficie), generando un ascenso/descenso de agua que es percibido como desplazamiento trasversal de la ola. Ocurre como con las «olas de las gradas de los estadios de futbol» donde nadie se desplaza. Lo único que hace el aficionado es ponerse de pie y sentarse a intervalos regulares (siguiendo las leyes inexorables que van marcando el desarrollo del partido de futbol). Sin embargo, la «ola» progresa y da la vuelta al estadio. Por tanto, a nuestra escala las ondas no tienen «ser» independiente y solo indican la existencia de «relaciones locales» entre objetos próximos, relaciones que fluctúan periódicamente.

Los electrones también son ondas, pero de una naturaleza completamente diferente. Las «ondas electrónicas» no disponen de un substrato material para desplazarse. Entre electrones próximos solo hay vacío (aunque ahora ya se hable de nuevas «sustancias» como la materia oscura y de nuevas «energías» como la energía oscura). A pesar de que no conocemos el sustrato sobre el que se desplazan las «ondas electrónicas», la evidencia de su existencia es incontrovertible. Una de las evidencias de la naturaleza ondulatoria de los electrones son los fenómenos de interferencia. Cuando dos olas provenientes de regiones distintas de la piscina se acercan y colisionan, se produce un fenómeno de interferencia entre ellas. Con la interferencia, en las zonas donde tropiezan las «crestas» de las olas se produce una suma de las alturas de cada ola, y en las zonas «valle», que preceden o siguen a estas crestas, se producen descensos marcados que resultan de la suma de los «valles» de cada ola. Los fotones, electrones y otras partículas muestran interferencias similares, evidenciando así su naturaleza ondulatoria. El agua es el sustrato de la interferencia de las ondas de la piscina, pero ¿cuál es el sustrato sobre el que se produce la interferencia de los fotones o los electrones? No existe ese sustrato, o por lo menos no lo conocemos.

Por otro lado, también se dispone de evidencias incontrovertibles de que los **electrones son partículas** que, cuando se disparan (ej. desde el «cañón electrónico» de la pantalla de los antiguos televisores), viajan en la dirección del disparo y terminan impactando en su objetivo (ej. en la pantalla del televisor, donde promueven la emisión de los fotones que luego llegarán a nuestra retina). Por su naturaleza, las partículas pueden viajar por el vacío como objetos materiales que se desplazan siguiendo trayectorias rectilíneas.

¿Cómo explicar que objetos como el electrón puedan disponer a la vez de un comportamiento como onda y como partícula? No hay nada que a nuestra escala se comporte así. Por ello los físicos refieren esta conducta como la **dualidad onda-partícula**[29,30]. Para tratar con esta extraña dualidad, algunos físicos (escuela de Copenhague) asumen que ha de bastarnos con descripciones matemáticas que permitan tomar en consideración ambas conductas a la vez. Para ellos, las conductas incompatibles pasan a ser **conductas complementarias**. Los modelos matemáticos que incluyen la «complementariedad» nos permiten estimar el comportamiento futuro de las partículas, a pesar de no disponer de un conocimiento «real» del objeto del microcosmos que se estudia. Así pues, los electrones son a la vez ondas y partículas, y no hay nada en nuestra escala espacio-temporal que presente una conducta parecida a la del electrón (o a la de los núcleos atómicos que también disponen de dualidad onda-partícula). Por tanto, los elementos interactuantes de la mente reactiva más simple son objetos de una naturaleza y con una conducta muy diferente a la de los objetos que podemos observar en nuestra escala espacio-temporal.

Otra «extrañeza» de los componentes constitutivos de la mente reactiva del átomo es el derivado de su «persistencia en el ser». Los objetos del macrocosmos pueden desplazarse, pero siempre están en algún lugar del espacio (persistencia del objeto). Esto no ocurre en el caso de las partículas que componen el átomo, las cuales solo disponen de una probabilidad de existencia. Esta probabilidad de existencia hace que las partículas subatómicas no estén permanentemente presentes, sufriendo fluctuaciones existenciales por las cuales unas veces estarán cuando se las mira con nuestros sensores, y otras simplemente no están ni en el lugar donde estamos mirando ni en ningún otro. Para la física cuántica los átomos son intrínsecamente o naturalmente **probabilísticos**. Esta afirmación le supuso a *Bohr* interminables discusiones con el científico más popular del siglo xx, *Albert Einstein* (recordemos su famosa frase «Dios no juega a los dados»). La alternativa matemática a las discusiones (¿filosóficas?) de estos autores fue la matemática matricial de *Heisenberg*, y la matemática ondulatoria de *Schrödinger*, dos procedimientos de cálculo completamente diferentes pero que ofrecen los mismos resultados. Estas matemáticas aportan resultados exactos cuando se aplican a datos provenientes de cantidades ingentes de átomos. Sin embargo, su aplicación no implica la «comprensión» de lo que en realidad ocurre, ni de la mente atómica que lo sustenta. Se puede estimar la probabilidad de encontrar un electrón en una posición determinada (con respecto al núcleo atómico con el que este interacciona), sin que por ello sepamos lo que el núcleo y el electrón son (más allá de su naturaleza probabilística).

Interacciones entre los componentes de la mente reactiva del átomo

Las interacciones entre los elementos constitutivos de la mente del átomo también resultan sorprendentes. Estas interacciones se producen como consecuencia del intercambio de información generado por la remisión mutua de unos objetos materiales (que también son ondas) que viajan por el vacío existente entre ellos, y que son conocidos como **fotones virtuales**[31-33]. Una partícula virtual es una partícula elemental que existe durante un tiempo tan corto que no puede ser observada. Así pues, la mente del átomo dispone de dos modalidades de componentes, los componentes materiales (núcleo atómico y electrones) y el componente fuerza (fotón virtual), disponiendo ambas modalidades de una naturaleza dual onda-partícula. A las restricciones para el conocimiento del «ser», y para el conocimiento de las «interacciones» de los componentes del sustrato físico de la mente reactiva del átomo, se añade otra restricción verdaderamente sorprendente. Se trata de la restricción derivada del **principio de incertidumbre o principio de indeterminación de Heisenberg**[34,35], por el cual se limita la capacidad para hacer medidas de la conducta de los componentes de los átomos con un grado de precisión arbitrario. Según este principio, si conocemos mucho de algo estamos condenados necesariamente a saber poco de otras cosas relacionadas. Por ejemplo, si medimos con exactitud la posición de un electrón que gira en torno a un núcleo atómico, nuestra capacidad para conocer su velocidad se reduce drásticamente, lo cual nos condena a no poder conocer con exactitud su trayectoria futura y a tener que reducir nuestras pretensiones a cálculos de probabilidad.

Otra restricción para el conocimiento de las «interacciones» de los componentes de la mente reactiva del átomo viene derivada del denominado *colapso de la función de onda*[36-38]. El comportamiento ondulatorio de las partículas subatómicas que comentamos anteriormente desaparece cuando hacemos una medida, y esta desaparición es intrínseca al propio acto de medir, no siendo el resultado de un artefacto inducido por la propia medida. Si «miramos» desaparece el componente ondulatorio de los objetos subatómicos, los cuales pasan inexorablemente a comportarse solo como partículas (colapso de la función de onda). La física cuántica afirma que este colapso no podrá ser evitado nunca, aunque mejoremos arbitrariamente la sensibilidad de nuestros sistemas de medida. Un modelo intuitivo del colapso de la función de onda es el propuesto por *Erwin Schrödinger* con el famoso **gato de Schrödinger**[39-41]. Si un gato se encuentra en una caja que lo aísla del resto del mundo, y la pregunta que nos hacemos sobre el gato es si se encuentra vivo o muerto, la mecánica cuántica nos informa que mientras no miremos dentro de la caja, el gato se encontrará en ambas circunstancias, en una especie de superposición vivo-muerto. En cuanto miremos, uno de los dos gatos desaparecerá (colapsará en el otro), y lo que encontraremos será siempre un gato vivo o un gato muerto. Si repetimos la medida con otros gatos podremos establecer la probabilidad de encontrar al gato en una u otra condición, pero esto nunca nos dará certeza sobre qué pasará con el próximo gato. Si no miras en el microcosmos todo es posible, pero si miras lo posible se convierte en certeza, una certeza que estará determinada por el propio acto de «mirar». Si miras a varios gatos similares podrás estimar una probabilidad «vivo-muerto» para el siguiente gato. Si miras el estado de gatos que están en condiciones similares se puede estimar el estado vivo-muerto con una altísima probabilidad, una «probabilidad adivinatoria» que puede ser aumentada a discreción (aumentando el número de medidas previas), pero que nunca se convertirá en certeza. A esto se dedica la mecánica cuántica, a calcular probabilidades asociadas a las medidas. Como indicábamos, las medidas cuánticas se practican normalmente sobre muchos millones de partículas, por lo cual, las estimaciones probabilísticas que se consiguen son impresionantemente precisas, precisión que, no obstante, nunca alcanzará la exactitud asumida por los físicos clásicos para su ciencia.

Hemos presentado algunas de las circunstancias desconcertantes plenamente acreditadas para el funcionamiento de los átomos y otros objetos pequeños, y que parecen funcionar en estas mentes reactivas del mundo de lo ínfimo. A pesar de los numerosos experimentos llevados a cabo en los últimos 100 años, hasta el día de hoy no se ha podido acreditar circunstancia alguna que resulte incompatible con el modelo propuesto por la mecánica cuántica. Los datos confirman este modelo de átomo, aunque el modelo sigue resultando incomprensible hoy en día. La **interpretación de Copenhague**[42-47] ha sido la preponderante a la hora de integrar toda esta «parafernalia» de anomalías conductuales de los átomos, en una teoría de la que podamos hablar. Por supuesto, no es la única interpretación, manteniéndose en pugna continua con otras interpretaciones como la de la **onda portadora y el orden implicado** (de *David Bohm*) o como la de la **teoría del multiverso** (de *Hugh Everett*)[48,49]. El término *multiverso* fue acuñado a finales del siglo xix por el psicólogo *William James*, siendo luego introducido en el argot de la física cuántica por *Hugh Everett* en 1957. Luego fue utilizado por físicos como *Max Tegmark* para intentar explicar algunas de las extravagancias del microcosmos que hemos comentado (ej. para explicar el colapso de la función de onda).

No discutiremos aquí nada en un ámbito tan abstracto, etéreo y especializado como el de la mecánica cuántica, aunque muchos de los aspectos «estrafalarios» del micromundo cuántico tienen repercusiones importantes en la concepción de la mente reactiva y de nuestra propia mente. No obstante, con posterioridad volveremos a comentar el mundo cuántico cuando, en los capítulos finales, hablemos de ordenadores y mentes cuánticas. Ahora, orientamos nuestra atención hacia el mundo de la química. Se trata de observar la interacción de los átomos y obtener una impresión argumentada de la influencia de la mente reactiva en el desarrollo de las mentes que comentaremos con posterioridad.

La mente reactiva desde la perspectiva de la química

La **química** se dedica al estudio y control de las interacciones de átomos y moléculas[50,51]. Su *leitmotiv* es más comprender cómo interaccionan los átomos, que conocer lo que son, un aspecto más relacionado con la física cuántica de la que hemos venido hablando. La interacción entre átomos nos informa de la sensibilidad de la mente reactiva a las influencias del mundo exterior (requisito 4), y de su capacidad para actuar sobre este (requisito 5). Sin descuidar los conceptos cuánticos, los químicos han seleccionado aspectos y matemáticas «prácticas» que les permitan entender la reactividad de unos átomos con otros, y cómo se generan nuevas moléculas. A continuación, haremos una breve descripción de la conducta del átomo desde la perspectiva química, y de su relevancia para la mente reactiva.

La figura 4.1 muestra, sobre el modelo estándar, los principales elementos subatómicos que intervienen en la conducta de la mente reactiva desde la perspectiva de la química. Se distinguen dos modalidades de partículas subatómicas, las que aportan masa y las que hacen interaccionar a estas. Las principales partículas con masa son los protones que, con dos *quarks up* y un *quark down*, confieren una carga positiva al núcleo atómico, y los electrones que, cautivos en torno al núcleo, confieren una carga eléctrica negativa a las regiones periféricas del átomo. Ambas partículas interaccionan mediante el intercambio de fotones virtuales y, por tanto, mediante la fuerza electromagnética. Las fuerzas nucleares, mediadas por gluones, W^+, W^-, Z^0 y piones, son importantes para la estabilidad del núcleo, pero no son relevantes para la reactividad química del átomo. La gravedad, vehiculizada por el gravitón, la materia y la energía oscuras tampoco son relevantes. La gravedad tiene un radio de acción muy amplio, pero su intensidad depende de la masa, y las partículas subatómicas tienen una masa tan pequeña que su influencia sobre la reactividad química es menor.

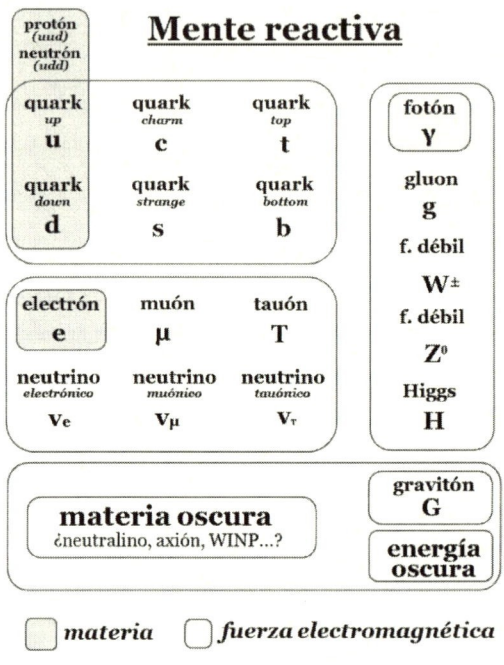

Fig. 4.1 Modelo estándar y reactividad química

El motor principal de la reactividad química es la **fuerza electromagnética**. Esta fuerza es mucho menos poderosa que las fuerzas nucleares, por lo que no suele ser determinante para la dinámica del núcleo atómico. La fuerza electromagnética empuja a los protones a distanciarse, lo cual desintegraría el núcleo atómico si las fuerzas nucleares, mucho más poderosas, no lo impidieran. Esto no significa que el electromagnetismo intranuclear sea irrelevante. De hecho, la interacción electromagnética intranuclear facilita la desintegración de los núcleos con exceso de neutrones. Los neutrones nucleares se desintegran periódicamente en 1 protón + 1 electrón + 1 neutrino (o 1 antineutrino). Si el electrón emitido no tiene energía suficiente para vencer la atracción electromagnética del núcleo, vuelve a recombinarse con el protón para recuperar el neutrón. En otro caso, el electrón sale despedido del núcleo con gran energía (radiación nuclear beta). Por tanto, el electromagnetismo nuclear puede ser determinante para algunos núcleos inestables. Sin embargo, la acción esencial de la fuerza electromagnética en la dinámica de las mentes reactivas se produce, principalmente, al facilitar la interacción de los electrones con su núcleo y los núcleos vecinos, de los electrones entre sí, y entre los electrones de átomos próximos. De hecho, esta es prácticamente la única fuerza tomada en consideración para entender las reacciones químicas en general, y las neuroquímicas en particular.

Como ya se indicó, los **electrones** son los vehículos básicos que comunican la mente reactiva del átomo con el entorno. Como ya comentamos, los electrones disponen de una naturaleza complementaria y pueden comportarse como partículas y como ondas. Tienen una masa 1836 veces menor que la del protón, pero una carga eléctrica equivalente (+1 en el caso del protón y -1 en el caso del electrón). Como el resto de las partículas, los electrones son **ondas estacionarias**[52-54]. Las ondas estacionarias presentan oscilaciones internas que nunca desbordan ciertos límites espaciales. Un ejemplo de onda estacionaria es la cuerda de la guitarra. Cuando pulsamos una cuerda de guitarra esta oscila de un modo muy particular. Los extremos de la cuerda, sujetos a la cejilla y al puente de la guitarra, no pueden oscilar en estos lugares de sujeción por muy amplia que sea la vibración de la cuerda. El resto de la cuerda sí oscila, haciéndolo con frecuencias enteras de oscilación. En la frecuencia de oscilación más baja (n=1) toda la cuerda vibra al unísono, ascendiendo o descendiendo a la vez. En este caso, la amplitud de la vibración es mayor en la porción central de la cuerda, y desciende al aproximarnos a la cejilla o el puente hasta anularse. Con frecuencias más altas, no toda la cuerda oscila en la misma dirección. Mientras unas zonas de la cuerda ascienden otras descienden (antifase), apareciendo zonas intermedias (puntos neutros) que vibran tan poco como los extremos de la cuerda. Para n=2 habrá un punto neutro, n=3 dos puntos neutros, n=4 tres puntos neutros, etc. (Fig. 4.2).

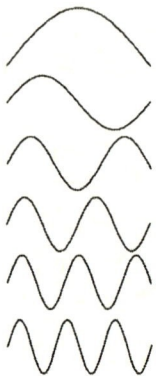

Fig. 4.2 Ondas estacionarias

Por tanto, una característica esencial de las ondas estacionarias es que no pueden vibrar con frecuencias cualesquiera, y solo lo hacen con frecuencias múltiplos de una unidad que depende de la longitud de la cuerda. Las ondas estacionarias presentan frecuencias «cuantizadas» que son siempre múltiplos de la oscilación con la menor frecuencia posible. Si en lugar de observar la cuerda de la guitarra observamos las vibraciones de la membrana de un tambor, nos encontraríamos también con ondas estacionarias con frecuencias cuantizadas, solo que, en este caso, son ondas superficiales con dos dimensiones espaciales (x, y). Los electrones son ondas estacionarias con frecuencias cuantizadas, solo que se trata de ondas esféricas con 3 dimensiones (x, y, z) que no son fáciles de imaginar.

Durante la fase de recombinación, los electrones iniciaron una carrera frenética hacia el núcleo atómico que no terminó en colisión, ya que la naturaleza ondulatoria de los electrones lo impidió. Los primeros electrones se pueden aproximar mucho al núcleo atómico, pero su «vibración» evita el contacto directo con él. La energía cinética de la vibración del electrón aumenta al acercarse al núcleo, hasta superar la energía potencial generada por la atracción electromagnética de los protones nucleares. En ese momento, el electrón se detiene y queda atrapado en torno al núcleo. Con la llegada del segundo electrón entra en funcionamiento el **principio de exclusión de Pauli**[55-58], el cual impide que el segundo electrón ocupe el mismo espacio y tenga las mismas características cuánticas que el primer electrón, características que son aportadas por su posición relativa al núcleo. El resultado es que el núcleo se rodea sucesivamente de electrones, cada uno de los cuales tendrá unas características diferenciales con respecto al núcleo. Cada electrón dispondrá de un lugar único en torno al núcleo atómico, quedando posicionado en una capa (K, L, M, N, O, P, Q) y una subcapa (s, p, d, f, g) específica. Esta posición en un orbital atómico determina las características ondulatorias de cada electrón, así como la forma y orientación de su posición perinuclear, circunstancias descritas por la ecuación de Schrödinger.

La ecuación de Schrödinger fue concebida utilizando desarrollos matemáticos que previamente habían sido usados para el estudio del sonido y los instrumentos musicales, solo que en el caso de los electrones se trata de vibraciones tridimensionales, a las que además había que añadir algunos ingredientes «extraños» propios del comportamiento cuántico del átomo. Entre estos ingredientes «extraños» son de especial relevancia el espín electrónico y el principio de exclusión de Pauli. Por tanto, aunque todos los electrones son iguales, su posición perinuclear determina las diferencias esenciales observadas en el comportamiento de cada uno de los electrones del átomo. Como veremos, el comportamiento de los electrones de la capa más alejada del núcleo será determinante para la interactividad de la mente reactiva de los átomos.

El dispositivo de soporte de estas mentes reactivas atómicas es realmente pequeño, y tiene un diámetro externo que oscila en torno a los 0.1 nanómetros (millonésimas de milímetro). El tamaño promedio de una neurona es de unos 20 micrómetros, con lo que el diámetro de esta célula es unas 200 000 veces mayor que el de un átomo promedio (misma proporción que un hombre de 2 metros en un desierto de 400 kilómetros de diámetro, o que una hormiga de 5 mm en un estadio de 1 kilómetro de diámetro). Por tanto, el tamaño de las mentes reactivas más simples es mucho menor que el de las mentes que veremos en los siguientes capítulos. Pero no nos dejemos engañar por su tamaño. A pesar de sus ínfimas dimensiones, los átomos son determinantes para el comportamiento de mentes mucho mayores como la nuestra, y su actividad no está sometida al «mecanicismo» que parece reinar en muchos objetos del macromundo. Hoy, aquel «mecanicismo revestido de realismo» se percibe más bien como «reduccionismo mecanicista», y la mente reactiva de estos dispositivos ínfimos resulta ser una mente probabilística de conducta incierta más que el resultado de un mecanismo simple de relojería.

La tabla periódica: foto de familia de la mente reactiva atómica

La interacción entre electrones y núcleos genera hasta 118 mentes reactivas diferentes, cada una con su «propia personalidad»[50]. El primer elemento es el hidrógeno, del que ya hemos hablado, y el último es el oganesón. La «personalidad» de cada una de estas mentes reactivas está principalmente determinada por el número de protones y neutrones del núcleo, y por el número de electrones que lo rodean. Las principales características de cada elemento químico están recogidas en una foto de familia, la **tabla periódica de los elementos** (Fig. 4.3).

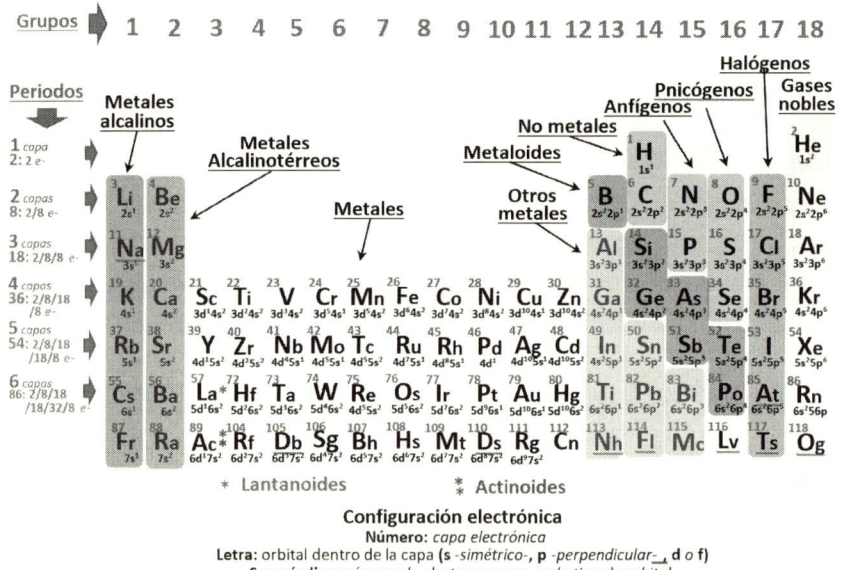

Fig. 4.3 Tabla periódica y reactividad química

No disponemos de espacio para describir la historia de esta familia, ni los detalles que conforman la personalidad de cada uno de sus miembros.

Se trata de una historia fascinante, y conocer la personalidad de cada uno de sus 118 miembros resulta muy útil para comprender la estructura química de los objetos que componen nuestro mundo. Sin embargo, entrar en detalles aquí nos llevaría demasiado lejos, y nos desviaría de nuestro objetivo central, que es ofrecer una visión global del desarrollo y avance de la mente en el cosmos. No obstante, no abandonaremos la tabla periódica sin comentar antes ciertos aspectos que facilitarán la comprensión de los dispositivos de soporte de otras mentes que presentaremos luego.

Los compuestos químicos se ordenan en la **tabla periódica** según el número de protones que contiene su núcleo. Este número se conoce como **número atómico**, se denota con la letra Z, y es el número que aparece vinculado a cada elemento en la tabla periódica de la figura 4.3. Cada compuesto puede disponer de distinto número de **neutrones (N)** en su núcleo, formando los denominados *isótopos*. El primer elemento de la tabla es el hidrógeno con $Z=1$ (1 protón), y el último es el oganesón con $Z=118$ (118 protones). En cada posición de la tabla periódica podemos encontrarnos a varios hermanos gemelos, hermanos que tienen el mismo número de protones, pero distinto número de neutrones. Son los **isótopos**. Al tener el mismo número de protones, todos los isótopos de un átomo se encuentran en la misma posición en la tabla periódica (isótopo en griego significa misma posición). Los átomos con los mismos protones, pero mayor número de neutrones, tendrán mayor masa en su núcleo. Como ya comentamos, los neutrones son más inestables que los protones, con lo que los isótopos con mayor número de neutrones tienden a ser más inestables. La descomposición de los isótopos con más protones hace que se emitan partículas energéticas (radioactividad). Son los denominados *isótopos radioactivos*. Por tanto, el **número másico A** de un núcleo, que se calcula sumando la masa de sus protones y neutrones, es distinto para cada isótopo.

Los elementos que no disponen del mismo número de protones y electrones se denominan *iones*. Los iones con más protones que electrones tienen una carga eléctrica neta positiva, y se denominan *cationes*. Esta denominación proviene del hecho de que, si introducimos los dos polos de un circuito eléctrico en una solución acuosa, los cationes positivos disueltos en la solución emigran hacia el cátodo negativo del circuito. Sin embargo, los iones con más electrones que protones, al disponer de carga eléctrica negativa, emigran hacia el ánodo positivo, por lo que se denominan *aniones*.

Para analizar la reactividad de cada átomo hemos de revisar su posición relativa en la tabla periódica. Los átomos se organizan en la tabla periódica en filas y columnas. Conforme **descendemos por las columnas** (periodos) de la tabla periódica nos encontramos átomos con un número mayor de capas de electrones. Como ya indicamos, los electrones tienen carga negativa y tienden a precipitarse hacia el núcleo de los átomos. No chocan con él, ya que su naturaleza ondulatoria se lo impide. Como recordarán, los electrones son fermiones, y como tales están sometidos al principio de exclusión de Pauli que impide que dos fermiones ocupen el mismo espacio. Por ello, el primer electrón en aproximarse al núcleo podrá «ondular» en la zona más próxima posible al núcleo, pero el segundo electrón ya no podrá ocupar el mismo espacio. Estos son los electrones de la primera capa, que se corresponden con los átomos del periodo 1 (primera fila de la tabla periódica). El tercer electrón en aproximarse al núcleo ya tendrá que quedarse en una zona más alejada, la segunda capa de electrones de los átomos del periodo 2. En esta segunda capa caben hasta 8 electrones, cuyas «ondulaciones» se irán acomodando entre sí, para no ocupar los mismos espacios. Los electrones que lleguen luego se quedarán en la tercera capa, una capa que también puede almacenar hasta 8 electrones (periodo 3). Hasta aquí se han podido crear hasta 18 configuraciones electrónicas distintas, 2 configuraciones con una sola capa, 8 configuraciones con 2 capas (2 electrones en la primera capa y hasta 8 en la segunda), y 8 configuraciones con 3 capas (2 electrones en la primera capa, 8 en la segunda y hasta 8 en la tercera).

Si siguen llegando electrones, y disponemos de protones nucleares para poder atraerlos, entonces ya tendrán que quedar alojados en la cuarta capa (periodo 4). En este caso, las dos primeras capas se ocuparían con 2 y 8 electrones respectivamente, pero la capa 3 puede llegar a albergar hasta 18 electrones, y la capa 4 hasta 8 electrones. Por tanto, los átomos incluidos en el periodo 4 tendrán entre 19 y 36 electrones, las dos primeras capas ocupadas por 2 y 8 electrones respectivamente, la tercera ocupada con hasta 18 electrones y, si fuera necesario, se crearía una cuarta capa que podría albergar hasta 8 electrones adicionales (2/8/18/8). Por tanto, los átomos del periodo 4 disponen de

4 capas de electrones, las 2 primeras con 2 y 8 electrones respectivamente. La tercera y la cuarta capa irán distribuyendo los electrones adicionales de una forma un tanto compleja. Así, el calcio dispone de 20 electrones distribuidos 2/8/8/2, mientras que el siguiente elemento, el escandio, dispone de 21 electrones que ahora estarán distribuidos con 2/8/9/2 (nótese que el último electrón se incorporó a la capa 3 y no a la 4). Los átomos con entre 37 y 54 electrones, los distribuirán por 5 capas, hasta completar todas las capas con la distribución 2/8/18/18/8. Los átomos con entre 55 y 86 electrones precisan de 6 capas que van completando hasta alcanzar la distribución final de 2/8/18/18/32/8 (los átomos entre 58 y 71 electrones son los lantanoides, y no se presentan en la tabla resumen de la fig. 4.3). Los átomos con entre 87 y 118 electrones precisan de 7 capas que van completando hasta alcanzar la distribución final de 2/8/18/18/32/32/8 (los átomos entre 90 y 103 electrones son los actinoides, y tampoco se presentan en la tabla de la fig. 4.3).

Conforme nos **desplazamos hacia la derecha por las filas** de la tabla periódica (grupos) nos encontramos átomos con mayor número de electrones en sus últimas capas. La última capa electrónica es particularmente importante para la reactividad química. Cuando la última capa está completa, los átomos no interaccionan con otros átomos, por lo que su estatus de mente queda en suspenso. Este es el caso de los gases nobles cuyos átomos se encuentran en la última columna de la tabla periódica. Se trata del helio con 2 electrones en 1 capa, el neón con 10 electrones en 2 capas (2/8), el argón con 18 electrones en 3 capas (2/8/8), el criptón con 36 electrones en 4 capas (2/8/18/8), el xenón con 54 electrones en 5 capas (2/8/18/18/8), y del radón con 86 electrones en 5 capas (2/8/18/32/18/8). El resto de los átomos de la tabla periódica sí interaccionan con otros átomos.

Para cumplir con la segunda ley de la termodinámica, los electrones tienden a perder energía por azar. Los electrones de las capas más superficiales son los más energéticos, por lo que tienden a bajar hacia las capas inferiores, y a aproximarse al núcleo atómico. Como hemos visto, los electrones no pueden estar en cualquier posición en torno al núcleo, solo pueden acomodarse en aquellas posiciones que les permite su naturaleza ondulatoria, y el principio de exclusión de Pauli. El resultado es que la energía emitida por los electrones, al cambiar de posición, siempre tiene valores discretos que dependen de la capa de partida y llegada del electrón desplazado. Por tanto, estas diferencias están «cuantizadas», y no pueden tomar valores cualesquiera. La observación inicial de estos «valores cuantizados» no se podía explicar desde la perspectiva de la física decimonónica, y supuso el inicio de la física cuántica (Max Planck).

La energía electromagnética que se pierde en el descenso de electrones de unas capas a otras, es liberada emitiendo fotones cuya frecuencia oscilatoria está asociada a la energía disipada por el electrón. Por tanto, la disipación energética generada por el salto de capa de los electrones puede evaluarse cuantificando la longitud de onda de los fotones emitidos. El calor hace que los electrones de los átomos salten de unas capas a otras, emitiendo fotones con longitudes de onda características, y que permiten identificar el átomo emisor. El espectro de la luz emitida por los electrones en tránsito es tan característico que permite identificar átomos de estrellas lejanas, simplemente estudiando la distribución espectral de los fotones provenientes de la estrella.

Otra forma que tienen los electrones para disipar energía es la interacción con átomos vecinos (reacción química), una interacción que facilita el agrupamiento de átomos en estructuras más complejas. Los electrones pueden incorporarse a capas electrónicas de átomos vecinos, o mantenerse en regiones intermedias entre dos o más átomos próximos. El estado final de estos electrones delimitará el tipo de reacción química que terminará desencadenándose, y los productos finales de esta reacción.

La mayor parte de los átomos de la tabla periódica pueden interaccionar con átomos similares, generando estructuras tridimensionales cristalinas, o generando estructuras metálicas. Los metales son sólidos duros, buenos conductores de la corriente eléctrica y del calor, maleables (su forma se puede cambiar mediante golpes) y dúctiles (pueden extenderse para formar alambres). La estructura electrónica de sus componentes tiene la banda de valencia y la banda de conducción solapadas, lo que les confiere su capacidad para conducir la electricidad y el calor, y para reflejar la luz y producir un brillo característico. Los cristales son sólidos cuyos átomos o moléculas presentan un ordenamiento de largo alcance (que no tienen los vidrios), y que permite una difracción de la luz bien definida y no difusa. Existen cristales metálicos cuyos átomos comparten una nube electrónica que les permite conducir la corriente electrónica, pero que suele aportarles opacidad. Muchas interacciones atómicas se producen entre átomos de distinta naturaleza que, con frecuencia, están disueltos en un solvente como el agua, que los aproxima y les permite reaccionar.

Todas las reacciones químicas entre átomos se producen debido a la «propensión» característica de cada uno de los átomos reaccionantes, «propensión» que depende de su «personalidad química», esto es, de su posición en la tabla periódica. Esta personalidad depende tanto del número de capas de electrones, como del número de electrones de valencia de su última capa. Un ejemplo de la importancia del **número de capas de electrones** lo tenemos al comparar la reactividad del carbono con la del silicio. Ambos disponen de 4 electrones en su última capa, electrones que pueden intercambiar con otros átomos, o completar con 4 electrones provenientes de otros átomos. Sin embargo, mientras que el carbono dispone de dos capas de electrones (Z=6) y pertenece al grupo de los no metales, el silicio dispone de tres capas de electrones (Z=14) y pertenece al grupo de los metaloides (Fig. 4.3). A pesar de que solo difieren en una capa electrónica, y de que ambos tienen 4 electrones en su última capa, el comportamiento de ambos es radicalmente diferente. El carbono es, como se comentará en su momento, el átomo «madre» de la química orgánica y de la vida, mientras que el silicio no parece ser capaz de producir vida de forma natural. El carbono se asocia al desarrollo de la mente natural, mientras que el silicio es el átomo clave que hemos usado para crear mentes artificiales.

El número de electrones de valencia presentes en su última capa es el otro factor clave para la «propensión» atómica a las reacciones químicas. En la parte izquierda de la tabla periódica nos encontramos a los átomos con pocos electrones en su última capa, y que tienden a perderlos con facilidad. Los átomos de la primera columna (grupo 1) tienen un solo electrón en la última capa (metales alcalinos). Este es el caso del hidrógeno (1 capa), el litio (2 capas), el sodio (3 capas), el potasio (4 capas), etc. Estos átomos ceden fácilmente un electrón, transformándose en cationes monovalentes. Los átomos del grupo 2 (segunda columna; metales alcalinotérreos) también tienen propensión a perder los electrones de su última capa. En este caso, se trata de 2 electrones que, al perderse, transforman los metales alcalinotérreos en cationes divalentes. En el lado opuesto de la tabla periódica, y adyacentes con los gases nobles, nos encontramos a los alógenos (grupo 17). Estos átomos disponen de 7 electrones en su última capa, y presentan una «gran voracidad» por adquirir el electrón que les falta para completarla. Con ello, estos átomos halógenos se transforman en aniones monovalentes. Como veremos, las mentes naturales que se desarrollaron sobre un soporte vivo utilizan el intercambio de cationes monovalentes (Na^+ y K^+), y de aniones monovalentes (Cl^-), como medios para procesar información (Fig. 4.4). Los cationes divalentes (principalmente el Ca^{++}) también son ampliamente utilizados, tanto en las sinapsis químicas como en las fibras musculares responsables del movimiento. Pero de todo esto hablaremos con algo más de detenimiento cuando presentemos las mentes cimentadas sobre soporte vivo.

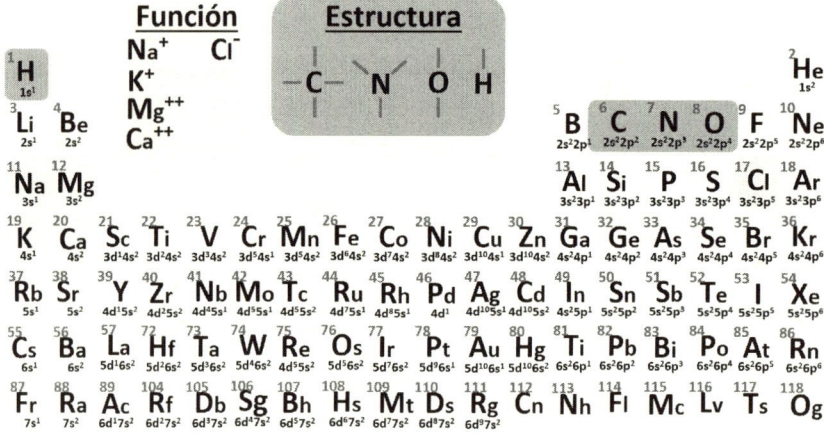

Fig. 4.4 Tabla periódica y neurociencia

La mente reactiva de las moléculas

Los átomos no son el único ejemplo de mente reactiva. Como se muestra en la figura 4.5, los átomos concentran su carga positiva en los protones del núcleo (2 quark UP y 1 quark DOWN), y su carga negativa en los electrones que lo circundan. Electrones y protones se atraen como consecuencia del intercambio de fotones virtuales, lo que hace que los electrones tiendan a caer en el núcleo atómico. La actividad ondulatoria de los electrones impide esta caída, pero mantiene a los electrones lo más próximo posible al núcleo. Los sucesivos electrones que han sucumbido a la atracción nuclear se agrupan de forma ordenada en torno a este. Es un agrupamiento ordenado, ya que, al no poder compartir el mismo espacio (principio de exclusión de Pauli), cada electrón se irá posicionando en una órbita que resulte compatible con las de los otros electrones. De todos ellos, solo los electrones de la capa más externa participarán de forma directa en la comunicación entre átomos, en la función externalizadora de la mente reactiva. Como consecuencia de su apertura a la interacción exterior, los átomos comenzaron pronto a interactuar entre ellos, generando mentes reactivas más complejas, las mentes moleculares. De todos los electrones de los átomos, son los situados en la capa más superficial los que presentan las principales interacciones con el mundo exterior al átomo. Podemos actuar en los electrones de capas más internas del átomo mediante diversas acciones, como el bombardeo con partículas altamente energéticas. Sin embargo, el factor determinante para las interacciones habituales entre átomos es la disposición y las características de los electrones de su capa más externa, los **electrones de valencia**.

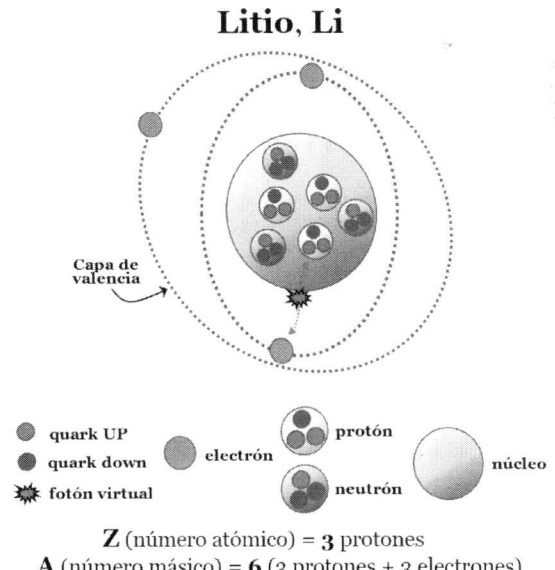

Fig. 4.5 Elementos básicos del átomo interactivo

Las mentes reactivas moleculares se generan por la atracción electromagnética entre los electrones de un átomo y el núcleo atómico de otro. De hecho, una molécula puede ser considerada como un conjunto de núcleos atómicos que permanecen unidos por sus electrones de valencia. Si se dispone del mismo número de protones y electrones, y la última capa electrónica está completa, los átomos no pueden interaccionar químicamente, y no se generan mentes moleculares (gases nobles). Sin embargo, los átomos vecinos con huecos en su última capa electrónica si interaccionan (reacción química).

Con las reacciones químicas, los átomos pueden compartir o ceder sus electrones a otros átomos, haciendo que la carga neta de los electrones (negativos) y de los protones nucleares (positivos) de los átomos reaccionantes se aproxime. La actividad ondulatoria de los electrones se modifica cuando estos se incorporan a moléculas complejas. Esta modificación afecta tanto a la estructura tridimensional de su función de onda, como a su posición en relación con el núcleo atómico (orbital molecular). La distribución de los orbitales moleculares depende de los átomos interactivos, ya que un electrón puede interaccionar con 1, 2, 3 o más protones de su átomo de origen, y con 1, 2, 3 o más protones de los otros átomos de la reacción. La energía potencial de estas interacciones electrón-protón son las que mantienen próximos a los núcleos de los átomos de las moléculas.

Las **moléculas** generadas por la interacción abierta de los átomos deben ser consideradas como nuevas mentes reactivas, y no simplemente como la interacción entre mentes atómicas. Las moléculas cumplen las propiedades básicas de las mentes reactivas, ya que están implementadas sobre un dispositivo de soporte con componentes internos cuya actividad reúne la propiedad reflexiva, la externalizadora y la internalizadora. Como veremos repetidamente al comentar otras mentes más complejas, las mentes moleculares representan algo más que la suma de sus componentes, y sus características y funciones van mucho más allá de la suma de los átomos que las integran. La isomería es una prueba de ello, ya que, en este caso, los mismos átomos, conformados con una interacción diferente entre ellos, generan moléculas que se comportan de una manera completamente diferente. Un número determinado de moléculas (por ejemplo, 3 átomos de carbono, 9 de hidrógeno y 1 de nitrógeno) pueden formar distintas moléculas con diferentes característiticas químicas, moléculas cuya estructura depende de la configuración relativa generada por los átomos interactuantes. En este caso, todas las moléculas tendrían una misma fórmula molecular (C_3H_9N), pero su fórmula desarrollada y sus características químicas cambian en función de que átomos estén compartiendo electrones. Al conjunto de moléculas con la misma fórmula se les denomina *isómeros*.

La interacción entre átomos facilita la aparición de **enlaces químicos**. Los enlaces químicos son el resultado de la comunicación entre dos mentes reactivas atómicas cuya atracción mutua las aproxima, permitiendo que puedan compartir o intercambiar sus electrones. Los enlaces químicos entre distintas mentes reactivas generan nuevas mentes que, dependiendo de su estructura, dispondrán de una «personalidad» propia. Las mentes reactivas pueden interaccionar de distintas formas, y en la figura 4.6 se muestran tres ejemplos de interacción.

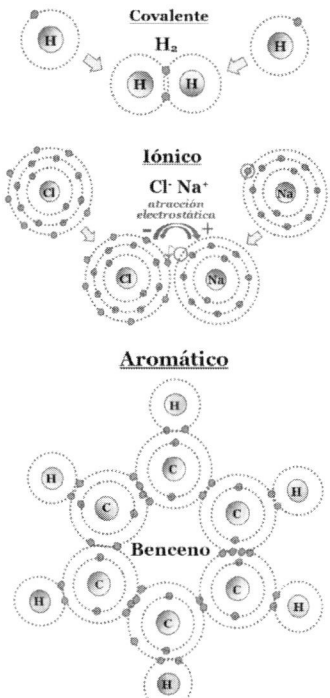

Fig. 4.6 Tres ejemplos de interacción de la mente reactiva

La interacción **covalente** (parte superior de la figura) hace que los átomos compartan pares de electrones (simple —un solo par—, dobles —2 pares—...) que, al situarse entre los átomos reaccionantes, reparten su carga negativa entre ambos núcleos atómicos, manteniéndolos fuertemente unidos. El enlace **electrovalente** o **iónico** se produce cuando un electrón de enlace es cedido de un átomo al otro, de forma que el átomo donante se hace más positivo y el receptor más negativo, permaneciendo ambos átomos unidos por la atracción electrostática generada por esta diferencia de carga eléctrica. En la zona media de la figura se muestra, como ejemplo, como en la molécula de cloruro sódico el sodio ha perdido un electrón que ha pasado a completar la última capa electrónica del cloro. Ahora, la carga neta del cloro es negativa (18 electrones y 17 protones), mientras que la del sodio es positiva (10 electrones y 11 protones). Al tener distinta carga eléctrica, los dos átomos se atraen y permanecen unidos por su interacción electrostática. En el enlace **aromático**, los átomos forman un anillo mediante el cual se comparten electrones. Un ejemplo es la molécula de benceno, que forma un anillo por el que se comparten 18 electrones (parte inferior de la figura). Se trata de una molécula muy estable formada por 6 átomos de carbono, cada uno de los cuales está vinculado covalentemente a un átomo de hidrógeno. Cada átomo de carbono comparte hasta seis electrones con los dos átomos de carbono vecinos, formándose así el anillo aromático. Con uno de los átomos de carbono comparten 4 electrones (doble enlace), mientras que con el otro solo comparte 2 electrones (enlace sencillo). De forma secuencial, los intercambios de 2 y 4 electrones se van alternando, lo que hace que una parte de los electrones circule a gran velocidad por todo el anillo. Aquí la «personalidad» de cada mente reactiva depende sustancialmente de la personalidad del grupo aromático en el que se encuentra inmerso. Estos son solo tres de las posibles interacciones entre mentes reactivas atómicas. El enlace **metálico** es otro ejemplo. Aquí los electrones de enlace están deslocalizados en una amplia estructura que mantiene vinculados a millones de mentes reactivas atómicas, y cuya interacción determinará la conductividad, ductilidad y dureza de la estructura macroscópica (metal) que juntos conforman. A estos enlaces hay que añadir otros como el enlace **covalente coordinado**, los **enlaces de uno y**

tres electrones o el enlace **flexionado**. Todas estas interacciones generan moléculas estables que reúnen las características de las mentes reactivas.

Las moléculas también pueden interaccionar con otras moléculas mediante **fuerzas electromagnéticas intermoleculares**, haciendo que los átomos interactuantes se atraigan o se repelan, pero sin generar nuevos dispositivos estables. Como ejemplos de fuerzas intermoleculares tendríamos los **dipolos** (dos átomos o moléculas se atraen o repelen según su carga eléctrica relativa pero no llegan a establecer una reacción química), el **enlace de hidrógeno** (moléculas dipolares que se aproximan hasta generar una superestructura relativamente estable), y los **dipolos instantáneos** (dipolos muy débiles generados por un desajuste coyuntural entre las cargas del entorno y las de los átomos interpuestos). Ninguna de estas interacciones genera nuevas mentes, ya que les falta la propiedad reflexiva que les aportaría estabilidad.

Los enlaces químicos generan mentes reactivas moleculares que, a su vez, pueden generar nuevos enlaces químicos con los que aparecen mentes moleculares cada vez más complejas. Las mentes atómicas o moleculares comienzan atrayéndose según su carga eléctrica. Tras esta aproximación inicial, se produce una redistribución de los electrones de valencia (enlace químico), que termina la aparición de nuevas mentes reactivas moleculares estables (reacciones químicas). Las reacciones químicas son, por tanto, una comunicación entre mentes reactivas moleculares que se han aproximado de acuerdo con sus «personalidades electromagnéticas» respectivas. El resultado es la aparición de nuevas mentes reactivas que, al redistribuir los caracteres de «personalidad» de las mentes precedentes, conforman mentes diferentes con personalidad propia. Hay distintos tipos de reacciones químicas. En el ámbito de la vida, las reacciones más importantes son las **reacciones** á**cido-base** (generadas por la transferencia de protones entre dadores de protones —ácidos— y aceptores de protones —bases—), las **reacciones de óxido-reducción** (caracterizadas por la transferencia de electrones de un reactivo —que se oxida— a otro —que se reduce—), las **reacciones de precipitación iónica** (generadas por la atracción entre cationes que han ganado electrones previamente, y aniones que han perdido electrones previamente). En la Figura 4.7 se muestra, como ejemplo, la reacción ácido base (o de neutralización) que se produce cuando un ácido que porta H^+ (ácido clorhídrico; ClH) interacciona con una base que porta OH^- (hidróxido sódico; NaOH). Como se muestra en la parte alta de la figura, en esta reacción intervienen cuatro átomos (cloro, sodio, oxígeno e hidrógeno). El cloro que interviene en la reacción ya viene unido covalentemente al hidrógeno (ClH), mientras que el sodio ya viene unido a la molécula de OH (NaOH). La interacción de estas mentes moleculares (parte baja de la figura) hace que los átomos de H+ vinculados al cloro y al sodio abandonen sus ubicaciones iniciales, y sean captadas por el oxígeno (formando agua), y que el sodio y el cloro, una vez libres, interaccionen entre ellos mediante un enlace iónico, formando cloruro sódico. Por supuesto, existen muchas más modalidades de reacciones químicas (óxido-reducción, combustión, desplazamiento, doble desplazamiento, ácido metal, combinación, descomposición, etc.), pero profundizar en ellas nos desplazaría de nuestro objetivo básico, que aquí no es otro que aportar algún ejemplo que facilite la comprensión de la naturaleza y la conducta de las mentes reactivas.

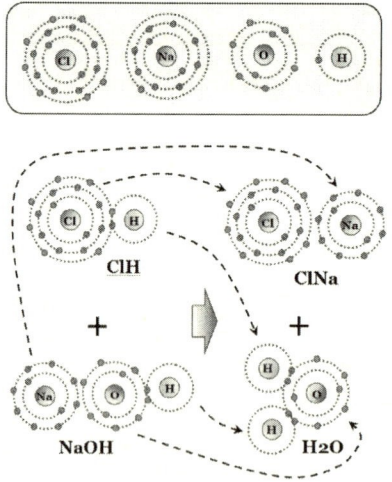

Fig. 4.7 Creación de nuevas mentes reactivas.
La reacción ácido-base como ejemplo

Las mentes reactivas de las moléculas más relevantes

No todos los átomos presentan la misma disponibilidad para el desarrollo de moléculas, y no todas las moléculas son relevantes para el desarrollo de la vida, o para la confección de las mentes más complejas que comentaremos en los próximos capítulos. Quizás la molécula más relevante para la vida sea el **agua**[50]. El 70 % de nuestra masa corporal es agua, y casi todo lo que bebemos (no en el caso de los viernes en la noche), y mucho de lo que comemos, es agua. Para buscar vida extraterrestre en cualquier planeta hay que determinar su disponibilidad de agua líquida. El agua está compuesta por 2 átomos de hidrógeno y 1 átomo de oxígeno que, al compartir un par de electrones de valencia, se unen covalentemente. El oxígeno tiene 8 protones y 8 electrones, 2 en su primera capa y 6 en la segunda. Por tanto, le faltan 2 electrones para completar la segunda capa con 8 electrones. El hidrógeno dispone de un protón y 1 electrón, y le falta 1 electrón para completar su primera capa con 2 electrones. La molécula de agua se forma cuando el oxígeno comparte covalentemente un electrón con cada átomo de hidrógeno, de tal manera que ahora el oxígeno tiene 8 electrones en su segunda capa (6 propios y uno de cada átomo de hidrógeno) y el hidrógeno 2 electrones en su primera y única capa (compartidos con el oxígeno). Así, todos los átomos salen «beneficiados», apareciendo una nueva mente reactiva molecular, el agua.

$$H_* + \; {}^*_*\overset{**}{O}{}_*{}^* + {}^*H \;\Rightarrow\; H\,{}^*_*\overset{**}{O}{}^*_*\,H$$

La mente reactiva molecular del agua ofrece grandes prestaciones interactivas que son derivadas, entre otras circunstancias, de su polaridad. La distribución de la nube electrónica de la molécula de agua hace que esta sea polar, con regiones donde la carga negativa de los electrones no está compensada por la carga positiva de los protones. La zona de la molécula donde se encuentra el oxígeno es más negativa que aquella donde se encuentran los 2 átomos de hidrógeno. Las moléculas de agua colindantes tienden a ordenarse de forma que las regiones positivas de unas moléculas se aproximen a las negativas de las otras, formándose así un enlace de hidrógeno. Los enlaces de hidrógeno del agua se forman cuando los átomos de hidrógeno (unidos covalentemente al oxígeno) son atraídos por un par de electrones no enlazantes (que no intervienen en una unión covalente) del átomo de oxígeno. Por tanto, uno de los átomos de hidrógeno de la molécula de agua establece un puente de hidrógeno con los electrones no enlazantes del oxígeno de otra molécula de agua. Cada molécula de agua puede formar hasta 4 enlaces de hidrógeno de forma simultánea, generando así un conjunto de enlaces débiles pero suficientes como para mantener el agua en estado líquido. En este líquido, las moléculas de agua están continuamente rompiendo y creando nuevos enlaces de hidrógeno entre ellas. Con una estructura intermolecular tan fluida, el agua puede interaccionar con cualquier otra molécula polar. Esto convierte al agua en un medio idóneo para disolver la infinidad de moléculas polares que hay en la naturaleza. Por ello, el agua es considerada como un disolvente universal para las sustancias polares.

Cuando la temperatura desciende por debajo de 0 ºC, los enlaces de hidrógeno se estabilizan y el agua se hace sólida, perdiendo su capacidad disolvente. Si la temperatura asciende por encima de 100 ºC, la agitación molecular es suficientemente intensa como para hacer que las moléculas de agua se separen y terminen volatilizándose, con lo que el agua pierde su estado líquido y pasa a un estado gaseoso en el que ya no puede funcionar como solvente polar. Sin embargo, entre 0 y 100 ºC, el agua es un solvente maravilloso para la inmensa mayoría de las moléculas que intervienen en los procesos vitales. Por eso, el resto de las mentes naturales de las que hablaremos a continuación, utilizan el agua como soporte material para procesar información. Además, es un medio abundante, ya que el hidrógeno es, con mucho, el átomo más abundante en el universo (74 % de la masa del universo), seguido del helio y luego del oxígeno. Así que las mentes naturales trabajan en un medio líquido, al contrario de la inmensa mayoría de las mentes artificiales que, como veremos en los capítulos finales, hoy solo trabajan sobre sustrato sólido.

Las reacciones químicas pueden generar estructuras moleculares muy complejas (moléculas hipercomplejas) que luego serán esenciales para el desarrollo de la vida y para la progresión de la mente en la Tierra. Este es el caso de los **aminoácidos**, componentes esenciales de las proteínas. Las **proteínas** son compuestos integrados por cientos o miles de aminoácidos unidos por sus extremos[59]. Los aminoácidos principales son 20, los cuales disponen de una estructura lineal que puede estar formada por hidrógeno, carbono, nitrógeno, oxígeno y azufre. Estas líneas atómicas se unen por sus extremos, formando así las cadenas de aminoácidos que constituyen las proteínas. No obstante, para que esta cadena pueda ejercer su acción fisiológica, es necesario que se pliegue sobre sí misma y forme una estructura tridimensional. Las estructuras tridimensionales de las proteínas se construyen gracias a la interacción de distintos aminoácidos de su cadena, una interacción que se genera mediante enlaces de hidrógeno entre un átomo de hidrógeno (unido covalentemente a un átomo de nitrógeno) de un aminoácido, y un átomo de oxígeno de otro aminoácido. Para que esta interacción influya en la estructura tridimensional de la proteína, estos aminoácidos deben estar situados en regiones alejadas de la proteína. La estructura tridimensional de cada proteína está soportada por cientos de enlaces de hidrógeno de distintos aminoácidos, enlaces que estabilizan la disposición tridimensional de la proteína. El incremento de temperatura genera una agitación molecular que puede romper estos enlaces de hidrógeno, destruyendo la estructura tridimensional de la proteína (desnaturalización) y alterando su función. La mayor parte de las proteínas se desnaturalizan por encima de los 50-60 ºC.

Otras mentes reactivas de gran relevancia para la vida y para la evolución de la mente, son los ácidos nucleicos[60,61]. Los genes que trasmiten información entre generaciones sucesivas de cualquier especie están formados por cadenas de ácidos nucleicos. El ácido desoxirribonucleico (ADN) está formado por dos hebras paralelas de azúcares unidos longitudinalmente por grupos fosfato. Las sucesivas moléculas de azúcares están unidas a alguna de las cuatro bases (adenina, guanina, citosina y timina) que forman el ADN, bases que se unen con las bases de la cadena opuesta mediante enlaces de hidrógeno (la adenina con la timina mediante 2 enlaces de hidrógeno y la guanina con la citosina mediante 3 enlaces de hidrógeno). El código genético está codificado en la sucesión de bases de la cadena de ADN. Tres pares de bases sucesivas codifican el aminoácido que deberá incorporarse a la proteína codificada en el gen, y que está siendo sintetizada. Por ejemplo, una proteína de 100 aminoácidos ha de disponer de, al menos, 300 bases en el gen que la codifica. Las temperaturas elevadas agitan las bases del ADN y deterioran los enlaces de hidrógeno que conectan sus tripletes de bases, con lo que la molécula de ADN pierde su estructura tridimensional y se desnaturaliza.

¿Por qué tanto las proteínas como el ADN confían su estabilidad a un enlace tan vulnerable como es el enlace de hidrógeno? La respuesta es simple. En ambos casos se trata de enlaces que se están modificando continuamente, una ductilidad necesaria para los procesos de la vida que no sería posible con enlaces más estables como, por ejemplo, con enlaces covalentes. La estrategia de la vida prefirió utilizar estos enlaces «dúctiles», aportándoles mayor estabilidad mediante un control preciso de la temperatura y de otros elementos del medio intracelular.

Las proteínas y los ácidos nucleicos son mentes reactivas, y no disponen de procedimientos específicos para adaptarse activamente a las condiciones cambiantes del entorno. Como veremos, estos procedimientos adaptativos aparecerán en las mentes que afloraron en nuestro planeta siguiendo el rastro de las proteínas y del ADN (la mente vegetativa y la mente activa). Se ha sugerido que ácidos nucleicos y proteínas pueden interaccionar para formar dispositivos moleculares más complejos, que ya serían capaces de reparar los daños eventuales de sus moléculas constituyentes. En este caso, estaríamos hablando de la primera mente vegetativa, una mente que cambia su dispositivo de soporte para adaptarlo al medio. No obstante, no todos los biólogos aceptan que estos complejos moleculares autorreparadores hayan existido alguna vez. También se ha sugerido que la presión evolutiva pudo comenzar a actuar cuando lo más complejo que existía en nuestro planeta eran las cadenas de nucleótidos y de aminoácidos. ¿Cómo se formaron los primeros compuestos químicos orgánicos? y ¿cómo estos compuestos dieron origen a las grandes moléculas de proteínas y al ADN? Para poder responder a estas preguntas hemos de terminar la descripción de la evolución galáctica y planetaria del universo, lo cual se resume en el siguiente capítulo.

Capítulo 5
La tierra, un hogar para el progreso de la mente

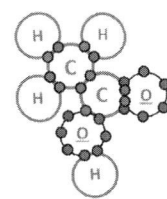

La expansión y el enfriamiento del universo que se había iniciado hace **13 770 MA** continuó sin descanso. La expansión aumenta el diámetro del universo a un ritmo de 1 año/luz cada año, con lo que su diámetro actual es de ≈14 000 millones de años luz (un año luz es el espacio recorrido en un año por un fotón que viaja en el vacío a la velocidad de 299 792 458 metros/segundo). El enfriamiento redujo la temperatura media del universo hasta los 3 ºC sobre el cero absoluto. El resultado es que vivimos en una amplia y fría estancia de 5 x 10^{26} metros de diámetro que compartimos con 10^{11} galaxias, 10^{23} estrellas y 10^{80} protones, un espacio por el que circulan 10^{89} fotones. Esta estancia está casi vacía, ya que la densidad media de la masa que contiene es de 10^{-26} kg/m^3 (equivalente a 6 átomos de hidrógeno/m^3). En este contexto aparece, hace unos **13 210 MA**, nuestra galaxia, la **Vía Láctea**. La mente reactiva continúa progresando, ahora en la inmensidad del espacio, en las galaxias y en el medio interestelar que las baña.

El medio interestelar e interplanetario en el progreso de la mente

Se estima que un 10 % de la masa interestelar de la vía láctea no forma estrellas, permaneciendo como gas y polvo (medio interestelar)[62-65]. El 99 % del medio interestelar es hidrógeno y helio, mientras que el 1 % restante está compuesto por oxígeno, carbono y nitrógeno y, en menor cuantía, por otros elementos denominados *elementos traza*. Las mentes atómicas pueden mantenerse de forma independiente gracias a su propiedad reflexiva. Sin embargo, su propiedad externalizadora y bidireccional también les permite agruparse para crear mentes reactivas moleculares más complejas. Estas mentes también disponen de propiedad reflexiva, y pueden permanecer en el vacío intergaláctico e interestelar de forma indefinida. Estas mentes más complejas han podido ser identificadas a distancia, gracias a la observación astronómica con los métodos espectroscópicos comentados en el capítulo anterior. La densidad de estas mentes moleculares parece ser especialmente elevada en las denominadas *nubes moleculares*, nubes de gas y polvo situadas en ciertas zonas de la galaxia, y que tienen materia equivalente a la de ≈1000 soles. Las nubes moleculares disponen de mentes atómicas como el hidrógeno, pero también de mentes moleculares como el monóxido de carbono (CO), etanol (CH3CH2OH), acetona (CH3)2CO, ácido acético (CH3COOH), amoniaco (NH3), acetaldehído (CH3CHO), y otras muchas.

Las mentes moleculares aparecen también en el espacio vacío que circunda los planetas del sistema solar. Durante la formación de los planetas, en torno al Sol, también se produjeron objetos de menor tamaño, como el polvo interplanetario y los asteroides. A estos objetos se añaden otros pequeños objetos exteriores, viajeros interestelares provenientes de estrellas vecinas, o del medio interestelar. Los objetos pequeños que circulan por el vacío de nuestro sistema solar pueden ser estudiados directamente. Llevamos décadas lanzando naves con dispositivos capaces de atraparlos en el espacio, y luego trasportarlos hasta la tierra para su estudio directo, un estudio que ha permitido, por ejemplo, identificar los componentes materiales de la nebulosa solar primigenia de la que surgió nuestro sol. En ocasiones, se trata de granos interplanetarios muy pequeños pero que pueden agruparse produciendo partículas algo mayores (ej. granos metálicos, cóndrulos de silicatos...) que, al colisionar entre ellos, forman agregados de milímetros o centímetros de diámetro, y que continúan agregándose hasta constituir meteoritos, cometas y asteroides. La gravedad hace que los cometas y asteroides tiendan a viajar juntos por determinadas regiones del sistema solar, formando, por ejemplo, el **cinturón principal** que contiene la mayoría de los asteroides y otros objetos ricos en agua y materia orgánica, el **cinturón de Edgeworth-Kuiper** que contiene numerosos objetos helados con diámetros de hasta 1000-2500 km, y la **nube de Oort** que agrupa a numerosos cuerpos helados de los cuales proceden los cometas de la familia del *Halley*[66-69]. En estos objetos interplanetarios también encontramos mentes moleculares. Las observaciones espectroscópicas de las envolturas gaseosas de los cometas han encontrado monóxido y dióxido de carbono, metano, acetileno, etano, metanol, formaldehido, ácido fórmico y un largo etcétera. En el meteorito de Murchison (1969) se encontraron más de 14 000 tipos de moléculas orgánicas[70]. Algunos asteroides disponen incluso de moléculas «orgánicas» que no han sido encontradas en nuestro planeta, lo que muestra que, al igual que las mentes reactivas atómicas (como la del hidrógeno) y moleculares (como la del agua), las mentes reactivas de las moléculas orgánicas están dispersas por el universo, y no son exclusivas de nuestro planeta.

A las moléculas complejas encontradas en el espacio interestelar e interplanetario se les suele denominar *moléculas orgánicas*. Estas moléculas se denominaron así en la creencia de que solo podían ser sintetizadas por seres vivos. Su hallazgo en medios donde no parecen existir seres vivos hace que hoy se hable más de química del carbono, en general, que de química orgánica en particular. ¿Por qué química del carbono? La razón es que muchas de las moléculas extraterrestres contienen carbono, un átomo que, como comentamos, es muy reactivo y habitual en el universo.

Los átomos de carbono están dispersos por todo el universo. El carbono es el 15º elemento más abundante en la corteza terrestre, y el 4º elemento más abundante en el universo, después del hidrógeno, el helio y el oxígeno. Además, con 6 protones, 6 neutrones y 6 electrones, se trata de un átomo pequeño, cuyo reducido radio atómico le permite hacer enlaces múltiples (Fig. 5.1). Con 4 electrones en su última capa, puede hacer enlaces covalentes muy estables con otros átomos habituales como el hidrógeno, el oxígeno, el nitrógeno y el azufre. Los átomos de carbono pueden formar una cantidad de especies químicas prácticamente ilimitada, y con enorme complejidad. Por todo ello, el carbono es un átomo particularmente adecuado para generar complejidad química estable, y de ahí su importancia para los seres vivos, y para la evolución de la mente.

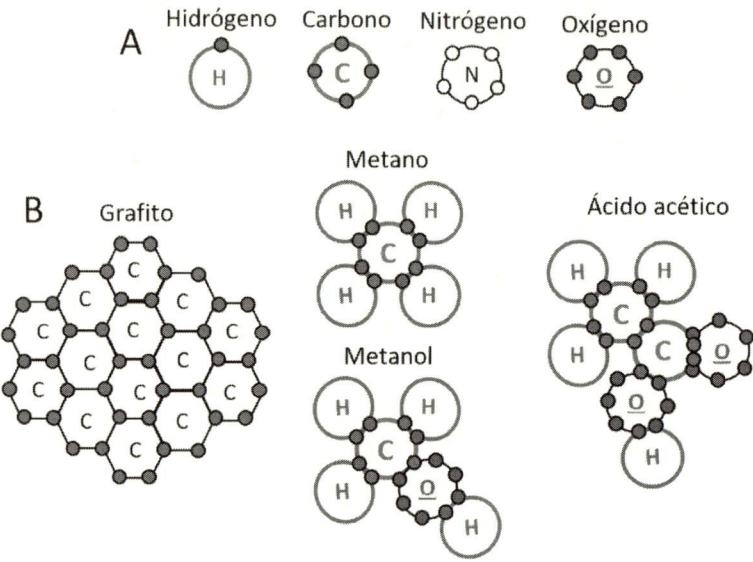

Fig. 5.1 **Química del carbono**

El Sol en el progreso de la mente

En las regiones exteriores de uno de los brazos de la **Vía Láctea** se produce, hace unos **4600 MA**, una agregación gravitacional rápida del medio interestelar, que en solo 100 000 años genera nuestra estrella, el **Sol**[71]. El Sol es una de las ≈300 000 millones de estrellas de nuestra galaxia. Es una estrella de tercera generación, ya que el medio material que se agregó para su formación ya había producido dos estrellas previamente. Es una estrella de tamaño medio con una vida potencial aproximada de 10 000 MA. Las estrellas pueden presentar una masa de 0,08 a 120 veces la masa del Sol, y la duración de su vida es menor en las estrellas más masivas. De sus 10 000 MA de vida potencial, el Sol ya ha consumido **4600 MA**.

Nuestro Sol está compuesto por hidrógeno (71 %) y helio (27 %) provenientes de la nucleosíntesis primordial, y por otros átomos provenientes de nucleosíntesis estelar (2 %). Su masa es de 1,99 x 10^{30} kg, generando una emisión estable de luz como consecuencia de la fusión de 600 millones de toneladas de hidrógeno que se transforman en helio, y de 400 millones de toneladas de hidrógeno que se transforman en energía radiante cada segundo.

La energía irradiada por el Sol ha permitido el avance de la mente molecular en nuestro planeta y luego, con la aparición de la vida, el rápido desarrollo de la mente sobre este nuevo dispositivo de soporte vivo. La irradiación solar incrementa la temperatura de la superficie de la tierra, y con la temperatura se incrementa la reactividad de las mentes moleculares. Como veremos luego, los seres vivos utilizan grandes cantidades de energía, sin la que no pueden progresar, y el Sol será el suministrador principal de esta energía. La energía del Sol es recogida por las plantas, las cuales serán luego las suministradoras «oficiales» de energía química al resto de los seres vivos. Las plantas disponen de un proceso denominado *fotosíntesis*, que está vinculado a la actividad de la proteína clorofila. Este proceso transforma la energía aportada por los fotones provenientes del Sol en energía química, que puede ser almacenada en los vegetales. Inicialmente es almacenada en enlaces químicos moleculares, y especialmente en los enlaces de la glucosa. A partir de seis moléculas de dióxido de carbono y seis de agua, el proceso de fotosíntesis genera una molécula de glucosa y libera seis de oxígeno. La energía se almacena en los enlaces químicos de estas moléculas, hasta que es requerida por los procesos de la vida. Entonces, los enlaces se rompen (ej. glucolisis, ciclo de Krebs...) y la energía cambia de soporte químico (ej. ATP), hasta que es finalmente utilizada para sintetizar los componentes de la vida. La clorofila solo absorbe una parte de los fotones provenientes del Sol, unos con longitud de onda larga (color rojo) y otros con longitud de onda más corta (violeta). Para sintetizar una molécula de glucosa las plantas terrestres necesitan absorber unos 50 fotones rojos o 25 fotones violeta. En estas condiciones, la energía solar podría facilitar la producción de unas 10^{16} moléculas de glucosa por cada centímetro cuadrado de superficie terrestre por segundo. Son cifras enormes que nos aseguran que mientras el Sol brille, y nosotros permitamos a las plantas hacer su trabajo, la energía necesaria para la vida en la tierra está asegurada. Pero no nos adelantemos. En esta historia aún no ha aparecido la vida. Volvamos al progreso de la mente reactiva molecular, que ahora ya se puede realizar directamente en la superficie de nuestro planeta.

La tierra en el progreso de la mente

El medio interestelar no incluido en la masa solar también se agrupó por la acción de la gravedad, produciendo objetos cuya masa no era suficiente como para generar reacciones termonucleares en su seno. Así, una parte de la masa interestelar generó planetas. Entre estos objetos aparece, hace unos **4543 MA**, nuestra **Tierra**. No se trata de un planeta excepcional, ya que solo en nuestra galaxia podrían existir 40 000 millones de planetas parecidos a la Tierra. La tierra irradia calor y se enfría y, como consecuencia de numerosos impactos de asteroides con alto contenido en agua, acumula el medio esencial en el que surge la vida, el agua. Inicialmente, la tierra tenía el 50 % de la masa actual, dando giros completos cada 3-5 horas. Luego, la agregación de los objetos que impactaron en el planeta, terminó por incrementar su masa. Un impacto de especial importancia fue el de **Tea**, un objeto con masa similar a la de Marte, que impactó con la Tierra hace **4530 MA**. Se cree que este impacto generó restos que, tras ser despedidos al espacio, quedaron atrapados por la gravedad terrestre, girando a su alrededor hasta agruparse y formar nuestro satélite, la **Luna**. Hace **4440 MA** la superficie de la Tierra se enfría lo suficiente como para formar una fina corteza exterior, y se producen los primeros cristales de zirconio. Las primeras rocas verdaderas de la superficie terrestre datan de hace **4100 MA**. El número de impactos y la cantidad de agua que llegó con ellos había sido tan enorme que, con el enfriamiento de la corteza, el agua líquida se acumula en las zonas declives, generando lagos, y luego mares. Entonces ya se disponía del solvente necesario y de la temperatura adecuada para que la vida pudiera iniciarse, y para que la mente pudiera usarla para evolucionar con rapidez.

Quizás el paso más decisivo para la formación de la vida, y para la transición desde la mente reactiva a la mente activa y a la mente vegetativa, se produjo en la superficie de nuestro planeta hace unos pocos miles de millones de años. Desde los estudios de *Alexander Ivánovich Oparin* hace casi 100 años, se sabe que las atmosferas reductoras ceden electrones, promoviendo complejidad química a partir de moléculas sencillas y facilitando la síntesis de moléculas necesarias para la vida[72-74]. Posteriormente, *Stanley Lloyd Miller* (1930-2007) sometió las atmosferas reductoras a descargas eléctricas que aceleraron la síntesis de moléculas orgánicas. Así, la mezcla de H2, H2O, CH4 y NH2 sometida a descargas eléctricas (con las que se pretende simular el entorno de la tierra primitiva) generó moléculas que, como los aminoácidos, son esenciales para la vida. Estos estudios se han perfeccionado posteriormente, añadiéndose nuevos ingredientes (ej. N2, CO2, CO...), y midiendo los productos resultantes con técnicas más sensibles[73]. En estas condiciones se llegaron a producir hasta 23 aminoácidos y 4 aminas. Experimentos posteriores generaron, en matraces aislados, muchos de los componentes químicos de las células vivas, incluyendo péptidos (pequeñas proteínas) y moléculas similares al ácido ribonucleico (ARN).

Las condiciones usadas en estos experimentos de laboratorio eran similares a las que probablemente existieron en las charcas de la superficie de la Tierra primigenia. Un problema importante para el inicio de la bioquímica en nuestro planeta debió ser la dispersión de los agentes químicos por el medio acuoso donde habían aparecido. Como comentamos en el capítulo anterior, la interacción electrónica que permite las reacciones químicas solo se produce cuando los agentes interactuantes están muy próximos. La difusión por el medio acuoso de los productos sintetizados podría suponer una barrera infranqueable para la aparición de las rutas metabólicas que caracterizan la vida. Sin embargo, esta dispersión está limitada en el caso de los agentes químicos presentes en las charcas, en las cuales, los procesos de evaporación podrían incrementar la concentración de los reactivos. Para muchas de estas reacciones se precisa energía, la cual pudo haber sido suministrada por rayos, radiación ultravioleta o emanaciones térmicas provenientes del interior de la Tierra.

Lo sorprendente de todos los procesos comentados es que son el resultado de la actividad de mentes reactivas atómicas y moleculares, generadas en el interior de las estrellas y en el espacio. Para progresar, estas mentes precisaron de hogares acogedores como la superficie de nuestro planeta, un refugio que aproximó las mentes reactivas y las dotó de la energía necesaria para que pudieran progresar. En este útero terrestre, los dispositivos de soporte de la mente reactiva atómica y molecular pudieron presentar un salto acelerado hacia la complejidad, un salto que posibilitó la aparición de la mente promediadora autocatalítica, y luego de la mente activa y de la mente vegetativa, que comentaremos en los próximos capítulos.

Capítulo 6
De la mente reactiva a la mente promediadora autocatalítica inestable (PAI)

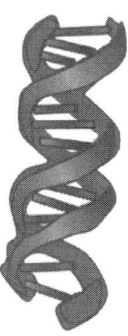

Las innumerables mentes reactivas atómicas generadas por todos los rincones del universo han ido evolucionando hacia mentes reactivas moleculares más complejas. Sin embargo, la naturaleza cuántica de todas las mentes reactivas podría detener el progreso de la mente. ¿Cómo hacer mentes más complejas con elementos que presentan una actividad inestable? ¿Es posible hacer mentes fiables con elementos de soporte con una conducta impredecible? ¿Cómo cumplir con la propiedad reflexiva? Este podría haber sido el final de la evolución de la mente, sin embargo, la mente encontró una solución para seguir evolucionando. Aparece entonces la **mente promediadora autocatalítica inestable (PAI)**, una mente que, hasta donde sabemos, solo se ha producido en la Tierra.

La mente PAI ya es una mente compuesta, una mente que agrega mentes reactivas más sencillas. La mente PAI surgió mediante un delicado equilibrio entre promediación, autocatálisis e inestabilidad. La **promediación** limita el efecto que la aleatoriedad de las mentes reactivas atómicas que la componen podría tener en las nuevas mentes. No utiliza las conductas de mentes reactivas individuales. Se cimenta en la conducta promedio de un gran número de ellas. Dispone de un diseño «democrático» que funciona *de abajo a arriba*, actuando según la «opinión de la mayoría». La **autocatálisis** hace que la dinámica global de la mente condicione la conducta de sus componentes individuales. Se trata de una acción «autocrática» que funciona *de arriba a abajo*, y que hace que la dinámica global de la mente pueda modular la actividad individual de sus elementos de soporte. Para que esta interacción bidireccional (abajo ↔ arriba) promueva la emergencia de nuevas funciones mentales, se precisa de cierto grado de **inestabilidad** en la dinámica global del dispositivo de soporte. Sin la acción de una inestabilidad moderada, el dispositivo de soporte quedaría cautivo en «mínimos locales» y la PAI no podría evolucionar.

Al igual que las otras mentes, la pervivencia de la mente PAI precisa de la protección de la propiedad reflexiva. La propiedad reflexiva, que en la mente reactiva solo protegía la integridad del dispositivo de soporte, ahora también ha de proteger las nuevas adquisiciones funcionales de la mente PAI. Aparece así la memoria más primitiva. La mente PAI evoluciona con la experiencia, y la propiedad reflexiva protege las funciones adquiridas para que puedan ser utilizadas en el futuro. La mente reactiva solo responde a las acciones del entorno, o de otras mentes reactivas próximas. Su evolución es fruto del azar y de la propiedad reflexiva. Se ensayan nuevas conformaciones aleatorias generadas por azar, y solo aquellas que disponen de estabilidad «reflexiva» perviven. Las mentes PAI añaden a esta dinámica la posibilidad de gestionar su propio futuro, cambiando su dispositivo de soporte en función de la experiencia, explorando todas las posibilidades funcionales del último dispositivo generado, y manteniendo su estabilidad con la actividad promediadora y la función reflexiva.

La actividad PAI es una de las funciones más transcendentales adquiridas por la mente en evolución, y todas las mentes naturales de las que hablaremos a lo largo del libro son el resultado de esta actividad. No obstante, en este capítulo solo comentaremos las mentes PAIs más simples, las mentes

PAIs herederas directas de las mentes reactivas. Para comenzar haremos algunos comentarios sobre el significado y la importancia de cada una de las características básicas de la mente PAI, la promediación, la autocatálisis y la inestabilidad. En la parte final del capítulo comentaremos algunos ejemplos de mente PAI que probablemente fueron necesarias para el inicio de la vida en la tierra.

La promediación, un requisito para la fiabilidad de la mente PAI

La promediación permite desarrollar mentes fiables a partir de componentes poco fiables[75-77]. Como ya comentamos, los átomos y las moléculas tienen un comportamiento individual cuántico «poco fiable». La **química** que nos explicaron en el bachiller es la química del promedio. Cuando dos reactivos se ponen en contacto se producen reacciones predecibles que pueden ser descritas en su integridad mediante una formulación simple (ej. Li^{+1} + O_2^{-2} -> Li_2O_2 -peróxido lítico-; H_2^{+1} + O^{-2} -> H_2O -monóxido de dihidrógeno o agua-). En estas formulaciones se asume que todos los átomos reaccionan siempre de la misma manera, por lo cual, lo único a tomar en consideración es la «reactividad» de los átomos en función de: 1- su capa de valencia (tendencia a ceder o ganar electrones para completar su última capa electrónica), y 2- la proporción de átomos de cada clase. Sin embargo, la física cuántica nos informa de la naturaleza probabilística del comportamiento de los átomos. Cuando diseñamos experimentos para observar la conducta de átomos aislados estos se comportan como indica la física cuántica, pero cuando estudiamos las reacciones químicas de un gran número de átomos presentes en una solución, estos se comportan como dice la química tradicional. ¿Cómo compaginar ambas «perspectivas»?

La formulación química ofrece resultados fiables porque no mira lo que hace cada átomo de forma independiente. Solo mira lo que hacen la mayoría de ellos. La química convencional trabaja con un número enorme de átomos o moléculas, y hablamos de números verdaderamente elevados. La cantidad de moléculas que interaccionan en una reacción química es tan grande que no se suele indicar como número de moléculas sino como **moles**. Por ejemplo, para la formación del agua ($2 H_2 + O_2 \rightarrow H_2O$) se explicita que dos moles de hidrógeno (H_2) y un mol de oxígeno (O_2) reaccionan para formar un mol de agua (H_2O). ¿Cuántas moléculas han interaccionado en esta reacción? No se especifica con precisión. Lo importante desde la perspectiva química es la proporción entre el número de moléculas de oxígeno y el número de moléculas de hidrógeno. La formulación química tradicional funciona siempre, pero esto no significa que funcione siempre para cada uno de los átomos de oxígeno e hidrógeno presentes. En las reacciones químicas intervienen moles de sustancias y cada mol dispone de $6,022 \times 10^{23}$ átomos. No sabemos, y generalmente no nos importa, si todos los átomos han hecho lo esperable según esta formulación química. Podemos permitirnos que algunos millones de átomos hagan otra cosa (como de hecho ocurre) sin que esto modifique, a efectos prácticos, los resultados de la reacción química.

Los distintos átomos disponen, como hemos visto, de un número diferente de protones y neutrones, por lo cual tienen distinta masa. Así que calculamos nuestras reacciones químicas «pesando los reactivos» en una balanza, y haciendo una estimación muy imprecisa del número de átomos o moléculas de cada componente químico a partir de su peso. Con ello nos despreocupamos de las minucias que pueden representar algunos millones más o menos de átomos. Por ejemplo, en la reacción $CaCO_3 \rightarrow CaO + CO_2$, 1 mol de $CaCO_3$ (que pesa unos 100 g) origina 1 mol de CaO (que pesa unos 56 g) más 1 mol de CO_2 (que pesa 44 g). En definitiva, se trata del comportamiento promedio de átomos y moléculas, y no del comportamiento individual de alguna de ellas.

Estas ideas ya eran conocidas y aceptadas por la física y la química del siglo XIX. *Poisson* ya propuso en 1835 que el azar cede ante el determinismo, cuando el número de sucesos aleatorios es suficientemente elevado (ley de los grandes números). La propuesta de *Poisson* cimentó el desarrollo de la estadística, siendo aplicada al estudio del comportamiento social y a la propia física. *James Clerk Maxwell* ya indicaba en 1883 que «la porción más pequeña de materia que podemos someter a un experimento consiste en millones de moléculas de las que ninguna de ellas podrá manifestarse nunca individualmente ante nosotros», y que «la regularidad de los promedios nos permite, sin mayores problemas, hacer estimaciones y depender de ellas a efectos prácticos». *Ludwig Boltzmann* (1872), que trabajaba por entonces con modelos que utilizaban los movimientos de las moléculas para estimar las propiedades físicas de los gases, propuso que:

> Las moléculas son parecidas a muchos individuos, pasan por los más diversos estados de movimiento, pero las propiedades de los gases permanecen inalteradas porque el número de sus moléculas que de promedio tienen un estado de movimiento dado es constante.

Por tanto, la ciencia, antes incluso de la aparición de la física cuántica, ya estaba cimentada en lo que el propio *Boltzmann* denominó la **invarianza de los promedios estadísticos**.

Algo parecido ocurrió luego con muchos experimentos en **física de partículas**. Las medidas efectuadas en experimentos de física de partículas, o química física, se practican normalmente sobre muchos millones de átomos a la vez. Por ello, las estimaciones de la física cuántica y las mediciones observadas por la física atómica siempre presentan una aproximación espectacular. Estas disciplinas nos ofrecen estimaciones muy fiables de la probabilidad de que un porcentaje concreto de un número inmenso de partículas tenga una conducta concreta. Ocurre como con las encuestas de intención de voto, que nos informan del voto promedio esperado para la población. Sin embargo, ni la física cuántica permite estimar de forma absoluta la conducta de partículas subatómicas concretas, ni la estadística poblacional nos permite estimar que votará un sujeto concreto en las próximas elecciones. Los estudios físicos hacen estimaciones muy precisas, ya que utilizan muestras estadísticas con muchos millones de partículas. Las estimaciones de voto se hacen a partir de muestras con unos pocos miles de votantes, y son mucho menos precisos.

La **estadística** nos ayuda a soslayar las dificultades metodológicas que impiden observar simultáneamente a todos los elementos que participan en cualquier fenómeno físico o biológico. Ante esta imposibilidad, la estadística nos ofrece resultados promedio con los que podemos hacer modelos predictivos y, hasta aquí, todos de acuerdo. El problema surge con la interpretación que se hace del hecho frecuente de que «las mismas condiciones experimentales producen los mismos resultados» y de que «los modelos determinísticos pueden predecir estos resultados». La pertinaz constatación experimental de que los «grandes números» ofrecen resultados fiables y repetibles promovió una creencia entre los físicos que luego se generalizaría a otros ámbitos de la ciencia, incluida la biología. Las desavenencias surgen cuando de estos modelos predictivos se extrapola la creencia de que los componentes del sistema estudiado tienen una conducta determinística y que, por tanto, toda la realidad (incluida la mente) está determinada por leyes simples e inexorables que determinan también la conducta de sus componentes «más pequeños». Los físicos y los químicos decimonónicos creían que «los elementos del micromundo son objetos con un comportamiento estereotipado absolutamente predecible, aunque no podamos observarlo directamente». Esta creencia se reforzaba con la observación frecuente de que las conductas de los objetos del macromundo se ajustan mucho a las estimaciones generadas mediante modelos determinísticos, y de que esta predicción puede hacerse de forma precisa mediante matemáticas «lineales». Siempre que abandonamos una manzana a los efectos de la gravedad, esta cae. Podemos calcular la dinámica de la caída con cualquier grado de precisión siempre que dispongamos de: 1.- las ecuaciones lineales apropiadas, 2.- la información sobre el estado inicial del sistema, y 3.- los medios de cálculo adecuados. Así, nuestra limitación para hacer estimaciones con precisión absoluta deriva del hecho de no disponer de una información completa, o de la imposibilidad de hacer cálculos suficientemente precisos y rápidos.

Las mismas creencias atribuyeron los químicos a la química y los biólogos a la biología. El resultado fue la consolidación del **mecanicismo biológico**, el cual defiende que la conducta de los seres vivos está determinada de forma absoluta por agentes de escalas inferiores que siempre actúan de la misma manera. Si dispusiéramos de información completa sobre cómo están dispuestos cada uno de los componentes, y de un procedimiento de cálculo suficientemente rápido y exacto, podríamos conocer con precisión absoluta lo que ocurrirá en el futuro. No se trata de estimar probabilidades de que algo ocurra, sino de conocer lo que inexorablemente ocurrirá. Esta creencia también alcanzó a los neurocientíficos que estudian la conducta, muchos de los cuales orientaron sus esfuerzos hacia la búsqueda de explicaciones de la actividad mental en lo más pequeño (de la célula hacia abajo), dejando de lado la comprensión de la actividad del sistema nervioso como sistema, esto es, como conjunto de partes interactuantes. Este reduccionismo mecanicista que «reduce» el objeto de estudio a las conductas de componentes más simples, también «asume» que estos componentes son objetos determinísticos que siempre funcionan igual.

La física cuántica supuso un freno al determinismo mecanicista. Como ya comentamos, la actividad interna de los átomos es, por naturaleza, probabilística. Por ello, nunca podemos conocer con seguridad el estado de los electrones o protones individuales, o al menos esto es lo que afirma la física cuántica. Con el modelo cuántico se pueden hacer predicciones extraordinariamente precisas, pero, como hemos comentado, se trata de predicciones probabilísticas que se comprueban con medidas practicadas sobre muchos millones de átomos a la vez. La física cuántica nos dice que cualquier cosa es posible en el átomo, aunque muy pocas cosas son probables. Esta afirmación es verificada experimentalmente a diario. Por ejemplo, si situamos una barrera infranqueable delante de un grupo de electrones ¿qué probabilidad hay de que algunos salten la barrera? La contestación natural es cero, ya que hemos afirmado que la barrera es infranqueable. La física cuántica, sin embargo, afirma que esta probabilidad nunca es cero y que, si disponemos de un número suficientemente grande de electrones, y permitimos que estos realicen un número de ensayos suficientemente elevado, siempre habrá un electrón que consiga dar el salto. Es algo así como si ponemos a un conjunto de sujetos a un lado del Everest y les pedimos que pasen de un solo salto al otro lado de la montaña, nadie podrá hacerlo. La física cuántica, sin embargo, afirma que es solo cuestión de tiempo y oportunidad, y que con suficiente tiempo y un número muy alto de personas, alguien saltará el Everest. Lo llamativo es que a nivel atómico esto funciona cada día en los miles de transistores de nuestro ordenador, en los microscopios de efecto túnel, y en los innumerables dispositivos de uso cotidiano que, en última instancia, están basados en el modelo cuántico.

Teniendo en mente que la capacidad para predecir el comportamiento de los átomos no es absoluta, nos preguntamos: ¿cómo es posible que con componentes básicos tan poco fiables se puedan construir mentes aparentemente fiables? Parte de la respuesta la encontraremos en la ley de los grandes números de *Poisson*, según la cual «el azar cede ante el determinismo cuando el número de sucesos aleatorios es suficientemente elevado». Por tanto, es posible construir mentes fiables con componentes poco fiables, cuando el dispositivo de soporte de la mente contenga un número elevado de elementos interactuantes, y el comportamiento de la mente no dependa de ninguno de estos elementos en particular, sino de un número amplio de ellos. La sugerencia hecha por *Poisson* a mediados del siglo xix ya había sido utilizada por la naturaleza muchos millones de años antes, usándola *de facto* para crear mentes promediadoras. Por ello, la inmensa mayoría de las mentes generadas a partir de entonces procesan información utilizando la actividad conjunta de muchas mentes reactivas, y desatendiendo lo que hace cada una de ellas en particular. Esto será así en todas las mentes de las que hablaremos a lo largo del libro. Solo algunas de las mentes artificiales, que comentaremos al final, podrían estar basadas en el comportamiento de átomos o moléculas individuales. Son las mentes implementadas en ordenadores cuánticos. El algoritmo que permite a las mentes actuar en función de la dinámica de conjunto de sus componentes, y no en función de la dinámica específica de alguno de ellos, le denominaremos *algoritmo promediador* de la mente. Las mentes de las que hablaremos en adelante dispondrán todas de algoritmos promediadores, siendo todas ellas, por tanto, **mentes promediadoras**.

La autocatálisis en el progreso de la mente

Otra circunstancia que conspiró contra el mecanicismo neurocientífico fue la aparición en los años 50 y 60 del pensamiento sistémico. El **pensamiento sistémico** surgió en el ámbito de la electrónica y las matemáticas, desde donde difundió al mundo de la empresa, y luego al de la biología. Este pensamiento se desarrolló en torno al concepto de **sistema**, entendido este como conjunto de elementos interactuantes cuyas capacidades globales superan, y no pueden ser explicadas como, la suma de las capacidades de sus elementos componentes. El pensamiento sistémico estuvo de moda unos años, siendo posteriormente criticado con dureza desde posiciones mecanicistas. *Robert Lilienfeld* comentaba a finales de los setenta: «Los pensadores sistémicos están fascinados por definiciones, y conceptualizaciones... haciendo analogías entre fenómenos observados en distintos campos..., pero sus teorías no han sido usadas con éxito para la solución de problemas en ningún campo». Sin embargo, pronto comienzan a describirse sistemas físicos y químicos en los cuales la conducta global del sistema resulta ser un factor determinante para la conducta de cada uno de sus componentes, mostrando una acción causal que va de arriba a abajo. Este fue el caso de los estudios publicados principio de los años setenta por *Ilya Prigogine*[78-80]. Uno de los modelos utilizados entonces para el estudio del comportamiento sistémico fue el modelo de inestabilidad de *Bénard*. Este modelo simula los desplazamientos de una fina capa de líquido situada sobre una placa metálica caliente. Las moléculas más calientes de las capas inferiores del líquido más próximas a la placa, comienzan a ascender de forma agrupada por ciertas regiones del líquido, mientras que las moléculas más frías de la superficie descienden agrupadamente por otras regiones. Con el tiempo, el ascenso y descenso de millones de moléculas del líquido se organiza espontáneamente en patrones hexagonales colindantes. Las moléculas calientes ascienden por la porción central de cada hexágono, mientras que las frías descienden por los límites de los hexágonos. Así, los movimientos de cada molécula están generados por las circunstancias globales del sistema, más que por el estado interno de cada molécula del líquido o por el estado de los átomos vecinos.

Otro ejemplo de autoorganización son las reacciones químicas que presentan oscilaciones espacio-temporales con sorprendentes cambios periódicos de forma y color (ej. reacción de *Belousov-Zhabotinskii*). *Prigogine* estudió estos fenómenos introduciendo el concepto de **estructura disipativa**[78-80], una estructura que utiliza la energía proveniente del exterior para generar cambios ordenados y periódicos en sus componentes internos. Las estructuras disipativas presentan un comportamiento coherente de todos los elementos que la componen, manteniendo un desequilibrio estable que facilita la evolución del sistema desde formas iniciales desordenadas a formas nuevas más estructuradas. Esta autoorganización progresiva ha sido observada en multitud de sistemas. Un ejemplo de autoorganización de enorme impacto socioeconómico fue el láser. La luz láser está compuesta por fotones de la misma longitud de onda que oscilan en fase (luz coherente). Esta coherencia se origina espontáneamente cuando los átomos contenidos entre dos espejos situados en los extremos de un receptáculo cerrado son excitados y emiten luz. Tras rebotar repetidamente en los espejos de los extremos del receptáculo, los fotones de la luz emitida se ponen en fase e incrementan la intensidad del haz de luz (el número de fotones), eliminándose las frecuencias espurias. Este comportamiento global estudiado por *Hermann Haken* es un ejemplo que muestra la cooperación entre millones de elementos, que finalmente se acoplan de forma coherente y autoorganizada[81]. *Haken* propuso el término *sinérgica* para la disciplina que estudia la tendencia a la coherencia en el comportamiento de los componentes de los sistemas.

Un paso adelante en el estudio de la autoorganización sistémica lo proporcionaron los trabajos de *Manfred Eigen*, premio Nobel de Química. En los años setenta, *Eigen* propuso que la vida en la tierra se originó a partir de procesos autoorganizados de reacciones químicas alejadas del equilibrio, pero sometidas a múltiples bucles de retroalimentación[82,83]. Para este autor, la fase prebiótica de la evolución estaría dominada por la autoorganización molecular de las denominadas *redes catalíticas*. Un catalizador es una molécula capaz de facilitar la realización de una reacción química sin cambiar ella misma en el proceso. Los catalizadores químicos principales de los seres vivos son un subgrupo de proteínas denominadas *enzimas*. En la propuesta de *Eigen*, algunas de las redes catalíticas se organizan de forma circular (hiperciclos), lo cual facilita la estabilidad de la propia red, así como la autorreparación de posibles daños eventuales. Si bien no se especifican las moléculas concretas que realizan estas labores, como veremos al final del capítulo, el ADN, el ARN y las proteínas presentes en los charcos de las superficies de nuestro planeta hace 4000 MA, podrían ser, en los albores de la vida, los componentes materiales de estas redes catalíticas circulares.

Un concepto relacionado con el de autorreferencia es el concepto de **autopoiesis** propuesto en los años 70 por *Humberto Maturana* y *Francisco Varela*[84]. La autopoiesis indica la capacidad de algunos sistemas para promover su propia aparición (auto: sí mismo y poiesis: creación), y la emergencia posterior de nuevas funciones. Los sistemas autopoiéticos estarían generados por la interacción circular de sus componentes, la cual permitiría que algunos elementos de salida modificaran la respuesta de sus elementos precedentes, haciendo así evolucionar la conducta global del sistema. Las capacidades de los sistemas autopoiéticos no serían la consecuencia inexorable de las propiedades específicas de sus componentes. Así, una misma organización funcional podría ser generada de muy distintas maneras, y sobre sustratos materiales diferentes. En los términos que manejamos aquí, se trataría de la misma mente, pero generada a partir de dispositivos de soporte diferentes.

El pensamiento sistémico tampoco apoya el mecanicismo mentalista. Lo que ocurre en los elementos interactuantes del dispositivo de soporte de la mente no solo depende de las características individuales de cada elemento, sino que también depende de la dinámica de conjunto del propio dispositivo de soporte. Como indicábamos arriba, el dispositivo de soporte y el comportamiento global de su mente PAI son el resultado de una dinámica bidireccional. Con esta dinámica, la actividad local promediada de sus elementos influye en la dinámica general del propio dispositivo, y la dinámica general del dispositivo condiciona, de vuelta, la actividad local de sus componentes. Esta interacción de doble circulación abre nuevas posibilidades a los dispositivos de soporte que ahora podrán explorar nuevos espacios funcionales y, con ello, facilitar la emergencia de nuevas capacidades mentales.

La estabilidad dinámica del dispositivo de soporte de estas mentes autopoiéticas, estaría protegida por algoritmos promediadores que mitigan la inestabilidad generada por el comportamiento probabilístico de los átomos y moléculas que lo integran. En un sistema así, la promediación genera estabilidad conductual mientras que la autopoiesis promueve la aparición espontánea de nuevas capacidades. No obstante, para que la dinámica global del dispositivo progrese de la forma más eficiente hemos de introducir un nuevo factor, la inestabilidad. Cuando la estabilidad del dispositivo de soporte (promovida por la promediación), la exploración de nuevas posibilidades funcionales (promovida por la autocatálisis) y la aleatoriedad (promovida por la inestabilidad sistémica que comentaremos a continuación) van de la mano en proporciones adecuadas, los sistemas evolucionan en su interacción con el medio de forma mucho más eficiente, posibilitando así la aparición y el desarrollo de nuevas funciones mentales.

Una pizca de inestabilidad como condimento para el desarrollo de la mente PAI

Una inestabilidad moderada en las interacciones del dispositivo de soporte de la mente PAI facilita la adquisición espontánea de nuevas capacidades funcionales (funciones emergentes). Los sistemas en evolución pueden alcanzar disposiciones internas estables difíciles de abandonar (mínimos locales), y que detendrían la evolución del sistema y la emergencia de nuevas capacidades funcionales. Para abandonar estos mínimos hay que aportar «energía extra» al sistema, energía que sería provista por factores de «inestabilidad». Supongamos una bola desplazándose por la superficie de una mesa de billar ideal, que no presenta rozamiento u obstáculo alguno a su desplazamiento. En estas condiciones, la inercia inicial impulsará a la bola a visitar todas las zonas de la superficie de la mesa, lo cual, en el caso de los sistemas de los que hablamos, equivale a explorar todas las posibilidades funcionales posible (capacidad ergódica). Cuando la superficie de la mesa no es completamente homogénea, la bola podría detenerse y quedar cautiva en sus regiones más declives, lo que limitaría la exploración de todas las posibilidades funcionales disponibles (pérdida de ergodicidad). Si la bola dispone de una vibración permanente, esta le proporcionaría la energía necesaria para salir de los mínimos locales y visitar cada una de las posibilidades disponibles. Cierto grado de inestabilidad en las interacciones de sus dispositivos de soporte (el equivalente a esta vibración de la bola de billar) asegura que la mente PAI explore incesantemente todas las posibilidades funcionales que su naturaleza puede permitirle.

Pero ¿cuánta inestabilidad es necesaria para promover este progreso? y ¿cuánta inestabilidad es tolerable sin que se afecte la pervivencia del dispositivo de soporte? Un grado excesivo de inestabilidad deterioraría el funcionamiento de la mente PAI. Se trata de que la inestabilidad de los elementos interactuantes de esta mente sea la necesaria para evitar los mínimos locales, pero sin desencadenar su deterioro funcional. Este «grado constructivo» de inestabilidad fue estudiado por *Per Bak, Chao Tang* y *Kurt Wiesenfeld* a finales de los 80, siendo luego desarrollado por distintos grupos[85-88], y revisado por *Ricar Solé* y *Susanna Manrubia*[89]. Se describen entonces los **sistemas críticos autoorganizados**, sistemas inestables con una interacción no lineal entre sus componentes. Aquí no lineal hace referencia a que las acciones de unos componentes sobre otros no son siempre proporcionales, y que, en ocasiones, pequeñas acciones pueden generar grandes reacciones en una dirección o en la dirección opuesta. Algunos de estos sistemas disponen de las denominadas *transiciones de fase*. La trayectoria de los sistemas en el **espacio de fase** informa de su evolución temporal, y la presencia de transiciones de fase en este espacio indica que pequeñas variaciones en la dinámica del sistema lo proyecta por caminos muy diferentes. Los sistemas críticos autoorganizados suelen presentar un cierto grado de **caos determinístico** con transiciones de fase (que impiden predecir su evolución), y una **dinámica fractal** (cuya estructura y/o actividad resulta invariante cuando cambiamos la escala espacial o temporal de observación). La dinámica de estos sistemas, o de otros sistemas teóricos similares, está presente en el sistema nervioso (ej. de los mamíferos), en el comportamiento social (ej. de las hormigas) y en otros muchos sistemas vivos. Estas dinámicas complejas no lineales también están presentes en las mentes PAI, aportando la inestabilidad necesaria para evitar los mínimos locales, y poder explorar todas las posibilidades funcionales que le permite su dispositivo de soporte.

Pequeño resumen

Hemos comentado los cuatro condicionantes principales que facilitan el tránsito de la mente reactiva atómica y molecular a la mente PAI. Hemos visto como la mente PAI se constituye mediante tendencias contrapuestas, una ascendente que utiliza mecanismos promediadores para hacer que la actividad de la mente resulte fiable, y otra descendente por la cual la actividad global de la mente condiciona la actividad particular de los componentes de su dispositivo de soporte. La concurrencia de ambas tendencias permitirá que redes complejas e inestables se puedan asociar para generar «redes de redes». Estos dispositivos presentan capacidad autopoiética y un grado adecuado de inestabilidad. Quizás el resultado más espectacular de la mente PAI es la aparición de la vida. La célula viva dispone de una hiperred con multitud de subredes, cada una de las cuales presenta suficiente inestabilidad como para permitir la emergencia de nuevas funciones, y la suficiente estabilidad como para evitar su desintegración y la pérdida de las funciones emergentes adquiridas previamente. No obstante, las mentes PAIs son anteriores a la aparición de la vida, aunque luego se incorporen a esta y puedan impulsarse en ella para acelerar su paso.

Por tanto, mientras la mente reactiva solo responde al entorno y sus funciones son generadas por encuentros azarosos, la mente PAI permite la emergencia estabilizada de nuevas habilidades que son retenidas y que condicionan sus interacciones futuras con el medio. Ambas tienen un origen prebiótico, pero la mente PAI ya se encuentra en los pródromos de la vida. Aunque todas las mentes posteriores a la mente reactiva son herederas de la mente PAI, su capacidad de promediación autocatalítica fue un «invento» prebiótico que antes de la aparición de la vida facilitó la evolución de la mente durante cientos de miles de años. La evolución prebiótica de la mente PAI debió ser lenta, y precisar de un número ingente de ensayos. Debió originarse a partir de mentes reactivas moleculares particularmente complejas, como los aminoácidos y los nucleótidos.

Problemas y soluciones para la aparición de la mente PAI

La primera barrera que debió solventarse antes de la aparición de las mentes PAI fue **la barrera energética**. Ya comentamos como la creación de muchas de las mentes reactivas requieren la presencia puntual de energía externa, energía que pudo ser suministrada, por ejemplo, por rayos. El tránsito hacia las mentes PAI también precisó de energía externa, solo que ahora esta debe ser proporcionada de forma estable y duradera. Es probable que las primeras mentes PAI aparecieran en zonas de la superficie terrestre con liberación espontánea de energía al medio, zonas que, por ejemplo, podrían recibir un flujo continuo de energía geotérmica.

El segundo problema es el de **prevenir el retorno** de las mentes PAI a mentes reactivas. Para ello, las mentes PAI también han de disponer de propiedad reflexiva que facilite su supervivencia. Probablemente la inmensa mayoría de los intentos por agrupar mentes reactivas en mentes PAI estables fracasaron. Los enlaces químicos que permitían la creación de una mente PAI a partir de mentes reactivas no debieron ser, en muchos casos, suficientemente estables.

Ocasionalmente, estos enlaces debieron alcanzar la estabilidad reflexiva necesaria para que el nuevo sistema PAI prevaleciera. Las proteínas debieron ser de las primeras mentes PAI estables que aparecieron en nuestro planeta, y su estabilidad debió estar cimentada en los enlaces químicos entre sus componentes constituyentes, los aminoácidos. Los aminoácidos pueden establecer enlaces covalentes entre ellos, enlaces que son particularmente estables. Son los denominados *enlaces peptídicos*, los cuales se producen entre el grupo amino NH2 de un aminoácido y el grupo carboxilo COOH de otro. Los enlaces peptídicos entre aminoácidos sucesivos, permiten generar cadenas de aminoácidos, y conformar proteínas. Para establecer un enlace peptídico hay que aportar energía, por lo que estos enlaces se producen con más frecuencia en lugares que dispongan de fuentes energéticas. Una vez producidas, las proteínas pueden mantener su estructura en entornos con condiciones cambiantes, ya que los enlaces peptídicos pueden soportar hasta 110 ºC durante 48 horas. No obstante, las proteínas se «enrollan» sobre sí mismas (estructura tridimensional secundaria y terciaria) y su conducta depende de este enrollamiento. Este enrollamiento está condicionado por enlaces químicos mucho menos estables (enlaces de hidrógeno), y que comienzan a deteriorarse a partir de los 45 ºC, temperatura a partir de la cual la mayor parte de las proteínas pierden su estructura tridimensional (desnaturalización). Por tanto, muchas de las proteínas surgidas espontáneamente debieron oscilar entre distintas conformaciones tridimensionales cuando se encontraban a temperaturas entre 45-110 ºC, o romperse cuando eran sometidas a temperaturas superiores. Solo las mentes PAI proteicas que pudieron utilizar la energía ambiental para formar su cadena de aminoácidos, y que luego se alejaron de las fuentes energéticas que las crearon, debieron prevalecer. Pero, alejadas de las fuentes energéticas, ¿dónde pueden las proteínas obtener la energía necesaria para mantener su proceso evolutivo?

Entre todas las proteínas PAIs generadas inicialmente, algunas debieron disponer de una característica sorprendente, el **cierre de restricción** descrito por *Maël Montévil* y *Matteo Mossio*[90]. En las primitivas PAIs con cierre de restricción, la energía liberada por sus procesos químicos no se disipa de cualquier manera. Su disipación está restringida de tal forma que pueda ser utilizada para realizar un trabajo, ya sea el necesario para preservar su dispositivo de soporte, ya sea para facilitar su evolución hacia nuevos dispositivos de soporte más complejos. Se crean así dispositivos de soporte con cierres de restricción que generan **ciclos de trabajo termodinámico**. La energía liberada en condiciones de **cierre de restricción** es utilizada para realizar un trabajo termodinámico con el que se sintetizan nuevas estructuras químicas. Estas nuevas estructuras facilitan la aparición de nuevos ciclos termodinámicos que habilitarán nuevos trabajos, y así sucesivamente. Como resultado de este proceso, los dispositivos de soporte ya pueden autoconstruirse y recomponerse a sí mismos. Las restricciones habilitan el trabajo y el nuevo trabajo habilita nuevas restricciones, generándose así un **ciclo de trabajo restringido**[91], que pasará a generar orden y mente, y que se opondrá a la acción de la segunda ley de la termodinámica, a la acción de la **entropía**.

Tenemos aquí dos tendencias opuestas, la entropía que genera desorden por las probabilidades del azar, y los ciclos de trabajo restringido que son generadores activos de orden. El número de estados desordenados de un sistema es muy superior al número de estados ordenados. Por lo tanto, si se deja que el sistema evolucione de forma aleatoria, las probabilidades de que termine precipitándose hacia el desorden son enormemente mayores que las probabilidades de que evolucione hacia el orden o de que, simplemente, se mantenga ordenado. Los ciclos de trabajo restringidos, promovidos por los cierres de restricción termodinámica, hacen que el sistema evolucione activamente hacia un orden creciente, generando mentes que son cada vez más complejas y eficientes. Se trata de un escenario nuevo en el que la mente (orden progresivo) lucha contra la entropía (desorden progresivo). ¿Podrá la mente salvarnos algún día del desastre final al que nos condena la segunda ley de la termodinámica? ¿Podrá la mente, aprovechando la primera ley de la termodinámica que afirma la disposición perpetua de energía, asegurarse su pervivencia eterna? Intentar responder a estas preguntas nos llevaría demasiado lejos del camino que pretendemos recorrer aquí, así que volvamos a la historia de la mente PAI.

Las primeras mentes PAI

No sabemos con certeza cuáles fueron las primeras mentes PAI. Hay tres candidatos principales, las proteínas, el ácido desoxirribonucleico (ADN) y el ácido ribonucleico (ARN). Como ya comentamos, las proteínas están compuestas por aminoácidos unidos por sus extremos amino y carboxilo. El ADN y el ARN son moléculas más complejas. Están compuestas por una cadena de azúcares (ribosa) unidos por un grupo fosfato (enlace fosfodiéster), que soportan las bases nitrogenadas (adenina, guanina, citosina y timina/uracilo) responsables del código genético. No sabemos cuál de estas moléculas fue la primera. Aunque ADN, ARN y proteínas probablemente evolucionaron por su cuenta y en paralelo, algunos datos sugieren que el ARN pudo ser una de las principales mentes PAI prebióticas, y facilitar luego la aparición de la vida.

Desde la perspectiva que proponemos aquí, la mente no solo se desarrolló antes que la vida, sino que en realidad fue su creadora. Una de las características de los seres vivos es su capacidad para la **autorreplicación**. Sin reproducción no hay vida. Sin embargo, si puede haber autorreplicación no asociada a la vida. Este podría ser el caso de la autorreplicación del ARN. Las bases nitrogenadas del ARN (y del ADN) pueden acoplarse mediante puentes de hidrógeno, un acoplamiento que vincula adenina con uracilo (timina en el caso del ADN) y guanina con citosina. *Leslie Orgel* se preguntó si una cadena de ARN podría generar en un tubo de ensayo su cadena complementaria de ARN (ej. ATCCA → TAGGT → ATCCA). En este caso, el ARN tendría capacidad de autorreplicación, lo cual, junto con su demostrada capacidad para funcionar como una enzima (**ribozima**), le habilitaría con dos funciones básicas de la vida, la reproducción y la organización de rutas metabólicas precisas. Se ha demostrado que algunas ribozimas pueden actuar como polimerasas, efectuando replicaciones de una parte de sí mismas y de otras cadenas de ARN[92,93]. La mente promovida por este mundo del ARN podría haber sido la mente generadora de la vida. También el ADN puede presentar capacidades para la autorreplicación, y ya en la década de los 80 se generaron sistemas de reproducción basados en hexámeros de ADN.

También la evolución prebiótica de cadenas de proteínas y lípidos parece ser necesaria para la aparición posterior de la vida. Siempre se pensó que las **proteínas** no podían reproducirse, pero en algunos experimentos realizados a finales del siglo pasado se pudieron generar proteínas con capacidad replicativa, proteínas que inicialmente eran pequeñas, pero que luego se fueron haciendo más complejas hasta integrar nueve péptidos[94-97]. Tampoco los lípidos parecían disponer de capacidad para la autorreplicación. Los **lípidos** están formados por cadenas largas de ácidos grasos con un extremo hidrofílico que al ser polar se vincula a otras moléculas polares como el agua, y otro hidrofóbico, que al ser apolar no interacciona con el agua. En agua, los lípidos tienden a agrupar su parte hidrofóbica y a exponer su parte hidrofílica al agua, generando así los llamados **liposomas**. Se trata de estructuras esféricas (como burbujas) con una doble capa lipídica. La capa lipídica del exterior y del interior de las esferas tiene sus partes hidrofóbicas mirándose entre ellas, y sus capas hidrofílicas mirando hacia las moléculas de agua del exterior y del interior de las esferas. Como veremos posteriormente, esta disposición resultará esencial para la aparición de la célula. La disposición esférica previene la dispersión de los componentes del interior del liposoma por el medio circundante, a la vez que impide a los agentes tóxicos del medio externo alcanzar y dañar los componentes internos del liposoma. Otra característica importante de los liposomas es su capacidad replicativa, ya que unas moléculas lipídicas pueden catalizar la síntesis de otras[98]. Además, generan liposomas que tienden a crecer y que, cuando alcanzan cierto tamaño, se escinden espontáneamente en liposomas más pequeños.

En resumen, la mente PAI que se desarrolló a partir de mentes reactivas, apareció en la tierra antes del surgimiento de la vida. El desarrollo de estas mentes prebióticas se realizó en fases precoces del desarrollo de nuestro planeta, en las cuales los requerimientos básicos para la aparición y evolución de la mente PAI ya estaban presentes. Este desarrollo prebiótico de la mente PAI fue necesario para la aparición posterior de la vida. Con la aparición de la vida, la mente PAI sufrirá un salto espectacular hacia delante que hará posible la aparición de la mente vegetativa. Como veremos a continuación, la mente vegetativa incorporará una nueva capacidad, el afán de pervivencia. Aparecen entonces los mecanismos de competición activa que luego determinarán la evolución biológica.

SEGUNDA PARTE:

La mente genera la vida y se desarrolla en su interior

Capítulo 7
La aparición de la mente vegetativa

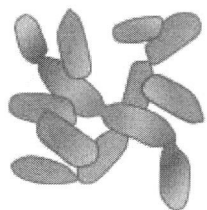

Las mentes reactivas no se adaptan al medio ambiente. Permanecen porque los átomos y moléculas de su dispositivo de soporte son estables *per se* (propiedad reflexiva). La mente PAI presenta niveles moderados de adaptación al entorno, que son útiles en condiciones ambientales no muy fluctuantes. Cuando las condiciones ambientales sobrepasan ciertos límites, el dispositivo de soporte de la mente PAI se desestabiliza, y perece. Esto pudo ocurrir con muchas de las mentes PAI iniciales, y particularmente con las constituidas sobre ADN, ARN o proteínas. Al no disponer de un mecanismo adaptativo eficiente, muchas de estas mentes PAI sufrieron una rápida desestructuración, devolviendo al medio sus aminoácidos y nucleótidos constituyentes.

La capacidad adaptativa de la mente PAI da un gran salto hacia delante con la aparición de la vida. La primera mente PAI generada por un dispositivo de soporte vivo es la mente vegetativa. Como veremos, la mente vegetativa utiliza la célula como dispositivo de soporte, incrementándose así su adaptación a las condiciones cambiantes del entorno. La nueva mente vegetativa incorpora funciones previamente desconocidas como la autorreparación, la autorreplicación, el almacenamiento genético de las nuevas habilidades y la capacidad de usar la experiencia previa del individuo para adaptar la conducta a las condiciones del momento. Todas estas funciones son ahora posibles gracias a que su dispositivo de soporte queda aislado y confinado en el interior de membranas circulares que lo protegen de las vicisitudes del medio ambiente. Se trata de **mentes PAI intracelulares**.

Para llegar a la mente PAI intracelular, antes hemos de disponer de células. Aquí nos encontramos con un problema circular, la mente PAI intracelular precisa de la existencia previa de células, y la creación de las células no es posible sin la actividad de la mente PAI. Para que ambas circunstancias sean compatibles debió existir una mente PAI prebiótica, que tuviera suficiente estabilidad como para gestar la aparición de las primeras células. Luego, la mente PAI pudo entrar en la célula y usarla para progresar. La evolución prebiótica de la mente PAI debió precisar muchos millones de años, ocurriendo en el larguísimo intervalo temporal que media entre el enfriamiento de la corteza terrestre y la aparición de la vida. Antes del enfriamiento de la corteza terrestre, las altas temperaturas facilitaban la reactividad molecular y, probablemente, creaban mentes PAI sin cesar. Sin embargo, la misma agitación térmica generaba inestabilidad química, que destruía el dispositivo de soporte de estas mentes. Así, las mentes PAI se destruían conforme se creaban.

Como ya comentamos, cuando la superficie de la tierra se fue enfriando, se disponía de zonas con temperaturas moderadamente elevadas en las que se podían generar nuevas mentes PAI, y de zonas más frías, donde las mentes PAI recién generadas estaban a salvo de la acción disruptiva de la temperatura, y podían evolucionar. El problema para conocer lo ocurrido entonces es que todas las mentes PAI de ese momento eran muy vulnerables, y desaparecieron. El único vestigio que nos quedó de su actividad fue la célula, si bien las células que podemos estudiar hoy no son las células de entonces, ya que aquellas continuaron evolucionando durante los últimos 3000 millones de años.

¿Podemos estudiar la evolución de la mente PAI prebiótica en el laboratorio? Sí, es posible y, a continuación, comentaremos algunos de estos estudios. La evolución PAI prebiótica debió ser un proceso muy lento, y no podemos esperar 3000 millones de años para ver los resultados de los ensayos de laboratorio. Por tanto, los estudios realizados aportan resultados muy sugestivos que podemos usar para estimar cómo debió ser la evolución prebiótica de la mente PAI, pero no aportan evidencias incontrovertibles de cómo fue en realidad.

Evolución prebiótica de la mente PAI y aparición de la mente vegetativa

El ADN es la molécula central de la evolución biológica. Es el sustrato por el que se transfiere la información genética de los progenitores a la descendencia. Las proteínas son los constituyentes estructurales principales de las células, formando parte esencial de sus membranas y de todos los demás elementos que la componen. Además, las proteínas se pueden comportar como enzimas, facilitando la realización de muchas reacciones químicas necesarias para preservar la indemnidad celular. El ARN es la molécula que media entre el ADN y las proteínas, transfiriendo la información genética almacenada en el ADN a las estructuras que se encargan de la síntesis de proteínas. En nuestra perspectiva actual, la vida resultaría imposible sin la actividad coordinada de estas tres moléculas, ADN-ARN-proteínas. Como indicamos en el capítulo anterior, es probable que las tres especies moleculares se desarrollaran por separado antes de la aparición de la vida, si bien no sabemos si la coordinación de las actividades de estas tres moléculas comenzó antes de la aparición de la célula o después. En realidad, nada de lo ocurrido en el mundo prebiótico puede afirmarse con certeza, y menos aún lo que ocurrió a moléculas como estas, que resultan tan vulnerables a la acción del ambiente. Las tres moléculas son muy poco susceptibles a formar vestigios fósiles, por lo que no disponemos de evidencias físicas que acrediten la existencia de complejos moleculares ADN-ARN-proteínas antes de la aparición de las primeras células. A continuación, haremos una descripción argumentada de cómo pudieron aparecer y evolucionar estos constituyentes. También haremos una propuesta razonada de cómo estás moléculas pudieron generar el tránsito desde la mente PAI prebiótica a la mente PAI vegetativa.

Como ya indicamos, la mente PAI está formada por una multitud de mentes reactivas que, agrupadas de forma interactiva, conformaron moléculas complejas como el ADN, el ARN y las proteínas. Dos funciones que pudieron facilitar la pervivencia de estas moléculas son la autorreparación y la autorreplicación. La autorreparación puede revertir las acciones deletéreas del entorno. La autorreplicación pertinaz y la dispersión de las réplicas resultantes reducen la probabilidad de extinción. A menos que todas las réplicas sean dañadas simultáneamente, las que no han sido dañadas continuarán duplicándose y perpetuando su mente PAI. Además, la replicación podría acelerar la evolución de estas mentes, al permitir que las nuevas copias sean expuestas a ambientes diferentes, en los cuales cada mente podría seguir un curso evolutivo propio.

La replicación continuada incrementa exponencialmente el número de complejos moleculares, un incremento que solo estaría limitado por la disponibilidad de constituyentes básicos, como los nucleótidos y los aminoácidos. Los complejos con mutaciones que, por azar, facilitarán la autorreplicación y autorreparación, debieron dominar el acceso a los recursos, limitando la replicación de complejos moleculares menos eficientes, que terminarían extinguiéndose. Esto ya implicaría el inicio de la evolución, un proceso basado en la supervivencia de los más aptos. Como ya comentamos, todos estos procesos serían muy vulnerables a la acción ambiental, con lo que no dejarían las huellas fósiles necesarias para acreditar su existencia. Lo más cercano a estas pruebas son algunas formas de carbono incrustadas en rocas (ej. las encontradas en *Groenlandia* en 1996), que han sido interpretadas como moléculas fósiles de la época prebiótica.

La integración funcional del ADN con el ARN y las proteínas pudo haber facilitado la adquisición de la autorreparación y autorreplicación. Sin embargo, la mente PAI seguía siendo muy vulnerable a medio y largo plazo, y su supervivencia seguía estando seriamente comprometida, a menos que se pudiera disponer de alguna protección adicional. La aparición de la **mente vegetativa** pudo ser este soporte adicional.

Evolución de la mente PAI en las protocélulas: aparición de la mente vegetativa

Para continuar con la evolución de la mente hemos de volver a las condiciones presentes en nuestro planeta hace unos **4000 MA**, momento en el que aparecieron las primeras **células**. Las proteínas, el DNA y el RNA no disponen por sí mismas de una estructura que facilite su aproximación y evite su dispersión en el medio. Sin garantizar esta proximidad, cualquier mente generada con estas moléculas estaría condenada a la extinción. Además, la estructura tridimensional de estas grandes moléculas está determinada por enlaces de hidrógeno que son vulnerables a factores como la temperatura, o a la acción química de otros átomos o moléculas presentes en el medio. Para que las nuevas mentes PAI prevalecieran se necesitaban estructuras restrictivas que confinaran su DNA, ARN y proteínas en un volumen pequeño, y que pudieran protegerlas de la acción lesiva de los agentes químicos del entorno.

Así, la siguiente adquisición evolutiva debió ser la **membrana celular**, o algunos de sus hipotéticos predecesores[99-101]. Esta protección debió aparecer como consecuencia de la interacción de los ácidos grasos libres en el medio. Como comentamos en el capítulo anterior, las cadenas largas de ácidos grasos tienen un extremo hidrofílico y otro hidrofóbico, y en medio acuoso tienden a generar liposomas con una doble capa lipídica. Las membranas celulares evolucionadas contienen una capa lipídica similar, solo que ahora ya está rodeada por dos capas de proteínas. El conjunto resultante será notablemente aislante, ya que los elementos polares hidrosolubles que pueden atravesar las capas proteicas no atraviesan la capa lipídica, y los elementos apolares que cruzarían fácilmente la capa lipídica tienen más dificultad para atravesar las capas proteicas. Es posible que la primera capa aislante fuera una gota grasa cuyas moléculas se agruparon en medios acuosos adquiriendo forma esférica, como ocurre a una gota de aceite en el agua. Entre los billones de complejos DNA/RNA/proteínas, algunos pudieron introducirse accidentalmente en una gota de estas características, apareciendo así las primeras **protocélulas**[102-104].

Con el confinamiento del material genético en el interior de gotas grasas, las próximas mutaciones del ARN/ADN ya disponen de un nuevo sustrato sobre el que actuar, la interface entre la gota lipídica y el medio acuoso externo. Las nuevas mutaciones podrán generar proteínas que, situadas convenientemente en torno a las membranas lipídicas, podrían regular la entrada de agentes químicos a la protocélula, facilitando además la evacuación de productos indeseables al exterior. Estas proteínas trasportadoras de membrana, tan importantes para las células evolucionadas y para nuestras propias células cerebrales, debieron ser una adquisición temprana de la evolución.

Sin embargo, este aislamiento también pudo conllevar efectos indeseables. Muchas reacciones químicas precisan aporte energético externo (reacciones endergónicas), y el aislamiento «membranoso» de los complejos ADN/ARN/proteínas pudo limitar el acceso de moléculas con capacidad para ceder esta energía. Por otro lado, el funcionamiento de la mente PAI pudo liberar energía al medio (reacciones exergónicas), la cual, actuando de forma inespecífica y descontrolada, perjudicaría a la protocélula. La energía liberada en el interior de la célula se disipa con dificultad y puede dañar estructuras que, como las protomembranas celulares, serían de difícil reparación. Era mejor obtener la energía de una fuente estable, almacenarla y liberarla luego donde se la necesitara. Por tanto, es posible que el siguiente paso evolutivo fuera el desarrollo de algún dispositivo químico capaz de utilizar la energía proveniente del medio, almacenarla y luego liberarla en el lugar adecuado, en el momento preciso.

Probablemente las protocélulas aprendieron a obtener energía de combustibles inorgánicos como el carbonato o el sulfuro ferrosos, ambos muy abundantes en las primeras fases del desarrollo de nuestro planeta. La energía liberada por reacciones exergónicas de estos u otros productos pudieron comenzar a ser almacenadas en moléculas que, como el adenosín trifosfato (ATP), pueden almacenar energía en algunos de sus enlaces químicos, y liberarla a demanda de forma controlada. El ATP está formado por una molécula de adenina unida a una de ribosa que en su carbono 5 tiene enlazados en cadena a tres grupos fosfato. Para enlazar cada uno de estos grupos fosfato hay que aportar energía exógena, la cual podrá ser liberada luego a demanda rompiendo estos enlaces. Esta habilidad para captar, almacenar y ceder energía convirtió al ATP en una molécula central para el intercambio energético de los seres vivos. Ahora, con recursos energéticos más amplios, las protocélulas debieron comenzar a proliferar más rápidamente, y a preservar su integridad física y funcional de una forma eficiente. Al disponer de energía química a demanda, las nuevas enzimas ya podían catalizar numerosas reacciones endergónicas, que no se producirían de forma espontánea.

Protegidas ahora de la acción deletérea del medio, y con nuevos recursos energéticos, las protocélulas debieron acelerar el desarrollo de su estructura interna, comenzando a generar nuevos dispositivos intracelulares que incrementaron su eficiencia autoprotectora, autorreparadora y reproductora. Con el siguiente paso evolutivo, la protocélula debió agrupar el material genético (ADN) dentro de una vaina de proteínas protectoras. A continuación, las protocélulas debieron internalizar partes de su membrana externa, generando subdivisiones en su interior que facilitaron la especialización funcional de distintas porciones celulares.

La aparición durante la fase prebiótica de protocélulas con DNA/RNA/proteínas y una membrana aislante es sugestiva, pero también especulativa. La posibilidad de que estas estructuras fueran el soporte que permitió el tránsito de la mente PAI hasta la mente vegetativa está basada principalmente en datos genéricos sobre el funcionamiento de la célula. No obstante, esta circunstancia podría cambiar próximamente. Con los conocimientos y el desarrollo técnico actual, ya comienza a ser posible la creación de protocélulas simples, lo cual permitiría estudiar sus funciones mentales en el laboratorio. Sería algo similar a lo que hacen los físicos de altas energías en los aceleradores de partículas. No podemos volver a los primeros segundos del universo, pero los físicos lo pueden recrear con aceleradores de partículas que generan condiciones energéticas similares a las que debieron existir entonces. Con una estrategia similar, se podrían recrear las condiciones existentes en la tierra hace 4000 MA, recreación análoga a la utilizada por *Oparin*, *Miller* y otros para estudiar la aparición espontánea de moléculas orgánicas. En estas recreaciones se podría estudiar el origen de las protocélulas y el desarrollo de la mente vegetativa. Con ello, el tránsito desde la mente reactiva a la mente PAI, y de esta a la mente vegetativa, podría ser explorado directamente con procedimientos experimentales.

Evolución temprana de la célula en nuestro planeta

Para reiniciar nuestro camino por la prehistoria de la mente hemos de viajar hasta hace unos **3800 MA**, edad remota en la que aparecieron los primeros seres vivos en la Tierra. Se trata de los **LUCAs** (*last universal common* *ancestors;* ancestros universales comunes primigenios). Los LUCAs vivieron y evolucionaron «en silencio» durante cientos de millones de años[105]. Eran seres «blandos» sin una estructura calcárea que pudiera preservarse o fosilizarse, con lo que no dejaron un rastro geológico propio. No obstante, algunas estructuras ancestrales han sido consideradas como vestigios indirectos de la presencia de LUCAs en la superficie de la tierra de hace **3700 MA**. El grafito biogénico encontrado en Groenlandia presenta una proporción $^{13}C/^{12}C$ que se supone asociada a la vida. Hoy es considerado como el primer vestigio de la vida en la Tierra. La **arenisca de Pilbara**, en la Australia Occidental de hace **3480 MA**, contiene formas tubulares de 10 micras de diámetro que han sido interpretadas como restos de las primeras cianobacterias, unas bacterias a las que se atribuye fotosíntesis. Las cianobacterias también pudieron ser las generadoras de las formaciones del **hierro bandeado** (BIF) encontrado en rocas sedimentarias de hace **2500-1800 MA**. Las formaciones bandeadas presentan bandas de material silíceo que se alternan con las bandas plateadas o negras de minerales ricos en óxido de hierro, como la magnetita o la hematita. Estas bandas pudieron ser producidas por la combinación del oxígeno liberado por las cianobacterias y el hierro marino liberado por la erosión de rocas ricas en hierro.

Los LUCAs posiblemente surgieron en paralelo en múltiples regiones de la tierra. De la gran diversidad de seres generados entonces solo unos pocos consiguieron alcanzar una estructura estable. Sin sometimiento a procesos activos de envejecimiento, los LUCAs más exitosos debieron vagar erráticos por el medio acuático terrestre durante cientos de años, o hasta que las fluctuaciones del entorno interrumpieran su posible «vida eterna».

Una vez en el interior de protocélulas, la mente PAI evolucionó rápidamente hasta generar las primeras células propiamente dichas. Las primeras células eran **procariotas**[106,107], células que, al carecer de núcleo, mantienen su material genético disperso por el citoplasma. Hoy se asume que las primeras células procariotas, los LUCAs, se dividieron en dos grandes estirpes celulares, las **bacterias** y las **arqueas**[108-110]. Las arqueas disponen de pared celular con alta resistencia a las agresiones del medio, y un metabolismo capaz de aprovechar compuestos inorgánicos del medio como el hidrógeno, el dióxido de carbono, el azufre o el hierro. Algunas arqueas fueron, y son, capaces de vivir en ambientes extremos. Este es el caso de las denominadas *células extremófilas*, células capaces de vivir en ambientes libres de gas (en el vacío), a cientos de metros bajo tierra, en medios con altas concentraciones de sal, o soportando temperaturas entre -20 y 140 ºC. También viven en los ambientes más habituales en los que compiten con bacterias. Este es el caso de las arqueas que habitan en el colon humano, donde contribuyen al proceso digestivo. Las arqueas no suelen presentar acciones parasitarias, circunstancia claramente diferente a la de las bacterias, algunas de las cuales producen graves enfermedades infecciosas en el ser humano.

La evolución mental eligió entonces a la célula como dispositivo de soporte para su desarrollo. La **célula**, unidad funcional de la vida, es una estructura capaz de preservar su integridad y mantener su medio interno (citoplasma) protegido de circunstancias ambientales capaces de dañar sus componentes constitutivos. Un ser vivo es un trozo del medio externo que se independiza, y preserva su estabilidad y la integridad funcional de sus componentes[108-110]. El medio intracelular, aislado del entorno por la membrana celular, facilitará la emergencia de nuevos mecanismos y estrategias mentales, que permitirán que la célula obtenga materiales y energía del entorno, y evacue sus productos de desecho al exterior.

La mente vegetativa: sus características principales

¿Qué diferencia la mente vegetativa de la mente PAI prebiótica? La mente PAI prebiótica desarrolló la célula, y luego se incorporó a ella, promoviendo la aparición de la mente vegetativa. La mente vegetativa utiliza todos los recursos de la mente PAI, la cual ya disponía de un delicado equilibrio entre promediación, autocatálisis e inestabilidad. La **promediación** limita el efecto aleatorio de la actividad de los átomos y moléculas que componen el dispositivo de soporte. La **autocatálisis** permite que la actividad global del dispositivo de soporte regule la conducta de los elementos que lo componen. La **inestabilidad** hace que el dispositivo de soporte pueda evolucionar y no quede cautivo en «mínimos locales». Estas características PAI también funcionan en la mente vegetativa, donde incrementan su potencia y efectividad. Al igual que la mente PAI, la mente vegetativa está abierta al entorno, detectando las circunstancias del momento (propiedad **internalizadora**) y reaccionando a ellos (propiedad **externalizadora**). Sin embargo, la mente vegetativa responde al entorno no actuando sobre él, sino actuando sobre sí misma. Identifica una inadaptación al medio y reacciona modificando su dispositivo de soporte. Como veremos, esta respuesta resultará capital para la evolución posterior de la mente en general. Las adaptaciones vegetativas al medio se hacen generando nuevas rutas metabólicas. Aparecen así una enormidad de nuevas rutas metabólicas, que luego serán «recicladas» por las mentes más evolucionadas para realizar nuevas tareas. Además, las nuevas rutas también promueven la propiedad reflexiva, manteniendo operativo los dispositivos de soporte de las mentes vegetativas celulares en condiciones muy variadas y, en ocasiones, en condiciones extremas.

Mente vegetativa, reproducción y envejecimiento

Aunque algunos complejos ADN-ARN-proteína prebióticos pudieron disponer de mente vegetativa, es probable que esta mente solo presentara un desarrollo progresivo y estable con los LUCAs primero, y con las arqueas y bacterias después. Una de las funciones vegetativas primordiales fue la capacidad para mantener una replicación estable y continuada. Cuando una célula exitosa se divide reduce a la mitad el riesgo de desaparecer. Si los complejos ADN/ARN/proteínas disponían de función replicante antes de la aparición de las protocélulas, su inclusión en ellas no debió detener su replicación. En este caso, el complejo ADN/ARN/proteínas se replicaba dentro de las protocélulas, y estas lo hacían como consecuencia de la acción disruptiva azarosa del medio sobre su membrana lipídica. Si la replicación del complejo ADN/ARN/proteínas era eficiente, deberían existir múltiples complejos en cada protocélula, con lo que cada ruptura de la membrana debía generar nuevas protocélulas que ya contenían ADN/ARN/proteínas. En alguna de estas protocélulas, el complejo ADN/ARN/proteínas debió adquirir la habilidad no solo de replicarse a sí mismo, sino también de dividir la protocélula que lo alberga. En este caso, las protocélulas hijas ya tenían el componente genético y la maquinaria necesaria para continuar su división de forma autónoma, y sin tener que esperar a la acción disruptiva azarosa del entorno[108-110]. La célula se había liberado de la acción de la entropía y la nueva mente PAI ya podía prosperar por sí misma. Estas protocélulas con eficiencia reproductora debieron ser las mejor adaptadas al entorno y las destinadas a prevalecer y no extinguirse. La mente vegetativa con capacidad reproductiva debió resultar muy ventajosa, ya que permitía una replicación más adecuada. Con la replicación activa se produciría un reparto «más justo» del material genético que, además, podía realizarse en el momento más propicio. Tan ventajoso debió ser el proceso reproductivo que se convirtió en esencial para la supervivencia. De hecho, la capacidad reproductora es hoy considerada como requisito imprescindible para incluir a un individuo dentro de la familia de los seres vivos.

Los LUCAs debieron proliferar lentamente, hasta que alguno de ellos consiguió transformarse en **bacteria o arquea**, incrementando su proliferación y colonizando el medio líquido terrestre. La replicación activa fue entonces un factor clave para la supervivencia de las nuevas especies celulares. Aunque la frecuencia replicativa de las bacterias puede variar hasta 10 veces, de promedio se replican en unos 60 minutos, 40 minutos para alargarse, y 20 minutos para dividirse. En algunos casos, el tiempo de división puede reducirse a 30 minutos. La replicación procariota se produce por división del progenitor, con lo que una bacteria puede convertirse en 2 bacterias a los 30 minutos, en 4 a la hora, en 16 a las 2 horas y 300 billones a las 24 horas. Cualquier bacteria ocuparía toda la superficie del planeta si no fuera por la limitación de los recursos disponibles. El medio no dispone de recursos *at libitum* para todos, y solo los linajes celulares con mayor capacidad adaptativa pervivieron lo suficiente como para proliferar y preservar la existencia de su linaje. Comienza así la **evolución darwiniana de los seres vivos** mediante selección por competición. La competición permite seleccionar a los más aptos, ya que solo ellos perviven hasta trasmitir sus caracteres a la descendencia.

Por tanto, las bacterias y las arqueas no mueren como consecuencia de su propia naturaleza. Pueden morir por la acción de la competencia con otras bacterias o por circunstancias intercurrentes, pero no porque su constitución les imponga un límite temporal. Las bacterias no envejecen como las células eucariotas de las que estamos hechos. Las células eucariotas están sometidas a un proceso activo que las hace envejecer. Además, presentan un límite replicativo que, en mamíferos, no supera las 50 replicaciones. Como veremos, la aparición de seres vivos más evolucionados ofrece notables ventajas para la progresión de la mente, pero por estas ventajas hay que pagar un precio que incluye el envejecimiento y muerte de los individuos con las mentes más avanzadas.

Mente vegetativa y evolución

Desde los inicios de la vida en nuestro planeta, los seres vivos mantienen entre ellos una tensión proliferativa, siendo aquellos que mejor se adaptan al medio los únicos que concluyen el proceso reproductivo. Dado que los seres vivos menos adaptados no consiguen vivir lo suficiente como para poder proliferar, su estirpe termina por extinguirse, y con ello solo las células mejor adaptadas prevalecen, y la vida se hace cada vez más y más eficiente. Estas células están dotadas con las mentes vegetativas más evolucionadas, mentes que, ahora vinculadas a un soporte celular, dependen de sí mismas para su pervivencia.

En este momento, las mentes vegetativas ya no dependen de individuos aislados. Están implementadas en líneas celulares compuestas por millones de individuos dispersos por entornos terrestres muy diversos. Con la experiencia generada por la interacción con el entorno, la mente vegetativa se segrega y se hace diferente en cada individuo. Ahora, la mente vegetativa compite consigo misma y los individuos con mente vegetativa más eficiente serán los que prevalezcan. Son aquellos cuya mente vegetativa les permite adaptarse mejor a las circunstancias cambiantes del medio, metabolizar los productos disponibles y reproducirse con mayor rapidez. La competición entre estirpes de células primero, y entre los individuos celulares de la misma estirpe después, será el principal motor de la evolución de la vida y de la mente en nuestro planeta.

El **proceso evolutivo** será tan simple como eficiente. Se trata de generar diversidad biológica por azar, y dejar que el entorno cambiante seleccione las estirpes de células con mayor capacidad adaptativa, esto es, las que dispongan de una mente vegetativa más eficiente. Cada nuevo ser vivo se convierte en un nuevo experimento adaptativo, con trillones de experimentos funcionando en paralelo, a lo largo y ancho de nuestro planeta. Cualquier modificación aleatoria o emergencia funcional que incremente la adaptación al medio generará células más exitosas, que desplazarán de su nicho ecológico a aquellas otras que no dispongan de la nueva ventaja. Por tanto, la evolución de los seres vivos en general, y de la mente vegetativa en particular, fue el resultado de un experimento que **no precisaba supervisión**. Nadie controla los resultados de cada experimento vital, nadie selecciona las mentes más eficientes del momento. Solo la competición adaptativa actúa. Este fue, y sigue siendo, un experimento que no cesa. Día y noche, durante millones de años, trillones de seres vivos compiten por su supervivencia, seleccionándose continuamente a aquellos que aportan nuevas ventajas mentales. El resultado es la aparición de una ingente cantidad de nuevas rutas metabólicas capaces de obtener energía del medio, generar estructuras celulares más estables y eficientes, permitir la colonización de medios más inhóspitos para la vida, y desarrollar procesos más eficientes para la transmisión genética de las nuevas habilidades. La inmensa mayoría de los procesos metabólicos y de las mentes vegetativas que encontramos hoy en los seres vivos más evolucionados fueron desarrollados entonces.

La mente vegetativa abierta al mundo

Aunque la adaptación vegetativa al entorno pudo estar basada inicialmente en la autorreparación y en la autorreplicación, con la aparición de nuevos recursos bioquímicos la mente vegetativa debió adentrarse en nuevos escenarios. Las primeras mentes vegetativas pudieron aparecer en células procariotas inmóviles, pero capaces de detectar cambios en el medio externo y adaptar su medio interno a ellas. Este sería el caso, por ejemplo, de bacterias que detectan una reducción de la osmolaridad en el medio extracelular y liberan sustancias del citoplasma al medio ambiente (ej. taurina). Con ello reducen su osmolaridad interna, evitando que la entrada masiva de agua que la hiperosmolaridad podría generar incremente su volumen hasta hacerla explotar. Otro ejemplo nos lo ofrece la adaptación procariota a los cambios de presión hidrostática. La modificación de la presión hidrostática disminuye la afinidad de las enzimas por su sustrato químico, afectando de forma simultánea a múltiples funciones celulares como la síntesis de proteínas, el trasporte de sustancias por la membrana celular, etc. Las células procariotas pueden adaptarse a los cambios de presión aumentando la proporción de ácidos grasos en su membrana celular, modificando la participación de ciertas proteínas estructurales en su membrana y alterando el plegamiento tridimensional de algunas proteínas enzimáticas.

Una célula, muchas mentes vegetativas

La mente vegetativa desarrolló la célula y luego se incorporó a ella. A continuación, la mente vegetativa se diversificó en el interior de las células, de manera que cada célula disponía de muchas mentes vegetativas distintas, con capacidad para adaptar la célula al entorno. Las células continúan su competición por los recursos ambientales, y la incorporación de una nueva mente vegetativa puede ser la diferencia entre la pervivencia y la extinción. En estas condiciones, la mayor parte de las células terminan incorporando las ventajas vegetativas más exitosas, ya que, de no hacerlo, perecerían en competencia con las que sí la tienen. Así, todas las células sobre la tierra adquieren una **organización similar**, en la que se incluye una gran diversidad de mentes vegetativas soportadas por una cantidad ingente de procesos y rutas metabólicas diferentes.

El ambiente extracelular cambia con frecuencia, con lo que funciones que en algún momento resultaron útiles, en otro momento han perdido su utilidad por completo. ¿Qué hacer con las mentes vegetativas en desuso? La producción y degradación de proteínas es un proceso complejo y costoso que, en la medida de lo posible, hay que evitar. La mente vegetativa adquirió entonces la capacidad para **modular la expresión de los genes**, haciendo que solo se usen los genes más útiles en cada ocasión[108-110]. Esta inteligencia genética, que comenzó su desarrollo en las células procariotas, no ha dejado de progresar hasta nosotros. Nuestros genes muestran una inteligencia absolutamente sorprendente, y que aún solo conocemos de forma muy parcial. Ni las bacterias ni nosotros podemos crear nuevos genes a demanda, aunque con el desarrollo de la biología y la genética molecular, nosotros ya podemos editar genes o introducirlos en los organismos vivos. La inteligencia genética merece un capítulo aparte, pero no será en este libro, ya que la información disponible es tan amplia que nos desplazaría de nuestro objetivo principal, el estudio general de la evolución de la mente.

Una mente vegetativa, muchas células

¿Qué hacer con los genes de las mentes vegetativas que han perdido su utilidad de forma continuada? La aparición de nuevos genes en las células procariotas no es un fenómeno gratuito, tiene su coste. La velocidad de reproducción de las células procariotas depende del tamaño de su material genético, con lo que las procariotas con más genes se reproducen más despacio que las procariotas con menos carga genética. En un medio con recursos limitados, las células que consiguen reproducirse con mayor celeridad serán las que finalmente prevalezcan. Por tanto, lo que antes era una ventaja, un nuevo gen, puede pasar a ser un inconveniente. Para evitarlo, las células procariotas aprenden a **desprenderse de los genes que ya no son operativos**, recuperando así su velocidad reproductiva[108].

¿Qué hacer si los genes desechados vuelven a ser necesarios? El medio ambiente puede cambiar mucho, y es posible que algunos de los genes que perdieron su utilidad puedan volver a ser necesarios. La creación de un gen desde cero es un proceso lento y costoso, y podría no llegar a tiempo para evitar la extinción de la estirpe bacteriana que vuelve a necesitar el gen eliminado. Para evitar esto, la mente vegetativa aprendió a conservar genes en desuso solo en algunos individuos, los cuales pasarían a ser un reservorio genético del que poder recuperar el gen en caso necesario (transmisión génica horizontal). Este trasiego de genes ocurre, por ejemplo, en las bacterias *Escherichia coli* de nuestros intestinos, y es un factor relevante para el desarrollo de resistencia a los antibióticos.

La mente vegetativa como producto reciclado

Otro posible uso para los genes que han perdido utilidad es el **reciclado molecular**. Se trata de buscar nuevas funciones para viejas rutas metabólicas en desuso. Este reciclado funciona en todas las células, y especialmente en células eucariotas (con núcleo) de organismos pluricelulares complejos. En estos organismos la «invención» de nuevas rutas metabólicas resulta ya muy difícil, y pasa a un segundo plano. Este es el caso de los neurotransmisores que transmiten la información de unas neuronas a otras. Muchos de los mecanismos implicados en la síntesis, degradación y trasporte de los neurotransmisores fueron «inventados» en estadios precoces de la evolución. Se desarrollaron para fines que no tenían nada que ver con la neurotransmisión química, ya que con frecuencia aparecieron antes que el sistema nervioso. Así, la diversidad química originada en trillones de experimentos celulares producidos en la tierra cuando toda la vida era unicelular, se convirtió luego en un fondo inagotable de recursos bioquímicos, que facilitó el desarrollo posterior de nuevas funciones mentales en los seres pluricelulares.

Aprendizaje, memoria y conducta anticipatoria en bacterias

Como ya comentamos, las mentes más simples, las mentes reactivas, pueden responder al entorno, pero no aprenden con la experiencia. En este caso, los mismos estímulos siempre producirán las mismas respuestas, independientemente de lo útil o peligrosa que puedan resultar en cada contexto. Se trata de respuestas estereotipadas, mismo estímulo, misma respuesta, sin importar las consecuencias que esta respuesta haya generado en episodios previos. Aunque la mente reactiva no aprende, su sucesora, la mente PAI, sí desarrolló cierta capacidad para almacenar información. No obstante, se trata de una capacidad muy limitada, y con leves efectos sobre la adaptación al entorno.

La experiencia previa solo podrá modular la conducta si el individuo es capaz de asociar los estímulos del momento con estímulos previos, y recordar los efectos adaptativos de su conducta anterior. Esta asociación debe ser almacenada (aprendizaje) y recuperada cuando se la necesite (memoria). ¿Dispone la mente vegetativa de arqueas y bacterias de la capacidad de aprender y recordar? Algunos datos sugieren que la mente vegetativa de las células procariotas no está exenta de funciones complejas como el **aprendizaje** y la **memoria**. Por ejemplo, muchas bacterias disponen de un sistema inmunológico molecular por el que retienen pedazos de ADN de los virus que las han infectado. Si el mismo virus produce nuevas infecciones, la información almacenada será utilizada para reconocer el virus y destruirlo. Estos «recuerdos bacterianos» son capaces de distinguir los virus dañinos de aquellos que no generaron graves perjuicios a la bacteria hospedadora. Quizás el sistema de memoria más conocido es el CRISPR (por las siglas en inglés de *Clustered Regularly Interspaced Short Palindromic Repeats*), que funciona almacenando secuencias víricas en el propio genoma de la bacteria[111,112]. Luego, proteínas enzimáticas (Cas) codificadas por genes asociados a CRISPR se encargarán de buscar y destruir los virus que contengan secuencias similares. Esta tecnología bacteriana comienza a ser utilizada hoy para «editar» genes anómalos en humanos, sustituyéndolos o editándolos mediante inserción, reemplazo o remoción de secuencias génicas. La edición génica mediante CRISPR podría facilitar la corrección de anomalías en genes específicos, y controlar alteraciones genéticas que no disponen de tratamiento efectivo en la actualidad[113,114].

La mente vegetativa también puede predecir acontecimientos y generar **conductas anticipatorias** a partir de ellas. Un ejemplo de conducta anticipatoria vegetativa nos lo ofrece la *Escherichia coli*. Esta bacteria puede vivir en un medio abierto utilizando un metabolismo aerobio (que precisa de oxígeno), y en un medio cerrado, como el tracto digestivo, utilizando un metabolismo anaerobio (que no precisa de oxígeno). Si subimos la temperatura hasta los 30-37 ºC, lo que equivale a pasar del medio externo a la boca, la bacteria inicia el tránsito de metabolismo aerobio a anaerobio. Por el contrario, si descendemos la temperatura por debajo de los 25 ºC, lo que equivale a aproximarse a la expulsión por defecación, la bacteria inicia el tránsito de metabolismo anaerobio a metabolismo aerobio. La conducta anticipatoria también es un buen ejemplo de la capacidad de la mente vegetativa para generar conductas monotélicas.

De confirmarse con nuevas evidencias experimentales, el aprendizaje, la memoria y la conducta anticipatoria de la mente vegetativa suponen que estas funciones complejas no son privativas de las mentes activas, mentes que se adaptan actuando sobre el entorno y no sobre sí mismas. De estas mentes activas hablaremos en los próximos capítulos. Además, el aprendizaje bacteriano implicaría que algunas de las capacidades que describiremos luego en las mentes retroflejas ya estaban iniciándose en estas mentes vegetativas más primitivas.

En definitiva, con el desarrollo de la mente vegetativa las células cambian su medio interno para adaptarse a las condiciones exteriores, incrementando así la supervivencia celular. La mente vegetativa debió emerger a partir de mentes PAI previas, las cuales estaban cimentadas en una multitud de mentes reactivas que la mente promediadora puso a trabajar de forma coordinada. La mente PAI también promovió otra modalidad de mente que comentaremos a continuación, la mente refleja.

Capítulo 8
La aparición de la mente refleja

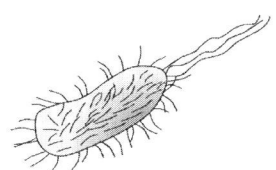

Tras muchos millones de años de adaptación a las condiciones de la superficie terrestre, las células desarrollaron sensores y dispositivos motores que les permitían responder de forma refleja a las condiciones cambiantes del entorno. Esta nueva modalidad de respuesta añade, a la adaptación del medio interno propia de la mente vegetativa, la capacidad de modificar el medio externo o de, al menos, desplazarse a la búsqueda de medios más propicios. Dado que las conductas generadas por esta mente son siempre conductas estereotipadas que se generan en respuesta a estímulos ambientales específicos, a esta nueva mente la denominaremos *mente refleja*. Las primeras mentes reflejas seguramente aparecieron en bacterias que ya disponían de mente vegetativa.

La primera conexión sensitiva de la mente con el mundo

La primera condición para la emergencia de la mente refleja es la aparición previa de sensores capaces de detectar los cambios del entorno, sensores que puedan suministrar la información necesaria para que luego se puedan generar respuestas adaptativas (conducta sensitiva). Las bacterias desarrollaron quimiorreceptores que detectan la presencia de sustancias nutritivas (ej. azúcar) o tóxicas (ej. benzoato) en su ambiente inmediato (quimiorreceptores). Las bacterias disponen de un impresionante arsenal de quimiorreceptores para detectar aminoácidos, azúcares, oxígeno, amoniaco, DNA, etc.

También disponen de **mecanorreceptores**, que informan de la presencia de obstáculos físicos en su medio inmediato, **termorreceptores**, que informan de temperaturas potencialmente peligrosas para la supervivencia, **sensores de pH**, que estiman la concentración ambiental de protones, y de **sensores para la luz** que, como en el caso de la halobacterium, detectan cambios en la luz ambiental. Un ejemplo particularmente sorprendente es el de las cianobacterias que, usando ciertas estructuras a modo de microlente, pueden identificar la ubicación de fuentes de luz y aproximarse a ellas. La microlente de la *synechocystis sp. PCC 6803* forma una imagen de alta resolución de la fuente de luz en la membrana celular opuesta a la posición de la fuente luminosa, utilizando esta imagen para generar movimientos precisos de aproximación a la fuente de luz[115]. La mente refleja también puede orientar a las bacterias en relación con otros estímulos ambientales como los campos magnéticos, o los generados por obstáculos próximos o agentes tóxicos.

La primera respuesta motora de la mente a las condiciones del entorno

La siguiente condición para la emergencia de la mente refleja es la aparición de estructuras físicas que permitan a las bacterias generar una **conducta motora**. Aparecen así diversas estructuras que facilitan el movimiento de las células procariotas y que serán utilizadas para moverse hacia ambientes más acogedores, para buscar alimento, o para evitar ser alimento de otros. Un ejemplo de estas estructuras lo encontramos en la *Escherichia coli*. Esta bacteria del tracto digestivo humano dispone de 6 flagelos movidos por gradiente de protones, y de un superflagelo. La *Escherichia coli* mueve el conjunto de flagelos de forma coordinada, acercándose así a los alimentos y evitando los tóxicos de su entorno inmediato.

Disponiendo ya de sensores y de dispositivos motrices, el siguiente paso para el desarrollo de la mente refleja fue conectar las entradas «sensitivas» con las salidas «motoras». Esta conexión es necesaria para que se puedan generar respuestas rápidas y adaptativas. Algunas bacterias con mente vegetativa pueden internalizar alimento del entorno, solo que este siempre será aquel que contacte eventualmente con la superficie de la bacteria. Obviamente, las células con mente vegetativa están en franca desventaja con aquellas que, con una mente refleja, puedan identificar el alimento, aproximarse a él e ingerirlo.

La importancia del movimiento para las bacterias con mente refleja se hace patente cuando revisamos sus métodos de impulsión. Los «motores impulsores» utilizados por la mente refleja de los procariotas pueden ser de muy diversa naturaleza. Uno de ellos es el motor rotatorio acoplado a los **flagelos**. Se trata de un motor sorprendentemente complejo que, con más de 20 proteínas acopladas, soporta los tres componentes principales del flagelo, el filamento, el codo o gancho, y el corpúsculo basal[116-118]. El *filamento* es un cilindro helicoidal de *14 nm* de diámetro que deja un hueco interno de *3 nm*. La pared de este hueco dispone de 11 hileras concéntricas de una proteína globular denominada *flagelina*. El filamento está unido al *codo* que, a su vez, conecta el filamento con el corpúsculo basal, actuando así a modo de junta universal entre ambos. Finalmente, el *corpúsculo basal* está conectado al gancho por un lado y a la membrana bacteriana por otro. El corpúsculo basal se encarga de ensamblar el flagelo a la célula, haciéndolo girar en un sentido o en el contrario. El giro del flagelo genera un efecto similar al de las hélices, impulsando a la bacteria en una dirección o en la dirección contraria. La energía que activa todo el dispositivo es el gradiente intraextracelular de protones. El corpúsculo basal está rodeado por dos proteínas de membrana (*MotA* y *MotB*) que utilizan la entrada de protones desde el medio extracelular hasta el citoplasma, para hacer girar el codo y el filamento, impulsando así el desplazamiento de la bacteria.

Con este fantástico artilugio motor las bacterias pueden generar distintos patrones motores. En un medio uniforme, el dispositivo genera desplazamientos hacia delante o hacia atrás, desplazamientos que persisten durante algunos segundos (*carreras*). Estas carreras pueden ser interrumpidas durante décimas de segundo, momento en el que se generan movimientos angulares aleatorios (*virajes*) que reorientan la dirección de la próxima carrera. Los giros aleatorios hacen que las bacterias modifiquen de forma continua su posición, explorando así todas las posibilidades presentes en el medio externo. En presencia de ciertos estímulos químicos ambientales, las bacterias pueden retrasar los movimientos de viraje y prolongar sus carreras, lo cual las aleja de fuentes emisoras de los estímulos «tóxicos», o las acerca a los alimentos (conducta táxica). Existen distintas modalidades de conductas táxicas. Las *aerotáxias* acercan o alejan las bacterias del oxígeno. Las bacterias aeróbicas se acercarán al oxígeno. Para las anaeróbicas, el oxígeno resulta tóxico, y las bacterias se alejan hacia zonas libres del gas. Las *fototaxias* acercan las bacterias a las fuentes de luz. Las *quimiotáxias* son generadas por la llegada a la superficie de la bacteria de un estímulo quimioatrayente (como el aspártico o la maltosa en el caso de la *Escherichia coli*), o quimiorrepelente (como el cobalto o el níquel). En este caso, los agentes químicos actúan sobre receptores específicos de membrana, que luego desencadenan cambios químicos complejos en el citoplasma, y que, finalmente, acercan o alejan la célula del agente químico.

Otro dispositivo motriz interesante es el **flagelo periplásmico** de las espiroquetas. Estos flagelos también disponen de un *corpúsculo basal*, un *codo* y un *filamento axial*. Sin embargo, en este caso, el filamento axial se prolonga a lo largo del citoplasma de la espiroqueta, haciendo que esta presente movimientos a modo de torniquete (como un sacacorchos), contorsiones (como un látigo), o rodamientos axiales (como un muelle sobre una mesa). Estos movimientos también pueden responder a estímulos quimioatrayentes o quimiorrepelentes. Otro dispositivo motor es el **pelo** o **fimbria**, apéndice filamentoso recto, rígido, corto y fino (3-10 nm), que puede formar fimbrias adhesivas que se reparten a centenares por toda la membrana bacteriana[119]. Estas fimbrias pueden actuar como medio de adherencia a objetos del entorno (por ejemplo, cuando las bacterias colonizan tejidos o forman placas dentales), o como pelos sexuales (para el intercambio de ADN por conjugación entre bacterias). Las **prostecas**[120] son prolongaciones del cuerpo de las bacterias, que resultan útiles para aumentar el volumen y la superficie bacteriana, incrementando la flotabilidad de la bacteria, su captación de nutrientes, su adherencia a sustratos, o su agrupamiento en «rosetas».

El acoplamiento de sensores de superficie y de elementos motrices citoplasmáticos habilitó a las bacterias para reaccionar de forma simple y estereotipada a los estímulos ambientales. Esta es la naturaleza básica de las mentes reflejas, la de ser capaces de generar respuestas motoras «estereotipadas» a los estímulos provenientes del entorno. Un ejemplo típico de respuesta motora refleja es la respuesta del paramecio a los obstáculos físicos que encuentra en sus desplazamientos. El **paramecio**[121,122] es un protozoo con cilios a lo largo de toda su superficie. Estos cilios se mueven de forma coordinada, generando desplazamientos que recuerdan la acción de los remos de una barca. Cuando el paramecio tropieza con algún obstáculo, se abren canales de calcio mecanosensibles de su membrana celular, promoviendo la entrada de calcio al citosol. El calcio despolariza la membrana celular, cambiando la dirección de los movimientos ciliares, y haciendo que el movimiento se oriente en otra dirección y evite el choque repetido con el mismo obstáculo. La entrada de calcio también provoca la apertura de canales de potasio sensibles a calcio, lo cual facilita la repolarización de la membrana celular. Esta repolarización, junto con la liberación de los canales mecanosensibles de la presión generada por el choque contra el obstáculo, hace que el paramecio se vuelva a mover hacia delante, solo que ahora en otra dirección y evitando el obstáculo.

La mente refleja genera respuestas rápidas a los estímulos ambientales. El paramecio también dispone de repertorios conductuales más complejos pero más lentos. La velocidad de la respuesta puede ser crítica en determinadas situaciones, por lo que las respuestas reflejas más simples también se suelen conservar. Las respuestas reflejas más simples y rápidas son muy útiles, y se han conservado a lo largo de la evolución, llegando incluso al ser humano. Nosotros también disponemos de respuestas reflejas simples y rápidas. Un ejemplo es el reflejo miotático, un reflejo por el cual la elongación pasiva de un músculo desencadena su contracción refleja. Esta respuesta refleja se produce en la médula espinal, mucho antes de que el sistema nervioso central se entere de que el músculo ha sido elongado pasivamente y contraído activamente. Este y otros muchos reflejos son utilizados cotidianamente por el neurólogo para explorar el estado de nervios sensitivos y motores de la médula espinal y el tronco cerebral. Aunque los reflejos se conservan durante la evolución filogénica, el sustrato material que los soporta puede cambiar. Nuestro reflejo miotático está implementado por dos neuronas, una sensitiva, que detecta el grado de elongación del músculo, y otra motora, que responde a la activación de la neurona sensitiva contrayendo el músculo elongado. El paramecio no dispone de neuronas y, como hemos comentado, su respuesta refleja está generada por el trasiego de iones en regiones próximas a su membrana celular.

En resumen, en el capítulo anterior comentamos cómo la mente vegetativa se adapta a los cambios ambientales modificando el estado interno de su dispositivo de soporte. Sin embargo, la mente vegetativa no puede actuar directamente sobre las condiciones ambientales. La primera mente que permitió esta acción fue la mente refleja, generando conductas motoras simples en respuesta a estímulos ambientales específicos. Esta mente no es capaz de actuar sobre el entorno por iniciativa propia, solo lo hace en respuesta a algo que ha ocurrido previamente en sus inmediaciones. Esta situación cambiará con la aparición de la mente activa que comentamos en el próximo capítulo.

Capítulo 9
La aparición de la mente activa procariota

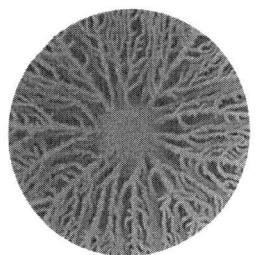

La maquinaria química interpuesta entre el componente «sensitivo» y el componente «motor» de la célula procariota ganó complejidad con la evolución. Las nuevas estructuras interpuestas favorecieron un análisis cada vez más elaborado de la información sensitiva procedente del medio y una preparación cada vez más precisa y sofisticada de la respuesta motora. Fue el desarrollo de esta intermediación sensitivo-motora la que preparó el salto desde la mente refleja hasta la **mente activa**. Esta función de intermediación sensitivo-motora será referida aquí como *conocimiento intermediario*.

El desarrollo del conocimiento intermediario

El desarrollo del conocimiento intermediario debió comenzar a partir del polo «sensor» de la mente refleja. Para las mentes reflejas más simples, el componente «sensor» y el componente «motor» de la respuesta refleja podía estar implementado en una sola cadena polipeptídica. Luego aparecieron sistemas con dos componentes segregados, uno sensitivo, que habitualmente se autofosforila en un residuo de histidina tras la llegada del estímulo, y otro motor, que activa la respuesta tras recibir la acción de los grupos fosfato del componente sensitivo. Hasta aquí las respuestas podrían ser consideradas como respuestas reflejas. El siguiente nivel de complejidad lo establecen los dispositivos con más de dos componentes. En los sistemas de tres componentes se incorpora una proteína que media entre la proteína censora y la proteína efectora. A continuación, aparecen sistemas con muchos componentes interpuestos. Este será el caso, por ejemplo, de la *Escherichia coli* con 7 componentes interpuestos, y del *streptococcus aureus* con 9 componentes interpuestos. Por tanto, el desarrollo del conocimiento intermediario, y la emergencia de la mente activa, probablemente se inició en las estructuras interpuestas entre los elementos sensores, que detectan la presencia de estímulos ambientales, y los elementos efectores, que ejecutan las respuestas motoras a dichos estímulos.

Los dispositivos interpuestos entre la detección estimular y la respuesta motora podrían ser considerados como el protocerebro más antiguo, el **protocerebro bacteriano**. Es el componente «inteligente» que permite que las respuestas sean cada vez más eficientes y elaboradas. Veremos en los próximos capítulos como este cerebro, que ahora está constituido por unas pocas proteínas próximas a la membrana celular, luego pasará a estar integrado por grupos de células situadas en la superficie de los animales pluricelulares. Estas células terminarán internalizándose para constituir un órgano independiente, el sistema nervioso, con muchos millones de células dedicadas a las mismas funciones que el protocerebro bacteriano, a procesar la información procedente del medio y a elaborar las respuestas más adaptativas.

De la mente refleja a la mente activa

La respuesta de la mente refleja a los estímulos ambientales es simple y estereotipada, tal como ocurre en el reflejo miotático que acabamos de comentar. Con el desarrollo del conocimiento intermediario, las respuestas se hacen más complejas, las conductas se diversifican mucho y se observan patrones motores que parecen generados internamente y no en respuesta a estímulos del entorno. Algunas conductas bacterianas siguen siendo una respuesta a estímulos ambientales (ej. quimiotaxis), solo que ahora el estímulo será analizado con mayor profundidad, por ejemplo, para identificar el origen y el gradiente de concentración de las sustancias detectadas. Además, la respuesta conductual podrá persistir hasta alcanzar la meta y adaptarse a las condiciones cambiantes del entorno para sortear obstáculos. Con ello, respuestas, como las quimiotaxias pueden ir mucho más allá de la simple aproximación o alejamiento de las fuentes de los estímulos químicos.

Mente activa y motilidad grupal

Entre los patrones motores complejos generados por la mente de las bacterias destacan las conductas grupales. Estas conductas pueden estar presentes de forma permanente o generarse en respuesta a situaciones particulares del entorno. La respuesta grupal suele estar asociada a un fenómeno de autoinducción. La **autoinducción** es la activación de la trascripción de una cadena de genes en respuesta a cambios en la concentración ambiental de moléculas específicas. La autoinducción suele facilitar la interacción entre sensores de distinta naturaleza, incrementándose con ello la profundidad del procesamiento de la información de los estímulos ambientales, que ahora serán evaluados desde distintas «perspectivas». La integración «multisensorial» y el análisis más profundo de la información permiten que las células comiencen a detectar «objetos» y «acontecimientos» del entorno que antes pasaban desapercibidos, objetos que en algunos casos serán otras células con las que colaborar o a las que evitar. Si estos cambios afectan solo a la química interna de la célula, se hablaría de autoinducción de la respuesta vegetativa. Si afectan a la conducta motora compleja, estaríamos hablando de autoinducción de la mente activa.

Un ejemplo ilustrativo de conducta grupal compleja generada por una mente activa bacteriana nos lo ofrece la mixobacteria *myxococcus xanthus*. La mente activa de esta bacteria genera conductas individuales que, en presencia de otros congéneres, produce una actividad grupal compleja. Se trata de las denominadas *conductas grupales de enjambre* (*swarming*)[123-126]. Esta bacteria dispone de mecanismos quimiotáxicos que la acerca a las fuentes de alimento. Cuando el acceso a los alimentos está obstaculizado por circunstancias particulares, como la presencia de otras bacterias, se pueden activar patrones motores complejos que facilitan la conducta de enjambre. La conducta de enjambre comienza con la agregación de bacterias vecinas que se agrupan hasta poner sus flancos en contacto directo. Luego todas las bacterias se mueven juntas en la misma dirección, lo que facilita la conquista «competitiva» de nichos ocupados por otras poblaciones celulares, y el acceso de todas las bacterias del grupo al oxígeno y a los nutrientes. Las bacterias con dificultad para seguir el movimiento del grupo se adhieren a las más activas mediante un complejo integrado por 15 proteínas (agrupación de adhesión focal; *focal adhesión clusters*; FACs). Tras este contacto, las bacterias más activas pasarán diversas lipoproteínas (Tgl y CglB) a las menos activas. Estas proteínas facilitarán el movimiento de las bacterias menos activas, promoviendo su incorporación al enjambre.

La *myxococcus xanthus* también dispone de un «mecanismo marcapaso» en el que intervienen tres proteínas del citoplasma. Este marcapaso modifica cíclicamente la dirección del movimiento, facilitando la exploración periódica de todo el medio, y no solo del interpuesto entre la célula y el estímulo quimiotáxico. Durante los movimientos grupales, los cambios de dirección de las bacterias del enjambre se acoplan, facilitándose sustancialmente la motricidad grupal. Este acoplamiento es posible gracias a que uno de los efectos inducidos por los contactos laterales de las bacterias es la sintonización en fase de los marcapasos de todas ellas. No obstante, hay ajustes finos de estos movimientos grupales que son distintos en cada colonia de *myxococcus xanthus*. El grupo puede detectar anomalías en estos movimientos finos, identificando así a posibles bacterias infiltradas procedentes de otras colonias. Las células infiltradas serán luego expulsadas del grupo. Las colonias de *myxococcus xanthus* pueden agruparse en dos tipos de estructuras, unas planas y otras con 5 capas superpuestas que forman un montículo. En los montículos, las células de la capa superior realizan, cada 14 minutos, un descenso sincronizado hasta las regiones más periféricas de la cuarta capa. Luego las células ascienden lentamente hasta la primera capa, donde se vuelven a linear nuevamente en un bloque compacto. Aunque la utilidad de estos desplazamientos dentro del grupo no está clara aún, es probable que sirvan para facilitar el trasiego de información entre células y promover la homogeneidad del grupo. La conducta compleja de la *myxococcus xanthus* no es exclusiva. Otras bacterias pueden presentar conductas similares. Este es el caso de la *chondronyces crocatus*, una mixobacteria que, tras agruparse por millones, genera estructuras de aspecto arbóreo.

El resultado de todas estas agrupaciones bacterianas es la ayuda mutua para alcanzar recursos que no serían accesibles si cada bacteria los busca por separado. No obstante, no siempre es así, y un ejemplo nos lo ofrece el *bacilus subtilis*. Esta bacteria puede presentar conductas caníbales que, en condiciones de grave peligro, facilitan la supervivencia de la propia colonia. En presencia de cambios drásticos de temperatura o humedad, el *bacilus subtilis* inicia un proceso de **esporulación**[127]. La esporulación produce una eliminación sistemática de muchos componentes propios, transformando la bacteria en una espora, que luego será muy resistente a las acciones del ambiente. Durante el proceso de esporulación se liberan sustancias que resultan letales para otras bacterias de la colonia que no hayan iniciado este proceso. Las sustancias liberadas por las bacterias en desintegración son asimiladas por las bacterias en esporulación, lo cual les permite completar el proceso, adaptarse a las nuevas condiciones y esperar cambios de las condiciones ambientales con los que ya sea posible la reconstrucción de la colonia.

En ocasiones, la cooperación grupal se produce entre individuos de distintas especies. Se habla entonces de **mutualismo simbiótico**. **Mutualismo** es la interacción biológica entre individuos de diferentes especies que resulta en beneficio mutuo, y **simbiosis** es un tipo de mutualismo en el que una o ambas partes se hace estrictamente dependiente de la otra[128]. La cooperación entre especies de bacterias puede llegar a ser tan elaborada que algunos autores las consideran como auténticas **conductas sociales**[129]. Se habla incluso de *componentes cosmopolitas de la vida social de las bacterias* para hacer referencia a complejas interacciones entre distintos tipos de bacterias, interacciones que pueden incluir la «subdivisión social del trabajo». No obstante, no todos los autores aceptan el término *social* referido a bacterias. Así, mientras algunos consideran que las moléculas que transitan de unas bacterias a otras son auténticos mensajes informativos (*signals*), otros creen que solo se trata de marcadores (*cues*) que activan ciertas respuestas, sin que ni el emisor ni el receptor participen de una transferencia real de información (nadie sabe lo que hacen los otros).

La interacción «social» de las bacterias está asociada al tamaño de su genoma bacteriano, y a la complejidad de las rutas moleculares implicadas en la detección de estímulos y en la respuesta motora. Por tanto, independientemente de la «sociabilidad» que podamos atribuir a las bacterias, lo que quizás todos podemos aceptar es que estos seres unicelulares presentan conductas «autogeneradas» y «orientadas a objetivos específicos», acciones mucho más complejas que las conductas estereotipadas de la mente refleja. Tomados en su conjunto, estos datos sugieren que la mente activa de las bacterias ya dispone de componentes de la mente interindividual que comentaremos en el capítulo 14. Esta mente será comentada para el caso de las hormigas, cuya conducta individual está determinada por factores próximos a cada hormiga. Ni las hormigas ni las bacterias saben la utilidad de sus conductas para el grupo, sin embargo, la conducta ejecutada por cada individuo genera una actividad grupal que facilita la subsistencia de la especie.

Mente activa, aprendizaje y memoria

La utilidad de la mente se incrementa de forma sustancial cuando la experiencia previa puede ser utilizada para determinar la mejor respuesta adaptativa a las condiciones ambientales del momento. Se trata del **aprendizaje** y la **memoria**, capacidades que permiten almacenar las consecuencias de las conductas actuales y luego utilizar la información almacenada para determinar la respuesta más conveniente en otras situaciones similares. El aprendizaje almacena: condiciones estimulares → respuesta → consecuencias. La memoria recupera esta información en función de las circunstancias actuales.

¿Cuáles de las múltiples modalidades de aprendizaje que luego encontraremos en mentes más desarrolladas podrían estar operativas en la mente activa de la célula procariota? Los aprendizajes más simples son la sensibilización y la tolerancia. Mediante la **sensibilización** la respuesta a estímulos específicos se incrementa con exposiciones repetidas a los mismos estímulos. La **tolerancia** es el fenómeno contrario, y supone una reducción progresiva de la respuesta a estímulos repetidos[130]. Ambas modalidades de aprendizaje podrían estar presentes en algunas bacterias. Se ha sugerido que la célula procariota podría disponer también de modalidades más complejas de aprendizaje[131], como la **evitación activa**. En las bacterias, esta modalidad de aprendizaje permitiría identificar entornos pobres o perjudiciales, recordando experiencias en entornos similares. Un ejemplo podría ser la activación de la esporulación, o de los mecanismos de huida, como respuesta a entornos particularmente dañinos.

Algunas bacterias podrían almacenar información por mecanismos similares a los observados en las neuronas, y que incluyen modificaciones en potenciales de membrana[132]. Existen evidencias experimentales que sugieren que las bacterias disponen de **memoria a muy corto plazo**. Un ejemplo de esta memoria la encontramos en la *Escherichia coli*, cuyos movimientos aleatorios evitan volver a visitar regiones del entorno que, en otras visitas recientes, no ofrecieron recursos de interés. En esta modalidad de aprendizaje-memoria podría participar la fosforilación de proteínas. También se ha propuesto la existencia de una **memoria bacteriana a largo plazo**. Esta modalidad de aprendizaje podría ocurrir por metilación del DNA. La duración de la memoria bacteriana no ha sido explorada sistemáticamente, y es posible que pueda variar mucho con la especie y el tipo de aprendizaje (los estímulos dañinos podrían generar aprendizajes más duraderos). En general, se habla de retención de la información en la memoria por periodos variables entre pocos segundos y más de 5 minutos. No obstante, también se estudia la posibilidad de que, con las metilaciones del ADN, la información adquirida por aprendizaje pueda pasar, incluso, de las bacterias progenitoras a la descendencia.

Mente activa y anticipación

¿Pueden las bacterias generar conductas anticipatorias orientadas a responder a estímulos que, aunque aún no están presentes, tienen una alta probabilidad de aparecer en el futuro inmediato? Algunas bacterias parecen poder anticipar lo que va a ocurrir, respondiendo así de forma precoz y antes de que aparezca el problema. La formación de **cuerpos de fructificación** por el *bacillus subtilis* nos ofrece un ejemplo de esta conducta anticipatoria. En respuesta a una carencia alimentaria severa, este bacilo se agrupa formando estructuras tridimensionales aéreas (cuerpos de fructificación) que luego se transforman en lugares preferentes para la esporulación. La respuesta de fructificación-esporulación no es solo la respuesta todo o nada que se activa en presencia de graves carencias nutricionales. La fructificación puede iniciarse también en respuesta a una situación carencial moderada. Si una vez activada la fructificación la carencia ambiental desaparece, la fructificación se detiene antes de llegar a la esporulación, revertiéndose el estado de la colonia hasta volver a la normalidad. La formación de cuerpos de fructificación sería, por tanto, una conducta anticipatoria por la cual el bacilo «predice» acontecimientos «dramáticos» futuros en la colonia y se prepara para esconderse dentro de las esporas, si la situación ambiental finalmente así lo requiere.

Por tanto, la célula procariota dispone de una mente activa que le permite desarrollar conductas grupales y otras conductas complejas, y posiblemente adquirir ciertas funciones mediante algunos procesos simples de aprendizaje. Sin embargo, se trata de capacidades complejas implementadas en un soporte material relativamente simple. La mente activa, para continuar su progreso, ya precisaba de nuevos dispositivos de soporte con interacciones celulares más complejas. Entonces, algunas células procariotas primitivas que habitaban en medios líquidos desarrollaron la capacidad de agruparse de forma permanente. Aparecen así estructuras multicelulares que van más allá de la conducta de enjambre, de los cuerpos de fructificación y del mutualismo simbiótico. Un vestigio precoz de estas agrupaciones multicelulares permanentes son los **estromatolitos**[133], estructuras rocosas que se formaron en aguas poco profundas hace más de **3000 MA**. Los estromatolitos fueron generados por la acumulación de los productos excretados por capas sucesivas de **cianobacterias**, que se multiplicaban en su superficie[134,135]. Estos productos se acumularon lentamente en capas sucesivas de rocas calcáreas o dolomíticas, y aún hoy pueden contemplarse en distintas costas. Un ejemplo son los estromatolitos generados hace 3500 MA en *Salk Bay*, Australia Occidental.

Los agrupamientos bacterianos estromatolíticos facilitaban la adquisición de alimento en un medio protegido y seguro, una clara ventaja adaptativa que impulsó la vida bacteriana en grupos. Los estromatolitos permitieron la aparición de cierto grado de especialización celular. Algunas células estaban más implicadas en facilitar el trasiego de agua por el interior del estromatolito, mientras que otras promovían la construcción del edificio estromatolítico. A pesar de su relativa complejidad, las ventajas de agrupaciones celulares estromatolíticas resultan exiguas cuando se comparan con las agrupaciones celulares de los organismos pluricelulares auténticos. La organización en seres pluricelulares siempre estuvo vedada para las bacterias, ya que las células procariotas no disponían de los recursos energéticos y genéticos necesarios para poder especializarse y vivir en el seno de grandes agrupaciones de células. Las células procariotas que evolucionaron a eucariotas sí que pudieron agruparse y generar organismos pluricelulares, así que la evolución hubo de esperar a la aparición de estas nuevas células.

Capítulo 10
La aparición de la mente activa eucariota

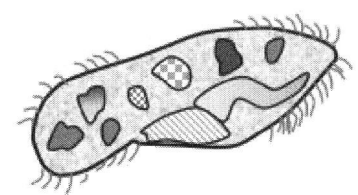

El siguiente paso para el desarrollo de la mente activa fue propiciado por un evento espectacular y probablemente único, un evento que supuso un salto evolutivo impresionante por el cual las células procariotas «crearon» a las células «eucariotas». Muchos de los investigadores que se ocupan de este tema creen que la transición procariota-eucariota debió ser muy improbable, y que solo se generó en muy pocas ocasiones (quizás en solo una ocasión). ¿Cómo es posible que de una célula relativamente simple pueda surgir otra mucho mayor y muchísimo más compleja, sin que existan estadios evolutivos intermedios? A continuación, haremos una breve descripción de las circunstancias que propiciaron este salto evolutivo y que, como veremos, está relacionado con una cooperación entre especies de arqueas y bacterias.

La **célula eucariota** es una célula con núcleo (*eu* «verdadero» y *karyon* «núcleo» en griego). Se trata de una célula mucho mayor y mucho más compleja que la célula procariota. Esta célula apareció en un amplísimo periodo de más de mil millones de años, en el intervalo que va desde hace **2,7 MA** y hace **1,6 MA**[136]. Durante este dilatado intervalo temporal se produjeron incidentes planetarios que aceleraron bruscamente la «tala de la diversidad», y que acrecentaron el «ritmo de selección» de los individuos más aptos.

Algunos de estos incidentes fueron creados por la propia dinámica de la vida procariota. Un ejemplo notable es la extinción masiva generada por la acción de las cianobacterias hace unos **2,3 MA**. Estas células liberaron a la atmosfera cantidades colosales de oxígeno, un gas muy reactivo y altamente tóxico, que dañó incluso a las propias cianobacterias que lo liberaban. El resultado fue la extinción masiva de la vida en la tierra. Salvo en ciertos medios, como las fumarolas abisales, solo las células que desarrollaron la capacidad de soportar concentraciones altas de oxígeno y de sus derivados pudieron sobrevivir. Sin embargo, el resultado final del proceso fue sorprendente. Se produjeron extrañas alianzas entre las células más simples y resistentes al oxígeno, y las más complejas que, hasta ese momento, eran las más adaptadas. Con estas alianzas aparecieron nuevas células que no solo conservaban la capacidad adaptativa previa a la contaminación, sino que ahora podían utilizar la alta reactividad del oxígeno para obtener más recursos energéticos del medio.

Las nuevas células surgieron por la alianza simbiótica de pequeñas bacterias que utilizaban oxígeno para obtener energía química, y arqueas mayores y más complejas. Las arqueas ofrecían a las bacterias un medio en el que protegerse de las contingencias del entorno. Las bacterias ofrecían a las arqueas grandes cantidades de energía química y una forma de protegerse de la acción tóxica del oxígeno ambiental. Así, las pequeñas bacterias emigraron (o fueron fagocitadas) hacia el interior de las arqueas. En esta ocasión, las arqueas no utilizaron a las bacterias como alimento, sino que, por el contrario, llegaron a un «acuerdo simbiótico» con ellas, permitiéndoles permanecer a salvo en su interior. Las bacterias internalizadas metabolizaban el oxígeno tóxico, utilizándolo para generar la energía química que las arqueas necesitaban para ganar complejidad. En este nuevo escenario la mente pudo dar un sorprendente salto adelante.

La probabilidad de que un evento «digestivo» se transforme en un «acuerdo simbiótico» entre especies (endosimbiosis) debió ser muy baja. Por ello, muchos especialistas consideran que debió ocurrir muy pocas veces. Sin embargo, se han descrito distintas situaciones en las que eventos parecidos pueden ocurrir. La **cleptoplastia** es un fenómeno mediante el cual unas células ingieren los cloroplastos de otra célula, y los utilizan transitoriamente para generar su energía química (ATP)[137,138]. Este es el caso de la *Elysia chlorotida*, la cual roba los cloroplastos del alga multicelular *Vaucheria* y los utiliza durante meses para producir ATP a partir de la luz. De hecho, la *Elysia* necesita ingerir los cloroplastos de la *Vaucheria* para alcanzar la vida adulta, y los cloroplastos ingeridos pueden vivir durante meses sin que la *Elysia* precise aportar proteínas para reparar los daños que eventualmente puedan sufrir los cloroplastos ingeridos. Aquí la estrategia es «usar, tirar y sustituir», algo parecido a lo que hace la sociedad actual con muchos electrodomésticos que ya no son proyectados para poder ser reparados sino, más bien, para ser sustituidos por otros.

La transferencia de orgánulos también se puede producir entre células eucariotas. Un ejemplo es la transferencia mitocondrial entre células del cerebro. Nosotros hemos estudiado la transferencia de mitocondrias desde neuronas del cerebro de mamíferos a astrocitos cercanos, los cuales proceden a su degradación sistemática[139]. Esta transferencia evita las acciones tóxicas que las mitocondrias dañadas generan en las células que las albergan (trans-mitofagia). La transferencia intercelular de orgánulos también puede estar programada en la conducta global de los animales. Este es el caso de la **endo-simbiosis nutricional**, mediante la cual unos insectos (ej. hemípteros como los pulgones o la cochinilla de harina) chupan savia que contiene bacterias (ej. del género Buchnera) que son almacenadas en el interior de las células (bacteriocitos) de un órgano especializado (bacterioma) para que sinteticen y aporten aminoácidos esenciales para que el insecto no enferme.

Por tanto, la integración funcional de unas células en otras es impro-bable pero posible, y cuando se produce puede aportar grandes ventajas. En el caso de la integración de bacterias en arqueas, que debió estar en el origen de las células eucariotas, la ventaja fue mutua. Las arqueas hospeda-doras utilizaban el oxígeno ambiental para generar energía, protegiéndose además de sus efectos tóxicos. Las bacterias huésped se beneficiaron de la protección de vivir en el interior de una célula mayor con un medio interno controlado y libre de tóxicos ambientales. Una vez la bacteria se estabili-zó dentro de la arquea, ambas, bacteria y arquea, comenzaron a evolucio-nar de forma conjunta, las bacterias en su nuevo medio intracelular y las arqueas en el medio extracelular.

Las células eucariotas, un viaje a la complejidad

Como ya comentamos, una circunstancia que restringía la evolución de las procariotas es su limitada capacidad para albergar muchos genes[140-142]. El material genético de las procariotas se encuentra en una gran **molécula circular de ADN** (0,5-10 millones de pares de bases), y en mucha menor medida en un conjunto variable de pequeñas moléculas circulares de ADN denominados *plásmidos* (5-1000 pares de bases). El ADN circular se replica desde un extremo al otro, lo que hace que el aumento del número de genes enlentezca la replicación genética y, con ello, la replicación celular. Por ello, las procariotas impiden la aparición de nuevos genes a menos que estos sean imprescindibles para su supervivencia. Por otro lado, los genes que en algún momento resultaron esenciales y se incorporaron al material genético, pero que luego, con el cambio de las condiciones ambientales, ya no juegan un papel importante, serán retirados de la molécula circular de ADN. Estas circunstancias también operaban en las bacterias que habían colonizado a las arqueas, por lo que los genes que en el medio intracelular ya no fueron útiles debieron ser eliminados. Sin embargo, aquí se produjo una nueva situación. Ahora también era posible transferir genes del ADN circular de la bacteria al ADN circular de la arquea hospedadora. Con ello se enlentecía la replicación de la arquea, pero se aceleraba la replicación de la bacteria huésped. El resultado debió ser que cada arquea hospedadora comenzó a disponer de un número creciente de bacterias huésped, cuyas funciones protectoras contra el O2 y generadoras de energía química se multiplicaron. Ahora la célula hospedadora disponía de una cantidad ingente de energía, la energía necesaria para añadir nuevas rutas metabólicas que le permitieran explorar nuevos escenarios. Entre las nuevas adquisiciones estará la **mitosis**, un procedimiento que permite reproducir el material genético de forma paralela, y sin que el incremento de genes afecte de forma tan sustancial a la velocidad de reproducción celular. Ahora ya era posible desarrollar los genes necesarios para aislar el material genético mediante una membrana especial, la membrana que lo aislará dentro de lo que será el núcleo celular. Aparece así la principal característica de la célula eucariota, la existencia de un «núcleo verdadero».

Por otro lado, la bacteria hospedada también cambió drásticamente tras mandar sus genes al ADN de la arquea hospedadora. Ahora, la bacteria ya queda confinada en el interior de la arquea, donde se transformará en **mitocondria**. De las 1200 proteínas de la mitocondria solo 13 están codificadas en los genes mitocondriales, mientras que el resto son generadas a partir de genes de la célula hospedadora. En compensación, las mitocondrias producen enormes cantidades de energía para la célula hospedadora, la cual dispone ahora de recursos energéticos que permiten el desarrollo de nuevas funciones adaptativas. Sin mitocondrias no habría sido posible generar un órgano tan consumidor de energía como el cerebro. El sistema nervioso contiene las células con mayor tasa metabólica del organismo, consumiendo más del 30 % de los recursos energéticos corporales, a pesar de representar menos del 10 % del peso corporal. En definitiva, sin mitocondrias no existiría sistema nervioso, al menos en su versión actual, y nuestra mente no podría ser lo que es. El proceso por el cual un organismo pasa a vivir dentro de otro, de tal modo que ambos funcionan como un organismo único en beneficio mutuo, se denomina *endosimbiosis*. De la misma forma que lo ocurrido para las mitocondrias de algunas células, la endosimbiosis también funcionó para la aparición de células con **cloroplastos**. Este fue el caso de las células vegetales que adquirieron cloroplastos por endosimbiosis hace **2500-1000 MA**. El paso de procariotas a eucariotas fue un gran salto evolutivo sin el cual no habría sido posible la creación de **seres pluricelulares**, y la vida habría tenido que limitarse a conglomerados **bacterianos** más o menos complejos. En estas circunstancias, el desarrollo de la mente se habría ralentizado de forma sustancial, y quizás la mente de la que disponemos nunca habría surgido en nuestro planeta.

De las células eucariotas a los eucariontes y protistas unicelulares

Las células eucariotas ya disponían de los recursos necesarios para hacer agrupaciones celulares mucho más complejas de las que podían generar las células procariotas. Las eucariotas podían constituir organismos en los que diferenciarse en tejidos y órganos, especializándose así en la realización de funciones fisiológicas particulares. Sin embargo, no iniciaremos la descripción de la mente activa de los organismos pluricelulares sin hacer algunos comentarios sobre la mente activa de los eucariontes.

Algunas células eucariotas no se agruparon en organismos pluricelulares, manteniéndose como seres unicelulares, pero incrementando su tamaño y desarrollando organelas cada vez más complejas y capaces de realizar funciones fisiológicas muy selectivas. Así, algunas células eucariotas se transformaron en **eucariontes o protistas unicelulares**. Los protistas unicelulares son grandes células eucariotas que, como los paramecios y los protozoos, desarrollan orgánulos subcelulares muy especializados y realizan conductas sorprendentemente elaboradas. Se conoce una gran diversidad de eucariontes con mente activa y, a continuación, pondremos algunos ejemplos de la complejidad que esta mente puede adquirir en eucariontes.

La **euglena** es una protista con sorprendentes habilidades entre las que se encuentra la capacidad para obtener energía química a partir de la luz (autótrofa) y, cuando esto no es posible, para obtenerla de otros seres vivos (heterótrofa)[143,144]. Dispone, por tanto, de modalidades mentales tanto vegetativas como activas. Cuando obtiene la energía lumínica mediante sus cloroplastos, la euglena puede permanecer quieta y reponer sus recursos energéticos sin necesidad de buscar activamente otras fuentes energéticas[145-147]. Este comportamiento vegetativo resulta útil cuando la euglena se encuentra en zonas bien iluminadas. En situaciones de carencia lumínica, la euglena utiliza su flagelo para moverse rápidamente y depredar a otros seres unicelulares, cambiando así su mente vegetativa por una mente activa. No obstante, algunos *euglenoides* como la *peranema* han perdido sus cloroplastos y no pueden practicar la fotosíntesis. En estos casos, solo queda la depredación de otros seres unicelulares.

El **paramecio** es un protozoo protista con un aspecto similar al de la euglena, pero sin los cloroplastos de esta[148,149]. Se la incluye en el reino de los ciliados, ya que presenta una gran cantidad de cilios cortos por toda su superficie. Dado que el paramecio solo podrá sobrevivir utilizando la energía almacenada por células autótrofas, su mente ha de proceder de forma activa. En contraposición con la mente híbrida de las euglenas, vegetativa en unas condiciones y activa en otras, el paramecio solo dispone de mente activa, una mente que le permite moverse con rapidez y cazar a otros seres para alimentarse de ellos. Por su naturaleza animal, el paramecio es clasificado como protista protozoo, palabra que en griego significa protoanimal o primer animal (proto: primero; zoon: animal). La conducta depredadora del paramecio parece ser relativamente simple[122,149,150]. Si encuentra obstáculos o zonas «poco agradables» (zonas muy ácidas, demasiado iluminadas, o muy frías o calientes), detiene su desplazamiento, retrocede ligeramente, gira y comienza a avanzar en otra dirección. La respuesta es siempre la misma, independientemente de la circunstancia que determine esta reacción de evitación. Sin embargo, cuando el paramecio encuentra un objeto que identifica como comestible, se detiene y activa una secuencia deglutoria, moviendo sus cilios peribucales para atraer el alimento. A continuación, ingiere el objeto comestible, el cual suele ser una bacteria. Una habilidad especial del paramecio es la de seleccionar los objetos comestibles más convenientes. Sin embargo, la ingesta de objetos inadecuados no es infrecuente y puede tener consecuencias desastrosas para el paramecio.

La **ameba** es un protozoo más evolucionado[151-153], y que presenta conductas tan elaboradas que podrían parecer imposibles para células individuales. Las amebas ejecutan patrones motores muy diversos, incluyendo tres modalidades reproductivas, que utilizan según las circunstancias y diversos patrones depredadores que le permiten alimentarse de procariotas, eucariotas y eucariontes como el paramecio. Como ejemplo de las conductas «sorprendentes» de estos eucariontes comentaremos la conducta tramposa y la conducta altruista de una ameba terrestre, la *Dictyostelium discoideum*[154].

La ameba vive normalmente como individuo unicelular en tierra firme, reproduciéndose por mitosis. Cuando el medio se hace particularmente hostil las amebas comienzan a liberar AMPc que funciona como un quimiotáxicos que atrae a otras amebas con las que formar grupos de unos 100 000 individuos. El agrupamiento de amebas termina configurando un **cuerpo sólido de fructificación**, que luego se extiende verticalmente para formar un pedúnculo. Las células de la porción más apical del pedúnculo (soro) se encapsulan en esporas, las cuales se diseminan y viajan hasta encontrar un ambiente más propicio donde germinar y producir nuevas amebas. Esta conducta grupal ofrece varias ventajas. Por un lado, incrementa la movilidad de las amebas, ya que, al estar agrupadas, pueden atravesar barreras sólidas y viajar sobre otros animales o por el agua. Esta alta movilidad facilita desplazamientos hacia ambientes más propicios, desplazamientos que no pueden ser realizados por amebas solitarias. Además, el agrupamiento y encapsulado de las amebas en esporas las protegen de potenciales depredadores que, como el *caenorhabditis elegans*, comen amebas solitarias, pero no puede ingerir sus agregados multicelulares.

Todos estos cambios en la estructura y el metabolismo de las amebas son el resultado de drásticas modificaciones de la expresión de grupos amplios de genes. Desde el punto de vista de la mente activa, lo más interesante de este proceso es la aparente conducta altruista de una amplia porción de las 100 000 amebas que se asocian en estos agregados. Un 20 % de las células agregadas se quedan en el pedúnculo y no llegan al soro. Estas amebas mueren en el proceso de fructificación, para que el 80 % de las amebas restantes puedan convertirse en esporas que luego germinen y retornen a su vida normal como amebas solitarias. La conducta del 20 % de las células que perecen en el proceso de fructificación ha sido calificada de **conducta altruista**[155,156], ya que antes vivían como amebas independientes y su incorporación al pedúnculo del cuerpo de fructificación las aboca irremisiblemente a la muerte. La conducta altruista de la ameba está asociada al parentesco genético, de manera que individuos de cepas diferentes se agregan con menor intensidad que aquellos que pertenecen a la misma cepa, existiendo una relación directa entre el grado de similitud génica y la tendencia al agrupamiento celular en agregados de fructificación. Esto muestra que la cooperación altruista de las amebas se produce preferentemente con otras amebas que dispongan de un genotipo similar, y que el «altruismo» está, en este caso, limitado por la «familiaridad genética».

Otra conducta social interesante de la ameba es su **conducta tramposa**. Las amebas tramposas (*cheaters*) se benefician de las ventajas del grupo, pero sin colaborar en su actividad cooperativa[155,157,158]. Estas células se incorporan tardíamente al soro, evitando así su inclusión en el pedúnculo de fructificación, donde estarían abocadas a una «muerte altruista». La conducta tramposa ha sido asociada a distintos genes, siendo menos frecuente en grupos de amebas con alta similitud genética. También se ha asociado a factores epigénicos. Por ejemplo, las amebas desarrolladas en medios ricos en glucosa presentan una mayor tendencia a la conducta tramposa.

Además de su vida solitaria habitual y de su participación en agrupamientos de fructificación, la ameba dispone de un tercer modo de interactuar con sus congéneres. Se trata de la **interacción sexual**[159,160], por la cual dos amebas haploides (con una sola copia de cada gen) se fusionan para formar un zigoto diploide (con dos copias de cada gen). El nuevo zigoto atraerá a las amebas solitarias de los alrededores, canibalizándolas para utilizarlas como alimento. El cigoto se rodea entonces de celulosa para formar el macrocisto, desde donde germinará una nueva generación de amebas. Estas conductas también son habitualmente consideradas como conductas altruistas, ya que su resultado final es una mejora genética facilitada por la recombinación de todos los genes de las amebas implicadas en la reproducción sexual. Algunos autores sugieren que las amebas tramposas también podrían evitar esta conducta altruista, participando de la fusión sexual con más frecuencia de lo habitual, y evitando así ser miembros del grupo de amebas canibalizadas (¡copular o morir!). También se ha sugerido que la conducta altruista de las amebas canibalizadas por el cigoto podría ser el resultado de una coerción, con lo cual se habla de conducta altruista generada por mecanismos coercitivos. Las amebas solitarias son atraídas hacia el macrocisto mediante un gradiente ambiental de AMPc, mecanismo similar al utilizado para el agrupamiento celular de la fructificación.

El salto de la mente activa desde los seres unicelulares a los organismos pluricelulares: los primeros pasos

Los dispositivos de soporte de la mente activa unicelular suelen permitir múltiples tareas simultáneas. Un ejemplo de esta «multifuncionalidad» lo encontramos en la membrana celular. Este subcomponente de la célula participa como sensor para la detección de agentes químicos externos, como mediador de la respuesta motora, como contenedor para evitar la dispersión de los componentes de la célula, como barrera protectora contra la acción tóxica de los componentes del entorno, como sistema digestivo que detecta los alimentos del entorno y los introduce en la célula, como agente para la excreción de metabolitos tóxicos o inútiles, como dispositivo para el trasiego de gases, etc. Por tanto, la membrana celular incorpora funciones que en los animales más desarrollados son propias del sistema nervioso (explorar y responder al medio externo), pero también realiza funciones de otros órganos como la piel (proteger y aislar el medio interno), el pulmón (intercambiar gases), la parte superior de tracto digestivo (digestión), y el riñón y la parte inferior del tracto digestivo (excreción de metabolitos tóxicos o inútiles).

La multifuncionalidad del dispositivo de soporte debió limitar el progreso de la mente activa. La evolución de los **eucariontes** permitió una segregación parcial de funciones en orgánulos subcelulares especializados, y es probable que estos seres dispongan de mentes mucho más capaces y complejas de lo que hoy sabemos, y el futuro seguramente nos deparará sorpresas al respecto. Sin embargo, al igual que ocurre con los sistemas operativos de nuestros ordenadores y con los propios ordenadores, de vez en cuando hay que realizar cambios drásticos. La evolución también optó por una renovación drástica de su *hardware*. Con esta renovación se sustituyeron células individuales muy complejas, como los eucariontes, por grupos de células más simples pero diferenciadas y agrupadas en tejidos con funciones específicas. El resultado fue la aparición de los organismos pluricelulares y de la mente proactiva que comentaremos en el próximo capítulo. La integración pluricelular compleja siempre estuvo vedada para bacterias y otras células procariotas, que no disponían de los recursos genéticos y energéticos necesarios para diferenciarse e integrarse en grandes agrupaciones celulares. Estas limitaciones desaparecieron cuando las células procariotas se trasformaron en eucariotas. De hecho, todos los animales, plantas y hongos fueron generados a partir de células eucariotas.

La **célula eucariota** dispone de un volumen muy superior al de la célula procariota (100-1000 veces mayor), contiene un mayor número de componentes funcionales, y dispone de una complejidad genética muy superior[108-110,120]. El número de pares de bases del DNA de las eucariotas es más de 1000 veces mayor que el de las bacterias. La célula eucariota dispone de membrana externa como la célula procariota, pero para permitirse un volumen tan amplio precisa de otros componentes intracelulares que le den estabilidad. Entre estos nos encontramos a las membranas intracelulares y a distintos componentes del denominado *citoesqueleto*, una estructura compleja y diversa formada por filamentos proteicos (filamentos de actina, microtúbulos...) que realizan múltiples funciones especializadas, como mantener estable la conformación externa de la célula, o modificarla para generar movimientos o para trasportar sustancias entre distintas zonas de la célula. Las membranas intracelulares permiten subcompartimentar y especializar las funciones de distintas regiones de la célula, creando el retículo endoplásmico que sintetiza sus lípidos y proteínas. Otras membranas celulares son utilizadas para crear estructuras saculares con funciones específicas. Este es el caso de los lisosomas, que contienen enzimas para la degradación y reutilización de los elementos celulares envejecidos o deteriorados, y de los peroxisomas, que degradan peróxidos que podrían deteriorar los componentes de la célula.

Especialmente importante fue el aislamiento del material genético en el interior de un saco membranoso (núcleo celular) que restringe y regula el acceso de los componentes químicos del citoplasma a los genes[108]. Los genes son la parte más sensible y vulnerable de la célula eucariota, y su protección en el interior del núcleo supone una medida de estabilidad celular de primer orden. De hecho, el acceso de los componentes del citoplasma al núcleo celular está regulado por distintos mecanismos que, además, seleccionan los componentes nucleares que podrán salir hacia el citoplasma. Así, los elementos extracelulares que quieran llegar al núcleo deberán atravesar dos barreras, de las cuales la membrana nuclear es la más restrictiva.

Como ya comentamos, la célula eucariota surgió de una «alianza funcional de células procariotas» que aportó grandes cantidades de energía a la célula resultante. Esta energía permitió el desarrollo de nuevos dispositivos intracelulares y nuevas funciones que no habrían sido posibles sin ella. La energía aportada por las mitocondrias y los cloroplastos impulsó un desarrollo vertiginoso por el cual la célula eucariota adquirió una impresionante complejidad morfoestructural y una gran diversidad funcional. La gran complejidad de la célula eucariota, que ya está presente en los protistas unicelulares, se incrementa notablemente en los **protistas pluricelulares**[161-165]. La gran diversidad de formas corporales, tipos de reproducción, estrategias alimentarias y formas de vida hace que los protistas pluricelulares sean de difícil clasificación y caracterización. Estos protistas pueden cazar mediante dardos paralizantes, pueden perseguir y capturar presas, y generar un largo y sorprendente elenco de conductas aparentemente imposibles para unos seres vivos que no suelen sobrepasar las 100-200 micras. Es posible que alguno de estos seres pluricelulares ya disponga de características propias de las mentes proactivas. No obstante, las funciones extremadamente complejas de los organismos auténticos no podrían haberse alcanzado si la evolución se hubiera detenido en los eucariontes. Así que, el siguiente salto hacia delante de la mente activa se produjo con la aparición de los organismos pluricelulares, aquellos capaces de crear auténticos órganos y tejidos bien diferenciados.

Capítulo 11
La mente activa en los organismos pluricelulares: su inicio en la Tierra

Desde el inicio de la vida en la tierra hasta hace unos **1000 MA**, nuestro planeta dispuso de una gran diversidad de células con mente vegetativa y/o activa. Ambas se adaptaron a nuevos medios, proliferaron y se diversificaron. Como ya comentamos, un prerrequisito para el desarrollo de **organismos pluricelulares** fue la evolución de algunas células procariotas a eucariotas. Las células con mente vegetativa y las que ya disponían de mente activa recorrieron un largo camino evolutivo, hasta la construcción de todo un conjunto de organismos pluricelulares. La figura 11.1 ofrece una panorámica global de estos organismos. De ellos hablaremos en los próximos capítulos, ya que serán presentados como ejemplos representativos de las distintas mentes que aparecerán luego. Pero, antes de continuar con nuestra historia, conviene hacer algunas consideraciones generales en lo referente al proceso de creación de los organismos pluricelulares.

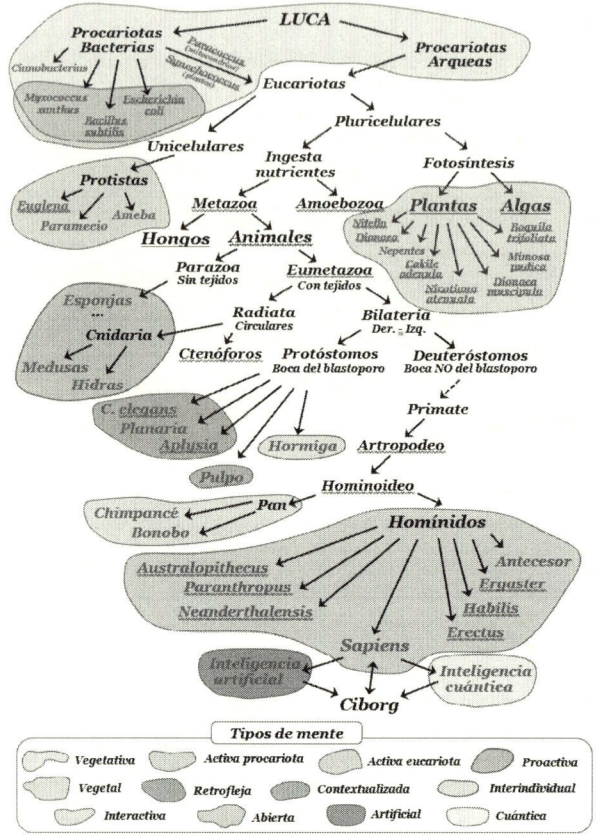

Fig. 11.1 Evolución de la vida y la mente

El camino de las células autótrofas y heterótrofas hacia los organismos

Las células capaces de obtener directamente recursos energéticos del medio ambiente solo necesitan una mente vegetativa. Les basta con adaptar su funcionamiento interno al medio, mientras obtienen de este los recursos necesarios. Este era el caso de las **células autótrofas** con cloroplastos. Estas células solo precisan estar en regiones con suficiente luz como para poder generar y almacenar, en moléculas como el ATP, la energía necesaria para preservar su vida. Sin embargo, las células sin cloroplastos u otras formas de proveerse de energía del medio inorgánico, precisan generar su energía química a partir de las moléculas creadas por las células autótrofas (células heterótrofas). La mente activa resultó entonces muy útil para la búsqueda y obtención de las moléculas energéticas sintetizadas por las células autótrofas. Con ello surge la **depredación**, y unas células se convierten en alimento de otras. Por supuesto, todas las células disponían de ambas características (vegetativa y activa), si bien en unas predominaba el carácter activo (células heterótrofas), en las otras predominaba el carácter vegetativo (células autótrofas). Podría argumentarse que la mente vegetativa debió comenzar antes que la mente activa, ya que la primera puede subsistir sin la segunda, mientras que esto no ocurre al revés. Desde esta perspectiva la mente activa sería la mente de las células oportunistas del momento, células que adquirieron la habilidad de «robar» los recursos energéticos almacenados por otras. Esta ventaja debieron adquirirla junto con la capacidad para moverse, y una vez adquirida, ya no se hacía necesario «trabajar duramente» para almacenar energía en estructuras moleculares. A estas células les bastaba con ser más ágiles e «inteligentes» que las demás, y aprovechar su trabajo energético.

En estas condiciones, las células activas debieron perder sus capacidades para sintetizar energía, ya que podían tomarla directamente de otras células. Para las células simples, perder genes puede ser ganar oportunidades. Ya comentamos como las células procariotas con pocos genes tardan menos tiempo en dividirse, crecen más deprisa, y ocupan el medio con mayor celeridad. En entornos con recursos limitados, la procreación rápida es un factor poderoso para la supervivencia de las especies. En esta situación, lo más simple y rápido es lo mejor adaptado. Así que las eucariotas que podían vivir a expensas de la energía almacenada por otras células (procariotas, eucariotas autótrofas u otras eucariotas heterótrofas) debieron desprenderse de sus genes autótrofos. Además, había que hacer hueco para nuevos genes que permitieran a estas células generar acciones más «rápidas» e «inteligentes». Se desarrolló entonces la **fagocitosis**, un conjunto de mecanismos que permiten ingerir objetos sólidos del entorno[166-169]. Estos mecanismos se sumaron a los de las células procariotas, que principalmente incorporaban productos solubles del medio extracelular. Así, las mentes vegetativas se trasformaron en mentes activas, y sus células de soporte perdieron una parte de su mente vegetativa. La mente vegetativa solo se reduce parcialmente, ya que la supervivencia seguirá dependiendo de la capacidad para adaptar el metabolismo interno a las condiciones cambiantes del entorno, y esta es la característica básica de la mente vegetativa. Así, las mentes activas conservaron su capacidad vegetativa para, por ejemplo, adaptarse a condiciones cambiantes de osmolaridad, presión, etc. La aparición de la mente vegetativa seguramente precedió a la aparición de la mente activa, pero no fue sustituida por esta. La mente vegetativa persistió en los seres vivos que adquirieron mente activa, y también en otros que nunca evolucionaron hacia esta nueva mente. Por tanto, las células con mente vegetativa y las que disponen de una mente activa coexistieron (y coexisten en la actualidad), y ambas evolucionaron en paralelo, haciéndose eucariotas primero, e integrándose en estructuras vivas pluricelulares (organismos) después.

La integración de mentes vegetativas y/o mentes activas en organismos pluricelulares apareció gracias a la interacción entre células eucariotas. La interacción ya no era para competir por la supervivencia individual, sino para colaborar en pro de la supervivencia conjunta. Hemos comentado como algunas células procariotas ya habían aprendido a interaccionar socialmente para sobrevivir con el grupo. En estos casos, la colaboración intercelular era siempre oportunista, solo en determinadas condiciones, y transitoria, solo durante la realización de determinadas tareas. Nunca se producían estructuras colaborativas estables que agruparan las células en tejidos bien diferenciados y con división celular del trabajo. Algunos protistas sí habían establecido colaboraciones multicelulares estables (protistas multicelulares), pero sus células eucariotas estaban demasiado diferenciadas como para subespecializarse, y crear órganos diferentes dentro de un organismo pluricelular. El salto evolutivo más eficiente y útil para el progreso de la mente fue el que realizaron las células eucariotas cuando adquirieron la habilidad de agruparse masivamente, diferenciarse en tejidos con funciones específicas y crear así los organismos pluricelulares.

Con la integración colaborativa de células eucariotas en organismos pluricelulares, la evolución comienza a depender de la competencia entre organismos más que de la competencia entre células aisladas. Los organismos compuestos por células activas competirán entre ellos por los recursos del entorno. Esta competencia será diferente para los organismos integrados por células vegetativas, y para aquellos integrados por células activas. La mente vegetativa luchará principalmente por agua, luz y recursos inorgánicos. La mente activa competirá por obtener los recursos almacenados por mentes vegetativas, o por otras mentes activas. Pero volvamos a nuestra historia haya donde la dejamos, hace 1000 MA.

La aparición de los organismos pluricelulares

Los primeros organismos pluricelulares debieron aparecer hace **1000 MA**. Se dispone de escasos registros directos o indirectos de la vida en el largo intervalo que abarca **desde hace 1000 hasta hace 600 MA** (Precámbrico). Muchos de los seres vivos de entonces disponían de una estructura blanda que se desintegraba rápidamente tras la muerte, y no se fosilizaba. Aunque disponemos de pocas evidencias directas, todo indica que durante estos 400 MA los organismos proliferaron, se diferenciaron y evolucionaron profusamente sobre nuestro planeta. Algunos de estos organismos han sido identificados indirectamente, estudiando los rastros fosilizados de su actividad sobre el fondo marino (icnofósiles; *ikhnos*, huella o marca en griego). La estructura de la superficie de nuestro planeta cambia muy sustancialmente con el tiempo, y algunos de estos fondos marinos están ahora en una superficie sólida y seca, que puede ser estudiada directamente. Este es el caso, por ejemplo, de los pequeños fósiles del *Grupo Chuar* que fueron encontrados en las paredes del Gran Cañón, en Estados Unidos, y que son una de las primeras evidencias directas de la existencia de organismos pluricelulares blandos hace **750 MA**. En las *Colinas Ediacara* de Australia Meridional, también se han encontrado fósiles de animales pluricelulares invertebrados. Se trata de animales con tamaños comprendidos entre unos pocos centímetros y 1 metro de longitud, y que vivieron en la superficie del lecho marino hace **850-635 MA**. En un acantilado de la *península de Avalon*, en Terranova, Canadá (*Mistaken Point*), se encontró un amplio conjunto de fósiles de organismos blandos datados en **656 MA**, y que vivían en el lecho marino a gran profundidad. Estas evidencias solo aparecen en zonas muy concretas del planeta, lo que sugiere que, en aquel momento, los organismos pluricelulares solo se desarrollaron en regiones muy ventajosas para la vida. No obstante, son solo restos inertes y sombras de seres desaparecidos hace muchos millones de años, y que no permiten estudiar las características de las mentes activas o vegetativas que los habitaron.

En el próximo capítulo comentaremos la aparición de la mente vegetal como evolución multicelular de la mente vegetativa. En un capítulo posterior se presentará la mente proactiva de los organismos animales, como heredera de la mente activa celular. No está claro qué surgió primero, si la mente proactiva de los animales o la mente vegetal de las plantas, ya que el proceso de fosilización depende del material del que esté constituido el ser vivo. Lo razonable sería pensar que animales y plantas pluricelulares surgieron en paralelo, y como evolución de células con mente activa o mente vegetativa. Con inicio y evolución independiente, ambas mentes evolucionarán luego de forma conjunta e interactiva.

Capítulo 12
De la mente vegetativa
a la mente vegetal

En este capítulo se describe la mente vegetal, y se incluyen diversos ejemplos para ilustrar algunas de sus características principales. Nos extenderemos algo más que en los capítulos anteriores, ya que con frecuencia no se atribuye mente a los vegetales. Los vegetales a veces son tratados más como minerales que como seres vivos, negándoles muchos de los aspectos básicos de su naturaleza que presentaremos en este capítulo.

Muchos de los organismos pluricelulares primigenios evolucionaron hacia el **mundo vegetal**. Estos organismos conservaron su capacidad para obtener recursos energéticos del sol, tal y como lo habían hecho antes las células autótrofas con mente vegetativa. Para los seres pluricelulares con mente vegetal lo importante es disponer de luz solar y de los recursos materiales necesarios para mantener su estructura. Para ello solo necesitan estar situados en regiones iluminadas, y horadar el suelo a la búsqueda de sustancias básicas como el agua, las sales, los metales y algunos componentes más. Con estos recursos básicos, la mente vegetal ya puede generar y mantener una estructura física estable, y un comportamiento fisiológico eficiente. Para los protovegetales el movimiento no resulta práctico, ya que consume la mayor parte, si no todos los recursos energéticos que pueden obtener por la fotosíntesis.

Otra parte de la vida de nuestro planeta evolucionó hacia el **mundo animal**. La mente activa de los animales elije el movimiento, y su estrategia adaptativa consiste en «recaudar», y utilizar los recursos energéticos generados y almacenados por los vegetales. Cada **animal herbívoro** puede ingerir diariamente muchos vegetales, consiguiendo los recursos energéticos necesarios para moverse sin necesidad de practicar la fotosíntesis y sin tener que permanecer enraizado al suelo. Algunos animales adquirieron luego las habilidades necesarias para obtener la energía de otros animales. Estos **animales carnívoros** pronto desarrollaron una intensa competencia entre ellos que les haría evolucionar rápidamente hasta la aparición de los mamíferos, nuestra familia cercana.

La mente activa de los animales pluricelulares se concentra en un grupo particular de células que se diferencian a neuronas y células gliales, y que se agruparán para formar el tejido nervioso. En competencia adaptativa, el tejido nervioso desarrolla estructuras cada vez más interconectadas que terminarán por generar los primeros sistemas nerviosos. Aunque las plantas no necesitaban moverse y les bastaba con adaptar su estado interno al entorno, también ellas compitieron y compiten entre sí por los recursos. No obstante, se trata de una competencia que no precisa de movimientos rápidos ni de armas ofensivas, como los dientes o las garras, o defensivas, como las corazas. Aunque algunas plantas desarrollan defensas para evitar agresiones externas (picos, tóxicos...), se trata siempre de defensas pasivas que están generalmente orientadas a evitar la acción depredadora de los animales. Las especies de plantas que prevalecen en cada nicho ecológico son aquellas que se han adaptado mejor a las condiciones del entorno, y aunque generalmente «nadie se come a nadie», en el caso de los vegetales, solo aquellos vegetales adaptados prevalecen.

Puesto que no lo necesitaban para gestionar patrones motores, las plantas no desarrollaron un sistema nervioso similar al de los animales. ¿Significa ello que no disponen de mente? Si sus componentes celulares vegetativos disponen de mente, sus herederos pluricelulares, los vegetales, también deberían tenerla. Como veremos, la mente vegetal puede ser muy rica y compleja, solo que es una mente tan ajena a la nuestra que ha permanecido oculta a nuestra mirada durante muchos años. De hecho, aún sigue oculta para algunos que solo ven en las plantas alimento o motivo ornamental. No obstante, conviene recordar que, como se indicó al principio del libro, mente y consciencia son dos ámbitos diferentes, al menos desde nuestra perspectiva actual. Por tanto, cuando comentemos la mente de las plantas no nos referiremos en modo alguno a su posible consciencia. Por ahora no hablaremos de consciencia ni en las plantas ni en los animales, solo hablaremos de sus mentes.

La protohistoria de la mente vegetal

La historia de la mente de los vegetales comenzó hace **3000 MA**. El mar de entonces estaba poblado por bacterias procariotas, y toda la vida del planeta era unicelular. Las células vegetales que luego darán origen a las plantas son el resultado de una **endosimbiosis seriada**. Se ha sugerido que el proceso se inicia en células en las cuales la endosimbiosis ya había dado lugar a la aparición de las mitocondrias. Algunas de las células con mitocondrias que habían iniciado su evolución hacia células eucariotas, sufrieron una segunda endosimbiosis. En esta ocasión, la bacteria internalizada podía utilizar la luz para obtener energía química. Al igual que había ocurrido con la evolución de bacterias a mitocondrias, las nuevas bacterias internalizadas también evolucionaron en el interior de la célula hospedadora, solo que ahora se transformaron en otra modalidad de orgánulo, el **cloroplasto**. Los cloroplastos y las mitocondrias asociadas son nuestros «proveedores» principales de energía, y sin ellos la vida terrestre desaparecería en pocas semanas (Fig. 12.1).

La inmensa mayoría de la energía necesaria para el desarrollo de la vida y la progresión de la mente en la Tierra proviene del Sol, y esta energía radiante es transformada en energía química útil en los cloroplastos de los vegetales. El cloroplasto aprovecha la energía aportada por la llegada de la luz para descomponer la molécula de agua, lo cual ocurre en un sáculo interno denominado *tilacoide*[170-174]. El oxígeno liberado desde la molécula de agua difunde al exterior de la célula, mientras que el hidrógeno (H^+; protón) es utilizado para generar un gradiente entre el interior y el exterior del tilacoide. Los protones, que se concentran en el interior del tilacoide, tienden a salir hacia el citoplasma por gradiente de carga y de concentración. Esta fuerza electromotriz es utilizada para activar una proteína de la membrana del tilacoide que transforma el ADP en ATP, y que, por tanto, almacena energía química. La escisión de la molécula de agua también desencadena la liberación de un electrón que viaja por la membrana del tilacoide, y termina generando la producción de otra molécula capaz de almacenar energía química, el NADPH. Ambas moléculas energéticas son finalmente usadas para aprovechar el CO_2 proveniente del exterior de la célula y crear, con su carbono, moléculas más complejas como los azúcares, los ácidos grasos y los aminoácidos. Estas moléculas serán luego utilizadas como elementos estructurales de la célula, así como para depositar la energía obtenida de la luz en algunos de sus enlaces químicos, y poder así almacenarla para su uso posterior. Todo esto ocurre en el cloroplasto, pero estas células también disponen de mitocondrias.

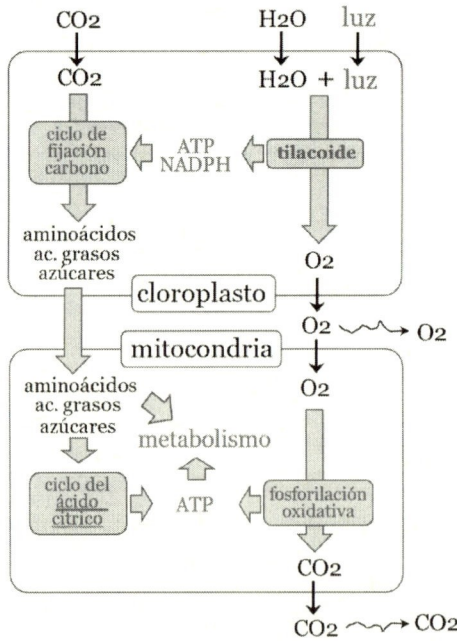

Fig. 12.1 Química vegetal esencial

El resultado de la acción conjunta de la actividad de los cloroplastos y las mitocondrias determinará las características básicas de la célula vegetal. Como muestra el resumen de la figura 12-1, los cloroplastos de las células vegetales utilizan luz y agua para generar energía química (ATP y NADPH), liberando oxígeno al citoplasma de la célula. La energía química es utilizada para producir moléculas complejas a partir de CO_2 proveniente del exterior de la célula (ciclo de fijación del carbono). Las nuevas moléculas pueden utilizarse para almacenar energía química de forma estable, o como elementos estructurales para construir el armazón de la célula. La energía almacenada podrá liberarse haciendo pasar las nuevas moléculas desde los cloroplastos hasta las mitocondrias. Las mitocondrias degradan estas moléculas (glucolisis, ciclo del ácido cítrico) para volver a generar moléculas que permitan una aportación rápida de energía a cualquier reacción metabólica (ATP). Las mitocondrias también utilizan el oxígeno liberado por los cloroplastos para producir más ATP, optimizando así el aprovechamiento de todos los posibles recursos energéticos (fosforilación oxidativa). En resumen, a los cloroplastos entra H_2O y luz, por un lado, y CO_2, por otro. De ellos salen moléculas complejas (azúcares, ácidos grasos y aminoácidos) y oxígeno. Ambos serán utilizados luego por las mitocondrias para generar ATP, cuya energía química se usará, finalmente, para sintetizar la enorme diversidad de elementos estructurales y funcionales de la célula vegetal. Las aportaciones externas al proceso solo serán las moléculas de H_2O y CO_2, y la llegada de la luz. El proceso devuelve al ambiente O_2 (el cloroplasto) y CO_2 (la mitocondria). De día, y en presencia de luz, se devuelve principalmente O_2. En la noche solo la mitocondria funciona, con lo cual la devolución neta será de CO_2.

El ciclo $O_2 \leftrightarrow CO_2$ impide la acumulación progresiva e inexorable de oxígeno en el mar y en la atmósfera, una acumulación que habría supuesto la extinción de la vida en todo el planeta. Ahora el O_2 y el CO_2 se intercambian, y ninguno de los dos llega a acumularse en exceso, evitándose así: 1.- la producción de radicales libres a partir del O_2 y la oxidación de muchas moléculas necesarias para la vida, y 2.- el incremento excesivo de la temperatura que podría generarse por la acumulación de CO_2 en la atmósfera (efecto invernadero).

La energía aportada por moléculas como el ATP permitirá que muchas reacciones químicas, que resultaban muy improbables sin la aportación de energía externa, puedan ser incorporadas ahora a los seres vivos. Estas nuevas reacciones facilitarán el desarrollo de nuevas habilidades mentales en las células vegetales, las cuales se diversifican y se agrupan en organismos multicelulares. Aparece así la que hoy es considerada como la planta fósil más antigua, la *Grypania* encontrada en Estados Unidos y Gabón en rocas de hace **2100 MA**.

Las células vegetales y sus agrupamientos multicelulares permanecieron en los medios líquidos del planeta durante muchos millones de años. No pudieron acceder a la tierra hasta que los niveles de oxígeno atmosférico fueran lo suficientemente altos como para formar la capa de ozono (600 MA). Esta capa retiene la radiación ultravioleta proveniente del sol, permitiendo que los vegetales puedan obtener su energía de una parte del espectro lumínico, sin ser dañados por la parte del espectro en la que están los fotones más energéticos y dañinos (radiación ultravioleta). Los primeros intentos de las plantas para colonizar la tierra firme pudieron ocurrir hace unos **450 MA**. Seguramente las plantas no fueron los primeros seres vivos que colonizaron la tierra firme, ya que hay evidencias fósiles que sugieren que cuando las primeras plantas verdaderas alcanzaron la tierra firme, esta ya estaba tamizada de bacterias, algas y hongos. Las algas verdes del grupo de las *carofitas* pudieron ser los primeros precursores de las plantas terrestres, las cuales finalmente aparecen hace **443-419 MA**.

Antes de seguir adelante haremos algunos comentarios sobre las algas y los hongos. Las **algas** son organismos generados a partir de células eucariotas y que pueden realizar fotosíntesis oxigénica por procedimientos similares a los de las plantas[105,175]. Viven principalmente en ambientes húmedos y, aunque fueron de los primeros organismos pluricelulares en salir desde el mar a la tierra (musgos), no progresan bien en entornos con baja humedad. Aunque algunas algas son heterótrofas, en su mayoría son autótrofas y toman su energía del sol. Los **hongos** también son generados a partir de células eucariotas, y pueden producir grupos tan diversos como los **mohos**, las **levaduras** o las **setas**[176]. Algunas algas han realizado simbiosis con hongos, produciendo los **líquenes**, estructuras capaces de vivir en ambientes secos como las rocas y las cortezas de los árboles. De la mente de hongos, algas, líquenes, mohos, musgos, levaduras y setas no hablaremos en esta historia de la mente.

La mente vegetal sale a tierra firme y adquiere nuevas habilidades reproductivas

Para los vegetales, el medio terrestre de entonces debió ser mucho más hostil que el marino, por lo que, para colonizar la tierra, las plantas tuvieron que desarrollar estructuras específicas. Este es el caso de la **cutícula**, recubrimiento ceroso que impide la evaporación del agua, los **estomas**, poros en la cutícula que son necesarios para el intercambio CO2-O2 con la atmosfera, las **raíces** y el **tejido vascular**, que son necesarios para proveerse de agua y nutrientes del suelo y para trasportar los nutrientes a cada célula, y el **esqueleto**, que es necesario para separarse del suelo y facilitar la llegada de luz a las células fotosintéticas de las hojas. En competencia por los recursos del suelo y por la luz, las plantas se diversificaron y evolucionaron rápidamente. Por su naturaleza autótrofa, los vegetales no necesitaban desplazarse para obtener los recursos necesarios para la vida, pero ¿qué ocurre en el caso de la reproducción?, ¿no es necesario desplazarse para poder reproducirse?

Una modalidad reproductiva particularmente útil es la **reproducción sexual**. Esta modalidad reproductiva siempre crea individuos diferentes, «prototipos» que resultan de la mezcla de los genes provenientes de ambos progenitores. La facultad combinatoria de la reproducción sexual resulta extraordinariamente útil para la evolución de las especies. Con las otras modalidades reproductivas, los descendientes son copias genéticas de los progenitores, a las que se hace un pequeño añadido de mutaciones aleatorias. Las mutaciones aleatorias de la reproducción asexual tienen una alta probabilidad de resultar en proteínas defectuosas. Ocasionalmente, algunas mutaciones mejoran la actividad de las proteínas resultantes, y hacen progresar a la especie. Cuando se trata de especies relativamente simples, y que están compuestas por un número muy elevado de individuos, como ocurrió con las células ancestrales, las mutaciones aleatorias resultan útiles para promover la evolución. Basta con que una mutación en una célula de los millones de células de la especie sea ventajosa, para que la mutación termine por consolidarse en el conjunto de los individuos. Por tanto, la reproducción asexual puede facilitar la evolución cuando se trata de especies compuestas por muchos individuos, y estos son relativamente simples. Esto no ocurre en los organismos complejos. El número de individuos es menor, y la probabilidad de que una mutación aleatoria sea útil también es más baja. En estos casos, la reproducción sexual es mucho más eficiente. Con la reproducción sexual, los descendientes son generados por la mezcla de genes que ya habían mostrado utilidad en los ancestros, aunque, como veremos con posterioridad, la mutación aleatoria también sigue funcionando aquí. Por tanto, la recombinación genética producida por la reproducción sexual facilita la aparición de nuevos prototipos de seres vivos. Entre estos prototipos, los más adaptados al entorno acaban prevaleciendo, evitándose así la ralentización evolutiva asociada a la reproducción no sexual.

De estos comentarios se deduce que los organismos vegetales complejos precisaban de la reproducción sexual, de la misma forma que la precisan los animales. Sin embargo, la reproducción resultó ser mucho más fácil para los animales que para los vegetales. Para la reproducción sexual hay que buscar un compañero con el que mezclar los genes, y esto es más fácil si se dispone de facultades motoras. Conseguir la reproducción sexual sin desplazarse del lugar fue otro de los retos que debió afrontar la mente vegetal de entonces. Los vegetales ensayaron múltiples soluciones hasta encontrar la más efectiva, la creación de las flores. Las flores permiten «seducir a los insectos» para que desplacen los genes vegetales, facilitando así su reproducción sexual. Así, el movimiento de los animales pasó a ser utilizado por plantas que no disponían de la posibilidad de ejecutar movimientos eficientes, y que permanecían ancladas al suelo. Tras la invención de las flores, las plantas **angiospermas** (con flores) evolucionaron muy rápidamente, extendiéndose por todo el planeta. Los primeros registros fósiles de las plantas angiospermas son granos de polen pequeños y resistentes que datan de hace **140 MA**, aunque algunos autores refieren haber encontrado polen fósil de hace **240 MA**. Las primeras plantas fósiles con flores, semillas y frutos datan de hace **125 MA**. Sus ancestros evolutivos pudieron haber sido helechos con capacidad para guardar su polen en estructuras semejantes a las antenas de las plantas con flores. Como comentaremos posteriormente, la historia de las plantas con flores se vincula a la historia de los insectos, evolucionando ambos conjuntamente. Esta colaboración entre vegetales y animales hace que las plantas angiospermas ganen la batalla adaptativa a las gimnospermas, convirtiéndose en la forma dominante de la vida vegetal. El 90 % de las plantas terrestres actuales son angiospermas, superando a sus predecesoras las plantas **gimnospermas** sin flores.

La mente proactiva de los vegetales

La mente dominante en los vegetales es la mente vegetativa, si bien, y como veremos a continuación, muchos vegetales también disponen de componentes proactivos (mente proactiva vegetal). La mente proactiva animal será caracterizada en el próximo capítulo, y basta con indicar aquí que esta mente se adapta al entorno generando conductas motoras, que es una mente «sensible» que «responde» a los estímulos ambientales del momento, y que puede «anticipar» circunstancias futuras, activando «respuestas preventivas». La mente proactiva vegetal también dispone de estas características. La mente proactiva de las plantas ha recibido escasa atención y, de hecho, muchos autores la consideran inexistente. La mente proactiva vegetal no realiza movimientos rápidos para el control del entorno, ni está basada en la actividad de un sistema nervioso como el de la mente proactiva animal. Sin embargo, esta mente vegetal es sensible a los acontecimientos ambientales y puede responder a ellos con movimientos que, aunque sean mucho más lentos, también son adaptativos.

¿Son sensibles los vegetales al entorno y a su medio interno? Ya en la época de *Vodelaire* se había observado que las plantas son sensibles a la luz (visión), y que esta sensibilidad depende de variables internas a la propia planta que cambian de forma circadiana. Las modificaciones circadianas son aquellas que presentan una ciclicidad diaria, y que habitualmente son distintas durante el día y la noche. Un ejemplo de esta ciclicidad la encontramos en el grupo de las *mimosas*, plantas que, como observó *Jean-Jacques Dertous de Mairan*, presenta una respuesta a estímulos que es diferente durante el día y la noche. En realidad, un alto porcentaje de las especies vegetales son sensibles y responden a la luz, y muchas de ellas lo hacen en función de la intensidad, dirección, duración y características espectrales (color) del estímulo luminoso. Estas respuestas suelen estar mediadas por receptores proteicos específicos (fitocromos, fototropinas y criptocromos), que responden de forma diferentes según la longitud de onda de la luz (rojo, rojo lejano, azul y ultravioleta). Con estos receptores, las plantas pueden identificar el momento del ciclo circadiano en el que se encuentran y, en muchos casos la estación (ritmo circanual).

Los estímulos visuales también son utilizados para detectar la presencia de otras plantas en el entorno. ¿Cómo saber que una planta ha identificado a otra planta vecina? Una de las evidencias más claras es la **conducta de imitación**. Algunas plantas modifican su color en función del color de objetos próximos como la pared u otros árboles[177,178]. Esta capacidad de mimetización puede alcanzar cotas verdaderamente sorprendentes. Este es el caso de algunas enredaderas como la *boquila trifoliolata*, la cual es capaz de cambiar el tamaño, la forma, el color y la orientación de sus hojas para asemejarlas a las del árbol sobre el que se asientan. Cuando la *trifoliolata* interactúa con distintos árboles a la vez, adaptará cada una de sus hojas al color del árbol más cercano[179,180]. Esta habilidad imitativa está mediada por la acción de los fotorreceptores y ocelli (ojos simples) de las plantas[181,182]. Posteriormente comentaremos la capacidad imitativa de algunos animales como el pulpo. Al igual que para ellos, la conducta imitativa también ofrece importantes ventajas adaptativas para las plantas. Por ejemplo, la imitación permite a algunas plantas asimilar su forma o color a plantas u objetos del entorno, lo que les permite pasar desapercibidas para los animales herbívoros, y evitar ser ingeridas por estos.

Las plantas también perciben *sustancias volátiles* producidas por otras plantas, o por hongos o bacterias del suelo (olores)[183-185]. La percepción de olores en las plantas no es direccional, por lo que no pueden identificar la fuente del olor como hacen muchos animales. Los «olores» son percibidos por las plantas de forma difusa, por detectores repartidos por toda su superficie, desde las hojas hasta las raíces. Las plantas utilizan los compuestos orgánicos volátiles de origen biogénico para recabar información del medio, y para comunicarse con otras plantas y animales. Cada sustancia olorosa producida por cada planta tiene una utilidad específica, y puede trasmitir información sobre situaciones de peligro, mensajes de evitación o atracción, etc. El «significado» de la mayor parte de estos mensajes químicos nos es aún desconocido. Por ejemplo, no sabemos qué mensaje trasmite el olor de la salvia, el regaliz, el romero, la albahaca o el limón. Sin embargo, algunos mensajes químicos sí han podido ser descifrados. Este es el caso, por ejemplo, del *metil jasmonato* liberado por tomates y otras plantas. Hay evidencias experimentales que sugieren que este producto trasmite una señal de alarma a las plantas vecinas.

Los vegetales también reaccionan a las sustancias presentes en el suelo (gusto), incluyendo productos alimenticios o agentes potencialmente tóxicos. Las raíces detectan la presencia de cantidades infinitesimales de sales u otras sustancias presentes en el suelo, y cuyo origen puede estar a muchos metros bajo tierra. Así, las raíces pueden detectar fosfatos, nitratos o potasio, haciendo progresar sus extremos hasta la fuente de la emisión, y no cejando en su empeño hasta que los componentes alimenticios han sido alcanzados y consumidos. La intensidad de la respuesta, por ejemplo, el número de procesos emitidos por la raíz, depende de variables muy diversas. Entre estas variables está el estado de necesidad del vegetal y la cantidad de sustancia que se espera encontrar en el origen de la emisión química. De esta manera, las raíces hacen una estimación «costo/beneficio», empleando partes sustanciales de los recursos energéticos de la planta, solo cuando los resultados de su acción puedan ser muy valiosos para la supervivencia.

Los vegetales también son sensibles a los *estímulos físicos* generados por el viento, por objetos próximos, o por plantas vecinas (tacto). Un ejemplo llamativo de sensibilidad táctil vegetal es el de la *mimosa púdica*, una planta que cierra sus hojas en respuesta a estímulos táctiles[186]. No se trata de una respuesta meramente refleja, ya que estímulos irrelevantes como el viento o la lluvia no generan reacción alguna. Otro ejemplo nos lo ofrecen plantas carnívoras como la *dionaea muscipula*. Esta planta dispone de órganos táctiles especializados, pequeños «pelos» en la parte interna de su cepo cazainsectos, cuya estimulación genera el cierre y atrapamiento de los insectos que hayan caído en su interior. Esta respuesta también sugiere cierto nivel de procesamiento de la información, ya que, para que se genere la reacción motora, es necesario que se toquen al menos dos pelos distintos en menos de 20 segundos.

Algunos autores opinan que los vegetales detectan las *vibraciones del aire* (**oído**), y que en ciertos casos pueden acompasar su comportamiento y su crecimiento a los ritmos sonoros. Es posible que muchas plantas oigan mediante los mismos elementos sensores utilizados para detectar estímulos táctiles. Los estímulos táctiles son detectados por canales mecanosensibles presentes en las células epidérmicas de la superficie de la planta. Los estímulos sonoros también distorsionan estos canales de membrana, generando así una respuesta en sus células epidérmicas. De esta manera, las plantas dispondrían de millones de sensores auditivos (y táctiles) distribuidos por toda su superficie. El sonido, que no es otra cosa que la vibración de un medio material, viaja mejor sobre soportes líquidos o sólidos que sobre soporte gaseoso. Los sensores táctiles también están presentes en las raíces, con las que se podrían detectar las vibraciones del suelo. Las señales «sonoras» pueden ser particularmente útiles para trasmitir información a larga distancia, especialmente las de baja frecuencia, que se atenúan menos y pueden recorrer distancias mayores.

Los sonidos pueden modificar la expresión génica de las plantas, facilitando su crecimiento, la germinación de las semillas y la progresión de las raíces. Los sonidos más útiles para ello son los comprendidos entre 50 y 600 Hz. Hoy comienza a hablarse de *fonotropismo* para hacer referencia al crecimiento que las raíces de ciertas plantas pueden generar en la dirección de fuentes subterráneas de sonidos. Los sonidos también pueden modificar los componentes químicos de las plantas (ej. los polifenoles de la vid), modificando así las características de sus productos (ej. modificando el color y el sabor del vino). Algunos estudios recientes han encontrado que las raíces pueden emitir sonidos transitorios de alta frecuencia (como un click) que viajan por la tierra, y que quizás podrían ser utilizados para comunicar la posición a plantas vecinas, y facilitar el comportamiento grupal observado en bosques y plantaciones. Los vegetales detectan su *posición* en relación con la tierra, usando la gravedad como lo hace el utrículo y el sáculo del sistema vestibular humano (sentido de posición). Algunas plantas también pueden detectar aceleración como lo hacen los canales semicirculares humanos (sentido de aceleración).

Las plantas disponen de modalidades de sensores que no están presentes en los animales. Este es el caso de los **sensores de campo magnético** (sentido presente en algunas bacterias y animales, pero no en humanos) y de los **sensores de humedad** (que se comportan a modo de higrómetros que detectan la presencia de agua y orientan el crecimiento de las raíces en su dirección). Nosotros también disponemos de «sensores de humedad», pero no para detectar agua en el medio externo, sino para detectarla en nuestro medio interno. La deshidratación de nuestro cuerpo es detectada por células osmosensibles de distintos órganos, incluido el cerebro. La respuesta, en estos casos, incluye la reducción de la emisión de sudor y orina, y la activación de conductas motoras orientadas a la búsqueda de fuentes de agua. Las plantas no pueden cambiar su ubicación, por lo que su estrategia consiste en detectar humedad en la tierra y acercar sus raíces a las fuentes de agua.

La mente refleja de los vegetales

La sensibilidad a los estímulos externos puede ser utilizada por las plantas para planificar su conducta. Se han descrito numerosas **reacciones a estímulos**. Por ejemplo, algunas plantas dirigen sus hojas hacia la luz (fototropismo), o alejan sus raíces de la región de procedencia de la luz (skototropismo). La luz puede ser también utilizada para abrir o cerrar las hojas a determinadas horas del día, para seguir el movimiento del Sol (respuesta heliotrópica), para planificar el momento de la floración (fotoperiodismo), o para activar la emisión de semillas. La intensidad de la luz puede determinar respuestas adaptativas complejas, como la producción de pigmentos fotosintéticos en condiciones de baja iluminación, y de pigmentos protectores que generan en las plantas los mismos efectos que la melanina en la piel humana. Los «estímulos táctiles» y los «olores» pueden generar respuestas complejas en las plantas, como la flexión de las hojas de la *mimosa pudica* cuando son tocadas por el observador. Estos estímulos también pueden facilitar la síntesis y liberación de sustancias que informan a las plantas vecinas de la presencia de plagas o tóxicos, que atraen o rechazan insectos o bacterias, o que intoxican a los insectos que pueden dañar a las plantas. Por tanto, no puede afirmarse que las plantas sean «insensibles», o que su sensibilidad no les resulta útil o adaptativa. Las reacciones de los vegetales a los estímulos del entorno podrían ser consideradas como reacciones motoras reflejas, reacciones más lentas pero similares a las observadas en las mentes reflejas de los animales.

La mente activa y proactiva de los vegetales

Se ha sugerido que la reacción motora de las plantas a los estímulos ambientales es siempre refleja y local. En este caso, cada zona de la planta solo respondería a los estímulos aplicados directamente sobre ella. Sin embargo, diferentes evidencias muestran que las plantas pueden generar respuestas que van mucho más allá que la simple respuesta refleja local. Para empezar, las plantas son capaces de generar respuestas de conjunto, mediante las cuales toda la planta responde a la presencia de un estímulo puntual que solo está presente en una pequeña zona de la raíz o en una hoja. Esto nos habla de la presencia de **respuestas monotélicas** en vegetales (todo el organismo presenta una respuesta integrada y unitaria), respuestas similares a las que comentaremos posteriormente para el caso de los animales. La respuesta a estímulos múltiples que son presentados simultáneamente a la misma planta depende de la «necesidad» de la planta. Algunas plantas responden de diferente manera a los agentes que generan **estrés biótico** como los patógenos y predadores, y a los agentes que generan **estrés abiótico**, como la congelación o el exceso de irradiación ultravioleta. Al estrés biótico normalmente responden liberando ácido salicílico, ácido jasmónico o etino. Al estrés abiótico responden liberando moléculas como el ácido abscísico. ¿Qué ocurre cuando ambas modalidades de estímulo se presentan simultáneamente? En estas circunstancias las plantas suelen generar la respuesta más adecuada según su situación coyuntural, respondiendo en primera instancia a los estímulos potencialmente más peligrosos. Esto sugiere que las plantas pueden hacer estimaciones **costo-beneficio**, una modalidad de «pensamiento» que es normalmente considerado como exclusiva de las mentes proactivas animales.

La mente proactiva de los animales puede **prever circunstancias futuras**, programando acciones preventivas como, por ejemplo, huir antes de que aparezca un depredador. Algunas plantas pueden presentar conductas preventivas.

La conducta predatoria y la conducta territorial son habitualmente consideradas como propias de la mente proactiva de los animales. Sin embargo, estas conductas también han sido observadas en las plantas. Por ejemplo, la *dionaea muscipula* presenta **conducta predatoria**, para la cual dispone de una estructura plana con prolongaciones filiformes que puede aproximar a los insectos para atraparlos. No se trata de una simple respuesta refleja destinada a evitar la acción de insectos vegetarianos, sino de una auténtica actividad depredadora cuyo resultado final es la captura, digestión y asimilación de los productos alimenticios de los insectos atrapados. Este comportamiento, similar al de los animales carnívoros, no es infrecuente en las plantas. Se han descrito más de 600 especies que disponen de una gran variedad de trampas para capturar y digerir animales de su entorno. Algunas de estas plantas son capaces de alimentarse de animales relativamente grandes, incluyendo reptiles como las lagartijas, y los ratones. Otro ejemplo de conducta predatoria lo podemos observar en las *nepentes*. Estas plantas atraen animales hacia el interior de unos sacos de paredes muy resbaladizas que impiden su huida. Agotados tras un sostenido intento de huida, los animales atrapados mueren y la planta libera, al interior de su «saco trampa», diversos productos que permitirán la digestión del animal atrapado. Tras la digestión, los componentes del animal serán absorbidos y asimilados a la propia estructura de la planta. Otro ejemplo es el de las *violetas brasileñas* con raíces «pegajosas», que pueden retener a pequeños gusanos subterráneos que son atrapados hasta su muerte. Luego las raíces liberan agentes químicos que digieren a los gusanos y que facilitan su posterior absorción por la raíz. Las víctimas aportarán así distintos elementos útiles para estas plantas, y particularmente el nitrógeno que escasea en los terrenos en los que viven muchas de las plantas carnívoras.

En todos estos casos, no se trata de una conducta predatoria ocasional, ya que las plantas carnívoras generan productos químicos con olor y sabor atrayente para las víctimas, y disponen de toda la maquinaria necesaria para retener al animal hasta su muerte, y para digerirlo y finalmente absorberlo. Por supuesto, la estrategia depredadora es muy diferente en plantas y animales. Las plantas han de atraer, retener, matar pasivamente y digerir/absorber a los animales depredados, y para ello han de tener en cuenta su incapacidad para perseguir y atrapar activamente a sus presas. La estrategia depredadora de los animales suele incluir otros ingredientes como la identificación, selección, persecución, atrapamiento, muerte activa, ingestión y digestión/absorción de las presas, circunstancias derivadas de la capacidad de los animales para desplazarse por el entorno. A pesar de estas diferencias, el resultado final de las mentes predadoras de animales y plantas es básicamente el mismo, capturar – matar – asimilar, tratándose en ambos casos de la estrategia de una mente proactiva que realiza sus acciones para obtener beneficios futuros.

Las plantas no pueden desplazarse, por lo que han de preservar el control del territorio en el que crecen (conducta territorial). No ha de extrañarnos que la mente de los vegetales disponga de un componente proactivo destinado a identificar intrusos y a detener su aproximación, preservando así su control del terreno. Esta competición por el terreno se realiza principalmente por la acción de las raíces, aunque las hojas y otras partes de la planta también pueden contribuir a alejar a las plantas invasoras. Por ejemplo, hay pruebas de laboratorio que indican que algunas especies de *eucaliptos* producen sustancias químicas que inhiben la germinación y el crecimiento de otras plantas. También se compite por la luz, especialmente en las junglas donde la alta densidad vegetal impulsa a los árboles a crecer más que los demás, de tal manera que alcancen una altura que les permita recibir la luz directa del Sol y hacer sombra a las vecinas, que ahora no dispondrán de la energía necesaria para una fotosíntesis eficiente y un crecimiento competitivo.

Un ejemplo aleccionador sobre la competencia en el mundo vegetal lo podemos observar en los jardines de nuestro entorno. Los árboles, los arbustos, las plantas cubresuelos y el césped requieren de luz solar, agua y espacio para que sus raíces puedan crecer normalmente. Todas las plantas de nuestro jardín compiten con sus vecinas por el suelo, la luz y los recursos, sin importar su tipo o especie. Para que una planta prospere tiene que disponer de un espacio adecuado, y los árboles del jardín pueden limitar el acceso del césped circundante al agua. Las raíces de los árboles se encuentran en su mayoría en los primeros 60 cm de profundidad, y aquellas con más capacidad para absorber agua se encuentran en los primeros 15 cm. Las raíces del césped suelen ocupar un volumen de suelo mucho mayor que las de los árboles compitiendo con ellos por agua y elementos minerales. Sin embargo, la densidad de las raíces del césped suele ser mucho menor en áreas donde los árboles se establecieron primero y acotaron su territorio. Además, la sombra de los árboles puede limitar la llegada de la luz a las hojas del césped y suele limitar el crecimiento del césped próximo.

La comunicación entre raíces facilita la posibilidad de marcar territorio a las raíces de las plantas vecinas. Además, a la restricción del crecimiento vegetal generada por la limitación de recursos, hay que añadir la posible «guerra química». Las raíces de algunos vegetales pueden producir y exudar agentes químicos que limitan el crecimiento de las raíces de las plantas vecinas. No obstante, la competencia por el territorio depende del grado de «familiaridad» de los vecinos. Las raíces de las plantas vecinas con genes muy distintos compiten incansablemente por el suelo, competición que las lleva a tratar de ocupar con sus raíces la mayor parte del subsuelo que les sea posible. Sin embargo, cuando las plantas están emparentadas la conducta será diferente. En estos casos, las plantas vecinas tienden a limitar el crecimiento de sus raíces, compartiendo así el suelo disponible. Un ejemplo nos lo muestra la *Cakile edenula*, una planta de la familia de la mostaza que es nativa de las costas de América del Norte. Estas plantas compiten intensamente por el suelo, haciendo crecer desmesuradamente sus raíces cuando se encuentran próximas a otras plantas extrañas. Sin embargo, cuando crecen próximas a plantas «parientes», dicha proliferación es suprimida, mostrando una especie de **conducta altruista** en presencia de «familiares». Esta conducta altruista fue identificada evaluando el crecimiento de plantas cuyas raíces comparten un mismo recipiente. Cuando son plantas de la misma especie suelen acoplar su crecimiento mutuo para compartir los recursos. Cuando son de especies genéticamente alejadas, compiten hasta que una ocupa todo el suelo y reduce a la otra a la mínima expresión [187].

La mente proactiva de los vegetales se comunica con otros seres vivos

Las plantas también pueden **intercambiar información con bacterias, hongos, insectos, pájaros y otros seres vivos**. Algunos hongos facilitan la vida de las plantas aportándoles agua, iones, agentes antimicóticos y antibióticos. Las plantas también intercambian información con insectos y pájaros. Un ejemplo notable de comunicación colaborativa es el de la *nicotiana attenuata*, una planta que se defiende de los ataques de la oruga *manduca sexta* liberando compuestos que, en contacto con la saliva de la oruga, son metabolizados a otros compuestos que atraen chinches (*geocoris*) que atacarán vorazmente a las orugas. También se pueden intercambiar productos nutricios por favores sexuales. Los productos nutricios son aportados por las plantas a los animales, mientras que los favores sexuales son aportados por los insectos y pájaros a las plantas. Estos animales favorecen el intercambio sexual de los genes de las plantas, desplazando su polen germinal de unas plantas a otras, y favoreciendo la recombinación sexual de sus genes. Algunos animales se benefician del alimento y el sabor de manzanas, peras y otros frutos, devolviendo el favor mediante la dispersión de sus semillas por el entorno, o por otros continentes en el caso del vector humano. No todos los intercambios planta-animal redundan en beneficio mutuo. Por ejemplo, algunas flores pueden atraer insectos con estímulos que sugieren la posibilidad de un intercambio sexual. El posible encuentro sexual sugerido por los estímulos emitidos por la planta nunca se producirá, pero será suficiente como para atraer al insecto y «contaminarlo» con su polen, haciendo que este trasporte luego los genes de estas flores hasta otras flores del entorno.

Las plantas han desarrollado muy diversos procedimientos para **comunicarse entre ellas**[188,189]. Un ejemplo, entre muchos, nos lo ofrece la *pisum sativum*, guisante que detecta síntomas de sequía en plantas vecinas, y reacciona cerrando sus estomas para prevenir la pérdida de humedad y liberando nuevas señales de estrés que alcanzan a sus vecinas. Se produce así una «comunicación en cadena», por la cual plantas alejadas del lugar con falta de humedad son advertidas de la presencia de «plantas con problemas» en el entorno. Los estímulos químicos liberados por unas plantas también pueden advertir a otras de la presencia de agentes potencialmente nocivos como pájaros, insectos, bacterias o humanos. La llegada de estos estímulos facilitará la producción de respuestas preventivas, como la síntesis de sustancias irritantes o tóxicas, o de antibióticos.

La comunicación entre plantas también puede producirse mediante contacto directo. Un ejemplo interesante es la comunicación entre plantas vecinas mediante el contacto subterráneo de sus raíces. Cada vegetal tiende a emitir raíces que progresan por el subsuelo hasta alcanzar un volumen suficiente como para asegurar el agua, los iones y otros productos necesarios para la supervivencia y el crecimiento. Cuando el medio escasea en recurso o la proliferación arbórea es excesiva, las raíces progresan hasta llegar a contactar con las raíces de árboles vecinos. En estas condiciones no es infrecuente que ambas raíces se reconozcan y eviten progresar por un terreno ya colonizado por otros vegetales. Esta conducta supone distinguir los elementos propios de los ajenos, como cuando distinguimos nuestros pies de nuestros zapatos, y generar una conducta acorde con esta distinción. En el primer capítulo definíamos al yo como un algoritmo que identifica lo que pertenece al individuo, segregándolo de lo que no le es propio. Decíamos entonces que la selección natural no podría funcionar sin los algoritmos del yo. Para generar conductas de supervivencia hay que poder distinguir aquello que debe pervivir y separarlo de las circunstancias coyunturales del entorno que no hay por qué proteger. Si se trata de hacer pervivir lo propio, lo primero es identificarlo. Las conductas que hemos comentado sugieren que también los vegetales disponen de algoritmos para el yo (yo vegetal). Si las acciones no están dirigidas a proteger lo propio, las conductas no resultarán adaptativas, y los seres vivos y las especies de las que forman parte no pervivirán. Así pues, no debe sorprendernos que los mecanismos para la identificación de lo propio estén también en vegetales.

La mente retrofleja de los vegetales

La conducta de las plantas puede modificarse con la experiencia, lo que sugiere capacidad de **aprendizaje**. Las plantas que sobreviven al ataque de agentes infecciosos, serán luego menos vulnerables a nuevos ataques (*priming*). La *mimosa pudica* responde al contacto con sus hojas cerrándolas y plegándolas con rapidez[186]. Si los estímulos se repiten y nunca llegan a generar daño directo de las hojas, esta respuesta decrece progresivamente hasta anularse (tolerancia). Cada contracción de las hojas supone a la *pudica* un gasto energético importante, que no puede permitirse a menos que la respuesta sea absolutamente necesaria. Así que «aprender» a inhibir la respuesta cuando las circunstancias y la experiencia lo aconsejan es, sin duda, una habilidad muy práctica para esta planta[190]. Por otro lado, la respuesta de retracción de las hojas de la *mimosa* puede ser inhibida por **anestésicos generales** como el éter, bajo cuyos efectos las hojas de la planta pueden incluso ser cortadas con una tijera sin generar respuesta alguna[191]. Los aprendizajes de las plantas pueden persistir durante semanas o meses, apoyándose así la idea de que estos seres vivos también disponen de **memoria**. Estos fenómenos de aprendizaje y memoria son equivalentes a los observados en animales, lo que sugiere la existencia de retroflexia también en las plantas (mente retrofleja vegetal).

Inteligencia vegetal vs. inteligencia animal

Nuestra mente proactiva es muy diferente de la mente vegetal. Cualquier intento de observar con ojos «antropomórficos» la mente de estos seres vivos, nos llevará a la conclusión de que los vegetales no tienen mente. Es verdad, no tienen una mente animal como la nuestra, pero sí disponen de una mente proactiva retrofleja de aspecto diferente a la nuestra, pero que persigue fines similares. Por otro lado, nosotros también disponemos de una mente vegetativa, con una apariencia diferente de la mente vegetativa de los vegetales. La mente animal y la vegetal funcionan en un dispositivo de soporte muy diferente, que no actúa con la misma velocidad. No obstante, los objetivos perseguidos y los resultados alcanzados son, con frecuencia, similares.

Para la mente vegetal lo esencial para la supervivencia es el cambio en la «forma de ser», más que la «adaptación de las conductas motoras a ejecutar». Los vegetales realizan pocos movimientos que además son generalmente muy lentos. Sin embargo, esta lentitud contrasta con su capacidad para cambiar su medio interno y adaptarse a las nuevas condiciones. La **in-**

teligencia de las plantas es un tema de debate y confrontación para los estudiosos de mundo vegetal. En esta polémica suelen prevalecer los debates interpretativos sobre las evidencias experimentales[192,193]. No obstante, la «inteligencia vegetal» parece abrirse camino, y cada vez hay más grupos trabajando en este campo, y más revistas de prestigio dispuestas a publicar datos sobre «computación vegetal»[194] (habitualmente tras superar interminables objeciones de los «revisores»). Así, cada vez aparecen más estudios en los que las plantas muestran habilidades para resolver problemas complejos y para establecer una interacción eficiente con dispositivos artificiales. La mente vegetativa y la mente proactiva de los vegetales probablemente nos ofrecerán gratas sorpresas en los próximos decenios.

Una de las principales razones para negar la existencia de mente a los vegetales es el hecho de que no disponen de neuronas ni de sistema nervioso. Algunos incluso defienden que la unidad funcional más amplia de los vegetales es la célula vegetal. Para estos autores la célula vegetal está aislada en el interior de una corteza de celulosa que impide su comunicación con otras células vecinas. Se comportarían como las células procariotas que comparten un estromatolito, encontrándose en el mismo «edificio», pero con una comunicación mínima o nula entre ellas. Desde esta perspectiva, solo las células vegetales aisladas tienen mente, y estas mentes limitan su actividad a facilitar la entrada de alimentos y la salida de desechos por las pequeñas aperturas (plasmodesmos) disponibles en el esqueleto de celulosa que separa las células vegetales. Los plasmodesmos contienen una estructura cilíndrica especializada del retículo endoplasmático (desmotúbulo) que facilita la comunicación y la circulación de sustancias entre células vecinas. Esto sería todo. Sin embargo, un vegetal es mucho más que células aisladas que solo mantienen conexión con células vecinas. Como hemos visto, los vegetales pueden presentar conductas monotélicas adaptativas[195] que en modo alguno podrían ser generadas si la única comunicación de la que disponen es la comunicación local, y por plasmodesmos y desmotúbulos intercelulares. Pero ¿sobre qué sustrato se estructura la mente vegetal?

La comunicación intercelular en los vegetales no precisa un sistema nervioso como el de los animales

Los vegetales disponen de cuatro sistemas básicos de comunicación intercelular, el sistema de plasmodesmos para la comunicación local, el sistema vascular por el que transitan fluidos entre células distantes, un sistema humoral equivalente al sistema endocrino humano, y un sistema eléctrico por el que transitan corrientes equivalentes a los potenciales de nuestras células nerviosas[190]. El intercambio de los elementos necesarios para producir energía química, construir el edificio estructural del vegetal y mantenerlo en funcionamiento, se produce principalmente en los dos extremos de los vegetales, las hojas y las raíces. La parte superior de las hojas permite la entrada de los fotones que, tras colisionar con los cloroplastos, transforman su energía lumínica en energía química (fotosíntesis). El CO_2 necesario para la fotosíntesis de azúcares entra por las **estomas** situadas en el envés de las hojas. Como ya comentamos, la energía química, obtenida de la luz y la descomposición del agua, es almacenada en azúcares sintetizados a partir del carbono del CO_2. Estos productos se distribuyen y almacenan finalmente por toda la planta. El agua, las sales y otros productos necesarios para la vida vegetal son tomados del terreno, por las raíces. Desde las hojas y las raíces, los recursos viajan por todo el vegetal mediante dos sistemas circulatorios, uno que funciona de forma ascendente y que trasporta agua, sales minerales y otras sustancias desde las raíces hasta las hojas (sistema xilemático), y otro descendente que trasporta los productos de la fotosíntesis (azúcares) desde las hojas hasta las raíces y los frutos (sistema floemático). El tercer sistema de comunicación es equivalente al sistema endocrino, y es un sistema utilizado por las células de la planta para intercambiar señales químicas a larga distancia. Por último, el cuarto sistema utiliza señales eléctricas que fluyen por toda la planta, trasmitiendo la información necesaria para generar las respuestas adaptativas más rápidas.

Mediante estos cuatro sistemas de comunicación las plantas presentan respuestas globales a las condiciones cambiantes del entorno. La conducta de las estomas es un ejemplo de esta respuesta integrada. Las estomas disponen de 2 tipos de células, uno que cierra la estoma y otro que la abre. Las estomas abiertas permiten la entrada de CO_2 por el envés de las hojas, lo cual es esencial para que la luz que entra por la parte anterior de la hoja pueda ser utilizada para fijar el átomo de carbono del gas en moléculas de azúcares, donde quedará almacenada. Desde esta perspectiva, las hojas de las plantas deberían mantener siempre su porción superior expuesta al sol y su porción inferior con las estomas abiertas para la entrada de CO_2. Sin embargo, la apertura de las estomas facilita la salida de agua por traspiración, lo cual puede terminar deshidratando la planta, evitando que la luz que actúa en la pared del tilacoide pueda liberar los H^+ del H_2O, y que, finalmente, se obtenga la energía química necesaria para el funcionamiento vegetal. El resultado final sería la deshidratación y la muerte de la planta. En estas circunstancias hay que tomar una decisión costo/beneficio apropiada, decisión que debe considerar factores muy diversos como el grado de hidratación de la planta, la humedad del suelo, la energía química disponible, etc. Una vez tomada la decisión, todas las estomas de todas las hojas deberían responder al unísono y de forma acorde a la decisión alcanzada. Para que la decisión llegue a todas las partes de la planta, se precisa un sistema rápido de comunicación, por el cual la señal que coordina la respuesta pueda alcanzar todo el vegetal en un corto intervalo temporal. Inicialmente, la sincronización de esta respuesta se realiza mediante una **comunicación eléctrica** que puede transmitir la información a toda la planta en fracciones de segundo. Luego se produce una **comunicación química**[196,197] que, aunque puede llevar horas o días, trasmitirá la información de una forma más selectiva y precisa[195,198-200]. Así, si el suelo sufre una rápida desecación, las señales eléctricas provenientes de las raíces alcanzarán las hojas en pocos segundos, indicando la conveniencia de cerrar las estomas. Luego, en minutos u horas, llegarán señales químicas con información de cuan grave y generalizada es la pérdida de humedad del suelo.

El sistema nervioso de los vegetales

Con frecuencia, se asume que las plantas no disponen de señales eléctricas capaces de trasmitir información entre sus células. Esta asunción está promovida por el hecho de que los vegetales no disponen de un sistema nervioso similar al de los animales. En los animales la información rápida viaja codificada por las paredes de las neuronas, en forma de potenciales de acción. Habitualmente se supone que, al no haber neuronas en los vegetales, tampoco habrá potenciales de acción. Sin embargo, los primeros potenciales de acción fueron identificados en vegetales (*dionaea*) por *Burdon-Sanderson*. Lo mismo ocurrió cuando se dispuso de técnicas de registro intracelular, con las cuales *Umrath* observó, a principios de los años treinta, los primeros potenciales intracelulares en las células vegetales de la *nitella*. Los registros intracelulares con micropipetas demuestran que las células vegetales también disponen de **potenciales de reposo**, que mantienen una diferencia continua de carga eléctrica entre los dos lados de la membrana celular. El potencial de membrana de las células vegetales es tan amplio, o mayor, que el que encontramos normalmente en neuronas[201-203]. En valores promedio, este potencial es de 80-200 milivoltios en células vegetales, y de 60-80 milivoltios en neuronas. Los **potenciales de acción** están producidos por la pérdida brusca del potencial de membrana, la cual se propaga por la pared de la célula llevando rápidamente información de un extremo, el cuerpo neuronal, al otro, la sinapsis de la neurona. En los años 50, se observaron potenciales en la *mimosa púdica* que viajan de forma similar a como lo hacen los potenciales de acción en los nervios. Desde entonces se han publicado múltiples evidencias que muestran que todas las plantas superiores utilizan señales eléctricas para regular una gran variedad de funciones fisiológicas [202,204-208].

La mayor parte de los mecanismos neuroquímicos y neuromotores descritos en animales han sido también observados en plantas[209,210]. Los potenciales de acción se generan en la raíz de la planta en respuesta a señales provenientes del exterior (estímulos), trasmitiendo esta información con rapidez desde las raíces a las hojas. La llegada del estímulo genera una despolarización del potencial de reposo que, de alcanzar un nivel umbral, desencadena una despolarización brusca y masiva de la membrana, que se autopropaga por toda la célula (potencial de acción). Este potencial es similar al potencial de acción de los nervios de los animales, solo que, en las plantas está vehiculizado por el trasiego transmembrana de iones Cl^-, Ca^{2+}, K^+ y H^+, mientras que en las neuronas está vehiculizado por Na^+ y K^+, en el axón, y Ca^{2+} en el botón presináptico. Como en animales, los potenciales de acción de los vegetales son «todo o nada», y no se disparan a menos que la despolarización del potencial de membrana alcance un umbral, que es característico para cada célula. Una vez activados, los potenciales de acción se autopropagan por la membrana celular, viajando largas distancias para generar respuestas fisiológicas en células vegetales alejadas.

La **duración de los potenciales de acción** y la **velocidad** con la que estos viajan por las membranas celulares es distinta en animales y vegetales. Por ejemplo, los potenciales de acción de la *mimosa pudica* duran algo más de 5 segundos, lo cual contrasta con los de las neuronas de los mamíferos, que raramente se prolongan más allá de los 5 milisegundos (1000 veces más cortos en animales). La velocidad a la que viajan los potenciales de acción por las paredes celulares de los vegetales es de 0,02-0,05 metros/segundo, mientras que en mamíferos varía entre 0,2 y 100 metros/segundo (> de 50 veces más rápidos en animales). Tras el potencial de acción se activa un periodo refractario durante el cual no se pueden generar nuevos potenciales de acción (periodo refractario absoluto), y que se sigue de otro periodo durante el cual la activación de potenciales de acción es posible pero su probabilidad es menor (periodo refractario relativo). El periodo refractario es imprescindible para evitar que los potenciales de acción puedan viajar a la vez en las dos direcciones de la membrana celular. Como la membrana por la que viene viajando el potencial de acción está en periodo refractario, este solo se puede desplazar hacia delante, evitándose así rebotes delante↔detrás que resultarían en «ecos» muy contaminantes para el trasiego de la información. Los periodos refractarios absoluto y relativo en las células vegetales son de 4-240 segundos y de 1-8 minutos respectivamente, lo cual contrasta con los periodos refractarios observados en neuronas (0,0005 y 0,001-0,01 segundos respectivamente). Por tanto, los potenciales de acción duran más, tienen periodos refractarios más largos y viajan más lentamente en vegetales que en animales. Esta lentitud no debe extrañarnos, ya que las respuestas vegetativas o motoras de las plantas son también más lentas que las de los animales. Todo parece ir más lento en las plantas, pero esto no significa que sea menos eficiente desde el punto de vista adaptativo.

Aunque las células vegetales disponen de potenciales de acción, los vegetales no tienen sistema nervioso similar al de los animales. ¿Qué utilidad pueden tener los potenciales de acción en seres vivos que, como los vegetales, no disponen de sistema nervioso? Un elemento claramente diferenciador entre animales y plantas es la distribución de funciones por sus estructuras físicas. En los animales, cada función fisiológica particular está asociada a un órgano o aparato específico, cuyas células se han diferenciado y especializado en la ejecución de las tareas que corresponden a dicho órgano. Uno de estos órganos es el propio sistema nervioso, un sistema que, como veremos en capítulos posteriores, está especializado en analizar la información proveniente del entorno y en preparar las respuestas motoras más adaptativas. En las plantas, las funciones están «distribuidas» de manera diferente. La distribución de tareas en los vegetales es relativamente uniforme y no está concentrada en órganos especializados. Esto es particularmente cierto para las funciones relacionadas con el análisis de la información, y con la elaboración de las respuestas. En los animales multicelulares estas funciones las realiza el sistema nervioso, mientras que en las plantas parecen estar distribuidas por toda su estructura. En general, los sistemas con funciones distribuidas resultan más difíciles de estudiar. Hay que medir simultáneamente multitud de variables deslocalizadas y dispersas por distintos lugares. Esta es una de las razones, junto con la actitud escéptica de algunos científicos en todo lo referente a la mente vegetal, por la que la mente vegetal ha sido escasamente estudiada. Se publica cada día multitud de datos sobre la física, química y fisiología de los elementos que integran la mente vegetal, pero la propia mente vegetal permanece poco estudiada.

No obstante, los potenciales de acción de las células vegetales ya han sido implicados en muy diversas funciones. Así, estos potenciales participan en el cierre de la trampa de caza de la *dionaea*, en la regulación de los movimientos de las hojas generada por estímulos térmicos o táctiles en la *mimosa*, en el incremento de la respiración generado por estímulos eléctricos en la *chara* y por la polinización en *incarvilea* o en *hibiscus*, etc. Todo ello nos habla de que los estímulos ambientales también son utilizados por las plantas para generar respuestas adaptativas globales (monotélicas), y ello a pesar de que los vegetales no disponen de un sistema nervioso similar al de los animales.

Bioquímica vegetal y neuroquímica animal

Los vegetales presentan sorprendentes semejanzas bioquímicas con la neuroquímica de nuestro cerebro. Entre los muchos productos sintetizados por las plantas hay algunos que son utilizados como neurotransmisores por nuestras neuronas (ej. acetil colina y el óxido nítrico) o como agonistas o antagonista de los receptores de neurotransmisores (ej. agonistas de los receptores de endorfinas o de endocannabinoides, o bloqueantes de los trasportadores de dopamina como la cocaína). En realidad, muchos de los trasmisores químicos de nuestro cerebro fueron identificados al advertir que los productos de algunas plantas podían generar cambios drásticos en nuestra mente, o en el sistema nervioso de los animales[211,212]. Este es el caso de derivados del opio como la morfina, cuyo estudio permitió identificar las endorfinas y otros péptidos neurotransmisores de nuestro cerebro. Entre los muchos productos vegetales con acciones sobre la actividad nerviosa, los más conocidos son la cocaína (que modifica la neurotransmisión dopaminérgica y noradrenérgica), los derivados del cannabis (que actúan sobre los sistemas de endocannabinoides del cerebro), los productos de la digenea simplex (que como el kainato modifican receptores ionotrópicos de glutamato), los productos de la salvia divinorum (cuya salvinorina modifica los receptores opioides kappa de una zona del cerebro denominada *claustrum*), los productos del curare (que como el alcaloide D-tubocurarina bloquean los receptores nicotínicos de acetil colina), y los productos de la nicotiana tabacum (que estimulan los receptores nicotínicos de acetil colina). A estos productos hay que añadir un larguísimo etcétera que, a pesar del dilatado desarrollo de la farmacología, aún resultan en su mayor parte desconocidos.

Podría argumentarse que el hecho de que muchos agentes químicos vegetales puedan ser psicoactivos puede deberse al azar. Los vegetales producen tal diversidad de agentes químicos, que algunos de ellos podrían ser azarosamente similares a los producidos endógenamente en el cerebro. Por otro lado, hemos comentado como la neuroquímica cerebral recicla rutas metabólicas generadas previamente para otros menesteres, una parte de las cuales fueron producidas incluso en células procariotas. Este «reciclado» también podría ser la causa de las coincidencias entre los agentes psicoactivos de los animales y los agentes químicos del mundo vegetal. Las rutas de síntesis de muchos agentes psicoactivos del cerebro pudieron desarrollarse en bacterias, siendo luego utilizados por las plantas para alcanzar unos fines, y por el cerebro animal para alcanzar otros. En este caso, los productos compartidos por vegetales y animales serían el resultado de una «herencia» proveniente de ancestros comunes. El glutamato es un ejemplo interesante. El glutamato es un aminoácido que participa de acciones similares a la de otros aminoácidos, incorporándose a multitud de proteínas. Además, es el principal neurotransmisor del sistema nervioso de los mamíferos, participando en más del 70 % de sus sinapsis excitadoras. El glutamato ya había sido utilizado como señal química para la comunicación entre bacterias procariotas que disponían de receptores de membrana para este aminoácido. Las plantas también disponen de receptores de glutamato similares a los descritos en el sistema nervioso[213-215]. Por tanto, los receptores de glutamato encontrados en las plantas y en los animales podrían ser «herencia» de ancestros bacterianos que ya habrían utilizado a este aminoácido para comunicarse entre ellos.

En definitiva, la coincidencia entre agentes químicos vegetales y agentes psicoactivos animales podría estar causada por el azar, o por el reciclado molecular. No obstante, esta coincidencia también podría estar causada por la participación de estos agentes químicos en funciones fisiológicas y mentales, que son compartidas por animales y plantas. Sería algo así como «mismas funciones mismos agentes químicos». Esta posibilidad resulta tan sugestiva como difícil de demostrar. No obstante, algunos datos apoyan esta posibilidad. Siguiendo con el ejemplo del glutamato, se han publicado evidencias que muestran que el glutamato puede generar una despolarización en las células vegetales que se sigue de potenciales de acción, lo cual sugiere que podría jugar un papel como agente para trasmitir señales rápidas entre células vegetales vecinas. Esta función transmisora sería similar a la función neurotransmisora que realiza en el cerebro de los mamíferos. La función transmisora del glutamato en las plantas ha sido particularmente estudiada en la zona de transición de los ápices de las raíces, zona localizada entre el meristemo y la zona de elongación de las células basales. Aquí, el glutamato genera una rápida despolarización de la membrana plasmática que puede ser bloqueada mediante antagonistas de los receptores del glutamato del cerebro. Particularmente eficientes parecen ser los bloqueantes de los receptores ionotrópicos, una submoda-lidad de receptores de glutamato muy habituales en el cerebro. La estimu-lación de estos receptores tiene consecuencias sobre el movimiento de las raíces, las cuales detienen su crecimiento e inician una proliferación celular que incrementa el grosor de las raíces.

Lo que la mente de los vegetales y de los animales comparte: estrategias comunes con medios diferentes

De lo comentado hasta aquí conviene destacar la gran capacidad de la mente vegetativa para adaptar los vegetales a su entorno. Con esta mente, los vegetales cambian su estructura interna como medio de acomodación a las condiciones ambientales. Esta adaptación «pasiva» podría parecer poco eficiente para mentes que, como la nuestra, necesitan realizar respuestas motoras rápidas. Las plantas se dejan plantar, arrancar, devorar y digerir sin generar grandes reacciones motoras. A pesar de ello, las plantas representan el 95 % de la masa viva de nuestro planeta, donde han conquistado todos los nichos ecológicos. Por tanto, mente vegetal es sinónimo de éxito adaptativo. Además, los datos comentados muestran la presencia de señales eléctricas y trasmisores químicos en las plantas, que son muy similares a los encontra-dos en el sistema nervioso de los animales. Tanto las señales eléctricas como los trasmisores químicos responden a estímulos del entorno, viajan a través de las estructuras de las plantas, y participan en la elaboración de respuestas motoras y vegetativas que incrementan la adaptación de los vegetales a su entorno. Todo ello nos habla de que, a pesar de que la mente predominante en los vegetales es la mente vegetativa (que transforma su estructura interna para adaptarse a las condiciones externas), los vegetales también son capaces de adaptarse al entorno siguiendo estrategias características de la mente refleja, proactiva y retrofleja de los animales. Así que a las plantas se les podría aplicar el estribillo de la canción con la que la cantante María Isabel, de nueve años, ganó el festival infantil de Eurovisión en el 2004, «Antes muerta que sencilla».

El progreso de la mente vegetativa en los animales

La mente vegetativa progresó enérgicamente en los vegetales, pero también progresó en los animales. No debemos considerar a la mente vegetativa y a la mente proactiva como mentes incompatibles que no pueden cohabitar en los mismos seres vivos. Ya comentamos como las células comparten ambas naturalezas, y ahora comentaremos como los organismos pluricelulares también lo hacen. Aunque de los organismos animales hablaremos en capítulos posteriores, comentaremos ahora algunos aspectos de su mente vegetativa.

La regulación vegetativa del medio interno de los animales, incluido el ser humano, se realiza mediante un conjunto de neuronas con organización propia. Por el escaso control voluntario que tenemos sobre su actividad, este conjunto de neuronas suele denominarse *sistema nervioso autónomo*. También se le denomina *sistema neurovegetativo*, algo así como sistema vegetal con nervios. La mayor parte de nuestro sistema neurovegetativo funciona con señales que nunca alcanzan la consciencia, pero que resultan imprescindibles para el control de nuestros órganos y para la regulación homeostática del medio interno. Sin la actividad del sistema neurovegetativo los animales pierden el control regulatorio de la presión arterial o la actividad cardiaca y se produce una hipotensión severa que genera la pérdida de consciencia en pocos segundos. Sin el control neurovegetativo, la biodisponibilidad de oxígeno, glucosa u otros agentes químicos se altera, y el tejido nervioso sufre daños irreversibles en pocos minutos. El sistema neurovegetativo también modula la actividad del sistema endocrino y del sistema inmunitario, subsistemas conocidos como sistema neuroendocrino y sistema neuroinmunitario. La protección inmunitaria de nuestro organismo está vehiculizada por una gran diversidad de células especializadas que actúan conjuntamente para prevenir o curar infecciones, y para localizar y eliminar células propias que hayan perdido sus capacidades o que hayan degenerado para producir, por ejemplo, células tumorales. Se trata de un sistema «inteligente» que responde de forma coordinada, y que es capaz de aprender y recordar.

La mente vegetativa no es igual en vegetales y animales, y su sustrato celular es diferente. La mente vegetativa de los vegetales está implementada en células con una actividad mucho más lenta que la que presentan las neuronas que sustentan la mente vegetativa de los animales. Sin embargo, esto no significa que la mente vegetativa de las plantas sea menos precisa o sofisticada que la de los animales. La capacidad adaptativa de la mente vegetativa de las plantas es sorprendente. De hecho, adaptar el medio interno a las condiciones cambiantes del entorno resulta, en muchas ocasiones, más eficiente que modificar el medio para que se adapte a las condiciones propias. Como indicamos, las plantas representan más del 99 % de la **biomasa** de nuestro planeta, adaptándose a todos los ambientes. Las plantas pueden adaptarse, por sí mismas, a vivir en entornos en los que no hay animales. Esto no puede decirse de los animales, cuya supervivencia precisa inexorablemente de la presencia de vegetales.

Capítulo 13
De la mente activa a la mente proactiva: la aparición de la mente animal y del sistema nervioso

La diferenciación celular en los organismos animales: las esponjas como ejemplo

Las primeras agrupaciones de células eucariotas solo debieron permitir interacciones simples entre células, interacciones que probablemente no generaron grandes ventajas adaptativas y que se extinguieron, sin dejar rastro, en los mares de la Tierra de entonces. Esto no ocurrió en el caso de las esponjas. Las **esponjas** son animales compuestos por cuatro modalidades de células eucariotas que comparten el mismo soporte físico. Aparecieron hace unos **635 MA**, diversificándose luego en 8000 especies diferentes que, en su mayor parte, viven en medios marinos[105,175,176]. Las esponjas disponen de cuatro tipos básicos de células, las **células epidérmicas** de las porciones más externas de la esponja, los **coanocitos** que tamizan los huecos de entrada al interior de la esponja con flagelos que impulsan la circulación de agua por el edificio interior de la esponja, los **amebocitos** que participan en la digestión y excreción de alimentos y en la producción de óvulos y espermatozoides, y los **esclerocitos**, que generan la estructura sólida que soporta a la esponja. La ubicación y organización de cada una de estas células en la estructura de la esponja es un proceso activo. Si se rompe la estructura de la esponja y se dispersan sus células por el medio líquido, las células dispersas volverán a unirse para reconstruir el conjunto de la esponja, situándose cada tipo celular en el lugar que le corresponde.

La organización celular de la esponja permite la aparición de funciones que ninguna de sus células puede realizar por separado. La estructura física de la esponja dispone de túbulos que comunican su interior con el medio líquido exterior (ostia), y cuyo diámetro es modulado continuamente por los coanocitos. Los coanocitos actúan de forma coordinada modulando la entrada de agua al interior de la esponja, donde viven la mayor parte de sus células. Las células del interior de la esponja reciben el alimento necesario desde el exterior, restringiéndose la entrada de agentes del medio externo que puedan resultarles potencialmente peligrosos. Entre la capa de células del exterior y la del interior de la esponja, hay normalmente una sustancia gelatinosa en la que se hospedan los *amebocitos*. Estas células se encargan de la digestión de los alimentos, y de la producción de los gametos masculinos y femeninos que intervienen en la reproducción sexual. Los amebocitos pueden diferenciarse a *esclerocitos*, que producen espículas que almacenan carbonato cálcico, sílice, y una proteína (espongina) que aporta estabilidad estructural a las paredes de la esponja. Aunque las esponjas aparentan ser completamente pasivas, en realidad disponen de ciertas capacidades para detectar cambios químicos en el medio externo, para detectar la compresión física de su superficie (mediante las células epiteliales) y para responder abriendo o cerrando sus poros. El mecanismo que media la acción coordinada de los coanocitos no está definitivamente claro. Algunos investigadores proponen la existencia de nervios primitivos que podrían facilitar la coordinación de los coanocitos, y el control centralizado de la apertura y el cierre de los túbulos de la esponja.

Como veremos, el movimiento aporta a los animales tres ventajas capitales, la de desplazarse hasta el alimento, la de evitar ser alimento de otros, y la de buscar compañero sexual para mezclar sus genes durante la procreación. Las esponjas son estructuras sésiles adheridas al fondo marino y que, por tanto, no pueden moverse como tales. Algunas de sus células sí se mueven, los coanocitos y los óvulos y espermatozoides diferenciados a partir de estos. El movimiento de los coanocitos genera un flujo de agua que atraviesa la esponja y acerca el alimento del exterior a sus células digestivas del interior, los amebocitos. Las células ameboides se diferencian a espermatozoides y óvulos, con capacidad para moverse por el medio exterior a la esponja, hasta encontrar una oportunidad reproductiva en otra esponja. Algunas esponjas son hermafroditas, y en estas los movimientos sexuales son menos marcados. Las ventajas que ofrece las integraciones más simples de células, como la de la esponja, son muy inferiores a las que luego se conseguirán con la integración celular masiva de los **organismos** auténticos. En estos organismos, las células presentan una mayor diferenciación, incorporándose a tejidos específicos que desarrollan funciones especializadas, imposibles para células aisladas no diferenciadas, o para agrupaciones de células con escasa diferenciación/diversificación, como la de las esponjas.

La diferenciación celular en el progreso de los organismos animales: los trilobites y el origen del sistema nervioso

Los avances de la evolución biológica son normalmente lentos y precisan inmensos periodos de tiempo para generar diversidad. No obstante, en algunas ocasiones, estos avances se aceleran de forma considerable. Esto fue lo que ocurrió hace **542-530 MA**, en la denominada *explosión Cámbrica*. En los inicios del periodo Cámbrico se produjo una rápida diversificación de organismos macroscópicos multicelulares complejos. Un ejemplo de esta diversificación puede observarse en los fósiles encontrados en las Montañas Rocosas del Canadá. Hace **510-505 MA** se produjo una avalancha submarina del lodo fino en mares tropicales poco profundos, mares cuya localización se corresponde hoy con las Montañas Rocosas. Esta avalancha sepultó una gran cantidad de animales marinos, generando una gran cantidad de fósiles conocidos como los fósiles del *esquisto de Burgess*. Estos fósiles muestran, junto con las partes más duras de los animales, impresiones de sus partes blandas que no pudieron descomponerse por la falta de oxígeno. Los fósiles están agrupados en un estrato rocoso de 2 metros de espesor, en el que se han encontrado más de 65 000 especímenes de animales diferentes, incluyendo trilobites, lirios de mar, gusanos, etc. Estos hallazgos indican que en el intervalo que va desde hace **1000 MA** hasta hace **550 MA**, nuestro planeta debió estar poblado por multitud de animales pluricelulares cuya competición por la supervivencia impulsó la evolución de una gran cantidad de organismos. Los complejos órganos internos observados en los fósiles del *esquisto de Burgess* no pudieron desarrollarse en unos pocos millones de años, por lo que la evolución de estos animales debió comenzar en una época más próxima a hace 1000 MA que al inicio del Cámbrico. Un ejemplo de los animales desarrollados durante las fases finales del Precámbrico y durante el cCámbrico son los trilobites.

Los **trilobites** fueron artrópodos marinos que presentaron una gran profusión durante el Precámbrico, siendo el animal dominante en los océanos durante al menos 170 MA[175,176]. Se han identificado hasta 17 000 especies diferentes, si bien esta enorme diversidad se redujo sustancialmente durante la gran extinción del *periodo Devónico* (419±3,2 MA). No obstante, algunas especies pervivieron hasta su extinción definitiva en la *Gran Mortandad* de hace **252 MA**. El registro fósil está atestado de trilobites, ya que eran animales muy habituales y su caparazón se fosilizaba con facilidad. Al comienzo del Cámbrico ya existían cuatro especies de trilobites, lo cual atestigua una larga evolución precámbrica anterior a hace 541 MA. Los trilobites dispusieron de órganos muy especializados, incluyendo un par de ojos compuestos. Se cree que fueron los primeros animales en desarrollar este tipo de ojos. Los ojos compuestos de los trilobites disponían de varios miles de lentes individuales formadas con cristales de calcita. En los trilobites se han encontrado modalidades muy diversas de ojos compuestos, desde los más simples que, situados en la porción anterior del caparazón, solo disponían de 70 unidades, hasta los más complejos que, situados en el extremo de una estructura peduncular, permitían que el trilobite observara el estado de su abdomen durante los desplazamientos por el fondo marino. Posiblemente disponían de múltiples sensores en antenas y apéndices, lo que sugiere la existencia de un sistema nervioso complejo, y capacitado para procesar información de diversa naturaleza. Ya nunca podremos estudiar el sistema nervioso y la mente de las numerosas especies extinguidas durante el Precámbrico. Así que nunca sabremos con certeza cómo fueron los primeros pasos de la mente proactiva en los organismos animales de nuestro planeta ni cómo se generaron los primeros sistemas nerviosos que emergieron durante el Precámbrico. No obstante, con los fulgurantes avances de la biología molecular, no podemos descartar que algún día los trilobites puedan ser devueltos a la vida, particularmente si aparecen muestras de estos animales que contengan su material genético.

El sistema nervioso solo existe en animales, y debió aparecer en los animales del Precámbrico. En este periodo, la competición por la supervivencia ya se había trasladado desde las células eucariotas individuales a los organismos pluricelulares, organismos para los que el sistema nervioso debió resultar sumamente útil. Algunas de las células eucariotas de los organismos pluricelulares debieron especializarse en el análisis de la información proveniente del medio, y en la organización de la conducta motora. Otras células crearon útiles como las aletas que permitían a los animales moverse con rapidez, o dientes para adquirir alimentos e iniciar su digestión, u ojos para identificar alimentos y evitar ser alimento de otros organismos o exoesqueletos protectores[216-220]. Con esta especialización celular debió aparecer el tejido nervioso, órgano dedicado al análisis de la información proveniente del medio externo e interno, y a la producción de respuestas motoras, hacia el medio exterior, y reguladoras, hacia el medio interior. Desgraciadamente, el cerebro es el órgano más «blando» y se destruye con facilidad tras el fallecimiento, por lo que los fósiles son de escasa utilidad para el estudio de su emergencia y evolución durante el Precámbrico. Es evidente que los animales del Cámbrico se movían, y es muy probable que el control del movimiento fuera la «causa» inicial para la aparición del sistema nervioso[221].

Para adaptarse al medio no basta con disponer de un gran caparazón y unos dientes prominentes, también es necesario generar conductas motoras rápidas y eficientes que permitan conseguir alimento y evitar ser el alimento de otros animales. Por ello, disponer de un sistema nervioso con estas capacidades debió ser una ventaja evolutiva de primer orden. El sistema nervioso fue, probablemente, más útil que el caparazón. El caparazón limita los efectos de los ataques de otros animales, pero también lastra los movimientos de caza y huida. Por tanto, la tensión evolutiva debió jugar en favor del desarrollo de la mente proactiva, más que en favor del desarrollo de grandes caparazones terminados en grandes dientes. Probablemente, los cerebros de los animales del Precámbrico ya disponían de una mente compleja, que les permitía analizar con cierta profundidad la información proveniente del entorno, y generar patrones motores complejos de caza y huida. Estos sistemas nerviosos primitivos también debieron facilitar la reproducción.

Como ya comentamos, la **reproducción sexual** fue un «invento» evolutivo de gran trascendencia, un «invento» que pasó de las células eucariotas a los organismos pluricelulares. Antes de aparecer la reproducción sexual, los nuevos seres aparecían por bipartición del progenitor, y la mejora genética solo ocurría como consecuencia de las mutaciones generadas por azar. Con la reproducción sexual, apareció la recombinación de los genes aportados por dos progenitores, generándose en cada ocasión un nuevo «prototipo» de individuo. Así, la reproducción sexual facilitó la agrupación de los genes más útiles provenientes de progenitores que se habían elegido mutuamente, con lo que los nuevos individuos heredarán la agrupación más conveniente de genes. Una de las utilidades del sistema nervioso primitivo debió ser la de seleccionar la estrategia más adecuada para procrear, y la de identificar a la pareja idónea.

La aparición del sistema nervioso debió promover la aparición de modificaciones de otras estructuras corporales. La evolución hace prevalecer los genes de los organismos que alcanzan la edad reproductiva y se aparean. Cuando el sistema nervioso era poco eficiente, lo más práctico para conseguir reproducirse debió ser dotarse de un exoesqueleto protector y de grandes dientes para la caza. Con estos atributos, los individuos disponían de más oportunidades de llegar a la edad reproductiva. Sin embargo, el exoesqueleto también dificultaba la producción de movimientos rápidos y de grandes desplazamientos por el medio marino, limitando la búsqueda de alimentos y de pareja reproductiva. La aparición del sistema nervioso debió primar la estrategia sobre la fuerza bruta. Las nuevas funciones aportadas por el desarrollo del sistema nervioso podían ser obstaculizadas por corazas, dientes y otras estructuras pesadas. El desarrollo del sistema nervioso debió promover la internalización del exoesqueleto y la formación de huesos mucho más ligeros y fáciles de mover, persistiendo el exoesqueleto solo para protección de órganos vulnerables como el cerebro.

La progresión del sistema nervioso en eumetazoos

Como hemos visto, el origen del sistema nervioso se pierde en la niebla de los acontecimientos que moldearon a los organismos pluricelulares durante la fase final del periodo **Precámbrico** ($\approx$2500-540 MA) y durante el **Cámbrico** (540-480 MA). El estudio de los primeros pasos evolutivos del sistema nervioso y de la mente proactiva animal no puede basarse en material fósil, ya que, como comentamos, el tejido nervioso se deteriora rápidamente tras la muerte y no tolera los procesos de fosilización. Por ello, los sistemas nerviosos más primitivos, y las mentes proactivas más simples, solo se pueden estudiar en los animales primitivos que han prevalecido hasta la actualidad. Se ha sugerido que las **primeras células nerviosas** aparecieron en un subgrupo de metazoos, los **eumetazoos**. Como comentamos, solo las células eucariotas presentan las características que permiten la intensa cooperación necesaria para formar auténticos tejidos y órganos. En estos seres pluricelulares, la información química y los nutrientes ya transitan con eficacia entre sus células, de manera que la actividad de una parte de las células puede ser suficiente para alimentarlas a todas. Esto hace que las células no directamente implicadas en la alimentación queden liberadas y puedan especializarse para realizar otras tareas.

Algunas de las células «liberadas» de la tarea alimentaria se especializaron en el control de la actividad motora. La interacción intensiva entre estas células permitió que la conducta global del animal resultara siempre coherente, impidiendo que una parte del cuerpo realizara patrones motores contrarios a los de la otra parte. A este comportamiento integrado y coherente, que permite que los animales se comporten como una unidad integrada, le hemos denominado *comportamiento monotélico* (palabra griega que significa una voluntad). Las conductas monotélicas resultarían muy útiles para la supervivencia, y debieron ser una de las causas principales para la aparición del sistema nervioso. Como veremos el monotelismo conductual existe en todas las especies incluida la nuestra, si bien se han descrito lesiones cerebrales capaces de bloquearlo parcialmente. Este es el caso, por ejemplo, de los sujetos con sección del cuerpo calloso y que, como comentaremos con posterioridad, pueden presentar conductas antagónicas en el hemicuerpo derecho y el hemicuerpo izquierdo. Por otro lado, sin monotelismo conductual no se podrían realizar patrones motores complejos como los orientados a la reproducción sexual. El monotelismo no es privativo de la mente proactiva animal, y ya lo hemos presentado para el caso de la mente proactiva vegetal. Es probable, incluso, que algunos seres unicelulares como los eucariontes dispongan de actividad monotélica.

La célula predecesora de las células nerviosas de los eumetazoos no ha sido aún bien identificada. Algunos autores sugieren que las neuronas aparecieron como consecuencia de una diferenciación de células musculares primitivas, mientras que otros proponen a las células secretorias como progenitoras de las neuronas. Muchos de los componentes funcionales esenciales de las neuronas ya habían sido desarrollados con mucha anterioridad, y probablemente ya existían cuando la vida estaba restringida a los seres unicelulares. Este es el caso de los **canales iónicos**, del **potencial de membrana**, y de diferentes **sustancias neuroactivas** que, con sus correspondientes receptores de membrana, ya eran utilizadas para la comunicación intercelular antes de la aparición del sistema nervioso. También es probable que muchos de los genes implicados en la diferenciación celular a neurona aparecieran con otros fines. Así, muchos de los genes que codifican proteínas sinápticas ya están presentes en las esponjas, circunstancia evidenciada tras la secuenciación del genoma de la esponja *amphimedon queenslandica*. No obstante, el primer sistema nervioso conocido ha sido identificado en un subgrupo de eumetazoos denominados *cnidarios*, un grupo compuesto por unas 11 000 especies (*celentéreos eumetazoos*). Dos especies de cnidarios son las **medusas**, animales de agua salada, y las **hidras**, animales de agua dulce. Estos animales multicelulares se encuentran entre los más antiguos del planeta, y pudieron aparecer hace **600 MA**.

Las medusas y las hidras son animales transparentes cuyo interior se puede observar directamente. No disponen de órganos internos salvo de un estómago, que es utilizado para absorber víctimas previamente inmovilizadas con veneno. Las medusas son depredadores marinos que utilizan venenos para inmovilizar y matar a sus víctimas antes de alimentarse de ellas. Entre medusas hay canibalismo. Las de mayor tamaño, o con un veneno más potente, cazan a las más pequeñas o menos venenosas. Las conductas caníbales solo aparecen durante graves carencias alimentarias, circunstancia en la que las medusas atacan e ingieren cualquier presa.

Las **medusas** no disponen de estructuras rígidas (corazas o huesos), así que la *defensa* está basada en el uso de venenos[222]. Disponen de multitud de venenos algunos de los cuales pueden ser mortales incluso para el hombre. La inyección de venenos desde los largos tentáculos que rodean a las medusas es disuasoria para la mayor parte de los depredadores. No obstante, algunos depredadores han desarrollado «contramedidas» que, como ocurre con las tortugas marinas y el pez payaso, les hacen insensibles a estos venenos. Además, algunas especies han adquirido habilidades especiales que limitan el riesgo de inyección tóxica, habilidades como las de la gaviota que aprenden a picotear a las medusas en regiones en las que estas no disponen de dardos venenosos. Nosotros nos encontramos entre los depredadores de medusas. Las utilizamos en gastronomía, a pesar de que el 98 % de su cuerpo es agua, y como fuente de colágeno para las cremas antiedad y otros cosméticos. También las utilizamos en investigación. La medusa *aequorea victoria* genera una proteína que emite fluorescencia de color verde, que le permite iluminar las profundidades marinas y asustar a posibles depredadores. El gen de esta proteína ha sido introducido en el genoma de ratones de laboratorio. Las células de este ratón emiten luz verde fluorescente, y su desplazamiento puede estudiarse cuando son inyectadas en ratones no fluorescentes.

Los cnidarios disponen de algunas capacidades que, para mamíferos como nosotros, resultan increíbles y envidiables. Por ejemplo, algunas medusas e hidras no están sometidas a las leyes del *envejecimiento* y son potencialmente eternas. Además, los daños físicos les afectan solo de forma transitoria. Si una hidra es seccionada por la mitad, cada una de las dos mitades puede recomponer el animal completo en menos de 30 horas. Estas increíbles habilidades se perdieron con la evolución, la cual siempre que ofrece algo nuevo es a expensas de alguna pérdida. La evolución ha ido desarrollando animales como nosotros que, aunque disponemos de mentes más complejas, somos más vulnerables y estamos sometidos al curso inexorable del envejecimiento. No obstante, hemos de esperar para ver si finalmente nuestra mente llega a desentrañar los mecanismos del envejecimiento y a detenerlos para siempre.

Las **hidras** disponen de un **sistema nervioso distribuido** por toda su superficie. Sus **neuronas** están situadas justo encima de las fibras musculares de la epidermis, formando una red que permite el contacto entre neuronas vecinas (red subepidérmica), y entre estas y las células musculoepiteliales[223-225]. La densidad de esta red es mayor en la base de los tentáculos, donde forman una especie de protoganglios. El cuerpo de las neuronas puede emitir una proyección (axón) o varias, siendo habitualmente de pequeño tamaño. Algunas neuronas están dispuestas en la superficie y al lado de las células de la dermis, realizando funciones sensitivas y manteniendo contacto con las neuronas de la red subepidérmica. Los axones de algunas neuronas sensitivas se agrupan formando bandas a modo de **protonervios**. En estos sistemas nerviosos primitivos predominan las **sinapsis** eléctricas, conexiones funcionales entre neuronas próximas que permiten la circulación directa de potenciales de acción entre ellas. No obstante, estos sistemas nerviosos también disponen de sinapsis químicas con neurotransmisores que son liberados por unas neuronas y detectados por receptores específicos de otras. Aunque muchos de los neurotransmisores químicos de los metazoos son neuropéptidos (pequeñas proteínas), también se han identificado neurotransmisores que como la acetil-colina, la serotonina, la dopamina o el glutamato, jugarán un papel esencial en la actividad de sistemas nerviosos más complejos.

Los cnidaria: un ejemplo de mente proactiva

Los cnidaria reúnen todos los criterios necesarios para atribuirle una mente. Disponen de un dispositivo de soporte con múltiples elementos interactuantes guiados por la propiedad reflexiva. Además, las interacciones de su dispositivo de soporte son sensibles a los acontecimientos del entorno (propiedad internalizadora), respondiendo a ellos (propiedad externalizadora) de forma unitaria (propiedad monotélica). La mente proactiva reúne las características de las otras mentes precedentes ya comentadas. Reúne las características de la:

1.- la **mente reactiva** cuya respuesta al entorno es continua y estable, pero no necesariamente adaptativa; 2.- la **mente PAI** cuya a.- promediación limita el efecto de la aleatoriedad de sus componentes moleculares y celulares, b.- auto-catálisis que hace que la actividad global del dispositivo de soporte condicione la actividad particular de sus componentes, y c.- inestabilidad previene que su dinámica quede cautiva por «mínimos locales» que bloquearían su evolución; 3.- la **mente refleja** que facilita respuestas rápidas y adaptativas a las condiciones cambiantes del entorno; y 4.- la **mente activa** que genera patrones motores complejos que van mucho más allá de las respuestas reflejas simples e individuales. A todas estas características, la **mente proactiva** añade la posibilidad de generar conductas complejas que se producirán en función del estado interno del animal, y no solo en función de los estímulos del entorno. A continuación, haremos algunos comentarios sobre las características de las mentes integradas en los cnidaria, y particularmente de aquellas que permiten atribuir mente proactiva a estos animales.

Para empezar, hemos de indicar que los cnidarios disponen de herramientas sofisticadas para informarse de lo que ocurre en el entorno, y para responder con conductas motoras eficientes. Los cnidarios pueden presentar tamaños muy diversos, ya que, mientras algunos tienen diámetros de centímetros, otros alcanzan un metro de diámetro y presentan tentáculos que pueden extenderse más de 10 metros. Las medusas disponen de **sensibilidad** a estímulos mecánicos y químicos, así como a la temperatura y a la luz. Disponen también de órganos especializados, incluyendo ojos con lentes biconvexas, estatocistos para identificar por gravedad la posición corporal y distintas modalidades de quimiorreceptores[226,227]. Muchas de las conductas complejas de los cnidarios están asociadas a estímulos visuales. Sus ojos están conectados a una red neuronal que utiliza la información visual para capturar alimento y para alcanzar una pareja sexual a la que inyectarle esperma.

Disponen de **neuronas motoras** natatorias que generan una contracción síncrona de todas las partes del «paragua» que cubre su cuerpo. Esta contracción monotélica es necesaria para conseguir desplazamientos natatorios eficientes. Además de la impulsión natatoria vertical producida por la contracción simultánea del «paraguas», las células de su base adherente (*disco pedal*) producen movimientos ameboides que generan desplazamientos horizontales. Algunas medusas, como la denominada *fragata* o *carabela portuguesa* (*physa-*

lia physalis), puede dejar su capucha fuera del agua e insuflarla para que se eleve sobre la superficie del mar, utilizando el efecto vela de su capucha para moverse muy rápidamente sobre la superficie del mar (metros por segundo). Durante estos desplazamientos rápidos, sus tentáculos se mueven libremente bajo la superficie marina capturando presas, ya que posee uno de los venenos más poderosos. Para aminorar la marcha basta con «desinflar la vela», y permitir que el lento movimiento de las corrientes marinas la desplace hacia otro lugar.

Las habilidades sensitivas y motoras comentadas son utilizadas para gestionar la mente proactiva de los cnidarios, una mente que comentaremos en relación con la búsqueda de alimento y oxígeno, y con la reproducción sexual. A pesar de no disponer de un sistema nervioso centralizado, los movimientos monotélicos de las medusas y las hidras están modulados por las condiciones internas de su organismo. Por ejemplo, pueden ser generados en respuesta a la necesidad de **alimento**[228-230]. Como depredador carnívoro, pueden ingerir cualquier organismo del tamaño adecuado, incluyendo pequeños crustáceos, huevos y larvas de invertebrados. La hidra y la medusa se aproximan a sus presas moviendo unos tentáculos tan finos que pasan desapercibidos. Ya en contacto con las presas, los dardos dispuestos en la superficie de estos tentáculos inyectan el veneno. A continuación, las presas son atraídas hacia el cuerpo del cnidario, siendo ingeridas e introducidas en la cavidad gastrovascular, donde se secretan enzimas que, actuando durante horas, descomponen la presa en sus elementos más básicos. Finalmente, estos componentes básicos son absorbidos por las células de la pared de la cavidad. Los patrones motores de depredación alimentaria no son meros reflejos automáticos, ya que solo se activan en situaciones carenciales. Cuando los recursos energéticos disminuyen, se genera una pequeña proteína de 3 aminoácidos, el glutatión, que activa los patrones predatorios. Si no hay carencia alimentaria las posibles víctimas pueden circular próximas a la hidra sin que esta presente actividad predatoria.

Como el resto de los animales, la medusa precisa de oxígeno para mantener su metabolismo interno (respiración), y dado que no dispone de pulmones o branquias, su respiración (entrada de O_2 y salida de CO_2) se realiza por simple difusión[231]. La presión parcial de oxígeno es mayor en el agua circundante que en el interior de la medusa, lo que hace que el oxígeno tienda a entrar en la medusa por difusión pasiva. Para que este trasiego pueda ocurrir, los cnidarios han evitado el desarrollo de caparazones u otros impedimentos que limiten el tránsito libre de gases por su superficie. El fenómeno contrario ocurre con el CO_2, cuya presión es mayor dentro que fuera de la medusa. Esto no significa que el proceso respiratorio este carente de movimientos. De hecho, la medusa dispone de sensores que el advierten de la presión parcial del oxígeno circundante, así que con sus movimientos se desplaza hacia zonas con concentraciones apropiadas de oxígeno.

Otra conducta proactiva de las medusas es la **conducta sexual**[232-234]. Durante el ciclo reproductivo, las medusas viajan hasta zonas costeras donde localizan a otras medusas, y tras intercambiar con ellas sus gametos masculino y femenino, producen un zigoto. El zigoto se transforma en una larva ciliada (plánula), que baja, se fija al suelo, comienza a crecer y a ramificarse, y se transforma en un pólipo. El pólipo crece y se divide transversalmente (estrobilación), generando estructuras en forma de disco (éfiras) que comienzan a moverse hasta separarse del pólipo y nadar por mar abierto. Con esta natación, las éfiras maduran y se transforman en nuevas medusas adultas que podrán comenzar nuevamente el ciclo reproductor. Por lo tanto, en la reproducción de las medusas hay dos componentes, uno sexual (intercambio de genes entre zigotos masculino y femenino de medusas adultas) y otro asexual (liberación de múltiples éfiras desde un solo pólipo). La reproducción asexual no precisa de movimientos particularmente complejos, solo de la vibración que genera la liberación de las éfiras. Sin embargo, la reproducción sexual sí precisa de un plan motor complejo con movimientos sincopados generados por el sistema nervioso, que permiten que la medusa se acerque a la costa, localice un compañero sexual y practique el acto reproductivo.

¿Presentan los cnidarios las conductas propias de la mente retrofleja que comentaremos en el próximo capítulo? Se ha sugerido que los cnidarios disponen de ciertas capacidades de **aprendizaje** y **memoria**[235-238]. Reducen su respuesta a los estímulos repetidos, lo que podría considerarse como aprendizaje por *habituación*. También podrían disponer de otras modalidades más complejas de aprendizaje, como el *condicionamiento operante*. Este tipo de aprendizaje se estudia presentando un estímulo neutro que no desencadena respuestas específicas, seguido de un estímulo incondicionado que siempre generan la misma respuesta (ej. un estímulo lesivo que siempre activa la huida). Si tras repetir la sucesión estímulo neutro → estímulo incondicionado el animal comienza a huir en presencia del estímulo neutro (ahora ya estímulo condicionado) podríamos afirmar que el animal ha aprendido por condicionamiento operante. En este caso, se trataría de un condicionamiento de evitación activa, huir para evitar un posible daño futuro. El estudio experimental de los cnidarios no es fácil, y las evidencias para apoyar que disponen de aprendizaje y memoria son limitadas. En mar abierto no se controlan bien las condiciones experimentales, y las medusas y otros cnidarios son difíciles de mantener en el laboratorio. Superadas estas dificultades, la relativa sencillez del sistema nervioso de los cnidarios podría facilitar el estudio del origen filogénico del aprendizaje y la memoria. No obstante, las neuronas de los cnidarios presentan una interacción muy limitada que, además, suele estar mediada por sinapsis eléctricas. Las sinapsis eléctricas son más rápidas, pero mucho más simples que las sinapsis químicas, y hoy se piensa que en la complejidad de la sinapsis química se esconden muchas de las bases biológicas del aprendizaje. Con pocas sinapsis químicas es probable que la capacidad de aprendizaje de los cnidaria sea muy limitada. Además, no disponen de estructuras centrales que faciliten la integración de la información proveniente de los distintos órganos sensoriales, lo cual también limita el posible ámbito de aprendizaje de los cnidarios. Mientras no se dispongan de evidencias sólidas de aprendizaje y memoria compleja en los cnidarios, estos animales seguirán clasificados como ejemplos de mente proactiva, y no como animales con la conducta retrofleja que estudiaremos en el próximo capítulo.

A pesar de todo ello, los cnidarios presentan conductas activas que dependen del estado del medio interno, y que van más allá de las simples conductas reflejas activadas por los estímulos del momento. Son capaces de planificar conductas predatorias y de buscar pareja sexual, lo cual ya nos permite incluir a los cnidarios en el grupo de animales con mente proactiva. El estudio sistemático de la mente proactiva de estos animales podría ofrecer datos sorprendentes sobre sus capacidades mentales. Además, nos mostraría los secretos que se esconden en sus impresionantes capacidades autorregenerativas y antienvejecimiento, misterios que podrían ayudar a resolver las cada vez más frecuentes enfermedades neurodegenerativas asociadas al envejecimiento.

Capítulo 14
De la mente proactiva a la mente retrofleja

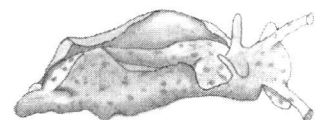

Este capítulo introduce una nueva mente, la mente retrofleja. Se trata de una mente que genera conductas no solo en función de los estímulos del momento (como hace la mente reactiva y la refleja), o de su estado interno (como lo hace la mente proactiva), sino también en función de acontecimientos pasados. Puesto que la conducta actual también refleja episodios pasados, a esta mente la denominamos *retrofleja*. Todas las mentes retroflejas disponen de la posibilidad de generar conductas en función de su estado interno, por lo cual estas mentes también son proactivas. Como veremos, las mentes retroflejas precisan de un sistema nervioso bien establecido, por lo que en la primera parte del capítulo comentaremos algunas características de los sistemas nerviosos de los primeros animales que presentaron conducta retrofleja. Luego utilizaremos dos ejemplos (la planaria y la aplysia) para comentar algunas de las características principales de la mente retrofleja.

Desarrollo del sistema nervioso como base para la aparición de las mentes retrofleja, contextualizada e interindividual

Todos los cnidaria son animales con simetría radial en su estructura. Esta simetría desaparece en el grupo **bilateria** (bilaterales), animales que solo presentan simetría lateral, y cuyo sistema nervioso es similar en el lado derecho e izquierdo, pero diferente en las zonas anteriores y posteriores[176]. Todos los animales por encima de los eumetazoos presentan simetría bilateral, con un extremo frontal, que habitualmente incluye la cabeza, un extremo posterior, a veces con una cola, y dos lados que son imágenes en espejo la una de la otra. Los bilaterales son un grupo muy diverso que incluye también algunos animales con aparente simetría radial, pero que, como ocurre con la estrella de mar, son en realidad auténticos bilateria.

El grupo de bilateria ha sido dividido en dos grandes subgrupos, los **protóstomos**, que abarcan desde los gusanos hasta el pulpo, y los **deuteróstomos**, en los que se incluye el *Homo sapiens*. La diferencia entre ambos grupos viene derivada de acontecimientos que se producen durante las fases iniciales del desarrollo embrionario. Ambos subgrupos comienzan su vida como un óvulo unicelular fecundado (zigoto) que luego se multiplica repetidamente para formar la **mórula**. Luego la mórula genera un hueco interior (blástula). En ambos grupos se produce luego una invaginación de la superficie de la blástula, formándose una apertura denominada *blastoporo*. La evolución de este blastoporo permite diferenciar a *protóstomos* y *deuteróstomos*. En los *protóstomos* el blastoporo genera todo el tubo digestivo, incluyendo la boca y el ano. En los deuteróstomos el ano se formará a partir del blastoporo, pero la boca se formará a partir de una invaginación diferente (*deutero* significa segundo y aquí hace referencia a la necesidad de generar una segunda invaginación).

El sistema nervioso de los protóstomos (ej. la langosta) recorre su cuerpo en una estructura doble que transita a lo largo del vientre. El sistema nervioso de los deuteróstomos (ej. los peces) lo hace en una estructura simple que recorre el dorso del animal. Dos características importantes para el sistema nervioso de ambos grupos de bilateria son la *cefalización* y la *segmentación*. Mediante la **cefalización**, los órganos sensoriales y las estructuras centrales del sistema nervioso tienden a situarse en la porción anterior del cuerpo. Algunos bilateria, como la lombriz de tierra, han perdido la cabeza, pero siguen conservando el cerebro. La **segmentación**, repetición de segmentos nerviosos similares a lo largo del cuerpo, parece haber sido una forma «económica» de transformar un sistema nervioso pequeño en otro más grande. El nuevo sistema nervioso también disponía de mayor complejidad funcional, lo cual se consiguió especializando cada segmento en una tarea diferente. Cuando los segmentos realizan la misma tarea se denominan *segmentos homónimos* (ej. en los gusanos), y cuando realizan tareas diferentes se denominan *segmentos heterónimos* (como ocurre en nuestra médula espinal).

Los protóstomos se dividen en dos grandes grupos, los **ecdisozoos**, con exoesqueleto, y los **lofotrozoos**, que han sido agrupados según las características de su RNA. Los **lofotrozoos** representan un grupo muy amplio de animales, que van desde la lombriz de tierra y la tenía solitaria hasta el pulpo común. Entre los lofotrozoos, las **planarias**, los gastrópodos (ej. aplysia), y los cefalópodos (ej. pulpo) presentan un especial interés por su contribución al estudio del desarrollo evolutivo del sistema nervioso. La planaria y la aplysia han sido ampliamente utilizados para estudiar los sistemas nerviosos más simples, siendo en la actualidad objeto de análisis pormenorizado en numerosos laboratorios neurocientíficos distribuidos por todo el planeta. Hemos seleccionado estos animales como ejemplo de la mente retrofleja, y de ellos hablaremos en este capítulo. Hemos seleccionado al pulpo como ejemplo de mente contextualizada. De él hablaremos en el próximo capítulo. Entre los **ecdisozoos** hemos seleccionado a la **hormiga**, como ejemplo de mente interindividual, y de ella hablaremos tras comentar la mente contextualizada del pulpo.

La planaria como ejemplo de mente retrofleja

La **planaria**, una de las 20 000 especies de gusanos planos (*lofotrozoos platelmintos*), ha sido utilizada ampliamente para el estudio de los mecanismos de aprendizaje en el laboratorio, así como para el estudio del sustrato químico de la memoria[239,240]. Este es el motivo por el que la seleccionamos aquí como primer ejemplo de mente retrofleja. Su origen filogénico es desconocido, ya que, al estar integrada solo por tejidos blandos y frágiles, no se dispone de restos fósiles. No obstante, la hipótesis más extendida es que surgieron a partir de larvas plánula de cnidarios hidrozoos. Las planarias son animales aplanados dorsoventralmente, y suelen medir de 2 a 4 cm. Su superficie ventral y dorsal es ciliada, y contiene un epitelio monoestratificado con células glandulares que secretan moco. Este moco facilita tanto su desplazamiento (son especies marinas que también pueden desplazarse por las costas) como la captura de los animales que quedan adheridos al contenido gelatinoso del moco. El sistema nervioso de la planaria está formado por dos ganglios supraesofágicos, el derecho y el izquierdo. Estos ganglios están unidos, en la porción anterior de la cabeza, por un tracto masivo del que irradian numerosas fibras paralelas que inervan distintos receptores. Son receptores táctiles, quimiorreceptores y estatocistos para la posición corporal. También se conecta con ojos que incluyen cientos de fotorreceptores. Los ganglios supraesofágicos (protocerebro) proyectan dos grandes tractos hacia la porción posterior del animal, uno por el lado derecho y otro por el izquierdo. Ambos tractos presentan dilataciones periódicas (ganglios) que contienen el cuerpo de numerosas neuronas. Los ganglios de cada lado están conectados con los del lado contralateral (comisuras) de forma segmentada. Cada ganglio emite fibras que proyectan hasta la superficie de la planaria.

Las planarias pueden ser carnívoras, que comen crustáceos pequeños, gusanos e insectos, o necrófagas. Pueden presentar reproducción sexual, principalmente en primavera e invierno, o asexual, en verano y otoño. Como los cnidarios, presentan una gran capacidad de regeneración. El 20 % de las células de su cuerpo son células madre totipotenciales, que se replican y pueden diferenciarse a distintos tipos celulares. Para la reproducción asexual, los adultos desprenden una parte de su cuerpo a partir de la cual se reconstruye el cuerpo completo, generándose así dos animales a partir de uno. La reproducción sexual se produce mediante una cópula doble entre dos individuos hermafroditas, resultando ambos inseminados. Estos animales no se autofecundan, ya que la cópula entre diferentes animales facilita la recombinación de genes y la evolución de la especie. Al igual que los cnidarios, no disponen de pulmones, por lo que el oxígeno de sus tejidos proviene de la simple difusión pasiva del oxígeno atmosférico a través de su cuerpo.

El interés experimental por la planaria surgió al observar que, cuando su cuerpo era seccionado en dos partes, una anterior y otra posterior, cada parte podía reconstruir el animal completo. Esta capacidad, junto con la habilidad de la planaria para adquirir nuevas conductas mediante condicionamiento operante[241-243], fue utilizada para estudiar el sustrato bioquímico del aprendizaje y la memoria. En los años 60 y 70, *McConnell* realizó en la Universidad de Michigan unos sorprendentes estudios sobre la transferencia química del aprendizaje[244]. Este psicólogo enseñó a planarias a realizar conductas de evitación, que eran gestionadas por su protocerebro. Cuando estas planarias eran seccionadas, la parte posterior del cuerpo, que no disponía del protocerebro que había aprendido la conducta de evitación, pudo reconstruir el cerebro anterior, ahora con un protocerebro nuevo. Al volver a las pruebas conductuales parecía que el nuevo protocerebro «recordaba» el aprendizaje del protocerebro desaparecido tras la sección del animal. Aquellos datos generaron una gran controversia que pronto se transformó en críticas y descalificaciones. Finalmente, el psicólogo realizó experimentos en los cuales troceaba a la planaria que había aprendido, y se la daba a comer a otras planarias[147,167,240,245]. La publicación de que las planarias carnívoras habían adquirido el aprendizaje de las planarias canibalizadas, incrementó la polémica. Algunos investigadores, los más creyentes, comenzaron a utilizar el modelo para intentar identificar los componentes químicos responsables de esta transferencia de aprendizaje, sugiriéndose distintas moléculas como vehículo para la transferencia química del aprendizaje.

Para la identificación del sustrato molecular del aprendizaje se enseñaba a la planaria a evitar descargas eléctricas, lo cual podían hacer, por ejemplo, evitando determinados lugares del acuario. Una vez esta conducta se había aprendido, se procedía a extraer algún componente de la planaria (proteínas, ARN...), a inyectarlo a otra planaria, y a evaluar si el receptor era capaz de moverse por el acuario evitando las zonas vinculadas a las descargas, a pesar de no haber sido entrenado directamente para ello (transferencia química del aprendizaje). Desgraciadamente, la mayor parte de los datos positivos publicados entonces estaban sometidos a distintos «artefactos» experimentales, y no pudieron ser confirmados con posterioridad. Por ello, hoy tenemos que seguir leyendo y estudiando para informarnos y aprender, y no existe ninguna «pócima» que se nos pueda administrar para, por ejemplo, aprender un idioma o para trasmitir la información contenida en este libro.

No obstante, esta historia no ha terminado. Recientemente se ha publicado que algunas planarias (*schmidtea mediterránea*) que fueron entrenadas durante 10 días para asociar una comida a un estímulo luminoso, podía recordar esta asociación durante semanas. Cuando estas planarias eran seccionadas, la parte posterior que no disponía del protocerebro necesario para establecer esta asociación, recomponía la parte anterior y reconstruía el cerebro que había quedado en la otra sección. Para sorpresa de los biólogos, la planaria con su nuevo cerebro recordaba la asociación entre luz y comida tras un breve entrenamiento de sólo 1 día (como para «refrescar» recuerdos). Así que es posible que los estudios iniciales de McConnell no estuvieran tan desencaminados[246-248].

Independientemente de cuál es el sustrato molecular del aprendizaje de la planaria[239,247], y de si la memoria puede transmitirse neuroquímicamente de unos animales a otros, lo que no se cuestiona es que las planarias aprenden y luego recuerdan lo aprendido. Este recuerdo cambia la conducta futura de las planarias, por lo que podemos atribuir mente retrofleja a estos animales. No obstante, la aplysia, que comentaremos a continuación, es un ejemplo más evidente de conducta retrofleja.

La aplysia como ejemplo de mente retrofleja

La **aplysia** es un *bilateria protóstomo heterobranquio gasterópodo* (ha perdido la concha) y *molusco* (cuerpo blando sostenido internamente por presión de agua). Este es, sin duda, uno de los invertebrados más estudiados por la neurociencia, especialmente en lo referido al aprendizaje y la memoria[249-253]. El estudio sistemático de la *aplysia californica* ha sido particularmente relevante, siendo decisivo en la concesión del Premio Nobel de Fisiología 2002 a *Eric R. Kandel*. La aplysia puede desarrollarse en el laboratorio a partir de huevos fertilizados, alcanzando la vida adulta en 19 semanas. Su sistema nervioso está compuesto por cuatro pares de ganglios situados en la cabeza e interconectados anularmente (Fig. 16.1). Estos ganglios inervan los tentáculos cefálicos, los ojos y la musculatura de la boca. Dos de estos ganglios proyectan hacia atrás mediante un tracto que inerva un ganglio abdominal, que finalmente proyecta a dos pequeños ganglios genitales. Cada ganglio es una colección de unas 2000 neuronas, que se acompañan de más de 2000 células gliales. El cuerpo de las neuronas está generalmente situado en las regiones más periféricas de los ganglios, enviando su axón (proyección de salida de la información procesada en el cuerpo neuronal) hacia el centro del ganglio, donde establece contactos sinápticos con otras neuronas.

El sistema nervioso de la aplysia permite una intensa interacción entre sus neuronas[254-259]. Las neuronas de los invertebrados son generalmente monopolares, con un cuerpo celular que emite un solo axón del que parten diversas ramificaciones cortas que se denominan *dendritas*, y que son habitualmente el lugar de entrada de la información a la neurona. Estas neuronas son diferentes de las neuronas multipolares de los vertebrados, en las que tanto el axón como las dendritas están en contacto directo con el cuerpo neuronal. La Aplysia dispone de un número reducido y estable de neuronas, cada una de las cuales se encuentra siempre en el mismo lugar del ganglio. Esto permitió la identificación de cada neurona individual en función de su posición, sus conexiones con otras neuronas, su actividad electrofisiológica, sus características neuroquímicas y las funciones fisiológicas que realiza. El estudio de animales con un sistema nervioso simple permite analizar, en detalle, los mecanismos neuronales que median en las distintas actividades del animal. El estudio del sistema nervioso de la Aplysia resultó ser un observatorio privilegiado, que permite evaluar la relación entre la mente y su sustrato neuronal.

A pesar de la simplicidad de su sistema nervioso, la Aplysia es capaz de integrar la información proveniente de fuentes diversas y de generar con ella respuestas adaptativas complejas que implican a todo el animal (conductas monotélicas). La conducta generada por la mente de la aplysia incluye: 1.- respuestas reflejas elementales por las que un estímulo específico genera siempre la misma respuesta no contextualizada; 2.- conductas estereotipadas con patrones motores complejos pero muy similares, y cuya activación puede depender del contexto; 3.- conductas aparentemente espontáneas que, como las interacciones sociales, precisan de una integración compleja de la información sensorial. Un ejemplo de **conducta refleja** es el reflejo osmorregulador, por el cual la modificación de la concentración de sal en el medio, genera la liberación de una hormona que facilita la recuperación del balance hidroelectrolítico. La actividad de esta hormona es similar a la de la hormona antidiurética humana. Otro ejemplo es el reflejo de retirada inducido por la estimulación táctil del sifón. Entre las **conductas estereotipadas** más complejas nos encontramos la expulsión de óvulos, o la eyección de tinta para ocultarse de potenciales depredadores[258-263]. Los **patrones motores complejos** de la aplysia son muy variados. Este es el caso de la conducta locomotora utilizada por la aplysia en sus desplazamientos largos. Esta conducta incluye una secuencia compleja de movimientos de antepulsión y retracción, con los que el animal puede recorrer hasta 80 metros en una hora. Para escapar de una amenaza, la aplysia hace una retracción corporal evitativa, que se sigue de una secuencia de antepulsiones/retracciones corporal de huida. La orientación e intensidad de la huida depende de la posición espacial y del nivel de la amenaza. Los patrones de alimentación incluyen conductas de aproximación que evitan los obstáculos interpuestos, ingestión y liberación del contacto con los alimentos para reemprender la marcha en otra dirección. La actividad sexual también implica patrones conductuales complejos. Estos animales son hermafroditas y pueden activar conductas copuladoras con varios animales a la vez. En ocasiones, las cópulas entre varias aplysias próximas generan un círculo completo en el que el último animal de la fila termina copulando con el primero.

Uno de los aspectos que más se han estudiado en las aplysias es la neurobiología del aprendizaje. El **aprendizaje** modifica la interacción entre las neuronas de las redes neuronales implicadas en tareas específicas, y estas modificaciones pueden persistir en el tiempo e influir en conductas futuras (conductas retroflejas)[253,257,259]. Kandel comenzó su vida profesional estudiando la implicación de la memoria en el psicoanálisis. Luego pasó a estudiar las propiedades electrofisiológicas de las neuronas del hipocampo, una estructura clave para la memoria en mamíferos. Finalmente optó por un planteamiento mucho más reduccionista, estudiando en la Aplysia las interacciones entre neuronas bien identificadas durante el proceso de aprendizaje. Pronto reconoció tres formas de aprendizaje, la **habituación**, la **sensibilización** (la respuesta a un estímulo se incrementa con la repetición) y el **condiciona-**

miento operante (que hemos comentado en las páginas anteriores). Todos ellos podían modular los múltiples patrones motores de la Aplysia, incluyendo sus respuestas defensivas.

El almacenamiento de cada tipo de aprendizaje en la memoria pasa por dos fases, una memoria transitoria de unos minutos de duración, y una memoria duradera que persiste varios días. La repetición del estímulo transforma la memoria transitoria a corto plazo en duradera a largo plazo. Kandel observó entonces que, aunque las neuronas de la Aplysia están interconectadas de una manera específica, la eficacia de esta interconexión mediante sinapsis química cambia con la experiencia. Identificó un conjunto de neurotransmisores implicados en estos cambios sinápticos, describiendo además algunos de los mecanismos moleculares que los determinan y que están en la base de la memoria a corto y largo plazo. Los mecanismos implicados en las respuestas retroflejas de la Aplysia actúan también en otros animales más complejos, incluyendo a los mamíferos.

Con estos y otros estudios se hizo patente que los bilateralia pueden aprender y recordar los aprendizajes. Mediante estos procesos, el aprendizaje y la memoria de lo ocurrido en el pasado influye de forma decisiva en la conducta actual. Las evidencias experimentales disponibles sitúan claramente a las aplysias entre animales con **conducta retrofleja**. Su conducta no depende solo de los estímulos del momento (actividad refleja), sino que está influida también por el estado interno del animal (acción proactiva) y por su experiencia previa (acción retrofleja). Una función que aparecerá con la evolución es la contextualización. Las conductas contextualizadas son aquellas generadas tras aunar todos los estímulos del momento y representarlos en un escenario único. Algunos datos sugieren que las Aplysias podían disponer de un nivel muy básico de contextualización. Sin embargo, las conductas que pudieran estar «contextualizadas» también podrían generarse por la simple acción proactiva- retrofleja y, con las evidencias disponibles no es posible atribuir «contextualización» a estos animales. La contextualización aparecerá con claridad en los animales que comentaremos en el próximo capítulo.

Capítulo 15
La mente contextualizada

La mente proactiva, que proyecta el futuro conductual y retrofleja, que usa la experiencia previa para hacer proyecciones futuras, adquiere un nuevo estatus cuando incorpora la contextualización. La **contextualización** sensorial y conductual supone un avance muy relevante, ya que permite integrar toda la información en un solo **escenario**, que luego se utiliza para planear y simular conductas futuras. Las técnicas disponibles en la actualidad no permiten observar directamente la dinámica de este escenario interior. Conocemos su existencia porque puede ser visitado por nuestra consciencia individual, pero su estudio será siempre parcial, ya que, como veremos en capítulos posteriores, la mayor parte de la información que se contextualiza en nuestro escenario es de naturaleza inconsciente. ¿Cómo podemos asegurarnos de la existencia de contextualización en animales? Intentaremos responder a esta pregunta con distintas evidencias experimentales, y usando como ejemplo un modelo basado en la conducta del pulpo. A continuación, se comentan algunas de las utilidades de la mente proactiva y retrofleja del pulpo y, a partir de estos comentarios, discutiremos las ventajas adicionales proporcionadas por su mente contextualizadora.

El cerebro del pulpo

Las diversas modalidades de Aplysia solo representan una pequeña parte de las más de 100 000 especies de moluscos, y no son, ni de lejos, los moluscos con una mente más desarrollada. Un ejemplo de mente más compleja nos lo ofrece el **pulpo** (*octopus vulgaris*), el cual dispone quizás del sistema nervioso más complejo de todos los invertebrados[264]. Los pulpos pertenecen al grupo de los octópodos (8 pies), un orden de moluscos cefalópodos que carecen de concha y que son omnívoros[176]. Los brazos de los pulpos disponen de numerosas ventosas que convergen en una boca situada en el cuerpo del animal, y que está provista de un pico córneo. En la cabeza se alojan los ojos, el cerebro y tres corazones. Dos de estos corazones están habilitados para mover la sangre de las branquias, mientras que el tercero distribuye la sangre por el resto del cuerpo. Tras la cabeza nos encontramos el manto, donde se ubican el resto de vísceras, incluyendo el *sifón* por el que se puede expulsar agua para impulsar al pulpo a gran velocidad, y el depósito de tinta que es expulsada para ocultar al pulpo durante la huida. Cada uno de sus 8 brazos dispone de un pequeño cerebro destinado principalmente al control de los movimientos. El cerebro de cada brazo está conectado con el cerebro principal, el cual está situado alrededor del esófago. Como veremos, el cerebro principal organiza la conducta global del pulpo, mientras que los cerebros locales organizan la conducta de su correspondiente brazo, y pueden seguir funcionando si son separados del cerebro principal. Los pulpos tienen alrededor de 500 000 000 de neuronas, un número similar al del perro, y seis veces superior al del cerebro del ratón. Cada brazo del pulpo posee alrededor de 40 millones de receptores químicos, siendo de por sí un gran órgano sensorial.

El cerebro principal, generado por la fusión filogénica de los ganglios anteriores, dispone de lóbulos que se corresponden con los ganglios cerebral, bucal, labial pleural y visceral de otros moluscos. A estos lóbulos hay que añadir nuevas estructuras como los ganglios visualóptico central, olfatorio y peduncular, así como los ganglios braquiales periféricos y el ganglio estrellado[265,266]. Cada lóbulo está dedicado a alguna función particular. El lóbulo vertical es la zona del aprendizaje y la memoria, y su organización presenta ciertas similitudes con el hipocampo humano, incluyendo muchos axones que traen información sensorial a pequeñas neuronas dedicadas a procesarla[267-272]. Este lóbulo dispone de 25 millones de neuronas, muchas de las cuales son de pequeño tamaño, están muy interconectadas, y presentan un fenómeno de potenciación a largo plazo similar al descrito en el hipocampo de los mamíferos. El pedúnculo hace funciones de planificación y control motor similares a las del cerebelo humano, y su estructura incluye células granulares, y delgadas fibras paralelas como las del cerebelo. Esta región usa la información visual y de la posición del cuerpo (gravedad) para controlar los movimientos. Hay una región destinada al procesamiento de la información visual que dispone de 150 millones de neuronas. Como veremos, el pulpo es un «animal visual». En total, el pulpo dispone de 40 lóbulos, cada uno de ellos con sustancia gris en la periferia (cuerpos neuronales), y sustancia blanca en el centro (axones mielinizados). Esta organización es similar a la de la corteza humana. Dos tercios de las neuronas (300 millones) se encuentran en los nervios de sus brazos, los cuales disponen de una autonomía funcional limitada. El funcionamiento de las neuronas de los moluscos es muy similar al de las neuronas humanas, practicando una integración analógica de la información que le llega a las dendritas y a el cuerpo neuronal, y emitiendo un potencial de acción que viaja por el axón (frecuentemente mielinizado) hasta la próxima neurona.

La conexión de la mente del pulpo con el ambiente

Los pulpos disponen de sistemas sensitivo/sensoriales complejos que les proveen de una información amplia y diversa de su entorno. Este es el caso de su **sistema visual**[273-277]. Los pulpos tienen una visión aguda, generada por un par de grandes ojos capaces de distinguir la polarización de la luz y que, en muchas especies, se acompaña de visión en color. El ojo del pulpo dispone de varias lentes que permiten un enfoque preciso de las imágenes sobre las células fotorreceptoras, evitando la aberración esférica que normalmente se produce en las regiones periféricas de las lentes. Este diseño de lente ha sido copiado por los constructores de cámaras fotográficas de alta gama. También disponen de información relativa a su **posición** en relación con el fondo marino, información obtenida gracias a un sistema parecido al sistema vestibular humano, y que incluye un estatocisto similar al utrículo/sáculo humano. La información de posición es normalmente utilizada para planear distintas estrategias motoras. Entre estas está el mantenimiento de los ojos orientados en sentido horizontal, independientemente a la posición del animal con respecto al fondo marino. Los estatocistos también son útiles para percibir el sonido, respondiendo a frecuencias sonoras entre 400 y 1000 Hz.

El **sentido del tacto** del pulpo es sensible y preciso[278-280]. Los tentáculos disponen además de sentido del **gusto**, ya que sus ventosas están equipadas con quimiorreceptores que les permiten degustar lo que están tocando. Aunque los tentáculos tienen sensores de tensión, la sensibilidad para determinar la posición relativa de los miembros y el cuerpo (propiocepción) es bastante pobre. Este animal puede procesar información táctil para determinar la textura de los objetos que manipula, pero no puede hacerse una imagen espacial de los mismos (estereognosia). Por ello, el control de la posición de cada uno de sus rejos, y de sus movimientos precisos, se realiza mediante supervisión visual más que por la sensibilidad propioceptiva. Por ello, si se le impide la visión, el pulpo suele inhibir todos sus movimientos. En el ser humano no ocurre esto, ya que la sensibilidad propioceptiva nos informa continuamente de la posición de los miembros, lo que nos permite ajustar los movimientos de nuestros miembros también cuando tenemos los ojos cerrados. Por tanto, estos cefalópodos disponen continuamente de una gran cantidad de información sensorial en relación con su entorno, y una parte muy sustancial de esta está suministrada por la vista. Desde esta perspectiva, podemos considerar al pulpo como un animal visual, algo que también se puede decir de nosotros, ya que más del 50 % de nuestra corteza cerebral procesa información procedente de los ojos.

La conducta proactiva del pulpo

El pulpo puede ejecutar una gran variedad de patrones motores y utilizar distintas estrategias durante su desplazamiento[281]. Para desplazamientos cortos y lentos suele reptar o nadar. Para los desplazamientos más prolongados o más rápidos, suele deslizarse sujetándose al fondo marino, o desplazarse mediante la propulsión a chorro generada por la expulsión de agua desde el sifón. Los pulpos presentan una gran elasticidad que les permite deslizarse a través de aberturas de solo 20-30 mm. Sus brazos disponen de una gran variedad de acciones reflejas, que persisten cuando el sistema nervioso local del brazo está separado del cerebro central. Cada uno de sus brazos dispone de neuronas propias, que están principalmente dedicadas a planear y ejecutar los movimientos del brazo en cuestión. Este «cerebro local» recibe órdenes de alto nivel desde el «cerebro central», pero los procedimientos ejecutivos serán generados principalmente por las neuronas del «cerebro local». El cerebro central emite las órdenes sobre el movimiento a realizar y las características generales del mismo, pero la planificación y la ejecución de cada movimiento de cada brazo están bajo el control directo del «cerebro local».

Por tanto, el pulpo dispone de las herramientas sensitivas y motoras, y de las redes neuronales necesarias para realizar multitud de conductas asociadas a la actividad de la **mente proactiva** y de la **mente retrofleja**[282-288]. Lo radicalmente nuevo que queremos comentar a continuación es la capacidad para agrupar la información de todos los sentidos en un escenario sensitivo-motor único. Esta es la actividad que caracteriza a la **mente contextualizada**, y el pulpo es un buen ejemplo para comentar esta actividad mental.

La conducta contextualizada del pulpo

Quizás la prueba más evidente de la actividad contextualizadora del pulpo es su capacidad de mimesis con el entorno. Para mimetizarse con el entorno hay que partir de un análisis preciso y profundo de sus características estimulares. Se ha de crear una imagen realista del mundo que nos rodea, de forma que podamos ubicarnos en él de tal manera que nuestra presencia pase desapercibida. El pulpo es un maestro excepcional para la mimesis. Como veremos a continuación, el pulpo se mimetiza con todo lo que lo rodea, con los objetos inanimados, con las plantas y con los animales que recorren su escenario mental. El pulpo puede **modificar su aspecto exterior** para no ser identificado por posibles predadores. Una forma de mimesis es cambiar el color de la piel de forma que sea muy parecida a la del fondo marino. Los cambios de color los realiza contrayendo músculos que modifican la actividad de sus **cromatóforos**, células epiteliales con tres sacos de color, y que recubren por decenas de millares su piel[289-293]. El sistema nervioso dispone de un control independiente para cada cromatóforo, lo que le permite generar, en escasos segundos, diseños de colores muy diversos. Dispone también de **iridóforos**, células de la piel que reflejan la luz proveniente del medio, y ayudan a mimetizarse con él. Actuando sobre sus papilas dérmicas, el pulpo también puede cambiar la textura de su piel, para asemejarla a la textura de los objetos presentes en el fondo marino. Puede así adquirir, por ejemplo, la textura de la arena o del coral. El pulpo también puede modificar su apariencia para no parecer un pulpo, o para parecerse a alguno de los animales peligrosos del entorno. Además, puede generar conductas que simulan el movimiento de otros seres marinos. Por ejemplo, el pulpo *adopus aculeatus* puede escapar caminando sobre dos de sus miembros, haciendo movimientos que se confunden con los de las algas del fondo marino.

Cuando todas estas estrategias fallan, la alternativa será la distracción o la huida. A veces los pulpos hacen maniobras de distracción verdaderamente radicales. Pueden autoamputarse un miembro como maniobra de distracción. El miembro amputado seguirá moviéndose y atraerá la atención del depredador el tiempo suficiente como para que él pueda escapar. Para la huida dispone de diversos patrones motores. El más conocido es la emisión de chorros de tinta para que lo oculte mientras se aleja buscando un lugar apropiado para cobijarse. Las conductas evasivas son proporcionadas a la gravedad de la amenaza, y seguirán una secuencia «razonable». El pulpo no se amputará un miembro ante cualquier amenaza. La amenaza tiene que ser de tal envergadura que pueda poner en peligro la integridad de todo el animal. En ocasiones, algunos pulpos pueden acudir a soluciones extremas como salir fuera del agua durante cortos períodos de tiempo. En tierra firme el pulpo es muy vulnerable, con lo cual esta es una estrategia peligrosa. Durante sus excursiones terrestres los pulpos pueden moverse entre charcas y, en ocasiones, utilizar sus «paseos» para cazar crustáceos.

Aprendizaje vicario: la mente retrofleja en un entorno contextualizado

¿Como adquieren los pulpos tal variedad de estrategias conductuales? Para empezar, no parece probable que las aprendan de sus progenitores, ya que los pulpos jóvenes prácticamente no tienen contacto con ellos. Estas sorprendentes conductas podrían ser el resultado de la confluencia de una inteligencia excepcional y una gran capacidad de aprendizaje, actuando ambos en el seno de una mente retrofleja y contextualizadora. Los pulpos pueden aprender por condicionamiento clásico, condicionamiento operante o por imitación[294,295]. Algunos pulpos, como el pulpo imitador, mueven sus brazos para remedar la forma y los movimientos de otras criaturas marinas. Los pulpos observan la conducta de otros congéneres en situaciones específicas. Luego, y dependiendo de las consecuencias que esas conductas tuvieran para los animales observados, los pulpos aprenden y repiten las conductas exitosas o evitan aquellas con consecuencias desastrosas. El aprendizaje por imitación implica la existencia de un escenario mental en el que el pulpo observador sitúe al sujeto observado. En este escenario se analiza el problema del sujeto observado, se identifica su estrategia conductual y, a continuación, se atribuye «valor» a esta estrategia en función de su éxito o fracaso. Finalmente, el pulpo observador tendría que generalizar toda la información de tal manera que pudiera utilizarla en otras situaciones similares.

El pulpo también puede aprender de la conducta de otras especies animales. En este caso, deberá extrapolar la conducta del animal observado a la condición propia del pulpo. Puede tratarse de conductas que son posibles para otros animales, pero no para el pulpo. Cazar como un tiburón sería, para el pulpo, una estrategia errónea, por mucho que al tiburón le pueda resultar muy útil.

El aprendizaje por imitación es el aprendizaje más complejo y evolucionado, y está disponible para pocos animales. Precisa contextualización. Se necesita crear un escenario interior en el que se sitúe a otro animal, y en el que se pueda identificar su problema y evaluar la efectividad de la respuesta del animal al problema presente. Por tanto, la conducta de imitación del pulpo nos muestra una mente retrofleja que dispone de una capacidad contextualizadora muy poderosa, una capacidad que le permite aprender con la experiencia ajena.

La ventaja de la mente contextualizadora

La contextualización espacio-temporal ofrece grandes ventajas adaptativas. Con un ejemplo humano, si estoy en el supermercado delante de una manzana y tengo hambre, la respuesta de la mente proactiva sería comerse la manzana.

La mente retrofleja podría poner ciertas dudas sobre la conveniencia de hacer esta conducta, ya que no todas las manzanas que he comido han generado consecuencias positivas. La mente contextualizada dispone de muchos más indicios para facilitar la selección de la conducta más adecuada. Estoy en un supermercado, con todo lo que eso implica. He venido de casa a este supermercado para hacer la compra, y pretendo volver a casa con manzanas y otros alimentos. Los supermercados tienen una forma de funcionamiento por el que comer aquí puede generar consecuencias desagradables. Con todos estos indicios, solemos optar por mover la manzana hasta la bolsa de la compra, en lugar de comérnosla directamente. Algo así parece que es capaz de hacer el pulpo en los «supermercados del fondo marino», donde analiza el costo-beneficio que puede tener cada una de sus actividades, y no las ejecuta a menos que los beneficios posibles recomienden asumir los riesgos potenciales.

El pulpo *amphioctopus marginatus* hace planes no solo para evitar depredadores presentes, sino también para prevenir la posible acción de futuros depredadores con los que quizás ya sufrió alguna experiencia desagradable. Estos pulpos pueden buscar cocos partidos por la mitad en el fondo marino[296,297]. Una vez localizados, los cocos serán acarreados continuamente en previsión de la posible aparición de depredadores. Si estos aparecen el *amphioctopus marginatus* se introducirá en una mitad del coco, poniendo luego la otra mitad encima, de tal manera que los depredadores vean un coco y no un pulpo.

Los pulpos pueden tolerar la cautividad, pero solo si disponen de suficiente entretenimiento. Los biólogos de los acuarios con cefalópodos, generalmente entretienen a estos animales con juguetes o puzles. Por ejemplo, los biólogos de la Academia de Ciencias de California ofrecen a los pulpos comida que ha sido encerrada dentro de un frasco con tapa. Para acceder al alimento, el pulpo ha de deducir cómo desenroscar la tapa. En los acuarios es habitual que los pulpos aprendan a distinguir a sus cuidadores, incluso cuando todos tienen el mismo uniforme. El «trato» con cada uno de ellos dependerá de lo amigable que estos se hayan mostrado con anterioridad.

La mente de los pulpos es la más compleja dentro del grupo de lofotrocozoos. ¿Por qué estos animales desarrollaron una mente mucho más compleja que la de otros lofotrocozoos, como las planarias, o que la de otros eumetazoos, como las medusas, con los que comparte nicho marino? Se ha argumentado que la presión de la selección sobre los pulpos ha sido muy superior a la ejercida sobre estos otros animales. No cabe duda que la selección modifica los cerebros, y que estos son el sustrato material sobre el que se cimenta la mente de los animales. Es probable que una competencia intensiva con sus congéneres haya favorecido el desarrollo de la inteligencia y el cerebro del pulpo. Sin embargo, también es probable que esta competencia obstaculice la colaboración entre pulpos, una colaboración necesaria para competir con otras especies dotadas de una respuesta grupal adaptativa. El pulpo realiza contactos muy escasos con otros miembros de su especie, incluidos progenitores y descendientes, y no parece haber desarrollado la mente social necesaria para establecer acuerdos adaptativos interindividuales. Esta falta de colaboración podemos encontrarla incluso en su conducta reproductiva. Es habitual que la hembra al finalizar la cópula se coma al macho, por lo que en algunas especies el macho «salta sobre la hembra, copula manteniéndose lejos de su boca, y sale pitando nada más acabar».

Este tipo de mente individual no permite el desarrollo de **mentes interindividuales** que, como veremos a continuación, también pueden llegar a ser muy adaptativas. Los pulpos son un buen modelo para estudiar la relación mente-cerebro en el caso de la mente individual. El estudio de la mente interindividual se hace mejor en otros animales mucho más grupales como las hormigas. En cualquier caso, nadie duda de las extraordinarias capacidades de la mente de los pulpos, una mente que en algunos países ha recibido incluso reconocimiento «legal». Este es el caso del Reino Unido, donde los pulpos han sido incluidos en las listas de animales de experimentación a los que no se pueden practicar procesos quirúrgicos sin el uso del anestésico apropiado, una consideración que no siempre se aplica a otros invertebrados.

Capítulo 16
La mente interindividual

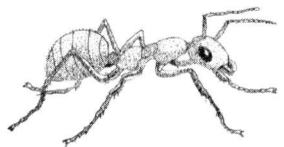

El soporte de la **mente interindividual** no es el individuo sino el grupo al que pertenece. La mente de los individuos que componen el grupo suele ser poco eficiente. Sin embargo, la mente del grupo, generada por la interacción de estos individuos, puede llegar a ser muy adaptativa, y de ella se benefician todos. Los integrantes del grupo dedican la mayor parte de su tiempo y recursos a interaccionar con otros miembros del grupo, y será el grupo quien se adapte y facilite la supervivencia de sus integrantes. Mediante una interacción social intensiva, la colectividad desarrolla funciones emergentes complejas que resultan sorprendentemente adaptativas. El ejemplo de mente interindividual que comentaremos aquí es el de las hormigas. A continuación, nos extenderemos en la descripción de la conducta social de estos animales. La razón principal para ello es que la naturaleza de esta mente no puede intuirse a menos que comprendamos la limitación de las mentes de los individuos que la componen, y la increíble capacidad de los grupos integrados por estos individuos. Las hormigas son un ejemplo excelente de como funciones mentales muy complejas pueden emerger a partir de la interacción de mentes simples. Algo parecido ocurre en nuestros cerebros, en los cuales la interacción masiva de multitud de elementos simples que solo atienden a sus condiciones locales (las neuronas) puede generar aspectos tan complejos como el lenguaje humano. En nuestro caso, los elementos interactuantes están todos integrados en un tejido (sistema nervioso) de sujetos individuales. Por tanto, se trata de un dispositivo de soporte mental individual. En el caso de las hormigas el dispositivo de soporte no es individual, está extendido por el grupo.

Historia de las hormigas

La **hormiga** (animal, artrópodo, insecto, neóptero, holometábolo, e himenóptero) es un ejemplo característico de mente interindividual. Los insectos, y con ellos las hormigas, surgen como una rama aislada de los artrópodos invertebrados con apéndices articulados[105,176]. Muchos insectos pasan la primera parte de su vida en el agua, lo que sugiere que podrían derivar de los artrópodos crustáceos que hicieron la transición inicial del agua salada al agua dulce, y de esta a la tierra. En esta transición aparecen los artrópodos de seis apéndices (hexápodos), de los cuales derivarán los insectos y luego las hormigas. Hace **400 MA** aparecen los artrópodos en la tierra, **10 MA** antes de que las plantas se adueñaran de ella. Los registros fósiles sugieren que los primeros insectos sin alas evolucionaron a partir de estos artrópodos. Hace unos **320 MA** aparecen los primeros insectos alados, los cuales tenían similitudes con las cucarachas y los saltamontes actuales, los primeros neópteros. Aunque hace **248 MA** se produjo una extinción masiva de insectos primitivos, los insectos supervivientes quedaron libres de competencia y se expandieron rápidamente por la tierra. Este fue el caso de las moscas de mayo, los escarabajos, las cucarachas, y las primeras avispas. Hace más de **150 MA**, las protohormigas iniciaron su evolución a partir de los *véspidos*, también denominadas *hormigas avíspidas* por su clara semejanza con las avispas. Las protohormigas, de hace **80-100 MA**, eran pequeñas y delgadas, y no se parecían a otros insectos del momento. Sin embargo, ya disponían de algunas de las características de las hormigas modernas, incluyendo la carencia de alas, el segmento abdominal y las glándulas metapleurales. Muchas de las especies primitivas de hormigas se extinguieron, aunque su cuerpo fosilizado fue conservado en resinas de secuoyas y otros árboles, como inclusiones en ámbar. La hormiga europea más antigua, la *gerontoformica cretácica* se encontró en fósiles de hace **100 MA**.

Hace **90 MA** aparecieron las plantas con flores (angiospermas), las cuales comenzaron a desplazar a las plantas sin flores (gimnospermas) que habían colonizado la tierra previamente. Hace **66 MA** se produjo una nueva extinción que hizo desaparecer muchos grupos animales pero que afectó poco a los insectos. En ese momento, los insectos se diversificaron para adaptarse a los nichos ecológicos que habían quedado libres, apareciendo los escarabajos, las polillas, las mariposas, las moscas, las avispas, las abejas y las hormigas. Todos estos animales, y particularmente los himenópteros (avispas, abejas y hormigas), progresaron ayudados por su simbiosis con las plantas angiospermas, evolucionando conjuntamente con sus flores. Desde entonces ambos mantienen una gran simbiosis que redunda en múltiples beneficios mutuos. En los últimos **60 MA**, las hormigas se han expandido por todo el planeta, diferenciándose en 12 000 especies que han ocupado una gran variedad de nichos ecológicos. Pueden explotar una amplia diversidad de recursos alimenticios, comportándose como herbívoros, depredadores, omnívoros o carroñeros.

La historia de las hormigas muestra el éxito espectacular de este insecto[298,299]. El éxito adaptativo de una especie puede medirse por su biomasa, que es el porcentaje de masa de seres vivos que corresponde a la especie en cuestión. Las hormigas representan el 15-20 % de la biomasa animal del planeta (25 % en algunos medios), superando incluso a la biomasa de los vertebrados. El tamaño de las hormigas es de 0,75-5o milímetros, y su sistema nervioso no dispone de más de 250 000 neuronas. ¿A qué se debe el espectacular éxito de unos animales tan pequeños y simples? Como veremos, el éxito de las hormigas no está relacionado con la fuerza y complexión de su cuerpo, ni con la complejidad de su sistema nervioso, o con su inteligencia individual. Se trata de un éxito colectivo, el éxito de la mente interindividual.

Anatomía de las hormigas: importancia para el desarrollo de su mente interindividual

¿Cuáles son las características más relevantes de la estructura corporal de la hormiga en relación con su desarrollo mental? La hormiga tiene un exoesqueleto protector al que se sujetan los músculos. No tiene pulmones, y el oxígeno que entra en su cuerpo lo hace a través de pequeñas válvulas del exoesqueleto. Tampoco dispone de vasos sanguíneos, aunque sí tiene un tubo en la parte superior del cuerpo que funciona a modo de corazón, bombeando hemolinfa hacia la cabeza. La cabeza de la hormiga contiene muchos órganos sensoriales, incluyendo ojos compuestos que no producen imágenes de alta resolución, pero que son sensibles para la detección del movimiento. No es un animal visual, como el pulpo comentado en el capítulo anterior, y algunas especies subterráneas son ciegas. Disponen también de tres ocelos (ojos simples), que situados en la parte superior de la cabeza detectan la intensidad y la polarización de la luz solar. En sus dos antenas tienen sensores de humedad, sensores táctiles, y sensores químicos para la detección de sustancias volátiles del entorno inmediato. Los sensores químicos y táctiles son particularmente importantes para la comunicación y la interacción entre hormigas[299].

El sistema nervioso de la hormiga contiene 250 000 neuronas. Dispone de un cerebro, situado en la cabeza, y un cordón nervioso ventral, que recorre su cuerpo generando un conjunto sucesivo de ganglios (ganglio toráxico, abdominal, subesofágico...). Se trata de un número de neuronas relativamente pequeño, particularmente si se compara con el de otros animales como el pulpo, con 250 millones de neuronas. La hormiga no necesita más neuronas, no realiza tareas individuales complejas. Le basta con contribuir a la búsqueda de estrategias grupales adaptativas mediante interacciones sociales simples. Si consideramos que el dispositivo de soporte de la mente interindividual de la hormiga es el grupo, el cálculo del número de neuronas implicadas sería distinto. Hay colonias de hormigas con 10 millones de individuos, y si cada una de ellas dispone de 250 000 neuronas, el número de neuronas que interactúan en esta mente interindividual sería de $2,5 \times 10^{12}$ neuronas, 10 000 veces más neuronas que las del cerebro del pulpo. Por tanto, estos animales no disponen ni de un sistema nervioso complejo, ni de una estructura corporal poderosa que facilite la alimentación predatoria, o la defensa de la acción predatoria de otros animales. La superioridad adaptativa de la hormiga no se sustenta en su conducta individual, sino en la conducta organizada y sincronizada de los cientos de miles de individuos con los que cada hormiga comparte tareas durante todos los días de su vida.

La interacción de las hormigas en el grupo: el ejemplo de las atínidas

¿Qué es capaz de hacer la comunidad de hormigas para adaptarse a su medio? y ¿en qué medida las hormigas individuales contribuyen a esta adaptación? Las hormigas nacen, crecen, viven y mueren siempre rodeadas por otras hormigas, e interaccionando entre ellas. Cuando observamos un hormiguero, el primer detalle que llama la atención es que cada individuo parece tener una tarea asignada en la que se afana continuamente, y ello a pesar de que el grupo no parece disponer de jefes, directores o de algún tipo de autoridad supervisora. También sorprende la aparente ineptitud de cada hormiga para realizar tareas simples. De hecho, solo una de cada ocho o diez acciones emprendidas por una hormiga alcanza su objetivo. La capacidad atencional de estos insectos es muy limitada, y su memoria no supera los 10 segundos. Sin embargo, aunque las hormigas no son muy inteligentes, los hormigueros sí lo son, lo que explica el tremendo éxito adaptativo de estos animales.

¿Cómo puede tener el grupo un comportamiento mucho más inteligente que el de sus componentes? Para responder a esta pregunta haremos una breve descripción de un grupo de hormigas, las **atínidas cortadoras de hojas**. La tribu *Attini* está constituido por 13 géneros que integran a 220 especies que viven en México, América Central y América del Sur. Uno de los subgrupos de esta tribu son las hormigas atínidas, entre las que encontramos a las atínidas inferiores y a las superiores.

La reproducción grupal

La colonia de atínidas que habita en cada nido dispone de millones de obreras estériles de diferentes tamaños, de algunos machos cuya corta vida está dedicada exclusivamente a la producción de esperma, y de una sola reina[300]. Cada año las colonias generan hembras y machos reproductores que tienen alas con las que pueden volar lejos de la colonia materna. Durante este vuelo, los machos reproductores inseminan a las hembras reproductoras. Cada hembra es inseminada por 2-8 machos, algunos de los cuales pueden provenir de colonias vecinas. Esta poliandria favorece la diversidad genética, con lo que las obreras resultantes serán más activas y más resistentes a las infecciones[301,302]. Aunque los machos reproductores mueren pronto tras la cópula, las hembras fertilizadas pueden conservar su esperma durante largos periodos de tiempo. Menos de un 1 % de las hembras fertilizadas consiguen crear un nuevo nido, el resto morirá intentándolo o compitiendo con otras hembras fertilizadas. La reina que haya conseguido establecer un nuevo nido dispondrá, durante años, de una «espermateca» con 200-300 millones de los espermatozoides adquiridos durante la cópula nupcial. Estos espermatozoides serán utilizados a lo largo de la vida de la reina, y producirán entre 150 y 200 millones de nuevas hembras. Así, los machos que nacen de huevos haploides no fecundados y mueren tras el vuelo nupcial, pueden seguir procreándose muchos años después de su muerte. Aunque esto solo ocurrirá si sus espermatozoides han participado en la creación de la espermateca de una de las pocas hembras que consiguen crear un nuevo nido[303,304].

Como veremos a continuación, las hormigas atínidas se alimentan de hongos que fueron introducidos en los nidos de las nuevas colonias por la reina fundadora, y que luego serán primorosamente cultivados en esterilidad por las obreras. Para ello, antes de emprender el vuelo nupcial, cada reina recoge una pequeña cantidad de micelios del hongo simbionte, lo guarda en una cavidad situada en su esófago, y tras su inseminación, se desprende de sus alas, excava una cámara en el suelo a 30 cm de profundidad, escupe los micelios y comienza el cultivo de los hongos. Si el cultivo de hongos no progresa adecuadamente, la colonia fracasa, y la reina y los huevos que haya podido poner hasta ese momento se extinguen. Por tanto, para que una hembra se convierta en reina de un nuevo nido deberá: 1.- ser fecundada, 2.- trasportar el hongo simbionte en condiciones estériles, 3.- encontrar el terreno adecuado y excavar la cámara subterránea desde la que luego se creará el nido, 4.- cultivar en esta cámara los hongos simbiontes de forma exitosa (el cultivo inicial lo realiza la hembra personalmente). Solo un pequeño porcentaje de las hembras que se incorporaron al vuelo nupcial consiguen superar todos los obstáculos, el resto perecen sin conseguir su objetivo.

Cuando se superan todos los obstáculos, la nueva reina comienza a poner sus primeros huevos y, si el cultivo de hongos progresa en condiciones de esterilidad, las primeras obreras nacidas de estos huevos sustituyen a la reina en el cultivo de los hongos. A partir de ese momento, la reina se dedica de forma exclusiva a la procreación, con lo que el número de nuevos nacimientos aumenta. Una semana después, las obreras abren el nido y salen a forrajear, recogiendo hojas frescas que mezclan con sus propias heces y que colocan como sustrato para el cultivo de los hongos. Estos hongos son el principal alimento de la colonia, aunque algunas obreras también obtienen energía de la sabia de las plantas que cortan. A partir de este momento, y con la reina concentrada en la puesta de huevos, las obreras diferencian su estructura corporal hacia algún tipo de casta, y comienzan a ejecutar funciones esenciales para la supervivencia de la colonia, incluyendo el forrajeo, el cultivo de hongos, la atención a las crías, la ampliación del nido y la defensa de la colonia.

El primer reto que deberá afrontar la nueva colonia será el de alimentar, con hongos cultivados en el propio nido, a millones de hormigas. La alimentación de estas ciudades populosas se hizo posible gracias a que las hormigas atínidas «descubrieron» la agricultura. El desarrollo de la mente humana actual está asociado a la aparición de la agricultura hace unos 10 000 años. De igual manera, la mente de las hormigas atínidas del nuevo mundo se desarrolló gracias a su habilidad para la agricultura. **60 MA** antes de la aparición de la agricultura humana, las hormigas iniciaron una transformación que les permitió dejar atrás su vida como cazadores-recolectores, para convertirse en agricultores. Todas las atínidas son cultivadoras de hongos, generalmente hongos de la familia de los *basidiomicetos lepiotaceae*. Las atínidas inferiores cultivan sus hongos sobre un sustrato de desechos obtenidos del entorno, habitualmente semillas y heces de insectos. Estos desechos suelen contener microorganismos que alteran o destruyen el cultivo del hongo, con lo que las hormigas pierden su principal alimento y los nidos de las atínidas inferiores raramente superan los 1000 individuos. Las atínidas superiores son mucho más selectivas con el hongo que cultivan y con el sustrato en el que se produce este cultivo.

Las atínidas superiores se especializaron en el cultivo de un grupo monofilético de hongos derivado de las *laucocoprineae*, cultivándolos sobre hojas frescas cortadas exprofeso en los minutos anteriores. Este modo de cultivo minimiza la aparición de infecciones oportunistas en los cultivos de hongos, infecciones que tendrían consecuencias devastadoras para la colonia. El refinamiento en el cultivo del hongo simbionte permite la alimentación de los millones de hormigas que pueblan cada nido de atínidas. Estos nidos tienen una vida promedio de 10-15 años, una proeza extraordinaria que se alcanza gracias a la cuidada intendencia con la que se cultivan los hongos, a los cuales se aporta 1-2 kg de hojas frescas cada día. La imperiosa necesidad de mantener el cultivo de hongos en condiciones de esterilidad hace que su cuidado y limpieza sean requisitos imprescindibles para el éxito de los nidos de las atínidas superiores. Tal proeza organizativa precisa de la actividad diaria de cientos de miles de hormigas, actividad que, como veremos, ha de estar estructurada hasta en los más pequeños detalles, y que solo puede ser ejecutada por individuos altamente especializados. Los grupos de individuos especializados en una tarea se denominan *castas*.

Especialización social de tareas: las castas

Las hormigas del nido se diferencian en distintas castas con tareas específicas[305]. ¿De cuantas castas dispone cada colonia? y ¿cómo se desarrolla el sistema de castas?[306] Los comentarios que siguen están referidos a la *atta cephalotes* y a la *atta sexdens*, atínidas superiores que viven en colonias con 5-8 millones de individuos. En los momentos iniciales de la creación de una colonia todas las hormigas son muy similares. Con el desarrollo de la colonia, los tamaños y las funciones de las obreras se modifican sustancialmente. Las obreras se diferencian tanto que, mientras unas reducen el tamaño de su cabeza hasta los 0,8 mm, otras presentan un crecimiento que puede llegar hasta los 5 mm. Si algo así ocurriera en humanos, algunos tendrían un peso de 50 kg, mientras que otros llegarían a pesar 10 000 kg. Estas diferencias de tamaño están asociadas a las diferentes funciones que ha de realizar cada casta. En el caso de las cabezas, la hormiga cuidadora de hongos, la obrera mínima, dispone de una pequeña cabeza (≈0,8 mm) que le permite acercarse a las hifas de los hongos sin dañarlas. Las forrajeras, sin embargo, presentan cabezas de hasta 2,2 mm, las cuales facilitan el corte y trasporte de hojas frescas hasta el nido.

Defender el nido

Se han descrito hasta 30 modalidades distintas de tarea, algunas de las cuales se estructuran en diferentes subtareas. Las hormigas más voluminosas son reclutadas para la **casta soldado**[307-309]. Las hormigas de esta casta también disponen de grandes mandíbulas y de habilidades motoras especiales con las que enfrentarse a depredadores de mayor tamaño. Cuando hay que responder a predadores más pequeños (ej. a hormigas de otra colonia), la acción la realizan hormigas soldado más pequeñas, capaces de perseguir a las intrusas cuando estas penetran por espacios más reducidos. En el otro extremo tendríamos a las hormigas forrajeras, las cuales son presa fácil para la depredación, ya que no responden en absoluto a los ataques.

Proveer el nido

Las hormigas de la **casta forrajera**[310], encargadas de cortar y transportar hojas al nido, no son ni pequeñas ni débiles. Pueden cortar y trasportar trozos de hoja de su mismo tamaño, utilizando para ello unos músculos mandibulares que representan más del 50 % de la masa de su cabeza. Algunas hormigas forrajeras solo cortan y dejan caer las hojas al suelo. Otras hormigas se encargan luego de volver a cortar las hojas hasta conseguir el tamaño más adecuado para su trasporte. Finalmente, el tercer grupo de forrajeras realiza el trasporte de las hojas al nido. En este trasporte intervienen de 2 a 5 hormigas por trayecto, las cuales utilizan depósitos ocultos para hacer las entregas entre las sucesivas hormigas de la cadena. Cada una de estas subtareas dista mucho de ser de una simpleza automática. Así, las hormigas forrajeras cortadoras han de disponer de las habilidades necesarias para escoger las hojas más blandas y con mejor contenido alimenticio. Las forrajeras dedicadas al trasporte han de ser rápidas y limpias. En el trasporte suelen intervenir un número mayor de hormigas, ya que se trata de una «carrera de relevos» que trasporta rápidamente las hojas recién cortadas hasta el nido, y sin que estas pierdan ventajas nutricias o sean contaminadas durante el trayecto.

A pesar de que nadie planifica ni supervisa este complejo sistema de forrajeo, las hormigas son capaces de trazar caminos óptimos. Son caminos cortos y de tránsito fácil que han de perdurar durante todo el tiempo de «explotación» de un nicho alimentario. Por estos caminos deberán poder transitar simultáneamente miles de hormigas en ambas direcciones. Estos caminos forrajeros se establecen mediante rastros químicos generados por secreciones de la glándula de ponzoña, y que contienen al menos dos componentes. Uno es un componente volátil que funciona como señal de reclutamiento (en esta dirección hay algo que vale la pena). El otro componente es menos volátil, y funciona como señal de orientación (sigue por aquí). Los compuestos químicos de las señales de reclutamiento varían con la especie. La cantidad de productos que es depositada en cada camino forrajero depende del valor atribuido a la fuente alimentaria, y de las necesidades actuales del nido. Estas feromonas son muy eficientes, ya que con 1 mg de alguna de ellas podría marcarse un camino tan largo como para recorrer nuestro planeta muchas veces. Las señales químicas de orientación informan a las hormigas de todo el trayecto forrajero que hay que recorrer, desde la salida del nido hasta la hoja que se está cortando.

Con frecuencia, el efecto de las señales químicas se facilita mediante otras modalidades de estímulo. Este es el caso de la estimulación mecánica (vibración) que las hormigas que vuelven cargadas al nido producen en las hormigas que salen a la búsqueda de su «trozo de hoja». Las señales sonoras son también utilizadas durante el forrajeo. Las hormigas, como otros insectos, pueden generar sonidos estridularios, frotando dos partes móviles de su cuerpo (algunos de estos sonidos pueden escucharse en: https://www.youtube.com/watch?v= 2YSUeE_EW7g). Los sonidos estridularios, producidos por las hormigas al cortar las hojas, activan la «impulsividad forrajera» en sus compañeras. El valor alimentario que la hormiga cortadora atribuye a la hoja que está cortando, puede quedar plasmado en la propia hoja mediante depósitos de glucosa. Además, durante el corte de las hojas más «valiosas», se generan sonidos estridularios más intensos, lo cual activa las tareas forrajeadoras de los individuos próximos a la hoja que está siendo cortada.

La estridulación también puede ser utilizada en otros contextos, generando entonces un efecto diferente. Así, la estridulación durante la construcción del nido es una señal para promover la colaboración de hormigas próximas. La estridulación en las inmediaciones del nido puede ser una señal de alarma que promueva su defensa. La estridulación durante el trasporte de hojas activa a hormigas diminutas que se subirán sobre las hormigas trasportadoras y las defenderán de los ataques de otros animales. Cuando las hormigas quedan atrapadas, y no pueden moverse, también estridulan, llamando a hormigas próximas para que faciliten su liberación, o ataquen a la enemiga que la tiene sujeta.

La agricultura de las hormigas

La actividad de las hormigas de la **casta agrícola**, encargada del cultivo de hongos, también está regulada por estímulos locales. Su primera tarea consiste en rechazar hojas poco adecuadas. Si las hojas que están siendo utilizadas para alimentar a los hongos generan efectos inadecuados, serán retiradas con carácter inmediato. Cuando se rechaza una modalidad de hoja, el rechazo perdura durante semanas o meses, durante los cuales las hormigas forrajeras evitarán cortar hojas similares. Se trata de un aprendizaje asociativo que relaciona la mala calidad de la hoja con sus características estimulares. Si introducimos un tóxico en las hojas con las que se alimentan a los hongos, estas hojas serán rechazadas posteriormente, incluso cuando ya no contengan el tóxico. Este rechazo se produce como consecuencia de señales trasmitidas desde los hongos hasta las pequeñas hormigas agricultoras que cuidan de ellos. Estas hormigas se encargan luego de informar a las hormigas forrajeras más grandes de que la provisión de hojas que están cortando no son adecuadas.

Las hormigas agricultoras detectan la identidad de los hongos que cultivan, y son sensibles a su comportamiento[311]. Con ello pueden rechazar cepas de hongos procedentes de colonias vecinas, que podrían perjudicar al hongo ya ambientado al nido. Las tareas de la casta agrícola son sorprendentemente complejas. Por un lado, se promueve el crecimiento de los hongos propios de la colonia mediante hormonas específicas. Por otro lado, se aplican diversas técnicas higiénicas que previenen la aparición de infecciones intercurrentes. Por ejemplo, eliminan activamente las cepas de hongos foráneos, fertilizan la hoja sustrato con material fecal propio que contiene sustancias que dificultan el crecimiento de otras cepas, producen antibióticos que impiden el crecimiento de microorganismos, etc. Las glándulas metapleurales[312-315] de las hormigas mínimas que cuidan de la colonia de hongos son particularmente grandes. Estas glándulas producen sustancias como el ácido fenilacético (bacteriostático), la *mirmicacina* (inhibe la germinación de esporas de hongos), el ácido indolacético (que estimula el crecimiento de los micelios propios), y más de 10 productos más que favorecen el crecimiento de los hongos propios y dificultan el de los hongos foráneos y el de otros agentes microbianos infectivos[316-318]. Los hongos del género *escovopsis* son particularmente nocivos para los simbiontes, y cuando infectan los nidos pueden exterminar con rapidez a los millones de hormigas de la colonia. Las hormigas atínidas han aprendido a defenderse manteniendo una simbiosis con una bacteria filamentosa (del género *pseudonocardia*) que produce antibióticos que impiden el crecimiento del hongo *escovopsis*, impidiendo así la infección del hongo simbionte[319]. Esta bacteria se mantiene activa en ciertas zonas de la cutícula de la hormiga, siendo trasportada a las nuevas colonias por la reina fundadora.

Las hormigas de la casta agrícola también se encargan de mantener la temperatura, la humedad y el pH ideal para el crecimiento del hongo simbionte. Los desechos generados en el nido son mantenidos en esterilidad, en cámaras especiales creadas dentro del propio nido[320]. Luego, los desechos son trasportados a basureros externos. Estos basureros serán evitados posteriormente, impidiéndose así que los gérmenes que eventualmente pudieran crecer en ellos contaminen, de vuelta, a la propia colonia. Para evitar esta contaminación de vuelta, las tareas de limpieza exterior son ejecutadas por dos tipos de hormigas, unas que trasportan los desechos hasta una zona intermedia, y otras que los recogen aquí y los trasportan hasta el vertedero. Estas últimas acaban contaminadas por distintos microorganismos (incluido el hongo *escovopsis*), por lo que ya no volverán al nido, y tendrán una vida más corta que las hormigas que hacen el primer tramo del traslado. La edad es un factor esencial en la asignación de estas tareas. Las hormigas que hacen el trasporte fatídico final hasta el vertedero suelen ser las de más edad que, en cualquier caso, morirían pronto. Si a pesar de todos los cuidados, el nido es contaminado por hongos *escovopsis*, la reina puede abandonarlo y crear otro nido. En este caso, los simbiontes del nido previo ya no pueden ser utilizados. Se han descrito robos de huertas fúngicas entre colonias próximas, hongos que serán utilizados para reponer la pérdida generada por la infección.

Planificar, construir y mantener el nido

Otra de las actividades esenciales de las hormigas atínidas es la construcción y el mantenimiento del nido, tarea realizada por la que podríamos denominar *casta de constructoras*. La mente grupal de la atínida superior dispone de una gran habilidad urbanística para la planificación y construcción de su residencia. Las atínidas superiores viven en inmensos nidos que pueden llegar a disponer de hasta 8000 cámaras distintas, algunas construidas a más de 7 metros de profundidad. Para la construcción de estos enormes nidos, las hormigas extraen muchas toneladas de tierra.

Los hongos suelen mantenerse en los 2-3 metros más altos del nido, de manera que conserven la temperatura idónea y la ventilación adecuada para su crecimiento. Para la ventilación se crean corrientes de aire que impiden la acumulación del CO_2 producido por el inmenso consumo energético de la biomasa del nido. Los accesos al nido están dispuestos de manera que se evite la entrada de agua y el fatal hundimiento de las cámaras superiores donde se encuentran los hongos simbiontes. Durante las lluvias copiosas, la entrada de los nidos será cerrada, lo que conlleva un incremento de la concentración de CO_2 que es detectado por las antenas de las hormigas. Como reacción adaptativa, se reduce la actividad metabólica de los hongos simbiontes y su crecimiento, lo cual ralentiza el crecimiento de la propia colonia de hormigas. Este es el precio que hay que pagar para evitar los efectos desastrosos que la contaminación de CO_2 tendría para toda la colonia. En los nidos más evolucionados, las hormigas constructoras han tenido tiempo para crear torrecillas en las zonas centrales del nido, torrecillas que permiten la evacuación del CO_2 sin riesgo de inundaciones. Estas torrecillas se complementan con otras que facilitan la entrada de aire fresco, generándose una circulación de aire, que resulta útil para regular simultáneamente la temperatura y la concentración de CO_2.

Los nidos son continuamente remodelados por las hormigas de la **casta de arquitectos**[321,322]. Estas hormigas detectan cambios de temperatura y humedad, construyendo nuevos túneles y cerrando túneles previos, de manera que la temperatura y la humedad sean siempre las más adecuadas para la reina y los hongos simbiontes. Cuando la remodelación de túneles no es suficiente, las hormigas arquitectas hacen nuevas cámaras en los lugares apropiados, y trasportan los hongos a su nueva residencia. Estas hormigas también construyen túneles horizontales a medio metro de profundidad y que pueden extenderse hasta 6 metros del centro del nido. Estos túneles están destinados al trasiego propio del forrajeo. Cuando estos túneles afloran a la superficie, se encontrarán conectados con auténticas autopistas (rutas troncales) que pueden llegar a medir hasta 200 metros, y que conectan el nido con las zonas de forrajeo. Las rutas troncales disponen de un mantenimiento realizado por **obreras viales**, las cuales se encargan de retirar los obstáculos y facilitar los desplazamientos. Tras su limpieza, la velocidad de las hormigas por las rutas troncales se incrementa hasta 4-5 veces.

La inteligencia de la mente interindividual

La observación detenida de la conducta de una colonia de hormigas produce una profunda impresión[323]. El observador se contamina fácilmente con la idea de que los patrones motores de cada una de sus castas son controlados por una mente centralizada que lo organiza todo. Esta mente parece poder organizar la conducta global de la colonia en función de sus necesidades actuales (mente refleja y activa), y de las metas que deberían alcanzarse en el futuro (mente proactiva). Además, para la actividad de la conducta actual del hormiguero, se cuenta también con las experiencias pasadas, lo cual es característico de la mente *retrofleja*. La colonia también parece disponer de un modelo del entorno que informa de la ubicación del hormiguero en relación con las fuentes de alimento y los basureros de desecho, y que facilita la planificación de las rutas más convenientes para el desplazamiento de las hormigas (mente contextualizada). La conducta de las hormigas también sugiere que el hormiguero es capaz de establecer los límites propios de la colonia, distinguiéndolos de los límites de las colonias vecinas. Esta distinción es necesaria para determinar lo propio que hay que proteger (algoritmo de yo) de lo ajeno que solo es útil como fuente de alimento o como basurero (yo interindividual). Sin estas habilidades la colonia no sabría elaborar planes efectivos (aquellos que protegen a los elementos propios de la colonia) ni podría valorar convenientemente las desviaciones de los planes previstos (aquellos que resultan ineficientes para preservar elementos esenciales de la colonia). Esta mente parece incluso capaz de realizar el análisis situacional que es necesario para saber, en cada momento, el grado de cumplimiento de los planes en ejecución. Cuando no se cumple de forma satisfactoria con los planes previstos, las acciones se detienen y se programan nuevos planes. La mente de la colonia también parece pronosticar la aparición de posibles complicaciones futuras, estableciendo planes preventivos que las eviten.

Todas estas acciones son realizadas cada día por las colonias de hormigas, y su presencia sugiere que la mente interindividual de estos insectos dispone de las características propias de las distintas mentes que hemos presentado con anterioridad, así como de algunas de las características de las mentes que comentaremos en próximos capítulos. Las capacidades mentales del hormiguero son demasiado complejas como para ser realizadas por cerebros tan simples como el de las hormigas. El cerebro de las hormigas dispone de 0,25 millones de neuronas, el del perro de 2200 millones y el nuestro de 86 000 millones. El cerebro individual de las hormigas no puede organizar conductas tan complejas, lo que sugiere que estas funciones son realizadas por el conjunto de hormigas que integran el hormiguero, actuando todas como elementos de una **mente interindividual** que va mucho más allá de las mentes individuales de las hormigas.

Pero ¿cuál sería el sustrato material de esta mente? La tendencia natural es a extrapolar patrones desde nuestro modelo propio. Conservar el delicado equilibrio de una colonia de hormigas de millones de miembros, impidiendo contaminaciones por microorganismos, impidiendo la invasión de hormigas foráneas u otros animales predadores, previniendo posibles acciones catastróficas de la lluvia o el viento etc., es probablemente una tarea más difícil y compleja que organizar una ciudad media. Todos somos testigos de los problemas de tráfico, delincuencia, enfermedades, calamidades atmosféricas, etc., que perturban continuamente nuestras ciudades. Para minimizar los efectos de estos problemas, necesitamos que grupos de personas elaboren y ejecuten soluciones efectivas. Sin leyes, jueces, policías, normas de tráfico, hospitales, etc., nuestras ciudades se convertirían rápidamente en un caos incontrolable. Para funcionar, nuestra mente necesita una visión de conjunto, memoria, planes, estrategias de ajuste, normas explícitas, y un largo etc., que comentaremos con posterioridad. Podríamos intentar explicar la impresionante actividad organizativa de las hormigas con «modelos humanizados», y atribuyendo a las castas de hormigas una organización similar a la de nuestros grupos. Sin embargo, los etólogos y estudiosos de las hormigas sugieren que su conducta grupal obedece a un control organizativo muy diferente al que determina la actividad social humana.

Muchos estudiosos de las hormigas creen que la conducta de la colonia de hormigas es el resultado «emergente» de multitud de respuestas motoras de los individuos que la componen, y no el resultado de una integración conjunta de la información. Las interacciones simples entre hormigas individuales pueden generar respuestas grupales complejas y adaptativas. Esta afirmación se basa en una amplia evidencia científica acumulada durante los últimos 100 años, y que muestra que cada hormiga solo puede reaccionar a la información de su entorno más inmediato. Desde esta perspectiva, la hormiga solo dispone de «conocimiento local», nunca sabe lo que ocurre a unos centímetros de distancia, y mucho menos lo que ocurre en el conjunto del hormiguero. Así, ninguna hormiga conocería el alcance global de sus acciones particulares, ni las repercusiones que su conducta puede generar sobre el conjunto de la colonia. Sin embargo, las decisiones de cada hormiga, basadas únicamente en elementos «locales» de información (ej. olores...), suelen resultar muy prácticas y adaptativas para el grupo.

Mente individual vs. mente interindividual

La dinámica del grupo de hormigas suele respetar tres principios básicos de funcionamiento: 1.- la interacción local de múltiples individuos como proceso de toma de decisiones, 2.- la respuesta grupal (nadie resuelve nada por sí solo), y 3.- la dirección descentralizada del control de la acción (nadie indica la tarea a realizar o cómo realizarla, y nadie supervisa su realización). Cada miembro del grupo parece responder localmente, siguiendo «reglas simples» para reaccionar a pequeños fragmentos de la información (respuesta local del individuo). De forma sorprendente, la suma de las respuestas locales simples de cada individuo genera una *respuesta global del grupo*, que resulta en soluciones prácticas, adaptativas y resolutivas.

Un ejemplo de esta capacidad grupal para resolver tareas nos lo proporcionan los experimentos en los que se evalúa la aptitud de una colonia de hormigas para seleccionar, entre varios caminos, el más adecuado para alcanzar una meta (ej. para llegar al alimento). Tras unas pruebas iniciales, todas las hormigas acaban escogiendo el camino más corto y práctico. ¿Qué hormigas individuales encontraron la solución idónea? ¿Cómo se comunicó esta información al resto del grupo? Si pensamos en la solución de este problema con mentalidad «humanizada», habremos de atribuir a las hormigas una notable inteligencia individual. Alguien tiene que buscar el camino más adecuado (el explorador), se debe disponer de algún tipo de lenguaje que permita al explorador comunicar la solución al resto del grupo (el medio de comunicación), alguien tiene que planear el desplazamiento del grupo (el guía), alguien corregirá las conductas inadecuadas (el policía), alguien impedirá que las conductas inadecuadas proliferen y se repitan (el juez), y alguien cambiará las normas para adecuarlas a los nuevos caminos (el político). Todas estas tareas son necesarias para que los grandes desplazamientos de población humana no resulten catastróficos. Sin embargo, las hormigas resuelven esta tarea de forma más simple, rápida y eficiente. Un ejemplo de respuestas locales a problemas globales es el desplazamiento de la colonia hacia zonas ricas en alimentos, desplazamiento para el cual a las hormigas les basta con responder a los olores de su entorno inmediato. Veamos cómo funciona.

Las primeras hormigas exploradoras eligen cualquier camino al azar, con lo que, al disponerse de una multitud de hormigas exploradoras, todos los caminos posibles hacia el alimento serán explorados. Las hormigas suelen dejar un rastro de olores durante sus desplazamientos (feromonas)[324-327]. Las hormigas que encuentren el camino más corto serán aquellas que vuelvan antes al hormiguero, acarreando el alimento encontrado. En cada viaje por alimento, estas hormigas habrán dejado un rastro de olores a la ida y otro a la vuelta. Este rastro será más intenso en los trayectos cortos que en los largos. Los trayectos cortos precisan menos tiempo y se realizarán con más frecuencia. Los trayectos más largos se harán menos veces y dejarán un rastro de olor mucho menor. Para el grupo, la única norma a seguir para resolver «el problema del camino más corto» es ir por «el camino que más huele», algo que hará que todas las hormigas terminen por elegir el camino más corto. Ninguna de las hormigas individuales llegó a comprender el problema ni a encontrar la solución más adecuada. Nadie construyó un mapa ni marcó en el las elecciones a tomar en cada desviación. Para que todas las hormigas acabaran haciendo lo más adecuado, bastó con que cada hormiga respondiera de forma instintiva (acorde con los genes heredados) a la información local (estímulos olfativos). Por tanto, para que el grupo encuentre soluciones a los problemas mediante su mente **interindividual**, basta con que los individuos tengan respuestas simples y fiables a los estímulos provenientes del entorno inmediato (seguir el camino de las feromonas), y que mantengan algunos patrones básicos de conducta en todas las situaciones (ir a por alimento y traerlo al hormiguero)[328-331]. Con individuos más inteligentes, o con una conducta orientada principalmente por los intereses individuales, esta solución no funcionaría. Los individuos que orientan su conducta solo para beneficio propio «discutirán» la elección de cada punto del trayecto, «engañarán» a otros para poder quedarse con la mayor parte del alimento para sí mismo, o quizás prefieran seguir por caminos menos transitados y con olores menos intensos[328-331].

La mente interindividual y la mente dispersa de los superorganismos

El estudio de los insectos sociales ha generado nuevos conceptos que resultan particularmente útiles para comprender la **mente interindividual**. Este es el caso del concepto de **superorganismo**[298,299]. En 1911, *William Morton Wheeler* sugiere que la colonia de hormigas podría ser considerada como un **organismo**, ya que, como él, presenta una conducta unitaria, exhibe conductas globales idiosincráticas, experimenta ciclos de crecimiento y reproducción, y contiene dos tipos de componentes, los destinados a la reproducción (reinas y machos) y los destinados a mantener su estructura (obreras). Unos años después, el propio *Wheeler* propone el término *superorganismo*, un término que se ha ido ganando adeptos. Una introducción sistemática al concepto superorganismo nos lo ofrece el excelente libro de *Hölldoller y Wilson* (*El superorganismo*), donde se asocian conceptos que son normalmente utilizados para identificar a los organismos, con conceptos similares, pero que son habitualmente utilizados para describir a los grupos de hormigas. Entre estas asociaciones destacan: 1.- hormigas vs. células del organismo; 2.- casta reproductiva vs. gónadas; 3.- casta de obreras vs. órganos somático; 4.- casta de defensa vs. sistema inmunitario; 5.- casta para el trasiego de alimentos y la limpieza de la colonia vs. sistema circulatorio; 6.- aparato sensorial del grupo de hormigas vs. órganos sensoriales; 7.- interacción entre hormigas vs. sistema nervioso; 8.- nido vs. piel/esqueleto; y 9.- desarrollo de la colonia vs. crecimiento del organismo. Desde esta perspectiva, el organismo de un animal sería funcionalmente equivalente al superorganismo de un grupo de hormigas. La diferencia esencial sería que mientras los componentes del organismo están confinados en un espacio reducido (el cuerpo), los componentes del superorganismo están esparcidos por el entorno, y presentan una distribución espacial cambiante que puede alargarse y contraerse según las necesidades (expandiéndose, por ejemplo, cuando las hormigas buscan alimento).

Dado que la interacción entre individuos es el elemento básico sobre el que emerge esta mente que comentamos ahora, la denominación más adecuada para ella es la de *mente interindividual*. Mente dispersa, podría sugerir que no es capaz de terminar las tareas que comienza, y supermente sugiere que su capacidad es superior a la de cualquier otra mente. Ninguna de estas circunstancias es cierta, por lo que optamos por mente interindividual. También se consideró la posibilidad de usar la denominación de *mente social*. Sin embargo, y como comentamos a continuación, el término *social* también puede resultar engañoso.

Altruismo, eusocialidad y mutualismo en la mente interindividual

Los grupos de hormigas presentan conductas que, en términos humanos, podrían considerarse como conductas altruistas[332-334]. La **conducta altruista** es aquella en cuya planificación y ejecución priman los intereses del grupo sobre los del individuo. Como ya comentamos, la evolución darwiniana propone la adaptación al medio como motor de la evolución, entendiendo por adaptación a la capacidad para mantenerse vivo hasta adquirir las funciones reproductivas, y luego reproducirse. Con la reproducción, los genes de los individuos más adaptados pasan a la siguiente generación, prevaleciendo así sobre los genes de otros individuos menos adaptados. Desde esta perspectiva, la evolución de las especies se realiza a expensas de la evolución de sus individuos, los cuales son los portadores de la información genética y, por tanto, los únicos sobre los que las mutaciones (o las asociaciones de genes generadas por el intercambio sexual) pueden producir progresos adaptativos perdurables (heredables). En esta concepción, el grupo participa en la evolución solo de forma complementaria. Desde esta perspectiva el grupo: 1.- facilita la pervivencia de los individuos hasta la vida adulta. 2.- facilita una pareja reproductiva, y 3.- promueve la competición de los individuos dentro del grupo, con lo que solo los individuos con más éxito se reproducen, y solo ellos transfieren sus genes, que supuestamente serán los más adecuados. Puesto que en este modelo el individuo es la unidad evolutiva y el portador de la información genética, su supervivencia es el factor determinante de la evolución. No sorprende, por tanto, que los individuos hayan desarrollado numerosos mecanismos para su supervivencia individual, y que su conducta esté orientada a la supervivencia individual más que a la supervivencia del grupo como tal. Como comentaremos posteriormente, nuestra mente dispone de diversos mecanismos para identificar «lo que hay que proteger» (el yo) y para ejercer las conductas que propicien esta protección (conducta egoísta). ¿Qué sentido tiene el comportamiento altruista en este escenario?

A pesar de lo comentado anteriormente, la biología ha acumulado durante los últimos 50 años, numerosos ejemplos en los cuales el altruismo prepondera sobre el egoísmo. Muchos de estos ejemplos han sido recogidos por etólogos de todo el mundo, y un resumen interesante puede consultarse en la obra *Amor y odio* del etólogo *Irënaus Eibl-Eibesfeldt*. La **sociabilidad** de los miembros de un grupo promueve la evolución del propio grupo, pero también incrementa la probabilidad de que alguno de sus miembros alcance la vida adulta, y pueda reproducirse. Es verdad que un comportamiento basado exclusivamente en los intereses particulares del individuo puede resultar adaptativo y ser motor de la evolución en determinadas circunstancias (ej. en circunstancias de baja densidad poblacional). Sin embargo, la conducta egoísta puede ser también muy improductiva para la evolución del grupo. Las circunstancias que operaron sobre la evolución de los insectos en general, y de las hormigas en particular, son un ejemplo de esta improductividad evolutiva.

Las hormigas son animales pequeños que aparecieron en un contexto en el que existían numerosos animales de mayores dimensiones, dotados de herramientas defensivo/ofensivas muy poderosas y provistos de cerebros muy superiores al suyo. Además, la posibilidad de evolucionar incrementando el tamaño y la conectividad funcional de su cerebro estaba limitada por la existencia de un exoesqueleto, y de un sistema nervioso de escasas dimensiones que permanecía cautivo dentro del exoesqueleto. Con un cerebro relativamente primitivo, las hormigas no podían competir con otros animales con un cerebro mucho más desarrollado. Otras especies no soportaban estas limitaciones. Un ejemplo ya comentado es el del pulpo. Este animal desarrolló un cerebro de más de 250 millones de neuronas, que se pudo expandir físicamente gracias a la inexistencia de coraza ósea a su alrededor. La adaptación del pulpo, y su progresión evolutiva, parece haberse basado en la supervivencia individual. En estos animales predominan las conductas egoístas, y sin interacción social duradera entre progenitores y descendientes, o entre los miembros de la pareja sexual. La evolución adaptativa de la hormiga no podía progresar de la misma manera. Para la hormiga, la conducta altruista y la dinámica del grupo fueron la alternativa, una alternativa con la que estos animales alcanzaron un éxito sin precedentes.

¿Cómo influyó el altruismo en el desarrollo evolutivo del superorganismo de las hormigas? Para que la conducta interindividual resultara de utilidad adaptativa para el grupo, se precisó que el altruismo de sus individuos alcanzara su grado máximo, el grado de eusocialidad. Cuando las castas especializadas interaccionan de forma eusocial, el grupo adquiere una capacidad adaptativa extraordinaria. La **eusocialidad**[335-340] aparece, probablemente, como desarrollo evolutivo del **mutualismo**, mediante el cual varios individuos colaboran en el cuidado de sus proles respectivas. Con la eusocialidad, una parte de los individuos del grupo, los de la casta de obreras, se dedican a cuidar, alimentar y proteger a otros individuos, que serán los que trasmitan sus genes a la siguiente generación (casta reproductora). En el caso de las hormigas, la casta de obreras dedicaría su tiempo y esfuerzo para facilitar la trasmisión de los genes de otros miembros del grupo a la siguiente generación. Para ello llegarán, si fuera preciso, a arriesgar su supervivencia individual.

Algunas de las conductas de las hormigas van más allá del altruismo y la eusocialidad. Nos referimos al **comportamiento necrofórico**[341-343]. Cuando las hormigas sufren un daño serio: 1.- se alejan de la colonia; 2.- secretan sustancias que atraen la atención de otras hormigas; 3.- activan, en las hormigas recién llegadas, patrones conductuales destinados a «empaquetar» a la hormiga dañada y transformarla en un «ovillo» que facilite su trasporte. El «empaquetamiento» de la hormiga enferma se produce sin que esta ofrezca resistencia. Cuando la hormiga enferma ha sido empaquetada, el paquete es trasladado por otras hormigas (también sin oponer resistencia) a un lugar alejado del nido, donde ya será depositado junto a otros desechos de la colonia.

Algunos pretenden ver en el comportamiento necrofórico una actividad mediante la cual las hormigas «entierran» a sus muertos. Hemos de ser precavidos con nuestra propensión natural a ver componentes de nuestra mente en la mente de los animales. Esta propensión es justa en algunos casos, y nos ayuda a comprender que algunas de las funciones mentales que creíamos patrimonio de la humanidad son, en realidad, patrimonio de la vida en su conjunto. No obstante, la atribución de «humanidad» a las conductas animales también nos puede llevar por derroteros equivocados. El altruismo de las hormigas es muy diferente del altruismo social humano que comentaremos posteriormente. El altruismo de las hormigas no tiene un componente «social» similar al del altruismo humano. Por ello, a la mente de la colonia de hormigas la denominamos *mente interindividual* y no *mente social*.

El altruismo, la eusocialidad y el comportamiento necrofórico resultan adaptativos porque los grupos organizados suelen derrotar a los individuos solitarios en la competencia por los recursos del medio, y porque los grupos bien organizados y de grandes dimensiones superan a los grupos menos organizados y de menores dimensiones. Cuando se ordenan las especies de hormigas según su origen y progresión en los últimos 100 MA, se observa que la eusocialidad ha progresado de forma continua. Los grupos más primitivos (las *hormigas ponerinas*, por ejemplo) suelen ser más pequeños (cientos o pocos miles de miembros) que lo grupos más evolucionados (las *atínidas cortadoras de hojas,* por ejemplo), que son mucho mayores. Los grupos menos evolucionados también disponen de un grado de altruismo y eusocialidad inferior al de los grupos mayores y más evolucionados. Con frecuencia, la conducta de estos grupos menos evolucionados se parece más al mutualismo que al altruismo eusocial.

En este capítulo hemos descrito la mente interindividual a partir de un ejemplo extremo, la mente distribuida de las hormigas. Como hemos visto, esta mente utiliza la interacción de individuos relativamente simples, las hormigas. La mente interindividual no está en el cerebro de las hormigas, está en su interacción social. Es, como todas las mentes que hemos venido comentando y las que comentaremos a continuación, una mente de mentes. La mente interindividual agrupa de forma operativa las mentes simples de millones de hormigas. La mente de cada hormiga agrupa la mente más simple de cientos de miles de neuronas. La mente de cada una de estas neuronas agrupa la mente de miles de genes y proteínas. Todas estas macromoléculas agrupan mentes reactivas de muchos millones de mentes atómicas. Y lo que resulta sorprendente, milagroso diría incluso, es que todas estas mentes agrupadas terminan funcionando de forma monotélica. Todas se agrupan en torno a una finalidad, de forma intencional. A esta capacidad natural para agrupar mentes simples en otras más complejas la denominaremos *estructuración hipermental*. Los grupos de hormigas nos ofrecen una oportunidad única para profundizar en este concepto, lo cual haremos en los capítulos finales del libro, comparando la estructuración hipermental de los grupos de hormigas con la estructuración hipermental del cerebro humano. Pero antes hemos de describir la mente interactiva que nos acercará a los homínidos, y luego la mente abierta del *Homo sapiens*.

Capítulo 17
El camino hacia los mamíferos

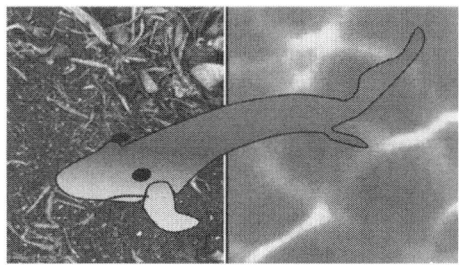

Ya hemos comentado como el tránsito del mar a la tierra facilitó la aparición de la mente vegetal, por un lado, y de las mentes retrofleja, interindividual y contextualizada, por otro. En este capítulo comentaremos cómo el tránsito del mar a la tierra también facilitó la aparición de una nueva mente, la **mente interactiva**. Los individuos con mente interactiva fueron capaces de unir la mente proactiva retrofleja escenificada (ej. la del pulpo), con la mente interindividual (ej. la de las hormigas). Estas dos estrategias mentales son, aparentemente, contradictorias. La mente contextualizada hace prevalecer al individuo biológico que la sustenta, mientras que la mente interindividual hace prevalecer al grupo, sacrificando a los individuos que lo integran cuando su desaparición física aumenta la probabilidad de pervivencia del grupo. Estas mentes surgieron por evolución de los bilateralia por la rama de los protóstomos. Por la rama de los bilateralia deuteróstomos aparecerán un conjunto de mentes entre la que se encuentra la mente interactiva, de la que hablaremos en este capítulo, y la mente abierta de los humanos, de la que hablaremos en capítulos posteriores.

La mente interactiva agrupará de forma eficiente lo mejor de dos mundos, el mundo de los individuos y el de los grupos. Tras esta integración, los individuos con genes que promueven mentes interactivas terminarán siendo prevalentes en la mayor parte de los nichos ecológicos de nuestro planeta. El desarrollo de la mente interactiva es demasiado complejo como para pretender abarcarlo aquí de forma pormenorizada. Nos limitaremos a comentar algunas circunstancias biológicas que facilitaron la emergencia de la mente interactiva, comenzando con el salto de los animales del mar a la tierra, y siguiendo con el desarrollo de los anfibios y reptiles hasta los mamíferos. En el próximo capítulo describiremos algunas de las características de la mente interactiva, y pondremos distintos ejemplos de la utilidad que aporta a los animales que la poseen, y particularmente a aquellos con una mente interactiva más desarrollada, el chimpancé y el bonobo.

Los animales conquistan la tierra y desarrollan la mente interactiva: los primeros pasos en tierra firme

Con muy honrosas excepciones, la mente interactiva se desplegó principalmente en animales que habían dejado el medio líquido para vivir en tierra firme[105]. Hace **500 MA**, algunos organismos que vivían en el mar incrementaron su tamaño, con frecuencia hasta alcanzar varios metros, desarrollaron grandes exoesqueletos protectores, para evitar la acción depredadora de otros animales y dientes prominentes, para ser ellos mismos depredadores eficientes. Así, en la competición por la pervivencia, muchos animales marinos de entonces eligieron las «armas» para jugar al *juego de comer sin ser comido*. Sin embargo, lo que es útil en unas situaciones puede acabar siendo perjudicial en otras. Corazas y dientes, generalmente útiles en los enfrentamientos «cuerpo a cuerpo», pueden producir limitaciones evolutivas en las especies «armadas». Una de estas limitaciones fue la de dificultar su acceso a la tierra firme, donde la evolución de la mente alcanzará las cotas de desarrollo más elevadas.

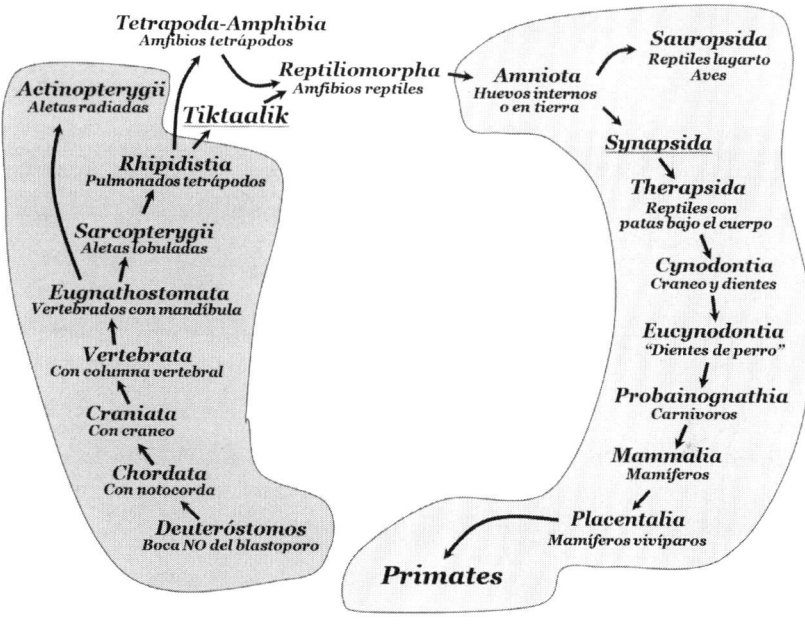

Fig. 17.1 De los deuteróstomos a los primates

Junto a los grandes peces acorazados que dominaban los mares hace **1000 MA**, aparecieron otros aparentemente más vulnerables. Se trata de peces que optaron por la inteligencia y la velocidad, más que por la fuerza y la potencia (Fig. 17.1). Así, durante el periodo *Devónico* hace unos **500 MA**, algunos peces internalizaron sus corazas y las transformaron en endoesqueletos ligeros que quedaron integrados en el interior de organismos de tamaño medio, que podían moverse con facilidad. Con esta internalización aparecen los **cordados**, cuya notocorda (varilla hueca) contiene tejido nervioso. Esta estructura evolucionará para generar un cráneo (craniata), y la columna vertebral (vertebrata). Ambas estructuras protegen el sistema nervioso de los traumas exteriores. Con la internalización ósea aparecen también las mandíbulas, con lo que ya tenemos peces vertebrados, con cráneo y mandíbulas (eugnathostomata), y que pueden moverse por el mar con mucha más facilidad que los animales acorazados. La posibilidad de generar un abanico de acciones motoras más amplio impulsó el desarrollo del órgano que controla los movimientos, el sistema nervioso. La competición se produce entonces entre los animales más grandes y fuertes, y mejor armados, y los animales más pequeños y físicamente más vulnerables, pero también más rápidos e inteligentes. Es la fuerza bruta contra la inteligencia. En un primer momento venció la fuerza bruta. Unos, los fuertes, cazaban, mientras los otros, los más débiles, escapaban de ellos viviendo de otros recursos, o de seres vivos aún más pequeños. Nuestra mente es heredera de la mente de los animales que entonces eran los más rápidos e inteligentes, pero también los más debiluchos. El resultado final de esta competición, en los márgenes de las costas, fue la aparición de una nueva mente, la mente interactiva.

Los peces que habían desarrollado endoesqueleto comienzan pronto a modificar la estructura de sus huesos. Aparecen cuatro miembros, que son luego alterados por la presión de la evolución, hasta que los miembros adquieren las formas más adecuadas para el desplazamiento natatorio. Estos peces son el origen de todos los **tetrápodos** (4 extremidades) que les seguirán, y que incluyen desde los anfibios, a los dinosaurios, las aves y los mamíferos. Las serpientes también son tetrápodos, pero que han perdidos sus extremidades. Las 4 extremidades eran inicialmente 4 aletas. La mayor parte de los peces tetrápodos de entonces y de hoy tienen **aletas** con forma radiada (actinopterigios). Sin embargo, algunos de estos peces cambiaron la estructura distal de sus aletas, que pasaron a ser lobuladas (sarcopterigios). Las aletas lobuladas no eran muy competitivas en mar abierto, y de hecho solo algunos peces actuales (ej. pulmonados y celacantos) disponen de este tipo de aletas. Sin embargo, las aletas lobuladas incrementaban la maniobrabilidad en aguas poco profundas, donde había que sortear innumerables obstáculos y plantas marinas, y donde las aletas radiadas eran un obstáculo más que una solución. Las aletas lobuladas fueron entonces moldeadas por la evolución hasta desarrollar varias articulaciones flexibles. La articulación de las aletas permitió que los peces ganaran impulso a partir de los obstáculos del fondo marino, moviéndose con mayor facilidad en la creciente densidad de las algas presentes en las ciénagas de entonces. Aparecieron rodillas y tobillos en las aletas traseras, y codos y muñecas en las aletas delanteras. Las aletas traseras pasaron a ser las impulsoras del movimiento, haciéndose cada vez más fuertes. Las aletas delanteras facilitaron la maniobrabilidad, ganando en precisión.

Las características fundamentales de los miembros de los tetrápodos terrestres se desarrollaron en la relativa ingravidez de los medios acuáticos. Con aletas radiadas los peces solo pueden impulsarse, por lo que un cerebro motor complejo serviría de poco a estos peces. Sin embargo, con aletas lobuladas, los peces pueden acceder a un amplio abanico de patrones motores. Para poder utilizar estas nuevas posibilidades, los peces con aletas lobuladas desarrollan un cerebro complejo. El control motor y la habilitación de patrones motores complejos debieron suponer un impulso decisivo para el desarrollo del cerebro y de la mente interactiva. Como veremos, algo parecido ocurrirá posteriormente con la mano y el desarrollo de la inteligencia de los homínidos. Las inmensas posibilidades manipulativas de los extremos distales de nuestros miembros superiores, habilitan funciones mentales que, como el agrupamiento de objetos en clases, se habrían retrasado si nuestras manos no fueran capaces de agrupar/segregar físicamente los objetos del entorno. Se trata de hacer en el mundo, para luego internalizar esta acción y ejecutarla mentalmente. Así madura también la mente del niño, un proceso de maduración que, en cierta medida, remeda la evolución de la mente en el mundo animal. Como dicen algunos estudiosos del desarrollo anatómico del cerebro infantil, *la ontogenia recapitula la filogenia*.

Disponer de miembros ágiles no era suficiente para dejar el medio marino, y el tránsito de los peces a la tierra hubo de esperar a la aparición de otras transformaciones. Los peces toman el oxígeno disuelto en el medio líquido en el que se mueven, y no son capaces de tomarlo de medios gaseosos como el aire. Con anterioridad a la aparición de los tetrápodos, algunos peces habían desarrollado **sacos aéreos**, unas estructuras que utilizaban como vejigas natatorias para regular su flotabilidad. Los sacos aéreos eran utilizados de manera similar a como se usan los chalecos inflables de los submarinistas en la actualidad. La gravedad impulsa hacia el fondo, mientras que la cantidad de aire recogida en el saco aéreo (o en el chaleco inflable) impulsa hacia la superficie. Modulando la entrada de aire al saco es posible quedar suspendido en un nivel intermedio, una suspensión que no precisa de esfuerzo activo.

En el Devónico, los sacos aéreos de los peces con aletas lobuladas se fueron transformando en pulmones. Los sacos aéreos eran insuflados con el aire obtenido en la superficie del mar. Con la inmersión, la presión del aire en los sacos aumenta, incrementándose también la presión parcial de O_2. Los pulmones aparecieron cuando la alta presión parcial de O_2 del saco natatorio, comenzó a facilitar el tránsito del O_2 desde el saco natatorio a los vasos sanguíneos. Al volver a la superficie se reducía la presión gaseosa en el interior de los sacos, con lo que la presión parcial del CO_2 era mayor en los vasos que en el saco, y este gas pasaba del vaso al medio aéreo del saco, y de este a la atmosfera. Por tanto, este protopulmón no disponía de estructura muscular propia que permitiera realizar el ciclo inspiración-espiración de aire, utilizándose los músculos necesarios para realizar la inmersión/elevación como alternativa. Los peces pulmonados con miembros lobulados (rhipidistia) desarrollaron entonces músculos próximos al protopulmón, y con ellos comenzaron a realizar el ciclo inspiración-espiración sin necesidad de hacer inmersiones marinas. Estos músculos facilitarán luego el intercambio rápido de los gases pulmonares con la atmosfera, un intercambio necesario para que los peces conquisten la tierra y la inmersión marina ya no sea posible.

A continuación, la presión evolutiva debió modificar el saco aéreo, incrementando la anfractuosidad de sus paredes y, con ello, la superficie por la que se produce el intercambio gaseoso. El grosor de la pared del saco aéreo también se redujo, lo que supuso un incremento adicional en el trasiego de gases entre el interior de las bolsas y los vasos. Cuando ya se dispuso de este **protopulmón** primitivo, el paso final para la respiración de gas debió ser el desarrollo de redes neuronales capaces de regular la motricidad respiratoria en función de las presiones parciales de O_2 y CO_2 en la sangre. Por tanto, la regulación de la respiración debió ser una de las habilidades más primitivas de la mente interactiva. Sin embargo, su aparente sencillez (inspiración-espiración) no debería engañarnos. Muchas técnicas de concentración y meditación practicadas por las culturas más diversas están basadas en la observación y control de la respiración propia. Es posible que, para nuestros ancestros, los peces pulmonados, el acto de respirar precisara de un control mental directo. Los mecanismos neurales para «atender» la respiración debieron ser necesarios entonces para conservar niveles adecuados de oxigenación. Los mamíferos disponemos de un conjunto de redes neuronales alternativas que generan un control automático de la respiración, estemos despiertos o dormidos, conscientes o en coma profundo. Es posible que estos mecanismos ancestrales para atender la respiración sigan presentes en nosotros, lo cual explicaría la gran capacidad del acto respiratorio para promover la atención sostenida (una circunstancia que explicaría el uso de la respiración en las técnicas de meditación).

Para alcanzar la tierra, los peces pulmonados también debieron sufrir cambios en su **piel**. Estos peces pasaron de un medio líquido con el que intercambiaban recursos por su piel, a otro de secano en el que cualquier intercambio terminaría en una pérdida desastrosa de agua. Nuestro cuerpo es básicamente agua salada que contiene una multitud de elementos en disolución (más del 70 % del peso de nuestro cuerpo es agua). La salida a tierra tendría que permitir que las características básicas de esta solución se conservaran, para lo cual era necesario conseguir un aislamiento cutáneo adecuado, que impidiera que las moléculas de agua del organismo se evaporaran. Lo mismo podemos decir de nuestro **cerebro**. Se trata de un procesador de información extraordinariamente complejo, pero que también está hecho de agua. Es un procesador líquido y, si queremos que funcione adecuadamente, hemos de mantener estable la relación entre el solvente (agua) y la gran cantidad de solutos que contiene. Además, se pasaba de un contacto ligero de la piel con el entorno acuático, a un contacto mucho más agresivo con la tierra. En tierra, la acción de la gravedad es más intensa, precipitando al animal hacia superficies duras y puntiagudas que dañarían su piel. Por tanto, la piel también evolucionó para aislar a los peces y permitirles depositar todo su peso sobre las pequeñas zonas situadas en las regiones inferiores de sus cuatro miembros, que disponían de una piel más resistente.

También la **estructura ósea** hubo de evolucionar. En el mar, la presión hidrostática compensa parte de los efectos de la gravedad, por lo que los huesos soportan mucha menos presión gravitatoria. Al salir a tierra, toda la acción de la gravedad tendrá que ser soportada por la estructura ósea, la cual tendrá que sufrir un notable refuerzo. Además, se puede comer en mar abierto simplemente nadando delante de la comida. Al acercase a la costa, los movimientos pueden estar limitados por los objetos del fondo marino, por lo que la modificación de las estructuras óseas, que permitan doblar en cuello, también aportan ventajas adaptativas. Junto con estos cambios, los tetrápodos marinos desplazan los **ojos** hacia la región más anterior del cuerpo, desarrollan la **cámara nasal** e internalizan los huesos estribo de ambas partes de la cabeza, que pasarán a formar parte de la **cadena de huesecillos** del oído medio.

Anfibios y reptiles

Tras todas estas transformaciones sucesivas, algunos peces ya disponían de los recursos necesarios para iniciar el salto del mar a la tierra firme. Hace **380 MA**, los peces tetrápodos de tamaño medio, con endoesqueleto y protopulmones, ya estaban en disposición de salir a tierra y transformarse en los primeros **anfibios**. Hasta donde hoy sabemos, el primer pez de esta naturaleza que llegó a tierra fue el **Tiktaalik**[344] (llamado así por el nombre de la tribu más cercana a la región ártica donde se encontró el fósil de este pez). El salto ocurrió en ciénagas y marismas ahora situadas en regiones árticas, pero que hace **375 MA** se encontraban en una latitud similar a la de la actual Brasil (Fig. 17.1). La posibilidad de salir a tierra no debió aportarle a *Tiktaalik* nuevos alimentos, pero sí le permitió escapar definitivamente de sus depredadores, y todo ello sin necesidad de arrastrar una gran coraza ni de trasportar grandes dientes. Con la salida a tierra del *Tiktaalik*, aparece un nuevo nicho ecológico, un nicho en el que los peces «emigrantes» se desarrollan y diversifican rápidamente[105,176].

Aparece el **pederpes**, identificado en rocas calizas del norte de Escocia datadas en **350 MA**. Este tetrápodo de 1 metro de longitud, con una gran cabeza triangular y patas bien adaptadas a la tierra, es hoy considerado como el primer tetrápodo terrestre verdadero. A continuación se identificó un conjunto de fósiles de anfibios como el **eucritta** (pequeño anfibio de 25 cm de longitud de hace **345 MA**), el **ophiderpeton** (con aspecto de lagarto-gusano de hace **330 MA**), el **eogyrinus** (gran depredador anfibio —parecido al cocodrilo— de 4,5 metros que vivió hace **311 MA**), el **eryops** (depredador anfibio robusto de 2 metros de largo que vivió hace **310 MA**), el **microbrachis (300 MA)**, el **seymouria (280 MA)**, o el **diplocaulus** (anfibio con una cabeza de boomerang y cuerpo tipo salamandra que vivió hace **252 MA** en lo que hoy es Marruecos). La mente interactiva de estos anfibios primitivos debió conservar todas las habilidades que habían adquirido en medios líquidos, y que ahora se transformará para poder cazar en tierra firme, evitando la depredación ajena. Algunos de estos anfibios debieron elegir la especialización que supone vivir en tierra firme de forma permanente, perdiendo así sus habilidades acuáticas, mientras mejoraban sus habilidades terrestres. Así aparecieron los reptiles.

Los primeros **reptiles** (Fig. 17.1) surgen hace unos **315 MA** a partir de los anfibios. Los reptiles primigenios debieron ser animales pequeños con patas cortas. Inicialmente se diferenciaron, hace **300 MA**, en dos grandes grupos, los **saurópsidos** (reptiles propiamente dichos) y los **sinápsidos**. Aunque ambos grupos eran inicialmente muy similares, los saurópsidos se diversificaron pronto dando lugar a los **parareptiles** (que llegaron a medir 3 metros; **295 MA**) y a los **eurreptiles** (que como el hylonomus eran pequeños —20 cm— con extremidades largas, depredadores de insectos y con aspecto parecido a los lagartos de hoy). Los **sinápsidos** son más importantes para nosotros, ya que están en nuestro árbol genealógico. Estos animales tenían inicialmente un aspecto reptiliano (piel con escamas...), pero luego evolucionaron perdiendo las escamas (lagartos desnudos), desarrollando pelos en la piel y distintos tipos de dientes (incisivos, caninos y molares). Además, transformaron varios huesos de la mandíbula para articular la cadena de huesecillos del oído medio, conservando un único hueso mandibular dentado que se articula con el hueso escamosal. Tras su aparición, los sinápsidos compartieron con los anfibios un escenario grandioso, donde la tierra se mostró generosa para todos durante muchos millones de años.

Con la finalización del Carbonífero (edad del carbón), se inicia el Pérmico hace **299 MA**, una larga época húmeda y cálida en la que la vida terrestre prospera rápidamente. Las masas terrestres se habían unido y formaban un gran continente (Pangea) rodeado por un inmenso océano (Panthalassa). A continuación, la tierra fue sometida a cambios drásticos que determinaron extinciones masivas de animales. Hace **270 MA** Pangea presentó una pertinaz desertización, generándose la **Extinción de Olson**. Los efectos de esta extinción en la evolución de la vida fueron importantes, pero mucho menores que los generados por la **Gran Mortandad** de hace **252 MA**, la cual fue la mayor extinción masiva de la vida sobre la tierra. Con esta extinción desaparecieron el 80 % de las especies vivas, incluyendo el 96 % de las especies de los océanos, el 70 % de los vertebrados terrestres, y el 50 % de los insectos. Muchos de nuestros ancestros sinápsidos también se extinguieron. La causa de la extinción no está bien determinada, y pudo ser el impacto de un gran asteroide, o un gran volcán con capacidad para generar cambios severos en las condiciones de nuestro planeta. La concentración del CO_2 atmosférico se incrementó drásticamente, aumentando la temperatura del mar, que llegó a ser de 40 ºC. En este contexto, las especies más afectadas por el cataclismo fueron las especies marinas. Se debió producir entonces una gran reordenación de las interacciones de todas las especies terrestres. Las especies extintas dejaron sus nichos ecológicos libres, con lo que las que sobrevivieron comenzaron ocupando estos nichos. Los nuevos ocupantes debieron adaptar sus características a estos nichos ecológicos, lo cual resultó en una aceleración del proceso evolutivo. Los registros fósiles de los millones de años que siguieron a la Gran Mortandad muestran una gran diversificación de los peces, anfibios y reptiles.

En el mar, la vida debió recuperarse con mayor rapidez y, 10 millones de años después de la Gran Mortandad, ya aparecen escenarios plagados de **peces** y **plantas** nuevas y muy diversas. Este escenario submarino quedó exquisitamente preservado hasta nuestros días en el yacimiento de fósiles de la **biota de Luoping**, donde quedaron depositados 20 000 fósiles de animales del fondo marino de hace **243 MA**. En este fondo marino convivían plantas, herbívoros que se alimentaban de ellas, carnívoros que se alimentaban de los herbívoros, y carnívoros que se alimentaban de otros carnívoros. Junto a ellos, estaban los filtradores de plancton, y los carroñeros que se alimentaban de los desperdicios últimos de la vida. Así, todo el material biológico era reciclado de una forma u otra.

En la tierra, la vida también se recuperó de la Gran Mortandad, apareciendo nuevas especies. Los **reptiles** presentan entonces un vuelco evolutivo. Hasta la Gran Mortandad, los *sinápsidos* habían dominado a los *saurópsidos*. Sin embargo, esta extinción afecto más profundamente a los sinápsidos, con lo que los saurópsidos pasaron a dominar la tierra durante **los siguien-**

tes 100 MA (dinosaurios, pterosaurios, ictiosaurios, cocodrilos...). Los **sinápsidos** que sobrevivieron a la Gran Mortandad, habían dejado de estar en la parte alta de la cadena alimentaria, pasando de activos depredadores a temerosas presas. En estos largos millones de años, la mente interactiva de nuestros ancestros debió de adquirir las habilidades necesarias para escapar, ocultarse, conseguir alimento y proteger a su descendencia de otros animales de mayor envergadura. Estas nuevas habilidades no son las habilidades contrarias a las que adquirieron sus ancestros depredadores, sino más bien habilidades complementarias.

Los sinápsidos se hicieron homeotermos, con lo que pudieron mantener estable la temperatura y cazar animales más pequeños tanto de día como de noche. Ahora las reacciones químicas de sus cerebros no estaban condicionadas por los cambios de temperatura, y las habilidades intelectivas y motoras de la mente interactiva comenzaban a estar operativas tanto de día como de noche, y tanto en verano como en invierno. Se desarrolló el pelo de la piel, facilitando aún más la adaptación térmica, especialmente la de los depredadores sinápsidos más pequeños. También se desarrolló el sentido de la vista, y con él comenzó a configurarse un cerebro capaz de procesar grandes caudales de información visual. El endoesqueleto se hace más ligero y resistente, lo cual supone un importante ahorro energético, a la par que mayor facilidad para los movimientos de caza o huida. La articulación entre las extremidades inferiores y el tronco también cambia, y las patas se desplazan desde una posición lateral al tronco, hacia regiones más ventrales. Con las patas en posición inferior (tetrápsidos), los sinápsidos pueden mantenerse erguidos y desplazarse con mayor facilidad, aunque estos cambios puedan luego tener, como los humanos sabemos por experiencia, repercusiones sobre la salud vertebral.

La gestación se alarga, con lo que la descendencia pasa más tiempo bien alimentada, y en lugar seguro, antes de ser arrojada al mundo exterior. Se desarrolla la conducta de amamantar a las crías, lo que, junto con las nuevas habilidades para su cuidado y protección, permite un tiempo extra para el desarrollo postnatal de habilidades de los recién nacidos. Antes, con gestaciones más cortas y sin ayuda especial tras el nacimiento, los animales tenían que llegar al mundo con las habilidades básicas necesarias para sobrevivir en un medio hostil. Ahora hay más tiempo para el desarrollo cerebral, antes de que los descendientes se enfrenten finalmente a las impredecibles circunstancias de la vida postnatal. Disponer de más tiempo es dar nuevas oportunidades a la evolución para que pueda desarrollar nuevas funciones cerebrales. Las crías de las especies que disponen de mentes más complejas, suelen necesitar más tiempo para la maduración postnatal de su cerebro (ej. la rata no se hace independiente hasta 22 días después del nacimiento, mientras que nosotros necesitamos algunos años más). Las nuevas adquisiciones filogénicas de la mente interactiva solo resultarán útiles si las crías disponen de la protección parental que permita su desarrollo postnatal. Todo ello acabará determinando la aparición de mecanismos para el cuidado y protección de las crías, mecanismos que estarán plenamente operativos en los mamíferos. Pero antes de llegar a ellos, hemos de volver a nuestros ultratatarabuelos, los reptiles sinápsidos que compartieron escenario con los reptiles saurópsidos durante sus 100 MA de dominación.

Durante la dominación saurópsida, los sinápsidos continuaron evolucionando. A partir de los *sinápsidos* **pelicosausios**, aparecen los terápsidos, los cuales ya disponen de diversificación dental, patas posteriores con disposición inferior, y estructuras musculoesqueléticas que permiten la incorporación sobre las patas traseras. El primer tetrápsido pudo ser el **tetraceratops insignis**, animal de un metro que vivió hace **275 MA** en una zona correspondiente a la actual Texas. De estos animales evolucionaron los cinodontes (cynodontia), especies carnívoras más pequeñas, pero que desarrollaron cerebros más voluminosos y especializados. Estos animales ya presentan el paladar secundario característico de los mamíferos, un paladar que al separar las fosas nasales de la boca permite respirar mientras se come. Un ejemplo de cinodontes fue el **thrinaxodon** (260 MA), especie clave para la evolución de los reptiles hacia los verdaderos mamíferos. Era un carnívoro peludo con aspecto de tejón de ½ metro de largo. Tenía paladar secundario y una caja torácica independiente, y probablemente separada del abdomen por un diafragma. A pesar de todas estas características de mamífero, seguía poniendo huevos. Hace **245 MA** aparece el *thrinaxodon* (por evolución de los cinodontes), y de este surgen los **eucinodontes** (*eucynodontia*). Al crecimiento progresivo de los saurópsida respondieron los sinápsidos haciéndose cada vez más pequeños (menos apetecibles) y mejorando todo el resto de funciones ya comentadas (activos día y noche, inteligentes, atentos y ocultos...). Aparecieron así los **probainognathia**, que resultaron ser más pequeños y peludos, y disponer de un mayor metabolismo y mejor termorregulación. De estos surgen, hace unos **225 MA**, los **mammaliaformes**, animales con aspecto de roedor que finalmente darán lugar a los mamíferos.

Capítulo 18
Los mamíferos y la
mente interactiva

Los **primeros mamíferos** tenían un aspecto de insectívoros asustadizos de pequeñas dimensiones[105,176]. Muchos eran parecidos a las musarañas, aunque hubo excepciones de mayor tamaño como el **ropenomamus** (125 MA) o el **castorocauda** (164 MA). El *ropenomamus* fue un mamífero de ½-1 metro (6-14 kg) parecido al tejón, que asaltaba nidos de dinosaurio en regiones que hoy se corresponden con la provincia china de Liaoning. El *castorocauda* fue un mamífero de ½ metro de largo con un aspecto intermedio entre castor y nutria. Estos mamíferos primitivos evolucionaron (theriiformes, holotheria, theria, euteria y placentaria) hasta que, hace unos **66 MA**, se produce la **Extinción del Cretácico**, un acontecimiento con el que nuestros tatarabuelos cambiaron drásticamente.

Tras 100 MA escapando de grandes réptiles saurópsidos, la evolución se apiadó de nuestros ancestros y jugó a nuestro favor. Como ya hemos podido comprobar, la evolución no se anda con chiquitas, y de vez en cuando produce cambios radicales que aprovechan las extinciones generadas por catástrofes intercurrentes para romper el *status quo* de las especies vivas. Nuestros ancestros sinápsidos habían sido los grandes perdedores de la extinción masiva producida durante la Gran Mortandad. Algunos sinápsidos consiguieron resistirse a esta extinción desarrollando nuevas habilidades que luego les permitieron sobrevivir a la extinción masiva del Cretácico, de la cual emergieron como grandes triunfadores. La extinción de finales del Cretácico acabó con el 75 % de las especies de la tierra, especies entre las que se encontraban muchos de los depredadores que nos habían mantenido en su despensa durante **100 MA**. Con la extinción del Cretácico, los mamíferos salieron de la despensa para acabar siendo las especies dominantes en la mayor parte de los nichos del planeta. Con ellos se desarrolló la mente interactiva.

La mente interactiva: algunos conceptos básicos

Hasta aquí hemos presentado de forma esquemática las circunstancias principales que permitieron el desarrollo del dispositivo de soporte de la mente interactiva en nuestro planeta. Los individuos con mente interactiva disponen de una mente proactiva retrofleja contextualizada, una mente orientada hacia la supervivencia del individuo. También disponen de una mente interindividual que, como la de las hormigas, facilitan las respuestas adaptativas de grupo. Todas estas mentes previas son integradas de forma efectiva en la nueva mente interactiva, lo que multiplica la efectividad que estas mentes tienen cuando actúan de forma separada. Para que esto haya sido posible, la evolución tuvo que desarrollar vínculos grupales en los individuos, así como herramientas que faciliten su comunicación e interacción dentro del grupo. Ambas circunstancias han sido estudiadas por la etología en los últimos 50-70 años. A continuación, presentaremos las características fundamentales de estas interacciones, para luego, y como hemos venido haciendo hasta aquí, comentar un ejemplo ilustrativo que, en este caso, será el del chimpancé y el bonobo. Empezaremos exponiendo algunos conceptos útiles para entender la mente interactiva desde la perspectiva biológica[345,346]. Para ello comentaremos brevemente cuatro conceptos básicos sobre el funcionamiento de la mente interactiva, el patrón fijo de conducta, la comunicación intraespecífica, el comportamiento apetitivo y el mecanismo desencadenador innato.

El **patrón fijo de conducta** está constituido por secuencias motoras complejas y bien estructuradas, que facilitan la adaptación de los animales a sus circunstancias habituales y la interacción entre los animales de la misma especie. Son patrones motores heredados genéticamente y presentes en todos los individuos de la misma especie. No se adquieren por aprendizaje, como se demuestra, por ejemplo, administrando somníferos a renacuajos recién nacidos. Al estar dormidos, estos animales no pueden aprender a nadar observando a otros animales. Sin embargo, en cuanto se les retira la narcosis comienzan a nadar con patrones motores bien estructurados. El patrón motor utilizado para nadar es heredado y no precisa ser aprendido por el renacuajo. Los polluelos de gallina, recién salidos del huevo, son capaces de correr y picotear granos de comida, de escarbar en el suelo y de beber.

Los animales dotados de mente interactiva, disponen de patrones fijos de conducta específicamente orientados a la **comunicación intraespecífica**. Esta comunicación no es exclusiva de la mente interactiva, y también puede observarse en animales con otras mentes, como las hormigas o las abejas. No obstante, la comunicación intraespecífica resulta especialmente importante para el funcionamiento de la mente interactiva, donde adquiere una alta plasticidad. Un ejemplo de esta plasticidad puede observarse en la rata de laboratorio. Las crías separadas de sus madres emiten un ultrasonido de 33 000 Hz, que activa en la madre patrones conductuales de búsqueda y protección de la cría. Si gravamos estos sonidos, su reproducción posterior mediante un altavoz hace que la madre intente entrar en el altavoz por todos los medios. Si disponemos un laberinto que dificulte la entrada de la rata en el altavoz, esta persistirá en su intento, hasta encontrar un patrón conductual que le permita atravesar el laberinto, y aproximarse a la cría para responder a su solicitud de ayuda. Por tanto, el patrón de comunicación sonora entre la cría y su madre está determinado genéticamente. Sin embargo, el patrón motor de la madre para la búsqueda de la cría es plástico y se adapta a las circunstancias del momento.

Otro factor que facilita la interacción de los individuos dentro del grupo es el denominado *comportamiento apetitivo*. Las conductas apetitivas son: 1.- activadas por el estatus interno del animal (ej. grado de hidratación); 2.- orientadas hacia un objetivo específico (ej. buscar agua); y 3.- mediadas por patrones motores plásticos que se adaptan a las circunstancias del momento (patrones muy diversos y no tan estereotipados como los patrones fijos de conducta ya comentados). Los comportamientos apetitivos también son utilizados para facilitar la conducta social de los animales con mente interactiva. Este es el caso, por ejemplo, de la interacción sexual en mamíferos. La rata hembra no muestra patrones de conducta sexual salvo en las horas previas o siguientes a la ovulación. En estos momentos, el incremento de hormonas sexuales hace que la hembra sea receptiva y proclive a copular. Si en estas condiciones interponemos algún obstáculo entre el macho y la hembra (ej. un laberinto), estos desarrollan distintas estrategias para sortearlo, estrategias que, en el caso de las mentes interactivas más desarrolladas, pueden llegar a ser verdaderamente creativas. Otro ejemplo del papel del comportamiento apetitivo en los animales con mente interactiva nos lo ofrece la conducta sexual de los primates. Los bonobos, por ejemplo, presentan patrones de conducta sexual que no están necesariamente orientados a la reproducción. Pueden tener conductas bisexuales, algunas de las cuales están destinadas a reducir tensiones dentro del grupo y evitar agresiones intraespecíficas. Los bonobos rara vez son agresivos y prefieren resolver sus problemas mediante encuentros sexuales.

Tampoco el comportamiento apetitivo es exclusivo de la mente interactiva, y ya aparece en animales situados en posiciones más primitivas del árbol evolutivo. Un ejemplo de comportamiento apetitivo en sujetos sin (o con escasa) mente interactiva nos lo ofrecen algunos peces cíclidos como el *etroplus maculatus* o el *geophagus brasiliensis*. Estos peces presentan, de forma periódica, conductas agresivas entre ellos. Si no tienen oportunidad de activar estas conductas, serán incapaces de reproducirse, ya que, en lugar de copular con la hembra, la atacará. Esta agresión puede evitarse permitiendo que una interacción entre machos facilite la liberación de la pulsión agresiva. Una vez la pulsión agresiva ha sido «descargada», el macho ya queda habilitado para copular con la hembra sin que medie agresión alguna. Aquí tendríamos dos conductas apetitivas contradictorias, la apetencia agresiva (útil para generar rango social en el grupo de peces) y la apetencia sexual (necesaria para la reproducción y el sostenimiento del grupo). En la mente más primitiva de estos cíclidos, los impulsos compiten entre ellos por el control de la conducta, no mostrando la plasticidad adaptativa que podemos observar en animales con mente interactiva. La comparación de la conducta sexual de cíclidos y bonobos muestra cómo, aunque el comportamiento apetitivo está en ambos animales, su acción es completamente diferente cuando está mediado por mentes interactivas.

Otro factor que facilitó las relaciones sociales de los individuos con mente interactiva es el denominado *mecanismo desencadenador innato*[345,346]. Se trata de un mecanismo por el que se activan patrones conductuales solo en presencia de estímulos sensoriales muy selectivos (estímulos clave). Los estímulos clave actúan como una llave en una cerradura, ya que solo la llave específica (estímulo clave) es capaz de hacer girar la cerradura (patrón fijo de conducta). Por ejemplo, para que la gaviota plateada haga rodar los huevos hacia el nido, estos deben tener manchas. Muchos estímulos clave son más dinámicos (ej. secuencias de imágenes) que estáticos (ej. imágenes fijas). Por ejemplo, los lobos y los perros pueden generar toda una batería compleja de «expresiones faciales», que trasmiten a otros animales de su especie su disposición a generar distintos tipos de conducta. La intención de huir se manifiesta retrayendo las comisuras de la boca y moviendo las orejas hacia atrás. Por el contrario, la intención de luchar se manifiesta abriendo ligeramente la boca, dirigiendo el labio superior hacia delante y arrugando el hocico y la frente. Estas expresiones son diferentes en cada especie (conductas específicas de especie), siendo más variadas y relevantes en las especies con mayor interacción social, que en aquellas cuyos individuos llevan una vida más solitaria. El lobo y el zorro son ejemplos de esta circunstancia. El lobo es un animal que caza en grupo y precisa de una mayor comunicación social para facilitar la coordinación de los miembros de la manada durante la caza. El zorro, en cambio, es un cazador solitario, por lo que su repertorio de expresiones es mucho más pobre.

El desarrollo filogénico de comportamientos apetitivos, patrones fijos de conducta y mecanismos desencadenadores innatos facilitó enormemente la aparición de interacciones sociales en individuos con mente proactiva retrofleja. Mediante estos mecanismos adaptados a la comunicación social, las mentes individuales interaccionan hasta desarrollar grupos que multiplican sus capacidades individuales. De esta manera, lo mejor de la mente «individual» se suma a lo mejor de la mente «grupal», apareciendo individuos muy inteligentes que, además, colaboran con otros miembros de su grupo. Estos individuos con mente interactiva, resultan mucho más adaptativos que aquellos que solo disponen de una mente proactiva retrofleja individualista, o una mente interindividual con una rica actividad grupal pero escasa inteligencia individual. Un ejemplo de mente interactiva evolucionada nos lo ofrecen los mamíferos más próximos a nosotros, los primates. A continuación, comentaremos los dos primates más cercanos al ser humano, los chimpancés y los bonobos.

El origen de los primates

Los **primates** son mamíferos que aparecen hace unos **55 MA**, aunque los más primitivos pudieron aparecer con anterioridad (hace unos **80-90 MA**)[105,176]. Se trata de mamíferos cuadrúpedos con cola, que se han diversificado en unas 200 especies de distinto tamaño y que oscilan entre los 30 gramos del lémur ratón y los 250 kg del gorila. De estas 200 especies, perviven actualmente unas 120 especies de monos y simios. Son animales visuales con ojos frontales, que les permiten una aguda visión estereoscópica. Presentan un desarrollo funcional especial de los extremos de los miembros, disponiendo de dos manos en las que las garras han sido sustituidas por uñas, lo que facilita la sujeción y manipulación precisa de objetos. En relación con su cuerpo, presentan un desarrollo desproporcionado del cerebro, circunstancia esencial para su supervivencia. En su mayor parte se trata de animales indefensos que sobreviven por su gran capacidad para detectar depredadores a distancia, huir a tiempo y ocultarse en espacios reducidos, donde ellos son los animales de mayor tamaño. Los primates se clasifican como: 1.- primates del *Viejo Mundo* (África y Asia) vs. primates del *Nuevo Mundo* (América); 2.- primates *Prosimios* (lémures...) vs. primates antropoides o simiformes (monos, simios, humanos...); y 3.- primates *Astrepsirrinos* vs. primates *Haplorrinos* (entre los que están los antropoides).

Aunque el origen de los **primeros primates** no está claro[105,176,344,347-352], los estudios moleculares sugieren que pudieron ser el resultado de mutaciones que ocurrieron hace más de **60 MA** en los mamíferos euarcontos (*euar-*

chonta). Tras su aparición, los primates se distribuyeron y diversificaron por todo el planeta. Se han encontrado vestigios fósiles de primates en Marruecos (*altiathasius koulchi* hace 57 MA), China (*archicebus* de hace 55 MA), en la región del Misisipi en Estados Unidos (*theilhardina* hace 56 MA), en Europa (*notharctus* hace 55 MA), en Egipto (*afrotarsius* hace 50 MA), en Madagascar (*adapis* hace 50 MA), en Alemania (*darwinius* hace 47 MA), en **África** septentrional (*aegyptopithecus* hace 34 MA), en Bolivia (*branisella* hace 25 MA), en Argentina (*tremacebus* hace 25 MA), en Asia (*orangutanes* hace 15 MA), en la India (*indraloris* hace 15 MA y *sivapithecus* hace 12 MA), y en Etiopía (*chororapithecus* hace 10 MA).

La evolución de los monos y los simios es compleja, y los expertos no disponen de una clasificación consensuada. No realizaremos aquí una descripción pormenorizada de esta evolución, comentando solo algunos de los animales que parecen estar en la ruta que conduce al *Homo sapiens*. De los **simiformes** aparecidos hace unos **30 MA** surgieron los **platirrinos** (mono araña, mono aullador...), los **cercopiotecoideos** (mandril, langur, násico...), y los **hominoideos**. Una de las tres ramas de los hominoideos genera los **homínidos** (póngidos) que luego se diversifican en distintas ramas evolutivas de las que aparecen los **orangutanes**, los **gorilas** y los **chimpancés**... Ocupan hábitats muy diversos que abarcan desde los bosques tropicales y las sabanas hasta cumbres nevadas. Son herbívoros que comen frutas y hojas, aunque algunos comen carne de forma ocasional, organizando grupos de caza para depredar otros mamíferos más pequeños. Viven en grupos familiares, y tienen una esperanza de vida de 25-35 años (la del ser humano, cuando vivía en un medio natural, era de 20-25 años).

De un ancestro común no identificado surgieron los **gorilas** (hace 10 MA), y luego los **paninis** (hace 8 MA). Los gorilas son herbívoros, pueden llegar a medir 2,3 metros y a pesar hasta 275 kg. Viven normalmente en pequeños grupos familiares formados por un macho, varias hembras y varias crías. Los **paninis** (Pan), vivían principalmente en el lado oeste del Gran Valle del Rift y en zonas boscosas de África central. Ellos son nuestros hermanos vivos más cercanos. Hay dos especies de Pan, los **pan troglodytes** (chimpancé) y los **pan panicus** (bonobos). Humanos y animales Pan provienen de un ancestro común ya desaparecido y aún desconocido. Los humanos y los Pan nos separamos hace unos **5,5 MA**. Los Pan continuaron evolucionando hasta separarse en chimpancés y bonobos hace **2,5 MA**. De la evolución de los homínidos hablaremos posteriormente. Ambos Pan son animales musculosos con más de 40 kg de peso, si bien los chimpancés son algo más musculosos, mientras que los bonobos parecen más delicados e «intelectuales». En general son herbívoros que prefieren las frutas, pero que también comen frutos secos, hojas, flores y, ocasionalmente, carne. Inicialmente, los bonobos no habían sido identificados como una especie diferente de los chimpancés propiamente dichos, por lo que ambos eran incluidos en el grupo de los chimpancés. De hecho, en Francia los bonobos suelen referirse como «chimpancés de la orilla izquierda», ya que su habitat principal está en la orilla suroccidental del río Congo. Muchas de las observaciones que comentaremos a continuación fueron hechas antes de que se identificaran a los bonobos como una especie diferente, por lo que están referidas al grupo genérico de chimpancés. Sin embargo, hoy sabemos que las conductas sociales de ambas especies son muy diferentes, por lo que al final del capítulo haremos comentarios relativos a esta diferencia. Entre los primates antropoides, los más cercanos a nosotros son los chimpancés y los bonobos, y actualmente existe una acalorada discusión sobre cuál de ellos es el más próximo. No es una discusión baladí, ya que, como veremos, nuestra «herencia social» sería muy diferente si genéticamente estamos más cercanos a una especie o a la otra.

El componente contextualizado de la mente interactiva de los Pan

El ancestro de los Pan y los homínidos debía disponer de la **mente interactiva** más desarrollada de hace unos **8 MA**. Esta especie se extinguió, pero hoy podemos estimar su inteligencia individual y su comportamiento social, estudiando sus descendientes directos vivos, los Pan chimpancés y los Pan bonobos[350-358]. Comenzaremos comentando la mente individual (proactiva-retrofleja-contextualizada) de los chimpancés, centrándonos en tres aspectos de particular interés, la construcción de herramientas, la capacidad para resolver tareas espaciales y la capacidad para utilizar lenguajes abstractos. La mayor parte de estos estudios han sido realizados en chimpancés en cautividad, si bien algunos datos están referidos a observaciones realizadas en su medio natural.

Los chimpancés fabrican y utilizan gran variedad de **herramientas**. La primera descripción de chimpancés utilizando herramientas fue realizada durante el segundo decenio del siglo pasado en la isla de Tenerife (Islas Canarias). *Wolfgang Köhler* vino a esta isla con un encargo de la Academia Prusiana de la Ciencia. Se trataba de determinar si los animales son inteligentes o meros autómatas con una respuesta estereotipada al entorno. Se aceptaba entonces que, de ser inteligentes, los animales que podrían disponer de esta cualidad de forma más marcada debían ser los chimpancés[359]. Los chimpancés capturados en África fueron inicialmente trasladados a Alemania, pero todos murieron. Se decidió entonces que las nuevas capturas debían ser trasladadas a un medio más parecido a su medio natural, el norte de la isla de Tenerife. Se creó allí el primer laboratorio de primates antropoides, estudiándose la conducta de los chimpancés (y quizás de algunos bonobos) entre los años 1914 y 1917.

Una de las observaciones más sorprendentes de los estudios de *Köhler* fue la capacidad de los chimpancés para elaborar herramientas y utilizarlas luego para resolver tareas específicas. Por ejemplo, los chimpancés eran capaces de apilar cajas o unir palos para acceder a un plátano, que había sido situado a una altura que el animal no podía alcanzar directamente. Mucho después, en los años 60, la *Dra. Jane Goodall* hizo observaciones similares con chimpancés en libertad. En sus estudios en *Gombe* observó, por ejemplo, un chimpancé que introducía una brizna de hierba en un termitero y, tras sacarla, se la llevaba a la boca. La *Dra. Goodall* repitió la misma conducta, observando como las termitas se agarraban con sus mandíbulas a la hierba, lo cual era utilizado por el chimpancé para «pescarlas» e ingerirlas. Estas son solo dos de las múltiples observaciones que muestran a los chimpancés haciendo herramientas con materiales diversos (ramas, piedras, hierbas, hojas...), y usándolas para capturar termitas u hormigas o para acumular agua, miel o nueces.

Se han identificado hasta 18 variantes de uso de herramientas por los chimpancés, muchas de las cuales son específicas de comunidades concretas. Un ejemplo es el uso de dos piedras, a modo de martillo y yunque, para partir frutos de cascara dura, una actividad utilizada exclusivamente por chimpancés del este de África. Algunos objetos pueden ser utilizados también como armas (ej. como lanzas para cazar) o, simplemente, como utensilios para la autolimpieza. En ocasiones, el mismo objeto puede ser utilizado con múltiples finalidades, lo que requiere una manifiesta capacidad de planificación. También se ha documentado el uso de plantas que, autoadministradas por los chimpancés enfermos, hacen las veces de medicinas naturales.

Los chimpancés también muestran habilidades para resolver **problemas espaciales** mediante una representación interna del entorno, una habilidad que ya quedó manifiesta en los estudios iniciales de *Köhler*. En algunos de estos estudios se introducía a un chimpancé en una habitación desde donde podía ver un plátano situado frente a una ventana, pero al que no podía acceder directamente. Inicialmente, el chimpancé realizaba distintos intentos para acceder a la fruta, incluyendo una solicitud gestual para que el cuidador le acercara el plátano y el subsiguiente enfado cuando este no accedía a su solicitud. Después de múltiples intentos, el chimpancé detenía toda actividad durante unos segundos, permaneciendo con la mirada fija, como «pensando». A continuación, iniciaba súbitamente una carrera hacia la parte posterior de la habitación, abría una puerta para acceder al pasillo lateral y, desde ahí, salía, por otra puerta, al exterior de la casa, desde donde podía acceder directamente a la fruta. No se trataba de un movimiento errático de ensayo y error, que hiciera que, tropezando aleatoriamente con las paredes de la habitación y el pasillo, facilitara el hallazgo eventual del plátano. Se trataba de una conducta «meditada» durante los segundos de inactividad comentados, una conducta que una vez decidida se ejecutaba de forma rápida y precisa. El problema se había resuelto durante la inactividad, utilizando algún tipo de «representación interna». Luego, simplemente se habían ejecutado los patrones motores que habían funcionado bien en esta representación. «Paradas de actividad» similares fueron observadas por Köhler ante distintos problemas, y en todos los casos la solución motora final siempre fue directa y rápida. Tanto el uso de herramientas como la solución de problemas espaciales nos muestran la gran capacidad de los chimpancés para contextualizar las situaciones y buscar, en los escenarios «virtuales» de su mente, las soluciones deseadas. Se trata, por tanto, de una poderosa mente contextualizadora, una mente más profunda que la de otras mentes contextualizadoras ya comentadas, como la del pulpo.

El uso de **lenguajes abstractos** es otro ejemplo que muestra la inteligencia individual de los chimpancés, y su habilidad para comunicarse con otros miembros de su especie y generar conductas sociales bien adaptadas[360]. Distintos estudios que se han venido realizando en universidades americanas desde los años 60, han puesto en evidencia la capacidad de abstracción y comunicación de los grandes simios, incluyendo el uso de lexigramas y el manejo de ordenadores[353,361-367]. Los resultados iniciales asombraron a la comunidad científica. Algunos chimpancés, como la hembra *Washoe*, aprendieron hasta 300 palabras del lenguaje de signos para sordomudos, y luego la enseñaron a sus compañeros. Aunque se trata de un lenguaje limitado, estos animales aprendieron a formar frases con sujeto, verbo y predicado (ej. «quiero una manzana», «quiero jugar»...), utilizándolas además en las circunstancias adecuadas. En ocasiones, las frases generadas no se habían usado nunca antes, ni por los entrenadores del laboratorio ni por los propios chimpancés. Esto demuestra que no se trataba de repetir algo ya observado para conseguir los mismos fines que en la ocasión anterior. Se trataba de generar nuevos mensajes para alcanzar nuevos objetivos.

Estos monos también pueden realizar ciertos cálculos como sumar, restar y reconocer fracciones. Además, disponen de una memoria visual (ej. para recordar el orden de números presentados por la pantalla del ordenador) que es al menos tan amplia como la de los humanos. Algunos primatólogos creen que, durante los primeros 18 meses de vida, la inteligencia de los chimpancés y de los humanos es similar. Luego, con la aparición del lenguaje, la inteligencia crecerá muy rápidamente en los humanos, mientras que la de los primates alcanza una meseta y permanece estancada. Estos estudios nos muestran que el uso de lenguajes abstractos para la comunicación social es anterior a la aparición del ser humano. En el cerebro humano, los lenguajes abstractos alcanzan unos niveles sorprendentes, y muy superiores a los que pueden alcanzar en el cerebro del chimpancé. El uso sistemático y masivo de lenguajes abstractos es una de las características de nuestra especie y, como veremos, es una de las herramientas principales que impulsaron la aparición de la mente abierta que comentaremos con posterioridad.

Por tanto, la mente interactiva alcanza en los primates de hace 8 MA, unas cotas de desarrollo muy elevadas, facilitando la aparición de los primeros vestigios de lenguaje abstracto, y el comienzo del uso de estos lenguajes en la comunicación entre los individuos del grupo. Estábamos a las puertas del desarrollo de la protocultura. Recordemos como las grandes habilidades mentales del pulpo (animal utilizado como ejemplo de mente proactiva retrofleja contextualizada) estaba orientada principalmente a la supervivencia individual. Los primates disponen de una mente similar, solo que más poderosa y, además, compatible con una integración social compleja.

Los mayores grados de integración social los habíamos encontrado en la mente interindividual, una mente que, como mostramos para el caso de las hormigas, es capaz de resolver problemas muy complejos basándose en la interacción social de los individuos que la componen. Para que esta modalidad de mente funcione es necesario que los sujetos que la integran (las hormigas en nuestro ejemplo) tengan un comportamiento relativamente simple y ampliamente predecible. En este caso, la inteligencia de la especie está principalmente cimentada en la dinámica del grupo, una dinámica que precisa de individuos más o menos «automáticos». Además, la conducta de los individuos de la mente interindividual ha de estar dirigida por un marcado componente altruista, de forma que el interés del grupo se imponga siempre al interés de cualquiera de los individuos que lo componen. Como veremos a continuación, la mente interactiva consigue desarrollar una alta «inteligencia social», pero conservando altos niveles de «inteligencia individual». En estas condiciones, la inteligencia individual y la inteligencia social se multiplican, y los resultados finales incrementan la adaptación de la especie de forma espectacular. No obstante, y como comentaremos con posterioridad, la integración grupal de las capacidades intelectuales de los individuos no es siempre fácil, y muchas especies no consiguieron los resultados que cabría esperar y se extinguieron.

El componente interindividual de la mente interactiva de los Pan

Los chimpancés viven en comunidades compuestas por entre **15 y 120 individuos** de todas las edades y sexos. Machos y hembras no se asocian en familias sino en jerarquías separadas[353]. Las comunidades tienen **jerar-**

quías bien marcadas, con un **macho dominante** que a veces forma coaliciones con otros machos del grupo[368-370]. Los grupos de chimpancés suelen ocupar territorios bastante extensos, y permanecer en ellos durante años. Los adultos mantienen continuas interacciones conductuales que facilitan la organización de la comunidad. El sistema social sigue una dinámica de **fisión-fusión**, por la cual se forman y rompen continuamente subgrupos dentro de la comunidad global. Los subgrupos tienen componentes variados que pueden incluir solo machos adultos, hembras adultas con sus crías, grupos mixtos, individuos solitarios, una hembra sola con su descendencia, etc. Tienen una pervivencia corta, durante la cual realizan tareas concretas, como la búsqueda de alimento.

Las conductas que facilitan la formación del grupo y su integración operativa son complejas y variadas[370-374]. **Conductas afiliativas** como abrazarse, besarse, limpiarse mutuamente, jugar o cooperar, fomentan la cohesión entre individuos o la creación de vínculos. **Conductas agonísticas** como a las demostraciones de fuerza, las amenazas o las agresiones, facilitan la creación de una jerarquía de mando dentro del grupo. Los miembros del grupo suelen cooperar en la búsqueda de alimento, siempre comparten la comida y, cuando la encuentran en grandes cantidades, avisan a los otros miembros mediante gritos, aullidos y golpes en las ramas de los árboles, para que estos vengan a compartir la comida.

Algunas hembras jóvenes abandonan su comunidad a la búsqueda de una comunidad nueva, mientras que los machos permanecen en su comunidad natal, donde todos los machos tienen algún grado de parentesco. Los chimpancés hembra anuncian su período fértil con una hinchazón genital visible, periodo en el que suelen copular con varios machos. El apareamiento público con distintos machos de la comunidad impide la asignación de paternidad, lo cual resulta útil para evitar los infanticidios que pueden realizar los machos sobre los infantes que saben que no son sus descendientes. La cría es totalmente dependiente al nacer, y precisará de una asistencia materna continuada durante el primer año de vida. A partir de los 6 meses, la madre la transporta en su espalda, y a partir del primer año, le permite jugar a su alrededor bajo su constante vigilancia. La madre es clave en la vida de los infantes, facilitando su alimentación, su desarrollo y la adquisición de conocimientos, y protegiendo a las crías de los múltiples peligros que normalmente las acechan. El destete se produce a los **4-5 años** de edad, aunque los chimpancés no serán completamente independientes hasta los 6-9 años, y normalmente mantienen el vínculo materno durante toda la vida. Si la madre muere antes del destete, la cría tiene pocas probabilidades de sobrevivir por sí sola, a menos que algún hermano mayor u otro chimpancé sin parentesco directo la adopte.

Los grupos de chimpancés presentan una organización interna compleja, que en un primer momento sirve para proteger y facilitar el desarrollo de las crías durante su larga maduración postnatal, y que luego afectará a la mayor parte de las esferas de la vida de estos animales. Como comentamos, los chimpancés pueden aprender a construir herramientas útiles para la obtención de alimento y para su defensa. Estas herramientas pueden ser transferidas a otros miembros de la comunidad que soliciten ayuda, lo cual ocurre incluso cuando los dos animales no tienen parentesco, y cuando no existe posibilidad de que el compañero que se beneficia de la ayuda pueda devolver el favor de manera inmediata.

Los chimpancés presentan una tendencia instintiva a la colaboración, y muchas tareas colaborativas se generan espontáneamente, y sin que medie un **adiestramiento previo**. Por ejemplo, estos animales pueden colaborar espontáneamente manipulando interruptores que no pueden ser accionados individualmente pero que, con la acción coordinada de dos o tres chimpancés, permiten el acceso a la comida. Esta cooperación se produce espontáneamente, siendo los propios chimpancés los que eligen a los compañeros que deberán asociarse y cooperar. Tras una elección mutua, los grupos inician su tarea conjunta, generando una sincronización motora sin la cual no hay acceso al alimento. Ningún miembro del grupo acciona su manivela si otro miembro del grupo no está preparado aún. Esta acción puede ser objeto de un «entrenamiento grupal» que, como ocurre en los equipos de fútbol, mejora el rendimiento del grupo.

A partir de los estudios de Kinji Imanishi realizados en Japón en la década de los 50, se sabe que los chimpancés pueden trasmitir a otros chimpancés del grupo, los nuevos conocimientos y habilidades adquiridos a partir de la experiencia. Esta transmisión interindividual fue luego verificada por otros grupos, que mostraron que la transmisión de información puede generar tradiciones alimentarias o patrones de forrajeo características y estables. La información adquirida por el grupo complementa la información genética, adaptando la conducta de la comunidad a las circunstancias ambientales propias de cada grupo. Este ajuste adaptativo «fino» no sería posible contando solo con los genes, con lo que las habilidades adquiridas por cada animal han de ser trasmitidas directamente entre los miembros adultos del grupo.

La importancia de la interacción social en la vida del chimpancé también queda patente en sus **conductas altruistas**. La conducta altruista de los chimpancés[375-381] parece ser mucho más compleja que la observada en animales con mente interindividual como las hormigas. En el caso de las hormigas, los estudiosos indican que el altruismo es el resultado de la presencia de estímulos desencadenantes, especialmente de estímulos químicos. En el chimpancé, la conducta altruista es el resultado de un proceso complejo de comunicación, que incluye ciertos grados de empatía (sentirse como el compañero que está siendo observado). Los resultados muestran que los primates pueden intuir el estado mental de otros primates observando su conducta. Se ha descrito un amplio repertorio de conductas con capacidad para trasmitir información sobre el «estado emocional individual», trasmisión que puede modular la dinámica del grupo. Por ejemplo, una forma de saludar a un miembro del grupo de mayor rango es ofrecerle la mano abierta en posición supina, ofrecimiento al que el miembro de mayor rango responde dando un pequeño golpe con su mano en pronación sobre la palma de la mano que ha sido ofrecida. El resultado es que ambos se reconocen como miembros del mismo grupo, y que uno (el que ofrece inicialmente la mano en supinación) reconoce el mayor rango del otro (el que responde con una suave palmada en pronación). Otra forma de saludo, quizás más «efusivo», consiste en abrazar al compañero y besarlo en la boca. Un saludo apaciguador, en el caso de las hembras, es la presentación de sus genitales.

Las expresiones faciales también transmiten en los chimpancés una gran diversidad de informaciones que facilitan la interacción social. La sonrisa y la risa son dos medios de comunicación entre chimpancés. En estos animales, sonreír consiste en abrir la boca y enseñar los dientes, lo cual es considerado como un saludo amistoso. Los chimpancés que quieren tranquilizar a otros chimpancés de rango inferior, les enseñan sus dientes centrales mediante una sonrisa muda vertical. Los chimpancés que quieren apaciguar a otros de rango superior les enseñan todos sus dientes mediante una sonrisa muda horizontal. El equivalente de la risa es una apertura «relajada» de la boca que habitualmente se asocia a la intención de morder «de broma», como en los juegos infantiles. Esta expresión con frecuencia se acompaña de la emisión de algunos sonidos repetidos del tipo ah-ah. Mediante todas estas interacciones, los chimpancés pueden crear grupos amplios, y con ello disponer de mejores oportunidades para desarrollarse y sobrevivir en medios hostiles.

Chimpancé o bonobo, ¿cuál es nuestra estirpe?

La descripción realizada hasta aquí podría promover la falsa impresión de que la «colaboración social» de los animales Pan es directa y fácil. Como veremos, esto no es así. La interacción dentro del grupo es compleja e inestable, y utiliza un elevado porcentaje del tiempo y de las energías de los chimpancés y bonobos.

Para comenzar, hemos de indicar que el pegamento que permite la creación del grupo es completamente diferente en chimpancés y bonobos[377,382-388]. En ambos casos, la estructura grupal precisa de rangos sociales. Es necesario que el grupo se estructure internamente en función del grado de influencia de cada individuo. Ha de existir un animal, macho o hembra, que aglutine voluntades pero que tenga la última palabra en todas las decisiones. Este deberá estar sustentado por un subgrupo reducido de individuos que apoyen su liderazgo y que trasmitan a los demás la obligación de hacerlo. Por debajo de este segundo nivel, los otros miembros del grupo pueden asociarse para realizar tareas concretas que, no obstante, han de contar con el beneplácito del líder y de su grupo de apoyo.

Crear rango no es una tarea fácil, ya que todos quieren mandar y nadie quiere obedecer. Tanto chimpancés como bonobos son animales poderosos que disponen de una estructura musculoesquelética hercúlea, de grandes dientes y de una agilidad motora sorprendente. Pesan menos que nosotros, pero si deciden atacarnos, nuestra capacidad para superar el ataque es limitada. Esta capacidad destructiva también se produce cuando unos animales de la manada atacan a otros. Por tanto, mantener el grupo unido, y hacer operativo el componente grupal de la mente interactiva, es una tarea compleja que precisa conseguir un delicado equilibrio inestable que hay que modular continuamente. La estrategia para mantener el grupo unido es radicalmente distinta en bonobos y chimpancés.

La elaboración de rango grupal en los chimpancés se realiza mediante competición violenta. Los chimpancés macho son más masivos y fuertes que las hembras, por lo que solo los machos podrán disponer de los recursos necesarios para dominar el grupo. Se trata, por tanto, de una sociedad machista. Las hembras también compiten entre ellas por alcanzar un *estatus* de poder, pero ese *estatus* siempre estará supeditado al de los machos. El poder es una obsesión permanente que guía sin cesar la conducta de los chimpancés macho. El poder supone grandes ventajas. El macho alfa come primero la mejor comida y solo él tiene acceso a todas las hembras del grupo. Los miembros del grupo de apoyo del macho dominante también reciben prebendas, pero siempre serán las que el macho alfa decida, y solo se otorgarán cuando este quiera. No obstante, ningún macho dominante puede mantener su estatus de poder si no consigue una «camarilla de apoyo» eficaz. Dos chimpancés son mucho más poderosos que un chimpancé solo, por mucho que este sea el animal más fuerte del grupo. El ataque coordinado de dos chimpancés puede terminar con la vida de cualquier miembro del grupo, así que el macho alfa ha de conseguirse una camarilla de apoyo que le permita repeler cualquier ataque. Una de las actividades principales del macho alfa consiste en amedrentar a cualquier retador potencial de su poder absoluto, haciendo alarde de sus grandes dotes físicos y de su capacidad para la acción despiadada. Esta sería, por así decirlo, su estrategia «militar». Otra parte de su actividad es de naturaleza «política». Se trata de buscar y mantener aliados, para lo cual hay que repartir prebendas entre ellos. Se les permite comer y copular con ciertas ventajas, de las que no dispone el resto del grupo.

Por debajo de la «camarilla de apoyo» se encuentran la mayoría de los integrantes del grupo, los cuales suelen ser de más de 20 o 30 individuos. A estos se les permite mantenerse dentro del grupo y obtener las ventajas derivadas de ello, pero solo si aceptan las «normas» que a cada momento dicta el líder. No obstante, el líder también ha de mantener el grupo unido y respetar la dinámica de conjunto de la manada. El ataque generalizado del grupo al líder y a su camarilla podría acabar con ambos, así que otra parte de la actividad del líder consiste en proporcionar ciertos niveles de bienestar a la mayoría de los miembros del grupo. Si esto no se consigue, la revuelta de la base podría acabar violentamente con el e*status quo* del grupo, y el líder llegaría al final de su mandato. Para evitar esto, lo habitual es que el macho alfa, una vez alcanzado su estatus, se comporte de forma «justa», también con los que están en los escalones más bajos del rango grupal. Los chimpancés tienen bajas probabilidades de sobrevivir por su cuenta y sin un grupo de soporte. Están, por tanto, interesados en que el grupo se mantenga y en que ellos puedan pertenecer a él. Para ello han de permitir la existencia de «escalafón» y la presencia de un líder en su cúspide. En ese contexto, la vida de los chimpancés de «a pie» podrá ser suficientemente agradable y llevadera, siempre y cuando no pretenda escalar de rango. Sin embargo, la vida del macho alfa es necesariamente estresante. Siempre deberá velar por el confort del grupo, por el apoyo de su camarilla personal, y por defenderse y luchar contra cualquier otro macho que lo pueda retar personalmente, o que pueda estar configurando su propia camarilla para acceder al poder.

Las ventajas adaptativas de un grupo de esta naturaleza han mostrado ser suficientemente importantes como para hacer que los chimpancés hayan sobrevivido allí donde otros primates más evolucionados, que veremos en el siguiente capítulo, se han extinguido. Han pervivido y se han expandido por diversas zonas del continente africano hasta nuestros días. Esto también puede decirse del otro grupo Pan, los bonobos.

Los bonobos también forman grupos que facilitan su adaptación al entorno. No obstante, el «pegamento social» que usan para mantener unido al grupo no es el poder, es el placer y el sexo[389-395]. Aquí la fuerza ya no es tan determinante, y la confección de alianzas que beneficien a la mayor parte de la comunidad y promuevan el confort general, es más importante que la amenaza y la fuerza bruta. En este caso, la columna que vertebra la estructura social está generada por las hembras. Se trata de una sociedad feminista que promueve la agrupación política de las hembras, las cuales, actuando de forma conjunta, pueden mantener a raya a los machos más fuertes, pero peor organizados.

Según los estudios publicados durante los últimos 20-30 años, las hembras bonobo elaboran su rango social utilizando elementos más sutiles y menos evidentes que el de los chimpancés macho. En el rango femenino de los bonobos influyen factores como la capacidad para interaccionar con otras hembras y la edad. La edad promueve rango y la interacción amigable también. Aquí, el sexo pasa de ser una actividad impuesta con acceso restringido a los poderosos, a ser una actividad general y cotidiana para todos los miembros del grupo. Este sexo no solo no genera violencia, sino que es utilizado para prevenir su aparición. Muchos de los conflictos sociales son mitigados mediante la práctica sexual, lo que hace que estos animales copulen varias veces al día, y en lugares públicos y generales. En ocasiones, algunas circunstancias pueden terminar en ataque físicos de unos miembros de la comunidad hacia otros, pero esto no es la norma y, cuando ocurre, son ataques con consecuencias muy limitadas. En el caso de los chimpancés los ataques son habituales y las consecuencias suelen ser tan graves que pueden ocasionar la muerte de alguno de los contendientes.

Nos preguntamos entonces, ¿a cuál de estos ancestros nos parecemos más?, ¿compartimos más con los bonobos que con los chimpancés? La respuesta no es sencilla, ya que nuestra mente abierta, de la que hablaremos en los próximos capítulos, nos permite comportarnos como ambos, o como ninguno de ellos. Compartimos muchísimos genes con cada uno de estos Pan, pero hemos adquirido la posibilidad de «reprogramarnos» y hacer que la influencia de los genes en nuestra conducta sea, en muchos casos, menos relevante que la influencia del aprendizaje y la cultura. Pero de ello hablaremos con cierto detalle en los próximos capítulos.

Para terminar este capítulo basta con un breve recordatorio del camino recorrido. Hemos comentado el desarrollo de la mente interactiva en nuestro planeta, trazando su migración desde el mar a la tierra y luego su evolución en tierra firme. La mente interactiva evolucionó a través de multitud de especies, que adquirieron las habilidades necesarias para facilitar la supervivencia de individuos con una inteligencia creciente, pero en el seno de grupos sociales cada vez más complejos. La mente interactiva aporta una inteligencia individual poderosa que facilita la supervivencia del individuo. También aporta una inteligencia social que facilita la supervivencia del grupo. Estas dos inteligencias parecen contradictorias. Mientras una hace prevalecer el individuo sobre el grupo, la otra permite que el grupo prevalezca sobre el individuo. La gran proeza de la mente interactiva es la de hacer compatibles ambas mentes. Se trata de conseguir un delicado equilibrio que cada especie alcanza a su manera. El resultado es que la inteligencia individual y la grupal se suman. Así ambas incrementan sustancialmente la adaptación individual y grupal, suponiendo grandes ventajas a la hora de competir con otras especies por el control del mismo nicho ecológico.

Capítulo 19
De la mente interactiva
a la mente abierta

La mente interactiva se desarrolló en individuos que disponían de habilidades tanto para adaptarse al medio ambiente como para integrarse en grupos cada vez más amplios e interactivos. Los individuos con mente interactiva disponen de una doble condición, con su mente proactiva retrofleja contextualizada pueden sobrevivir por sí solos, y con su mente interindividual se integran en grupos que incrementan aún más su adaptación al medio. La **mente abierta**, que visitaremos a continuación, supone un invento evolutivo radicalmente nuevo e inesperado. La mente abierta permite que una parte sustancial de la conducta, que antes estaba determinada por la herencia genética, pueda ser reprogramada ahora por el sujeto, o por el grupo al que pertenece. Dispone de innumerables programas heredados con los que se facilita su supervivencia, pero también puede desarrollar y ejecutar programas nuevos que le permiten comprender y manipular el entorno de una forma mucho más eficiente. Esta «apertura a lo diferente» les permite hacer una cosa y su contraria, y mostrar en su grupo conductas altruistas o depredadoras. Así, su conducta queda a expensas de las circunstancias del momento, y de factores personales y sociales muy diversos. Se heredan patrones conductuales fijos (herencia genética), pero también patrones derivados de la experiencia previa de su grupo (herencia cultural). A todo lo heredado, el sujeto con mente abierta añade su propia experiencia y la posibilidad de ir por caminos nuevos previamente no explorados.

Podríamos sustituir la denominación de *mente abierta* por la de *mente libre*, pero no lo haremos. El término *libertad* supone unas connotaciones culturales que no están plenamente justificadas en las mentes que describiremos a continuación. Por ello hemos preferido usar el término de *mente abierta*, indicando con ello que se trata de una mente cuya actividad depende más de lo aprendido que de lo heredado, más de las representaciones coyunturales que de la presencia de estímulos signo que, como vimos en el capítulo anterior, determinan la conducta de la mente interactiva.

De los Pan a los monos de transición

Comenzaremos haciendo algunas acotaciones relativas a como apareció y evolucionó la mente abierta a partir de las mentes interactivas precedentes. Hemos llegado hasta aquí viajando desde los primates (55 Ma), a los chimpancés y bonobos (8 Ma), y ahora continuaremos nuestro viaje evolutivo por los monos de transición, que darán lugar a los *Australopithecus* y finalmente a los *Homo*.

Como ya hemos comentado, los monos se habían adaptado a una vida arbórea que resultaba muy conveniente en un continente que, como el africano, disponía de extensiones inmensas de bosques, junglas y selvas. Esta adaptación iba a ser posteriormente troquelada por cambios climáticos que generaron una intensa presión evolutiva sobre una parte sustancial de los primates del viejo mundo, África. Los cambios climáticos no ocurrieron por igual en todo el continente, y esta inhomogeneidad repercutió de forma significativa en la evolución de los primates. Un ejemplo bien documentado hace referencia al *Gran Valle del Rift que se encuentra en* África oriental. El lado este del valle presentó una desecación progresiva, mientras que su lado oeste permanecía verde y arbolado. Los primates que vivían en ambos lados eran inicialmente iguales, pero comenzaron a ser sometidos a una presión evolutiva diferente. Los monos del lado este tuvieron que adaptarse a condiciones de secano y a vivir en una región con pequeños arbustos que ya no ofrecían la protección de los grandes árboles, que, sin embargo, aún estaban disponibles en el lado oeste. Como resultado, los primates del lado este evolucionaron creando nuevas especies con mayor capacidad para la bipedestación. La marcha en bipedestaciün supuso dos ventajas sustanciales, ya que permitía divisar a los depredadores a mayor distancia, y permitía huir de ellos con mayor celeridad. Al conjunto de primates que surgió de esta adaptación se les conoce como **monos de transición**[105,176] (Fig. 19.1).

Gorilas
hace 10 Ma

Ancestro desconocido

Paninis
hace 8 Ma
Chimpancé
Bonobo

Monos de transición
Sahelanthropus tehadensis
Chad hace 6-7 Ma
Orririn tugenensis
Kenia hace 6 Ma
Ardipithecus kadabba
Etiopia hace 5,7 Ma
Ardipithecus ramidus
Etiopia hace 4,4 Ma

Paranthropus
Paranthropus aethiopius
Etiopia hace 2,6 Ma
Paranthropus boisei
Tanzania hace 2,3 Ma
Paranthropus robustus
Sudáfrica, Tanzania y Etiopia; 1,2 Ma

Australopithecus
Australopithecus anamensis
Kenia hace 4,2 Ma
Australopithecus afarensis
Lucy – Etiopia hace 3,8
Australopithecus bahrelghazali
Chad hace 3,5 Ma
Australopithecus platyops
Kenia hace 3,5 Ma
Australopithecus garhi
Etiopia hace 2,5 Ma
Australopithecus africanus
Sudáfrica hace 2,2
Australopithecus sediva
Sudáfrica hace 2 Ma

Hominidos
Homo habilis
Sur y este de África hace 2,3 Ma
Homo erectus
África, China e Indonesia hace 1,9 Ma
Homo ergaster
Kenia hace 1,75 Ma
Homo antecesor
España hace 1 Ma
Homo heidelbergensis
Alemania hace 0,6 Ma
Homo denisovano
Siberia hace 0,4 Ma
Homo neanderthalensis
Eurásia hace 0,35 Ma
Homo sapiens
Marruecos hace 0,3 Ma

Fig. 19.1 De los primates al *Homo sapiens*

Todos los monos de transición conocidos se extinguieron, y solo disponemos de evidencias que atestigüen su existencia gracias a algunos escasos fósiles que han llegado hasta nosotros. El *sahelanthropus tchadensis* (también conocido como *toumai —esperanza de vida* en lengua Dazaga—) vivió en el

Chad hace **6-7 MA**. El *orririn tugenensis* (*orririn* significa *hombre original* en lengua Tugen) vivió en Kenia hace **6 MA**. El *Ardipithecus ramidus* (*ardi* es *tierra y ramidus es raíz* en amárico, Etiopia) hace **4,4 MA** y el *Ardipithecus kadabba* hace **5,5 MA**. Estos animales tenían unos 120 cm y pesaban unos 50 kg. Su cerebro tenía un volumen de ≈ **350 ml**. Sus brazos eran largos, y disponían de dedos largos y oponibles. La estructura de sus pies, piernas y columna vertebral les permitía caminar, si bien el dedo gordo divergente de sus patas posteriores facilitaba el agarre a las ramas, pero dificultaba la marcha erguida. La mano era parecida a la de los chimpancés actuales, aunque algo más flexible. Sigue siendo una mano para subir a los árboles, donde los monos de transición pasarían una parte sustancial de su tiempo. No obstante, estos monos debieron presentar un creciente uso de la bipedestación, que les permitía transitar con rapidez por el campo abierto que separaba a los árboles de las menguantes zonas boscosas. Seguramente vivían en grupos relativamente grandes, y en algunos yacimientos fósiles se han encontrado restos de hasta 35 individuos. No sabemos cuándo ni por qué se extinguieron. Alguna de las especies derivada de los chimpancés de transición debió pervivir hasta diferenciarse a las distintas especies de homínidos que luego fueron nuestras predecesoras. No sabemos a ciencia cierta cuál de ellas permitió este tránsito evolutivo, y algunos autores han sugerido que nuestro predecesor no fue ninguno de estos animales, sino otro que aún no hemos identificado. Así, para algunos estudiosos, los monos de transición solo fueron modificaciones de los chimpancés que no progresaron y que se extinguieron, pero para otros representan el tronco más antiguo del que derivamos los humanos.

De los monos de transición a los Australopithecus

El siguiente paso evolutivo hacia el hombre está representado por el *Australopithecus* (*australo* significa meridional y *pithecus* significa mono). Este género dispuso de hasta siete especies, la *anamensis* (4,2-2,5 MA), la *afarensis* (3,8-3,6 MA), la *bahrelghazali* (3,5 MA), la *platyops* (3,5 MA), la *garhi* (2,5 MA), la *africanus* (2,2 MA) y la *sediba* (2 MA).

El primer *Australopithecus* encontrado fue el *africanus*, descubierto en 1924 en la ciudad de *Taung* (norte de Sudáfrica). Se correspondía con un niño de unos 6 años (*niño de Taung*), y su existencia no fue reconocida hasta el año 1947, cuando aparecieron restos similares de un adulto en otra provincia de Sudáfrica. Este tenía una estatura de 150 cm, pesaba entre 30 y 40 kg, y disponía de un cerebro de **485-520 ml**. Era bípedo y se alimentaba de vegetales, pequeños animales y restos de carroña abandonados por grandes depredadores.

El *Australopithecus anamensis* fue encontrado en 1967, en los márgenes del lago *Turkana* de Kenia (*anam* significa lago en lenguaje Turkana). Algunos defienden que su precursor fue el *Ardipithecus ramidus,* y su descendiente el *Australopithecus afarensis*. Eran bípedos, con 45-55 kg de peso, y con un cerebro de unos **300 ml**. El *Australopithecus afarensis* fue encontrado en los años setenta, en el desierto de Afar de Etiopía. Median unos 110 cm, pesaban unos 26 km y disponían de un cerebro algo mayor (400-500 ml). El primer *Australopithecus afarensis* identificado fue una hembra, *Lucy*, denominada así en referencia a la canción de los *Beatles* que sus descubridores oían cuando la encontraron (su nombre científico es AL 288-1). Con posterioridad se identificaron fósiles procedentes de un niño de 3 años que vivió 100 000 años antes que Lucy, pero que suele ser referido como el *hijo de Lucy*. Los huesos de las piernas y las caderas de ambos sugieren que estos animales podían caminar erguidos con soltura, aunque con menor estabilidad y mayor balanceo que nosotros. Su habilidad para la marcha estaba facilitada por la presencia de ligamentos elásticos en el arco plantar. Los huesos de la mano aún conservaban las características apropiadas para trepar con soltura por los árboles.

En los años noventa se identificaron nuevos tipos de *Australopithecus*. En 1995, aparecen fósiles del *Australopithecus bahrelghazali* en el Chad (en la región de Bahr el Ghazal —río de las gacelas—). En 1999, aparece el *Australopithecus platyops* en el lago Turkana (*platyops* significa cara plana), y el *Australopithecus garhi* en Etiopía (*garhi* significa *sorpresa* en lengua Afar). *Garhi* disponía de un peso entre 40-80 km y un cerebro de **450 ml**. Con este volumen cerebral, *Garhi* probablemente ya era capaz de tallar artefactos líticos, una posibilidad también apoyada por el hallazgo de abundantes restos líticos, y restos óseos con cortes y golpes atribuibles a estas piezas de piedra, en zonas donde todos los restos de *Australopithecus* encontrados eran fósiles *Garhi*. Se trataba de herramientas muy toscas, piedras afiladas median-te golpes con otras piedras, que fueron utilizadas como «protocuchillos».

El último *Australopithecus* encontrado es el *Australopithecus sediba*, que fue encontrado en Malapa, Sudáfrica, en 2008. Con una altura de 120 cm y un peso de 33 kg, dispuso de un cerebro de **420-450 ml**. Tenía un aspecto facial próximo al humano, dedos cortos similares a los humanos (algunos sugieren que utilizó herramientas), y se desplazaba mediante bipedestación.

De los Australopithecus a los Paranthropus

Los *Australopithecus* habitaban en distintas regiones de África cuando, hace **2,58 MA**, comenzó la **Edad de Hielo** moderna. Las drásticas alteraciones climáticas de entonces generaron una presión adaptativa de la que surgieron dos nuevas ramas evolutivas, la de los Paranthropus y la de los humanos. Los *Paranthropus* desarrollaron una formidable capacidad masticatoria que les permitía la obtención de alimento a partir de estructuras vegetales muy duras. Esta capacidad les permitió adaptarse a la sabana, medio natural que en esos momentos ya sustituía a las junglas africanas. Los **homínidos** también se adaptaron a las nuevas condiciones impuestas por los cambios climáticos, solo que en su caso la adaptación se basó en el desarrollo de herramientas para la obtención de alimento.

El parántropo más antiguo (2,6 MA) es el *Paranthropus aethiopius*, descubierto en Etiopía en 1967 (KNM-WT 17000). Disponía de un tamaño cerebral limitado (410 ml), de grandes músculos para la masticación (insertos en una cresta sagital del cráneo) y de piezas dentales muy grandes. Era vegetariano, y con sus grandes dientes podía abrir estructuras vegetales muy duras y alimentarse de su contenido. Luego surgió (2,3 MA) el *Paranthropus boisei* que, con su gran cresta sagital, sus grandes dientes molares y una gran fuerza mandibular, también se alimentó de los vegetales más duros. Tenía 150 cm, entre 40-60 kg (30 las hembras) y un volumen craneal de unos **410-530 ml**. Aunque se desplazaba mediante bipedestación, conservaba sus capacidades arborícolas. Se extinguió hace **1,2 MA**. La última especie de este grupo (1-2 MA) fue el *Paranthropus robustus*, el cual vivió en Sudáfrica, Tanzania y Etiopía. Disponía de las mismas habilidades masticatorias que sus congéneres, de 130 cm de altura (110 cm las hembras), y de un volumen cerebral de unos 530-600 ml).

Hace **1 MA**, se produjeron nuevos cambios climáticos que limitaron la utilidad adaptativa de la capacidad «masticatoria» de los parántropos, con lo que estos animales se extinguieron. Sin embargo, la adaptación desarrollada por los homínidos resultó ser más útil, permitiéndoles sobrevivir y continuar evolucionando en las nuevas condiciones ambientales.

De los Australopithecus a los Homínidos

Ya nos encontramos a las puertas del linaje del que emergerá el género *homo* al que pertenecemos[351,396-398]. El origen de este género sigue siendo un misterio y objeto de acalorados debates entre los paleoantropólogos[399]. Los homo surgieron en África, hace **2-3 MA**, a partir de una especie ancestral aún desconocida. Para algunos paleoantropólogos, la aparición de los homo se generó como consecuencia de mutaciones genéticas que permitieron a un *Australopithecus* de entonces dejar su grupo y transformarse en el primer *homo*. Los primeros homos debieron incluir la expansión craneal, la reducción de la cara y el paladar, la reducción del tamaño de los molares y el desarrollo de la capacidad de producir herramientas que, en un estado mucho más primitivo, ya estaba presente en algunos *Australopithecus*. Los fósiles más antiguos con estas características son un fragmento de mandíbula encontrado en *Ledi-Geraru* (Etiopía) y datado en **2,8 MA**, y un maxilar (AL 666-1) encontrado junto con instrumentos líticos en *Hadar* (Etiopía) y datado en **2,3 MA**. Estos primeros *homos* pudieron surgir tanto de los *Australopithecus afarensis*, como de los *garhi* o los *sediba*.

No obstante, otros paleoantropólogos defienden la denominada *evolución reticulada*. Según esta propuesta, los *Australopithecus* sufrieron numerosas mutaciones que no afectaron la posibilidad de reproducirse entre ellos. El resultado fue la producción de individuos con una gran diversidad morfofuncional dentro de la misma especie. Al reproducirse entre ellos, la diversidad interindividual creció y, como consecuencia de una intensa combinación sexual de genes, se generó una retícula de características de la cual prevalecerían solo las características más adaptativas. El resultado final fue la transformación de un *Australopithecus* en el primer *homo*. A partir de ese momento *homos* y *Australopithecus* pertenecían a especies distintas, y ya no podían cruzarse sexualmente. Desde el punto de vista de la teoría reticulada, nunca encontraremos al primer *homo*, ya que lo que surgió inicialmente fue la aparición de una multitud de animales distintos generados en múltiples ensayos, y lo que al final resultó fue la pervivencia de algunas de las especies de *homo* generadas por este procedimiento reticular.

Los factores más relevantes para la aparición de los *homo* no eran los huesos o los dientes, sino más bien los cambios en estructuras perecederas como el cerebro. No hay paleoantropología del cerebro que pueda ir mucho más allá de la mera cuantificación del volumen intracraneal. Por ello, muchos autores defienden que la identificación de los primeros *homo* ha de hacerse más a partir de vestigios indicativos de su conducta que de sus restos fósiles. Por tanto, los trabajos se han centrado en interpretar el posible significado de los objetos encontrados en los lugares donde vivieron los primeros *homo*[399,400].

Según algunas interpretaciones, lo genuinamente humano, en aquella época tan temprana, fue **la división del trabajo y la vida comunitaria** en campamentos base. Unos homo debieron dedicarse a la recolección de alimentos (ej. acopio de vegetales por las hembras), otros a la caza, otros al carroñeo (generalmente los varones), etc.[399-403]. Luego, todos los productos eran compartidos en el campamento base, lugar de referencia para las actividades cotidianas. Según otras interpretaciones, la sinergia que promovió la emergencia *homo* fue la **fabricación de herramientas** de piedra. Estas herramientas facilitaron la obtención y consumo de productos animales, cuya alta energía permitió el crecimiento del cerebro. Un cerebro más voluminoso facilitaría la mejora progresiva de las herramientas, cerrándose así un ciclo con retroalimentación positiva, por el cual la calidad de las herramientas producidas y el tamaño del cerebro crecían conjuntamente[400].

Para otros autores, el factor decisivo para la aparición del *homo* fue la necesidad de **bajar de los árboles**. La deforestación progresiva, generada por los cambios climáticos de entonces transformó los bosques africanos en sabanas, un ecosistema con llanuras extensas cubiertas de pastizales y hierbas, pero con escasos árboles. Ahora, para conseguir alimento había que transitar por los cada vez mayores espacios deforestados que separaban a la cada vez más exigua foresta. Este tránsito había de hacerse con rapidez y sin perder contacto visual con los potenciales depredadores. Para ello la **bipedestación** resultó de gran utilidad, ya que permitía mirar a lo lejos, mientras se estaba corriendo por la sabana. La locomoción bípeda liberó las patas anteriores de su tarea previa, transformándolas en brazos con auténticas manos. Las **manos** habilitaron nuevas posibilidades entre las que estaba la construcción de herramientas. Las habilidades de la mano y la encefalización debieron retroalimentarse mutuamente. La manipulación de objetos debió desarrollar las capacidades mentales. Por ejemplo, al romper un objeto con las manos se puede pensar en este como compuesto por partes, que pueden unirse nuevamente para componer el objeto fracturado. Esto habilita la confección de objetos compuestos por varios componentes, confección, a su vez, facilitada por el uso conjunto de las dos manos. El desarrollo de nuevas capacidades mentales incrementaría las habilidades manipulativas para la construcción de objetos cada vez más complejos y útiles. Finalmente, estas nuevas habilidades debieron permitir la obtención de alimento en las propias sabanas, y sin la perentoria necesidad de vivir y comer en los árboles. Ahora se podía vivir del carroñeo de los restos abandonados por grandes depredadores que, con sus grandes dientes, no podían obtener todo el alimento de sus presas. Estos restos alimenticios podían ser extraídos ahora por los primeros *homo*, gracias a las nuevas **herramientas** líticas. Finalmente, con la elaboración de herramientas más sofisticadas y objetos punzantes, los primeros *homo* debieron comenzar a obtener las proteínas animales de forma directa, esto es, mediante la caza y no mediante el carroñeo. Aunque en todos estos modelos se proponen posibles secuencias con las que se pretende explicar la aparición del género *homo*, ninguno de ellos dispone de las evidencias necesarias para su aceptación definitiva. Así que volvamos a las evidencias.

A mediado de los años sesenta, el matrimonio *Leakey* (la pareja más reconocida en el mundo de la paleoantropología) encuentra, en los yacimientos de *Olduvai*, la primera especie reconocida dentro del género homo, el *Homo habilis*[403]. En la actualidad se han encontrado entre 9 y 12 especies de *Homo habilis*, número que depende de los criterios utilizados para identificar cada subespecie. Los hallazgos del primer *homo habilis* identificado (OH7) están compuestos por dos fragmentos craneales y 21 huesos de la mano. OH7 es frecuentemente denominado *Hijo de Johnny*, ya que fue encontrado por Johnny, el hijo de la pareja Leakey. Vivió hace **2,6 MA** y disponía de un cuerpo con una estructura simiesca, que pudo ser reconstruida usando también otros *habilis* encontrados posteriormente en la misma zona. Los *habilis* disponían de un volumen cerebral de **500-650 ml**, volumen inferior a los **700 ml** que había propuesto *Le Gros Clark* como criterio para incluir a un primate dentro del grupo *homo*. En realidad, el criterio que permitió incluir al *habilis* entre los *homo* fue su capacidad para elaborar herramientas (de ahí la denominación de *habilis*). En aquel momento no había mucha disposición a aceptar que otras especies no humanas pudieran elaborar herramientas, así que el sorprendente hallazgo de esta habilidad en los *habilis* generó una modificación de los criterios de inclusión, que pasaron a ser de 650 ml.

Posteriormente, se encontraron otros muchos *habilis* (OH24, OH62, OH65...) en distintas zonas como el lago *Turkana*, *Douglas Korongo East*, etc. Eran animales de 1 metro de altura, molares de menor tamaño y un aparato masticador menos desarrollado que el de los *Australopithecus*. Convivieron con los Paranthropus en una sabana con vegetación arbustiva, en la que los *Paranthropus* se alimentaban de raíces y bulbos leñosos, mientras el *Homo habilis* desarrollaba las herramientas necesarias para acceder a los tejidos pegados a los huesos de los animales muertos, que no habían podido ser consumidos por los grandes depredadores. Para ello cogían una piedra (núcleo) y la golpeaban con otra (percutor). El núcleo se fracturaba haciendo saltar trocitos (lascas) hasta generar un borde cortante, que luego era utilizado como cuchillo. Estos tres componentes de la industria lítica (núcleo, percutor y lascas) fueron encontrados en las zonas en las que aparecieron los fósiles de *Homo habilis*. Dado que fósiles y útiles coincidían en los mismos intervalos temporales, se consideró que los «cuchillos pétreos» eran producidos por esta especie de *homo*.

Distintas evidencias sugieren que estos animales vivían en grupos pequeños y eran omnívoros, obteniendo su alimento principal de la recolección de vegetales, frutos secos y raíces, y de la caza de pequeños animales. También realizaban carroñeo de los restos de los grandes mamíferos, cuyos huesos raspaban con sus «cuchillos pétreos», para descarnar las zonas a los que otros animales no podían llegar con sus dientes. En otras ocasiones, simplemente fracturaban los huesos largos con herramientas pesadas, obteniendo el alimento de su tuétano. Como comentamos anteriormente, los chimpancés también son capaces de utilizar herramientas. Sin embargo, sus utensilios no eran elaborados por los propios chimpancés, que simplemente se limitaban a reclutar objetos del entorno y usarlos para una tarea específica. Esta «utilización» de objetos ya existentes precisa de una mente contextualizadora, capaz de representar el objeto en un escenario interior y manipularlo virtualmente hasta encontrarle una utilidad práctica. Ahora, los homo desarrollan una nueva habilidad mental, la de transformar objetos del entorno hasta darles una nueva forma, con la cual se puedan realizar nuevas tareas. Esta nueva habilidad confirma que la mente contextualizada heredada de otros mamíferos anteriores no dejó de evolucionar durante los últimos 10 Ma.

Hace unos **2 MA**, aparece en África el *Homo erectus* (*hombre erguido*)[404], un *homo* de 150-170 cm y 60-80 kg. La capacidad craneana de este homo prácticamente se había duplicado, pasando de los 500-600 ml del *Homo habilis* a los **900-1200 ml**. El *Homo erectus* elaboraba herramientas mejor confeccionadas, que permitían un uso mucho más amplio que el que permitían las herramientas del *Homo habilis*. El núcleo era tallado por los dos lados (bifacial), y ofrecía unos bordes más cortantes y terminados en pico, lo cual permitía su uso para cortar, desgarrar, raspar, etc. El primer *Homo erectus* fue encontrado en *Java* (siglo xix) por el joven médico *Eugéne Dubois* (hombre de Java). El fósil (1,8 MA) no fue reconocido inicialmente como perteneciente a una especie *homo*, y hubo que esperar a la aparición en 1939 (Ralph von Koenigswald) de otro *Homo erectus* (1939), en una zona próxima a Pekín (*sinanthropus pekinensis* u *hombre de Pekín*). El nuevo *Homo erectus* (0,75 MA) medía 180 cm, y pesaba 75 kg, pero su cerebro era de solo **600 ml**. Las similitudes entre el hombre de Java y el hombre de Pekín permitieron agrupar ambos en una sola especie que pasó a denominarse *Homo erectus*. Las similitudes entre estos distintos homo dejaron claro que el género homo se había originado en África, desde donde emigró hace unos **2 MA**, distribuyéndose desde oriente medio por amplias zonas de Eurasia.

En 1984 aparece, en el lado oeste del lago Turkana, en Kenia, fósiles de un nuevo *homo erectus*, que pasó a denominarse *Homo ergaster* o *niño de Turkana* (1,75 MA)[405,406]. Eran los restos bastante completos (solo le faltan las manos y los pies) de un joven de 12 años, y cuya muerte debió ser producida por una infección maxilar. En 1991, aparece en *Dminisi* (100 km al sur de *Tbilisi* en Georgia), un nuevo *Homo erectus* que fue denominado *Homo georgicus* u *Homo erectus georgicus* (1,8 MA)[407,408]. Este *homo* disponía de 150 cm de estatura y de un cerebro de unos **600-700 ml**. Lo denominaron *Viejo de Dminisi* porque debió tener unos 50 años en el momento de su muerte (anciano para aquella época). Sus mandíbulas no tenían alvéolos (huecos en los que se engastan los dientes), lo que sugiere que durante los últimos años de su vida no dispuso de dientes y probablemente necesitó que otros miembros del grupo le masticaran el alimento. Una solidaridad interindividual de esta naturaleza solo es posible cuando los individuos del grupo disponen de altos niveles de empatía y notables capacidades para trabajar en grupo. Por tanto, no solo las habilidades representacionales evolucionaron con la llegada de los *homo*, también lo hicieron sus habilidades sociales y grupales.

En 1907 aparece en *Grafenrain*, a unos 16 km al sudoeste de Heidelberg, los primeros fósiles del *Homo heidelbergensis*[409-411]. Era un *Homo erectus* corpulento, que vivió hace **0,4-0,6 MA**, y que disponía de 160-185 cm de estatura y pesaba unos 60-100 kg. En correspondencia con su gran estatura, disponía de un gran cerebro que ocupaba unos **1100-1400 ml**. Ya manejaba la tecnología del fuego, lo que le permitió sobrevivir en los crudos inviernos de la Edad del Hielo y desplazarse continuamente de unos lugares a otros. Vivía moviéndose entre distintas terrazas fluviales, en las que construía refugios al aire libre. Como los otros *erectus*, vivía de la recolección y el carroñeo, a lo que se sumaba la capacidad para la caza de animales grandes como caballos, lobos y quizás leones.

El *Homo heidelbergensis* aparece también en la península ibérica (Atapuerca, Burgos), junto a restos de una nueva especie, el *Homo antecesor* (el *Homo heidelbergensis* en la Sima de los Huesos y el *Homo antecesor* en una colina próxima conocida como la *Gran Dolina*)[412]. Se trata de individuos de 160-185 cm, 69-90 kg, un cerebro de unos **1000-1200 ml** y una cara similar a la del hombre actual. El *Homo antecesor* vivía en grupos de 20-30 individuos, y su alimentación estaba basada principalmente en la recolección y en la caza de grandes herbívoros, aunque también practicaba el canibalismo. El canibalismo implica capacidad para la interacción social, ya que no debe ser fácil mantener el grupo unido cuando algunos miembros se comen a otros, y cualquiera puede ser una víctima potencial.

Todos los *homo* podrían provenir del *Homo habilis*, cuya deriva genética promovió la aparición del *Homo erectus*. Así, al *homo erectus* encontrado cerca de Pekín se le denominó *Hombre de Pekín*, al encontrado en Java *Hombre de Java*, al encontrado en Georgia *Homo Georgicus*, al encontrado en Heidelberg *Homo Heidelbergensis*, y al encontrado en África *Homo Ergaster*. El aspecto del *Homo erectus* es claramente reconocible como humano, aunque conserva algunas características primitivas como una bóveda craneal baja, hueso frontal muy inclinado, paredes craneales gruesas con robusto toro occipital y toro supraorbitario muy prominente. En su conjunto, el *Homo erectus* tiene una estatura entre 148-160 cm, un peso entre 46-68 kg y un volumen encefálico variable que oscila entre **650-1200 ml**.

Tres homínidos de altura: Homo neanderthalensis, Homo denisovano y Homo sapiens

Nos encontramos en las vísperas de la aparición del ser humano. Hemos llegado hasta aquí viajando desde los **primates** (55 MA) a los **chimpancés** (10 MA), y luego a los **monos de transición** (7 MA), a los *Australopithecus* (4 MA), a los *Paranthropus* (2,6 MA), y a los *Homínidos* (2,5 MA). El siguiente paso será la aparición de *homínidos* con una gran capacidad intracraneal, que darán lugar al *Homo neanderthalensis* (hombre de Neandertal) y al *Homo sapiens*. La mayor parte de los autores consideran que el primero aparece en Europa y el segundo en África, aunque también es posible que ambas especies aparecieran en África, a partir de un ancestro común aún desconocido. Aunque el *Homo erectus* permaneció sin cambios estructurales de importancia durante cientos de miles de años, finalmente comenzó a sufrir modificaciones, presentando un incremento del volumen intracraneal que resultó más evidente en los grupos que vivían en diferentes lugares de África y Eurasia (*Homo erectus* encontrados en Kadwe en Zambia, Petralona en Grecia, etc.). Estos cambios sugieren que el escenario para la aparición de *Homínidos* con gran capacidad craneal ya estaba presente hace más de **0,5 MA**.

Uno de los modelos más utilizados para explicar la aparición del *Homo neanderthalensis* y del *Homo sapiens* propone que, hace unos 0,6 MA, el *Homo erectus* africano (Ergaster) dio origen al *Homo heidelbergensis* que luego se expandió ampliamente por China (Dali y Jinniushan), India (Narmada), Europa (Alemania, península ibérica...). El *Homo heidelbergensis* que quedó en África daría lugar al *Homo sapiens*, y el *Homo heidelbergensis* que se vino a Europa al *Homo neanderthalensis*. Esto supone la existencia de un mismo ancestro para *neanderthalensis* y *sapiens*, circunstancia que no explica la existencia del *Homo Antecesor* en la península ibérica hace 0,9 MA. Como alternativa se postula que, el *Homo antecesor* pudo haber aparecido en África hace 1 MA. Del *Homo antecesor* que quedó en África surgiría el *Homo sapiens*, mientras que del que se vino a Eurasia surgiría el *Homo heidelbergensis*, y de este el *Homo neanderthalensis*. En esta hipótesis, el *Homo antecesor* sería el tronco ancestral de *neanderthalensis* y *sapiens*.

El estudio del genoma mitocondrial y nuclear (paleogenómica) ha aportado, en los últimos años, nuevas perspectivas al origen de los *Homo neanderthalensis* y *sapiens*. Estas técnicas establecen que ambas especies se separaron hace **0,6 MA**, pero los fósiles actualmente disponibles no permiten identificar su ancestro común. En el año 2010 se encontró una falange y un diente molar de gran tamaño en la cueva de *Denisova* de los montes *Altai* (Siberia, Rusia). El estudio de su DNA mitocondrial mostró que estos restos pertenecieron a una nueva especie próxima a la de los *Homo neanderthalensis* y *sapiens*, pero claramente diferente de ellas. Desde entonces se habla de *Homo denisovano*[413-415] como un nuevo grupo que hay que sumar a la de los *Homo neanderthalensis* y *sapiens*. Los datos genéticos sugieren que el ancestro de las tres especies debió vivir hace **0,66 MA**, que los sapiens se separaron primero (hace **0,60 MA**), y que de la otra rama terminaron por separarse *denisovanos* y *neanderthales* (hace **0,4 MA**). No obstante, los estudios genéticos más recientes también muestran una cantidad significativa de intercambios sexuales de genes entre estas distintas especies, intercambio que puede representar hasta el 3-5 % de nuestros genes. Este intercambio sexual pudo influir en la propia evolución del *Homo sapiens* que, incorporó genes desarrollados por otras especies para adaptarse a su entorno.

La mente y la conducta del Homo neanderthalensis

Los datos paleontológicos sugieren que el *Homo neanderthalensis* (hombre de neandertal)[415-420] aparece al oeste de Eurasia hace **0,35 MA**. Aunque los primeros neandertales fueron encontrados en Bélgica (1829) y en Gibraltar (1848), la primera identificación de restos fósiles como pertenecientes a una nueva especie fue realizada con fósiles encontrados en 1863 en una cueva del valle de Neander en Alemania (de ahí el nombre de *Homo neanderthalensis*). Desde entonces han aparecido restos de esta especie en muy diversos lugares de Europa, lo cual ha permitido hacer una descripción anatómica y conductual de esta especie mucho más amplia que la realizada con los *homínidos* anteriores.

Los neandertales tenían una estatura promedio de 165 cm, un cráneo grande y alargado, prognatismo medio-facial (cara hacia delante en su región central con una gran cavidad nasal), tórax ancho en forma de tonel, rectificación lumbar con reducción de la lordosis lumbar, extremidades cortas, y una amplia y poderosa musculación. Estos cambios facilitaron su adaptación a las bajas temperaturas que existían en Europa en el momento en que esta especie se diferenció. Algunos refieren esta estructura como patrón corporal hiperártico, con lo que se quiere indicar la similitud de su cuerpo con el de los esquimales actuales. No obstante, el dato estructural más relevante es el tamaño del encéfalo. Si la cavidad intracraneal de los chimpancés es de **400 ml**, la del *Homo sapiens* es de **1350 ml** y la del *neandertal* de **1500 ml** (en algunos casos, de hasta 1700 mililitros). Por tanto, el encéfalo de los *neandertales* era similar, si no mayor, que el de los *sapiens*.

El parecido *sapiens-neandertal* también se observa al comparar el comportamiento de ambas especies dentro del grupo[421-423]. Quizás los datos más adecuados para hacer esta comparación son los obtenidos en oriente medio a partir de fósiles de hace **0,1 MA**. En estas regiones coexistieron sapiens y neandertales en las mismas zonas, y los vestigios encontrados muestran hábitos similares para ambas especies, las cuales cazaban los mismos animales y confeccionaban estructuras líticas comparables. Ambos eran cazadores nómadas que vivían en pequeños grupos y que, aunque eran capaces de cazar desde liebres hasta caballos, también comían legumbres, dátiles y otros vegetales. Ambos trabajaban la piedra y desarrollaron parecidas armas líticas para la caza.

Los neandertales ornamentaban su cuerpo con pigmentos naturales, abalorios y vistosas plumas de aves. Enterraban a sus muertos con ceremonias específicas y dejaban ofrendas en las tumbas. Cuidaban a los niños, como demuestra el hecho de ornamentar las tumbas de los menores más que las de los adultos. Vivían en grupos de 10-20 sujetos, y tenían alta endogamia y homogeneidad genética (su diversidad génica era un tercio de la de los humanos actuales). Se mezclaron con *denisovanos* hace unos **0,1 MA**, y con *sapiens* europeos de hace unos **0,06 MA**. La hibridación neandertal-sapiens se produjo, probablemente, en zonas de Oriente Medio, y durante la salida de los *sapiens* hacia Europa y Asia. De hecho, los *sapiens* africanos no presentan genes neandertales, mientras que los *sapiens* europeos, asiáticos y de Oceanía presentan un 1-4 % de genes neandertales. No obstante, datos recientes sugieren que la hibridación *sapiens, neandertales* y *denisovanos* puede haberse producido también en diversas regiones euroasiáticas.

Los neandertales probablemente utilizaban lenguaje oral para comunicarse, una posibilidad apoyada por el hecho de disponer de hueso hioides y del gen FOXP2. El hioides está situado en la orofaringe y resulta clave para la emisión oral de la palabra. El gen FOXP2 está situado en el cromosoma 7, y su mutación produce trastornos del habla, que incluyen problemas articulatorios, dificultades para la formación de palabras y alteraciones de las reglas lingüísticas.

Por tanto, sapiens y neandertales compartieron habilidades y capacidades adaptativas, sin que hoy pueda afirmarse que una especie era claramente superior a la otra. ¿Por qué ellos se extinguieron y nosotros no? Algunos consideran que la desaparición de los neandertales fue el resultado de la acción del *Homo sapiens*, una creencia asociada al hecho de que su desaparición coincidió con la llegada a Europa, hace 40 000 años, de un grupo de sapiens conocidos como **cromañones**. Quizás la competencia por recursos, o simplemente la transmisión de enfermedades entre ambos grupos, pudo resultar desventajosa para los neandertales, que finalmente se extinguieron. No obstante, la densidad de ambas especies en la Europa de entonces era muy baja, lo cual hace innecesaria la posible competencia por el territorio. Además, los

cromañones entraron principalmente en regiones europeas donde prácticamente no había neandertales, con lo que es posible que ambas especies inte-
raccionaran muy poco en este continente. No obstante, las extinciones de
cualquier especie son generalmente el resultado de la confluencia fatídica de
múltiples circunstancias. Es posible que los cambios climáticos, junto con el
tamaño reducido y el aislamiento de los grupos de neandertales, y la endogamia resultante (con la correspondiente acumulación de mutaciones con
resultados funcionales negativos), se sumaran para reducir la adaptación de
esta especie a un medio particularmente hostil. El resultado fue la reducción
progresiva de la población neandertal y su extinción hace unos **40 000 años**.

La aparición del Homo sapiens

Como ya comentamos, los estudios genéticos sugieren que el *Homo
sapiens* se separó de su rama ancestral hace unos **0,66 MA**. No obstante,
actualmente no disponemos de restos fósiles de sapiens que sean tan antiguos [396,398,399,424]. Hasta hace pocos años, los fósiles de sapiens más antiguos
(cráneo) se encontraron en Florisbad (Sudáfrica), y su datación indica una
antigüedad de 0,26 MA. Recientemente, han aparecido restos de *Homo
sapiens* en Jebel Irhoud (a 150 km al oeste de Marrakech, Marruecos), cuya
datación alarga la vida de los sapiens en 55 000 años (0,315 MA)[424-428]. No
podemos descartar el hallazgo futuro de nuevos fósiles que sigan alargando
la edad del *Homo sapiens*, y acercándola a los 0,66 MA estimados por los
estudios paleogenéticos.

Aunque el origen del *Homo sapiens* sigue siendo desconocido, muchos expertos creen que surgió en África como evolución del *Homo heidelbergensis*.
Debido a la configuración de la órbita terrestre, el clima del Sáhara cambia
periódicamente, y es posible que, durante la aparición de los sapiens, esta
región estuviera ocupada por arbustos de no mucha altura (sabana), e irriga-
da por distintos ríos. En este contexto geoclimático debió aparecer nuestra
especie. El *Homo sapiens* recorrió toda África, apareciendo en Oriente Medio
hace **120 000 años** (donde como ya comentamos se cruzó con neandertales), en Sudáfrica hace **100 000 años**, en Arabia hace **80 000 años**, en India
y Asia hace **70 000 años**, en Australia hace **50 000 años**, en Europa hace

45 000 años, en América hace **15 000 años** y en Polinesia y Nueva Zelanda hace **1000 años**. Fue un avance lento (1 km/año) pero continuo, que llevó al *Homo sapiens* a ocupar todos los nichos ecológicos del planeta que eran susceptibles de ocupación para una especie como la nuestra.

Aunque el *Homo sapiens* encontrado en distintas localizaciones geográficas presenta un amplio margen de variación, también dispone de ciertas características comunes que permiten distinguirlo claramente de otros homos cercanos. El cráneo dispone una frente alta, una expansión parietal (no tan clara en el sapiens encontrado en Marruecos) y una reducción de los arcos superciliares. Su volumen intracraneal promedio es de unos **1450 ml**. La cara es pequeña y presenta un mentón pronunciado y característico. Presenta un cuerpo relativamente esbelto con una pelvis estrecha, y una estructura ósea en pies y rodillas que le permite una postura bípeda permanente.

Los objetos encontrados junto a los fósiles de *Homo sapiens* sugieren que dominaban la tecnología lítica en láminas, trabajaban el hueso, practicaban la ornamentación corporal, realizaban distintos tipos de ritos y vivían en grupos que a su vez disponían de amplias redes de intercambio. Estas características se habían encontrado inicialmente en sapiens que vivieron en Europa hace unos **50 000 años**, por lo que algunos autores (*Richard Klein* por ejemplo) sugirieron que mucho después de la aparición del sapiens este sufrió algunas mutaciones que trasformaron su cerebro y le facilitaron su desarrollo cultural. No obstante, estudios más recientes muestran objetos asociados a los sapiens que habitaron el Oriente Próximo hace 100 000 años, objetos que sugieren que la cultura sapiens pudo estar presente ya desde los orígenes de la especie.

El Homo sapiens y la aparición de la mente abierta

Hemos recorrido brevemente los principales acontecimientos que hicieron posible la aparición de nuestra especie, el *Homo sapiens*. Y lo hemos hecho para ilustrar la aparición de la **mente abierta**. La mente abierta dispone de las características de todas las mentes anteriores. Está compuesta por una ingente cantidad de mentes reactivas y mentes vegetativas, dispone de mentes reflejas y de mente activa. Tiene habilidades proactivas, retroflejas y contextualizantes, y además dispone de las habilidades de la mente interindividual. Todas estas habilidades se combinaron para generar la mente interactiva de los mamíferos de la cual surge nuestra mente abierta.

¿Qué circunstancias han facilitado el tránsito de la mente del *Australopithecus* a la mente del *Homo sapiens*? Desde el punto de vista biológico, la innovación más importante está asociada al incremento del tamaño cerebral. Este incremento se hace a expensas de la aparición de nuevas regiones en la corteza cerebral que, aunque están conectadas con el resto del cerebro, surgen desprovistas de un propósito específico. Estas nuevas áreas cerebrales son «programables culturalmente», posibilitando la aparición de nuevas funciones mentales inexistentes en nuestros ancestros animales. Aparece así la capacidad de desarrollar un lenguaje natural complejo que nos permite comunicarnos de forma oral y escrita. Como hemos visto, los chimpancés ya mostraban ciertas capacidades para la comunicación oral, pero esta capacidad era muy limitada y no podía trasmitirse culturalmente. En estas condiciones, el lenguaje natural era necesariamente muy limitado. Con los sapiens, aparecen también lenguajes abstractos como las matemáticas, lenguajes inexistentes en los demás homo, y que el sapiens puede trasmitir por medios culturales. El crecimiento exponencial de estas, y otras muchas capacidades, solo es posible porque lo aprendido y desarrollado se puede trasmitir a la siguiente generación y, por tanto, se puede acumular. Los nuevos individuos ya no aprenden por sus propios medios y a partir de cero, sino que adquieren, por transmisión cultural, la experiencia acumulada por una larguísima cadena de progenitores. Por decirlo en términos informáticos, hasta la aparición de la mente abierta, el desarrollo mental era principalmente una cuestión de *hardware*. Nuevos genes → nuevo *hardware* cerebral → nuevas funciones. El aprendizaje postnatal permitía que cada individuo adaptara las funciones adquiridas por herencia a sus condiciones particulares. Sin embargo, estas «adaptaciones» no se trasmiten a los descendientes y, por tanto, no se acumulan. Solo en el caso del sapiens, y quizás del neandertal, la experiencia se acumula y pasa de una generación a la siguiente.

Una parte muy sustancial de las habilidades mentales del sapiens son adquiridas por trasmisión cultural. Son el equivalente al *software* de nuestros ordenadores. Si instalamos nuevos programas, los ordenadores podrán realizar tareas completamente nuevas, a pesar de que el *hardware* no ha cambiado. De forma similar, nuestra mente puede cambiar de forma drástica sin que para ello sea necesario que el cerebro que heredamos sea distinto. Basta con que se nos instalen nuevos «programas». El resultado es que la mente de la que disponemos está mucho menos determinada por la herencia y permanece abierta durante toda la vida a nuevas influencias. Por esta razón, la denominamos *mente abierta*, porque puede ser utilizada para una cosa y para su contraria.

Pero ¿qué capacidades aparecen con la emergencia de la mente abierta? Como ya hemos comentado, ni el cerebro ni la mente se fosilizan, por lo que poco podemos decir de la mente abierta de *Australopithecus, erectus, neandertales y Homo sapiens primitivos*. Solo podemos hacer interpretaciones y conjeturas a partir de los restos generados por su actividad (herramientas, cuevas, vestimenta...). Poco sabemos de la mente del *Homo heidelbergensis* o del *Homo antecesor* y, si hoy pudiéramos interaccionar directamente con ellos, probablemente nos sorprenderíamos al comprobar cuan similares son a nosotros, y que familiar nos podría resultar su mirada. La carencia de información sobre el desarrollo mental de los homo disminuye conforme nos acercamos a la actualidad. Nadie sabe bien como era el *Homo sapiens* de hace 100 000 años, y qué diferencia hay entre este y el de hace 50 000 años.

Por otro lado, si pudiéramos interaccionar con los *Homo sapiens* que en la misma época vivían en distintas regiones del planeta, también nos sorprenderían las grandes diferencias mentales que podían haber existido entre ellos. Con una mente abierta, el lugar y la experiencia grupal acumulada en forma de cultura, pasan a tener una influencia determinante en la conducta. No podemos extrañarnos de ello, ya que hoy sigue siendo así. Los humanos podemos ser muy diferentes en función de la familia, el grupo social y la cultura en la que hemos sido educados. La influencia del entorno ha sido bien documentada en gemelos univitelinos, sujetos con los mismos genes, pero que pueden tener caracteres muy diferentes y distinta susceptibilidad, por ejemplo, a las enfermedades mentales. Con nuestra mente abierta podemos llegar a ser los individuos más generosos y altruistas, o los más egoístas y agresivos, ambas posibilidades implementadas sobre el mismo cerebro. Esta gran variabilidad la podemos observar en los *Homo sapiens* que nos han precedido durante los últimos 100 000 años.

316

Evolución prehistórica de la mente abierta del Homo sapiens

No existen datos claros y definitivos sobre el desarrollo de la mente individual y la dinámica social del *Homo sapiens* durante los últimos 100 000 años. Las propuestas de historiadores, paleontólogos, paleoantropólogos, arqueólogos, especialistas en genética de poblaciones, lingüistas históricos, antropólogos sociales, antropólogos evolucionistas, psicólogos evolucionistas y neurocientíficos son dispersas y, en ocasiones, contradictorias. Esta falta de acuerdo no se produce en relación con aspectos marginales de la mente abierta y de la conducta humana, sino en relación con aspectos importantes como la familia, la estructura del grupo y la guerra. Para algunos, la herencia que heredamos de los chimpancés nos hace naturalmente agresivos, dificultando nuestra socialización. El resultado sería la imposibilidad de vivir en grupos de más de 50-100 individuos. Para otros estudiosos, éramos primates pacíficos, que vivían una vida trashumante como vegetarianos y recolectores, pero que luego se vieron forzados por los cambios climáticos, al sedentarismo agrícola. Según esta perspectiva, fuimos pacíficos y sociales hasta que nuevos cambios climáticos nos obligaron a salir de nuestro medio, conquistar otras tierras, usurpar bienes de otros y destruir las culturas con las que otros grupos humanos habían prosperado.

Se trata de dos visiones abiertamente contradictorias, pero que, en ambos casos, están basadas en la interpretación de evidencias físicas. Es posible, diría incluso probable, que ambas posibilidades sean ciertas. El ser humano pudo evolucionar de estas dos formas a la vez. Estas, y otras muchas formas evolutivas, pudieron ser posibles como consecuencia de nuestra mente abierta. De la misma manera que los aspectos más dependientes de los genes, como el color de los ojos y de la piel, la estatura, o la forma de la cara, se «adaptaron» al entorno y terminaron por generar las razas que hoy conocemos (*hardware*), también la mente pudo adaptarse a las circunstancias del entorno. En el caso de la mente abierta, esta adaptación no precisaba de un tránsito multigeneracional muy prolongado. En realidad, los descendientes pueden adquirir opiniones, actitudes y conductas desarrolladas por sus progenitores inmediatos, sin necesidad de que los genes intervengan. Es una cuestión de *software*. En unas circunstancias, la «instalación cultural de un sistema operativo» que facilite la convivencia pacífica y la colaboración entre agricultores vecinos, podría haber sido lo más conveniente. En otras circunstancias, un «sistema operativo» que impulse la búsqueda y conquista de otras tierras podría haber facilitado la supervivencia del grupo. En el primer caso, la calidad de vida y la supervivencia individual depende del acuerdo grupal y la convivencia social. En el segundo caso, la evolución nos impulsaría a hacer prevalecer lo mío en primera instancia y lo nuestro a continuación. La mente abierta permite ambas opciones, y es probable que ambas pudieran estar simultáneamente operativas en distintas zonas de nuestro planeta.

Para irnos aproximando a la descripción de la mente abierta del ser humano actual, que comentaremos en la siguiente parte de este libro, a continuación, presentamos una breve descripción de la evolución prehistórica e histórica del *Homo sapiens* durante los últimos milenios. Ya hemos indicado que no hay consenso en relación a como se ha producido esta evolución, así que nuestra intención no es proponer una nueva perspectiva sino, más bien, utilizar las evidencias, y las diversas interpretaciones de estas, para ejemplificar algunas de las características principales de la mente abierta.

Hace 100 000 años, el *Homo sapiens* convivía con el *Homo neanderthalensis* en distintas regiones de África, y especialmente en Oriente Medio. Todas las otras especies de homo ya habían desaparecido. Fueron «ensayos» abocados a la extinción por la acción sinérgica de diversos factores, entre los cuales los cambios de las condiciones geoclimáticas debieron ser particularmente importantes. Extinciones similares habían ocurrido a lo largo y ancho del árbol evolutivo de la vida en nuestro planeta. La estrategia evolutiva siempre fue la misma, crear diversidad biológica y seleccionar, en competición por los recursos del medio, a las especies más adaptadas. No obstante, sorprende que *homos* no sapiens que disponían de una inteligencia superior a la de cualquier otro animal del momento se extinguieran, mientras otros muchos animales con un nivel mental inferior prevalecieran. La pervivencia de una especie nunca es el resultado de un solo factor, sino de un conjunto de factores que interactúan con las condiciones ambientales del momento. Probablemente, las mentes más brillantes y exitosas de hoy serían, en otras épocas, mentes de individuos «del montón» o incluso de individuos «marginales». La mente matemática, o la genialidad musical, debieron resultar de poca utilidad cuando, la meta era cazar grandes animales o conseguir pareja reproductiva, en competencia con otros individuos más fuertes o agresivos. Sin embargo, la mente abierta debió resultar útil en la mayoría de las situaciones, facilitando que la agresividad intraespecífica o la conducta de liderazgo en el grupo fuera más eficiente, pero también que la conducta de protección de las crías o el trabajo de recolección y de cultivo de la tierra lo fuera igualmente. Así, la misma mente abierta, que en unos momentos impulsó determinadas conductas, impulsó luego otras completamente diferentes. A pesar de todo ello, los *Homo presapiens*, que probablemente ya disponían de mente abierta, se extinguieron. El último fue el neandertal, con el que compartimos más de 80 000 años de coexistencia, pero que también, quizás por una confluencia de factores aún poco conocidos, terminó por extinguirse.

Hace **40 000 años**, vivíamos en pequeños grupos de cazadores-recolectores que no superaban las 5000-10 000 personas, y que ya estaban repartidos por extensas zonas de África, Asia, la India, Australia y Europa. Probablemente ya usábamos lenguaje oral (como quizás también hacían los neandertales) y disponíamos de una organización social compleja, que debió facilitar la división del trabajo, el cuidado de la descendencia y otros muchos menesteres del campamento. Éramos trashumantes, cambiando repetidamente de lugar en cuanto escaseaba el alimento. Con una densidad poblacional bajísima, muchos clanes sociofamiliares debieron tener una vida pacífica y dedicada principalmente a la obtención de alimento. Seguramente se vivía con lo puesto y algo más para los próximos días, pero no mucho más, ya que las posesiones había que acarrearlas en cada desplazamiento. Con ejercicio físico asegurado (no se podía vivir del esfuerzo de los demás y sin buscar alimento personalmente) y una alimentación variada y fresca, el *Homo sapiens* gozaba de un cuerpo fuerte (175 cm los varones y 162 las mujeres) y con buena salud. A pesar de ello, la vida promedio no solía superar los 22-25 años, estando limitada por múltiples circunstancias intercurrentes como las infecciones.

En esos momentos, algunas mutaciones genéticas debieron incrementar la producción de hormonas que, como la oxitocina, promueven la sociabilidad y facilitan la aparición de grupos más amplios. Hay muy pocas evidencias de conflictos bélicos durante todo el Paleolítico superior (hace

40 000-10 000 años). Durante este largo periodo de tiempo, prácticamente no hay evidencias de muertes violentas entre humanos, o que indiquen que los humanos de entonces diseñaban y producían armas para competir dentro del grupo, o para luchar con otros grupos. Las pinturas rupestres nunca mostraban escenas de guerra o violencia entre humanos (circunstancias evidenciadas por autores como William Grahan Summer, Robert Lawlor, Richard Gabriel, Margaret Power, etc.). La mayoría de los pueblos de entonces eran matrilineales e igualitarios, y con escasa o nula estratificación social. Todas las tumbas de entonces eran similares y no distinguían entre sujetos.

En el periodo comprendido **entre hace 19 000 años hasta hace 10 000 años**, se produjo un calentamiento progresivo del clima que desencadenó una emigración masiva de animales. Entonces, la reducción de la caza debió impulsar la aparición de la agricultura. Los grupos perdieron su carácter trashumante, estableciéndose en las zonas más fértiles, donde seguramente surgió la «propiedad de la tierra». Los bienes de consumo seguían siendo escasos y no podían ser acumulados. Así, todos los individuos tenían que seguir «trabajando» para conseguir el sustento diario.

La primera evidencia clara de una comunidad sedentaria es la de los *natufianos* que vivieron en Oriente Próximo (zona de Jordania, Israel y Siria) durante unos 3500 años (desde hace 15 000 hasta hace 11 500 años)[428-433]. Este pueblo ya recogía cebada, construía hoces para segar los cereales, y preparaba y almacenaba el grano. Algunos autores sugieren que estas habilidades facilitaron la acumulación de posesiones, haciendo que el hombre se tornase más territorial. Con todo ello, la densidad poblacional se incrementó, promoviendo la competencia entre individuos por el control de la tierra. Se compite también por los medios de producción, por la propiedad de los cereales y por otros productos resultantes de la actividad humana. Los *natufianos*, que habitualmente se comportaban como un pueblo pacífico, probablemente comenzaron a presentar conflictos entre ellos durante ciertos periodos de su historia. Comienzan a aparecer entonces las clases sociales. En estos periodos se producen grandes tumbas con decoraciones con conchas marinas y con colgantes hechos con dientes de animales. Junto a ellas, existen otras más pequeñas y sin decoración alguna. Ambas opciones, *natufiano* pacífico y *natufiano* agresivo, pudieron ser ciertas. La mente abierta, que ya debió estar presente en el ser humano de entonces, habilitaba ambas posibilidades. Algunos acontecimientos de entonces pudieron transformar a algunos grupos pacíficos de *natufianos* en grupos más agresivos, con lo que ambos grupos pudieron convivir en territorios próximos, o existir en momentos sucesivos de la historia de estos pueblos.

La mente abierta permitía que una parte de las poblaciones humanas de entonces desarrollaran actitudes competitivas y violentas, mientras que otras poblaciones conservaban, tras el advenimiento de la agricultura y el desarrollo de la vida sedentaria, un régimen pacífico de vida similar al que habían llevado cuando eran cazadores-recolectores nómadas o cuando la densidad poblacional era tan baja que la competencia por los recursos resultaba innecesaria. Una vez establecidos en tierras particulares, los grupos pacíficos debieron dedicarse a la agricultura, y el hombre pudo colaborar con sus vecinos agricultores para incrementar la producción agrícola. Como resultado de estas colaboraciones, la mente abierta generó, en el Oriente Próximo de hace 12 000-6000 años, nuevas técnicas de cultivo y nuevos útiles para la agricultura (ej. para trilla y molienda de los cereales silvestres)[429,433]. La selección sistemática de los cereales más ventajosos facilita el tránsito de los cereales silvestres a los cereales domésticos. Aparece el *trigo einkorn* o *pequeña espelta* y la *cebada* (hace **10 500 años** en *Abu Hureyra* al norte de Siria). Se domestica el **perro**, las **ovejas** y las **cabras** (hace **10 000 años**), y luego las **vacas** y los **cerdos**. Se domestica el **caballo** hace unos **6000 años** (inicialmente en *Ucrania* y *Kazajistán*). Con todo ello, las proteínas animales de la alimentación ya podían obtenerse sin necesidad de salir a cazar. Se inicia también el consumo de leche animal. Las enzimas necesarias para digerir la leche solo estaban presentes en el tracto digestivo humano durante los primeros años de vida, único periodo de la vida humana de entonces en el cual se expresaba el gen de la *lactasa* (enzima que digiere la lactosa). Con el destete, la expresión de este gen desaparecía y los individuos se volvían intolerantes a la lactosa. Al parecer, la **tolerancia a la lactosa** se inició en Europa central (Holanda, Norte de Alemania y Dinamarca), y en diversas tribus africanas y beduinas hace unos **6000 años**. La leche se convirtió desde entonces en un alimento esencial para el ser humano.

El Homo sapiens en la historia temprana

Hace **9000 años**, aparecen las **primeras ciudades**. Una de las primeras ciudades fue *Catal Hüyük*, ciudad con una población de unos 7000 habitantes que se mantuvo operativa en el sur de Turquía durante más de 2000 años (entre hace 9000 años y 6800 años)[434,435]. Estas primeras ciudades vivían de la agricultura y no desarrollaron estratificación social (todas las casas y las tumbas eran similares) ni discriminación por sexo (tumbas similares para hombres y mujeres). Se construyen, a continuación, ciudades en Europa, China, Japón, Creta, etc., en las que la vida seguía estando basada en la agricultura. Estas ciudades mostraban una creciente división del trabajo, apareciendo especialistas dedicados a trabajar el metal, el tejido, la cerámica, etc. No obstante, seguían siendo sociedades igualitarias y carentes de grandes conflictos bélicos, lo que se evidencia por la ausencia de murallas, la escasa presencia de armas, la existencia de casas con tamaños similares, etc. Se disponía de propiedad privada, pero esta era transmitida por la rama materna (tras el matrimonio los varones se trasladaban a vivir a la casa de su esposa) y las mujeres seguían disponiendo de una preeminencia social similar a la de los hombres.

En estas condiciones favorables, la mente abierta desarrolló la música, el arte pictórico, la religión, la moda, el baile, las normas sociales, la política, etc. La tierra era, en parte, de propiedad colectiva, y casi todo el producto final de la agricultura era compartido[436-441]. El lenguaje estaba ampliamente desarrollado, y algunos defienden la idea de que con el lenguaje apareció la religión, y quizás esto pudo ser así para la religiosidad explícita, pero la actitud religiosa del ser humano ya estaba presente desde mucho antes. Por tanto, los humanos de hace 6000 años disponían de una estructura mental con la que el hombre de hoy compartiría muchas características, a pesar de que entre ellos y nosotros hay una distancia de unas 2000 generaciones[400,437-439]. Una característica que, desgraciadamente, no compartimos con ellos, es su actitud pacifista.

Hace 6000 años se produce un marcado calentamiento de las zonas meridionales de la tierra. Este calentamiento genera una intensa desertización en amplias extensiones de África y Asia. Se trata de regiones entonces muy habitadas, y que ocupaban desde la actual Marruecos/Mauritania hasta Arabia

Saudí/Yemen/Irak en África, y desde Irán hasta Indonesia y Asia central en Oriente. Esta amplia región, denominada *Saharasia* por James DeMeo, era una zona fértil y habitada que, tras la desertización, ya no podía soportar la vida de los *homo*. Los grupos humanos que vivían en estas regiones sufrieron una intensa presión ambiental, probablemente similar a la que antes había llevado a la extinción a otras especies de *homo*. Sin embargo, ahora, el *Homo sapiens* disponía de una nueva mente que permitía adaptaciones conductuales rápidas que no precisaban de modificaciones genéticas. Con su mente abierta, el sapiens podía colaborar con los vecinos para traer agua y facilitar el cultivo de la tierra. También podía invadir sus territorios, matarlos y apoderarse de sus propiedades. La presión ambiental generada por el calentamiento y desertización de *Saharasia* impulsó a la mente abierta hacia la segunda opción.

Hace 9000 años, cuando *Saharasia* era una tierra fértil en la que convivían hombres y animales herbívoros y carnívoros, la mayor parte de Europa vivía en el hielo. El calentamiento global cambió ambas circunstancias, y mientras *Saharasia* se desertizaba, las regiones que quedaban más al norte se hicieron más fértiles y habitables. Así, el clima impulsó a la mente abierta a emigrar hacia el norte, e intentar vivir con los productos generados por los habitantes que previamente ocupaban estas tierras. Para hacer esto posible, la mente abierta hubo de reprogramarse en profundidad[436,442]. Mientras que antes el hombre se beneficiaba de la colaboración mutua y pacífica, ahora había que moverse rápidamente, conquistar, aniquilar y ocupar[436,442]. El escenario en el que estos cambios mentales se producen es *Saharasia*, y el escenario donde encontraremos los resultados dramáticos generados por estos cambios mentales será Europa y las regiones más altas de oriente. Probablemente las primeras migraciones se produjeron desde el centro del actual Sahara hacia el Atlántico por un lado y hacia el Mar Rojo por otro. En las emigraciones occidentales, el desierto persiguió a los emigrantes hasta el océano Atlántico, lo cual pudo generar la extinción de muchos pueblos (no hay constancia de que ningún pueblo pudiera alcanzar las Islas Canarias hace más de 3000 años). Para los pueblos que emigraron hacia el lado oriental del continente, los resultados fueron completamente distintos. Allí existían dos grandes ríos que portaban cantidades inmensas de agua para la agricultura y el cuidado de los animales, el Nilo, y la confluencia del Tigris y el Éufrates. El resultado fue la aparición de Egipto y de Sumeria, pueblos de los que hablaremos luego. Los habitantes de las regiones que actualmente se corresponden con Arabia también emigraron, en este caso, hacia Oriente Medio y África del norte (pueblo *semita* antepasado de los actuales árabes y judíos). Los pueblos de las estepas del sur de Rusia próximas al Mar Negro, emigraron hacia Europa primero, hacia Oriente Medio, Arabia, Irán y Afganistán luego, y finalmente hacia la India (arios). Ningunas de estas migraciones fue pacífica, ya que, en todos los casos, se trataba de conquistar y someter por la fuerza.

Los estudios arqueológicos muestran la extensa devastación que acompañó a todas estas migraciones. La mente abierta se transforma para adquirir la voluntad de conquista y dominación, y para desarrollar las actitudes agresivas necesarias para someter y aniquilar a otros pueblos. Nos encontramos entonces con dos formas de mente abierta que son en gran medida opuestas, la mente pacífica, trabajadora y colaboradora de los agricultores-cazadores, que no tenían razones para moverse de su territorio, y la mente agresiva, explotadora del trabajo de los demás y dispuesta a la dominación y el control, que precisaba buscar nuevas tierras para vivir. Ambas mentes son, en el fondo, la misma mente, la mente abierta que ahora puede ser reprogramada para realizar tareas contrarias. Para convertirse en una mente para la conquista, la mente abierta ha de transformarse en profundidad, acentuándose el sentido de la propiedad, que ahora se amplía desde la propiedad de tierra y enseres, hasta la propiedad de otras personas (esclavitud).

Con la usurpación de los bienes ajenos, individuos particulares pueden almacenar muchas propiedades. Las propiedades sustraídas a otros comienzan a acumularse en pocas manos, y se genera una estratificación social intensa por la cual la mayor parte de la población no tiene prácticamente nada y trabaja para la clase dominante. Esta, a su vez, usará el producto del trabajo de la mayoría para incrementar, sin límite, su riqueza particular. Se impulsan entonces las actitudes machistas y aparece el patriarcado. Las mujeres pierden preeminencia hasta ser reducidas, en algunos casos, a una propiedad del varón. Aparecen las armas para la dominación y con ellas se crean dioses guerreros vinculados a las imágenes de las armas, que soportan el equilibrio mental de los conquistadores en su actividad depredadora hacia sus congéneres. En el otro lado, los pueblos sedentarios no disponen ni de la actitud ni de los medios para defender sus tierras, sus propiedades y su cultura. No han establecido murallas protectoras, no han desarrollado armas, no disponen de una actitud guerrera, ni de ejércitos entrenados que les permitan oponerse al impulso invasor de los pueblos migrantes. Hace unos 4000-5000 años, comienza el desarrollo de herramientas de metal que tendrán, en la construcción de armas, su principal aplicación (hachas de guerra, puñales, espadas, lanzas...).

Los pueblos invasores generalmente destruían y esclavizaban a los pueblos conquistados, pero una vez asentados en el lugar, ya podían comenzar a aplicar su mente abierta en actividades constructivas. Así, comienzan a desarrollar nuevos inventos como la rueda, el arado, la navegación a vela, etc. Junto con estos «inventos prácticos», se inicia en Egipto y Sumeria el desarrollo de la escritura, de los sistemas numéricos y las matemáticas, de la astronomía y de la medicina. Todo ello generado por sociedades cada vez más estructuradas y complejas. El Egipto predinástico estaba constituido por una mezcla de tribus dispares, muchas de las cuales acababan de llegar del desierto. Hace unos **5300 años**, algunos grupos organizados comienzan a establecer una casta dominante (los seguidores de *Horus*). Durante el siguiente milenio, un conjunto interminable de guerras intestinas genera una progresiva acumulación de poder en pocas manos. Este proceso culmina cuando los seguidores de Horus conquistan todo, desde el delta del Nilo hasta Nubia, unificando el poder en una sola persona, el primer faraón (rey *Menes*). Fue una época muy violenta de la que quedaron restos arqueológicos de matanzas, incineración de prisioneros, etc., así como pinturas rupestres en las que predominan las imágenes de violencia. Aquí, la increíble estratificación social alcanzada, queda de manifiesto cuando comparamos el tamaño de las tumbas de los faraones (pirámides) con las de los agricultores o el resto del pueblo llano.

Una concentración similar de poder se produjo en el resto de las invasiones. Por ejemplo, en el caso de los sumerios, la migración inicial hacia las regiones que circundan el Tigris y el Éufrates pudo ocurrir hace unos **5500 años**. También aquí la violencia fue utilizada para generar una acumulación progresiva de bienes y poder, y los documentos de entonces muestran una preocupación intensa por disponer de campos rebosantes de cereales, corrales gigantescos, profusión de animales, leche y queso, etc. Los sumerios se organizan en grandes ciudades-estado, separadas por distancias de 50-100 km, y dotadas de grandes murallas. Estas ciudades, que mantenían una guerra permanente entre ellas, desarrollaron la tecnología militar, incorporando, por ejemplo, el carro de guerra. Finalmente, hace unos **4400 años**, *Sargón* conquistó todas las ciudades, haciendo gala de una crueldad sin límites. Procesos similares ocurrieron en Malta hace 4500 años, en Gran Bretaña hace 4400 años, en China hace 4000 años, en Irán hace 3800 años, etc.

Estas historias nos hablan de cómo la mente abierta se despliega por los albores de la humanidad, progresando desde los homínidos más primitivos hasta alcanzar sus cotas más elevadas en el *Homo sapiens* moderno. La mente abierta dispone de una capacidad muy superior a la de todas las mentes previas. Con ella, la evolución de las ideas y de la cultura sustituye, en gran medida, a la evolución genética. Esta mente abierta se sustenta sobre un «procesador de propósito general». No se trata de un dispositivo elaborado para tareas particulares. Es un dispositivo que puede ser utilizado para resolver cualquier tarea, para vivir el día a día. En las mentes previas, las tareas nuevas precisaban de dispositivos nuevos. Ahora, las tareas nuevas pueden ser realizadas por los mismos dispositivos, solo que «programados» de forma diferente. Con esta nueva capacidad hemos conquistado el mundo, sometiendo a todos nuestros predecesores animales a nuestros designios. Nuestros ancestros animales fueron necesarios para que nosotros pudiéramos emerger desde el profuso cauce de la vida en nuestro planeta. Pero no debemos engañarnos, animales y plantas son imprescindibles para que sigamos existiendo. Sin ellos no hay ni oxígeno ni alimento. Sin ellos pereceríamos, con toda nuestra tecnología, en pocos meses. La mente abierta es capaz de desarrollar el conocimiento y las herramientas de control más sofisticadas y eficientes. También es capaz de destruirlo todo. Esta mente nos ha sido cedida gracias al esfuerzo continuado de una inmensidad de seres vivos que nos han precedido. Ahora, la herramienta más poderosa desarrollada en nuestro planeta está en nuestras manos. Nos ha sido entregada, y hemos de procurar conocerla y controlarla, ya que sin control puede llevarnos a nosotros mismos, y a todos nuestros ancestros vivos y descendientes, a un final desastroso. Se trata de conocerla para conocernos, y de conocerla para optimizar su uso y prevenir las posibles consecuencias desastrosas de su actividad sin control. En la siguiente parte de este libro haremos una presentación global y esquemática de nuestra mente abierta.

TERCERA PARTE:

El ser humano, la mente da un salto hacia delante y se observa a sí misma

Capítulo 20
Mente abierta: homúnculos, neuroconstructos y neuroobjetos

En este capítulo haremos algunos comentarios sobre las ventajas y limitaciones de la descripción de la mente abierta que realizaremos en los próximos capítulos. Lo primero es aclarar que esta descripción se beneficia de una **aproximación mixta**, que integra la información cuantitativa del mundo «exterior», con la información cualitativa obtenida a partir de fenómenos conscientes. La aproximación desde el «exterior» utiliza métodos científicos de muy diversa naturaleza (ej. neuroanatomía, neurofisiología, etología...) que aportan datos cuantitativos verificables en cualquier laboratorio. Todas las mentes descritas hasta aquí solo podían abordarse desde el «exterior». La aproximación desde el «interior» utiliza los fenómenos de consciencia asociados a cada tarea mental, y que son referibles verbalmente. Como veremos, esta doble aproximación enriquece sustancialmente la descripción de nuestra mente abierta, especialmente cuando hablamos de la mente abierta de pacientes con daño neurológico.

Ciencia y construcción de modelos

La ciencia no pretende conocer la verdad como tal. Su objetivo es más modesto, es hacer modelos basados en reglas sencillas y prácticas que permitan pronosticar y, en su caso, modificar el futuro. Para ello, la ciencia comienza identificando «objetos». Un **objeto** es una parte de la realidad que presenta características estables que no cambian sustancialmente con los desplazamientos o con el trascurso del tiempo. Los objetos identificados son provistos de un nombre que los señale (ej. protón) y sometidos a experimentos controlados que permitan cuantificar su conducta (ej. desplazamiento del protón en un campo eléctrico). Los objetos son agrupados en un **sistema**, que será descrito por la conducta de los objetos que lo integran, y estudiado sometiéndolo a condiciones experimentales bien definidas. Finalmente, con los datos obtenidos se construye un modelo del sistema estudiado, modelo que pueda justificar las conductas del sistema y que permita predecir su conducta futura. Así se han venido creando modelos del átomo (integrado por objetos subatómicos), de moléculas simples (integradas por átomos) y de moléculas complejas (integradas por moléculas más simples).

Los modelos pueden ser operativizados con herramientas matemáticas, lo que facilita una comprensión más profunda de la dinámica del sistema. No obstante, esta operativización matemática solo es posible en el caso de sistemas sencillos, como los átomos y las moléculas. Operativizar modelos de sistemas más complejos, como las células, resulta una tarea ardua y, con frecuencia, imposible. Se han propuesto modelos de neurona que precisan de cálculos muy complejos, y que además solo incluyen los eventos de membrana y no la ingente cantidad de mecanismos moleculares de soporte que sostienen la vida de estas células.

No existen modelos realistas que permitan predecir el comportamiento global de nuestro sistema nervioso. En la dinámica del sistema nervioso intervienen un elevadísimo número de variables, muchas de las cuales se encuentran en micro o nano escenarios (ej. hendidura sináptica) y presentan fluctuaciones de corta duración (milisegundos). No disponemos de la información necesaria para elaborar un modelo realista del sistema nervioso humano. Además, en el caso de disponer de esa ingente cantidad de información, ni los ordenadores actuales ni los que previsiblemente podamos construir en el presente siglo permitirán ejecutar simulaciones realistas con modelos que incluyan esta información. Podemos simular algunos aspectos de la dinámica del cerebro humano, nosotros lo hemos hecho con algunas redes neuronales particulares (ej. circuito motor de los ganglios basales). Sin embargo, son simulaciones que, aunque puedan ser útiles para comprender algunos aspectos de la fisiología cerebral, no incluyen la mayor parte de las variables que intervienen en la dinámica de las redes neuronales. Los modelos científicos están siempre situados en una escala espacio-temporal concreta, y aunque el objetivo final de la ciencia es construir un modelo de modelos, un modelo que incluya todos los modelos de todas las escalas espacio-temporales posibles, este objetivo totalizador está aún muy lejos de ser alcanzado. Un modelo científico global debería explicar todo lo ocurrido hasta ahora, y predecir todo lo que ocurrirá en el futuro. La distancia entre nuestra capacidad de cálculo (de simulación modelizada) y la realidad es tan grande que resulta imposible siquiera imaginar cómo sería el modelo global, y mucho menos poner a prueba tal modelo, en el caso de que pudiéramos elaborarlo.

Crear modelos realistas de mentes es mucho más difícil aún. Los objetos de los modelos neurofisiológicos son objetos físicos. Los objetos de los modelos mentales no son objetos físicos, son funciones. Por ejemplo, se puede crear un modelo con el que se pretenda explicar cómo procesa la información el componente visual de la mente abierta. En este modelo habría que incluir módulos para, por ejemplo, orientar la atención, identificar objetos visuales, determinar sus colores, determinar su posición en el espacio, etc. Se han propuesto numerosos modelos de mentes para aspectos sensoriales, motores, de aprendizaje y memoria, etc. Estos modelos no son operativizables, lo que limita sustancialmente su utilidad.

No presentaremos aquí un modelo de mente abierta. Nuestra mente es muy compleja y, con los datos disponibles, este modelo está aún lejos de resultar factible. Lo que sí haremos es organizar la información más relevante, de forma que podamos obtener una visión razonable de aspectos fundamentales de su funcionamiento global. De entre la inmensidad de datos disponibles, seleccionamos aquellos que, a nuestro modo de ver, son los más representativos o los más informativos. No se pretende aportar una visión exhaustiva y definitiva de todos los aspectos de la mente abierta. Cada día se publican cantidades ingentes de datos neurocientíficos. De ellos, hemos seleccionado los datos más relevantes, integrándolos de una forma que nos permita comprender su repercusión real sobre la actividad de conjunto de nuestra mente. Con la información disponible no debemos esperar resultados muy satisfactorios. Pero aunar y globalizar la información es necesario si no queremos producir una *Torre de Babel*, en la cual solo los especialistas de pequeñas parcelas puedan entenderse entre sí, y donde nadie entienda el conjunto. Por tanto, los capítulos que siguen son un intento de resumen y generalización de los datos disponibles, seguido de una visión de conjunto del funcionamiento de nuestra mente abierta. No son un modelo de mente humana.

¿Cuántas mentes hay en nuestro cuerpo?

Como hemos visto, la mente no es un objeto físico como tal, es el resultado de la actividad conjunta de los elementos que lo componen. En el caso de la mente humana, la cantidad de elementos que intervienen es ingente y, además, muchos de ellos disponen de su propia mente individual. ¿Cuántas mentes hay en nuestro cuerpo? La respuesta depende del tipo de mente al que nos estemos refiriendo. Si hablamos de **mentes reactivas atómicas**, el cuerpo humano dispone de una infinidad de ellas. Una persona de 70 kg dispone de unos $4,2 \times 10^{27}$ átomos de hidrógeno, $1,7 \times 10^{27}$ átomos de oxígeno, $6,8 \times 10^{26}$ átomos de carbono, $9,6 \times 10^{25}$ átomos de nitrógeno, $1,5 \times 10^{25}$ átomos de calcio, $8,7 \times 10^{24}$ átomos de fósforo, $2,2 \times 10^{24}$ átomos de cloro y $2,3 \times 10^{24}$ átomos de potasio. Sin la actividad PAI de este número ingente de mentes reactivas, nuestro cerebro no funcionaría. Como indicamos en el capítulo 3, las mentes reactivas atómicas responden a otras mentes reactivas del entorno inmediato. Pueden estar integradas en moléculas complejas (mentes reactivas moleculares) cuya actividad global depende de la interacción de las mentes reactivas atómicas que la componen con otras moléculas vecinas. Sin embargo, no saben nada de lo que ocurre más allá de estas interacciones locales. No saben que están integradas en una célula (mente vegetativa), que a su vez está incluida en un tejido cuya actividad coordinada es necesaria para la supervivencia.

¿Cuántas **mentes vegetativas** (células) hay en nuestro cerebro? Se trata de decenas de billones de los cuales 10^{11} son neuronas, y un número no menor son células gliales (células no neuronales del sistema nervioso). Como se comentó en el capítulo 6, las células disponen de una mente vegetativa que modifica su estado interno para adaptarse a las condiciones cambiantes del entorno. En nuestro caso se trata de células eucariotas, las únicas capaces de interaccionar entre ellas para formar seres pluricelulares. No obstante, la mente vegetativa de nuestras células eucariotas solo interacciona con las de su entorno inmediato, o con algunas más alejadas de las que reciben sustancias por el medio extracelular (hormonas, neuromoduladores o neurotransmisores...). Por tanto, solo mantienen interacciones locales. Ninguna neurona sabe en qué zona del cerebro está, y ni siquiera conoce la existencia de un cerebro. Puede participar en la realización de tareas cerebrales específicas, pero nunca sabrá que lo está haciendo.

Ninguna de las funciones de nuestro cerebro es la consecuencia de la actividad de una sola neurona. Como veremos, las tareas mentales están asociadas a la actividad conjunta de muchas neuronas, habitualmente de millones de neuronas que interaccionan dentro de una red neuronal. Cada neurona individual no conoce esta comunicación masiva de información, y no se reconoce como miembro activo de una red neuronal. Pero, si se supiera integrada en una red neuronal, la neurona nunca conocería su función específica en dicha red, ni su papel en la realización de la tarea propia de la red. Todo lo que hace es responder a su entorno inmediato. Las neuronas de la corteza visual pueden procesar información proveniente del ojo, pero ellas mismas no ven, ni saben lo que es la vista, ni están informadas de lo que hay más allá de las neuronas que la rodean o que la inervan. Responden a los neurotransmisores presentes en el medio externo más próximo a su membrana celular (sinapsis química), o a la llegada de iones procedentes de otras células con las que están en contacto directo (sinapsis eléctrica), y este es todo su escenario. Es el escenario de las mentes vegetativas, un escenario necesariamente «local». En cierta medida, están en la misma situación que las hormigas en la mente interindividual del hormiguero. Cada hormiga responde a su medio ambiente local, y no sabe lo que está pasando en el conjunto del hormiguero. A pesar de este desconocimiento, la respuesta local de neuronas y hormigas se traduce en una respuesta global del sistema en el que están inmersas, una respuesta que generalmente resulta inteligente y adaptativa. Por tanto, el cerebro dispone de un número muy elevado de mentes vegetativas cuya respuesta local permite generar, en el conjunto del cerebro, una mente interindividual.

La mente abierta, una mente de mentes

Nuestro sistema nervioso es el dispositivo de una supermente integrada por un número inmenso de mentes de distinta naturaleza. Estas mentes se mantienen en un estado de equilibrio colaborativo, un equilibrio complejo y que deja atónitos a los neurocientíficos. Incluye **mentes reactivas** que generan **mentes vegetativas** integradas en una **mente interindividual**. Con esta integración emergen conductas propias de la **mente refleja**, la **mente activa**, la **mente PAI**, la **mente proactiva**, la **mente proactiva retrofleja contextualizada** y la **mente-interactiva**. Todas estas mentes colaboran, facilitando la aparición de una nueva mente, la **mente abierta**. Por tanto, nuestra mente abierta contiene una gran cantidad de componentes de todas las mentes que la precedieron. Es una mente de mentes. Es el resultado de la interacción masiva de una inmensidad de mentes que resuelven tareas concretas en su medio «local», pero que no saben que, además de realizar sus funciones particulares, participan de algo mucho mayor.

Cuando hablamos de «no saber» nos referimos a que su participación, en funciones emergentes de rango superior, es un componente añadido a su actividad local. Las mentes de rango superior precisan de las mentes vegetativas, pero estas pueden vivir y mantener las funciones que como célula le son propias, sin que la mente superior resulte imprescindible para ello. Esto puede observarse, por ejemplo, en los sujetos que se mantienen en coma como consecuencia de un daño cerebral severo. A pesar de que su mente abierta no está activa, las mentes inferiores que la componen pueden mantenerse operativas. No hablamos aquí de la conciencia. No sabemos lo que es la consciencia y ni siquiera sabemos si también está presente en algunas de las mentes que precedieron o componen nuestra mente abierta. No sabemos si los átomos o las células pueden presentar algún nivel de consciencia y, por tanto, el comentario de que las mentes reactivas y vegetativas de nuestras neuronas no se «enteran» de su participación en tareas mentales, no está referido a si son «conscientes» de ellas. Como indicamos, estas tareas siempre precisan de la actividad conjunta de muchas neuronas, pero ni siquiera esta actividad conjunta se hace consciente como tal. La consciencia puede ser informada de algunos de los resultados de esta actividad conjunta, pero nunca sabrá qué neuronas participaron, ni cómo fue la interacción neuronal que subyace a la realización de cada tarea.

La mente abierta aprovecha lo mejor de las mentes que la integran

No todos los elementos físicos de las mentes vegetativas de las neuronas que participan de una tarea mental participan directamente en la tarea. De hecho, la mayor parte del metabolismo neuronal participa en su mente vegetativa, y solo una pequeña parte participa en la interacción con otras neuronas y, por tanto, en la red neuronal asociada a alguna tarea mental. La mayor parte de la energía consumida por las neuronas está destinada a mantener a esta célula viva (actividad vegetativa), y solo una pequeña parte es utilizada para la actividad sináptica y para el mantenimiento de los potenciales de membrana implicados en el procesamiento de la información.

En este marco referencial, describiremos a continuación los aspectos más relevantes de nuestra mente abierta, haciendo frecuente referencia a fenómenos de consciencia asociados a las tareas mentales que se describen. Una pequeña parte de las tareas de nuestra mente se asocia a fenómenos de consciencia. Así, nuestros eventos mentales pueden ser descritos «desde fuera» y en relación a la actividad de las mentes de nivel inferior que la integran (ej. sinapsis química), y también «desde dentro» (fenómenos de consciencia asociados). Hasta aquí las mentes han sido siempre descritas a partir de la conducta que generan, esto es, desde fuera. El abordaje desde el interior no era posible, ya que no podemos «cuantificar» la consciencia directamente y, por tanto, no podemos estudiar su actividad en mentes distintas de la nuestra. En nuestro caso, las descripciones de las tareas de nuestra mente abierta sí pueden complementarse con descripciones desde el interior, con descripciones de los fenómenos de consciencia asociados.

Como veremos en los próximos capítulos, el cerebro complejo de los mamíferos superiores conserva las **mentes reflejas**, mentes que con anterioridad estaban implementadas en soportes más simples (ej. en moléculas proteicas), y que en el cerebro de estos animales están implementadas en neuronas. Una de las ventajas de la mente refleja es su elevada velocidad de actuación. La rápida respuesta de la mente refleja a las acciones del entorno es, con frecuencia, muy útil. Si pretendemos mantener una postura corporal y un objeto del entorno impone un movimiento a uno de nuestros miembros, hemos de responder rápidamente para devolver la posición del miembro a su estado inicial, ya que, de otra manera, las consecuencias del cambio postural podrían ser muy perjudiciales. La velocidad de la respuesta es, por tanto, una ventaja que justifica la pervivencia evolutiva de mentes tan simples como la mente refleja. Sin embargo, estas mentes no permiten el desarrollo de funciones más complejas, las cuales precisan de las otras mentes ya comentadas. También necesitamos la **mente proactiva** que proyecta el futuro conductual, la **retrofleja** que usa la experiencia previa para hacer estas proyecciones, y la **contextualizada** que organiza la información multisensorial en un escenario conjunto.

La mente contextualizada y los neuroconstructos

La **mente contextualizada** integra, en un único escenario, la información proveniente de los distintos dispositivos sensoriales (ej. vista oído...) con la información generada en el propio organismo (ej. posición de las articulaciones). El escenario contextualizador tiene una doble utilidad. Por un lado, al hacer interaccionar la información proveniente de distintas modalidades sensoriales, mejora el análisis del entorno. A esta integración se añade la información de representaciones creadas previamente, y que el aprendizaje permitió almacenar en su momento y la memoria permite recuperar e integrar con la representación actual (contextualización retrofleja). Por otro lado, la mente contextualizada permite **simular** posibles respuestas en su escenario interior. Esta simulación facilita la selección de las conductas más adecuadas antes de ejecutarlas en el mundo real, acelerando el proceso de selección de respuestas óptimas y reduciendo los riesgos de ejecutar conductas potencialmente lesivas. La mente contextualizada se comentó a propósito de la conducta del pulpo y luego de la conducta del chimpancé.

Dado que no conocemos su ubicación en el cerebro, el lugar donde se genera la representación contextualizada será señalada aquí con un nombre genérico, con el nombre de neuroconstructo. Así pues, denominamos *neuroconstructo* a aquel en el que se genera una «representación» del mundo. Como veremos en capítulos posteriores, el cerebro genera distintos neuroconstructos, cada uno producido a partir de otro más simple. En cada uno de estos constructos se genera una representación del mundo exterior y del propio cuerpo, siendo útiles también para simular conductas y seleccionar las más convenientes. Todos los neuroconstructos tienen un carácter retroflejo, ya que a la información proveniente del entorno se añade la información previamente almacenada (aprendizaje) y recuperada (memoria). Los neuroconstructos son, en nuestra opinión, el mayor invento de la evolución en relación con la conducta y, gracias a ellos, muchos animales han podido sobreponerse a las crudas e innumerables pruebas adaptativas de nuestro planeta.

Si bien toda la información agrupada en los neuroconstructos puede ser utilizada para generar conductas, no todos los elementos incluidos en estos constructos se presentan a la consciencia. Como veremos, a la consciencia solo se presenta una versión muy simplificada de los neuroconstructos, versión a la que denominaremos *neuroconstructo consciente*. A continuación, presentaremos el conjunto de subconstructos que, de manera jerárquica y ascendente, elabora nuestra mente. De estos constructos se obtienen luego los elementos que serán utilizados para la creación del neuroconstructo consciente.

Neuroconstructo vs. homúnculo

Antes de terminar este breve capítulo haremos algunos comentarios sobre los homúnculos. Las representaciones sensoriales y motoras más simples pueden ser identificadas con los procedimientos técnicos disponibles, constituyendo los denominados *homúnculos*. En los homúnculos, la información sensorial de la misma naturaleza, pero proveniente de distintas regiones espaciales, se distribuye de forma que conserva su organización espacial. Por ejemplo, los **homúnculos visuales** son generados en la corteza cerebral situada en la porción posterior del encéfalo (corteza occipital). Los fotones que, provenientes del entorno entran en nuestro globo ocular, son modificados por una lente intraocular (el cristalino) para generar una imagen del campo visual en la retina. Se trata de una imagen invertida. Los fotones provenientes de la porción superior del campo visual se proyectan a las regiones ventrales de la retina, y los provenientes de la porción lateral del campo visual a las regiones nasales de la retina. Por tanto, la imagen retiniana conserva las relaciones espaciales del campo visual, si bien se trata de una imagen invertida. La llegada de fotones a los elementos fotosensibles de la retina (conos y bastones) termina por producir potenciales de acción en neuronas que transfieren la información visual al cerebro (células ganglionares). La distribución espacial de la imagen retiniana se conserva en las células ganglionares y, luego, en todas las cortezas visuales que procesan esta información (homúnculo retinotópico). Se mantiene en la corteza visual primaria, región de la corteza occipital a la que llega directamente la información visual. También se conserva en las cortezas visuales secundarias que reciben, desde la corteza visual primaria, aspectos particulares de la información visual como el color o el movimiento. Por tanto, el homúnculo visual retinotópico lo encontramos también en estas cortezas secundarias, en una será un homúnculo del color, en la otra del movimiento, en la otra de las formas de los objetos, etc. También disponemos de **homúnculos auditivos**, creados en la corteza lateral del cerebro (córtex temporal auditivo) a partir de la distribución de los componentes de frecuencia y de la intensidad de los sonidos. Disponemos de **homúnculos somatosensoriales** en la región más medial de la corteza cerebral (córtex parietal somatosensorial), en la cual se representa cada una de las sensibilidades (táctil, temperatura...) en función del lugar de la superficie corporal que haya sido estimulada.

En general, la información sensitiva que llega al cerebro es distribuida (segregada) por los distintos homúnculos, donde es analizada de forma específica. Una vez analizada, la información visual, auditiva, somatosensorial, etc., tiende a integrarse en representaciones únicas (áreas multisensoriales). Se han descrito distintas áreas multisensoriales, algunas en la corteza cerebral (ej. la ínsula de la corteza temporal) y otras en áreas subcorticales (ej. el estriado). Las distintas áreas multisensoriales terminan por integrarse en representaciones únicas, a las que hemos denominado *neuroconstructos.* De esta última integración surge la realidad que vemos, oímos y tocamos, y en la cual también hay una representación de nuestro cuerpo. Esta es la «**única realidad**» a la que tenemos acceso. Esta es la realidad que, simplificada, se presenta a la consciencia. Percibimos lo que está representado en este escenario, y no lo que ocurre fuera. Solo vemos «la pared de la caverna de Platón», ya que no podemos escapar para salir fuera y ver la realidad directamente.

Los medios técnicos actuales nos permiten localizar y estudiar los homúnculos, pero no los neuroconstructos. Hemos utilizado distintas técnicas para evaluar la representación homuncular de la información (resonancia magnética funcional, electroencefalografía...), pero ninguna de ellas nos ha permitido determinar la ubicación de los neuroconstructos. Es posible que los neuroconstructos se encuentren distribuidos por muchas regiones del cerebro y, al no estar en ninguna región particular como los homúnculos, las técnicas de neuroimagen actuales no permitan identificar su ubicación. Por tanto, los neuroconstructos son homúnculos de homúnculos, que mezclan toda la información sensorial (y motora) de una forma compleja y distribuida.

Creemos que nuestro cerebro genera múltiples neuroconstructos capaces de intercambiar información entre ellos. Como veremos, esta creencia está basada en evidencias científicas, evidencias que sugieren su existencia, a pesar de que aún no podamos ver los neuroconstructos de forma directa. Finalmente, todos los neuroconstructos confluyen en un solo constructo que generará un modelo neuronal unificado de la «realidad exterior».

Los objetos mentales solo existen en los neuroconstructos

Como veremos, los neuroconstructos están poblados de objetos. Vemos y tocamos mesas, móviles y multitud de objetos que se corresponden con algo del entorno, pero que nosotros solo podemos percibir a partir de su representación en los neuroconstructos. A estos objetos los denominaremos *neuroobjetos*. Un **neuroobjeto** es un «objeto mental» construido activamente por la integración de la información visual, táctil, etc., llevada a cabo por millones de neuronas. Como veremos, los neurobjetos son dotados de determinadas características (ej. textura, dureza, estabilidad...), siendo luego «externalizados» de manera que, aunque los construimos y observamos en nuestro mundo interior, parecen estar en el exterior de nuestro cuerpo. Los neurobjetos neurobjetos solo existen en los neuroconstructos y en su sustrato cerebral, solo que en lugar de identificarlos y describirlos por su distribución en el cerebro (circunstancia que aún es imposible), los evaluamos por sus propias características funcionales como objetos mentales. El desconocimiento de su soporte neuronal no impide que podamos identificarlos, determinar sus características funcionales, y describir sus propiedades y su dinámica dentro de la mente abierta.

La confluencia multisensorial que genera neuroconstructos no es «neutra». Su objetivo no es «conocer la realidad» sino, más bien, «adaptarse al medio externo». Para que esta adaptación se pueda realizar en tiempos razonables, el inmenso caudal de información que nos llega a cada momento debe ser «talado», de forma que los recursos limitados de cómputo de los que dispone el cerebro solo sean utilizados para procesar los datos con utilidad adaptativa. No importa que el resultado de la percepción sea una simplificación exagerada o, incluso, una distorsión interesada. Si con ello se consiguen conductas adaptativas, el neurobjeto generado es adecuado y será catalogado como «real». Por tanto, los neurobjetos son siempre interesados (útiles para el individuo que los genera) e intencionales (útiles para controlar su conducta). Los neurobjetos son generados en los neuroconstructos y, por tanto, no todas sus características serán presentadas a la consciencia. Solo se presenta la parte de la información del neuroconstructo que pueda resultar útil para la adaptación al medio.

En los próximos capítulos iremos describiendo, de forma sucesiva, los neuroconstructos para los que disponemos de evidencia suficiente.

Capítulo 21
La mente abierta: detectando los acontecimientos del mundo exterior

Todas las mentes «perciben» y reaccionan a su entorno. Este es uno de los requisitos que un conjunto de elementos interactuantes debe cumplir para ser reconocido como mente, el de permitir que el entorno cambie la interacción de sus elementos constituyentes. Por ejemplo, en el capítulo 1 negamos el estatus de mente a los neutrones, partículas que contienen elementos (quarks) cuyas interacciones no están influidas por lo que ocurre en el resto del universo. Los neutrones pueden formar parte de mentes más amplias como las de los átomos (mentes reactivas), pero, por sí mismos, no constituyen una mente. Por tanto, todas las mentes han de estar abiertas a la acción del exterior, y desde la más sencilla a la más compleja «perciben» y reaccionan a su entorno (Fig. 21.1). En el contexto de la mente abierta, utilizaremos el término *percepción* para referirnos a los *procesos por los cuales el mundo modifica el funcionamiento de la mente*. Aquí la propiedad internalizadora de la mente es referida directamente como percepción.

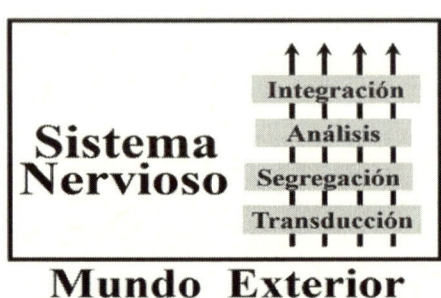

Fig 21.1 Percepción

La complejidad del proceso perceptivo depende de la naturaleza de la mente, y es mucho más simple en la mente reactiva que en la mente abierta. Definimos como **estímulo** a los componentes del entorno con capacidad para generar un proceso perceptivo. Solo una pequeña parte del mundo exterior puede modificar la actividad mental y adquirir la condición de estímulo. Como veremos a continuación, cada mente dispone de una constelación particular de estímulos posibles, y resulta «insensible» a otros muchos componentes del entorno. Esto hace que las diferentes mentes se constituyan como tales en función del «mundo estimular» al que pueden acceder.

En el contexto que proponemos aquí, percepción y consciencia denotan realidades diferentes. Las percepciones pueden desencadenar fenómenos de conciencia, pero la mayor parte de la información que llega a nuestra mente desde el exterior, y que puede modificar nuestra conducta, nunca se presenta a la consciencia. Por tanto, percepción y consciencia pueden estar asociados en algunas ocasiones (hablaríamos de percepción consciente), pero en sí mismos son fenómenos diferentes.

No todas las mentes detectan el entorno de la misma manera. En realidad, hay tantas percepciones del mundo como mentes. La percepción del mundo es diferente para la hormiga y para nosotros, y probablemente también lo es para los distintos tipos de hormigas, así como para las distintas personas. Nadie «percibe» el mundo exactamente como lo hace su vecino. Podemos afirmar incluso que, dado que la experiencia modifica nuestra capacidad perceptiva, nuestra percepción del mundo cambia con la edad.

¿Cuál es el mundo estimular de nuestra mente abierta?

Comenzaremos comentando algunas características del dispositivo físico implicado en la percepción de la mente abierta[443-446]. Nuestra mente, y el sistema nervioso que la sustenta, nunca reaccionan directamente a los elementos constitutivos del entorno. Nuestras neuronas no detectan los fotones de los estímulos luminosos, o las ondas de presión que trasmiten por el aire los estímulos sonoros. Ni los fotones ni las ondas de presión pueden entrar en nuestro cerebro. Para percibir el mundo, los estímulos ambientales han de ser «traducidos» a potenciales eléctricos que puedan ser procesados, y viajar por las membranas de nuestras neuronas. Por tanto, los estímulos ambientales han de ser traducidos a potenciales de membrana, una traducción para la que se dispone de dispositivos especiales denominados *receptores sensoriales*[445-455]. Cada modalidad sensorial dispone de receptores específicos, que utiliza la energía de un estímulo entrante para generar potenciales de membrana en las células del órgano receptor.

En el caso de la **percepción visual**, la energía portada por los fotones cambia la conformación tridimensional de unas moléculas (retineno) que están unidas a proteínas (opsinas)[443-446,456-458], que se encuentran en las membranas de unas células del fondo de la retina, células conocidas como fotorreceptores. La escotopsina es la opsina de unos fotorreceptores denominados *bastones*. Los bastones intervienen, de forma particular, en la visión en blanco y negro que se produce en condiciones de baja iluminación (visión escotópica). La visión escotópica es la que se produce, por ejemplo, cuando nos desplazamos por el campo a la luz de la luna. Las fotopsinas son las opsinas de otra modalidad de fotorreceptores, los conos. Los conos intervienen en la creación del color en condiciones de alta iluminación (visión fotópica). Disponemos de tres fotopsinas, una para el rojo, otra para el verde y otra para el azul. El resto de los colores se genera evaluando la actividad relativa de estos tres conos (ej. el amarillo se produce por la actividad conjunta del cono del rojo y del verde). La llegada de la luz al retineno produce un cambio en su disposición tridimensional, activando una cascada metabólica cuyo resultado final es la modificación del potencial de membrana de la célula fotorreceptora. De esta forma, la energía portada por el fotón (que depende de su frecuencia ondulatoria) es transformada en energía química asociada a los cambios de polaridad en la membrana de las células fotorreceptoras (traducción receptorial).

Algo parecido ocurre con los **estímulos auditivos** portados por las ondas de presión que viajan por el aire que nos circunda[443,444,448,452,459-462]. La energía de la oscilación de la onda sonora produce una distorsión en la membrana de unas células situadas en el oído interno (células ciliadas). Esta distorsión modifica el potencial de membrana de estas células, con lo que la energía portada por la onda sonora es traducida a energía química asociada a los cambios de polaridad de la membrana de las células ciliadas. Traducciones similares ocurren en la lengua y el paladar para los **estímulos gustativos**[443,444,463-465] disueltos en la saliva, o en la parte superior de la mucosa nasal para los **estímulos olfativos**[443,444,466-468] disueltos en el moco de las cavidades nasales, o en las células ciliadas del utrículo y el sáculo, o de los canales semicirculares del oído interno para los cambios de **posición** o **aceleración** de la cabeza[443-446,448,469,470]. También en las distintas modalidades de **tacto superficial** (tacto grosero y tacto discriminativo)[446,448,452,471,472] o para la **sensibilidad articular** (sensibilidad artrocinética y sensibilidad vibratoria)[473-475], se produce una traducción de desplazamientos físicos a potenciales de membrana.

Por tanto, los órganos receptoriales permiten «traducir» fluctuaciones energéticas provenientes del entorno, en fluctuaciones de carga eléctrica en las membranas de las células de los receptores. El resultado final es que solo podemos conocer directamente la parte del mundo que puede ser detectada por estos «traductores o receptores» sensoriales. El resto del mundo (la mayor parte de él) no puede ser detectado directamente. En realidad, ni siquiera todos los fotones, ondas de presión, desplazamientos, etc., pueden ser detectados. Cada sensor tiene unos umbrales de sensibilidad y unos rangos de detección específicos, fuera de los cuales los cambios energéticos resultan indetectables. De todos los fotones que llegan a nuestra retina, solo aquellos cuya longitud de onda se encuentra entre los 380 y los 760 nanómetros generan cambios en los potenciales de las células fotorreceptoras. Aquellos fotones con una longitud de onda mayor de 760 nanómetros están en el rango del infrarrojo, y nunca serán detectados por la retina. Lo mismo ocurre con los fotones con longitudes de onda menores de 380 nanómetros.

En este caso, se trata de luz ultravioleta que tampoco es detectada por las células fotosensibles de nuestra retina.

La luz infrarroja sí puede ser detectada por sensores artificiales. El calor genera luz infrarroja, con lo que sensores artificiales como las cámaras de infrarrojos, pueden ser utilizadas para ver objetos calientes que no podemos ver directamente. La luz infrarroja es menos interactiva con la materia que la luz visible, con lo que puede traspasar barreras físicas con más facilidad. De hecho, algunas cámaras de infrarrojo pueden ser utilizadas para «ver» debajo de la ropa, ya que la luz visible no puede atravesar la ropa, mientras que la infrarroja sí lo hace.

Algunos de los fotones cuya frecuencia oscilatoria los sitúa fuera de nuestro rango perceptivo, pueden ser detectados por otros animales. La serpiente boa constrictor (capaz de ver a sus presas en la oscuridad), los peces piraña (capaces de ver en aguas turbias) y los mosquitos (que usan el olor para detectar la presencia de víctimas potenciales y la visión para ver iluminadas las arterias y seleccionar la más adecuada para la extracción de sangre) disponen de sensores para el infrarrojo. Otros animales tienen sensibilidad para el ultravioleta. Este es el caso de las abejas, que se guían por la luz ultravioleta generada por las flores. Al parecer los ancestros de las abejas ya veían el ultravioleta antes de que existieran flores, con lo que es probable que las flores crearan sus pigmentos ultravioletas para aprovechar la capacidad perceptiva de las abejas, y hacerlas partícipes de su reproducción sexual. La percepción ultravioleta está muy extendida entre los insectos, pero es menos frecuente en mamíferos. No obstante, algunos mamíferos como la rata, el ratón, los gatos y los perros también pueden detectar fotones ultravioletas.

De todas las ondas de presión que llegan a nuestros oídos, solo aquellas cuya frecuencia oscilatoria se encuentre entre los 20 y las 16 000 oscilaciones por segundo (hercios) generan cambios en los potenciales de las células ciliadas auditivas. Los sonidos por debajo de 20 hercios se denominan *infrasonidos*, y pueden ser detectados por animales como los elefantes (hasta 12 hercios) o las palomas (hasta 0,5 hercios). Los infrasonidos se atenúan menos y alcanzan grandes distancias, lo cual es utilizado, por ejemplo, por los elefantes para remitir información a congéneres situados en regiones remotas. Las palomas pueden oír la lluvia, las tormentas o los truenos producidos a muchos kilómetros de distancia, obteniendo así información esencial para programar los próximos vuelos. En el otro lado del espectro auditivo está los ultrasonidos con frecuencias superiores a 16 000 hercios. Los murciélagos o las polillas pueden oír ultrasonidos hasta los 215 000 hercios, los búhos y ratones hasta 200 000 hercios, los delfines hasta 150 000 hercios, los gatos y los perros hasta 60 000 hercios, y los caballos hasta 55 000 hercios. Estas bandas de sonidos de alta frecuencia permiten que el perro pueda oír los pasos de su dueño acercándose a casa mucho antes que su familia o sus vecinos, que los murciélagos puedan ecolocalizar a sus víctimas y que las ratas acudan a los requerimientos de sus crías cuando estas emiten ultrasonidos para solicitar su atención.

Los cambios energéticos ambientales que no se encuentran dentro del rango de respuestas sensoriales de nuestra mente abierta no existían para nosotros hasta que pudimos desarrollar sensores artificiales. Las microondas (10^{-2} metros) y las ondas de radio (10^3 metros) no existían para nosotros hasta que pudieron ser detectadas por medios artificiales. Los rayos X (10^{-10} metros) y los rayos gamma (10^{-11} metros) tampoco. Así pues, cada especie dispone de un rango de sensibilidades que le permite construir un escenario estimular idóneo para su adaptación al medio, circunstancia que, no lo olvidemos, es la que selecciona a las especies que han de prevalecer a lo largo de la evolución.

¿Cuál es el substrato neuronal del polo sensorial de la mente abierta?

Las neuronas disponen de distintos dispositivos (canales transmembrana, bomba sodio-potasio...) que les permiten mantener una diferencia de carga eléctrica entre el interior (negativo) y el exterior (positivo) de su membrana celular (potencial de reposo). La llegada de estímulos ambientales hace fluctuar el potencial de reposo, reduciendo la diferencia de potencial entre el interior y el exterior de la membrana (potencial de receptor). Los potenciales de receptor son analógicos y pueden tomar cualquier valor, codificando la intensidad de los estímulos como amplitud de despolarización[443,444,450,452,455]. Los estímulos de baja intensidad generan potenciales de receptor de baja amplitud, y viceversa. Los potenciales de receptor pueden viajar por la membrana celular, pero su amplitud decae rápidamente, y nunca alcanzan el sistema nervioso. Para que la información estimular pueda llegar a la médula espinal y al cerebro, los potenciales de receptor han de transformarse en otra modalidad de potencial de membrana, en **potenciales de acción**. Los potenciales de acción tienen una amplitud mucho mayor, invirtiendo la carga eléctrica de la membrana celular que se hace positiva en el interior de la célula[443,444,449]. Se trata de un cambio de polaridad que siempre tiene la misma amplitud y que son de corta duración (pocos milisegundos). Sin embargo, los potenciales de acción se autopropagan por la membrana celular, con lo que pueden llegar desde el órgano receptor a la médula espinal y al cerebro. Todos los potenciales de acción de una neurona son iguales, por lo que podríamos considerarlo como potenciales digitales que, o se producen (1), o no se producen (0). Si registramos la actividad eléctrica de una neurona, encontraremos una sucesión de potenciales de acción como la que sigue: 00000000010000010 100000010000010000. Como vemos, casi siempre encontraríamos «ceros» (potencial de membrana) que serían interrumpidos por la aparición fugaz de «unos» (potenciales de acción). Esta sucesión de potenciales de acción llega a las estructuras centrales del sistema nervioso, transmitiendo al cerebro la amplitud analógica de los potenciales de receptor, ahora como sucesión de potenciales de acción.

¿Cómo se codifica la información de los potenciales de receptor en una secuencia de potenciales de acción? No lo sabemos con exactitud. Un código habitual en las neuronas vinculadas a receptores sensoriales es la codificación en frecuencias. En esta codificación, los estímulos de mayor intensidad generan más potenciales de acción por unidad de tiempo. Por ejemplo, pueden pasar de tener 2 potenciales por segundo a 10 potenciales por segundo si el estímulo es moderado, o a 100 potenciales por segundo si el estímulo es muy intenso. No obstante, esta codificación simple no es la única y se han propuesto otras con creciente complejidad, incluyendo la codificación fractal.

Aunque nuestro modelo actual considera la interacción neuronal basada en el trasiego de potenciales de acción entre neuronas como el elemento básico de funcionamiento del sistema nervioso, en realidad, no conocemos los lenguajes utilizados para la codificación de la información en potenciales de acción. Por tanto, aunque registrando sus potenciales de acción podemos «oír» la comunicación entre neuronas, al no disponer del «código» utilizado para «encriptar» los mensajes no entendemos lo que dicen. Ocurre como con los mensajes de los submarinos durante la Segunda Guerra Mundial, se les podía oír, pero no entender, hasta que se descifró el sistema de codificación del ejército alemán. O como ocurre con la televisión por cable, podemos ver las señales que llegan a nuestros televisores, pero si no disponemos del «decodificador», no podremos recomponer las imágenes y entenderlas.

No obstante, lo que sí sabemos es que los potenciales de acción se autopropagan sin merma alguna por las membranas celulares de las neuronas. Con esta autopropagación los potenciales de acción pueden alcanzar la médula y el sistema nervioso central sin ninguna dificultad. Con los potenciales de acción, la información ambiental detectada por nuestros sensores puede desplazarse rápidamente hasta el sistema nervioso, un viaje cuya velocidad se encuentra entre 0,5 metros y 120 metros por segundo. Comentamos hace unos momentos que no toda la información ambiental es detectada por nuestros sensores. Estos solo detectan la pequeña porción de eventos que ocurren en su limitado rango de respuesta. A esta limitación hemos de añadir otra, ya que no toda la información ambiental detectada por nuestros sensores viaja hasta el sistema nervioso. Solo viaja aquella que pueda ser «codificada» en secuencias de potenciales de acción. Así pues, todo lo que podemos conocer del entorno es aquello que puede ser codificado en secuencias digitales de potenciales de acción. El mundo llega a nuestro cerebro mediante una cantidad enorme de ceros y unos que, viajando en paralelo por una inmensa cantidad de neuronas sensoriales, conectan nuestros sensores con el sistema nervioso. Esta no es la sensación subjetiva que tenemos cuando miramos a nuestro alrededor. Cuando vemos u oímos se nos produce la sensación de estar observando directamente el mundo real, de estar inmersos en él. En capítulos posteriores presentaremos múltiples evidencias que muestran que esto no es así. Estamos dentro de nuestro sistema nervioso como en la caverna de Platón, solo que en nuestro caso lo que nos llega no son sombras proyectadas en la pared de la caverna sino secuencias de potenciales de acción.

Además, no podemos observar los potenciales de acción como tales. Si pudiéramos hacerlo quedaríamos aplastados bajo una sábana inmensa de datos. No observamos lo que llega. Cuando algo se presenta a nuestra mente (y a nuestra consciencia) ya ha sido decodificado y analizado por distintas redes neuronales de distintas regiones de nuestro cerebro. Una vez decodificada y analizada, la información digital es utilizada para generar «modelos» muy simplificados de la realidad (neuroconstructos), que serán los que finalmente son presentados a nuestra consciencia. Una guitarra no es una guitarra hasta que la secuencia de potenciales de acción (eventos todo o nada, 0 - 1) que viajan por los axones de millones de neuronas del nervio óptico informándonos de su forma, y por los axones de miles de neuronas del nervio auditivo informándonos de los sonidos que genera, no son decodificados, analizados (forma y color de las imágenes, intensidad y tono de los sonidos, etc.) e integrados (imágenes + sonidos) en un solo objeto que es luego reconocido como un instrumento musical, y finalmente integrado en la mente como una guitarra. Desgranaremos estos procesos en capítulos posteriores, ahora basta con indicar que lo que llega a nuestra mente desde el mundo exterior es solo aquello que pudo ser detectado (estímulos) y traducido a una señal digital de potenciales de acción.

Capítulo 22
Mente abierta y mente reactiva: generando las respuestas más rápidas

La contextualización mental es un proceso lento, y muchas respuestas a los requerimientos del entorno no pueden esperar tanto. Por ello, las conductas más rápidas, las generadas por la mente reactiva y que no precisan de la elaboración de neuroconstructos, se conservaron a lo largo de la evolución. Las respuestas contextualizadas más rápidas, que podemos generar a partir del neuroconstructo más simple, precisan de al menos 150 mseg. Este sería el caso de pulsar un botón en respuesta a la presentación de un estímulo visual. En muchas circunstancias, estas respuestas resultan demasiado lentas. Por ejemplo, un tropiezo durante una carrera precisa de una respuesta que comience durante los 50 mseg. iniciales, y que permita evitar la caída o hacer que esta sea menos traumática. Son respuestas automáticas que no precisan de una elaboración contextualizada ni de supervisión consciente. En realidad, tomamos consciencia de lo ocurrido mucho después de responder, momento en el cual la consciencia se apercibe simultáneamente del agente productor del problema motor (ej. una piedra en el suelo) y de la respuesta que nuestro cuerpo ha dado a la situación. La respuesta automática inconsciente puede ser muy compleja y, en el caso del tropiezo durante la carrera, puede incluir movimientos axiales del tronco para corregir la postura, movimientos de los miembros inferiores para evitar el obstáculo, movimientos de los miembros superiores para interponerse y amortiguar la caída, y movimientos del cuello para retraer la cabeza y evitar su impacto con el suelo. Estas respuestas rápidas y automáticas se denominan *reflejos*[443,444,473,474]. A pesar de nuestra impresionante encefalización, estos reflejos resultan de gran utilidad y han sido conservados en el curso evolutivo (Fig. 22.1). Son, en realidad, el resultado de la pervivencia de la mente refleja previamente comentada.

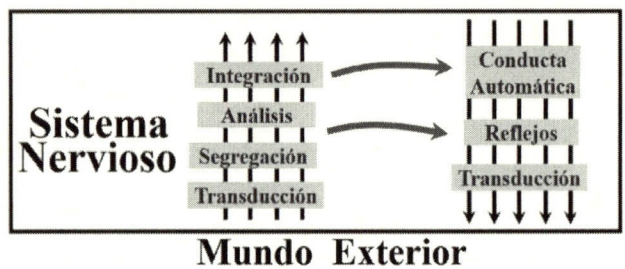

Fig 22.1 Reacción

Los seres vivos unicelulares de hace más de 3000 MA desarrollaron sensores por un lado y dispositivos motores por otro. Ambos polos, el sensor y el motor, se pusieron en contacto, de tal manera que se pudiera responder con rapidez a las condiciones cambiantes del entorno (mente refleja). Esta capacidad de respuesta rápida pervivió tras la aparición de los seres pluricelulares, solo que en estos la respuesta implicaba generalmente a varias células. Para los reflejos más simples solo se precisan dos tipos de neurona, una sensitiva que detecta la presencia de un estímulo ambiental específico, y otra motora que genera una contracción muscular adaptativa en relación con el estímulo detectado. Estas dos neuronas están conectadas por una sinapsis, de tal manera que la activación de la neurona sensitiva genera una activación de la neurona motora y una contracción muscular refleja. Estos reflejos se denominan *monosinápticos*, ya que están mediados por una sola sinapsis, la que conecta la neurona sensitiva con la motora. Un ejemplo de reflejo monosináptico es el reflejo miotático directo, mediante el cual respondemos a la elongación pasiva de un músculo, generando una contracción refleja del músculo elongado[443,476]. El reflejo miotático está activo en todos los músculos esqueléticos (músculos estriados cuyos extremos están insertos en los huesos y que se utilizan para mantener la posición corporal y para generar movimientos). Estos músculos están inervados por neuronas sensitivas cuyas terminaciones tienen forma de resorte (terminación anulo-espiral). Cuando el músculo se elonga pasivamente (ej. por la acción de objetos externos como el martillo de reflejos), la terminación anuloespiral también se elonga, generándose potenciales de acción en la neurona sensitiva vinculada a la terminación anuloespiral. Estos potenciales viajan por la pared del axón de la neurona sensitiva, hasta llegar a la sinapsis que hay entre esta neurona y la neurona motora de la médula espinal. A través de esta sinapsis, se genera un potencial de acción en la neurona motora, potencial que viaja hasta las fibras del músculo elongado y las contrae. Este reflejo miotático directo facilita, entre otras cosas, el mantenimiento de la postura corporal. Continuamente soportamos la acción de numerosos agentes físicos del entorno que pueden alterar nuestra posición. El reflejo miotático se encarga de oponerse activamente a estas acciones exteriores, y mantener nuestra posición.

El reflejo miotático directo puede resultar perjudicial en algunas situaciones. Pongamos un ejemplo extremo. Supongamos que tenemos el brazo derecho extendido hacia delante, y que una nevera proveniente de la segunda planta de un edificio cercano cae sobre nuestra mano. La caída de la nevera generará un desplazamiento pasivo del miembro, activando así el reflejo miotático directo y haciendo que se contraigan todos los músculos necesarios para mantener el brazo en su posición inicial. En estas circunstancias, el reflejo miotático directo sería perjudicial. Produciría una contracción muscular intensa que no podría impedir la caída de la nevera, y el resultado final sería el desgarro muscular. Para evitarlo disponemos de otro reflejo, el reflejo miotático inverso. Cuando la contracción muscular máxima no puede evitar el cambio de postura, se produce una elongación de los tendones que conectan el músculo con el hueso. Estos tendones disponen de unas terminaciones nerviosas arborescentes cuya elongación genera potenciales de acción que viajan hasta la médula espinal por neuronas sensitivas, activando unas pequeñas neuronas inhibidoras que están conectadas con las neuronas motoras que inervan el músculo elongado. El resultado es que la elongación muscular pasiva que, por su intensidad, no puede ser evitada por el reflejo miotático directo, activa este segundo reflejo, el reflejo miotático inverso. Este reflejo prevalece sobre el reflejo miotático directo, produciendo una relajación del músculo elongado. Ambos reflejos están convenientemente «pesados», de forma que nos oponemos a las acciones de los agentes del mundo exterior sobre nuestra estructura corporal, solo cuando estos agentes tienen una fuerza que pueda ser contrarrestada por nuestros músculos (reflejo miotático directo). Sin embargo, cuando la fuerza del agente exterior no puede ser contrarrestada, relajamos el músculo elongado, evitando así los desgarros musculares (reflejo miotático inverso). Todas estas acciones ocurren mucho antes de que la sensibilidad pueda alcanzar la corteza cerebral y que nos hagamos conscientes de la situación.

Junto con el reflejo miotático, el más simple, disponemos de reflejos con muchas neuronas interpuestas entre la neurona sensitiva y la neurona motora (reflejos polisinápticos). Un reflejo polisináptico con el que estamos todos familiarizados es el reflejo de retirada que separa los miembros en contacto con agentes potencialmente lesivos. Si al caminar descalzos pisamos una chincheta que puede dañar la planta del pie, se activa una neurona sensitiva que trasmite la situación a la médula espinal, donde una red neuronal promueve la retirada del pie. Aquí necesitamos una red neuronal compleja, ya que la respuesta ha de ser proporcionada a la naturaleza y a la intensidad del estímulo. No debemos reaccionar con la misma intensidad cuando pisamos gravilla que cuando pisamos una tacha. En el primer caso, bastará con atenuar levemente la presión del pie sobre el suelo. En el segundo caso, hemos de: 1.- contraer los músculos que apartan el pie del suelo; 2.- relajar los músculos antigravitatorios que mantenían el pie en el suelo; y 3.- contraer los músculos antigravitatorios del miembro contralateral. Por tanto, en este caso, la respuesta es bilateral y afecta de diferente manera a los músculos flexores y extensores de los miembros inferiores. La respuesta a los estímulos intensos será una respuesta muy enérgica que interrumpe cualquier acción que estemos realizando en ese momento. Esta respuesta intensa conlleva ciertos riesgos, ya que si, por ejemplo, al bajar por una escalera se activa el reflejo de retirada, se puede generar una caída. Por tanto, la intensidad de la respuesta refleja ha de ser proporcional al daño potencial del estímulo. Para generar una respuesta bilateral tan compleja, y que resulte proporcionada al estímulo, utilizamos una red neuronal capaz de «estimar la gravedad» del estímulo, y de generar estos patrones motores complejos y proporcionados. Por ello, la mente del reflejo de retirada es más compleja que la mente del reflejo miotático.

Podemos seguir ascendiendo desde los reflejos miotáticos y de retirada hasta otros mucho más complejos, en los que participan una gran cantidad de neuronas distribuidas por múltiples regiones del sistema nervioso. En todos los casos, se trata de mentes reflejas independientes que no precisan de contextualización en neuroconstructos, ni de supervisión consciente. Estas mentes reflejas funcionan en cualquier condición, lo cual es aprovechado por los neurólogos para explorar a sus pacientes, también cuando estos son niños pequeños que no pueden colaborar voluntariamente en la exploración, o cuando son adultos en coma. Los daños severos del cerebro pueden desactivar el funcionamiento global de la mente abierta, sin que se afecte la actividad independiente de estas mentes reflejas. Estas múltiples mentes reactivas «nos pertenecen», pero no forman parte de nuestras otras mentes. Por ejemplo, no forman parte de nuestra mente proactiva o de nuestra mente abierta. Nuestras mentes reflejas funcionan con rapidez y de forma independiente, y cuando tomamos consciencia de ellas su actividad ya ha terminado. Tomamos consciencia del movimiento de nuestra pierna en respuesta al golpecito del martillo de reflejos por debajo de nuestra rótula cuando este ya se ha producido. El neurólogo podrá observar esta respuesta, independientemente de que estemos despiertos o dormidos, conscientes o en coma, y de que tengamos 6 meses o 90 años. La gran cantidad de mentes reactivas con las que está dotado nuestro cuerpo nos ayudan a vivir, pero no son la mente con la que habitualmente nos identificamos.

Capítulo 23
Mente abierta y
neuroconstructo mínimo

El neuroconstructo más breve es el **neuroconstructo mínimo**, un constructo mental que se elabora en intervalos temporales inferiores a 500 mseg. Las características principales del neuroconstructo mínimo son: 1.- realiza tareas automáticas e involuntarias, 2.- realiza tareas simples con rapidez y precisión, 3.- tiene una organización paralela que le permite realizar múltiples tareas de forma simultánea, , 4.- puede incorporar nuevas tareas mediante aprendizaje, tareas que pasan a ejecutarse de forma rápida y precisa una vez han sido incorporadas a este constructo, 5.- trabaja con memoria de corto plazo, 6.- no consume recursos atencionales, y 7.- trabaja de forma inconsciente (Fig. 23.1).

El estudio del neuroconstructo mínimo precisa de pruebas bien elaboradas, ya que los resultados de su actividad se desvanecen en medio segundo y no son accesibles a la consciencia de forma directa. Como veremos, los estudios experimentales que apoyan la existencia del neuroconstructo mínimo utilizan la cuantificación de respuestas rápidas a estímulos de corta duración y los informes del sujeto que realiza la tarea. En el primer caso, se comunica la finalización de la tarea mediante movimientos simples (ej. pulse el botón cuando aparezca una vocal en la pantalla). En el segundo caso, el resultado de la tarea realizada por el neuroconstructo mínimo es remitido a otros constructos superiores, que ya son más duraderos y permiten la elaboración de informes verbales (ej. pronuncie en voz alta las letras que ha leído). Con la segunda aproximación, la valoración de los resultados es más compleja, ya que el funcionamiento de estos otros constructos también puede influir en el resultado final observable.

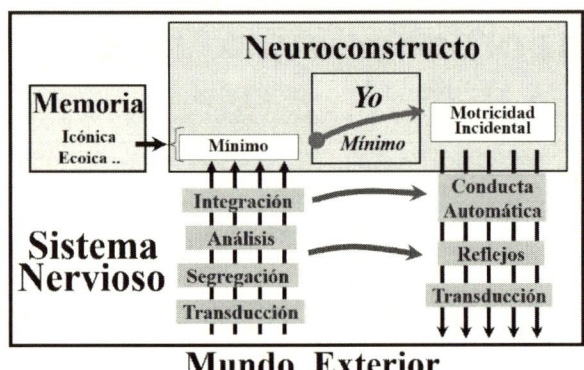

Fig 23.1. Neuroconstructo Percepción mínimo

¿Qué evidencias apoyan la existencia del neuroconstructo mínimo?
Las evidencias más directas son obtenidas en experimentos con respuestas rápidas. Las primeras evidencias que comentaremos están asociadas a la denominada *suma cuantal de la información sensorial*. Normalmente tenemos la impresión de que la información proveniente del entorno es procesada por nuestro sistema nervioso en cuanto llega, y de forma continua. Por ejemplo, tenemos la impresión de que nada de lo que ocurre ante nuestros ojos nos pasa desapercibido. Esta creencia asume que nuestra mente realiza un análisis continuo de la información sensorial, y que esta no es acumulada en intervalos temporales que podrían distorsionar el análisis de los eventos rápidos, o hacer que el sistema visual estuviera «ciego» entre intervalos sucesivos. Sin embargo, los experimentos no apoyan esta creencia.

Los datos disponibles muestran que las imágenes que observamos son el resultado de una suma temporal de fotones, que son agrupados en «fotogramas» estáticos durante intervalos fijos de tiempo (ventana cuantal), agrupamiento que luego se repetirá para generar una «sucesión de fotogramas». Los estímulos que llegan a la misma ventana cuantal son procesados como si ocurrieran de forma simultánea, independientemente de que hayan llegado al principio o al final del intervalo temporal durante el cual la ventana cuantal se mantiene abierta[477]. En este sentido, nuestra mente visual funciona como lo hacen las cámaras fotográficas. Todo lo que ocurre cuando el obturador está abierto se suma en la misma imagen, en la cual no es posible distinguir los fotones que llegaron en los primeros momentos tras la apertura del obturador, de aquellos que llegaron justo antes de su cierre. Dado que todos los fotones que llegan a la misma ventana cuantal se suman, un punto luminoso que se desplace rápidamente generará la impresión fotográfica de una línea de luz, y no de un punto luminoso. En esta línea luminosa no es posible determinar qué partes de la línea se crearon antes y qué partes después.

En la fotografía de la izquierda de la figura 23.2 se muestra una imagen de un danzante de Sri Lanka que mueve una antorcha con una de sus manos. La antorcha se observa como un objeto alargado que contiene una estructura corpuscular de componentes luminosos. Esta imagen corresponde al conjunto de fotones almacenados en un solo fotograma durante el intervalo de tiempo en el que el obturador permaneció abierto. En la foto de la derecha observamos una discontinuidad espacial entre dos objetos luminosos alargados. Esta discontinuidad no tiene que ver con el intervalo temporal correspondiente al cierre y apertura del obturador de la cámara, ya que, aunque esta circunstancia siempre ocurre cuando realizamos fotos sucesivas, la duración de este intervalo suele ser muy pequeña en relación con el tiempo que trascurre con el obturador abierto durante la toma de la fotografía. La discontinuidad tiene que ver con el hecho de que el danzante moviliza dos antorchas, una con cada mano. En estas fotos no podremos distinguir el sentido del movimiento (ascendente o descendente), ya que no es posible identificar los fotones según su momento de llegada a la cámara. Si acortamos el tiempo de exposición de la foto de forma progresiva, la foto recogería desplazamientos de la antorcha cada vez más cortos hasta que, con intervalos de apertura del diafragma suficientemente cortos (milisegundos), llegaríamos a registrar la imagen estable de la propia antorcha y no su desplazamiento. Si aún continuamos acortando el tiempo de exposición, la imagen de la antorcha comenzará a desvanecerse, convirtiéndose en un conjunto de puntos luminosos inconexos generados por fotones individuales provenientes de distintas partes de la antorcha (nanosegundos). Así, para obtener una imagen nítida de la antorcha hemos de mantener el obturador abierto el tiempo necesario para que el número de fotones que alcancen la cámara sea lo suficientemente elevado como para definir convenientemente la imagen de la antorcha, pero lo suficientemente corto como para evitar que el desplazamiento de la antorcha transforme la antorcha en un «río de luz».

Fig 23.2 Creación mental de imágenes

Nuestro sistema visual trabaja como las cámaras de fotos, permitiendo la acumulación de fotones durante intervalos temporales suficientemente largos como para que se puedan construir imágenes nítidas. Luego, las imágenes generadas por la acumulación de fotones son procesadas como una unidad (cuanto visual). Los experimentos de la figura 23.3 nos permitieron cuantificar la duración temporal de la ventana cuantal de nuestro sistema visual[477]. Cada punto en el interior de los cuadrados se corresponde con un diodo luminoso. Los cinco diodos de la parte alta y baja de los cuadrados se mantuvieron encendidos durante todo el experimento para evitar que, sin puntos de referencia, el observador desplace su mirada por el campo visual de forma inconsciente. En el experimento 3 los cinco diodos centrales se encendían (1 y 3) y apagaban (2) con rapidez, permaneciendo largamente encendidos durante el fotograma 4 (2-3 segundos). Cuando el tiempo de apagado del fotograma 2 era corto, el observador ve una línea de puntos encendida de forma continua. Si incrementamos la duración del fotograma 2, el observador continúa percibiendo una línea de puntos, que ahora es de menor intensidad. Podemos incrementar la duración del intervalo 2 hasta 50 mseg. sin que se perciba el intervalo de apagado. Cuando la duración del fotograma 2 es superior a 65 mseg., se percibe una fluctuación en la línea intermedia de puntos que el observador interpreta como apagado transitorio de la línea de puntos. Es necesario que entre el estímulo del fotograma 1 y el del fotograma 3 transcurran más de 35 mseg. para que se perciba la discontinuidad del estímulo. Esta es la ventana mínima de acumulación temporal de la información visual. Todo lo que ocurre en periodos inferiores a los 35 mseg. es interpretado como «simultáneo», siendo registrado y analizado como una imagen «instantánea» de la realidad.

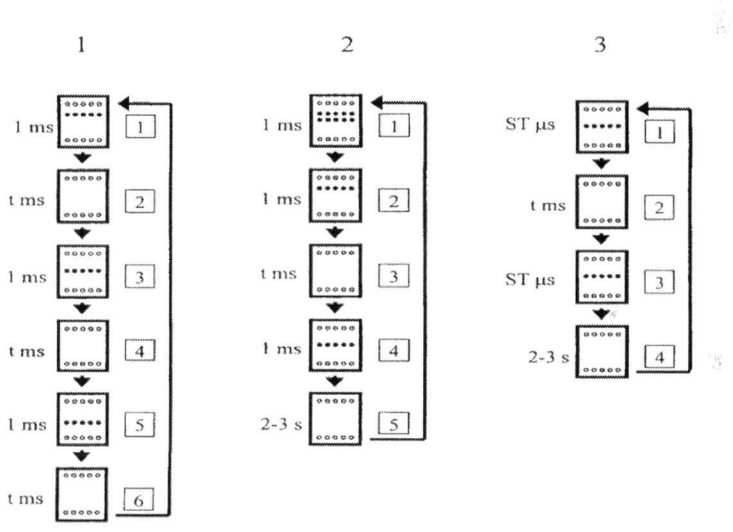

Fig. 23.3 Creación mental de imágenes: experimentos

El experimento 1 es similar al 3, pero ahora las líneas que se encienden de forma sucesiva están en posiciones diferentes. Cuando la duración de toda la secuencia de 6 fotogramas es inferior a los 33 mseg., el observador percibe cinco líneas encendidas de forma continua. Cuando la duración de cada fotograma es superior a 35 mseg., el observador percibe entre las dos líneas de puntos de los extremos, una línea de puntos más luminosa que se desplaza hacia abajo para saltar luego bruscamente a la posición superior. De nuevo aquí, el intervalo temporal de apertura cuantal del sistema visual es de unos 30-35 mseg. Por tanto, no percibimos en continuo sino de forma discreta, en cuantos de 33 mseg. La duración de estos cuantos puede cambiar con las condiciones de iluminación. En condiciones de alta iluminación (visión fotópica) la ventana temporal es de 30-35 mseg. En condiciones de baja iluminación (visión escotópica como la que hay al caminar a la luz de la luna), la duración de los intervalos de acumulación se puede incrementar hasta los 120 mseg., con lo cual damos más tiempo a los escasos fotones que llegan a nuestra retina para que puedan estructurar una imagen que pueda ser susceptible de procesamiento cuantal.

El sistema visual trabaja en paralelo, analizando cada punto de la imagen por separado (pixel). Con posterioridad, la información de los puntos adyacentes se agrupa de forma sucesiva, hasta que la imagen es finalmente analizada como una unidad[443,445,446,456]. La resolución temporal del sistema visual es pobre (33 mseg.), sin embargo, su resolución espacial y su capacidad para asociar los numerosos píxeles de una imagen y construir con ellos objetos visuales es muy elevada. La resolución espacial del sistema visual humano es de más de 500 millones de puntos (nuestras mejores cámaras no suelen pasar de 50 millones de píxeles). No obstante, la potencia de nuestro sistema visual está cimentada en su capacidad para agrupar los píxeles de cada imagen en unidades significativas mucho más amplias. Se trata de un procesamiento masivo que ocupa continuamente a miles de millones de neuronas distribuidas por más del 50 % de nuestra corteza cerebral. Ver es una tarea fácil y descansada, gracias a que el procesamiento de la información visual se realiza de forma automática. El acto de ver es solo el acto final de un largo proceso mediante el cual se separan las características principales de la información visual (forma, color, movimiento, etc.), luego se procesan por separado (ej. usando algoritmos neuronales que detectan bordes para delimitar los neurobjetos visuales), para finalmente reunir toda la información procesada en una sola imagen. Una parte muy simplificada de la información más relevante de la imagen (viñeta) es finalmente presentada a la consciencia. El resto del análisis visual permanece oculto en áreas de nuestra mente que nunca alcanzarán la consciencia.

La información visual procedente de la retina pasa por el tálamo y de ahí alcanza la porción posterior de la corteza cerebral, donde nos encontramos a las cortezas visuales primarias (V1 y V2). Estas cortezas, que presentan la distribución homuncular retinotópica ya comentada, generan nuevas imágenes en las que solo se incluyen aspectos parciales de la imagen inicial (ej. color, forma y movimiento de los objetos). Las nuevas imágenes son remitidas a cortezas visuales próximas (V3, V4 y V5), donde cada característica será analizada de forma específica. A partir de estas cortezas, la información fluye hacia las otras 25 cortezas visuales que procesarán aspectos cada vez más específicos de la información visual (ej. análisis de caras).

Los otros sentidos también procesan información en ventanas «cuantales»[478,479]. El sistema auditivo acumula información durante intervalos de unos 3-5 mseg., por lo que su resolución temporal es muy superior a la del sistema visual. Sin embargo, su resolución espacial es mucho menor. Mientras que el sistema visual dispone de más de 100 millones de receptores (125 millones de bastones y 6,4 millones de conos en cada ojo), el sistema auditivo solo tiene dos entradas, oído derecho y oído izquierdo. Es verdad que cada oído hace una separación de los componentes del sonido en función de su frecuencia (descomposición espectral del sonido), y que, para la detección de los distintos componentes de una onda sonora disponemos de unos 30 000 receptores (células ciliadas). Sin embargo, siempre se trata de dos entradas por ventana temporal, aunque cada una contenga un espectro sonoro con unos 30 000 puntos que detectan la distribución de los componentes espectrales de los sonidos comprendidos entre los 20 y los 16 000 Hz. El tacto también es acumulado en ventanas temporales que en su caso son de unos 10 mseg.

Cada sentido dispone de una resolución espacial y temporal diferente. Sin embargo, nuestra percepción consciente de la realidad es unitaria, y está investida del fenómeno de la simultaneidad. Si observamos un accidente de tráfico aparatoso, la percepción visual y auditiva confluyen hasta resultar simultáneas. Esto ocurre a pesar de que, los fotones viajan mucho más rápido que las ondas sonoras, y de que la información visual y auditiva viaja a diferente velocidad por el sistema nervioso. Los estudios neurofisiológicos han determinado que los estímulos visuales y auditivos coinciden en la corteza cerebral, solo cuando provienen de objetos situados a 12,5 metros (*horizonte de simultaneidad*). A pesar de ello, el neuroconstructo mínimo parece disponer de ciertas habilidades para retrasar las distintas modalidades sensoriales, haciéndolas confluir en la misma ventana de simulta-neidad. Esta capacidad la podemos observar estudiando el ordenamiento subjetivo de estímulos de distintas modalidades sensoriales. Por ejemplo, si presentamos un estímulo visual seguido de otro auditivo, ¿cuánto tiempo ha de transcurrir entre ellos para que puedan ser ordenados correctamente, esto es, para que el sujeto pueda informarnos de que no se presentaron de forma simultánea sino de forma sucesiva, y de que el primer estímulo fue el visual? Al parecer, el umbral de ordenamiento es similar para todas las modalidades sensoriales y se encuentra en torno a los 40 mseg. Esto nos indica que, independientemente de la modalidad sensorial, los estímulos presentados con latencias inferiores a los 40 mseg. se hacen confluir en las mismas ventanas temporales, generándose así un escenario común cuya resolución temporal es de 40 mseg. Este sería el componente básico del neuroconstructo mínimo.

No solo los fenómenos sensoriales se agrupan en ventanas temporales, también los fenómenos motores lo hacen. La *velocidad de reacción simple* se determina cuantificando el tiempo transcurrido entre la presentación de un estímulo simple y el inicio de la respuesta motora. La *velocidad de reacción de elección* es más compleja. En este caso, el estímulo que se presenta contiene información que ha de ser analizada antes de responder, ya que el tipo de respuesta depende del tipo de estímulo presentado (ej. pulsar un botón rojo si se enciende la luz roja o un botón verde si se enciende la luz verde). Por supuesto, la velocidad de reacción de elección es menor que la velocidad de reacción simple, y la diferencia entre ambas dependerá de la complejidad de la tarea interpuesta entre el estímulo y la respuesta. Los estudios de veloci-dad de reacción de elección han mostrado que los tiempos de reacción no presentan una distribución continua. Al contrario, presentan una distribu-ción con oscilaciones que fluctúan a intervalos temporales de 30-40 mseg. En otros términos, las decisiones generadas por la mente abierta precisan de un número determinado de intervalos de 30-40 mseg., número que depende de la complejidad de la tarea. La duración de estos intervalos coincide con el denominado *umbral de ordenamiento*, tiempo que ha de transcurrir entre la presentación de dos estímulos sucesivos para que estos puedan ser ordena-dos según el momento en el que fueron presentados.

Todas estas acciones se producen en el neuroconstructo mínimo, un constructo que se genera en intervalos temporales inferior a los 500 mseg., y que parece contener subunidades de 40 mseg., en los que confluyen los estímulos provenientes de distintas modalidades sensoriales.

Otro fenómeno que ocurre en el neuroconstructo mínimo es el denominado *fenómeno de apantallamiento*[480-485]. ¿Por qué no observamos nuestro parpadeo? El parpadeo (el cierre/apertura de los parpados) dura unos 300-400 mseg., se repite unas 10 veces por minuto, y siempre se acompaña de un «volteamiento» hacia arriba del globo ocular. Nuestros ojos se mueven varias veces por segundo (*movimientos microsacádicos*), y lo hacen de forma involuntaria e inconsciente. ¿Por qué, si nuestros ojos se mueven, las imágenes mentales no están «movidas» o «ralladas», como las imágenes obtenidas por cámaras fotográficas que se están desplazando? Los movimientos microsacádicos de nuestros ojos nos pasan normalmente desapercibidos, pero pueden observarse en otras personas si miramos sus ojos con atención. Para observarlos hemos de situarnos a 10 centímetros de su cara y fijarnos en sus movimientos oculares, mientras mueven repetidamente su mirada entre nuestro entrecejo y nuestro oído izquierdo. Sin embargo, si reproducimos estos movimientos en nosotros mismos (ej. mirando nuestros ojos en un espejo situado a una distancia de 5 centímetros de nuestra nariz), nunca veremos nuestros propios movimientos microsacádicos. El fenómeno de apantallamiento lo impide. Los movimientos microsacádicos generan imágenes «movidas» que resultan incoherentes con las imágenes que han llegado anteriormente y con las que llegarán con posterioridad. Esto determina que las imágenes incoherentes sean suprimidas y nunca lleguen a nuestra consciencia.

El apantallamiento también ocurre en ausencia de movimientos oculares. Por ejemplo, si observamos una película a la que se ha introducido un fotograma incoherente entre dos fotogramas sucesivos, la mente anulará el fotograma incoherente. Si entre dos fotogramas de una película que muestran a un vaquero montando a caballo introducimos un fotograma de la Torre Eiffel, esta nunca será mostrada a la consciencia, y su lugar será ocupado con una nueva imagen generada por «interpolación» de la imagen anterior y la posterior. Este fenómeno de apantallamiento anula imágenes ruidosas y facilita el análisis de imágenes en movimiento. No obstante, cuando hablamos de imágenes anuladas no queremos decir que estas se pierdan totalmente. De hecho, y aunque no se presenten a la consciencia, las imágenes anuladas siguen llegando a la corteza visual, y la información que contienen puede ser utilizada en tareas específicas. Esta utilización ocurre sin que seamos conscientes, y puede ser utilizada para manipular la mente del observador (condicionamiento subliminal). Se dispone de numerosas evidencias que muestran que las imágenes apantalladas que no alcanzan la consciencia pueden condicionar la actividad mental. De hecho, este procedimiento se puede utilizar para estudiar la acción de la consciencia en la conducta humana. Si presentamos una letra interpuesta en una sucesión de imágenes en movimiento (podemos volver al ejemplo anterior de los vaqueros), el observador no será consciente de la letra presentada. Si luego permitimos al observador elegir una letra entre varias, la probabilidad de elegir la letra presentada de forma «subliminal» será mayor que la de elegir cualquier otra letra. Si entonces preguntamos al sujeto porqué eligió la letra en cuestión, este indicará que lo hizo por puro azar, que había que elegir una, y simplemente se decidió por una de las que había. Este ejemplo ilustra la diferencia entre neuroconstructo y neuroconstructo consciente. Este último es una simplificación del primero, un subconjunto que se presenta a la consciencia. Sin embargo, toda la información del neuroconstructo puede condicionar la conducta, incluso aquella que no fue utilizada para crear el neuroconstructo consciente, la información subliminal.

Otro fenómeno que se produce en el neuroconstructo mínimo es la elaboración de una aparente **continuidad visual**. Como indicábamos arriba, a pesar de disponer de una visión cuantal que salta entre fotogramas sucesivos de 35 mseg., tenemos la impresión de «ver en continuo»[486-491]. Posteriormente comentaremos el efecto de ciertas lesiones corticales sobre esta sensación de continuidad. También tenemos la impresión de que lo vemos todo y de que nada que aparezca en nuestro campo visual escapa a nuestra consciencia, siempre que estemos atentos. Como ya hemos comentado, estas creencias no se corresponden con la realidad. En realidad, la mayor parte de lo que hace nuestra mente no se presenta a la consciencia, y esto también ocurre con el procesamiento de imágenes.

Otro fenómeno que ocurre durante la confección del neuroconstructo mínimo es la denominada *restauración sensorial*. Nuestros sensores ópticos (conos y bastones) no están distribuidos uniformemente por la retina, y sin embargo nuestra percepción visual nos presenta imágenes homogéneas y bien estructuradas. La papila es la zona de la retina por donde entran y salen los vasos del interior del globo ocular, y por donde salen los axones del nervio óptico hacia el cerebro. Ocupada por vasos y axones, la papila no dispone de células fotorreceptoras y, al no disponer de sensores, la región del campo visual correspondiente a la papila no se ve (punto ciego). Sin embargo, no somos conscientes de esta ceguera. Esta circunstancia, y las consecuencias de lesiones puntuales de la retina que generan zonas ciegas en el campo visual (escotomas), suelen pasar desapercibidas. Esto ocurre porque las zonas ciegas son «compensadas» por fenómenos de restauración óptica, que ocultan las deficiencias rellenándolas con la información de las regiones colindantes de la retina, y con información obtenida previamente cuando mirábamos hacia otras zonas del campo visual.

Fenómenos similares ocurren en otras modalidades sensoriales. La restauración sensorial también se produce de forma automática e inconsciente durante la elaboración del neuroconstructo auditivo. Por ejemplo, si oímos una frase a la que se ha introducido un ruido de tos que oculta partes de una palabra, oiremos la tos, pero no sabremos con que palabra de la frase coincidió. Habremos escuchado y entendido toda la frase, ya que rellenamos la palabra perdida por coincidir con la tos, con otra que sea coherente con el conjunto de la frase (restauración fonémica). En la restauración fonémica, la palabra sustituta es elegida de acuerdo con el significado contextual. Así, lo que creemos haber oído al principio de una frase puede verse afectado por las palabras que oímos al final. Esto ocurre de forma inconsciente, y sin que el sujeto se pueda apercibir de la sustitución de la palabra «dañada» inicial, por la palabra «clandestina» final. Estas evidencias también sugieren que el análisis estimular inicial, realizado por el neuroconstructo mínimo, está supervisado por otros neuroconstructos de ámbito superior que determinan el significado de la frase, y que no será presentado a la consciencia antes de que esta supervisión tenga lugar.

Fenómenos como el apantallamiento, la continuidad visual o la restauración sensorial, no serían posibles si no dispusiéramos de una memoria a muy corto plazo (ultracorta), que mantenga operativa la información proveniente de distintas modalidades sensoriales en el neuroconstructo mínimo. Las memorias ultracortas más estudiadas son la **memoria icónica**[492-498], la **memoria ecoica** [499-501], y la **memoria háptica**[502-505]. Si presentamos durante 1 mseg. una imagen que contenga una línea con 20 números, el observador interesado podrá llegar a leer hasta 5-7 números. En realidad, durante el milisegundo de exposición de la imagen no se puede leer ningún número, ya que, en un intervalo tan corto, la imagen ni siquiera ha abandonado la retina rumbo al cerebro. Además, las imágenes tardan unos 60 milisegundos en llegar a la corteza visual primaria. ¿Cómo pudo el observador leer hasta 5-7 números? Esto ocurre gracias a que, una vez introducida en la retina, la imagen sigue su curso hasta la corteza visual primaria (V1 y V2), luego hacia las cortezas secundarias (V3, V4 y V5), y de ahí, hacia cortezas más especializadas que, entre otras cosas, permiten leer letras y números. A partir de este momento, la información procesada es mantenida por la memoria icónica durante unos 400-500 mseg., intervalo temporal durante el cual el sujeto podrá leer los primeros números, introduciéndolos luego en otra memoria más duradera que ya permite pronunciar los números en voz alta. Esta tarea será más eficiente si los números son oídos además de observados. En este caso, contamos también con la memoria ecoica, la cual es capaz de retener sonidos durante unos 100-200 mseg. La memoria háptica trabaja con información táctil proveniente de la piel (dolor, calor, tacto superficial...), y con información propioceptiva proveniente de huesos, ligamentos y tendones (vibración ósea, posición de las articulaciones...). La memoria háptica puede permitir una retención de la información por intervalos más prolongados que los observados para la memoria icónica y la ecoica. No obstante, hemos de reconocer que la determinación de la duración de todas estas memorias sensoriales es problemática, ya que la información de las memorias sensoriales ha de ser transferida a otras memorias más duraderas, y pasar luego del sujeto estudiado al investigador.

Una característica del neuroconstructo mínimo, que ya fue comentada al principio del capítulo, es su funcionamiento en paralelo. En los dispositivos que trabajan en paralelo toda la información disponible es procesada simultáneamente. Así, la información de cada uno de los píxeles de la imagen accede por una entrada diferente, y todos los píxeles son procesados a la vez, cada uno por una ruta diferente. Si esto es así, ¿por qué no podemos recordar todos los números de las pruebas que acabamos de comentar? Los estudios experimentales demuestran que en realidad la memoria icónica almacena todos los números (todos los puntos de la imagen), y que la limitación para recordar más de 5-7 números no está impuesta por esta memoria ultracorta, sino por las limitaciones de los neuroconstructos posteriores que son necesarios para retener la información hasta que pueda ser pronunciada de viva voz. Una demostración de este hecho nos lo ofrece el **efecto de superioridad del informe parcial**. Si en lugar de presentar una línea de números, presentamos tres líneas, pero ahora junto con una señal que indique que línea debemos leer (por ejemplo, un sonido agudo para leer la línea superior, grave para la línea inferior y medio para la línea intermedia), el sujeto podrá leer solo la línea indicada. Esto demuestra que las memorias ultracortas almacenan toda la información de la imagen, manteniéndola operativa para que neuroconstructos superiores tengan oportunidad de analizar aspectos selectivos de la misma. El estímulo indicador de que línea leer se puede retrasar, lo cual hará que cada vez podamos leer menos letras de la línea señalada. Mientras más se retrase el estímulo indicador, menos letras leeremos. Cuando el retraso es superior a 500 mseg., la señal indicadora de que línea leer ya no resulta de utilidad. Por tanto, la señal ha de llegar al neuroconstructo mínimo cuando este aun dispone de la información en su memoria ultracorta (memoria icónica en este ejemplo). Estos datos también evidencian que el funcionamiento del neuroconstructo mínimo puede estar influido de arriba-abajo por neuroconstructos superiores.

Otro ejemplo experimental de este hecho nos lo ofrecen los estudios en los cuales una de las líneas está compuesta por letras que se pueden integrar en una palabra con significado. Si, por ejemplo, indicamos con un sonido que se lea las letras de la segunda línea, pero las letras de la primera línea pueden agruparse para formar una palabra, ocurrirá que, aunque el sujeto no se hace consciente de la primera línea, el número de letras que podrá leer en la segunda línea será menor que cuando las letras de la primera línea no pueden formar palabras conocidas. Ocurre como si las letras de la primera línea pudieran consumir parte de los recursos del neuroconstructo mínimo, a pesar de que su lectura no estaba en los planes y de que esta nunca será presentada a la consciencia. Parece como si un neuroconstructo superior, que busca formar palabras con significado, pudiera influir en el funcionamiento del neuroconstructo mínimo. No obstante, también podría ocurrir aquí que toda la información se almacene y procese en el neuroconstructo mínimo, y que sean los constructos superiores los que impongan un «filtro» o «restricción» a lo que finalmente se presenta a la consciencia.

Otra de las características del neuroconstructo mínimo es la naturaleza inconsciente de su actividad. Un ejemplo experimental de este hecho nos lo ofrecen los estudios en los que se presentan imágenes con contenido «estresante», pero de manera que no puedan alcanzar la consciencia. Por ejemplo, si en los experimentos anteriores, las letras presentadas en la línea primera no atendida (ya que la instrucción sonora era para leer la segunda línea) forman una palabra asociada a un pequeño castigo, los sujetos presentan una respuesta de estrés que incrementa la sudoración y la conductividad eléctrica de la piel. Al preguntar al sujeto por las letras leídas, este señalará las de la segunda línea. Al preguntarle por el estado de agrado de la prueba, nos indicará cierta incomodidad, que habitualmente será atribuida a la dificultad de la tarea, y nunca a la presencia de la palabra asociada al castigo.

En resumen, el neuroconstructo mínimo se inicia muy rápidamente, siendo breve, automático, e inconsciente. Agrupa los datos digitales (potenciales de acción) que entran por los órganos sensoriales para formar con ellos «cuantos» de información. Estos cuantos se mantienen operativos durante breves intervalos de tiempo que pueden ser utilizados para informar al siguiente neuroconstructo. Los procesos que integran el neuroconstructo mínimo son automáticos y escasamente modificables por el aprendizaje. No obstante, los neuroconstructos posteriores pueden condicionar parcialmente la actividad del neuroconstructo mínimo, modificando su forma de procesar la información recibida. La actividad del neuroconstructo mínimo termina antes de que la información recibida pueda ser presentada a la consciencia.

Capítulo 24
Mente abierta y
neuroconstructo incidental

El neuroconstructo incidental es un constructo mental con una duración de 1-3 seg., que facilita el análisis de secuencias de neuroconstructos mínimos. Las características principales del neuroconstructo incidental son: 1.- realiza tareas complejas que habitualmente son consideradas como tareas voluntarias, 2.- presenta un actividad serial que le impide realizar varias tareas simultáneamente, aunque puede intercalar varias tareas a tiempo compartido, 3.- realiza funciones más complejas que el neuroconstructo mínimo, si bien, también serán más lentas e imprecisas, 4.- requiere de aprendizaje previo, 5.- trabaja con memoria a corto plazo, 6.- consume recursos atencionales, 7.- una parte significativa de los resultados de su actividad se presenta a la consciencia (Fig. 24.1). Este es el neuroconstructo central de nuestra mente abierta, integrando la información que en cada momento nos llega desde el exterior, por los neuroconstructos mínimos, con la información previamente procesada y almacenada por neuroconstructos que comentaremos posteriormente.

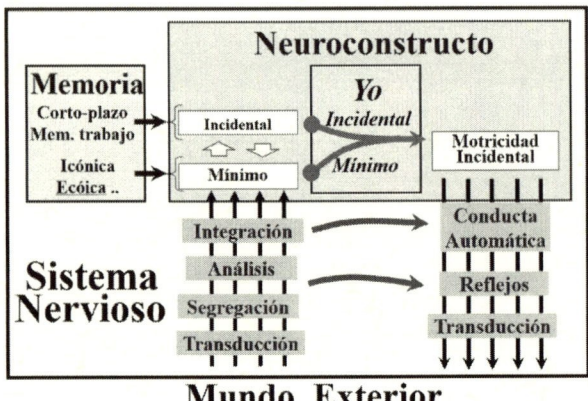

Fig 24.1: Neuroconstructo Percepción incidental

El neuroconstructo incidental construye el **presente** psicológico, y su actividad resulta central en la creación de la consciencia. El ahora subjetivo es una experiencia inextensa que marca el límite entre el pasado y el futuro, y que se mueve siempre del primero hacia el segundo. Pero ¿cómo se constituye el presente y cuánto dura? Decía San Agustín:

> Una cosa es clara e inequívoca, ni el futuro ni el pasado existen. No se puede afirmar que hay tres tiempos, pasado, presente y futuro. Más bien debería afirmarse que los tiempos son tres, el presente de lo pasado, el presente de lo presente y el presente de lo futuro. El presente de lo pasado es el recuerdo, el presente de lo presente es el momento y el presente de lo futuro es la expectativa.

Desde esta perspectiva, solo accedemos al presente, y todo lo demás son realidades mentales potenciales que solo participan en la construcción del «presente» de forma indirecta. Algunos estudiosos, como Ernst Pöppel, sugieren que la duración del presente psicológico está determinada por la capacidad para «poner juntas» experiencias sensoriales sucesivas[478,479,506-509]. Esta capacidad comenzó a ser estudiada por *Wilhelm Wundt* en los albores de la psicología experimental, utilizando para ello los sonidos generados por un metrónomo. El agrupamiento de estímulos sucesivos en el «presente» ha de incluir los detalles más relevantes de cada estímulo, circunstancia necesaria para la creación de neurobjetos. La construcción de neurobjetos visuales puede estudiarse, por ejemplo, mediante el *cubo de Necker*[510-515]. La visión de este cubo genera dos posibles imágenes en 3 dimensiones, imágenes que son incompatibles entre sí, y que nuestro cerebro no puede construir a la vez (Fig. 24.2). Cuando observamos el cubo de Necker, nuestra mente construye una de las dos posibles imágenes, y luego, en momentos posteriores, la abandona para construir la otra imagen posible. Si persistimos en la observación del objeto, notaremos que nuestro sistema visual fluctúa de forma más o menos periódica entre ambos neuroconstructos visuales. La duración del presente psicológico se determinaría dividiendo el tiempo total empleado para la prueba por el número de alternancias espontáneas del cubo. Con ello obtenemos el tiempo promedio de alternancia, tiempo que ha sido usado como indicador de la duración del presente psicológico.

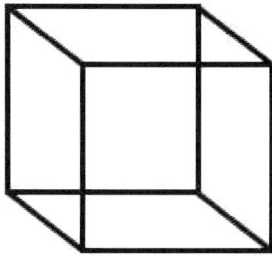

**Fig 24.2: Cubo introducido en 1832 por el
cristalografo suizo Louis Albert Necker**

Estos y otros estudios sugieren que solo podemos agrupar estímulos en un objeto visual, sonoro o de otra naturaleza, cuando los estímulos son presentados a la mente en intervalos inferiores a 3 segundos. Cuando los intervalos son más prolongados, los estímulos son considerados como provenientes de varios objetos, y ya no pueden unirse para construir un neurobjeto perceptivo. Esto situaría el presente psicológico en 3 segundos, tiempo que también sería la duración del neuroconstructo incidental.

A continuación, haremos una breve descripción de algunos fenómenos mentales asociados al neuroconstructo incidental.

Análisis de rasgos estimulares y neuroconstructo incidental

Una función que ocurre en la ventana temporal del neuroconstructo incidental es el **análisis de rasgos estimulares**. A cada momento, el sistema nervioso recibe un torrente inmenso de información sensorial, de la que habrá que extraer detalles sobre las características de los estímulos (ej. color y forma de las imágenes, intensidad y componentes espectrales de los sonidos, rugosidad y dureza de los objetos percibidos por el tacto, etc.). Este análisis se practica en cortezas sensoriales secundarias que reciben información de las cortezas primarias, las cuales, a su vez, la habían recibido directamente de los órganos de los sentidos. En el capítulo precedente, comentamos el caso del sistema visual, en el que la información proveniente de la retina pasa por el tálamo visual (núcleo geniculado lateral) y alcanza la corteza visual primaria en el lóbulo occipital. La corteza visual segrega los componentes de la imagen, remitiendo cada componente a una corteza visual secundaria específica, que analizará el movimiento de los objetos visuales (corteza V5), su color (V4), y su forma (V3 y V3A).

En realidad, el verbo «analizar» no es el más conveniente en estos casos. Analizar supone que la información sensorial ya se encuentra en la secuencia de potenciales de acción que alcanzan la corteza cerebral, y que lo que hacen las cortezas secundarias es simplemente detectarla, como haría un programa orientado a detectar virus en nuestro ordenador. Más que «analizar», lo que las cortezas secundarias hacen es «generar» características perceptivas a partir de la información que reciben. Por ejemplo, lo que hace la corteza secundaria para el color es crear o generar percepción de color a partir de los eventos digitales entrantes. El color es un neuroconstructo que no existe en los objetos del entorno. Lo mismo ocurre con la corteza secundaria para el movimiento, la cual crea percepción de movimiento a partir de las secuencias de potenciales de acción de imágenes sucesivas que son agrupadas en el neuroconstructo incidental.

A continuación, las características de los objetos generados en las cortezas sensoriales secundarias son remitidas a las cortezas terciarias, donde se agrupan para formar entidades que ahora ya disponen de forma, color, movimiento... Estas entidades son utilizadas luego para identificar los neurobjetos contenidos en las imágenes. A continuación, la información de los neurobjetos se distribuye por amplias zonas de la corteza cerebral, donde cada neurobjeto será provisto de «significado» práctico (¿para qué sirve?), relacional (¿de qué clase de objeto se trata y que otros objetos parecidos conocemos?), emocional (¿qué experiencias hemos tenido con este objeto?) y verbal (¿cómo se denomina?). Finalmente, todos los «significados» asociados a cada objeto se agrupan para generar la impresión latente. Por tanto, la **impresión latente** se produce fusionando el neurobjeto identificado por el neuroconstructo incidental, con la información (significado) que, sobre dicho objeto, está disponible en los neuroconstructos que comentaremos con posterioridad. Estos neuroconstructos incluirán, entre otras cosas, el «significado» extraído de este objeto a partir de experiencias previas, o a partir de objetos similares.

Por tanto, nuestra mente utiliza la información proveniente de los órganos sensores para: 1.- identificar las características básicas de los estímulos, 2.- crear objetos sensitivo-sensoriales mediante la agrupación de las características básicas previamente identificadas (neurobjetos), 3.- generar la impresión latente, y 4.- nombrar los objetos identificados. Probablemente, los neuroconstructos aparecieron lentamente a lo largo de cientos de millones de años, si bien, al no disponer de información precisa sobre el sustrato material que los soporta, aún no es posible determinar su evolución filogénica. La mente vegetativa permitió que los seres vivos se adaptaran al entorno, modificando para ello las características de su medio interno. La adaptación de los animales con mente proactiva fue diferente. Estos animales se adaptaron modificando el entorno, más que modificando su medio interno. Para ello, el desarrollo de neuroconstructos, representaciones «virtuales» de la realidad externa, debió ser una ventaja determinante, siendo la emergencia del neuroconstructo incidental particularmente relevante. El neuroconstructo incidental permite agrupar neuroconstructos mínimos sucesivos e integrar la información obtenida con este agrupamiento con la almacenada en experiencias previas. El resultado es la representación del entorno en un escenario interior que está poblado de neurobjetos con impresión latente. En este escenario, ya es posible evaluar distintas conductas para identificar las más adaptativas, conductas que luego serán ejecutadas en el momento más propicio.

Efectos del daño neurológico en las funciones del neuroconstructo incidental

No abundaremos ahora en una descripción más pormenorizada del sustrato anatómico y fisiológico del funcionamiento del neuroconstructo incidental, una descripción que desbordaría los límites de este libro. No obstante, sí comentaremos los efectos que los daños neurológicos pueden causar en las funciones del neuroconstructo incidental. La descripción de estos efectos permite desarrollar una visión más intuitiva de las funciones de este neuroconstructo.

Puesto que una de las funciones del neuroconstructo incidental es el análisis de rasgos estimulares, la lesión del soporte neurológico del neuroconstructo incidental genera alteraciones perceptivas selectivas, denominadas *agnosias*. Las agnosias son trastornos selectivos para el análisis de alguna característica particular de los estímulos. Estos trastornos no conllevan la reducción (hipoestesia) o pérdida (anestesia) de alguna sensibilidad. La información sensorial sigue llegando a la corteza cerebral, solo que ahora ya no se analiza convenientemente[516-522].

Dependiendo de la región de la corteza lesionada, se pueden generar agnosias visuales (corteza occipital)[518,521], auditivas (corteza temporal)[522], somatosensoriales (corteza parietal), etc. Como ya comentamos, las áreas sensitivas primarias segregan la información según sus características (ej. color, forma, movimiento...) y la remiten luego a áreas secundarias selectivas (ej. color en V4). Una vez analizada por separado, la información pasa a las áreas terciarias, donde ya se crean los neurobjetos (ej. una cara). Las lesiones de las áreas primarias generan ceguera, sordera, anestesia para el dolor, etc., dependiendo de la modalidad sensorial que esté afectada. Las lesiones de las áreas secundarias y terciarias generan agnosias. A continuación, haremos una breve descripción de las principales agnosias de cada modalidad sensorial, una descripción que nos ayudará a identificar «subtareas» en las capacidades perceptivas del neuroconstructo incidental.

Ver u oír suelen parecernos tareas sencillas. Sin embargo, se trata de actividades sumamente complejas que están compuestas de muy diversos módulos independientes. Ver es solo el final del proceso, una mínima parte de la tarea visual, el resumen simplificado del análisis sensorial que es presentado a la consciencia. Muchas de las subtareas perceptivas se efectúan sobre aspectos de la información visual que nunca se harán conscientes. Desde este punto de vista, podemos distinguir entre **ver mental** y **ver consciente**. Ver mental incluye todos los procesos que intervienen en el análisis de la información visual. Ver consciente solo incluye a un pequeño subgrupo de los procesos que intervienen en el ver mental. Como ya hemos indicado de forma repetida, el contenido de «mente» es mucho más amplio que el de «consciencia».

Agnosias visuales

Comenzaremos comentando algunas de las **agnosias visuales más conocidas. Existen agnosias visuales que están vinculadas selectivamente al procesamiento de la información para el color.** La **acromatopsia** designa la incapacidad para percibir colores[523-525]. La información visual proveniente de los conos de la retina, llegan a la corteza visual, pero un daño en la corteza V3 impide que esta información pueda ser utilizada para generar color en las imágenes mentales. Por tanto, estos pacientes observan solo imágenes en escala de grises. La acromatopsia puede ser total (el paciente lo ve todo en gris), o parcial (se ve un hemicampo visual en gris y otro en color). En la **agnosia para el color** los pacientes ven en color, pero fallan al intentar colorear dibujos[526,527]. Esta agnosia se ha asociado a un déficit selectivo para la memoria visual del color, de manera que los pacientes recuerdan muchos detalles de la imagen (ej. la forma de los objetos), pero no su color. En la **anomia para los colores**, el sujeto ve y recuerda los colores con normalidad (ej. para pintar una lámina), pero es incapaz de nombrarlos. Se ha asociado a una desconexión entre el área visual para el color y las áreas del lenguaje.

Las **agnosias visuales aconstructivas** (aperceptivas) son trastornos que cursan con incapacidad para analizar las formas y construir objetos a partir de estas. Como indicábamos antes, la tarea de las cortezas visuales terciarias no es la de «identificar» objetos visuales, sino, más bien, la de «construirlos». El déficit para la «construcción visual de objetos» se le denomina *agnosia visual aconstructiva* (o aperceptiva). Hay distintas modalidades de agnosia visual aconstructiva. En la **agnosia de integración**, se perciben los detalles particulares de los objetos del entorno, pero estos detalles no se pueden agrupar para construir objetos mentales[528,529]. En la **agnosia de desintegración**, se ven los objetos como tales, pero no se puede identificar sus componentes (no puedo identificar los árboles del bosque)[530]. En la **simultagnosia**, solo se puede construir uno de los objetos presentes en el campo visual, y no es posible construir dos objetos visuales a la vez[531-533]. En la **agnosia figura-fondo**, los objetos no pueden segregarse del fondo de la imagen[534]. En la **agnosia de transformación**, se pierde la constancia del objeto, de manera que los objetos construidos a partir de una perspectiva visual, dejan de ser los mismos objetos cuando se construyen desde otra perspectiva[535].

Las **agnosias visuales asociativas**[535,536] son aquellas en las que, a pesar de no existir una agnosia aconstructiva, el paciente no puede reconocer o identificar el objeto de forma tácita. Estas agnosias muestran que la identificación visual de objetos es un proceso diferente, y necesariamente posterior a su construcción perceptual. Los pacientes pueden describir los objetos y dibujarlos (cuénteme có mo es una mesa y luego dibújela), y pueden identificar los objetos por el tacto (¿qué objeto he puesto en su mano?), pero no pueden identificar los objetos visualmente (señale la mesa que hay en esta foto). Identificar un objeto en una imagen es un proceso complejo, por el cual el objeto observado en una imagen se asocia a objetos similares identificados con anterioridad. Al realizar esta identificación, el objeto actual adquiere significado funcional (cuchillo para comer), emocional (cuchillo como objeto peligroso) y relacional (cuchillo como objeto relacionado con cucharas y tenedores). Se han descrito distintas agnosias visuales asociativas. En la **agnosia visual asociativa en sentido estricto**, los objetos se reconocen mejor en la realidad que en dibujos y los reconocimientos son más difíciles cuando los dibujos están fragmentados, son incompletos o se presentan en ángulos inhabituales. En la **agnosia asociativa multimodal** no se puede imitar con mímica el uso del objeto de la imagen (ej. cortar pan con un cuchillo). En ocasiones, las agnosias visuales asociativas se producen solo para algunas categorías, por lo que se conocen genéricamente como **agnosias categoriales**. Hay agnosias categoriales selectivas que permiten identificar visualmente a objetos de la misma categoría (ej. distinguir entre seres vivos), pero no a objetos de otras categorías (ej. distinguir entre seres inanimados). También se han descrito disociaciones categoriales entre objetos (ej. reconocer una taza) y acciones (ej. gesto de beber), reconociéndose visualmente una categoría, pero no la otra. En ocasiones, los pacientes reconocen los objetos y pueden imitar mímicamente su uso, pero no pueden nombrarlos[537,538]. Se habla entonces de **afasia óptica**. No es una anomia afásica que impida recordar el nombre de un objeto, ya que el paciente encuentra el nombre cuando el objeto es identificado mediante otra modalidad sensorial (ej. por el tacto)[539-544].

Las agnosias visuales comentadas pueden observarse en pacientes con daño en áreas visuales secundarias, o en la conexión de estas con otras regiones de la corteza cerebral que están implicadas en otras tareas (ej. con las cortezas temporales vinculadas al lenguaje). Las lesiones de las cortezas visuales terciarias generan agnosias más selectivas. Un ejemplo de estas agnosias son las **prosopagnosias**, agnosias que alteran el reconocimiento visual de caras[545-549]. Las imágenes de caras se procesan de una forma específica y diferente a la de los otros contenidos de las imágenes. El término *prosopagnosia* fue introducido en los años cuarenta para señalar una anomalía en la identificación de caras familiares, y distinguirlas del resto de las caras, que, no obstante, seguían siendo identificadas como caras. Posteriormente, se han descrito distintas modalidades de prosopagnosia. Algunos pacientes refieren haber perdido la capacidad para interpretar los gestos faciales, mientras que otros tienen dificultad para estimar hacia donde mira el interlocutor. En algunas ocasiones las prosopagnosias pueden ser muy amplias y los sujetos pierden la capacidad incluso para distinguir caras como tales, «confundiendo la cara de su mujer con un sombrero» (caso estudiado por Oliver Sacks). Algunos pacientes conservan un reconocimiento normal de todas las caras, las familiares y no familiares, pero han perdido la capacidad para retener nuevas caras. En estos casos, la «familiaridad» facial queda reservada para caras que se habían visto antes de la lesión, mientras que las nuevas caras siempre seguirán siendo nuevas, aunque se las vea diariamente durante años.

Más recientemente, han comenzado a describirse agnosias visuales específicas para grupos de objetos diferentes de las caras. Por ejemplo, se han descrito pacientes que, tras un daño cortical, pierden la capacidad para reconocer marcas de coches, o tipos de flores, o especies de pájaro, etc. Estos datos muestran que el sustrato neural implicado en el reconocimiento de caras es diferente a los implicados en el reconocimiento de otros grupos de objetos.

En los últimos años ha ido aumentando en número de agnosias visuales para grupos de objetos específicos. Pero ¿disponemos de un área cortical diferente para cada uno de los grupos de objetos que podemos diferenciar? En ese caso, estaríamos hablando de cientos de áreas diferentes, una para identificar coches, otras para árboles, otra para teléfonos, para casas, y un larguísimo etc.

Agnosias auditivas

Las **agnosias auditivas** nos ofrecen un panorama similar al de las agnosias visuales[550-555]. Las lesiones bilaterales de la corteza auditiva primaria producen **sordera cortical**[554,556]. Las lesiones de la corteza auditiva secundaria o terciaria generan agnosias auditivas de diversa naturaleza. Algunas lesiones generan **agnosias selectivas para la palabra oída**[557]. En unas ocasiones las palabras solo se oyen como zumbidos, en otras se oyen voces, pero no palabras, en otras se oyen palabras, pero como si pertenecieran a un idioma extranjero, y en otras las palabras son identificadas como pertenecientes al idioma propio, pero emitidas a una velocidad inadecuada. Al contrario de lo que puede ocurrir en las afasias sensoriales, estos pacientes no tienen alterada su capacidad para leer o escribir. Con la **fonoagnosia** se pierde la capacidad para reconocer voces familiares[558-560]. Con la **agnosia auditiva afectiva para la palabra** el paciente percibe y entiende el significado de la palabra oída, pero no puede distinguir su componente emocional, normalmente asociado a la entonación, el volumen y el ritmo de las palabras[561]. Las **agnosias para sonidos no verbales** pueden generar trastornos diversos[562]. Algunos pacientes presentan **agnosias auditivas aconstructivas** (aperceptivas) que impiden la construcción de sonidos particulares (ej. los cantos de los pájaros se perciben como silbidos sin más). Las **agnosias auditivas asociativas** alteran la identificación de sonidos conocidos (ej. se identifica un ruido de moto como ruido de tren)[522,550,555,562-564].

La música dispone de estructuras cerebrales específicas, cuya lesión produce una modalidad de agnosia conocida como *amusia*[564-569]. La música contiene múltiples componentes físicos que han de ser identificados para que las secuencias sonoras puedan ser analizadas y dotadas de significado. Como ocurre con el lenguaje natural o el matemático, el lenguaje musical es un producto cultural que ha de ser aprendido, y cuya ubicación cerebral puede variar notablemente de unos sujetos a otros. En general, las personas con educación musical específica (ej. los músicos profesionales) construyen una parte muy importante de sus habilidades musicales en el hemisferio izquierdo del cerebro, el hemisferio más formal y abstracto. Las personas sin preparación musical formal suelen construir sus habilidades musicales, desarrolladas en las muchas horas de audición de música, en el hemisferio derecho. Como ocurre con el resto de los sonidos, la música se percibe de forma continua, pero llega al cerebro en paquetes temporales discretos de 3-4 milisegundos. Estos paquetes se acumulan primero en el neuroconstructo mínimo (<0,5 seg.), y luego se analizan en el neuroconstructo incidental (2-3 seg.). Sin estas acumulaciones temporales, la música pierde completamente su significado. Si aceleramos o retrasamos mucho la presentación de los sonidos que conforman un discurso musical, la música desaparece. Por ejemplo, nuestra capacidad para percibir ritmos (cambios de cadencia) desaparece cuando la latencia temporal entre sonidos sucesivos se prolonga más de 3 seg. También la percepción de aspectos complejos de la música como la textura musical (generada por la emisión simultánea de sonidos que provienen de distintos instrumentos) desaparece cuando acortamos el tiempo de audición.

La música es un lenguaje en sí mismo y, aunque guarda ciertos vínculos con otros lenguajes como el natural y el matemático, dispone de estructuras cerebrales diferenciadas. La selectividad de su sustrato neuronal hace que la actividad musical pueda afectarse de forma independiente, o preservarse tras el daño de otros lenguajes. Las anomalías del polo sensorial de la música generan **amusias sensoriales**, las cuales pueden ser consideradas como una modalidad de agnosia auditiva[570-572]. Se pueden presentar amusias sensoriales con **agnosia para tonos** (dificultad para discriminar entre los tonos de una escala)[573-575], **agnosia para melodías** (incapacidad para reconocer una melodía previamente conocida)[576-578], **agnosia para los ritmos** (dificultad para identificar la secuencia de intervalos temporales que caracterizan los ritmos)[579,580], **agnosia para los instrumentos** (se reconocen tonos, melodías y ritmos pero no el instrumento que los produce)[581], **pérdida del gusto por la música** (se reconocen todos los componentes musicales indicados pero no se disfruta de la audición musical como antes del daño cerebral)[582].

Agnosias somatosensoriales

Se han descrito numerosas **agnosias para la sensibilidad táctil**. La sensibilidad superficial informa de la presencia de estímulos en la piel. Su disfunción agnósica puede alterar el reconocimiento de la forma y tamaño del objeto (amorfognosia)[583,584], o de las características de su superficie que, como la rugosidad, densidad, peso y temperatura, se utilizan para identificar materiales (ahylognosia)[583]. Ambas capacidades son necesarias para reconocer objetos por el tacto (ej. para reconocer una llave). Algunos pacientes identifican las características físicas del objeto, pero no pueden relacionarlas y agruparlas, lo que impide el reconocimiento del objeto como tal (astereognosia o agnosia táctil asociativa o amorfosíntesis)[585-588]. Otros pacientes pueden analizar y agrupar la información, pero tienen alterados los mecanismos que asocian un conjunto de características a objetos particulares, con lo que el objeto no se puede reconocer (asimbolia táctil)[589,590]. Finalmente, hay pacientes que identifican los objetos por el tacto (ej. señalándolos entre un grupo de objetos), pero no pueden nombrarlos (anomia táctil)[591].

Estos trastornos nos indican que, en nuestra mente abierta, los neurobjetos son construidos de forma progresiva. Nuestra mente táctil comienza detectando las características más básicas (temperatura, densidad, rugosidad...), sigue agrupando estas características en neurobjetos sensitivos, y luego clasificando el objeto identificado dentro de un grupo particular de neurobjetos (asociándolo a objetos similares evaluados previamente, y a las experiencias vividas con ellos). Finalmente, el proceso termina asociando un nombre al objeto identificado. Luego, los neurobjetos creados por cada modalidad sensorial son agrupados para constituir un neurobjeto único, en el que se incluye su imagen, su sonido, su tacto, etc. Con ello, ya disponemos de un nuevo neurobjeto que pasará a incorporarse al neuroconstructo del momento.

Neuroconstructo y creación de ilusiones

Hasta aquí hemos comentado distintos trastornos asociados a la lesión permanente de las áreas cerebrales implicadas en el procesamiento de la información sensitiva. El análisis de estos trastornos facilita la comprensión de como nuestra mente abierta utiliza la información proveniente del exterior, para «crear» representaciones del mundo. Como veremos a continuación, el análisis de la mente sensorial también puede beneficiarse del estudio de sujetos que, aunque no presentan lesiones cerebrales identificables, si muestran anomalías en el análisis de la información sensorial. Comenzaremos con las denominadas *ilusiones*.

Las **ilusiones** son percepciones sensoriales no realistas elaboradas a partir de estímulos externos reales. Las ilusiones pueden presentar objetos mentales con anomalías de tamaño, forma, color o movimiento. No están necesariamente asociadas a una patología, pudiendo ser producidas, incluso, de forma voluntaria (ilusiones naturales). Un ejemplo de ilusión natural es la ilusión generada por el *Test de Rorschach*, una técnica proyectiva utilizada para evaluar la personalidad. Este test utiliza una serie de 10 láminas que presentan manchas simétricas de tinta, que se caracterizan por su ambigüedad. El psicólogo pregunta al sujeto por las imágenes que cree ver en estas manchas (como cuando vemos «cosas» en las nubes o en las brasas). Las respuestas son, luego, consideradas como una proyección de la personalidad del observador.

Las **ilusiones autoprovocadas** son aquellas que el sujeto se induce a sí mismo, al forzar la percepción de objetos mal definidos, o cuyos componentes se encuentran cerca del umbral perceptivo[592,593]. Un ejemplo podrían ser las *psicofonías*, ilusiones auditivas generadas al escuchar grabaciones de sonidos ambientales que son amplificadas y oídas de forma repetida. En estas condiciones, se pueden identificar «voces en el viento», o «gritos a partir de los sonidos producidos por una puerta en movimiento». Una vez generada por primera vez, la ilusión ya no podrá ser evitada en audiciones posteriores. El sistema nervioso trabaja con la información sensorial disponible, y cuando esta es de mala calidad o insuficiente, no presentará al sujeto una respuesta de «aquí no hay nada». Lo que presentará es el neurobjeto sensorial más probable, un objeto que puede ser completamente irreal cuando forzamos al sistema sensorial a trabajar en condiciones muy deficientes. Otro ejemplo son las **conjunciones ilusorias**, ilusiones generadas al presentar dos estímulos en una rápida sucesión[594-597]. En este caso, se pueden generar neurobjetos únicos que son construidos con información proveniente de ambos estímulos. Por ejemplo, si presentamos un estímulo visual con una A de color rojo y luego otro con una B de color azul, el neurobjeto resultante puede ser una B de color rojo.

Las **ilusiones catatímicas** son generadas por los estados emocionales intensos (ej. cuando estamos solos en una habitación oscura y desconocida, y percibimos que hay alguien detrás de nosotros). Las **ilusiones por deprivación o saturación sensorial** son producidas por carencia o exceso de la cantidad de información con la que se elabora el neuroconstructo[598-607]. Un incremento masivo de información genera ilusiones, y lo mismo ocurre cuando la información sensorial que llega a nuestro sistema nervioso disminuye drásticamente (deprivación sensorial). Durante los años sesenta, se realizaron numerosos estudios sobre los efectos de la deprivación sensorial, confeccionándose equipos para generar una deprivación sensorial intensa. Por ejemplo, se desarrolló una especie de sarcófago-bañera que mantenía al sujeto aislado de imágenes, sonidos, olores, sabores, y flotando pasivamente en agua (sin estimulación propioceptiva) estabilizada en una temperatura neutra (sin estímulos térmicos). En estas condiciones, los sujetos presentan ilusiones intensas que comienzan a aparecer a los 30 minutos y que, en muchos casos, adquieren el nivel de auténticas alucinaciones. Una versión más moderada de este fenómeno puede generarse mediante técnicas de meditación. Por ejemplo, en la meditación zen el sujeto se mantiene quieto en una postura estable (sin estímulos propioceptivos), mirando objetos sin interés (ej. mirando a la pared), en un ambiente de silencio en el que no ocurre nada. El sujeto ha de estar despierto y atento, solo que atendiendo a estímulos monótonos (ej. a la respiración) o, en el caso de los meditadores más cualificados, no atendiendo a nada en concreto (atención difusa). El meditador también deja de atender al curso de su propio pensamiento y, cuando esto no es posible, se desliga de sus pensamientos y deja que se vallan como vienen. En estas condiciones, los meditadores suelen presentar ilusiones de intensidad moderada que aparecen a los 30-50 minutos. Son fenómenos tan frecuentes en esta meditación budista que disponen de un nombre propio, *makio*. ¿Qué hacer con los makios? Se les considera distractores sin interés alguno para el meditador, que hay que dejar pasar sin aportarles atención adicional. Fenómenos similares han sido observados en otros tipos de meditación y en otras culturas religiosas. Los libros de oración de San Juan de la

Cruz son un ejemplo de ello. También él advierte la aparición de anomalías sensoriales durante la oración callada, anomalías que no deben ser interpretadas, ya que no contienen valor alguno y pueden confundir la mente del orante. Su recomendación también es, en este caso, la de no atender a estas ilusiones y dejar que se marchen.

Las **ilusiones visuales** más habituales son las denominadas *ilusiones simples*[608-637]. Entre estas nos encontramos a la **micropsia/macropsia**, que hacen que los objetos se perciban con un tamaño mayor o menor de su tamaño real. El uso prolongado de lentes que inviertan la imagen visual, hace que el sistema visual vuelva a invertir la imagen, con lo cual, a pesar de continuar usando una lente inversora, volvemos a ver el campo visual en posición correcta. Si retiramos entonces la lente inversora, la imagen volverá a invertirse, ahora ya sin la presencia de la lente inversora (visión invertida). Esta visión invertida persistirá hasta que el sistema visual presente una nueva adaptación, devolviendo la imagen a su orientación natural. También se ha observado visión invertida en necropsia patologías como la esclerosis múltiple o en lesiones del lóbulo frontal[613-616]. Otras ilusiones simples son: la ilusión de **desdibujamiento** (que genera neurobjetos difusos), la **fragmentación del contorno** (neurobjetos con contornos bien definidos pero discontinuos), la **ilusión de movimiento** (se percibe movimiento en objetos estáticos), la **ilusión de inmovilidad** (los objetos en movimiento se perciben como estáticos), la **percepción ilusa** (el objeto se mueve más rápido o más despacio de lo que realmente lo hace), la **eritropsia** (todos los objetos se perciben en color rojo), la **cianopsia** (todos los objetos en azul), la **xantopsia** (todos los objetos en amarillo), la **teleopsia** (los objetos se perciben como más lejanos), la **pelopsia** (los objetos se perciben como más cercanos), la **visión plana** (los objetos visuales se construyen solo en dos dimensiones y como si no tuvieran profundidad), la **alestesia óptica** (el objeto visual se construye bien pero situado en una región del campo visual que no le corresponde), la **perseveración visual** (se siguen percibiendo objetos que ya han desaparecido del campo visual), la **palinopsia** (reaparición de un objeto que, tras su retirada del campo visual, ya no veíamos), la **difusión visual ilusoria** (los objetos se agrandan invadiendo la percepción de objetos cercanos, ej. el color de las flores colorea también el jarrón), y la **distorsión dinámica de una perse-**

veración ilusoria (los objetos en movimiento que ya no están en el campo visual vuelven a aparecer, pero ahora se observan con movimientos más acelerados o más lentos que los percibidos inicialmente).

Aunque las ilusiones visuales son las más estudiadas, el resto de los sentidos también son susceptibles de presentar ilusiones. Entre las ilusiones auditivas[638-642] nos encontramos el **incremento o reducción de la sonoridad** (modificación de la intensidad subjetiva del sonido), **teleacusia** (los objetos auditivos se perciben como más lejanos), **peloacusia** (los objetos auditivos se perciben como más cercanos), y la **paliacusia** (las palabras oídas en una conversación ocasional siguen oyéndose de forma reiterada). En algunas **ilusiones somáticas** el cuerpo puede ser percibido como más ligero o pesado de lo que es, como más viscoso, o como si el aire no ofreciera resistencia durante la carrera[643-655]. En la **macrosomatopsia** el cuerpo se percibe mayor de lo que es, mientras en la **microsomatopsia** se percibe como más pequeño. A veces estas construcciones somatosensoriales anómalas solo afectan a una parte del cuerpo (mi brazo ha crecido y ahora es como un autobús).

Los neurobjetos ilusorios suelen estar bien elaborados, de forma que no se distinguen fácilmente de los neurobjetos realistas. En ciertos aspectos, los neurobjetos ilusorios funcionan como los objetos de «realidad aumentada» elaborados por programas informáticos y presentados, por ejemplo, mediante una pantalla acoplada a una gafa. A través de estas gafas se puede observar el campo visual, solo que en ese campo se ha introducido de forma artificial un objeto virtual generado por un programa. No obstante, una diferencia entre las imágenes de la realidad aumentada y las ilusiones es que las primeras pueden ser completamente ficticias y no guardar ninguna relación con la imagen real en la que se inserta, mientras que las ilusiones son siempre desencadenadas a partir de estímulos reales provenientes del entorno inmediato.

Las ilusiones se crean a partir de estímulos reales que, utilizados de forma anómala, hacen neurobjetos inadecuados que no facilitan la adaptación del individuo a su medio. El proceso constructivo de los neurobjetos ilusorios es similar al que funciona para los neurobjetos realistas, solo que en el ilusorio algunas variables utilizadas resultan inadecuadas. Generalmente asumimos a los neurobjetos normales como objetos reales y no como constructos mentales. La agregación de todos los neurobjetos es utilizada para elaborar el neuroconstructo del momento. Este es representado en un escenario interior que finalmente se presenta a la consciencia (neuroconstructo consciente). Una característica sorprendente del neuroconstructo consciente es su externalización. El escenario del neuroconstructo consciente, el único que podemos percibir, está en nuestro cerebro. Sin embargo, cuando lo miramos nos aparece en el exterior de nuestro cuerpo. Creemos ver, oír y tocar objetos reales que están fuera de nuestro cuerpo, cuando lo que realmente percibimos es un escenario artificial creado en nuestro cerebro por la mente abierta. Esto es así en todos los casos, ya se trate de percepciones normales, o de percepciones anómalas como las ilusiones que hemos comentado, o las alucinaciones que comentaremos a continuación. En todos los casos, se trata de constructos sensoriales y no de la percepción directa de la realidad. Aunque los neuroconstructos realistas son muy útiles para movernos por el mundo, su utilidad no les confiere marchamo de realidad. De hecho, la «sensación de realidad» que normalmente acompaña a cada neuroconstructo consciente es también, como veremos posteriormente, un constructo. Es un «constructo emocional» que hace que nos «tomemos en serio» a los neuroconstructos conscientes. Si los neuroconstructos sensoriales no se acompañaran de «sensación de realidad», estaríamos menos interesados en responder, lo cual podría resultar fatal en algunas ocasiones. Esta «sensación de realidad» también puede acompañar a constructos anómalos, como las alucinaciones. A continuación, comentaremos el caso de las alucinaciones, constructos sensoriales anómalos, no generados a partir de estímulos externos, pero que también se acompañan de «sensación de realidad».

Neuroconstructo y creación de alucinaciones

Las **alucinaciones** son neurobjetos perceptivos que no están justificados por la información procedente del entorno. Los neurobjetos alucinatorios no pueden distinguirse de los neurobjetos realistas y, por tanto, resultan igualmente convincentes. Todos los sentidos pueden generar construcciones alucinatorias, las cuales pueden clasificarse según su grado de realismo y complejidad.

Presentaremos, en primer lugar, algunos ejemplos de **alucinaciones visuales**[656-662]. Las agnosias visuales generadas por lesión y las alucinaciones visuales generadas por mal funcionamiento son dos evidencias de lo mismo, de la habilidad de la corteza para generar neurobjetos ópticos con la información proveniente del exterior. En el caso de las agnosias, lo que observamos es una pérdida de capacidades, mientras que, en el caso de las alucinaciones, lo que observamos es un funcionamiento anómalo de los constructores de imágenes.

Las **alucinaciones visuales más elementales** son las **fotopsias**[663]. Las fotopsias pueden generar imágenes de resplandores difusos, luces, movimientos y colores que se presentan en alguna zona del campo visual. Las fotopsias no suelen contener formas concretas, aunque, en ocasiones, pueden generar figuras geométricas como círculos, líneas horizontales, hexágonos, etc. Estas alucinaciones elementales suelen presentar movimiento (zigzag, vibración, rotación...), apareciendo en un hemicampo visual, y sin invadir el hemicampo visual del otro lado. Normalmente se producen por anomalías funcionales en la corteza visual primaria, aunque, en ocasiones, aparecen tras lesiones de la corteza temporal, en cuyo caso pueden afectar a ambos hemicampos visuales.

Las **alucinaciones visuales complejas** se caracterizan por su gran realismo en lo referente a la forma, color, movimiento y tamaño relativo. Los neurobjetos visuales alucinatorios son incluidos en el neuroconstructo del momento, con el cual son también externalizados. Producen una sensación completa de realismo que hace que el paciente responda de forma inmediata a su presencia. Por ejemplo, el paciente puede percibir una araña gigante moviéndose por el suelo, lo que le genera alteraciones neurovegetativas inmediatas (taquicardia, piloerección, hipertensión...), activando mecanismos de evitación y huida. Las alucinaciones complejas suelen ser realistas y adaptarse a las condiciones del momento. Por ejemplo, pueden mostrarnos a través de la ventana de enfrente a un avión que se precipita al suelo, y también pueden mostrarnos a un pequeño avión que cae desde el techo hasta nuestra cama. En ambos casos, el avión producto de la alucinación es plenamente realista, y activa en los sujetos la búsqueda de una explicación de lo ocurrido más que la búsqueda de una explicación que permita justificar la visión de algo que en realidad no ha ocurrido. Suelen generar reacciones afectivas apropiadas a la condición alucinatoria, y lo más habitual es que queden en la memoria de una forma muy precisa.

A veces, estas alucinaciones pueden resultar particularmente complejas. Este es el caso de las **alucinaciones liliputienses**[664-669], en las cuales, junto a los objetos normales de la habitación, aparecen una gran cantidad de personajes y animales diminutos en movimiento. En las **alucinaciones autoscópicas**[670-672], el sujeto puede ver su propio cuerpo desde fuera, pero situado en otra zona de la habitación, un cuerpo con la ropa del paciente y con una conducta similar a la que él tiene en ese momento. En ocasiones, solo observa una parte de su cuerpo, por ejemplo, su corazón. Con las **alucinaciones extracampinas**[673,674], el paciente percibe objetos que están fuera de su campo visual (ej. sin necesidad de girarse ve objetos que están a su espalda). En la **reminiscencia alucinatoria** o **recolección**[675], el paciente revive algo ocurrido con anterioridad. No es que lo recuerde, es que los revive con los mismos contenidos sensoriales que se percibieron la primera vez. Durante estas reminiscencias, la información sensorial está reelaborada, lo que permite, por ejemplo, que el sujeto se vea a sí mismo desde fuera e incluido en la escena.

Algunas alucinaciones visuales se asocian a una merma o a una hiperestimulación sensorial. Cuando esta información proveniente del entorno es mucho mayor o menor de lo habitual, las imágenes mentales generadas pueden dejar de ser realistas y pierden su vinculación con los estímulos. Un ejemplo es el **síndrome de Morel** o **síndrome de Charles Bonnet**, alucinaciones generadas en el interior de un escotoma (pérdida de visión en una pequeña región del campo visual), o como consecuencia de una reducción marcada de la agudeza visual o de un desprendimiento de la retina[676-683]. Las **alucinaciones epilépticas ecmnésicas** se presentan en el curso de crisis epilépticas, y su contenido puede ser muy variado e incluir imágenes con velocidades aceleradas o a cámara lenta. Las **alucinaciones hipnagógicas**[684-690] son alucinaciones visuales que se presentan durante el estado de sopor que precede al sueño y que, habitualmente, contienen estímulos reales pero deformados. Una variante de las alucinaciones hipnagógenas es la **alucinosis pendular de Lhermitte**[691-694], en la cual la alucinación aparece justo en el momento de conciliar el sueño. En otras ocasiones las alucinaciones aparecen justo al despertar, en cuyo caso se habla de **alucinaciones hipnopóm-**

picas[695,696]. En ocasiones, las alucinaciones que se producen cuando el sujeto está despierto se acompañan de la sensación de estar soñando despierto. Este es el caso del *dreamy state*[697-703], en el que el sujeto presenta una sensación de irrealidad que se acompaña de alucinaciones de carácter fantástico. Algunas alucinaciones visuales pueden ser generadas por la estimulación de otra modalidad sensorial, en cuyo caso, la percepción generada por un estímulo real se hace simultánea con otra percepción que no dispone de estímulo específico. En este caso, se habla de **sinestesias visuales**[704-706]. Las más habituales son generadas por estímulos auditivos, en cuyo caso, se puede presentar la *audición coloreada*.

Quizás las alucinaciones más frecuentes sean las **alucinaciones auditivas**. También aquí encontramos alucinaciones elementales y complejas. Las más simples se denominan *acoasma*[707], y pueden producir audiciones diversas como murmullos, susurros, zumbidos, etc. En ocasiones, el acoasma presenta sonidos de carácter rítmico (el motor de un coche, el tic-tac de un reloj, el ruido de una ametralladora, etc.). En otras ocasiones, se perciben sonidos simples pero bien definidos, como pasos, el cierre de una puerta, la rotura de una vajilla, etc. Estas alucinaciones suelen estar externalizadas, generando conductas de aproximación hacia el lugar donde, presuntamente, se produjo el estímulo.

Las alucinaciones auditivas complejas más frecuentes son las audiciones de voces y las audiciones musicales. En ocasiones, se oyen nombres o palabras únicas que se repiten de vez en cuando, como, por ejemplo, oír que te llaman por tu nombre. En otras ocasiones, se escuchan frases completas que suelen tener significado, y que están configuradas en el lenguaje y con el acento local del oyente. Las frases pueden ser amigables, amenazantes o neutras. En ocasiones, son frases que no se dirigen al oyente, como si alguien hablara en alto a su lado, pero sin dirigirse a él, o como si escuchara la voz del locutor de una radio, pero en persona. En otras ocasiones, las voces se dirigen personalmente al oyente, comentando sus acciones, emitiendo consejos o haciendo juicios de valor sobre el oyente, su familia, sus amigos o su grupo social. En algunos casos, el sujeto oye en voz alta lo que está pensando (ideación sonora). Se ha sugerido que la ideación sonora podría ser el resultado de una magnificación del lenguaje subvocal que habitualmente acompaña al pensamiento[708,709]. Con la emisión subvocal trasformamos nuestros pensamientos en palabras, que son emitidas de una forma tan tenue que ni los demás ni nosotros mismos llegamos a oírlas. En otros casos, los sujetos perciben una «voz interior independiente», que hace comentarios con contenidos que pueden variar desde ocurrencias ocasionales hasta auténticos discursos bien elaborados y sistematizados[710-713]. En ocasiones, se escucha más de una voz (cada una con su entonación), y a veces de distintas voces que hablan entre sí (a veces con debates o discusiones acaloradas) o que se dirigen al oyente (por ejemplo, una voz habla de forma amigable y protectora mientras que la otra descalifica al oyente).

El origen de las voces suele situarse en algún punto del entorno como la pared, un mueble, el sótano o el techo. Las voces también pueden localizarse en el propio cuerpo, y el sujeto escucha la voz de su nariz o de su abdomen, o la mujer embarazada escucha la aparente voz del feto que engendra. Estas voces pueden tener tal intensidad que dificultan la conversación con personas reales. Algunos pacientes oyen las voces solo de forma ocasional, mientras que otros las oyen de forma continua, día y noche.

Las **alucinaciones musicales**[714-719] también se encuentran entre las alucinaciones auditivas complejas más habituales. Con frecuencia se asocian a mermas auditivas generadas por daños en el oído interno o en cualquier región auditiva, desde el nervio acústico hasta las cortezas auditivas. Estas alucinaciones suelen presentar una alta calidad sonora. Lo habitual es que se perciban como emitidas desde una fuente externa que el oyente atribuye a la radio o al televisor del vecino, o a una banda musical que pasaba por su calle. Pueden ser tenues, o tan intensas que impiden oír a los interlocutores, como si estuviéramos en una discoteca. Pueden ser ocasionales, o acompañar al oyente día y noche. Pueden surgir sin aparente relación con nada en concreto, o ser evocadas por sonidos específicos, como el ruido de una moto. Pueden tratarse de secuencias musicales cortas que se repiten continuamente, o de obras musicales completas. Algunos oyentes acumulan alucinaciones musicales de distintas obras completas, que se van emitiendo de forma sucesiva. Hay alucinaciones musicales que nunca se interrumpen y que, aunque no se las escuche, seguirán sonando a modo de música ambiental, incluso cuando el oyente reproduce música por el equipo musical de casa o genera música en su piano. Las alucinaciones auditivas son frecuentes en pacientes esquizofrénicos, pero su presencia no implica necesariamente una patología mental. De hecho, distintas encuestas han evidenciado que hasta un 10 % de la población sana presenta, en algún momento de su vida, alucinaciones auditivas, y que hasta un 3-4 % escucha voces. Muchos sujetos no informan de sus alucinaciones para evitar suspicacias, ya que está muy extendida la creencia de que oír voces u otros sonidos no provenientes del exterior es sinónimo de trastorno mental.

Otra modalidad son las **alucinaciones olfativas**[720-723] y **gustativas**[720,724-726]. Las más frecuentes son la **disosmia**[727-730] (percepción distorsionada de un agente odorífero presente en el ambiente), la **cacosmia**[731-734] (percepción desagradable de cualquier olor real) y la **fantosmia**[735-739] (percepción de un olor que no se corresponde con ninguna sustancia presente en el ambiente). Los pacientes con fantosmia habitualmente perciben olores intensos que nadie a su alrededor percibe. La disosmia y la cacosmia suelen ser unilaterales, y basta tapar un orificio nasal para que desaparezca el olor. Las anosmias (pérdida del olfato) facilitan la aparición de fantosmias. Las fantosmias cacósmicas presentan alucinaciones odoríferas muy intensas en las que parecen estar incluidos todos los malos olores juntos (excrementos + vómitos + huevos podridos + orina + etc.). Algunos olores fantósmicos no pueden ser descritos, ya que son distintos de todos los olores experimentados previamente. Las **alucinaciones gustativas**[720,725,726,740] son más raras, y frecuentemente están referidas a alimentos (sabor a carne, remolacha, menta...). Las alucinaciones gustativas frecuentemente se asocian a alucinaciones olfativas.

Entre las alucinaciones somatosensoriales descritas tenemos las alucinaciones táctiles o hápticas, las cinestésicas y las cenestésicas. Las **alucinaciones táctiles**[741-744] elementales generan la sensación de haber sido tocado, de que pequeños animales se desplazan por la superficie de la piel (hormigueo), o de estar sufriendo pequeñas descargas eléctricas en la piel. Las alucinaciones táctiles complejas son más elaboradas, pudiendo percibirse, por ejemplo, como animales (gusanos, hormigas...) que se desplazan bajo la piel. Estas alucinaciones se acompañan, a veces, de sensación de actividad, y el paciente las cuenta como: «mi brazo se movió inadvertidamente y toco algo».

Las **alucinaciones cinestésicas**[744-747] generan sensación de movimiento corporal. En ocasiones, se trata del desplazamiento ficticio de un miembro.

Los miembros asociados a las cinestesias pueden ser normales, pero lo más habitual es que sean miembros con alguna reducción de sensibilidad, ya sea pasiva (como ocurre en los miembros fantasmas generados tras la pérdida total de un brazo o una pierna), o activa (miembros paralíticos que al no poder moverse no generan estímulos propioceptivos). En ocasiones, se perciben el desplazamiento del cuerpo en su conjunto (ej. caerse hacia detrás o ser izado en el aire).

Las **alucinaciones cenestésicas**[741,748-752] generan sensaciones asociadas al funcionamiento corporal. En las alucinaciones cenestésicas simples se puede percibir sensación de fatiga, hambre, sed, fiebre, debilidad, etc. Con las alucinaciones cenestésicas complejas se pueden percibir sensaciones sexuales (ser manoseado, ser masturbado, sufrir una violación espiritual...). Con frecuencia se trata de síndromes alucinatorios del sistema neurovegetativo. En la *orgasmolepsia* se produce un incremento desmedido del apetito sexual que termina en un orgasmo. Las alucinaciones neurovegetativas facilitan la producción de delirios interpretativos con los que se pretende justificar las sensaciones anómalas percibidas. Cuando se acompañan de delirios, los pacientes pueden generar conductas defensivas como ponerse dispositivos a modo de cinturones de castidad, o producirse un taponamiento vaginal para protegerse de las violaciones «alucinatorias». En el **síndrome de Cotard**[751] que a veces acompaña a las depresiones involutivas, se presenta la alucinación cenestésica de estar muerto, por lo que, «al seguir aquí», el paciente cree ser inmortal. En estos casos, los delirios pueden ser del tipo «estoy completamente podrido por dentro y, sin embargo, aquí sigo hablando con usted».

Conviene distinguir entre alucinaciones, alucinosis y pseudo alucinaciones. Las **pseudoalucinaciones**[753-757] son construcciones mentales anómalas que el sujeto sabe que no se corresponden con la realidad, lo cual las diferencia de las alucinaciones, en las cuales los neuroobjetos realistas y los alucinatorios no pueden ser distinguidos de ninguna manera. En las **alucinosis**[691,694,758-761], el neuroobjeto es directamente identificado por el perceptor como una alucinación. En este caso, los pacientes comentarán: «Doctor, tengo alucinaciones». La pseudoalucinación y la alucinosis también pueden generarse en cualquier modalidad sensorial.

Memoria a corto plazo y neuroconstructo incidental

Los fenómenos carenciales o disruptivos que hemos presentado están generados en el neuroconstructo incidental. Todos son la consecuencia de neuroconstructos incidentales que no se elaboran de forma adecuada. Para esta elaboración, este neuroconstructo también utiliza la experiencia previa. La información almacenada en la memoria, a partir de episodios similares vividos con anterioridad, es integrada con la proveniente del entorno. Los neuroobjetos que continuamente se van generando en el neuroconstructo incidental son el resultado de esta integración. A continuación, comentaremos algunos aspectos de las memorias implicadas en la elaboración del neuroconstructo incidental.

Al igual que ocurría con el neuroconstructo mínimo, el neuroconstructo incidental se elabora mediante la confluencia de la información proveniente del entorno (ahora ya reprocesada en neuroconstructos mínimos), y la información proveniente de experiencia previa (recuperada por la memoria a corto plazo y actualizada en el presente psicológico). La **memoria a corto plazo**[762-774] permite vincular los neurobjetos actuales con neurobjetos similares identificados en el pasado, y que ya habían sido asociados a circunstancias particulares. Esta memoria también es conocida como *memoria primaria*, *memoria operativa* o *memoria de trabajo*. La elaboración del constructo sensorial actual y el recuerdo de constructos similares previos son procesos colaborativos. Conforme se va estructurando el neurobjeto sensorial, comienzan a evocarse objetos previos con características similares, los cuales aceleran la construcción del neurobjeto sensorial del momento.

Como ya comentamos, cuando los objetos mentales son elaborados a partir de una información insuficiente, los neuroobjetos resultantes pueden no corresponderse con los objetos externos. Aparecen así las ilusiones, las alucinaciones y otras anomalías sensoriales. Los neuroobjetos sensoriales «anómalos» no presentan cualquier estructura, sino que suelen contener elementos de neuroobjetos ya conocidos. Los neuroobjetos alucinatorios siempre se corresponden con alguna «clase» de neuroobjeto elaborada previamente. Nuestra mente incidental puede construir pelos, uñas, arañas, coches..., neuroobjetos que siempre serán similares a otros construidos previamente. En ocasiones, los neuroobjetos son elaborados con mezclas creativas de componentes de objetos conocidos. Por ejemplo, se puede construir un diablo que tiene cuernos de cabra, piel de cordero, patas de asno y ojos humanos. Esta tendencia a construir objetos coherentes, y similares a otros que ya existían previamente en nuestra mente, es una evidencia de la participación de la memoria en la elaboración del neuroconstructo incidental. La construcción de objetos coherentes y familiares no ocurre en otros dispositivos constructores de imágenes. Por ejemplo, si nuestro televisor no funciona bien generará alteraciones aleatorias de las imágenes, ruido. Nunca se generarán imágenes bien estructuradas, como las que encontramos en las alucinaciones producidas en el neuroconstructo incidental.

La memoria a corto plazo fue inicialmente considerada una memoria simple, cuya única finalidad era acumular la información sensorial por breves intervalos temporales. Esta acumulación solo era utilizada para disponer de más tiempo para el análisis de la información sensorial. Esta concepción ha ido cambiando durante los últimos 30 años, y hoy, muchos estudiosos atribuyen a la memoria a corto plazo funciones cognitivas de gran relevancia. Algunos autores, como *Patricia Goldman-Rakic*, llegan a considerarla «el logro más significativo de la evolución mental humana». La memoria a corto plazo permite mantener «activa» y «próxima» la información más relevante de los fenómenos ocurridos recientemente. Continuando con el ejemplo que presentamos al hablar de la memoria icónica, si se nos presenta una larga lista de números, solo podremos recordar y nombrar en voz alta algunos pocos ($\approx$5-7 números). Como ya indicamos, esto es posible porque la memoria icónica retiene la línea completa de números durante unos 400 mseg., tiempo en el que llegaremos a leer hasta 7 números. Luego los números desaparecen de la memoria icónica, con lo cual, a pesar de haberlos leído, ya no podremos pronunciarlos en alto. Los números han desaparecido de la memoria sensorial mucho antes de que podamos pronunciarlos. Si podemos leerlos en voz alta es porque la memoria a corto plazo retiene los números leídos el tiempo suficiente como para poder identificarlos y pronunciarlos en voz alta.

Sin embargo, la memoria a corto plazo dista mucho de ser solo un medio de acumulación transitoria de información. No se conoce bien su base neuroanatómica, pero los estudios neuropsicológicos sugieren que su actividad se realiza mediante la integración operativa de distintos módulos. Uno de los módulos propuestos es el *lazo fonológico*, al cual se le suponen dos submódulos, uno que funciona como almacén fonológico pasivo, y otro que facilita el repaso fonológico activo. Cada número del ejemplo anterior sería asociado a un registro sonoro que se acumularía temporalmente en el *almacén fonológico pasivo*. Este almacén es transitorio, si bien, la permanencia de la información puede incrementarse pronunciando en voz baja (habla subvocal) el contenido del registro fonológico pasivo. Con esta operación mental, las letras leídas podrían permanecer accesibles durante varios segundos en el *almacén fonológico activo*. La serie de números también podría almacenarse utilizando otro módulo de la memoria a corto plazo, la denominada *agenda visoespacial*. En este caso, se almacena la imagen de los números como tal. La *agenda visoespacial* es menos eficiente que el lazo fonológico, cuando la tarea consiste en leer números, pero es más eficiente cuando se trata de, por ejemplo, comparar dos figuras para determinar si son iguales. En este caso, cada detalle de las dos imágenes permanecerá en la agenda visoespacial el tiempo suficiente como para que podamos hacer las comparaciones. Para comparar una cara presente en dos fotos, tendremos que comparar, por ejemplo, la ceja izquierda de la cara de una foto con la de la cara de la otra foto. Luego se pasará a hacer lo propio con la nariz, y así sucesivamente. Para hacer cada una de estas comparaciones, los detalles de cada componente de las dos caras han de permanecer en la agenda visuoespacial el tiempo suficiente como para permitir la comparación. Se supone que la agenda visoespacial dispone de dos submódulos, el *almacén visual pasivo* y el *escriba interno*. El *almacén visual pasivo* retiene las imágenes tal cual son y sin modificación alguna. El *escriba interno* toma las imágenes de este almacén, operando activamente sobre ellas. Este escriba puede rotar una de las imágenes, con lo cual se facilitaría la comparación de imágenes que no tienen la misma orientación espacial.

Otro submódulo propuesto para la memoria a corto plazo es el denominado *buffer episódico*[775,776]. Si la lista de letras que hemos leído no dispone de un orden reconocible (ej. **o-f-d-i-e-i-f-c**) solo podremos recordar 5-7 letras. Sin embargo, si las letras disponen de algún orden reconocible (ej. **e-d-i-f-i-c-i-o**) se recordarán muchas más letras. En este caso, la memoria a corto plazo trabaja con bloques de letras (*chunks*, trozos en inglés)[770,777-782] y, dado que puede almacenar unas 4 *chunks*, el número de letras que podrán recordarse será mucho mayor. Los *chunks* también pueden corresponderse con agrupaciones más amplias de letras. Una frase con significado también puede funcionar como *chunk*, lo cual vuelve a incrementar el número de letras que pueden recordarse.

La utilización de *chunks* agrupados por su significado supone que el neuroconstructo incidental no solo trabaja de abajo a arriba (procesando y almacenando la información proveniente de los neuroconstructos mínimos), sino también de arriba abajo (utilizando la información procesada por neuroconstructos posteriores más complejos, y con capacidad para determinar significados (*chunk* semántico). Como veremos posteriormente, los neuroconstructos se comunican bidireccionalmente, con lo cual los constructos más precoces influyen en los siguientes, transfiriéndoles la información que ya han procesado. A su vez, los neuroconstructos posteriores más complejos procesan la información recibida, y la devuelven a los neuroconstructos más básicos, que podrán utilizarla para optimizar sus capacidades. De este trasiego bidireccional de la información hablaremos posteriormente.

Otro módulo propuesto para la memoria a corto plazo es el denominado *módulo ejecutivo central*. Se trata de un módulo versátil que ejecuta tareas diversas, entre las que se incluye la focalización de la atención para concentrar los recursos mentales en subtareas específicas. Este módulo es esencial para la realización de tareas complejas, y la división de la atención para la ejecución simultanea de tareas múltiples. Además, realiza una asignación atencional a tareas sucesivas, estableciendo una lista de tareas, focalizando la atención en la primera tarea, y luego retirando la atención de la tarea ya realizada para concentrarla en la siguiente. Finalmente, este módulo establece vínculos entre los contenidos de la memoria a corto plazo y los contenidos de la memoria a largo plazo, facilitando la asignación de «significado» al neuroobjeto elaborado. El módulo ejecutivo central también facilita la solución de los conflictos que pueden presentarse en relación con el orden de ejecución de tareas sucesivas, o en relación con la selección de la mejor solución para una tarea, y la inhibición de otras soluciones menos adecuadas. Por tanto, el módulo ejecutivo central de la memoria a corto plazo ejecuta tareas muy diversas, muchas de las cuales no guardan una relación estricta con lo que habitualmente se considera memoria.

El módulo ejecutivo central es, en realidad, un gestor centralizado de la información, que funciona de forma parecida a como lo hace la unidad de procesamiento central (CPU) de los ordenadores. La CPU de nuestros ordenadores no solo gestiona (almacena y recupera) la información, sino que también la procesa. La información procesada sufre transformaciones que luego serán almacenadas en memorias a corto plazo, o en dispositivos que permitan un almacenamiento duradero. Las funciones atribuidas al módulo ejecutivo central de la memoria a corto plazo pueden ser consideradas como funciones propias del neuroconstructo incidental. Como hemos comentado, el neuroconstructo incidental analiza sucesiones de neuroconstructos mínimos, integrando los resultados de estos análisis con aquellos traídos por la memoria a largo plazo desde los neuroconstructos que comentaremos posteriormente. El procesado de información en el neuroconstructo incidental depende de los procesos atencionales, y una porción de sus resultados es accesible a la consciencia. Por ello, su funcionamiento anómalo genera ilusiones, alucinaciones, u otros fenómenos que son accesibles a la consciencia. Los fenómenos de apantallamiento sensorial, continuidad visual y auditiva, y restauración sensorial, comentados a propósito del neuroconstructo mínimo, se hacen conscientes cuando influyen en la elaboración del neuroconstructo incidental. Las configuraciones generadas en este espacio son, probablemente, sobre las que se genera la sensación que habitualmente denominamos *presente* o *ahora*.

Efectos de la alteración de la memoria a corto plazo en el neuroconstructo incidental

En el capítulo precedente comentamos las memorias de duración ultracorta, como la memoria sensorial, la memoria de trabajo u operativa, la memoria icónica, la memoria ecoica y la memoria háptica. Acabamos de comentar la memoria de corta duración. Ahora veremos cómo todas estas memorias son necesarias para el buen funcionamiento de las memorias a largo plazo. Las memorias ultracortas del neuroconstructo mínimo retienen la información el tiempo necesario para que pueda ser analizada en el neuroconstructo incidental. La memoria a corto plazo del neuroconstructo incidental retiene la información durante el tiempo suficiente como para que ya pueda almacenarse de forma relativamente estable en memorias a largo plazo. Existen distintas memorias a largo plazo. La **memoria episódica**[783-789] almacena de forma estable lo ocurrido al sujeto o en torno a él, y siempre está egocentrada. La **memoria semántica**[790-794] retiene conocimientos sin almacenar el contexto donde estos se adquirieron, y suele asociarse al lenguaje. La **memoria procedimental**[795-802] está asociada al aprendizaje de habilidades motoras.

La **actualización de la memoria** es un fenómeno que se genera cuando la información, almacenada previamente, se trae y utiliza en un nuevo contexto (recordar)[803]. Hay dos circunstancias que justifican el término *actualización*. Por un lado, se trata de traer información adquirida previamente al momento «actual». Por otro, cada vez que recordamos algo y lo traemos al presente, lo modificamos con la información del momento. La información almacenada en contextos previos cambia cuando es integrada con la información proveniente de nuevos contextos, un hecho que ocurre siempre que recordamos algo. Recordar también es modificar recuerdos. Habitualmente no somos conscientes de esta circunstancia, y creemos que recordar solo incrementa la estabilidad de los recuerdos. Rememorar facilita la posterior recuperación de la información, pero ello ocurre a cambio de modificar los recuerdos originales. La «actualización» de los recuerdos puede ser arriesgada si no somos conscientes de sus efectos, por ejemplo, cuando los recuerdos son utilizados para testificar en juicios. Si recordamos caras del pasado en presencia de otras caras, las caras originales se irán modificando, facilitando así la aparición de **recuerdos falsos**[804-806]. Se han desarrollado técnicas para implantar recuerdos falsos, técnicas que consisten en recordar eventos pasados en nuevos contextos que han sido seleccionados para modificar los recuerdos originales.

La memoria a corto plazo se puede ver comprometida en algunas **situaciones fisiológicas**. Un ejemplo lo tenemos en el almacenamiento de la información durante la inducción del sueño. Los pensamientos o la situación ambiental presentes en los momentos anteriores al inicio del sueño, no se almacenan. La aparición del sueño se acompaña de cambios globales de la actividad cerebral, que incluyen una sincronización electroencefalográfica de la corteza cerebral que desestabiliza la memoria a corto plazo. En estas condiciones no se dispone del tiempo necesario para que la información del momento pueda registrarse en la memoria episódica o semántica a largo plazo. Resultados similares han sido obtenidos por los neurofisiólogos experimentales y por los psiquiatras. Si enseñamos a animales a realizar respuestas motoras simples que puedan aprenderse en cortos intervalos de tiempo, e inmediatamente tras el aprendizaje, les producimos una inhibición de la actividad de la corteza cerebral (ej. haciendo pasar corriente por su cerebro), estos aprendizajes recientes se perderán irremisiblemente. Algo similar se ha observado en pacientes que han recibido electroshocks, nunca recuerdan lo ocurrido en los momentos previos. Por tanto, la memoria a corto plazo es el camino que ha de seguir la información antes de ser almacenada definitivamente en las memorias a largo plazo.

La memoria a corto plazo depende de distintas áreas cerebrales y de diferentes neurotransmisores. De especial importancia es la **acetil colina**[807,808], un neurotransmisor cuya manipulación farmacológica modifica drásticamente la memoria a corto plazo, y con ello las memorias a largo plazo. En una ocasión estudiamos a una paciente que había ingerido un anticolinesterásico utilizado en la agricultura para el control de plagas. Semanas después de superar la fase aguda de la intoxicación, vimos a la paciente antes de que se fuera con el alta médica. Estaba muy interesada en dejar el hospital y volver a casa, circunstancia que en ese momento ya solo estaba pendiente de la evaluación de sus trastornos de memoria. Nos presentamos al entrar en la habitación, y le indicamos que íbamos a dejar un lápiz bajo su almohada, y que saldríamos de la habitación para volver a entrar inmediatamente después. Si al volver a entrar nos indicaba el lugar donde habíamos dejado el lápiz, ya podía hacer su maleta y volver a casa. Salimos de la habitación y volvimos a entrar en unos segundos. Al preguntarle por el lápiz ya no recordaba nada de lo hablado. Se había olvidado incluso de nuestro encuentro de hacía unos segundos, por lo que tuvimos que volver a presentarnos.

Los anticolinesterásicos se emplearon durante el parto antes de la aparición de la anestesia. El objetivo, en estos casos, no era reducir el dolor generado durante el parto, sino más bien obstaculizar la consolidación de los recuerdos de las circunstancias menos agradables ocurridas durante este trance. Otro ejemplo de la importancia de la acetilcolina en la memoria a corto plazo es la acción de la **burundanga**, un bloqueante natural de los receptores muscarínicos de la acetilcolina[809,810]. Administrada de forma inadvertida (basta soplar polvos de burundanga hacia otra persona) anula su voluntad de forma inmediata (sumisión química) y altera la memoria a corto plazo, impidiendo la consolidación de la memoria episódica. Al alterar la memoria a corto plazo, las personas no pueden traer al presente la información necesaria para saber dónde están, qué hacen allí e, incluso, quiénes son. Otra de las consecuencias de la alteración de la memoria a corto plazo es que lo que ocurra durante la acción de la burundanga no podrá estabilizarse en las memorias a largo plazo, y las víctimas de la acción de este agente químico no recordarán lo ocurrido.

Las **amnesias** son trastornos de la memoria que pueden aparecer cuando se altera el almacenamiento o la recuperación de la información. Los trastornos del almacenamiento dificultan los nuevos aprendizajes, que ya no podrán estabilizarse convenientemente para ser recuperados con posterioridad (amnesia anterógrada)[811-814]. Los trastornos de la recuperación dificultan la obtención de la información previamente almacenada (amnesia retrógrada)[815-819]. Las amnesias también pueden clasificarse según su duración, las condiciones en las que se estabiliza el almacenamiento de la información, y la naturaleza de la información almacenada. El repaso de las distintas amnesias informa de la importancia relativa de cada tipo de memoria en el funcionamiento del neuroconstructo incidental.

Terminamos este apartado haciendo algunos comentarios en relación con la denominada *amnesia global transitoria*[820-825]. La amnesia global transitoria es un trastorno episódico de origen desconocido, aunque posiblemente vinculado a fenómenos vasculares. Comienza bruscamente con una alteración de la memoria anterógrada que luego se transforma en una alteración de la memoria retrógrada. Todo el proceso suele desaparecer espontáneamente en 24 horas, y raramente se repite. Su naturaleza se intuye mejor con un ejemplo. Se trataba de un taxista que mientras conducía su taxi quedó sin los recuerdos necesarios para saber quién es y qué hacía en el coche cuando apareció la crisis de amnesia. Aparcó el taxi y fue conducido al Servicio de Urgencias, donde lo vimos. En la conversación inicial recordaba todo lo ocurrido desde el comienzo de la crisis, pero no podía recordar nada de su vida anterior. No sabía su nombre ni reconoció a su esposa cuando esta se acercó a su cama en Urgencias. Sus familiares se habían convertido en extraños, pero podía recordar cada una de las visitas que le habíamos hecho durante las 24 horas que permaneció en Urgencias. Luego, y también de forma brusca, se olvidó de nosotros y de todo lo que había ocurrido desde el inicio de la crisis. Su nombre, el de su esposa, su profesión y todo el resto de su vida volvió a ocupar su neuroconstructo incidental, mientras que lo ocurrido durante las 24 horas de la crisis desapareció para siempre. La capacidad del neuroconstructo incidental para actualizar, en la memoria a corto plazo, las informaciones almacenadas previamente, en las memorias a largo plazo, había sido afectada por el proceso de la amnesia global transitoria. Sin embargo, la función de consolidación de la memoria a corto plazo parecía indemne, y el paciente podía describir los episodios ocurridos desde el inicio de la crisis. Una vez terminado el proceso crítico, el paciente recuperó la capacidad para actualizar lo almacenado en la memoria episódica antes de la crisis, olvidándose de lo ocurrido durante la crisis, y que aparentemente había sido almacenado de forma conveniente en la memoria a largo plazo.

Todas estas historias y comentarios nos muestran la importancia de la memoria en la elaboración del neuroconstructo incidental. Sin memoria, este neuroconstructo se sigue elaborando con la información proveniente del entorno, y gracias al análisis de sucesivos neuroconstructos mínimos. La información llega y se procesa correctamente, pero no puede ser contrastada con las informaciones vividas y almacenadas previamente. En estas condiciones, el neuroconstructo incidental no informa al sujeto de quién es, dónde está y qué estaba haciendo. Así, el sujeto solo puede responder a la información proveniente del entorno, se hace pasivo, sumiso a las circunstancias e incapaz de programar acciones a medio plazo. Todo esto nos muestra la gran importancia de la memoria en la elaboración del neuroconstructo incidental.

Atención y neuroconstructo incidental

Otra de las habilidades necesarias para el funcionamiento del neuroconstructo incidental es la **atención**[826-832]. Se han propuesto numerosas definiciones de atención, y aquí solo recordaremos la enunciada por *William James* a finales del siglo xix: la atención consiste en «dejar de lado algunas cosas con el fin de abordar otras eficazmente». La transferencia de información desde el neuroconstructo mínimo al neuroconstructo incidental precisa de la identificación de los datos a procesar y de la selección de los mecanismos analíticos más convenientes para hacerlo. El neuroconstructo mínimo trabaja en paralelo y puede procesar todo lo que le llega. El neuroconstructo incidental trabaja de forma serial, con lo que no puede procesar dos paquetes de datos a la vez y ha de analizarlos uno después de otro. Por tanto, en el trasiego entre ambos constructos se ha de producir una selección de la información a procesar. Un ejemplo de esta selección nos lo ofrecen los estudios de memoria icónica comentados en el capítulo anterior. Estos estudios mostraban que, tras presentar una lista amplia de números, la memoria ultracorta del neuroconstructo mínimo puede retenerlos todos durante unos 400 mseg. Luego, de todos los números retenidos solo 5-7 pasan al neuroconstructo incidental, y podrán ser luego declamados en voz alta.

No toda la información que llega al neuroconstructo mínimo tiene la misma relevancia, por lo que se hace imprescindible seleccionar información más relevante y concentrar en ella los recursos analíticos disponibles. El neuroconstructo incidental ha de seleccionar la información disponible en la sucesión de neuroconstructos mínimos que procesa, y la atención pasa a ser el motor principal de esta selección. La atención facilita la identificación de los datos más relevantes, la selección del procedimiento de análisis más conveniente y la distribución posterior de los resultados obtenidos. De esta manera, la información relevante se procesará más rápidamente y con mayor profundidad, mientras que el resto de la información será procesada de forma más superficial, o será desechada.

Se han descrito distintas modalidades de atención, de las cuales la más próxima a los límites entre el neuroconstructo mínimo y el incidental es la **respuesta de orientación**[833-840]. La asignación de recursos depende de las circunstancias del momento, cambiando en función de los estímulos ambientales y de los objetivos previamente establecidos. La orientación de la atención puede ser modificada por los propios estímulos. La reorientación estimular de la atención depende, por ejemplo, de la intensidad del estímulo. A mayor intensidad mayor respuesta de reorientación. También depende de la frecuencia del estímulo (los estímulos menos habituales facilitan la reorientación atencional con más intensidad) y del ritmo de presentación del estímulo (estímulos con ritmos predecibles generan habituación y disminuyen la probabilidad de reorientación atencional).

La *respuesta de orientación es multicomponente* e incluye: 1.- un aumento de recursos cognitivos específicos y del nivel general de activación (*arousal*); 2.- la interrupción de los procesos mentales y las acciones motoras en curso que no sean imprescindibles; 3.- la redirección motora del tronco, cuello, ojos, etc., hacia los nuevos estímulos; y 4.- una respuesta neurovegetativa acorde en la que se suele incluir modificaciones del diámetro pupilar, de la frecuencia cardiaca, etc. La *respuesta de reorientación tiene tres fases*, el desenganche de la tarea o del estímulo previo, el enganche a la nueva tarea/estímulo y el mantenimiento en ejecución de la nueva tarea. La *reorientación atencional facilita*: 1.- la detección y discriminación de los estímulos relevantes; 2.- la identificación de los neurobjetos de interés a partir de los estímulos relevantes; 3.- la activación de recuerdos asociados al neurobjeto de interés; 4.- el incremento de la velocidad de la reacción motora al neurobjeto de interés. La *reorientación atencional* se ha clasificado con distintos criterios y según: 1.- los mecanismos neuronales implicados (selectivas, divididas o sostenibles), 2.- la situación del objeto de atención (externo o interno); 3.- la modalidad sensorial implicada (visual, auditiva, etc.); 4.- su intensidad (global o parcial), 5.- la amplitud del objeto atendido (concentrada o dispersa); 6.- el grado de implicación de la consciencia (consciente vs. inconsciente); y 7.- su origen (voluntaria o involuntaria). Toda esta diversidad y complejidad nos habla de la importancia que la atención tiene para la elaboración del neuroconstructo incidental.

En algunos modelos la atención se hace sinónimo de consciencia. Esta relación se basa en que, habitualmente, solo lo que activa una respuesta atencional es presentado a la consciencia. No obstante, esta circunstancia no se cumple siempre, ya que no todo lo atendido se hace consciente. Un ejemplo es la **atención habitual**, la cual hace referencia a la atención a actividades ya automatizadas [841,842] que, como conducir por calles muy conocidas, puede hacerse atendiendo a los estímulos presentes, pero con la mayor parte de la consciencia ocupada en otras actividades mentales. Al conducir atendiendo a los estímulos del exterior, pero sin hacernos conscientes de ellos, no recordaremos lo ocurrido durante el viaje. Aunque no todo lo atendido se hace consciente, casi todo lo consciente ha sido atendido. En cualquier caso, y como indicamos en los primeros capítulos del libro, no sabemos a ciencia cierta qué es la consciencia, por lo que aquí nos limitaremos a comentar los aspectos operativos de este fenómeno, asumiendo que la atención es lo que facilita la selección, el análisis y la distribución de datos provenientes del entorno o de almacenes internos, y no lo que facilita la emergencia de la consciencia. Desde esta perspectiva, la atención es una de las capacidades básicas del neuroconstructo incidental.

La relevancia de la atención para el neuroconstructo incidental, puede evaluarse estudiando los efectos de las lesiones de las áreas del cerebro implicadas en el control atencional. Estas lesiones también pueden alterar el análisis de los rasgos estimulares y la memoria a corto plazo, por lo que no siempre es fácil identificar los efectos asociados a los déficits atencionales. Las lesiones que afectan el análisis de los rasgos estimulares también afectan los procesos atencionales, por lo cual una parte de los fenómenos descritos como agnosias (anomalías en el «conocimiento» de los rasgos estimulares) también contienen efectos derivados de anomalías en los procesos atencionales. Lo contrario también es cierto. Las anomalías de los procesos atencionales que participan en la elaboración del neuroconstructo incidental generan alteraciones que pueden ser confundidas con agnosias. De hecho, las anomalías atencionales que comentaremos a continuación son habitualmente incluidas en la lista de agnosias.

Los **trastornos de las funciones atencionales** del neuroconstructo incidental más ilustrativos podrían ser las **negligencias**[843-848]. Los pacientes con negligencia no presentan daños selectivos de algún aspecto particular del análisis sensorial. La información sensorial llega y se procesa en el neuroconstructo mínimo y en el incidental, pero, al no recibir los recursos atencionales necesarios, su análisis es deficiente, y no se presenta a la consciencia de forma conveniente. Se han descrito negligencias para todas las modalidades sensoriales, incluyendo la visual, la somatosensorial, la auditiva, etc. Comentaremos aquí algunos ejemplos de negligencias somatosensoriales y visuales.

La información somatosensorial y visual es utilizada continuamente para crear espacios cognitivos. Con la información somatosensorial creamos el espacio corporal, y con la visual (y en menor medida con la auditiva y olfativa) el espacio exterior. La inatención somatosensorial genera **hemiasomatognosias**[849-851] en el neuroconstructo incidental. Los pacientes con hemiasomatognosia reciben toda la información sobre la posición corporal (información propioceptiva) y sobre la presencia de objetos en contacto con la piel (sensibilidad táctil). Sin embargo, al no atenderla convenientemente, esta información no es utilizada para generar un esquema corporal que pueda ser presentado a la consciencia. Estos pacientes saben que su cuerpo tiene dos partes, la derecha y la izquierda. Sin embargo, cuando se les pregunta por un miembro del hemicuerpo asomatognósico, no serán capaces de identificarlo y señalarlo. La información sensorial llega a la corteza cerebral, donde es procesada sin la concurrencia de la atención. Sin la atención, este procesamiento será insuficiente, no se construirá el esquema corporal y los resultados del análisis no se presentarán a la consciencia. La hemiasomatognosia suele pasar inadvertida para el paciente, es **anosognósica**[553,852-857] y el paciente no es consciente del déficit. Recuerdo un paciente ingresado tras un accidente cerebrovascular que se quejaba airadamente de que hubiesen ingresado otro paciente en su cama. «Doctor, he pasado toda la noche despierto y con mis piernas tropezando con las de este otro paciente que han ingresado en mi cama», decía. Se trataba de su medio cuerpo asomatognósico. Las sensibilidades de este hemicuerpo llegaban a la corteza cerebral, pero su cerebro no generaba un espacio corporal donde ubicarlas. En estas condiciones, la estimulación dolorosa del hemicuerpo anosognósico generaba respuestas neurovegetativas y malestar general, pero al preguntarle por cómo se encontraba, su respuesta era: «Me pasa algo desagradable, pero no sé lo que es». La anosognosia del déficit hemiasomatognósico es similar a la que todos presentamos con el punto ciego. Como ya comentamos, la zona del campo visual que se proyecta a la fóvea de la retina no la vemos (punto ciego). Sin embargo, esta deficiencia nos pasa completamente desapercibida, es anosognósica. Somos incapaces de identificar la región de no visión, ya que, además de no verla, no la atendemos. Algo parecido pasa con los pacientes asomatognósico. En este caso, los estímulos táctiles o dolorosos alcanzan su corteza cerebral, pero sin esquema corporal no saben dónde situarlos. Reaccionan ante el dolor, pero al no poder ubicarlo, lo refieren como malestar general.

En ocasiones, el déficit atencional es parcial, y aunque construimos el esquema corporal de ambos hemicuerpos, solo uno de los hemicuerpos nos «interesa» realmente. Podemos detectar la presencia de estímulos táctiles cuando se presentan secuencialmente a uno u otro de los hemicuerpos, pero no cuando se presentan simultáneamente a ambos hemicuerpos (extinción sensitiva)[858,859]. En estas circunstancias la atención se centra en el hemicuerpo normal, mientras que el negligente no es capaz de reclutar suficiente atención como para que su estimulación táctil sea presentada a la consciencia. La negligencia parcial de un hemicuerpo suele acompañarse de negligencia intencional y motora[860-862]. Iniciamos menos movimientos con el hemicuerpo negligente, y los movimientos ya iniciados se suelen interrumpir antes de alcanzar su objetivo. Si caminamos en torno a una silla, hay altas probabilidades de que la mano del hemicuerpo negligente tropiece con ella, lo que no ocurre cuando giramos en sentido contrario, y la mano próxima a la silla es la que dispone de recursos atencionales normales. Si entramos por el hueco de una puerta, la probabilidad de tropezar con el lado negligente es muy superior a la de hacerlo con el lado normal. En algunas ocasiones el déficit atencional puede afectar a partes de la información. Un ejemplo es la denominada *negligencia afectiva*[862,863] en la cual la información somatosensorial se procesa y se atiende de forma normal, construyéndose el esquema corporal de ambos lados. Sin embargo, los componentes afectivos de la información no se añaden al esquema corporal de uno de los hemicuerpos, y lo que le ocurra al lado negligente nos importa menos. Por ejemplo, si nos lavamos las manos con agua muy caliente nos preocuparemos por las quemaduras de la mano normal, pero no por las ocurridas en la mano con negligencia afectiva.

Conviene distinguir las negligencias sensoriales de la representacionales. En la **negligencia atencional-sensorial del sistema visual**[864-870], los pacientes ven todo el campo visual, pero solo atienden a uno de los dos hemicampos visuales. Si solo lo que se presenta por el campo visual derecho activa la atención, el hemicampo visual izquierdo simplemente no existe. Los pacientes se comen solo la mitad del plato. El otro hemiplato no se presenta a la consciencia, a pesar de que esta corteza también está informada de la presencia de alimentos en esta zona del plato. Si llamamos al paciente desde el hemicampo visual no atendido, nos buscará en el otro hemicampo y, al no encontrarnos, podrá pensar que está «oyendo voces misteriosas», alucinaciones auditivas quizás. Si le presentamos un papel con una línea horizontal, y le proponemos que trace una raya vertical que divida la línea horizontal en dos partes iguales, la raya vertical se trazará en el lado atendido, dividiendo en dos la porción de la línea que se corresponde con ese lado. Si le indicamos que dibuje un objeto del campo visual, solo pintará la parte del objeto correspondiente al hemicampo atendido. Por ejemplo, si le mostramos un reloj, solo pintará los números de uno de sus dos lados.

Las hemingligencias visuales suelen estar egocentradas, ya que el lado afecto tiene que ver con la posición del paciente, y si este se da la vuelta comenzará a ver lo que antes no veía y dejara de ver lo que antes sí veía. No obstante, también se han observado negligencias visuales alocentradas, en las cuales el paciente no es capaz de concentrar su atención en una de las dos mitades de cada objeto, independientemente de la posición del objeto en relación con la posición del sujeto. Por ejemplo, si pinta un objeto situado en un campo visual que puede ver y atender de forma completa, lo dibujará solo en una mitad. La mitad dibujada dependerá de la perspectiva del objeto que se quiera dar. Por ejemplo, si le indicamos que lo dibuje de frente (como lo está viendo) solo dibujará el lado derecho del objeto. Cuando le proponemos que lo dibuje desde la perspectiva trasera, volverá a dibujar solo medio objeto, pero ahora el hemiobjeto dibujado será el que no había dibujado antes.

Estos trastornos nos acercan a las denominadas *negligencias representacionales*, en las cuales el paciente solo puede «imaginar» la mitad de la realidad[871]. Si le proponemos que «imagine» que está frente a la puerta de su casa, y que comience a caminar por ella «imaginariamente», nos señalará solo los objetos situados en una de las mitades de su casa. Si al llegar al final del trayecto le proponemos que se dé la vuelta y vuelva «imaginariamente» al principio del recorrido, nos irá señalando objetos «nuevos» que no había señalado antes, mientas que los que mencionó antes ya no estarán. Ahora se trata de los objetos que antes estaban en su «hemicampo visual imaginario» no atendido, pero que ahora ya se encuentran en el «hemicampo imaginario» que dispone de recursos atencionales normales. En este paciente identificaríamos una negligencia alocéntrica representacional.

Como ya comentamos, el proceso atencional dispone de tres momentos: «desenganche» del objeto atendido previamente, «desplazamiento» atencional hacia un nuevo objeto y «enganche» atencional con el nuevo objeto. Los trastornos atencionales comentados han sido descritos como alteraciones del segundo y tercer momento, esto es, como alteración de los mecanismos necesarios para «desplazar» la atención hacia nuevos objetos, o para quedar «enganchado» con ellos. Sin embargo, es probable que el primer momento también pueda estar alterado en alguno de estos pacientes. En algunos pacientes el trastorno del primer momento puede resultar más evidente. Son los casos en los que la atención queda retenida en algún objeto, en la denominada *fijación magnética*[872-874]. La fijación magnética resulta más evidente cuando la atención se fija en objetos particulares, y no resulta tan evidente cuando se fija en un hemicampo, en cuyo caso puede ser confundida con un déficit del segundo o tercer momento atencional. En este caso, la atención podría limitarse a un hemicampo por fijación magnética al mismo, o como consecuencia de un desinterés por el otro hemicampo.

Terminamos este apartado indicando que también el propio proceso atencional puede resultar «desatendido». Podemos evaluar nuestro estado atencional «supervisando» su desplazamiento entre distintos objetos. Por ejemplo, si decidimos concentrar la atención en el curso de nuestra respiración, comprobaremos que la atención se desengancha espontáneamente de ella, para dirigirse a otros objetos del entorno o de nuestro curso mental. Entonces nos hacemos conscientes de este cambio de foco atencional, lo que habilita la posibilidad de redirigir la atención hacia la respiración. Para que esto sea posible, disponemos de un «supervisor» que monitoriza continuamente el estado de nuestra atención. Algunos pacientes pueden presentar anomalías de esta supervisión del proceso atencional, y su deterioro funcional pasaría inadvertido, anosognósico. El paciente «no sabe», pero además «no sabe que no sabe».

La anosognosia puede generar fenómenos muy espectaculares. Recuerdo un paciente que había sufrido una lesión masiva de la corteza visual y tenía una ceguera cortical. Con estas lesiones, la información visual se pierde al llegar a la corteza cerebral, y el paciente no ve. Este paciente era ciego, pero además no era consciente de su invidencia. Su cerebro parecía llenar la información visual perdida con otra proveniente de experiencias previas. Le preguntamos si veía y nos respondió que sí, que no tenía problemas para ver. Parecía como si estuviera supliendo la carencia de la información proveniente del entorno con información generada internamente. Era una actividad parecida a lo que nuestro cerebro hace cuando genera ensoñaciones durante el sueño fisiológico. Para hacer consciente al paciente de su problema atencional le hicimos preguntas cuya respuesta podía verificarse fácilmente. Por ejemplo, cuando le preguntamos si alguno de los que estábamos en la habitación tenía barba, nos indicó que ninguno la tenía. Su sorpresa fue mayúscula al comprobar, mediante el tacto, que uno de nosotros sí la tenía, y que lo que veía no se corresponde con lo que le indicaba el tacto. Este ejemplo nos muestra que desatender no implica necesariamente «vacío de información». Cuando la información de un objeto es insuficiente para generar una representación mental nítida, nuestro sistema perceptivo suele añadirle información, la cual, aunque es ficticia, suele ser «razonable» o «esperable» en el contexto en el que nos movemos. Así pues, los objetos representados en el neuroconstructo incidental no solo dependen de la información que «llega», sino también de información que hemos obtenido previamente en condiciones similares. Las «construcciones» sensoriales que no pueden confeccionarse convenientemente a partir de la información procedente del entorno, son más vulnerables a la acción «de relleno» generada a partir de la información previamente almacenada. La atención supervisa todo este proceso «constructivo», con lo que los déficits atencionales conllevan una supervisión insuficiente, y las anomalías constructivas pasan desapercibidas y resultan «anosognósicas».

La respuesta motora del neuroconstructo incidental

El neuroconstructo incidental genera conductas motoras (motricidad incidental) más complejas que las producidas por el neuroconstructo mínimo. El neuroconstructo incidental aprende con la experiencia, y en este aprendizaje hay que incluir secuencias motoras complejas orientadas al uso de objetos específicos como la ropa, una bicicleta, un lápiz, etc. Los patrones motores complejos generados por el neuroconstructo incidental son más lentos que las conductas reflejas del constructo mínimo, pero más rápidas que las conductas de los neuroconstructos más complejos que comentaremos en los próximos capítulos. No obstante, muchas de las acciones del neuroconstructo incidental son automáticas y no consumen grandes recursos atencionales. En realidad, la mayor parte de los movimientos que realizamos en la vida diaria están controlados desde en neuroconstructo incidental, siendo ejecutados eficientemente sin la concurrencia de la supervisión consciente. Si no fuera así, pasaríamos la mayor parte del día atendiendo a los movimientos de nuestras manos o de nuestra boca, o estimando como dar los siguientes pasos, como coger el lápiz o cómo mover los labios cuando hablamos, etc. El neuroconstructo incidental aprende y automatiza, liberando los componentes más elevados de nuestra mente para la ejecución y supervisión de otras tareas más complejas que no pueden ser automatizadas.

Aunque la respuesta motora incidental es, en gran medida, automática, no está carente de componentes cognitivos complejos. Cada movimiento dispone de una meta (a dónde) y de un plan (cómo). Algunos movimientos disponen además de intenciones (para qué) y de control de autoría (quién). El «a dónde» y el «cómo» pueden ser generados desde el neuroconstructo incidental. El «para qué» y el «quién» generalmente precisan de la intervención de otros neuroconstructos de rango superior. El papel del neuroconstructo incidental en la determinación del «a dónde» resulta evidente en el caso de los movimientos rápidos (sacádicos). Estos movimientos se producen en tiempos tan breves que no permiten una supervisión consciente durante su ejecución. La ejecución del **movimiento sacádico**[875,876] no es supervisada por la consciencia. Una vez iniciado, el movimiento sacádico se ejecuta según el plan motor inicial, incluso cuando la meta se ha desplazado y ya no resulta alcanzable. Desde esta perspectiva, el componente motor del neuroconstructo incidental actúa con un plan del tipo «primero responde y luego entérate de lo que has hecho» (o «primero dispara y luego pregunta»). Los estudios clásicos de *Benjamin Libet* demostraron que la experiencia consciente de estímulos o acciones, precisa de intervalos temporales superiores a los 500 mseg., intervalos durante los cuales se pueden iniciar y finalizar de muchos de los movimientos rápidos de forma inconsciente.

Muchos patrones motores más complejos también se ejecutan mejor desde el neuroconstructo incidental, que cuando son supervisados por neuroconstructos de rango superior. Por ejemplo, las piezas musicales difíciles se ejecutan mejor cuando el pianista activa secuencias motoras previamente entrenadas. Cuando el pianista piensa y planifica los próximos movimientos de los dedos, la ejecución será menos precisa. Estos movimientos incidentales más complejos también pueden realizarse sin supervisión directa de la consciencia. No obstante, el neuroconstructo incidental dispone de un sistema de «aviso de desajuste», sistema que se activa cuando los movimientos en ejecución se distancian mucho del plan motor inicial. Para que la detección de desajuste pueda funcionar con rapidez, junto con los planes motores (cómo hacerlo) se elaboran planes sensoriales (qué percibir cuando lo estoy haciendo). Se trata de planes sensoriales que no implican a la consciencia, ya que, de otro modo, resultarían muy lentos y poco prácticos. Los planes motores y sensoriales se activan conjuntamente y se ejecutan de forma coordinada. Cuando los planes motores y sensoriales presentan incoherencias temporales, se genera una acción correctora (reajuste). Por ejemplo, si queremos llegar con el ratón del ordenador a una letra de la pantalla, y esta sufre un desplazamiento no previsto, la motricidad incidental identifica el desajuste y manda órdenes correctoras que reorientan el movimiento hacia la nueva posición de la letra. Estas correcciones son automáticas y no precisan de supervisión consciente. De hecho, cuando se hacen estas correcciones durante la ejecución de los movimientos incidentales, los sujetos no notan ni los desplazamientos en la letra diana ni el reajuste del patrón motor. En su lugar, suelen comentar que la prueba ha sido «difícil», aunque no saben por qué. Esta «dificultad» no es percibida cuando las mismas pruebas son realizadas sin desplazar la letra diana.

Cuando los desplazamientos de la diana son de mayor amplitud, o se interponen obstáculos no previstos que impiden de forma sustancial la trayectoria del movimiento proyectado, el detector de desajustes ya no avisa al controlador de los movimientos incidentales. En lugar de corregir, este detector interrumpe el movimiento, remitiendo mensajes a neuroconstructos de rango superior, a los que informa del plan del movimiento que se quería realizar y del desajuste sensorial detectado. En el caso de los desplazamientos del ratón por la pantalla, este segundo procedimiento se activa cuando la trayectoria esperada y la realizada por el ratón se separan más de 14 grados. Con la información remitida por el detector de desajustes, los neuroconstructos superiores harán una evaluación más profunda de los hechos, buscando causas para las acciones imprevistas, elaborando estrategias motoras alternativas y determinando la conveniencia de persistir en la persecución de los objetivos iniciales que no han podido ser alcanzados, o desistir de ellos.

Una circunstancia particularmente interesante en relación con los desajustes de los movimientos incidentales es la que pudimos observar en pacientes con una lesión del sistema piramidal. Este sistema está formado por neuronas corticales que trasmiten las órdenes motoras desde la corteza cerebral hasta la médula espinal. Los pacientes con lesiones piramidales isquémicas no pueden ejecutar los movimientos voluntarios tal como lo habrían hecho antes del daño cerebral. En estos pacientes observamos que, durante los primeros días tras el daño isquémico, el planificador incidental de movimientos no se daba por enterado de la merma motora sufrida y seguía planificando los movimientos como si nada hubiera pasado. Movimientos que antes de la lesión resultaban muy convenientes, ahora eran completamente inadecuados y podían generar daños físicos adicionales como consecuencia de una planificación motora no ajustada a los nuevos déficits. Tres semanas después del daño isquémico, la planificación incidental ya había sido modificada. Ahora, el planificador incidental de los movimientos se había «repesado» con los déficits reales, cambiando los planes de manera que ya contaran con los trastornos motores inducidos por la lesión piramidal. Podría argumentarse aquí que, si desde el primer día el paciente era consciente del déficit motor, no debería haber insistido en el uso de los mismos modelos de planificación usados antes de la lesión. Sin embargo, y como ya indicamos, la planificación motora en el neuroconstructo incidental es automática y no supervisada por la consciencia. Aquí la consciencia no tiene un papel como agente causal del movimiento, siendo activada, en todo caso, cuando las acciones motoras ya han terminado. En estas condiciones, el ajuste de los movimientos tendrá que producirse a partir de la experiencia (elaboré y ejecuté este plan y estos son los resultados...), ya que las habilidades motoras del neuroconstructo incidental se adquieren y ajustan mediante una modalidad específica de aprendizaje que implica la ejecución repetida de movimientos, el aprendizaje (y la memoria) procedimental.

El **aprendizaje procedimental** está principalmente orientado a la adquisición de nuevas habilidades motoras adaptativas. Las respuestas adquiridas mediante este aprendizaje son rápidas y poco demandantes de recursos atencionales, funcionando en el rango intermedio del abanico que va desde las respuestas reflejas completamente automáticas y las conductas voluntarias. Los patrones motores que se adquieren por aprendizaje procedimental son casi tan rápidos como los reflejos, pero, al contrario que estos, se adquieren a partir de la experiencia con el medio y no se heredan directamente de los progenitores. Esto les confiere una gran relevancia evolutiva, ya que permitirán una adaptación rápida a nuevos ecosistemas. El aprendizaje procedimental permite aprender a nadar, a montar en bicicleta, a escribir, a comer con cuchillo y tenedor, y un larguísimo etc. La memoria de las habilidades motoras adquiridas por aprendizaje procedimental es inconsciente y no declarativa (no verbalizable). Ni el mecanismo utilizado para aprender ni el procedimiento utilizado para ejecutar las conductas incidentales adquiridas mediante el aprendizaje procedimental son accesibles desde la consciencia. Sabemos que podemos montar en bicicleta, pero no somos capaces de explicar con exactitud qué músculos movemos en cada ocasión y por qué. Las conductas motoras incidentales no pueden adquirirse a partir de otras modalidades de aprendizaje, solo se adquieren mediante la práctica repetida y contextualizada de los patrones motores que se quieren aprender.

Las negligencias motoras y las apraxias que aparecen en las alteraciones del neuroconstructo incidental nos facilitan una idea más intuitiva de las funciones motoras de este constructo. Ya comentamos cómo algunas agnosias se pueden acompañar de alteraciones de la conducta motora. Este sería el caso de las heminegligencias atencional-sensorial, las cuales pueden acompañarse de reducción del número y amplitud de los movimientos generados en el lado con deficiencia atencional (negligencia motora), o del número de movimientos dirigidos hacia los objetos situados a la derecha o la izquierda del cuerpo (negligencia intencional). A estos trastornos de la lateralización de la conducta hay que añadir otros, como la **alostesia motriz**[877,878] (el paciente mueve inadvertidamente el miembro sano cuando quería mover el miembro contralateral que sufre alteraciones motoras), o la **aloquinesia motriz** (el paciente percibe que está utilizando el miembro sano cuando utiliza el miembro con alteraciones motoras).

Junto con estas anomalías globales de la motricidad incidental, nos encontramos otras más específicas, las **apraxias**[879-884]. Las apraxias podrían clasificarse en dos modalidades, las inespecíficas que presentan alteraciones en un amplio grupo de patrones motores, y las selectivas que solo presentan alteraciones en la ejecución de patrones motores concretos. Entre las apraxias menos selectivas nos encontramos a la apraxia ideatoria, la apraxia ideomotora y la apraxia melocinética. La **apraxia ideatoria**[885-889] imposibilita la realización de patrones motores complejos que son el resultado de la ejecución secuencial de otros patrones más simples. Los patrones más simples se pueden ejecutar por separado de forma correcta. El déficit está causado por la incapacidad para ordenar estos patrones simples de forma eficiente y generar así patrones motores más complejos. Esta apraxia «desorganiza» la secuencia de los movimientos simples, con lo que el patrón motor complejo resulta ineficiente. Esto puede observarse, por ejemplo, con el uso de objetos en tareas habituales como preparar el té o el café. Los pacientes con estas apraxias tienen dificultades para utilizar distintos objetos de forma coordinada y para aprender a usarlos viendo cómo los usan otros.

En las **apraxias ideomotoras**[890,891] el paciente sabe que movimientos hay que realizar, pero no puede realizarlos convenientemente. Sabe «qué hacer», pero no «cómo hacerlo». Con frecuencia, estos pacientes pueden realizar bien los movimientos cuando los ejecutan de forma automática en un contexto apropiado. Sin embargo, cuando los ejecutan en respuesta a una propuesta del explorador, o en un contexto infrecuente o inapropiado, el patrón motor ya no se ejecuta de forma correcta. Sus movimientos suelen contener subpatrones motores con una orientación espacial inadecuada, o con una amplitud exagerada. Además, son ejecutados a destiempo, o son ejecutados a velocidades inadecuadas. La **apraxia melocinética**[892] altera la dinámica concertada de un grupo de músculos, como, por ejemplo, de los flexores y extensores de los dedos. El resultado es que cualquier movimiento que implique a esos músculos presentará una anomalía en el acoplamiento temporal de los subpatrones motores, lo que genera secuencias motoras ineficaces.

En las apraxias selectivas, el paciente puede contraer voluntariamente cualquier músculo, pero ha perdido la capacidad para ejecutar una modalidad específica de patrones motores. Por ejemplo, puede contraer voluntariamente todos los músculos de las piernas, pero no puede caminar. Los patrones motores susceptibles de presentar una apraxia son patrones complejos destinados a tareas específicas, y que fueron aprendidos con anterioridad, muchos de ellos durante la infancia. En la **apraxia de la marcha**[893-896] el paciente puede tener dificultad para iniciar la marcha, o para continuar un patrón motor de marcha que ya se había iniciado. Cuando está sentado, puede ejecutar a voluntad cualquiera de los movimientos de los miembros inferiores que se activan durante la marcha. Sin embargo, al ponerse en pie, estas secuencias motoras no podrán ejecutarse de forma ordenada, y no se podrá caminar. En la apraxia para el uso de instrumentos, el paciente solo presenta dificultades motoras cuando utiliza un objeto específico como, por ejemplo, un lápiz (apraxia agráfica)[897,898]. En la **apraxia bucofacial**[899-903], el paciente presenta dificultades para realizar movimientos voluntarios en la boca, los labios o la garganta (ej. silbar, soplar, besar...), si bien estos movimientos se realizan normalmente cuando se ejecutan de forma automática en las acciones de la vida diaria. En ocasiones, la apraxia bucofacial se acompaña de un deterioro en la capacidad para entender los gestos bucofaciales del interlocutor. En la **apraxia oculomotora**[904-906] (parálisis psíquica de la mirada), el paciente puede dirigir la mirada en cualquier dirección, siempre que sea de forma automática. Sin embargo, no podrá hacerlo voluntariamente, o siguiendo instrucciones del interlocutor. En la **apraxia palpebral**[907-909], el paciente tiene dificultad para abrir o cerrar los ojos a voluntad. En la **apraxia axial**[910,911] (o troncopedal), el paciente tiene dificultad para mover voluntariamente el eje corporal (ej. para sentarse o para ponerse firme). En la

apraxia para vestirse[912-916], el paciente no puede ejecutar los movimientos necesarios para vestirse, como introducir un brazo por la manga de la camisa o anudarse el cordón de los zapatos. La **apraxia del habla**[917-920] altera los movimientos necesarios para hablar, una alteración que no se acompaña de trastornos lingüísticos propiamente dichos. Los pacientes pueden presentar habla lentificada, dificultad para comenzar a hablar, o habla distorsionada y emitida con gran esfuerzo articulatorio.

El yo como objeto del neuroconstructo incidental

Hemos comentado como el neuroconstructo incidental utiliza la información proveniente del entorno para generar conductas complejas, rápidas y eficientes. La información que a cada momento nos llega del entorno es inmensa, por lo que hemos de seleccionar con rapidez la información más útil para la supervivencia y analizar esta información de forma preferente. El animal más rápido en enterarse de lo que está pasando será el que sobreviva a las exigencias competitivas del medio. No se trata de enterarse de todo, solo nos interesa la información útil para adquirir alimento, para reproducirnos, para evitar a los depredadores, etc. En definitiva, se trata de que cada individuo procese la información necesaria para la supervivencia, y para hacer que su especie prevalezca. Por ello, una de las principales tareas del neuroconstructo incidental es la de seleccionar la información útil y descartar el resto, esto es, la de «talar el árbol de la información». La información seleccionada y procesada por el neuroconstructo incidental resultará útil, solo si puede generar conductas adaptativas. Las conductas adaptativas son aquellas que permiten prevalecer al animal que las genera, y a continuación a la especie a la que este animal pertenece. Las conductas posibles en cada situación son siempre muy diversas, por lo que se han de seleccionar los patrones conductuales más apropiados en cada ocasión, y ejecutarlos con rapidez. El animal más rápido en responder a lo que está pasando será el que sobreviva a las exigencias competitivas del medio.

Por tanto, las especies seleccionadas para prevalecer son aquellas capaces de talar y analizar rápidamente la información entrante, y de seleccionar y ejecutar rápidamente las respuestas motoras más adaptativas al medio. En ambos casos hablamos de «selección», de selección de la información por un lado y de selección del patrón motor por otro. Pero ¿qué criterios utilizar para poder seleccionar lo más útil en ambos casos? Lo más útil para la especie es lo que permita la adaptación y la supervivencia del individuo, al menos hasta que este adquiera la edad reproductiva.

Para seleccionar lo más útil, el individuo deberá distinguir lo que le es propio, y que hay que proteger, de lo que es ajeno. En nuestro caso, hemos de poder distinguir con rapidez lo que somos de lo que tenemos, y utilizar lo que somos para talar la información y quedarnos solo con la más útil, y para generar las conductas más adecuadas para conservar nuestras partes esenciales. No somos un pie o un cerebro, somos mucho más. Somos una totalidad compuesta por elementos que han de pervivir y mantenerse unidos e interconectados. Si nos desentendemos de nuestro hígado o de nuestras piernas, nuestra supervivencia colapsará rápidamente. Así pues, hemos de disponer de los algoritmos necesarios para identificar rápidamente lo que somos, y utilizar esta identificación para establecer lo que nos conviene percibir y hacer. A este algoritmo identificador lo denominamos aquí con el término *Yo*. Yo es, por tanto, un algoritmo extremadamente útil para la supervivencia, una necesidad evolutiva.

Definimos **Yo** como algoritmo que permite distinguir lo «perteneciente al individuo», y que facilita la selección de la información más relevante y los patrones motores más convenientes para su supervivencia. Este no es el concepto ni la intuición que habitualmente tenemos de nuestro yo. Como veremos, en los próximos capítulos propondremos la existencia de distintos Yo, uno para cada neuroconstructo. Ahora, presentaremos evidencias que apoyan la existencia de un Yo en el neuroconstructo incidental, el **yo incidental**.

La primera evidencia experimental del yo incidental que presentaremos está asociada a los estudios de pertenencia corporal. La determinación de la pertenencia corporal está principalmente asociada al polo sensitivo de este neuroconstructo. Los primeros estudios en este sentido fueron realizados al inicio de los años sesenta por *Torsten Nielsen*. Este autor diseñó un sistema óptico que permitía que el sujeto de estudio usara lentes para mirar su mano mientras dibujaba líneas. Inadvertidamente, se cambiaba la posición de las lentes, de manera que el sujeto se quedara viendo la mano del experimentador en la misma región del campo visual en la que antes veía la suya. Ambas manos se habían introducido en el mismo tipo de guante, por lo que su apariencia exterior no podía usarse para distinguir la mano propia de la ajena. Tras la manipulación de las lentes, el sujeto se quedaba observando la mano del experimentador como si fuera la propia, y el experimentador comenzaba a trazar líneas similares a las que realizaba el sujeto. La pregunta a la que el sujeto tenía que responder era ¿esta es su mano?, o ¿es Ud. el autor de estas líneas? Cuando existía una congruencia entre los movimientos observados visualmente (realizados por el experimentador) y la sensación propioceptiva (generada por el movimiento de la mano del sujeto), el sujeto tenía la sensación de que la mano que estaba viendo era la suya (identificación de **pertenencia**), y de que el autor de los movimientos era él (identificación de **autoría**)[921].

En algunas pruebas, la sensación propioceptiva de movimiento no se correspondía exactamente con la dirección de trazado de la línea o con el momento exacto en el que esta línea se presentaba al sujeto. Esta incongruencia entre la información visual (la mano del experimentador) y la propioceptiva (la mano del sujeto) generaba extrañeza en el sujeto, quien informaba que su mano se había movido involuntariamente en otra dirección, elaborando explicaciones como «mi mano está un poco torpe porque me despisto o porque estoy cansado». El sujeto se sentía propietario de la mano y autor del movimiento, solo que el dibujo final estaba alterado por otras circunstancias, como, en términos de Nielsen, «si estuviera conduciendo en una carretera helada». Estos estudios iniciales demostraron que no somos muy exigentes a la hora de atribuir «pertenencia» y «autoría», y que, para la elaboración de estas atribuciones, la percepción visual predomina sobre la propioceptiva. Las mismas conclusiones fueron obtenidas para el sistema auditivo (el sujeto ajustaba su tono de voz al oír la voz del experimentador como si fuera la suya), y para la posición corporal (el sujeto movía su cuerpo al percibir en un espejo el cuerpo del experimentador como si fuera el suyo)[922]. Estos experimentos fueron luego ampliados por otros autores, utilizándose nuevos desarrollos metodológicos vinculados al uso de los ordenadores[613,921-931]. Con los nuevos métodos se podía determinar con más precisión cuan diferentes tienen que ser las acciones propias y las acciones realizadas por otros, para que el neuroconstructo incidental no se equivoque atribuyéndose pertenencia o autoría de miembros y acciones ajenas.

Los estudios clínicos también permiten obtener evidencias sobre la atribución de «pertenencia» y «autoría» en el yo incidental. Ya comentamos cómo algunas lesiones pueden inducir una hemiasomatognosia, que impide que el neuroconstructo incidental elabore esquema corporal para uno de los dos hemicuerpos. En estas condiciones, los pacientes hacen una atribución de pertenencia ajena para el hemicuerpo carente de esquema corporal, a pesar de que ambos lados del cuerpo se encuentran físicamente unidos. Estas hemiasomatognosias pueden resultar anosognósicas y pasan desapercibidas para el propio paciente. En este caso, lo habitual es que la autoría de los movimientos del hemicuerpo no identificado como propio sea atribuida a otros. Un ejemplo ilustrativo es el de un paciente que había sufrido una trombosis cerebral unas horas antes de nuestra exploración. Si le hacíamos tocar con la mano buena la mano negligente (ambas situadas a su espalda para evitar el reconocimiento visual), el paciente indicaba que la otra mano no era suya, con lo cual tenía que ser mía. Se podría pensar que el paciente solo presenta una hemianestesia que impide que la información sensitiva llegue a su corteza cerebral. No era el caso, ya que, cuando pellizcábamos el lado desatendido, el paciente notaba molestias (aunque no sabía dónde se producían), retiraba el brazo y presentaba las respuestas neurovegetativas que suelen acompañar al dolor (aumento de la frecuencia cardiaca, piloerección, sudoración...). Se trataba de una negligencia atencional que se acompañaba de una atribución ajena de «pertenencia» de la mitad de su cuerpo y de una atribución ajena de «autoría» de las acciones realizadas por el hemicuerpo no reconocido como propio.

En ocasiones, las atribuciones ajenas de pertenencia o autoría están focalizadas en regiones particulares del cuerpo. En la **arsenomelia**, el sujeto no identifica una parte de su cuerpo como propia (Esta mano pegada no es mía). En la **somatoparafrenia**[932-935], el sujeto hace una atribución «ajena» de pertenencia de una parte de su cuerpo (Esta mano es suya). En ocasiones, se construyen más miembros de los reales, autoatribuyéndose la pertenencia de todos ellos. Este es el caso de las **red uplicaciones**[936], por las cuales el paciente puede indicar que con «Mis tres manos y mis cuatro cabezas puedo...». En ocasiones, el miembro falso para el que se reconoce pertenencia y autoría propia, es un miembro del que se pudo disponer anteriormente y que se perdió. Los amputados pueden desarrollar el denominado *miembro fantasma*[925-927]. El miembro se ha perdido, pero el esquema corporal del miembro permanece en su cerebro. El sujeto tiene la impresión clara de que su miembro está ahí, y cuando le sugerimos que nos los señale puede indicarnos el miembro contralateral (Aquí está mi pierna...), lo cual hace también cuando le preguntamos por el miembro no amputado. La impresión de «pertenencia» y «autoría» del miembro amputado se impone al paciente, ya que es generada automáticamente en el neuroconstructo incidental. Un ejemplo ilustrativo es el de un paciente que había perdido el índice de su mano derecha. Años después de esta pérdida, el paciente continuaba cerrando los ojos involuntariamente cada vez que se tocaba la nariz con esa mano. Tenía la sensación de que el índice «fantasma» continuaba en su sitio y podía introducirse en el globo ocular al tocarse la nariz.

El Yo elaborado por el neuroconstructo incidental también integra información proveniente de los neuroconstructos de rango superior, y cuya disrupción también puede generar problemas de pertenencia y autoría. En la **anosodiaforia**[937-942], el paciente presenta una merma «emocional» para alguno de sus miembros, aunque este reciba atribución de pertenencia y autoría (Esta mano es mía pero no me interesa...). En la **misoplejia**[943-945], el paciente puede presentar, incluso, valoraciones negativas referidas a uno de sus miembros (Me avergüenzo de mi mano...). En ocasiones, se produce una atribución a un miembro que va más allá de la «pertenencia» y la «autoría», concediéndole estatus de individuo o personalidad independiente. Este sería el caso de la **personificación**[946-948], mediante la cual el paciente no solo se desvincula de un miembro, sino que construye una personalidad independiente para el (Él, ese viejo inmóvil... —refiriéndose a su mano—. Me espía a todas horas... —refiriéndose a un forúnculo de su cuello).

El neuroconstructo incidental: una visión de conjunto

El neuroconstructo incidental es el núcleo central para el análisis sensorial y la gestión de las acciones a corto plazo. Agrupa la información sensorial proveniente del neuroconstructo mínimo y la selecciona en función de su importancia para la supervivencia. Con el mismo criterio, elabora posibles respuestas y selecciona la respuesta más conveniente. Todo ello lo hace de forma automática, rápida y eficaz.

El neuroconstructo incidental agrupa los rasgos estimulares más relevantes, y genera con ellos un escenario interno en el que se representa el entorno de forma realista, *lo que hay*. Por otro lado, en el neuroconstructo incidental se elaboran posibles respuestas adaptativas, seleccionándose los patrones motores más eficientes, *lo que se puede hacer con lo que hay*. En este constructo se elabora el Yo incidental, el cual se sitúa en el centro del escenario incidental, y es continuamente utilizado para determinar la relevancia de los distintos componentes de la información proveniente del entorno (lo que me interesa), y para seleccionar los patrones motores más adecuados (lo que me conviene). Por tanto, todo lo que percibimos y lo que hacemos está pesado a partir de los «intereses» de este Yo. Nada es independiente de él.

El escenario sensorial, el escenario motor y el YO incidental, se representan de forma unificada, constituyendo el **escenario incidental**. Una parte de este escenario es presentado a la consciencia, generándose el escenario incidental consciente, desde donde emerge la sensación de **presente**. Es un neuroconstructo en el que YO se rodea de las «cosas que están», y en el que ocurren «los acontecimientos». Es un neuroconstructo lleno de imágenes en color y sonidos provenientes de los múltiples neuroobjetos creados en torno a Yo, y donde Yo busca las soluciones más adecuadas para los problemas del momento. No disponemos de una visión «objetiva» de la realidad, se trata siempre de una visión subjetiva, de la visión que nuestro escenario incidental ha seleccionado como la más útil para la subsistencia del Yo, y del sujeto que lo sustenta.

Este *modus operandi* no es decidido por nadie en particular, ni siquiera por nosotros mismos. Es la consecuencia de la presión adaptativa del proceso evolutivo sobre el desarrollo de los animales. Los animales seguimos el camino de cambiar el medio para adaptarnos al él (recuérdese que la mente vegetativa siguió otro camino, el de cambiar al sujeto para adaptarlo a su entorno). En el camino de la mente animal se inventaron los neuroconstructos, dispositivos cada vez más complejos y sofisticados, que permitían confeccionar imágenes virtuales del mundo, estudiar en estas imágenes cómo se relacionan sus neuroobjetos virtuales y ensayar con estos objetos virtuales las posibles conductas adaptativas.

La autoconsciencia y otros factores como el lenguaje y la cultura nos ofrecen una «atalaya» excepcional para el estudio de nuestros neuroconstructos. Nuestra capacidad actual para estudiar neuroconstructos en animales es mucho más limitada. Sin embargo, es muy probable que la inmensa mayoría de las funciones de los neuroconstructos mínimo e incidental aparecieran antes de que el primer *Homo sapiens* caminara sobre la tierra. Los neandertales, los *Australopithecus*, los mamíferos y quizás muchas especies que, como los pulpos, aparecieron antes que ellos, debieron disponer de muchas de las ventajas adaptativas que hoy nos ofrece nuestro neuroconstructo incidental.

Algunas de las funciones que operan en nuestro neuroconstructo incidental, probablemente, no están presentes en los neuroconstructos de otros animales. Esto nos hace únicos y justifica nuestra gran capacidad de adaptación al medio. Sin embargo, la diferencia que nos caracteriza como especie no es el «modo de funcionamiento» del neuroconstructo incidental, que probablemente es bastante similar al de otros mamíferos. De hecho, algunos mamíferos disponen, en relación con nuestra especie, de ventajas funcionales en aspectos particulares del neuroconstructo incidental. Por ejemplo, la memoria de trabajo parece ser mejor en los chimpancés que en el hombre. Lo que nos diferencia como especie hay que buscarlo en los neuroconstructos de los que hablaremos a continuación.

Como veremos, la información procesada en el neuroconstructo incidental pasará a integrar, luego, otros neuroconstructos más abstractos y estables. En estos neuroconstructos se generan aspectos como la narración de la historia individual, el lenguaje natural, las matemáticas, la filosofía, las opiniones políticas y un larguísimo etcétera. Desde esos neuroconstructos se remite información al neuroconstructo incidental, para que este pueda generar conductas a medio y largo plazo. Qué quiero estudiar, qué familia quiero formar, en qué sociedad quiero vivir..., todos estos aspectos de la vida cotidiana precisan de grandes bancos de datos que se van acumulando a lo largo de la vida. Esta información está almacenada en neuroconstructos situados por encima del incidental. No obstante, para que esa información determine la conducta del momento, ha de bajar al presente, al neuroconstructo incidental. Pero de esto hablaremos en los próximos capítulos.

Capítulo 25
Mente abierta y neuroconstructos potenciales: constructos episódico, narrativo y formal

Neuroconstructos potenciales: una introducción conceptual

Los neuroconstructos de los que hemos venido hablando son **constructos actuales**, ya que operan en el «presente». Los neuroconstructos que presentaremos en este capítulo y en los siguientes son **constructos potenciales**. Los neuroconstructos potenciales no operan, y mientras el neuroconstructo incidental no requiera su intervención, permanecen ocultos, como inexistentes. Los neuroconstructos actuales y los potenciales guardan una relación similar a la que tiene la música y las partituras. La música solo existe cuando se la ejecuta, solo existe en nuestra mente cuando esta la oye, la ejecuta o la imagina. Las partituras son un soporte que contiene información musical, pero mientras esta información no es «actualizada» por nuestra mente, la música no existe como tal, solo se trata de trazos negros sobre fondo blanco. Otra relación similar es la que tiene el procesador (CPU) y el disco duro de nuestro ordenador. La información está en el disco duro, pero mientras la

CPU no demande los datos almacenados en este, es como si no existieran. Lo mismo ocurre con los neuroconstructos potenciales, están en nuestra mente, pero mientras el neuroconstructo incidental no los «actualice», permanecen ocultos y no intervienen en los procesos mentales.

No obstante, hay algunas diferencias esenciales entre las memorias de los ordenadores y las memorias neuronales de los neuroconstructos potenciales. En las memorias artificiales, la información se almacena de forma puntual, y cada aspecto parcial de la información se encuentra en una posición bien definida del substrato de la memoria. En este caso, ocurre como con las fotografías, cada punto del campo fotografiado se corresponde con un punto en la propia foto, y si perdemos una mitad de la foto perdemos la información de la mitad del campo fotografiado. Además, una vez almacenada en la placa fotográfica, la información ya permanece estable e inerte para siempre, y solo puede ser alterada pasivamente por el trascurso del tiempo (envejecimiento fotográfico). Como veremos a continuación, el almacenamiento de la información en los neuroconstructos potenciales no funciona así.

El almacenamiento de la información en los neuroconstructos potenciales no presenta distribución punto a punto, como lo hacen las placas fotográficas o los discos duros. En realidad, la información parece estar distribuida por las redes neuronales que la soportan, de una forma que se asemeja más a un holograma que a un fotograma[949]. Las placas holográficas almacenan la información de forma distribuida, y la pérdida de la mitad de la placa holográfica reduce la resolución de la imagen holográfica, pero sin perder regiones particulares del campo visual. Los daños en el tejido neural tampoco generan pérdidas puntuales de la información almacenada[949-954]. En todo caso, estas lesiones podrán producir una reducción global y difusa de la información disponible, pero sin que se pierda de forma selectiva lo ocurrido en periodos específicos de la vida. Las lesiones de algunas regiones cerebrales, como el hipocampo, pueden dificultar seriamente el almacenamiento o la recuperación de la información almacenada. No obstante, estas alteraciones son siempre generales, y nunca borrarán, por ejemplo, lo que ocurrió al lector el día que cumplió 12 años.

Otra diferencia entre almacenamiento artificial y almacenamiento cerebral es que, mientras el primero tiene una capacidad limitada que impide almacenar todo lo que ocurre, el cerebro parece no disponer de límites en su capacidad de almacenamiento. Con las imágenes que llegan a nuestro cerebro durante algunos minutos podríamos saturar la capacidad de almacenamiento del disco duro de nuestro ordenador. Sin embargo, nuestro cerebro parece retener todas las imágenes de forma permanente, almacenándolas junto con los sonidos, sensaciones y otros eventos presentes en el momento de su grabación. Los neuroconstructos potenciales parecen poder almacenarlo todo, y para siempre.

Otra diferencia entre el almacenamiento de información en dispositivos artificiales y su almacenamiento en los neuroconstructos potenciales es que, en los primeros la información se almacena por separado y de forma inconexa, mientras que en los neuroconstructos potenciales, el almacenamiento es «interactivo». En los constructos potenciales, la información de los neurobjetos se almacena junto con información acerca de sus relaciones con otros objetos con los que guarda alguna similitud estructural, funcional o semántica (de «significado»), o que estaban presentes en el momento en el que se constituyó el neuroobjeto. Además, cada almacenamiento nuevo supone una «reordenación» de la información previamente almacenada, reordenación que incluye las relaciones entre los objetos incluidos en el recuerdo. Cada vez que recordamos «actualizamos» la información previa y la mezclamos con la información del momento. Desde esta perspectiva, recordar es actualizar y volver a almacenar lo recordado, solo que ahora modificado con lo nuevo. Así, recordar es modificar.

Ya comentamos como el neuroconstructo incidental no procesa la información entrante tal como llega, sino que la selecciona y modifica según los intereses del Yo. El «recuerdo actualizante» también modifica la información de forma interesada. Los acontecimientos pasados no son recordados como tales, sino en función de su posible utilidad para el Yo episódico/narrativo del que hablaremos luego. Las cosas no ocurrieron, sino que, más bien, me ocurrieron. Este «recordar interesado» es uno de los procesos más importantes para la creación del Yo episódico y narrativo. Como veremos, la información recordada de forma interesada promueve la impresión de permanencia del individuo en el tiempo, una permanencia necesaria para la emergencia del Yo episódico/narrativo. Yo soy el que ha estado aquí todo el tiempo, el sujeto de la historia.

La actualización de la información de los constructos potenciales en el constructo incidental, genera la elaboración de historias únicas, historias que, no obstante, pueden cambiar de una actualización a la siguiente. Esta información actualizada permite la elaboración de planes para el futuro y la identificación previa de metas que activen la elaboración de planes a largo plazo. El yo episódico/narrativo sería también aquel para el cual hay que elaborar dichos planes, aquel que se beneficiará en el futuro de los planes y acciones que realizamos hoy, el sujeto de las metas futuras.

Neuroconstructos episódico, narrativo y formal: introducción

Describiremos a continuación las características diferenciales de tres neuroconstructos potenciales, el **neuroconstructo episódico, el narrativo, y el formal**. ¿Qué distingue a estos neuroconstructos? La distinción principal tiene que ver con el soporte utilizado en el proceso de almacenamiento y recuperación de la información. En el constructo episódico, la información de lo ocurrido se almacena principalmente como eventos sensoriales y conductuales, asociados generalmente a sus consecuencias para el Yo. En el constructo narrativo la información se almacena y recupera a partir del lenguaje natural. En el constructo formal la información que se almacena es mucho más abstracta, y tiene que ver con lenguajes artificiales como los utilizados para las matemáticas o la música. El constructo formal dispone de objetos (ej. números) y procesos (ej. multiplicación), con los que podemos hacer operaciones mentales que no están localizadas en un espacio físico real al que podamos tener acceso directo. Son espacios virtuales en los que construimos objetos que nunca hemos identificado directamente en el mundo real, objetos que pueden viajar en el tiempo hacia atrás, que pueden quedar suspendidos a salvo de la acción de la gravedad o del deterioro generado por el trascurso del tiempo. Son objetos que pueden crecer hasta tener «masas» infinitas, o hacerse infinitamente pequeños. Objetos cuyas interacciones están basadas en «leyes creadas por nuestra propia mente formal». Este neuroconstructo formal es el de aparición más reciente (últimos miles de años), y el más dependiente del desarrollo cultural. Su utilización depende, en gran medida, del aprendizaje de habilidades desarrolladas por la evolución cultural de la humanidad, y aprendidas durante nuestra formación en la escuela. A continuación, desarrollaremos algunas ideas básicas sobre la actividad de los constructos episódico y narrativo, para comentar luego diversos aspectos del neuroconstructo formal (Fig. 25.1).

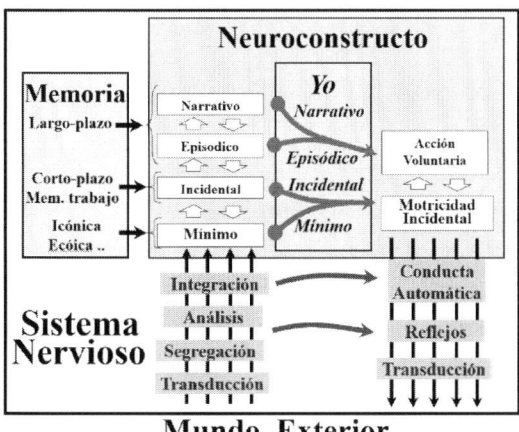

Fig 25.1. Neuroconstructo Percepción episódico y narrativo

Análisis de los rasgos estimulares y de la respuesta motora en los neuroconstructos episódico y narrativo

De lo que ocurre en el constructo narrativo podemos hablar entre nosotros, ya que este puede usar el lenguaje natural para «conectar» individuos. El neuroconstructo episódico resulta esencial para comprender lo que ocurre y para comprendernos a nosotros mismos. Sin embargo, de lo que ocurre en este constructo no podemos hablar, ya que no dispone de lenguaje natural para hacerlo. Cuando hablamos de las sensaciones obtenidas en episodios pasados, lo hacemos gracias a la íntima relación existente entre los constructos episódico y narrativo. Así, la mente narrativa habla de lo ocurrido a la otra mente, la episódica. Cada uno de estos neuroconstructos genera un Yo específico. Sin embargo, ambos Yoes, el episódico y el narrativo, se fusionan de tal manera que la experiencia sensorial y el lenguaje se transforman normalmente en una sola cosa. No obstante, esta aparente unidad es solo una «ilusión», como podemos constatar en los siguientes experimentos.

Un ejemplo de la diferencia entre los constructos episódico y narrativo nos lo ofrecen los trabajos de Sperry y Gazzaniga[955-958]. En estos trabajos se utilizó un taquistoscopio para presentar de forma selectiva imágenes a uno de los dos hemisferios cerebrales. El taquistoscopio es un proyector que permite presentar imágenes durante breves intervalos temporales, durante los cuales los movimientos oculares no consiguen reorientar la dirección de la mirada. Normalmente se presenta una imagen inicial con un punto central y se indica al sujeto que mire fijamente al punto. Luego se proyecta otra imagen que añade a la derecha o izquierda del punto central alguna figura que, teniendo en cuenta cómo se distribuye el campo visual por las dos cortezas visuales primarias, solo irá a parar a uno de los hemisferios. Para ello se evita presentar imágenes en las regiones próximas a la fóvea (punto central de la retina), ya que remite información visual a ambos hemisferios cerebrales. Todas las cortezas visuales disponen de fibras interhemisféricas que proyectan a las cortezas homologas del hemicerebro contralateral. Por tanto, la información que inicialmente llega a un hemicerebro es trasmitida rápidamente a la misma corteza del lado contrario. Estos autores estudiaron pacientes a los que, por razones terapéuticas, se les habían seccionado las proyecciones que conectan ambos hemicerebros (comisurotomía del cuerpo calloso). El trasiego rápido de información entre los dos hemisferios cerebrales quedaba bloqueado en los pacientes comisurotomizados. De esta forma, las imágenes presentadas en un hemicampo visual y trasferidas a uno de los hemisferios del cerebro, se procesaban inicialmente en el hemisferio que las recibía, no siendo compartidas con el hemisferio contralateral hasta mucho después.

En estos estudios con pacientes comisurotomizados, se observó que las figuras presentadas al hemisferio izquierdo (hemicampo visual derecho) podían ser comentadas por el sujeto, mientras que las presentadas al hemisferio derecho eran detectadas y analizadas, pero no podían ser comentadas en voz alta. Por ejemplo, si se había presentado un dibujo de una persona al hemisferio izquierdo, el sujeto podía indicarlo verbalmente al experimentador (Fig. 25.2)[959-962]. Sin embargo, cuando la imagen se presentaba al hemisferio derecho (parte izquierda del campo visual), esto ya no era posible. El sujeto podía comentar que *no había visto nada*, pero esto no implicaba que no hubiera visto el dibujo. De hecho, cuando se le facilitaba un lápiz para que dibuje lo que había visto, pintaba una cara, y cuando se le proponía que dibujara *lo que puede ponerse encima de lo que había visto*, dibujaba un sombrero. Estos estudios muestran la existencia de dos mentes, una vinculada al lenguaje (neuroconstructo narrativo) y otra que no dispone de acceso al lenguaje (neuroconstructo episódico). Ambas analizan el entorno, solo que mientras una modalidad de mente puede hablar de lo ocurrido, la otra puede reaccionar a los objetos del entorno, pero no puede hablar de ellos[960-962]. Los resultados de estos trabajos fueron luego ampliados por otros autores como *Geschwind* o *Kaplan*, mostrando que una parte sustancial de los constructos episódico y narrativo está lateralizada en el cerebro, el neuroconstructo narrativo en el hemisferio izquierdo (donde normalmente se sitúa el lenguaje en los sujetos diestros), y el neuroconstructo episódico en el hemisferio derecho (con capacidades lingüísticas mucho más limitadas).

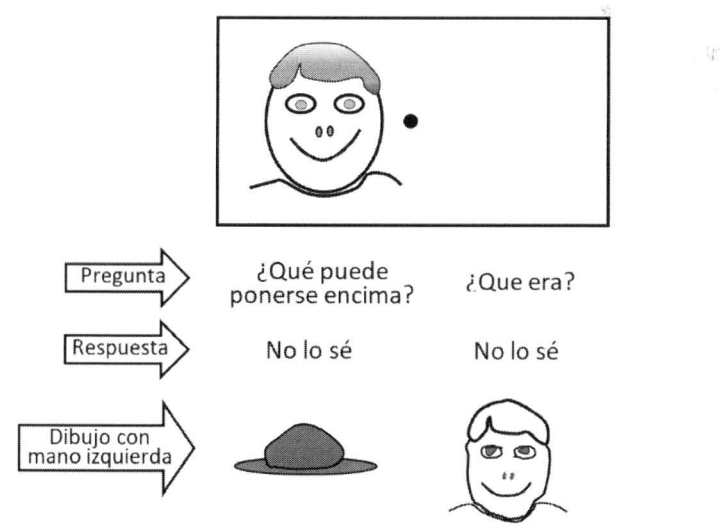

Figura 25.2

Si los neuroconstructos episódico y narrativo están segregados en el hemisferio derecho e izquierdo respectivamente, ¿cómo es que no entran en conflicto cuando hay que tomar decisiones? Aunque se trata de dos neuroconstructos diferentes, cada uno con su propia dinámica, ambos se asocian e integran en uno solo. En realidad, ambos hemisferios y ambos neuroconstructos utilizan la misma información, solo que la usan de manera diferente. La información analizada por separado en cada constructo, es luego compartida para ser reprocesada y agrupada, generándose así un bloque informativo único. Esta integración informativa permitirá que la respuesta a las demandas del entorno sean respuestas consensuadas, y que incluyan ambas mentes y ambos hemicuerpos. La figura 23.2[959-962] muestra un ejemplo de esta integración, y de cómo un hemisferio, el izquierdo en este caso, utiliza la información del otro.

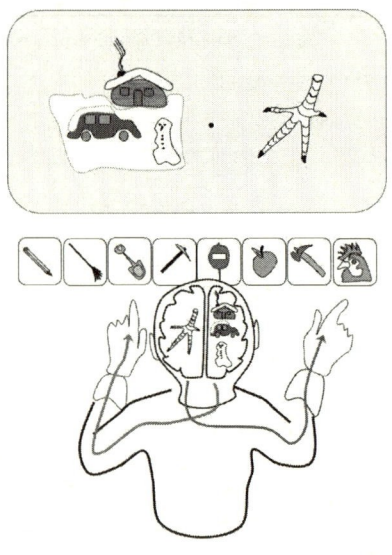

Figura 25.3

En esta presentación taquistoscópica se presenta a cada hemisferio cerebral una figura diferente. Al hemisferio derecho, se presenta una casa en un paisaje nevado, y en el que también hay un coche y un muñeco de nieve. Al hemisferio izquierdo solo se presenta una pata de gallo. Luego se pide al sujeto que, con cada mano, elija una de entre ocho opciones posibles. Con la mano izquierda elije la pala, único objeto útil en el paisaje nevado que se ha presentado al hemisferio derecho (la vía motora piramidal cambian de lado y actúan sobre los músculos del lado contrario). Con la mano derecha elije la gallina, la imagen más directamente relacionada con la pata de gallina presentada al hemisferio izquierdo. Hasta aquí el neuroconstructo episódico (hemisferio derecho) y el narrativo (hemisferio izquierdo) parecen haber tomado por separado sus propias decisiones. Sin embargo, cuando se solicita al sujeto que justifique sus decisiones, este solo podrá responder con el hemisferio izquierdo, el verbal, el narrativo. Este hemisferio ya ha tenido tiempo para ser informado de las imágenes presentadas al hemisferio derecho, así como para conocer las elecciones realizadas con ambas manos. La explicación que suelen dar los sujetos en estos experimentos suele agrupar ambas respuestas en una justificación única, que integra las elecciones de la mano derecha y la mano izquierda. Así, el constructo narrativo del hemisferio izquierdo podrá generar justificaciones como *Escojo la pala para limpiar el gallinero*, integrando así ambos estímulos y ambas respuestas en una única historia coherente. Para ello se hacen algunas asunciones implícitas, como que la casa del paisaje nevado es un gallinero. Por tanto, los neuroconstructos narrativo y episódico terminan por fundirse, justificando con una única historia coherente todo lo que se percibe y todo lo que se hace.

La integración entre los constructos potenciales episódico y narrativo se hace en un neuroconstructo actual, el neuroconstructo incidental. Esta integración no es siempre posible, y cuando la retrasamos se puede observar como ambos neuroconstructos compiten por el control de la conducta. Algunos estudios de Gazzaniga ejemplifican esta competición. En un estudio se presentaba la imagen de una manzana al hemisferio izquierdo y el sujeto respondía pronunciando la palabra *manzana*. A continuación, se presentaba la *manzana* al hemisferio derecho y el sujeto también respond**ía** pronunciando «manzana», para lo cual la imagen había sido remitida desde el hemisferio derecho (que la recibió directamente desde el ojo) al izquierdo (que podía hablar). A continuación, se presentaba de forma simultánea una manzana al hemisferio derecho y un peine al hemisferio izquierdo. En estas condiciones el hemisferio que habla (el izquierdo) no puede procesar a la vez ambas imágenes, opta por una y hace que el sujeto pronuncie la palabra *peine*. La información que había llegado directamente al hemisferio izquierdo (peine) ha prevalecido, anulando la información remitida con posterioridad desde el hemisferio derecho (manzana). Se trata de una **extinción narrativa**, por la cual el hemisferio narrativo (izquierdo) prefiere su propia información y anula la información incongruente que proviene del hemisferio episódico (derecho).

Algunos pacientes con sección del cuerpo calloso presentan conductas antagónicas con ambas partes del cuerpo, conductas que también evidencian una competición entre los neuroconstructos episódico y narrativo. Estos pacientes pueden presentar una **ambivalencia volitiva**[963-965], por la cual lo que dicen y lo que hacen no concuerda. Por ejemplo, dicen que «hace tanto calor que me quitaré la chaqueta» (con el hemisferio izquierdo), mientras en realidad se la está poniendo (con la mano izquierda controlada por el hemisferio derecho). En la **dispraxia intermanual**[966], los sujetos realizan acciones contrapuestas con cada mano. Así, con una mano se quita la chaqueta, mientras que con la otra intenta ponérsela, o con una mano se abrocha los botones de la camisa, mientras que con la otra se los desabrocha. En pacientes con lesión parietal o talámica, pueden observarse trastornos de autoría de naturaleza local, y que no afectan a un hemicuerpo completo. Un ejemplo es el **síndrome de la mano ajena** (o extranjera)[967-971], en el cual el paciente siente que una de sus manos va por su cuenta y no le obedece. La mano señalada puede presentar movimientos erráticos (que el paciente dice no poder controlar), o movimientos compulsivos repetidos (Mi mano izquierda rasca y estira mi ropa mientras yo espero sentada a que termine), o movimientos sin propósito aparente, o movimientos de levitación (Mire, doctor, como mi brazo comienza a flotar...). En ocasiones, a estos movimientos se atribuye una mente propia. «Mi mano no es lo que parece», o «Mi mano tiene su propia mente», o «Mi mano tiene su personalidad y a veces se enfada».

Otro trastorno que puede observarse en los pacientes comisurotomizados es la **alexitimia callosa**[972-979]. En este trastorno, las emociones generadas en cada hemisferio son diferentes y, a veces, contrapuestas. Los hemisferios están desconectados y no pueden «dialogar» para llegar a algún acuerdo sobre cuál de las dos emociones es la «real» o la más «conveniente». La conducta resultante suele ser errática, correspondiéndose con cada emoción de forma alternativa. La alexitimia también dificulta las relaciones sociales, particularmente cuando la conducta está asociada a emociones generadas en el hemisferio derecho, el cual no podrá justificar verbalmente la conducta resultante.

Una de las funciones de los neuroconstructos episódico y narrativo es la **atribución de autoría en las conductas voluntarias**. Un estudio ilustrativo a este respecto fue presentado en la Osler Society por *Grey Walter* a principio de los años sesenta[980]. Se presentó un sujeto con un electrodo implantado en la corteza motora. La corteza motora genera un potencial premotor que comienza 1,5 segundos antes de la aparición de los movimientos voluntarios. Tras el implante del electrodo en la corteza motora, este potencial podía ser monitorizado sin interrupción. El experimento comenzaba con el paciente sentado ante una pantalla en la que se proyectan imágenes de paisajes, imágenes que el paciente podía cambiar a voluntad pulsando un interruptor. A la mitad de la prueba, se trasfería el control del paso de imágenes desde el interruptor manual a un dispositivo directamente controlado por los potenciales premotores de la corteza motora del paciente. Esta transferencia se hacía sin previo aviso al paciente. Inmediatamente tras el cambio de control del proyector, el paciente quedaba «sorprendido» por lo que estaba pasando. «¿Cómo es posible que el proyector adivine mis intenciones? Cuando comienzo a pensar en pasar a la siguiente imagen, y antes de que haya tomado la decisión, el proyector se activa y la proyecta». Cuando el cambio de imagen ya se había iniciado el sujeto percibía que su dedo se flexionaba para apretar el interruptor, pero esta acción voluntaria había llegado demasiado tarde, y la imagen ya estaba cambiando. La modificación de los intervalos temporales entre la toma de decisión, la emisión de la orden motora, la ejecución del movimiento, y la percepción del movimiento ejecutado, habían hecho que la determinación de autoría no funcionara adecuadamente. El autor de la acción de pasar a la siguiente imagen había sido el propio sujeto experimental, solo que el dispositivo conectado a los electrodos corticales había extraído la decisión desde la corteza motora, activando directamente el paso a la siguiente imagen. De esta forma se evitaba el lento trasiego de la orden motora desde la corteza cerebral a la médula espinal, y desde esta hasta el músculo. Cuando este «retraso fisiológico» desaparece (≈50 mseg.), el mecanismo de atribución de autoría concluye que el movimiento ha precedido a la decisión, y que el sujeto no puede ser su autor.

Una anomalía en el funcionamiento de los neuroconstructos episódico y narrativo podría justificar muchos de los trastornos observados en pacientes con **esquizofrenia**. Junto con las alucinaciones, estos pacientes suelen presentar una alteración en la elaboración de autoría[930,981-984]. Con frecuencia, no se sienten autores de sus acciones. Reconocen ser los propietarios de las partes del cuerpo que han realizado la acción y del propio movimiento, pero no creen ser ellos los que tomaron la decisión inicial que activó la ejecución del movimiento. Esta circunstancia produce una intensa sensación de «extrañeza», ya que el paciente ve moverse sus miembros y asume que los está moviendo él. Sin embargo, no se siente el autor de la decisión de moverse. Cuando esta situación se repite, el paciente se ve obligado a concluir que alguien lo controla de una manera que él ni puede conocer ni puede evitar. Comienza luego a elaborar explicaciones plausibles, una acción que, como hemos visto, hace continuamente nuestro neuroconstructo episódico/narrativo (recuérdese la casa en el paisaje nevado y la pata de gallina). El paciente se esfuerza para evitar la intrusión exterior en su conducta, tratando de identificar al agente que la produce, y de determinar como lo hace. Todos sus esfuerzos resultan vanos. Aunque las supuestas intrusiones en la conducta del paciente esquizofrénico son inexistentes, este no puede saberlo, entre otras cosas porque probablemente no conoce el funcionamiento de los neuroconstructos mentales de los que hablamos aquí. Cuando los intentos de encontrar explicaciones para la falta de «sensación de autoría» asociada a la conducta, no llega, las atribuciones comienzan a ser cada vez más bizarras. Dado que las intrusiones en la conducta se producen en los lugares más variados (en su casa, en el trabajo, en el cine, cuando está de viaje en otra ciudad...), el paciente puede concluir, por ejemplo, que su conducta está siendo controlada desde «el centro de la tierra». Dado que las plegarias y los rezos no pueden evitar la sensación de no autoría, algunos pacientes con creencia religiosa podrían concluir que el autor de las intrusiones ha de ser un agente demoniaco. Además, dado que el «control externo de su conducta» es más habitual en las horas de oficina, los compañeros de trabajo podrían estar colaborando con este agente. Con el trascurso del tiempo, las interpretaciones delirantes se consolidan, y la posibilidad de llegar al núcleo del paciente y ayudarlo a disolver el delirio interpretativo se hace cada vez más difícil. Desde esta perspectiva, trastornos relativamente simples y benignos, como las «distorsiones en la determinación de autoría», pueden acabar generando graves alteraciones mentales si no son identificadas y «explicadas» a tiempo.

A la progresión del trastorno mental contribuyen funciones normales del neuroconstructo episódico/narrativo como, por ejemplo, la pulsión natural a encontrar explicaciones globales a todo lo que ocurre. Comprender puede resultar muy liberador, y no conocer puede contribuir al inicio y la progresión de alteraciones mentales muy diversas. Otro ejemplo de la importancia de las explicaciones de los constructos episódico y narrativo nos lo ofrecen algunos estudios con alucinógenos. En ocasiones, los alucinógenos pueden activar un proceso esquizofreniforme que no remite tras la metabolización de la droga y su desaparición del organismo. La posibilidad de que esto ocurra es muy superior cuando los alucinógenos son administrados sin que el sujeto lo sepa. Si el sujeto busca explicaciones a las alucinaciones, y no sabe que fueron producidas por un agente químico, las explicaciones pueden terminar generando delirios interpretativos, y luego caminar por sendas insospechadas.

Hemos comentado cómo los *déficits en la determinación de autoría* en los constructos episódico/narrativo pueden generar alteraciones mentales persistentes. Los *excesos en la determinación de autoría* también pueden generar alteraciones mentales. Los pacientes esquizofrénicos pueden presentar un exceso en la determinación de autoría, por el cual basta con que la conducta de otros se parezca en algo a la conducta del paciente, para que este interprete que es él el que controla la conducta de su interlocutor. En la esquizofrenia, la tendencia a atribuirse la causa de la conducta de otros es más marcada que la tendencia a atribuir a otros el control de las acciones propias. Estas diferencias las estudiaron *Dapraty y colaboradores* a finales de los años noventa[930]. En sus estudios, el paciente realizaba movimientos con su mano derecha que no podía ver directamente. El su lugar, veía los movimientos en una pantalla situada entre sus ojos y su mano, movimientos que eran registrados por una cámara de video que generaba imágenes desde la perspectiva del paciente. A continuación, se procedía a sustituir la visión de su mano por la de la mano del experimentador, ambas cubiertas por guantes similares. El estudio consistía en proponer al paciente que hiciera movimientos con los dedos (que también hacia el experimentador), y preguntarle luego si los movimientos que estaba viendo eran producidos por él, o si estaban controlados por otra persona. Había dos errores posibles, que identificara los movimientos propios como controlados por otros, o que identificara los movimientos de otros como controlados por él. Los resultados mostraron que la tendencia a identificar los movimientos de la mano del experimentador como propios (circunstancia que ocurrió en el 80 % de los ensayos) era más marcada que la tendencia a identificar los movimientos propios como generados por otros.

Memoria a largo plazo y neuroconstructos episódico y narrativo

Los neuroconstructos episódico y narrativo son constructos potenciales que no operan mientras su intervención no sea «reclamada» (actualizada) por el neuroconstructo incidental. No obstante, esta actualización se está produciendo continuamente, ya que la mayor parte de nuestras acciones cotidianas precisan de la información almacenada en estos constructos potenciales. Los procesos para recuperar y actualizar la información disponible en los constructos episódico/narrativo han sido estudiados principalmente como elementos integrantes de la **memoria a largo plazo**[985-990]. Se trata de una memoria que abarca toda la vida del sujeto, y que es aparentemente capaz de almacenar todo lo que en algún momento de la vida ha sido percibido, ya sea de modo consciente o inconsciente. La capacidad real de esta memoria no ha podido ser evaluada de forma exacta, ya que la imposibilidad de recuperar voluntariamente determinados datos no implica, necesariamente, que la información no se encuentre en los bancos de datos de los neuroconstructos potenciales. De hecho, se dispone de distintos procedimientos que facilitan la recuperación de datos que previamente no podían ser recuperados de forma voluntaria.

Distintas evidencias sugieren que la inmensa mayoría de la información que accede al sistema nervioso es almacenada por la memoria a largo plazo.

Entre estas evidencias están las crisis epilépticas que reviven con gran precisión acontecimientos ocurridos con mucha antelación. No se trata de recuerdos, sino de episodios en los que los acontecimientos se reviven de tal manera que el sujeto no puede distinguir si lo que ocurre es real o no. Todo lo que se había percibido en algún momento anterior se vuelve a percibir de la misma manera, lo cual supone que toda la información que llegó entonces al sistema nervioso sigue estando almacenada. La estimulación eléctrica del cerebro también puede generar «revivencias» de situaciones ocurridas incluso muchos años antes. En su libro *Control físico de la mente* (Espasa-Calpe, Madrid, 1972), *José Manuel Rodríguez Delgado* comenta la experiencia de pacientes cuyo cerebro había sido implantado con electrodos (para el tratamiento de su epilepsia), y a los cuales la estimulación eléctrica cerebral desencadenaba «revivencias» que contenían todo lo percibido durante la experiencia previa real. Estas «revivencias» también incluían el estado emocional que el paciente sentía durante la «vivencia» original. Una vez iniciada la «revivencia», esta continuaba de forma ordenada y con la secuencia temporal correcta. Por ejemplo, la gente intercambiaba conversaciones ordenadas y la música se escuchaba en la sucesión sonora adecuada. Todo este escenario complejo avanzaba ordenadamente durante el tiempo en el que se mantenía el estímulo eléctrico. Nunca se generaron dos «revivencias» simultáneas que pudieran interferirse. En los comentarios de estos episodios, el *Dr. Delgado* sugiere que los recuerdos episódicos no se conservan como elementos aislados, sino como colecciones interrelacionadas de sucesos, *como perlas de un collar en el que tirando de una de ellas sacamos toda la colección en perfecto orden.*

La consolidación de memorias a largo plazo implica siempre a tres elementos sucesivos, la codificación, la retención y la recuperación. La **codificación añade al episodio, distintas etiquetas que luego serán utilizadas para recuperar la información almacenada.** La **retención** utiliza diversos mecanismos neuroquímicos para almacenar la información en un sustrato físico relativamente permanente. La **recuperación** utiliza distintos procedimientos para traer de vuelta la información almacenada, e incorporarla al neuroconstructo incidental del momento. Se suelen distinguir dos formas diferentes de recuperación, el recuerdo y el reconocimiento. El **recuerdo** es la recuperación «activa» y «voluntaria» de la información almacenada (de arriba-abajo). El **reconocimiento** es la recuperación «pasiva» y «automáti-ca» de la información generada como respuesta «involuntaria» a estímulos ambientales o al curso espontáneo del pensamiento (de abajo-arriba).

La memoria a largo plazo se ha subclasificado según distintos criterios. Algunos autores hablan de **memoria explícita**[991-995] cuando la información se recupera activamente y es luego llevada a la consciencia. La **memoria implícita**[996-1000] actuaría cuando la información se recupera de forma auto-mática, y no está asociada a la consciencia. Una de las clasificaciones más habituales es la que distingue entre memoria episódica y memoria semán-tica. En la **memoria episódica**[783,1001-1005], la información es almacenada de tal manera que permite fechar temporalmente y localizar espacialmente los acontecimientos almacenados. Además, el contexto episódico siempre estará referido al propio sujeto, cuya situación interna (emociones, pensamien-tos relacionados con el contexto, etc.) también formarán parte de la huella de esta memoria. En otras palabras, la memoria episódica almacena lo que sucede al sujeto a lo largo de su vida. La **memoria semántica**[790-793,1006,1007] almacena información más abstracta y hace referencia al «significado» de la información, incluyendo referencias cognitivas sobre hechos genéricos y sobre el conocimiento en general.

También se han descrito otras circunstancias que permiten distinguir la memoria episódica de la semántica. Por ejemplo, el contexto presente durante el almacenamiento y el proceso de recuperación es esencial para el recuerdo de la información almacenada por la memoria semántica. Cualquier «indicio» presente durante la codificación y el almacenamiento de datos en la memoria semántica será de gran utilidad para su ulterior recuperación. Por ejemplo, el color de las letras de una palabra memorizada puede ser evocado luego para facilitar su recuerdo. Sin embargo, el contexto ambiental no parece ser muy útil para recuperar la información almacenada por la memoria episódi-ca. De hecho, puede resultar negativo en algunos casos. Por ejemplo, acudir a la playa puede no resultar de utilidad (o incluso resultar contraproducente) cuando queremos evocar una historia particular ocurrida en una playa. Esto podría parecer contraintuitivo y, de hecho, los resultados de los numerosos estudios realizados a este respecto no siempre coinciden. Hemos de tener en cuenta que la memoria episódica almacena numerosos indicios sensoriales, motores emocionales, etc., junto con los propios eventos. La presencia de alguno de estos detalles puede no ser suficiente para activar el recuerdo, pudiendo incluso inhibirlo. Si siempre que acudimos a una playa se nos activaran todos los recuerdos episódicos disponibles en relación con «playas», los recuerdos terminarían por abrumarnos e impedirnos vivir el presente. Para recordar eventos de la memoria episódica es tan importante la presencia de los indicios presentes durante su codificación, como la ausencia de aquellos que no estaban entonces. Por ejemplo, recordar un evento traumático ocurrido en una playa puede ser más difícil si el sujeto se encuentra tomando el sol tranquilamente en otra playa, y más fácil si el sujeto se encuentra agobiado en su casa.

La memoria episódica dispone de una organización autobiográfica con tres ejes, el temporal (cuando ocurrió), el espacial (donde ocurrió), y el interno (como estaba yo o que consecuencias tubo para mí). Por contra, la memoria semántica se organiza mediante reglas abstractas de asociación que son intemporales, y que no están necesariamente autorreferidas al yo. Las reglas abstractas para la recuperación en la memoria semántica están referidas al significado de la información, el cual está determinado por el contexto en el que la información se presenta. Así, el contexto contribuye a la recuperación semántica cuando hay relación semántica (de significado) entre este y la información a recuperar, y ambas (información y marcas contextuales) estuvieron simultáneamente presentes durante la codificación y almacenamiento de la información.

Todas estas evidencias nos muestran la íntima colaboración existente entre el neuroconstructo episódico y el narrativo. El escenario episódico no contiene representaciones abstractas de sus objetos (palabras), con lo cual las historias que ocurran en estos escenarios no pueden ser narradas a otros. Esta es la circunstancia en la que se encuentran los animales no humanos. Solo mediante la integración episódico-narrativa se pueden contar historias, historias que resultan del vínculo del «acontecimiento» concreto ocurrido en un lugar y en un momento determinado, con el «significado» potencial de dicho «acontecimiento» para el sujeto. La integración episódico-narrativa es tan precisa e intensa que hace que ambos neuroconstructos parezcan uno solo. Sin técnicas experimentales precisas (como el taquistoscopio) y pacientes con daño cerebral selectivo, la separación de estas dos mentes habría resultado mucho más difícil.

El Yo de los neuroconstructos episódico y narrativo

El análisis de la información proveniente del entorno, la selección de las conductas motoras más adecuadas, y el almacenamiento de la información en los neuroconstructos episódico y narrativo siempre están referidas a un yo, al yo episódico o al yo narrativo. ¿Qué evidencias nos indican la existencia de un **yo episódico/narrativo**?

Una primera evidencia para la existencia de estos yoes la proporcionan los trastornos de personalidad. La **personalidad** es un concepto abstracto de difícil definición en el que se engloban facetas muy diversas del individuo. Esta circunstancia queda patente en las definiciones propuestas desde diferentes ámbitos. Por ejemplo, el DSM-IV la define como un «conjunto de pautas de percibir, pensar, relacionarse con el ambiente y con uno mismo, que son duraderas y que se hacen patentes en un amplio margen de contextos personales y sociales». Para Gordon Allport, la personalidad es «la organización dinámica de los sistemas psicofísicos que determina un modo específico de actuar y pensar, que es única en cada sujeto y que condiciona su proceso de adaptación al medio». Para Kotler, la personalidad es «un conjunto de características psicológicas distintivas de una persona, que conducen a respuestas a su entorno que son consistentes y relativamente permanentes». Para Eysenk es «una organización más o menos estable y duradera del carácter, el temperamento y el intelecto de una persona, que determina su adaptación única al ambiente». Para *Sigmund Freud*, personalidad es «el patrón de pensamientos, sentimientos y conducta que presenta una persona y que persiste a lo largo de toda su vida, a través de diferentes situaciones». Para la Wikipedia, la personalidad «es un constructo psicológico, que se refiere a un conjunto dinámico de características psíquicas de una persona, y a la organización interior que determina que los individuos actúen de manera diferente ante una determinada circunstancia», o «el patrón de actitudes, pensamientos, sentimientos y repertorio conductual que caracteriza a una persona, y que tiene una cierta persistencia y estabilidad a lo largo de su vida, de modo tal que las manifestaciones de ese patrón en las diferentes situaciones posee algún grado de predictibilidad». Desde todos estos puntos de vista, la personalidad integra funciones muy diversas y que son elaboradas, reelaboradas y almacenadas a lo largo de toda la vida. Se trata de funciones «potenciales» que precisan de la memoria a largo plazo. Como indican las diversas definiciones presentadas, se trata de funciones y actividades difusas de difícil delimitación, y cuya persistencia en el tiempo sitúan a la personalidad en el ámbito de los neuroconstructos episódico y narrativo. Como tal, la personalidad permanece latente y potencial, y solo se expresa cuando es actualizada en el neuroconstructo incidental del momento. Por su «contenido difuso» y su «naturaleza potencial», su estudio no es fácil, y aquí nos limitaremos a generar una comprensión intuitiva de lo que la personalidad abarca, y de sus posibles funciones. Para ello, no haremos una descripción prolija de los múltiples modelos teóricos de personalidad que han sido propuestos. Nos limitaremos a presentar las consecuencias de algunos de los trastornos de personalidad más ilustrativos o más habituales.

Se han descrito múltiples **trastornos de personalidad**, y aquí solo comentaremos alguno de ellos. En general, se trata de trastornos asociados al yo episódico o al yo narrativo, y que el paciente comenta en primera persona. Algunos pacientes refieren despersonalización. Cuando la despersonalización es leve, el paciente percibe un sentimiento vago de «irrealidad» referido a sí mismo (Me siento raro, aunque no sé porque o Todos los días me miro en el espejo para comprobar lo que he cambiado). También se pueden producir sentimientos de **desrealización**[1008-1012] (No sé quién soy), **delirios de parasitosis**[1013-1017] (Estoy infectado por un animal ajeno que recorre mi cuerpo y se oculta a los demás), o sentimientos de **escisión observador-observado** (Soy dos, el que actúa y el que lo mira). En el **delirio de licantropía**[1018-1021], el paciente siente que periódicamente se transforma en un animal. En el **delirio de Clerambault**[1022-1025], el paciente siente ser amado en secreto por alguien. En el **trastorno de personalidad múltiple**[1026-1034], el paciente actualiza varias personalidades que se alternan en el control de la conducta. Con frecuencia se trata de personalidades muy diferentes que no se presentan simultáneamente, y cuya actualización supone cambios sustanciales en la actividad del neuroconstructo incidental y en la conducta resultante. Por ejemplo, una personalidad puede ser timorata y asustadiza, evitando contactos sociales que percibe como potencialmente amenazantes. Momentos después se puede actualizar otra personalidad que hace que el sujeto se muestre desafiante hacia cualquiera con el que se encuentre. Ambas personalidades están «latentes» en su constructo episódico/narrativo, y su actualización puede cambiar en segundos la actividad del neuroconstructo incidental.

En ocasiones, el trastorno de personalidad es percibido por el paciente no como una alteración de la personalidad propia, sino como una alteración de la personalidad de otros sujetos de su entorno (paramnesias de duplicación). Por ejemplo, en el **síndrome de Capgras**[1035-1040] (ilusión de sosias), el sujeto percibe que alguien conocido ha sido sustituido por un impostor idéntico. La persona más habitualmente «sustituida» es su esposa o esposo, aunque, en ocasiones, los sustituidos son múltiples personas del entorno. Por ejemplo, se ha descrito un caso en el cual el paciente afirmaba que su esposa y sus cinco hijos habían sido reemplazados por una familia idéntica. Esta creencia persistió a pesar de las múltiples demostraciones que confirmaban que esto no era así, y que su esposa y sus hijos eran los de siempre. En el **síndrome de Fregoli**[1041,1042], el sujeto cree que una persona que él conoce bien, presenta conductas de otras personas a las que estaría imitando.

A todos estos delirios hay que añadir otros que como el **delirio de íncubo/súcubo** (El demonio es mi amante), el **delirio de huésped fantasma** (Alguien que se esconde vive oculta en mi casa) el **delirio de Dorian Gray** (Todos envejecen menos yo), los **delirios de dobles** (Tengo uno o varios gemelos —algunos con otro sexo— que aparecen cuando yo no estoy presente), o el **delirio de intermetamorfosis** (Estos dos amigos han intercambiado sus personalidades), muestran la gran diversidad de historias inverosímiles que podemos contarnos a nosotros mismos de forma convincente. No obstante, las historias delirantes no siempre resultan tan inverosímiles, y un ejemplo es el **delirio de Otelo**, que genera el convencimiento, más allá de toda duda razonable, de que la esposa o esposo es infiel.

En todas estas anomalías, el neuroconstructo de la personalidad está alterado, y la memoria a largo plazo almacena y recupera esta alteración a lo largo de la vida del paciente. Por tanto, estas anomalías del Yo serían componentes estables de los neuroconstructos episódico y narrativo, constructos que, como hemos comentado, pueden almacenar la información de todo lo acontecido a lo largo de nuestra vida. Son constructos residentes que mantienen la información «en reposo» y que no disponen de la posibilidad de actuar sobre el entorno, a menos que sean actualizados por el neuroconstructo incidental. Por ello, los mismos sujetos en unas circunstancias muestran claramente su alteración de personalidad, mientras que en otras el trastorno resulta indetectable. Estas fluctuaciones indican que no se trata de trastornos «operativos» que estarían siempre presentes, sino de trastornos «residentes» (situados en los neuroconstructos episódico y narrativo) que a cada momento pueden o no ser actualizados por el neuroconstructo incidental. No todos los trastornos de personalidad están asociados a los constructos episódico y narrativo, y en los próximos capítulos comentaremos algunos que están asociados a neuroconstructos superiores.

Como hemos visto, para la construcción de los neuroconstructos episódico y narrativo es necesaria la intervención de la memoria a largo plazo, la cual facilita el almacenamiento de los momentos vividos (también aquellos en los que se presentaron interpretaciones delirantes) para que sean reutilizados en el futuro, cuando el neuroconstructo incidental las actualice. No obstante, esta no es la única función de la memoria a largo plazo. Esta memoria también resulta esencial para la construcción de los dos constructos de los que hablaremos con posterioridad, el neuroconstructo extendido y el teleológico.

Neuroconstructo narrativo: el lenguaje natural como invento de la mente abierta

La herramienta más útil para la mente abierta es el lenguaje natural. El desarrollo de este lenguaje supuso un salto adelante de enormes consecuencias para el *Homo sapiens*. A partir de la aparición del lenguaje se hizo posible el desarrollo de la cultura, y con ella muchas de las nuevas adquisiciones del aprendizaje pudieron ser trasmitidas directamente a los descendientes. La humanidad comenzó a acumular los nuevos conocimientos en diversos soportes físicos. Ya no se trataba de información almacenada en genes, sino de información almacenada en nuevos soportes asociados a la voz y a la escritura. Sin lenguaje no conoceríamos cómo vivían y qué habilidades y destrezas tenían nuestros ancestros. Sin lenguaje no habría historia. Sin lenguaje no habría ciencia, ya que la ciencia no es otra cosa que una acumulación de observaciones y de modelos explicativos, y esta acumulación no sería posible sin lenguaje. Sin lenguaje no habría normas sociales ni leyes, y los grupos humanos no podrían estructurarse en sociedades complejas. Sin lenguaje no existirían las sociedades que han construido la historia, la ciencia y la gran diversidad del conocimiento humano.

El lenguaje natural es, básicamente, un sistema de señalización que permite asociar palabras a neuroobjetos mentales o a acciones (componente semiótico o formal del lenguaje). Al manipular el componente formal del lenguaje manipulamos también el significado asociado a los objetos y acciones señalizados (componente semántico del lenguaje), lo cual facilita la abstracción y generalización del pensamiento. Sin lenguaje, el pensamiento queda anclado a lo concreto e inmediato, una circunstancia también presente en el pensamiento de otros mamíferos. El lenguaje facilita la asociación, agrupamiento y clasificación de neurobjetos, y con ellos la abstracción. Así, los objetos de uso diario se señalan como «utensilios», y los coches, autobuses, bicicletas y naves espaciales como «medios de trasporte», y con ello procedemos a generalizar y abstraer los neuroobjetos en nuestro neuroconstructo formal. Aparece así, el **neuroobjeto abstracto**. Con el lenguaje agrupamos también nuestras acciones, con lo que «regular», «prohibir» o «apoyar» se transforman en acciones que pueden ser aplicadas a múltiples actividades en multitud de situaciones.

Con el lenguaje podemos comunicar a otros los contenidos de nuestros procesos mentales. No obstante, el lenguaje no trasmite información como tal. La comunicación verbal consiste en señalar objetos o acciones a otras mentes, de tal manera que estas puedan asociarlas a objetos parecidos o a acciones similares de las que estas ya disponían. Esta identificación permite «comprender» el significado de los recibido de otros. Desde esta perspectiva, comunicar no es «trasmitir» a otro sino, más bien, «señalar» en la mente del interlocutor algo que ya estaba. El lenguaje no trasmite la sensación de color a personas ciegas de nacimiento, solo señala aspectos sensoriales que pueden ser utilizados por el receptor para evocar sus propias sensaciones de color. Los ciegos de nacimiento pueden escuchar infinidad de comentarios acerca del color azul y, a partir de estos, extraer conclusiones que también le permitan hablar de este color. Sin embargo, si nunca han visto colores, el elemento básico de información relativo al color le resultará completamente ausente. Circunstancias similares ocurren habitualmente en múltiples aspectos de nuestra vida. No hay dos personas a las que la música evoque exactamente los mismos sentimientos. Lo mismo ocurre con otros sentidos, y con experiencias particulares como la de degustar vinos. Los expertos pueden trasmitirnos con palabras las sensaciones que perciben al degustar un vino, pero, aunque entendamos todo lo que nos dicen, nunca podremos asegurar que las sensaciones que ellos comentan y las que nosotros tenemos al paladear el mismo vino sean las mismas. Esta distancia entre los componentes semiótico (estructura) y semántico (significado) del lenguaje es máxima cuando se habla de experiencias poco habituales. Para las experiencias más inhabituales, el lenguaje puede resultar poco práctico, e incluso equívoco. Un ejemplo de esto son las experiencias místicas, experiencias muy poco habituales en la población general. En todas las culturas y religiones, los místicos siempre han referido la imposibilidad de trasmitir su experiencia mediante el lenguaje, un medio que para ellos es más proclive a la tergiversación y el engaño que a la comunicación.

La descripción de disciplinas que, como la fonética o la lingüística, se ocupan de aspectos parciales del lenguaje, resulta de una complejidad que excede los objetivos de este libro. Nos bastará con llamar la atención sobre su importancia para las actividades de la mente abierta. Para ello presentamos algunas anomalías lingüísticas que nos permitirán comentar las consecuencias que el deterioro lingüístico puede generar en distintos aspectos del neuroconstructo narrativo.

Como ya comentamos, el lenguaje natural se desarrolla siempre en dos ámbitos relacionados, el ámbito de los significantes (escenario semiológico) y el de los significados (escenario semántico). Lo habitual en el lenguaje natural, es que cada significante disponga de varios significados, y que cada significado pueda ser señalado a partir de distintos significantes. Esta dispersión significado-significante confiere imprecisión al lenguaje humano, circunstancia que no ocurre normalmente con lenguajes artificiales como las matemáticas. El lenguaje natural dispone de dos modalidades básicas, la palabra pronunciada y oída (lenguaje oral), y la palabra escrita y leída (lenguaje escrito).

La audición de la palabra es el fruto final de un complejo sistema de segmentación y decodificación de la palabra oída. El lenguaje oral viaja como ondas de presión que se propagan por el aire, desde la boca del que habla hasta el oído del que escucha. Las ondas de presión detectadas por sensores situados en el oído interno (células ciliadas) son inicialmente segregadas en sus componentes de frecuencia (descomposición espectral). Luego, cada componente espectral de la palabra se traduce a potenciales de acción que viajan por el nervio auditivo hasta llegar al tronco cerebral, desde donde la información auditiva es trasmitida hasta las diferentes cortezas auditivas, y desde ahí hasta una zona próxima conocida como *área de Wernique*. En esta área cortical, los sonidos verbales son analizados como rasgos fonatorios. Los **rasgos fonatorios** fueron creados por el emisor modulando la vibración de sus cuerdas vocales, la resonancia de su orofaringe, la articulación de la palabra (generada por interrupciones en el flujo de aire como consecuencia de movimientos de la lengua y los labios) y la prosodia (oscilaciones del tono). Los rasgos fonatorios son agrupados en **fonemas** (resultado audible de un grupo de rasgos fonatorios), que posteriormente se agrupan en **monemas** (palabras) y luego en **sintagmas** (frases). Las frases son remitidas a otras redes neuronales que se encargan de relacionar palabras con significados (frecuentemente polisémicos).

Las palabras, con sus componentes semiótico y semántico, son agrupadas en frases, siguiendo para ello las normas sintácticas de la lengua en uso. Estas frases, con sus sustantivos, adjetivos, verbos y otros componentes lingüísticos, guardan coherencia tanto semiótica (cada palabra y el conjunto de la frase han de guardar las formas esperadas) como semántica (el conjunto de la frase ha de tener al menos un significado unitario). Cuando el nivel semiótico y el semántico no resultan coherentes, lo más habitual es que el significado prevalezca, y que las formas de los significantes se modifique lo suficiente como para preservar el significado. Así, cuando oímos mal una palabra, es habitual que esta sea sustituida por otra parecida con la que se pueda construir una frase significativa. Los significantes y los significados de cada frase se agrupan luego con los de las frases anteriores, construyéndose así un texto con significado global y unitario. Este texto penetra luego en capas más profundas del pensamiento, donde será analizado y reanalizado, para buscar significados ocultos que no son evidentes cuando analizamos cada frase por separado. Un proceso similar ocurre con los textos escritos. Aquí la información alcanza distintas cortezas visuales que analizan los rasgos más elementales para construir letras (grafemas) que luego son asociadas para formar palabras (morfemas), que se agrupan en frases (sintagmas) con coherencia semiótica (sintáctica) y semántica.

Ambas rutas de acceso lingüístico (oral y escrito) terminan por agruparse en los niveles profundos de análisis del texto, contribuyendo de forma decisiva al curso de pensamiento. El pensamiento y el lenguaje se desarrollan de forma independiente durante los primeros meses de vida postnatal. Este desarrollo es inicialmente similar en humanos y chimpancés. Sin embargo, a partir de los 15-18 meses de vida, el lenguaje natural presenta un crecimiento exponencial en humanos, facilitando el desarrollo del pensamiento. Así, aunque pensamiento y lenguaje tienen un origen diferente, su integración funcional redunda en beneficio mutuo. Esta interacción entre lenguaje natural y pensamiento es uno de los elementos principales que justifican las grandes diferencias existentes entre nuestra inteligencia y la de los homínidos más cercanos.

El polo motor del lenguaje sigue una estructura similar a la de su polo sensorial, solo que con una secuencia organizativa inversa. El lenguaje surge de capas semánticas profundas vinculadas al pensamiento. Una vez establecido lo que se quiere decir (o escribir), las capas lingüísticas sucesivas (muchas de ellas en el área de Broca) se encargarán de generar estrategias para segregar el contenido global de la información que se desea trasmitir, en segmentos con significado parcial (frases). La creación de frases precisa de un agrupamiento de palabras que siga las normas formales del lenguaje en uso. En cada frase se integran palabras asociadas a objetos (sustantivos), con palabras asociadas a acciones (verbos), y entre ellas se añaden otros elementos verbales que facilitan esta integración. Finalmente, cada palabra será construida mediante la agrupación de rasgos fonológicos (fonemas) o gráficos (letras), rasgos que serán emitidos de forma sucesiva. A pesar de que hablar/escuchar y escribir/leer son procesos extremadamente complejos, una vez hemos entrenado nuestras redes neuronales para el lenguaje, estos procesos nos resultan mucho más fáciles de lo que cabría esperar.

Cualquier charla es posible gracias a la colaboración precisa de muchos millones de neuronas distribuidas por amplias zonas del cerebro, que comenzaron a ser estudiadas de forma sistemática por neurólogos y neuropsicólogos de mediado del pasado siglo (*L. Barraquer Bordas, Afasias, apraxias y agnosias,* Ed. Toray, 1978), y que, como el **ár**ea de Broca[1043-1060] y el área de Wernique[1061-1069], han concitado numerosos estudios durante los últimos cincuenta años. La simplicidad con la que hablamos o entendemos es solo aparente, ya que todo el trabajo lo hacen redes neuronales de forma automática y sin supervisión consciente. Nuestra atención solo interviene al principio y al final del discurso. Interviene para promover la elaboración inicial del discurso propio y para presentar a la consciencia el discurso ajeno que ya ha sido analizado. Sin embargo, la complejidad del proceso verbal ocurre entre estos dos momentos, y su actividad transcurre en un mundo de «automaticidades» y de forma inconsciente. Para intuir mejor estas circunstancias procederemos a continuación a comentar algunos casos clínicos que cursan con trastornos lingüísticos. No obstante, los más interesados en los trastornos del leguaje pueden consultar obras extensas al respecto como Cerebro y lenguaje, de Diéguez-Vide y Peña Casanova (Ed. Panamericana, 2012).

El trastorno del lenguaje oral se conoce de forma genérica como afasia, y el del lenguaje escrito como alexia y agrafia. Las **afasias motoras** son aquellas en las que el sujeto no estructura convenientemente su lenguaje oral. En las **afasias sensitivas** los sujetos presentan una emisión normal del lenguaje oral, pero, a pesar de disponer de una audición normal, no son capaces de decodificar el lenguaje oído. En las **alexias**[1070-1073], la facultad de leer está alterada, mientras que en las **agrafias**[1074-1078] existen problemas para organizar el lenguaje escrito, a pesar de que los sistemas neurológicos que organizan los movimientos de la mano y el brazo son normales. Las lesiones del **área de Wernicke** generan una alteración compleja del lenguaje que afecta principalmente a la comprensión lingüística (afasia sensitiva). Las lesiones en el área de Broca generan principalmente alteración en la emisión de la palabra (afasia motora). Las lesiones de las vías que conectan ambas regiones corticales producen una desconexión entre lo que se entiende y se quiere decir y lo que realmente se dice (afasias de conducción).

La base neuronal de los trastornos lingüísticos es compleja, ya que la función verbal está distribuida por múltiples regiones, que van más allá de las áreas de Broca y Wernicke. Además, su distribución por la corteza cerebral es diferente en cada sujeto y puede modificarse cuando se aprenden lenguas nuevas. No obstante, algunas lesiones pequeñas pueden generar trastornos específicos que resultan ilustrativos. Por ejemplo, las lesiones focales de áreas vinculadas al polo emisor de la palabra pueden generar trastornos en la articulación y emisión de la palabra en las que se sustituyen unos fonemas por otros (inestabilidad fónica de Sabouraud), se deteriora la acentuación de las palabras (disprosodia de Monrad-Krohn) o aparece una tendencia irrefrenable a repetir las mismas palabras (estereotipia verbal). Como ejemplo de esta última afasia recuerdo a un paciente que, independientemente de lo que en cada ocasión quería decir, siempre decía lo mismo. A cualquier pregunta siempre respondía con frases compuestas por «To», frases como «Toto tototo to tototototo toto». Las frases mantenían una entonación normal, y el paciente no era consciente de que solo decía «to», con lo cual al terminar su frase creía que nos había contestado.

Otro trastorno es el **agramatismo**[1079-1081], en el cual hay una alteración de la gramática que asemeja el discurso del paciente al de los indios en las antiguas películas de vaqueros (Yo estar bien hoy y querer ir a casa). En las **anomias**[1082-1085], se produce una dificultad específica para encontrar el nombre de algunos objetos, un trastorno que puede ser muy selectivo. Este es el caso de la **anomia tactoverbal**, que impide que el sujeto pueda nombrar el objeto que ha explorado mediante el tacto, aunque lo reconozca y pueda usarlo correctamente. No obstante, si el objeto se presenta visualmente si podrá nombrarlo sin dificultad. En las **parafasias fonémicas**[1086-1089] se sustituyen unos fonemas por otros (ej. «persona» por «percona»). En las **parafasias monémicas**[1090] se sustituyen unas palabras por otras. En las **parafasias monémicas morfológicas**, las nuevas palabras sustitutas tienen formas similares a las de las palabras sustituidas (por ejemplo, se usa «bula» en lugar de «bola»). En las **parafasias monémicas semánticas**, la palabra sustituta y la sustituida están asociadas por su significado (por ejemplo, se usa «manzana» en lugar de «pera»). En ocasiones, aparece la **intoxicación por la palabra**, y el paciente siempre repite la misma palabra (ej. «queso»).

En ocasiones, las palabras sustitutas no guardan relación con las palabras sustituidas. Este sería el caso de los **neologismos**[1091], mediante los cuales el paciente usa una palabra inventada como si fuera una palabra de uso habitual.

En las **disintaxias**[1092,1093] se producen cambios en algunas reglas sintácticas específicas (ej. mi hijo está *con la cama* en lugar de *en la cama*). A veces encontramos muchas de estas alteraciones juntas (parafasias fonémicas + monémicas + neologismos +...), en cuyo caso el lenguaje resulta poco inteligible (jergafasia). Un caso extremo sería la **jergafasia disemántica de Alajouanine**, en la cual los planos semiológicos y semánticos están completamente desconectados, y lo que se dice no guarda ninguna relación con lo que se quiere decir. Trastornos parecidos pueden observarse en el caso de la escritura (disgrafias)[1078,1094,1095]. Así podemos encontrarnos **disortografías** por adición, sustitución o desplazamiento de letras, **paragrafías** verbales por sustitución de morfemas, **jerga grafías** con múltiples para grafías que hacen ilegible el texto, etc.

El polo sensorial del lenguaje parece disponer de una estructura jerárquica similar a la del polo motor, cuya lesión produce **afasias sensoriales**[1096-1103] tan diversas como la **afasia sensorial infragnósica** (se entienden las palabras solo cuando estas son emitidas en un tono particular), las **afasias sensoriales agnósicas** (las palabras se oyen como ruido y no como sonidos asociados al lenguaje), las **anomias táctil, visual o auditivas** (no se asocia el objeto visto, pronunciado o tocado a la palabra correspondiente), la **afasia nominal** (no se puede asociar una palabra oída al concepto que le corresponde), o la **parafasia semántica** (se produce una expansión semántica de los significados de los vocablos). Alteraciones similares pueden ocurrir en el polo sensorial del lenguaje escrito. Estos son solo algunos de los trastornos del lenguaje que pueden aparecer tras la lesión de la corteza cerebral. Hay muchos más, y su estudio y tratamiento es el objeto central de disciplinas como la neuropsicología y la logoterapia.

La selectividad y especificidad de los trastornos del habla y la escritura, nos indica lo estructurado que está el lenguaje natural en nuestro cerebro. Este orden y estructura resulta sorprendente para una función que no está en los genes, y que se adquiere por influencia cultural. El lenguaje se instala en la corteza cerebral de forma progresiva, con el desarrollo individual y con la instrucción sistemática de áreas corticales que disponen de una gran plasticidad. En los sujetos diestros, la mayor parte del lenguaje se implementa en la corteza cerebral izquierda, mientras que en los zurdos suele repartirse entre ambas hemicortezas. En las mujeres suele estar más bilateralizado que en los hombres, en los que con más frecuencia lo encontramos en el hemisferio izquierdo. En cualquier caso, su distribución cerebral cambia de unos sujetos a otros, y un ejemplo dramático de estas diferencias nos lo ofrecen los estudios de *Romanovich Luria* con pacientes que sufrieron lesiones de bala durante la segunda guerra mundial (*A. R. Luria*, 1944, *Cerebro y lenguaje*, Ed. Fontanella). Lesiones producidas por balas que habían seguido las mismas trayectorias en el cerebro, podían producir afasias completamente diferentes en los distintos sujetos. Por el contrario, trayectorias de bala muy distintas podían producir afasias muy similares. La conclusión de este insigne neuropsicólogo ruso fue que cada cerebro dispone su lenguaje de diferente manera, una disposición que puede cambiar con el aprendizaje y en respuesta al daño cerebral. Los cambios más espectaculares se producen en niños que, tras haber adquirido el lenguaje lo pierden como consecuencia de un daño masivo en el hemisferio izquierdo. Cuando la lesión se produce antes de los 7 años, estos niños pueden recuperar completamente sus funciones lingüísticas, solo que ahora el lenguaje estará implementado en el hemisferio derecho.

El lenguaje natural ha sido, sin duda, una herramienta central para el desarrollo de la humanidad. Con el lenguaje surge la historia, la cultura, la ley, la ciencia y otras muchas actividades que han permitido al hombre generar la actividad social necesaria para el desarrollo epigenético de nuestra especie. No obstante, su origen permanece aun escasamente conocido y los estudiosos de la lingüística histórica no alcanzan un consenso al respecto. Existen entre 4000 y 6500 lenguas en el mundo, lenguas que no están distribuidas uniformemente por el planeta. El 30 % de las lenguas están en África y Asia, el 18 % en Oceanía, 15 % en América y solo un 3 % en Europa. Hay dos hipótesis principales en relación con el origen del lenguaje natural. Para unos, las distintas lenguas habrían surgido en paralelo en múltiples lugares del mundo, mientras que, para otros, todas las lenguas derivan de una lengua inicial. Mediante la comparación de lenguas y la reconstrucción de los antecedentes lingüísticos de cada lengua, la lingüística comparativa ha agrupado el conjunto de lenguas conocidas en unos pocos centenares de familias lingüísticas, de las cuales unas pocas decenas agruparían a la mayor parte de las lenguas más utilizadas. Algunos lingüistas sugieren que, incluso estos grupos de lenguas podrían derivar de una única lengua ancestral o protolengua[1104-1107].

Las primeras palabras pudieron ser «ruidos» similares a los que emiten los chimpancés para comunicarse. En la lengua castellana se han identificado unos 30 ruidos con capacidad para trasmitir un mensaje específico, y una parte de estos ruidos pueden ser entendidos por individuos de otras lenguas. Es posible que el primer idioma estuviera compuesto solo por «ruidos particulares», y no dispusiera de estructura gramatical. Esta circunstancia se produce en las primeras palabras de los niños pequeños, en niños mayores que no aprendieron a hablar, y en algunas lenguas primitivas como el **pidgin**[1108]. El pidgin es una lengua simplificada que ha surgido a lo largo de la historia en situaciones coloniales, así como para el comercio entre individuos de comunidades que no disponen de la misma lengua. Si utilizamos el inicio del lenguaje humano en niños como modelo del inicio del lenguaje en la historia, las primeras palabras debieron estar compuestas por los fonemas más fáciles para ser articulados por la faringe humana (ej. /p/ - /a/) agrupados para formar palabras simples (ej. papa), que señalan a objetos reales. Las primeras gramáticas también debieron ser simples, agrupando solo dos palabras. Es posible que una de estas palabras fuera un sustantivo (ej. carro) y la otra representara una acción (ej. empujar), y que en las primeras frases simplemente se asociaran ambas palabras (empujar carro). Los verbos y los nombres parecen estar situados en regiones diferentes de la corteza cerebral, los verbos en el área de Broca y los sustantivos en el lóbulo temporal.

Se ha sugerido que el desarrollo del lenguaje humano fue posible gracias al incremento del volumen del lóbulo temporal, un incremento que se produjo en el *Homo sapiens* hace unos 200 000 – 300 000 años. También se ha postulado la existencia de una gramática universal para la cual el hombre tendría una capacidad innata[1109,1110]. Todos los idiomas humanos parecen disponer de una «estructura profunda común», que subsiste a pesar de las evidentes diferencias superficiales que existen entre ellos. Estas diferencias podrían estar generadas por la educación, siendo trasmitidas de padres a hijos como especificidades lingüísticas. En la deriva lingüística generada a partir de la protolengua, se podrían haber conservado algunas palabras que aún suenan de forma parecida en las distintas lenguas (palabras fósiles)[1111,1112]. No obstante, el origen del lenguaje humano también podría haberse producido en algunas de las especies que nos precedieron. Los estudios anatómicos sugieren que los neandertales disponían de una estructura orofaríngea que les habría permitido articular palabras, si bien podrían tener ciertas dificultades para pronunciar algunas vocales como la «e» y la «o»[1113]. Se ha descrito la existencia de un gen autosómico dominante (FOXP2)[1114-1118] cuya mutación genera, en humanos, alteraciones lingüísticas que incluyen problemas de pronunciación y problemas gramaticales. Este gen ya estaba presente en los neandertales, y no se puede descartar que el lenguaje natural, que normalmente consideramos «propio», ya se hubiera iniciado en homínidos anteriores al *Homo sapiens*.

El gen FOXP2 ya está en ratones, donde su desactivación *knockout* genera una reducción de vocalizaciones, y donde el implante del FOXP2 humano también modifica la vocalización natural de los roedores. El gen FOXP2 se conserva notablemente hasta el chimpancé y el gorila, en los cuales solo se traduce en la modificación de 1 de los 715 aminoácidos que componen la proteína producto del gen. Desde estos animales al hombre, el gen FOXP2 volvió a evolucionar, solo que ahora el cambio hace referencia a dos aminoácidos. Algunos autores sugieren que este cambio se produjo hace unos 10 000-100 000 años y fue determinante para el desarrollo del lenguaje natural en el *Homo sapiens*. La proteína FOXP2 se expresa de forma más marcada en la capa VI de la corteza cerebral, y su expresión podría estar asociada a una mayor proliferación de las neuronas de la corteza. En los pájaros cantores, el FOXP2 regula la expresión de otros genes implicados en la plasticidad, y es posible que una acción similar en humanos pudiera facilitar la aparición de nuevas redes neuronales que, al no disponer de funciones específicas, estarían en disposición de implementar nuevas funciones. Una de estas funciones sería nuestro lenguaje natural. Los más interesados en el origen del lenguaje humano pueden consultar *En busca del origen del lenguaje* (Sverker Johansson, 2021, Ed. Ariel).

De lo comentado en este apartado, concluimos que el desarrollo del lenguaje natural, que está en la base del neuroconstructo episódico, debió ser uno de los elementos clave para el desarrollo de la mente abierta. El lenguaje natural permite nuevas programaciones de la conducta, y con ellas la aparición de capacidades mentales muy poco desarrolladas o inexistentes en homínidos previos al *Homo sapiens*. El lenguaje promueve el pensamiento, y este devuelve el efecto promoviendo el desarrollo cultural de las lenguas. Además, el lenguaje promueve la comunicación humana, y con ella la aparición de sociedades cada vez más amplias y complejas. El lenguaje también permite almacenar los nuevos conocimientos, y trasmitirlos a las siguientes generaciones. Este desarrollo cultural promueve el desarrollo del lenguaje y de las estructuras sociales. Todos estos factores se desarrollaron conjuntamente, generando la humanidad en los últimos 50 000 años.

Neuroconstructo formal: lógica, números y matemáticas como penúltimo invento de la mente abierta

La lógica formal, los números y las matemáticas son casi completamente genuinas del ser humano. Aunque no podemos afirmar su inexistencia completa en otros animales, su desarrollo sólido y amplio solo se ha producido en el ser humano. Como se comentará, algunos animales son capaces de trabajar con números pequeños y de hacer ciertas operaciones lógicas. Sin embargo, estas conductas son muy limitadas y sus consecuencias para la supervivencia serán mínimas. Mamíferos como el ratón, el delfín o el chimpancé presentan cierto sentido numérico que les permiten identificar cantidades de hasta cuatro elementos. Los números 5, 6 o mayores forman parte del grupo «muchos», y no pueden ser distinguidos unos de otros. Por supuesto, los animales no saben sumar, restar o multiplicar. Hay ejemplos espectaculares de animales que aparentemente lo hacían, como el famoso caballo de *Hans*, que parecía capaz de sumar en público cualquier par de números. Para determinar si el caballo conocía la respuesta correcta al cálculo propuesto, el cuidador pronunciaba números crecientes en voz alta, y el caballo tenía que golpear el suelo con su pata derecha, cuando este pronunciaba el número correcto. Luego se pudo constatar que quienes sumaban eran los espectadores, y que el caballo solo detectaba el resultado correcto a partir de la reacción de los espectadores.

El sentido numérico parece ser congénito en el ser humano, y los bebés de 4 meses ya distinguen estímulos en función de su número e independientemente de que estos sean visuales, auditivos o de otra naturaleza. Se trata de números pequeños y nunca mayores de 4. Esta capacidad fue identificada al notar que un conjunto de objetos, mostrados de forma repetida al bebé, dejan de atraer su atención, y que basta con cambiar el número de objetos del conjunto, para que el bebé vuelva a interesarse por ellos. El sistema numérico verbal (asociado a palabras) se desarrolla entre los 2 y 6 años, y una alteración en el desarrollo del lenguaje natural puede suponer luego un retraso de la habilidad para contar, y de la capacidad para almacenar hechos numéricos y aritméticos (ej. para aprender la tabla de multiplicar). La habilidad para asociar un número a la cantidad de objetos presentes en un grupo se adquiere a partir de los 2,5 años. La cardinalidad (contar para saber el número de elementos de un conjunto) se adquiere a partir de los 3-4 años. Luego aprender a sumar, restar, etc., ya depende de la escolarización, y es un proceso que difícilmente se adquiere si no es por «transferencia cultural de habilidades». La cultura fomentada por el lenguaje natural permite que las habilidades matemáticas adquiridas por cualquier ser humano, puedan ser almacenadas y trasmitidas a toda la descendencia. El resultado final de esta trasmisión cultural es el inmenso legado lógico-matemático que hoy tenemos a nuestra disposición.

Las habilidades matemáticas adquiridas durante el largo proceso educativo no se sitúan en cualquier lugar del cerebro. Se han descrito zonas de la corteza cerebral que son particularmente relevantes para el cálculo numérico y las matemáticas. Entre ellas destaca el **surco intraparietal**. Este surco de la corteza parietal posterior se activa en presencia de magnitudes, una activación que no depende del formato en el que se presenten estas magnitudes (número de puntos, número de sonidos, duración de sonidos, velocidad de objetos en movimiento, etc.). Este surco se activa tanto cuando se realizan contajes exactos como estimaciones aproximadas. Tareas numéricas complejas como la adición o la multiplicación también activan el surco intraparietal, aunque basta la mera presentación de un número de objetos agrupados para que esta zona se active. Por supuesto, esta no es la única región del cerebro relacionada con actividades numérico-matemáticas. Otras regiones implicadas son la **circunvolución angular del lóbulo parietal** (asociada a la comprensión y expresión de números en formato verbal), la **corteza prefrontal** (implicada en la planificación de sucesiones de cálculos complejos y en la supervisión de los resultados), la **ínsula anterior izquierda**, la **corteza cerebelosa**, el **núcleo caudado**, etc. Es probable que nuestras habilidades aritméticas y matemáticas utilicen una gran red cerebral, en la que estarían implicadas tanto estructuras de la corteza frontal, parietal y temporal como estructuras subcorticales, incluyendo los ganglios basales.

Todas estas áreas participan de nuestras habilidades matemáticas, pero su implicación no parece estar determinada completamente por los genes. Nuestras habilidades matemáticas precisan de un sustrato genético, un sustrato que podríamos haber heredado de otros mamíferos, cuyo surco intraparietal también está asociado a ciertas capacidades numéricas básicas. Sin embargo, el desarrollo matemático de nuestro cerebro está causado principalmente por la instrucción cultural, siendo así uno de los frutos más evidentes de nuestra mente abierta. Hasta hace pocos años, solo las clases altas y algunos allegados disponían de habilidades matemáticas básicas. La generalización de la instrucción permite que hoy estas habilidades lleguen a todas las capas de la población. Las habilidades matemáticas son un ejemplo característico de cómo la mente abierta inaugura un nuevo estadio evolutivo, un estadio en el cual algunas funciones mentales son más dependientes del entorno que de los propios genes.

De lo expuesto se deriva que el sustrato neural de la mente matemática es complejo y poco conocido. Las acalculias generadas por algunas lesiones cerebrales, y las hipercalculias presentes en algunos sujetos, nos ofrecen ejemplos de esta complejidad y nos permiten intuir la profundidad cognitiva de nuestras habilidades matemáticas. La **acalculia**[1119-1121] es una alteración de las habilidades para el cálculo matemático, una alteración que suele ser la consecuencia de lesiones cerebrales. Las habilidades para el cálculo raramente se pierden por completo, por lo que algunos prefieren usar el término *discalculia*. Las acalculias se han clasificado en tres modalidades, la alexia/agrafia numérica, la acalculia espacial y la anaritmetia. La **alexia/agrafia numérica** puede implicar distintos trastornos, incluyendo la incapacidad para leer o escribir dígitos individuales, la incapacidad para leer o escribir cifras de varios dígitos (asignando a cada uno la posición que le corresponde), y la incapacidad para leer, escribir o comprender signos aritméticos (+, -, x, /, Σ...), sin que se haya alterado la capacidad para leer o escribir dígitos o cifras. La **acalculia espacial**[1122,1123] se produce por la alineación incorrecta de los números que integran una cifra, aunque los cálculos simples que son presentados verbalmente se mantienen intactos. En la **anaritmetia**[1124,1125], los pacientes presentan déficits selectivos para algunas operaciones matemáticas (ej. suma y resta), conservando las otras (ej. multiplicación y división). En otras ocasiones, se trata de déficits más ejecutivos, con dificultad para planificar y ejecutar toda la secuencia de tareas que hay que engarzar para realizar cualquier cálculo (acalculias disejecutivas).

Las **hipercalculias**[1126,1127] también nos informan de la naturaleza de nuestra mente abierta. Las hipercalculias pueden aparecer en el **síndrome de Asperger**[1128-1130], actualmente incluido en los denominados *trastornos del espectro autista*. Algunas personas con este síndrome disponen de habilidades extraordinarias para tareas abstractas específicas, incluyendo el cálculo matemático. La mente abierta de estas personas podría ser considerada como una «mente científica radical». Cuando escucha una palabra polisémica (con múltiples significados) no llega a estimar el significado de la frase que la contiene, a menos que se especifique cuál de los significados de la palabra polisémica está siendo usado. Por ejemplo, al escuchar la frase «Esto no tenía sentido», el sujeto con Asperger podría preguntar: ¿a qué se refiere la palabra *sentido*?, ¿se refiere a sentido común o a dirección de desplazamiento? Los sobreentendidos no existen en el Asperger, y si no se especifica el significado de cada palabra el lenguaje les resulta ininteligible. Cuando les preguntan: ¿dónde vives?, no saben bien qué contestar, porque podrían estarles preguntando por el país, la comunidad autónoma, la ciudad, la calle, la casa o por su habitación. Estas personas prefieren conversaciones que progresen de forma lógica, conversaciones en las que habitualmente solo participan si ellos mismos disponen de información útil para el curso de la conversación. Generalmente no participan en las conversaciones inespecíficas en las que se salta de un tema a otro sin orden ni lógica evidente, o sea, en la mayor parte de las conversaciones. Por contra, disponen de una habilidad extraordinaria para analizar patrones, identificar repeticiones ocultas en secuencias de datos y para sistematizar la información. La capacidad de los Asperger para identificar patrones en imágenes, sonidos, textos, etc., está generalmente muy por encima de la que presenta el resto de la población. La ciencia se dedica fundamentalmente a identificar patrones en series de datos, patrones que luego son sistematizados y utilizados para hacer modelos teóricos que, finalmente, serán contrastados con nuevos datos. Las personas con Asperger resultan hipersistematizadoras, con lo que están en la mejor disposición para identificar patrones que pasarían desapercibidos a otros observadores. Les interesa fundamentalmente lo sistemático, ya que lo que se repite es la «verdad», «lo sustancial», mientras que el resto es ruido. Además, los hechos o son verdaderos o falsos, y no hay condiciones intermedias.

Algunos sujetos con Asperger desarrollan habilidades profesionales geniales. En realidad, muchos de los científicos y artistas más geniales (Newton, Turin...) probablemente fueron Asperger, y algunos opinan que sin ellos el desarrollo cultural de la mente abierta, y particularmente de los aspectos relacionados con los constructos formales, habría sido mucho más lento. Algunos autistas desarrollan habilidades extraordinarias para aspectos matemáticos específicos como el cálculo. *Jedediah Buxton*, por ejemplo, era capaz de calcular mentalmente potencias como 2^{139}. *Gearge Parker Bidder* podía calcular el logaritmo de cualquier número hasta la séptima cifra decimal. Muchos de estos cálculos se realizan de forma automática e inconsciente, y sin que el sujeto pueda explicar, de una forma razonada, el proceso de cálculo que ha seguido. Tras la presentación del problema, la respuesta aparece súbitamente en la mente del sujeto, el cual simplemente la lee y la expresa a los demás. Con otras tareas no matemáticas, nuestra mente es capaz de hacer algo parecido para nosotros. Por ejemplo, nuestra capacidad para analizar imágenes es absolutamente prodigiosa. Identificamos fondo-forma, distancia, profundidad, color, velocidad, etc., sin aparente esfuerzo. Es una actividad que el mejor de los ordenadores actuales es incapaz de hacer en los plazos temporales en los que lo hace nuestro cerebro. También aquí se trata de un proceso inconsciente o subliminal que, como lo que ocurre con los cálculos de las cifras en los sujetos con hipercalculia, se presenta a la consciencia una vez que todo el proceso de cómputo ya está resuelto.

Neuroconstructos episódico, narrativo y formal: a modo de resumen

Hasta aquí hemos presentado las principales características y habilidades de los neuroconstructos episódico, narrativo y formal. Algunas de estas habilidades ya están presentes en los animales superiores, si bien en grado muy inferior al del ser humano. Para estos animales, los neuroconstructos episódico, narrativo y formal no parecen jugar un papel primordial en la adaptación al medio, o en la supervivencia individual o de la especie. Como ya comentamos con anterioridad, algunos animales pueden desarrollar útiles y herramientas, pero solo para alcanzar objetivos muy limitados (ej. sacar hormigas del hormiguero con un palito). Algunos chimpancés sometidos a un entrenamiento intensivo, pueden confeccionar pequeñas «frases» para expresar intenciones o deseos a su cuidador. Esta actividad muy raramente la usarán con otros chimpancés entrenados, y nunca podrán trasmitirlas a su descendencia.

Nuestra mente abierta supuso una transformación radical de esta situación. Lo que en los animales más cercanos eran acciones ocasionales e intrascendentes, en nuestro caso, son el medio más efectivo de nuestra mente abierta, el medio con el que el *Homo sapiens* conquista todos los ecosistemas del planeta, y el medio con el que ahora nos aprestamos a salir de este planeta para buscar nuevos asentamientos. Antes de pasar a los siguientes neuroconstructos queremos recordar, y recalcar, que tanto el episódico como el narrativo y el formal son constructos potenciales. Si no los reclama el neuroconstructo incidental no se actualizan, y ocurre como si no estuvieran. Son constructos «almacén», pero un almacén muy especial en el cual el material almacenado (la información) está en un soporte relacional que permite una masiva asociación con otros materiales cercanos por «su forma, su significado o su historia». Además, es un soporte que se encuentra inmerso en una continua remodelación, y que cada vez que se actualiza cambia y se remodela.

A pesar de las características tan genuinamente humanas de nuestros constructos episódico, narrativo y formal, estos no son los constructos de mayor rango en el *Homo sapiens*. A continuación, describiremos dos nuevos constructos sin los cuales no se nos consideraría genuinamente humanos, el neuroconstructo extendido y el teleológico.

Capítulo 26
Mente abierta y
neuroconstructo extendido

El **neuroconstructo extendido** se elabora con todas las historias, incluyendo no solo las propias sino además las observadas, las contadas por otros y las leídas. Este constructo se confecciona también de forma egocentrada, aunque ahora el yo no media entre el individuo y el medio ambiente, sino entre el individuo y su grupo (yo extendido). Al contrario de lo que ocurrirá con el neuroconstructo teleológico que, como se comentará, está orientado hacia el futuro, el neuroconstructo extendido se elabora a partir de los eventos individuales y sociales ya ocurridos, eventos que adquieren el estatus de «causa» de los acontecimientos actuales. Se trata también de un **constructo residente** que solo puede generar acciones cuando es actualizado desde el neuroconstructo incidental (Fig. 26.1).

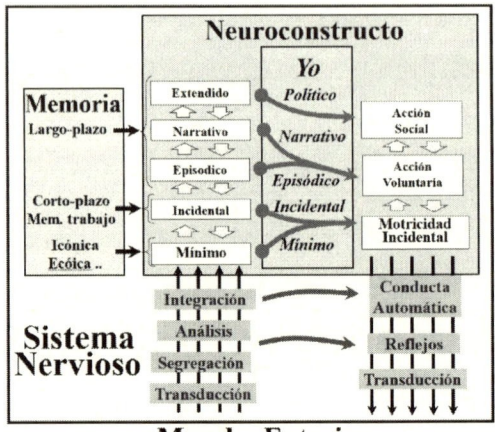

Fig 26.1. Neuroconstructo Percepción extendido

Neuroconstructo extendido y lóbulo prefrontal

La localización cerebral del neuroconstructo extendido implica a áreas muy diversas de la corteza cerebral. No obstante, las cortezas prefrontales, incluida el área 10 de Brodmann, parecen jugar un papel central en la elaboración del neuroconstructo extendido. En relación con las cortezas de los monos Pan, las cortezas prefrontales crecen masivamente en el cerebro humano, hasta alcanzar los 30 cm³ en el caso del área 10 de Brodmann. Son también las regiones corticales con desarrollo ontogénico más tardío. El área 10 solo adquiere una configuración macroscópica estable en la adolescencia. Como también ocurre en otras áreas, las cortezas prefrontales presentan una reconfiguración celular continua durante toda la vida. Estas áreas de la corteza intervienen en la elaboración de algunas de las funciones que podríamos reconocer como las más «humanas».

Muchas de las funciones integradas en el neuroconstructo extendido están contempladas en la denominada *teoría de la mente*. Son las funciones que facilitan nuestras interacciones sociales dentro de la familia, el grupo de amigos, los grupos de trabajo, la comunidad sociopolítica y, en definitiva, el conjunto de la sociedad y de la humanidad. Entre estas funciones, las más estudiadas son las implicadas en la interacción dentro del grupo social más próximo. Algunas de estas funciones están representadas en la figura 26.2, en la que a cada zona del **lóbulo prefrontal** se le atribuye una función concreta[1131-1139]. Como se resume en esta figura, la *corteza prefrontal anterior-medial* se encarga de identificar al propio individuo, y diferenciarlo de otros individuos presentes (yo extendido), reconocer los atributos y preferencias de este yo, y monitorizar su estado emocional actual. Además, estimará el estado mental de otras personas presentes y sus posibles intenciones, hará predicciones sobre las posibles conductas de los demás, y estimará la causa de estas conductas (atribución). Todo ello se realiza tras el análisis de las interacciones propias con el grupo, y de las interacciones entre los distintos individuos del grupo. La **corteza prefrontal ventral-medial** se encarga de estimar las expectativas de éxito, estimar las consecuencias futuras de las conductas en función de los premios y castigos previamente asociados a situaciones similares, estimar la probabilidad de alcanzar estos premios y estimar el costo/beneficio de las diferentes opciones posibles.

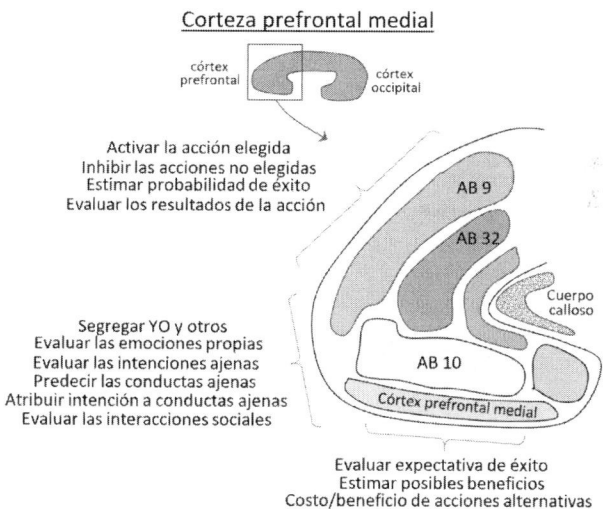

Fig. 26.2 Funciones prefrontales

Todas estas cortezas prefrontales mediales participan en la construcción del yo extendido. A partir de este yo se realizan dos tareas complementarias. Por un lado, se identifican metas posibles que este yo puede alcanzar en el futuro, y se evalúa el interés de alcanzar estas metas en función del coste que supone (esfuerzo, riesgo, etc.) y de las consecuencias que pueden generar (premio y castigo). Por otro lado, estiman las intenciones de otros individuos del entorno, monitorizan sus acciones en función de estas intenciones y, finalmente, pronostican la conducta de estos individuos en el grupo.

Aunque algunas de estas funciones no son específicas del ser humano, si parecen estar mucho más desarrolladas en este. Con anterioridad comentamos como, en los animales, los estímulos clave activan mecanismos desencadenadores innatos, que generan patrones fijos de conducta, que facilitan la interacción entre los individuos del grupo. Estos patrones también existen en humanos, si bien muchas de las conductas que facilitan la comunicación y la interacción humana son aprendidas. Junto con los patrones motores característicos de especie, el hombre presenta acciones motoras características de la cultura en la que vive. Algunas especies animales también pueden adquirir por aprendizaje patrones conductuales para la comunicación (ej. el canto de algunos pájaros), pero siempre se trata de una pequeña porción de su actividad interactiva.

En el ser humano, la comunicación dentro del grupo es un elemento esencial para la adaptación y la supervivencia. Es probable que su habilidad comunicativa y su disposición a interactuar dentro del grupo hayan sido determinantes para la supervivencia de nuestra especie en condiciones geoclimáticas, que determinaron la extinción de otras especies de homínidos. Otras especies próximas, como los neandertales, pudieron no disponer de estas habilidades en la misma medida. Los neandertales vivían en grupos familiares de no más de 20-25 miembros, grupos tan pequeños que no podían competir con grupos de *Homo sapiens,* frecuentemente integrados por cientos de individuos. Así, el *Homo sapiens* terminaría controlando los recursos y los parajes más benignos para la supervivencia, desplazando a las otras especies a zonas menos privilegiadas, donde pudieron extinguirse.

Por tanto, las habilidades sociales del ser humano pudieron ser una de las claves principales para la «selección» del *Homo sapiens,* de entre todos los grupos de homínidos. Somos conscientes de que las habilidades sociales resultan claves para la obtención del éxito en nuestras sociedades. Lo que habitualmente se considera éxito es una condición que nos «atribuyen» los demás, y para alcanzarlo generalmente hay que realizar las acciones que otros miembros de la sociedad valoran y, además, «saber venderlas». Sin habilidades sociales, el éxito resulta mucho más difícil. Todos conocemos ejemplos de personas creativas que no consiguen el éxito durante su vida, a pesar de que su actividad tenía una indudable utilidad para la ciencia o la cultura. En estos casos, el éxito ha de esperar al cambio generacional, momento en el que los resultados son más determinantes, y su «venta» social resulta más secundaria. También conocemos personas que, a pesar de no disponer de habilidades profesionales especiales, alcanzan el éxito gracias a sus habilidades sociales. Con frecuencia se trata de personas con capacidad para, por un lado, convencer a otros para que les cedan el resultado de su trabajo (por ejemplo, trabajando para ellos) y, por otro, para convencer a la sociedad de que lo mostrado es en realidad el resultado de su trabajo. Muchos son individuos que perciben las virtudes y defectos de los otros, y que utilizan esta información para «manipular» la dinámica del grupo en interés propio. Estas habilidades sociales resultan con frecuencia decisivas para el éxito, ya que, como decíamos, el éxito lo atribuye el grupo. La formación de esferas de influencia generadas por los «vendedores de productos» resulta útil para la dinámica grupal, ya que facilita la organización operativa de los grupos, haciéndolos más competitivos. Sin embargo, cuando las «habilidades sociales» resultan dominantes en detrimento de las «habilidades profesionales», los grupos terminan por ser improductivos. Si solo se premia con el éxito al «vendedor de productos sociales», nadie, o solo los altruistas irrecuperables, se esforzará en el desarrollo de «productos reales».

En el caso de los políticos, los productos generados por las habilidades sociales podrían ser considerados como productos reales más que como productos sociales. El objetivo de esta actividad es, o debería ser, facilitar una dinámica social que redunde en beneficio de todos. El cerebro dispone de mecanismos que facilitan la actividad política, mecanismos que también participan en la elaboración del neuroconstructo extendido. Entre estos se encuentran los mecanismos para la atribución de **autoría social**, autoría de conductas individuales que repercuten en el grupo. Se han identificado distintas áreas cerebrales que modifican su actividad cuando los sujetos realizan acciones con repercusión social, y algunas de ellas se han vinculado a la determinación de autoría social. Por ejemplo, el **estriado dorsal**[1140,1141] se activa cuando las acciones sociales se acompañan de una atribución de autoría social autocomplaciente (ej. este país está superando la crisis económica gracias a que se han seguido mis recomendaciones). Otras áreas, como el **córtex orbitofrontal lateral izquierdo** y el **girus temporal derecho**, se activan cuando las acciones sociales se acompañan de una atribución autodisplicente (ej. he fracasado, no he podido resolver el problema del hambre en el mundo).

Neuroconstructo extendido y lesiones cerebrales

Algunas alteraciones de las habilidades sociales permiten ampliar nuestra perspectiva sobre las funciones del neuroconstructo extendido. Dado que el lóbulo prefrontal es el más relevante para el constructo extendido, son las lesiones de este lóbulo las que con más frecuencia alteran la elaboración de este neuroconstructo. A continuación, comentaremos algunas de ellas aclarando, no obstante, que este lóbulo también será esencial para el neuroconstructo teleológico del que hablaremos luego. Por lo tanto, solo presentaremos ahora algunas de las consecuencias clínicas de la lesión del lóbulo prefrontal, las que tienen que ver con el constructo extendido.

De entre las distintas regiones de la corteza prefrontal, las lesiones que más frecuentemente alteran el constructo extendido son las que afectan a sus zonas más mediales y ventrales (síndrome orbitario). Los pacientes con estas lesiones presentan dificultades para cooperar con otros, y los actos que antes resultaban socialmente gratificantes dejan de serlo tras la lesión[1142-1148]. También presentan dificultades para reconocer a la autoridad, lo cual, como todos sabemos, suele seguirse de consecuencias no muy agradables. Cuando ya no se observan las normas sociales básicas, los amigos comienzan a escasear. Estos pacientes pierden las habilidades necesarias para entender a los otros y, ante cualquier conflicto social, presentan claras dificultades para la negociación. Ya no saben interpretar los gestos, el significado de la entonación de la palabra hablada, las expresiones faciales y las otras «señales» sociales. La persistencia en la ejecución de conductas socialmente inapropiadas, esta frecuentemente asociada a una incapacidad para reconocer expresiones negativas en los demás (ej. enfado). Podría decirse que estos pacientes son incapaces de imaginar lo que los otros piensan, esperan, opinan o sienten, habilidades que en el ser humano se desarrollan a partir de los cuatro años. Su capacidad de empatía se ha empobrecido notablemente. Desaparece la autocrítica, especialmente en lo relativo a la interacción social. Conductas que antes consideraría inmorales son ahora ejecutadas sin generar sentimiento de culpa.

Por tanto, estas lesiones se acompañan de una modificación global de la personalidad. Los pacientes se hacen menos abiertos y amables, y más deprimidos. Sienten un empobrecimiento en su relación con el mundo, y a esto se añade una sensación de incompetencia y de pérdida de la autoestima. Se hacen egocéntricos, impacientes con los otros, irritables y poco flexibles en el trato con los demás. Se muestran abúlicos, particularmente para las relaciones sociales, y cuando estas son inevitables, su conducta resulta generalmente inadecuada, mostrando signos que como la **moria** (insistencia en contar chistes malos y soeces) no ayudan a mantener su papel en el grupo.

Neuroconstructo extendido y trastornos de la personalidad

Las circunstancias clínicas derivadas de las lesiones prefrontales agudas resultan generalmente muy llamativas y evidentes, ya que producen cambios drásticos y rápidos en las habilidades sociales que, como hemos visto, no suelen pasar desapercibidas. No obstante, existen alteraciones psicológicas también asociadas a la elaboración del neuroconstructo extendido que, al ser menos intensas y de instauración más lenta, pueden resultar menos evidentes para el observador social. Este sería el caso de los **trastornos de la personalidad** en los que se altera el **yo extendido**, un yo construido a partir de todas las interacciones sociales previas del individuo, y cuya expresión conductual puede variar con las circunstancias del momento. Como veremos en los pacientes que comentamos a continuación, la interacción que resulta más relevante para la construcción del yo extendido es la que se produce durante la infancia, siendo particularmente importante la interacción con los progenitores.

Interacciones anómalas durante la infancia pueden alterar el desarrollo de la personalidad, generando rasgos que persisten durante toda la vida. El yo extendido es el que nos informa de nuestro papel familiar y social, el que nos permite seleccionar la información proveniente del grupo que resulta más relevante para el sujeto, y el que facilita la búsqueda de las conductas sociales más útiles en cada momento. Esta «utilidad» puede referirse a los otros miembros del grupo (conducta altruista) o a sí mismo (conducta egoísta). Lo normal es que ambos aspectos sean siempre tomados en consideración, y que el peso relativo del altruismo y el egoísmo se adapte a cada situación. En cualquier caso, este peso relativo es diferente en cada persona, y forma parte de los rasgos de su personalidad. Los trastornos psicológicos que comentaremos a continuación fueron seleccionados para ilustrar las funciones del yo extendido.

Los **trastornos antisociales de la personalidad** incluyen un conjunto de anomalías psicológicas que afectan principalmente a la interacción social de los sujetos y al neuroconstructo extendido. Un trastorno antisocial menor sería la denominada *personalidad maquiavélica*[1149-1155]. Se trata de individuos que utilizan a otros para su autopromoción y que mienten sistemáticamente para alcanzar sus metas sociales. Esta modalidad es relativamente habitual, y diferenciarla de la población normal no resulta fácil, especialmente en el mundo de las finanzas y la política. Otro trastorno antisocial, quizás más marcado, es el **trastorno psicopático de la personalidad**. Se trata de sujetos cuya conducta social se encuentra justo en el extremo opuesto de lo que sería una conducta altruista. Solo se preocupan de sí mismos y están permanentemente en disposición de hacer lo que sea necesario para satisfacer sus propios deseos. Frecuentemente presentan una tendencia a dominar a los otros miembros de su grupo social, o simplemente a las personas de su entorno habitual u ocasional. Para alcanzar sus deseos se muestran insensibles al sufrimiento ajeno, recurriendo a acciones violentas ante las frustraciones más insignificantes, o a conductas de una crueldad fría y calculada cuando estas resulten convenientes. En la población general, los trastornos antisociales de la personalidad se presentan en el 3 % de los varones y en el 1 % de las mujeres. En la población de reclusos, este trastorno está presente en el 50 % de los varones y en el 25 % de las mujeres.

La **psicopatía**[1156-1161] es uno de los trastornos antisociales más graves, presentándose en el 1 % de los varones de la población general y en el 15 % de la población de reclusos. Los psicópatas presentan una baja reactividad a las relaciones interpersonales. Esta circunstancia se evidencia por: 1- la reducida respuesta autonómica (respuesta psicogalvánica de la piel) a la presentación de imágenes con material emocional y 2- por no presentar la reducción de la velocidad de reacción que se aprecia en la población normal, tras la presentación de palabras con contenido emocional. Además, los psicópatas presentan una menor amplitud en los potenciales evocados producidos en las regiones parietales y centrales de la corteza cerebral, tras la presentación de palabras con contenido emocional. En los test en los que se muestran situaciones ambiguas, los psicópatas suelen atribuir intenciones hostiles a otras personas (sesgo atribucional). Aunque pueden distinguir lo que está bien de lo que está mal (test de moralidad de *Lawrence Kohlberg*), esta distinción se reduce cuando la conducta inmoral resulta legal (test de moralidad de *Elliot Turiel*). Los psicópatas presentan una hipoactividad del denominado *sistema de inhibición conductual septohipocámpico*, un sistema que evalúa las consecuencias emocionales de las acciones sociales del individuo (premio-castigo). Por tanto, no evalúan adecuadamente las consecuencias que sus acciones podrían suponer para ellos mismos, y no temen el castigo[1161-1166]. Sin embargo, presentan una hipersensibilidad de los circuitos cerebrales de recompensa (sistema dopaminérgico meso-limbo-cortical)[1165-1169]. Esta hipersensibilidad podría generar placer en presencia del sufrimiento ajeno. Las conductas violentas podrían también facilitarse por una hipoactividad del denominado *mecanismo de inhibición de la violencia*. En la población normal, este mecanismo genera un bloqueo global de la conducta en los sujetos que observan a otros individuos con signos evidentes de sufrimiento. En los psicópatas, este mecanismo podría permanecer hipoactivo.

Aunque algunos de los síntomas de la psicopatía pueden también observarse en sujetos con lesión prefrontal, las conductas de ambos permiten distinguir fácilmente al psicópata del paciente con daño frontal. Por ejemplo, aunque tanto la psicopatía como la lesión frontal puede generar hiperreactividad agresiva a los estímulos del entorno (agresión reactiva), el psicópata puede programar la agresión reactiva para ejecutarla fríamente con posterioridad (agresión instrumental). Sin embargo, el paciente con síndrome orbitario solo presentará agresión reactiva a los estímulos del momento, y nunca programará una agresión para ejecutarla en el futuro. Se han descrito anomalías cerebrales en la corteza prefrontal medial, la ínsula anterior o la amígdala del psicópata. Sin embargo, estas anomalías no están causadas por un daño físico directo y, más que ser la causa de la conducta psicopática, parecen ser la consecuencia de un deficiente desarrollo psicosocial durante la infancia.

Otro trastorno relacionado con la actividad del neuroconstructo extendido es el **trastorno límite de la personalidad**[1170-1172]. Se trata de pacientes con dificultades para establecer relaciones estables dentro de los grupos. Su comportamiento habitual gira casi exclusivamente en torno a sí mismos. Sus necesidades resultan primordiales dejando las de su pareja, hijos y amigos en un segundo plano. Habitualmente recelan de la conducta de los demás, refiriendo quejas frecuentes con las que muestran su insatisfacción por no sentirse queridos, y por sentir que nadie es sincero con ellos, que no se les respeta, y que son menospreciados o atacados injustamente. Presentan marcadas oscilaciones en sus relaciones sociales, oscilaciones que van desde la máxima aceptación y reconocimiento a otros miembros del grupo, hasta su rechazo más marcado y ostentoso. Su imagen de sí mismo también oscila entre la máxima consideración y la euforia, hasta el autodesprecio y la depresión. En sintonía con esto, la conducta con familiares y amigos también presenta una fluctuación impulsiva que va desde la adulación y el máximo reconocimiento, hasta la agresión verbal explosiva (después de haberla insultado a gritos, la rodea con sus brazos diciéndole que la quiere y pidiéndole que no lo abandone nunca).

Estas conductas contradictorias se acompañan normalmente de una intensa sensación de vacío interior, y de miedo a la soledad y al abandono. Estos sentimientos pueden facilitar la aparición de comportamientos impulsivos de automutilación, ingesta de alcohol, drogas, promiscuidad sexual o ingesta masiva de alimentos[1173-1178], conductas que, en ocasiones, generan un alivio transitorio de la sensación de vacío interior. Con frecuencia presentan un comportamiento autodestructivo. Hasta el 50 % de las personas ingresadas en centros clínicos para el tratamiento de alcoholismo, trastornos alimentarios o drogadicción, presentan un trastorno límite de la personalidad.

Estos pacientes tienen un riesgo cierto de suicidio[1179-1182], el cual es frecuentemente utilizado como medio de control de las personas de su entorno. En el trastorno límite de la personalidad, de cada 100 amenazas de suicidio 10 terminan en muerte, y el resto resultan solo en amenazas o acciones poco sustantivas. No obstante, más del 30 % de todos los suicidas son pacientes con trastorno límite de la personalidad.

El trastorno límite de la personalidad suele estar vinculado a una socialización inadecuada durante la infancia[1183-1186]. Estos pacientes suelen haber padecido abusos sexuales infantiles (40-70 % de los casos), o haberse desarrollado en familias que les mostraron indiferencia, rechazo o negligencia emocional, o que practicaban castigos físicos. Aunque este trastorno no parece estar vinculado a la presencia de algún daño cerebral específico, estos pacientes presentan algunas anomalías cerebrales supuestamente secundarias a la socialización inadecuada durante la infancia. Entre estas anomalías se encuentra una reducción de la actividad cerebral del neurotransmisor serotonina, así como anomalías en la corteza prefrontal ventromedial. Se ha sugerido que las experiencias negativas de abusos o negligencia durante los primeros años de la vida, modifican el desarrollo cerebral y podrían ser la causa de estas alteraciones prefrontales.

El tercer ejemplo clínico de anomalías del neuroconstructo extendido es el **narcisismo**[1187-1193]. Los pacientes narcisistas también presentan interacciones sociales inadecuadas que complican su vida, y la de sus familiares y allegados. Para el narcisista lo único verdaderamente relevante son ellos mismos. En general suelen tener un concepto muy elevado de sí mismo que no se corresponde con el que tienen los demás de él. El narcisista no concibe ni acepta que los demás no lleguen a reconocer su gran valía, lo cual genera críticas permanentes de la actitud de los otros. Estas críticas suelen acompañarse de una reivindicación continua de atención y valoración, a la que ellos creen tener derecho. Sus interacciones sociales son generalmente muy asimétricas. El paciente habla continuamente de sí mismo y de lo que hace, y no suele dejar intervenir a sus interlocutores. Se trata de monólogos iniciados y terminados por el paciente, y en los cuales la intervención del interlocutor o no llega a producirse o, en caso de hacerlo, será pasada por alto. El narcisista permanece ajeno al sentir del interlocutor, y actúa como si no lo escuchara.

Cuando el interlocutor consigue emitir alguna opinión, si esta no es suficientemente laudatoria para el narcisista, o si emite una opinión diferente a la suya, la respuesta suele ser de menosprecio y crítica severa, cuando no de ofensa hacia el interlocutor. Algunos pacientes pueden ser extrovertidos y quieren ser continuamente el centro de atención, mientras que otros son socialmente retraídos, en cuyo caso se creen en el derecho de esperar a que los otros se acerquen a ellos. Estos últimos, suelen rumiar sus críticas hacia los demás, y les enfada la supuesta falta de atención y consideración. Una diferencia esencial con los pacientes psicópatas es que mientras estos suelen reivindicarse con actitudes agresivas, en los narcisistas las críticas no se siguen de agresiones. No obstante, se ha sugerido que los asesinos en serie podrían presentar una carga sustancial de narcisismo retraído.

El narcisismo afecta al 1 % de la población general y al 15 % de los pacientes que acuden a tratamiento psicológico. El posible sustrato neural del narcisismo no está claro, pero los datos disponibles sugieren una hipoactividad de la corteza prefrontal medial y de otras áreas relacionadas con el altruismo[1194,1195]. Tampoco la causa está bien definida, aunque muchos opinan que este trastorno podría ser también el resultado de una socialización inadecuada durante la infancia[1196-1198]. El perfil generador de narcisismo podría ser el de padres tolerantes, que profesan una admiración excesiva hacia su hijo, halagando continuamente su talento, su personalidad, su aspecto físico, o algunas de sus supuestas virtudes.

Terminaremos comentando brevemente algunos aspectos de la interacción social en el **síndrome de Asperger**. Las personas con síndrome de Asperger disponen de capacidades extraordinarias para tareas abstractas específicas, capacidades que frecuentemente se acompañan de una reducción de las habilidades sociales[1199-1201]. Tienen serias dificultades para entender el significado de las expresiones faciales, de la entonación de la voz y de los movimientos corporales de los demás[1202]. Por otro lado, también presentan dificultades para observar su propia mente, y entender sus emociones y el curso de pensamiento asociado a ellas. El resultado de ambas circunstancias es que el sujeto no puede entender muchas de las interacciones sociales habituales. Prefiere no atender a lo que no puede entender, con lo cual normalmente no mira a los ojos de su interlocutor. Observa con extrañeza como sus compañeros pueden comunicarse rápidamente, y sin que medien palabras explicitas. Basta con pronunciar frases vagas con ciertas entonaciones de voz, acompañadas de pequeños cambios en la conformación de la cara y los ojos, para que los demás se puedan comunicar. Esta comunicación escapa totalmente al sujeto con Asperger, para el cual lo que se quiere decir hay que decirlo con las palabras exactas, ya que, de no ser así, podrían ser mal interpretadas. Con esta limitación, es habitual que los sujetos con Asperger queden aislados socialmente, y sean segregados activamente por sus compañeros[1199,1203-1205]. En estas condiciones, el sujeto con Asperger prefiere el aislamiento social, y la autorreclusión en condiciones estables y predecibles, condiciones en las que siempre podrá entender lo que ocurre. Como ya comentamos, los Asperger disponen de una mente formal extraordinaria, que los puede mantener entretenidos continuamente. Lo habitual es que se encuentren fascinados por algún aspecto de la realidad que ellos puedan entender, y que prefieran el análisis de estos aspectos más abstractos, al seguimiento de relaciones sociales que ellos no entienden.

A diferencia de algunos de los otros casos comentados, las personas con Asperger no solo no suponen una amenaza para los demás, sino que las notables habilidades de las que disponen pueden repercutir muy positivamente en la dinámica del grupo, particularmente en el caso de los grupos profesionales. Otra diferencia muy importante con respecto a los casos comentados anteriormente, está relacionada con la conducta legal y la moral. En el Asperger no solo se cumple la ley y se siguen normas morales específicas, sino que con frecuencia este seguimiento es muy estricto. Ya desde niño, los Asperger no solo no dicen mentiras, sino que no toleran las mentiras de los demás. De hecho, este afán por la verdad suele producirles problemas sociales, ya que, de la misma manera que rechazan públicamente las mentiras de los demás, no restringen sus opiniones a la hora de indicar lo que les gusta y lo que no les gusta de los otros (ej. eres feo). Sus mensajes a los otros miembros del grupo nunca estarán motivados por intentos de control o manipulación, o por el afán de castigar o premiar a otros. Simplemente dicen la verdad, ya que esto es lo único que pueden decir. Al no captar los sobreentendidos, la ironía, o las descalificaciones o los halagos implícitos, no suelen participar en muchas de las conversaciones más habituales. Para ellos, solo la verdad merece atención. Tampoco permiten los comportamientos injustos de unos miembros del grupo hacia otros, reaccionando a ellos con comentarios muy específicos. Con la misma sinceridad, juzgarán la competencia profesional de sus compañeros, ya sea cuando esta consideración es elevada o cuando es desastrosa. Esta hipermoralidad no depende necesariamente de habilidades empáticas, ya que generalmente no tienen mucha idea de lo que piensan o sienten los demás, o de cómo responder a sus sentimientos. Rechazan la mentira, la injusticia y la inmoralidad, simplemente porque es «falsa».

La incidencia del Asperger se incrementa continuamente, y en la actualidad está establecida en uno de cada setenta niños. La causa de este incremento es desconocida. Se han encontrado modificaciones en diferentes áreas cerebrales entre las que se incluye la corteza prefrontal medial, y otras áreas relacionadas con la empatía. El Asperger tiene un componente genético que aún está por determinar con precisión. Los hermanos de los Asperger tienen mayor probabilidad de presentar este síndrome, y los padres con habilidades abstractas tienen mayor probabilidad de tener hijos con Asperger. Los sujetos con Asperger han hecho grandes aportaciones a la humanidad, y el síndrome en cuestión debería ser considerado más como otra forma de ser que como una patología clínica.

El neuroconstructo extendido: un resumen

El neuroconstructo extendido se elabora a partir de eventos individuales y sociales ya ocurridos, eventos que son considerados como «causa» de los acontecimientos actuales. Es un neuroconstructo potencial que permanece oculto hasta que es requerido por el neuroconstructo incidental. Al igual que los neuroconstructos episódico y narrativo, utiliza la información almacenada por la memoria a largo plazo, y que por sí misma no puede influir en la planificación conductual del momento. Su participación ocurrirá solo cuando la información relativa al grupo es requerida por el neuroconstructo incidental. La información extendida que es traída al presente por este neuroconstructo, se integra con la información del momento, añadiéndole la «historia social» previa. De esta forma, lo que ocurre ahora se integra con todo lo ocurrido con anterioridad en todos los grupos en los que el sujeto ha participado.

La información del neuroconstructo extendido también se actualiza de forma egocentrada, generándose un yo extendido que mediará entre el individuo y los grupos sociales en los que este se enmarca. Mira hacia el pasado, utilizando la información de todo lo ocurrido con anterioridad, para generar criterios sobre quién soy para los demás, cómo es la sociedad en la que vivo, cómo son los demás, y qué intención tienen dentro del grupo o con respecto a mí. Este constructo aporta al yo un sentido de permanencia, que está contextualizado socialmente. La información del neuroconstructo extendido se «actualiza» cuando es requerida por el neuroconstructo incidental, modificándose con la información actual, antes de volver a ser almacenada en su soporte permanente. De esta forma, la valoración de mi relevancia social, la valoración social de las personas que conozco, la valoración del grupo familiar, de amigos, nacional, etc., cambia continuamente.

La información extendida es traída, modificada, y almacenada nuevamente, permaneciendo así hasta que vuelva a ser requerida por el neuroconstructo incidental. Esta información es el sustrato básico de nuestra personalidad, al menos en la vertiente social de la misma. La información extendida que es requerida para elaborar el neuroconstructo incidental, será utilizada para programar nuestras acciones dentro del grupo, generando conductas estables a largo plazo, que podrán ser utilizadas para evaluar nuestra «personalidad social». La personalidad social determina nuestra participación en la conducta de los grupos a los que pertenecemos. Los grupos disponen de una dinámica propia, la cual depende de la conducta de los elementos que la integran. Como se recordará, esto ocurre con todos los grupos, desde las hormigas hasta nosotros. Las hormigas desarrollan una inteligencia grupal (mente interindividual) que está muy por encima de la inteligencia de las hormigas individuales. En este caso, para que el grupo funcione, cada individuo ha de realizar tareas relativamente estereotipadas y predecibles. No hay «asambleas» para decidir qué hacer, y nadie plantea posibles conductas alternativas. Si cada uno hace lo que se espera de él, el grupo se comporta de forma coherente, desarrollando estrategias inteligentes que permiten su adaptación al entorno. En las sociedades humanas, la conducta del grupo también está determinada por la conducta de las personas que lo componen. Sin embargo, aquí los elementos integrantes del grupo disponen de una mente abierta que les permite cambiar continuamente su actividad individual. En este caso, la inteligencia del grupo es muy superior, pero también crece el riesgo de que el grupo genere conductas inadecuadas o perniciosas. Nuestro constructo extendido individual nos permite elaborar y participar en proyectos sociales tan opuestos como la guerra y la exploración de Marte.

La «personalidad social» genera conductas tomando en consideración eventos del pasado. En el próximo capítulo comentaremos el neuroconstructo teleológico, un constructo que, como veremos, es necesario para identificar metas futuras y orientar nuestra conducta en relación con ellas, y no solo en relación con lo ocurrido previamente.

Capítulo 27
Mente abierta y
neuroconstructo teleológico

El **neuroconstructo teleológico** se cimenta en los constructos previamente comentados, en el episódico, el narrativo, el formal y el extendido. Sin embargo, y al contrario de lo que ocurre en ellos, el neuroconstructo teleológico no mira al pasado para definir la conducta actual, mira hacia el futuro. Genera metas a largo plazo, y determina las conductas a seguir para alcanzar esas metas. Mirando hacia el futuro, estima lo que hay que hacer ahora para que lo deseado pueda ocurrir. Se trata de actuar hoy para crear el mañana y, para ello, el neuroconstructo teleológico «inventa» escenarios potenciales, cree que pueden ser posibles, e inventa y simula estrategias para que estos escenarios futuros se terminen transformando en escenarios reales. Es, al igual que los neuroconstructos narrativo, formal y extendido, un constructo residente que solo ejerce su acción cuando es actualizado por el neuroconstructo episódico. Al igual que ocurre con los otros neuroconstructos, su actividad está centrada en un yo, el yo teleológico.

Neuroconstructo teleológico: conceptos básicos

El constructo teleológico es quizás el más «humano» de los neuroconstructos. Es verdad que otros animales también pueden generar conductas para controlar circunstancias inexistentes pero previsibles, pero estas conductas distan mucho de la que puede generar el constructo teleológico de nuestra mente abierta. La *mente activa* organiza su conducta en función de su estado interno. La *mente refleja* responde a las circunstancias del momento. La *mente proactiva retrofleja contextualizada* integra la información multisensorial en escenarios unitarios, usando su capacidad «retrofleja» para integrar la información actual con la obtenida y almacenada en experiencias previas, y su acción «proactiva» para planificar y generar conductas adaptativas complejas. Todas estas mentes miran hacia el pasado, o hacia lo que ocurre en el momento actual. En cambio, el neuroconstructo teleológico permite «crear» el futuro. Ya no se trata de adaptarse a las condiciones presentes cambiando el estado interno (mente vegetativa), o el propio entorno del momento (mente activa). Se trata de crear el futuro utilizando todas las capacidades de la mente proactiva retrofleja contextualizada, pero proyectándolas hacia el futuro. A los impresionantes recursos de los neuroconstructos previos, el neuroconstructo teleológico añade otro de gran trascendencia, el de imaginar futuros posibles para nuestra casa, nuestra ciudad, nuestro planeta y, sobre todo, para nosotros mismos (Fig. 27.1).

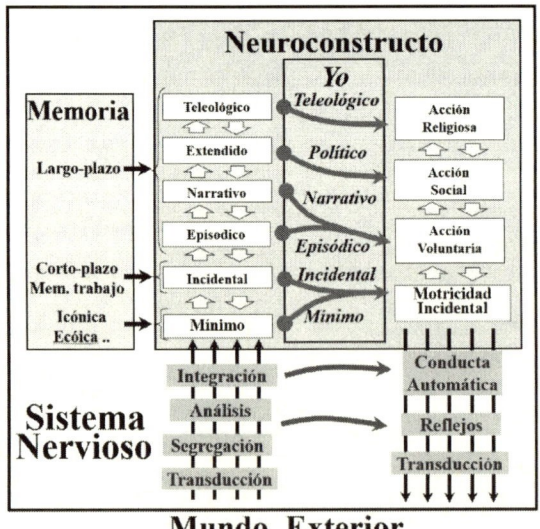

Fig 27.1 Neuroconstructo Percepción teleológico

Con un símil evolutivo podríamos decir que todos los neuroconstructos previos estarían acordes con el modelo darwiniano, en el cual lo que hay ahora depende del pasado y, en todo caso, de las condiciones presentes. Sin embargo, el constructo teleológico funcionaría de una forma más parecida al modelo lamarckiano. Para Darwin, la jirafa tiene un cuello largo porque, en el pasado, las jirafas con cuello corto se extinguieron por no poder comer de los árboles más altos, mientras las jirafas «cuellilargas» si podían hacerlo y sobrevivieron. Para Lamarck, la jirafa tiene un cuello largo porque decidió comer de los árboles más altos, alargando progresivamente su cuello hasta conseguirlo. Una especie de capacidad similar es la que nos confiere el constructo teleológico. Con él podemos imaginar entornos futuros e imaginarnos viviendo en ellos. Luego planificamos nuestras acciones para crear estos entornos y poder vivirlos algún día. Es como si las jirafas pudieran hacer crecer los árboles, por un lado, y su cuello, por otro, y así vivir sin ser molestadas por inundaciones, sequías o herbívoros «cuellicortos».

El neuroconstructo teleológico es un constructo potencial que, como los otros constructos de la misma naturaleza ya comentados, no tiene repercusiones prácticas a menos que sea actualizado en el neuroconstructo incidental. Al igual que los otros constructos potenciales, dispone de un yo (yo teleológico), y de algoritmos que facilitan la elaboración, integración, almacenamiento y recuperación de la memoria teleológica. Las memorias con las que se almacena y recupera la información en el constructo teleológico son similares a las que operan en los otros constructos potenciales, y de las que ya hemos hablado. La información del constructo teleológico mantiene una relación intensa con la información almacenada en los otros constructos potenciales. El constructo episódico permite actualizar las sensaciones vividas en acontecimientos previos, y el constructo extendido permite actualizar de entre todas las sensaciones vividas aquellas asociadas a interacciones sociales. Contando con todo ello, el constructo narrativo permite hablar de lo ocurrido. Finalmente, el constructo teleológico permite escribir una novela a partir de todo lo anterior, o decidir y planificar tu futuro profesional, o imaginar la vida en Marte, y hacer los planes precisos para que se haga realidad en el futuro. Sin el constructo teleológico nunca habríamos llegado a la luna, y nunca curaremos el cáncer.

El constructo teleológico es la mayor innovación de nuestra mente abierta. Actúa sobre todas las potencialidades previas. Es capaz, por ejemplo, de actuar sobre el neuroconstructo formal para implementar unas matemáticas nuevas, que faciliten el desarrollo de los ordenadores cuánticos, que podríamos necesitar para crear un robot para la próxima aventura espacial de la humanidad, que nos llevará a vivir en Titán, un satélite de Saturno para el cual hemos imaginado una nueva humanidad. El constructor de este plan, y de todos los planes de futuro, es el yo teleológico, un yo que articula el constructo teleológico y que es capaz de recabar la acción del yo episódico, del yo narrativo y del yo extendido. Un yo que, no obstante, precisa ser actualizado por el yo incidental para poder actuar.

Un sustrato neuronal para el neuroconstructo teleológico

¿Con qué zonas del cerebro se relaciona nuestro neuroconstructo teleológico? Aunque solo disponemos de información limitada, las cortezas prefrontales más anteriores parecen ser particularmente importantes. Se trata de las regiones prefrontales del denominado *cerebro ejecutivo*, regiones que son las últimas en aparecer, tanto desde la perspectiva filogénica (evolución de las especies) como ontogénica (evolución del individuo a lo largo de su vida).

Volvamos a la figura 26.1, donde están representadas algunas de estas funciones de la corteza prefrontal. Como se resume en esta figura, la *corteza prefrontal posteromedial* se encarga de seleccionar metas futuras, identificar las acciones más adecuadas para alcanzar esas metas, inhibir la ejecución de otras acciones posibles, pero que no fueron seleccionadas en esta ocasión, estimar la probabilidad de éxito de la acción seleccionada, activar y monitorizar su ejecución, y determinar si el curso ejecutivo está acorde a las intenciones y objetivos del plan motor inicial[1132,1133,1139]. Estas funciones son claramente teleológicas, aunque se trata de las funciones teleológicas más cortas. Quiero comerme una manzana, y para ello hago un plan destinado a que, en un futuro próximo, la manzana esté en mi mano, y yo esté en disposición de comérmela. Para ello, organizo un viaje al supermercado y me desplazo con todos los recursos necesarios, incluidos los económicos. En la segunda parte del plan, vuelvo a casa y practico todas las acciones necesarias para proceder a la ingestión de la fruta. Se trata, por tanto, de acciones teleológicas planeadas para intervalos cortos de tiempo.

Los estudios electrofisiológicos han conseguido identificar neuronas específicas cuya actividad cambia durante la preparación y ejecución de planes teleológicos de corto alcance. En los trabajos electrofisiológicos del grupo de *Joaquín Fuster*[1139,1206], los primates eran entrenados para preparar una tarea en respuesta a un estímulo, pero no ejecutarla de forma inmediata (respuesta retrasada). En estos estudios se identificaron neuronas de la corteza prefrontal que aumentaban su actividad tras el estímulo, y la mantenían elevada hasta que era posible responder. Si la respuesta se realizaba un segundo después, la hiperactividad neuronal persistía durante 1 segundo. Pero si la respuesta no podía producirse hasta pasados 4 segundos, la neurona se mantenía activa durante este tiempo, y no disminuía su actividad hasta que la respuesta había comenzado. Se trata, por tanto, de neuronas cuya actividad está controlada por eventos que ocurrirán en el futuro, neuronas teleológicas. No se trata de neuronas con respuesta inespecífica, o neuronas de expectativa. Se trata de neuronas cuya actividad está asociada a estímulos y respuestas bien definidas. Estas neuronas también parecen estar implicadas en el cambio futuro de actividad, particularmente cuando varias tareas se realizan de forma secuenciada. Otros estudios electrofisiológicos ampliaron posteriormente los conocimientos sobre cómo las neuronas prefrontales preparan y ejecutan con posterioridad (en los momentos más convenientes) patrones motores complejos[1207-1210]. Se trata de trabajar el futuro, un trabajo que se enmarca plenamente en el neuroconstructo teleológico.

La actividad neuronal de la corteza cerebral humana puede ser inhibida mediante estimulación magnética transcraneal[1211-1214]. La aplicación de estos estímulos a la corteza prefrontal dorsolateral altera las secuencias conductuales. En unos casos, la actividad queda «enganchada» en un patrón motor, impidiendo que este sea abandonado y se pueda realizar el siguiente patrón de la tarea motora. En otros casos, el patrón motor en ejecución se interrumpe, facilitando el paso el siguiente evento conductual de la secuencia. En estos estudios se evidenciaba que la corteza prefrontal controla la **ejecución** de patrones motores complejos, que requieren la activación secuencial de subtareas. Otros estudios han demostrado que estas áreas prefrontales también intervienen en la **preparación** de planes motores complejos. Con estos planes se identifica una meta futura, y luego se confecciona una secuencia de subtareas, cuyo resultado final sea la consecución de la meta propuesta. Para que esto sea posible, es necesario que la meta y las subtareas se mantengan en la memoria durante la ejecución del plan. Se trata de una **memoria de futuro**, ya que lo que se ha de recordar no existe ni ha existido nunca, y se trata, en realidad, de algo que se espera que llegue a existir en el futuro.

La organización de planes a corto y largo plazo probablemente utilizan bases neuronales diferentes. El sustrato neural implicado en el planeamiento y ejecución de un plan destinado a obtener una manzana en el supermercado podría ser diferente del sustrato implicado en la organización, por ejemplo, del futuro viaje a Júpiter. Los planes a largo plazo seguramente precisan también de la corteza prefrontal, pero el estudio de la neurobiología implicada en la organización y ejecución de planes tan complejos y prolongados está aún en sus comienzos. Sospechamos que estos planes a largo plazo también se organizan en la corteza prefrontal, ya que la lesión fortuita de esta corteza hace desaparecer todo vestigio de planes a largo plazo.

Daño cerebral y neuroconstructo teleológico

Los pacientes con lesiones amplias de la región dorsal y lateral de la corteza prefrontal presentan un conjunto de trastornos en la programación de la conducta, que se conocen globalmente como **síndrome prefrontal dorsolateral**. La impresión inicial que se genera cuando se visita a estos pacientes es que se encuentran profundamente deprimidos. Los pacientes con estas lesiones suelen quedarse pasivamente en la cama, no iniciando acciones para comer, beber o atender otras necesidades. No suelen responder a los requerimientos de nadie, ni siquiera para indicar que no están interesados en lo que se les propone. Aunque la impresión inicial es de profunda depresión, en realidad mantienen un afecto plano que se acompaña de sensación de indiferencia ante lo que pasa. No están ni tristes ni felices, ni deprimidos ni eufóricos (pseudodepresión)[1215-1217]. Ni siquiera parecen responder normalmente al dolor[1218-1221]. Sienten dolor, pero parece no importarles. Los pacientes con dolor crónico, que han sufrido daños en el córtex prefrontal dorsolateral, suelen comentar que el dolor persiste tras el daño cortical. Sin embargo, ya no se quejan, y el dolor parece no importarles tanto. Lo que antes era un dolor insoportable, ahora es dolor sin componente emocional añadido, y que se afronta con indiferencia. La expectativa de dolor, que normalmente activa el lóbulo frontal, en estos pacientes también cursa sin la correspondiente activación frontal. Esta analgesia afectiva ya fue notada por *Egas Moniz* en los años 50. Sus pacientes, a los que se había seccionado las fibras que entran o salen del lóbulo frontal (cingulotomía), presentaban una pseudodepresión que se acompañaba de analgesia afectiva[1222-1224]. Esta depresión es tan diferente de la depresión auténtica, que algunos neurocirujanos utilizan la cingulotomía para corregir la depresión intratable[1225,1226].

La pseudodepresión frontal también suele acompañarse de un trastorno en la producción de impulsos. Los pacientes con daño frontal tienden a permanecer como están. Presentan una especie de inercia impulsiva, de tal manera que se resisten a comenzar nuevas acciones y, si ya están practicándolas, se resisten a dejar de hacerlas. Si se les propone que escriban una «O», evitarán hacerlo, permaneciendo inermes y como si no estuvieran escuchando la propuesta. Si se les ayuda a comenzar el movimiento, luego seguirán haciéndolo persistentemente, a menos que retengamos su mano y les obliguemos a parar.

Cuando el daño frontal no es tan masivo, los cambios conductuales pueden ser mucho menores y a pasar desapercibidos. Los familiares notarán en los pacientes una pasividad sutil, y lo que antes les interesaba, ahora no mueve en ellos ninguna orientación intencional. Con frecuencia, los familiares refieren cambios de personalidad.

> Ya no es el mismo, es otra persona que ha perdido el interés por nosotros y por sus aficiones. Ya no quiere trabajar, y si lo hace ya no pretende alcanzar las metas que para el representaban el éxito social, y el sentido de su vida. El interés por el mundo que lo rodea parece haber desaparecido, no quiere salir y prefiere quedarse en casa sin hacer nada.

En realidad, la reducción de la respuesta a los estímulos ambientales podría ser interpretada como una afectación de la mente reactiva, y la reducción de iniciativas, incluso en aspectos tan básicos como la búsqueda de alimento, podría ser interpretada como una alteración de la mente proactiva.

La indiferencia por la aprobación social y el éxito podría interpretarse como una alteración del neuroconstructo extendido de la mente incidental. Sin embargo, estos pacientes presentan además un trastorno que no puede explicarse desde las mentes comentadas, y que precisa del neuroconstructo teleológico. Se trata de una incapacidad/desinterés por hacer planes a largo plazo.

Normalmente dotamos a nuestra vida de objetivos a medio y largo plazo. Estos objetivos nos permiten orientarnos en el presente, no solo en función del pasado o de lo que está ocurriendo ahora, sino también en función de lo que queremos que llegue a ocurrir en el futuro. Son planes a largo plazo, que impulsan a los jóvenes a trabajar para aprender una profesión o para educar a sus hijos, y que a los más maduros les ayuda a decidir en qué casa, ciudad y país vivir, o cómo quieren pasar su jubilación. Además, todos, jóvenes y mayores, nos hacemos preguntas mucho más trascendentes como: ¿por qué estoy aquí y qué me espera al final de la vida?, o ¿qué sentido tiene mi vida? Los pacientes con daño frontal pierden la capacidad de proponerse objetivos a medio y largo plazo, y de utilizarlos para decidir lo que hay que hacer ahora para aproximarse a los objetivos propuestos.

Los pacientes frontales presentan un comportamiento que algunos denominan *comportamiento dependiente de campo* o *comportamiento de utilización*. Son pacientes que responden a lo que hay en el «campo inmediato», manipulando compulsivamente objetos del entorno, o repitiendo las preguntas (ecolalia)[1227,1228] o las acciones (ecopraxia)[1229] del entrevistador. Su curso mental también sigue los caprichos del momento. Por ejemplo, si se les pregunta por cómo es la casa en la que viven, comienzan describiendo el recibidor, pueden hablar del sillón de la entrada, luego seguirán por los sillones que había en un barco con el que hizo un crucero, luego hablarán de cómo se marea en los barcos, luego de lo desagradable que resulta vomitar, luego de que la acidez en la boca resulta desagradable, que su suegra tampoco le resulta agradable, etc. Sin posibilidad de establecer un plan, su conducta y el curso de su mente estarán dominados por lo inmediato, por lo que está presente. Como diría *Goldman-Rakic*, «fuera de la vista, fuera de la mente». Cuando los lóbulos frontales no funcionan, el paciente está a merced de los estímulos ambientales del momento, y de asociaciones mentales irrelevantes. Conserva su lenguaje natural (constructo narrativo), y su capacidad de cálculo (constructo formal). No hay trastornos de memoria. Las funciones básicas están normales, pero no hay plan. Y para completar el problema, el déficit es frecuentemente anosognósico, con lo cual el paciente no lo nota. Para el paciente todo va bien. Los déficits se perciben cuando notamos que no hemos podido hacer lo que queríamos. Sin no hay con qué comparar, porque no había planes, nada puede salir mal, y no hay déficit que detectar.

El paciente que comentábamos nunca llegará a hacerse preguntas trascendentales del tipo: ¿por qué estoy aquí y que me espera al final de la vida?, y esa carencia evitará la aparición de preocupaciones por el futuro. Este no es el caso de las personas que disponen de lóbulos frontales normales. A expensas de su constructo teleológico, el ser humano mantiene abiertas, de forma más o menos explícita, un conjunto de preguntas de la mayor relevancia, y para las cuales difícilmente encuentra una respuesta satisfactoria. Podemos atenuar la intensidad de estas preguntas mediante el entretenimiento, pero no acallarlas definitivamente. Mientras sigo el fútbol, o la trama de la película de detectives, vivo la condición de otros, y me olvido transitoriamente de la mía. Luego todo el proceso se reactiva, y el peso del futuro vuelve a gravitar sobre el neuroconstructo teleológico de la mente abierta. Podremos hacer afirmaciones del tipo «Dios existe y me salva» o «Dios no existe y todo da igual». No obstante, sin una respuesta definitiva, las preguntas seguirán merodeando y volverán a la consciencia en los momentos de penumbra de la voluntad. Y todo ello promovido por nuestro neuroconstructo teleológico y nuestros lóbulos prefrontales.

Una de las funciones del neuroconstructo teleológico es buscar respuestas «aceptables» a preguntas sobre el «futuro lejano» y establecer planes de acción que estén acorde con las respuestas que nos damos. Estos planes pasan a ejecutarse, solo si las respuestas que nos damos resultan suficientemente convincentes. Es algo así como «esto parece ser verdad, no estoy completamente seguro, pero todo indica que lo es, por tanto, actúo como si lo fuera». En realidad, nuestro cerebro dispone de un módulo sumamente eficiente que nos convence de que casi todo lo que aparece en nuestra mente se corresponde con la verdad. «Estoy viendo lo que hay ahí fuera», «los colores son características de los objetos que estoy mirando», «hablo porque quiero hablar y soy yo el que habla y solo digo lo que quiero», «mis decisiones las tomo yo»... Este convencimiento es en gran medida el resultado de un dispositivo mal conocido, y al que algunos denominan *supervisor*.

El **supervisor** trabaja como una agencia de publicidad en la sombra. Continuamente nos dice al oído cosas como «esto lo hiciste tú», «este pensamiento es tuyo propio y no está influido por nada ni por nadie», «esto que estás viendo es todo lo que hay, cualquier otra cosa son patrañas», etc. Lo escuchamos sin apercibirnos de que su voz interior no es la nuestra, es la voz del supervisor publicista. A veces el supervisor se pasa de la raya y pretende convencernos de circunstancias inverosímiles. Este es el caso de fenómenos como el *dejà vu* y el *jamais vu*. Cuando se activa el mecanismo del *dejà vu* se nos produce la sensación de «esto que está ocurriendo es una repetición, y ya lo he vivido antes». Cuando se activa el mecanismo del *jamais vu* sentimos que «esto que está ocurriendo es tan extraño, que demuestra que la realidad no es lo que parece».

Trastornos mentales y neuroconstructo teleológico

El intérprete también puede generar atribuciones que nos introducen en un laberinto del cual es difícil salir. Esta circunstancia suele acompañar a muchos trastornos psiquiátricos. Este es el caso del **trastorno delirante** o **psicosis paranoide**[1230-1232], un trastorno de la ideación que afecta al 1-3 % de la población, y que suele presentarse entre los 35 y los 55 años. El síntoma fundamental que presenta es un delirio crónico bien sistematizado y con coherencia interna. Es de comienzo insidioso y progresivo, y surge a partir de interpretaciones de acontecimientos, que son hechas con fundamentos erróneos, pero que no se modifican con la argumentación lógica. Esto hace que el delirio paranoico sea incorregible, irrebatible y no influenciable, pudiendo, por contra, «contaminar» el pensamiento del interlocutor.

Los delirios paranoides están generalmente referidos al yo teleológico, y su contenido puede ser muy variado. En el **delirio erotomaníaco** (síndrome de Clerambault)[1233-1237], el paciente cree que otra persona, normalmente de un estatus superior, está enamorada de él. En el **delirio megalomaníaco**[1238-1241], el paciente cree tener un talento extraordinario, un gran poder, o una relación especial con una deidad o con una persona famosa. En el **delirio persecuto-**

rio[1242,1243], cree que alguien cercano lo trata con mala intención, espiándolo, envenenándolo o persiguiéndolo. En el **delirio somático**[1244-1246], el paciente siente que tiene algún defecto físico o alguna enfermedad. Algunos delirios son difícilmente clasificables. Por ejemplo, el paciente puede estar convencido de que tiene una misión especial en la vida, o que puede ver la mente de los demás mediante telepatía. En ocasiones, el paciente presenta alucinaciones asociadas a su delirio. Por ejemplo, puede sufrir alucinaciones auditivas, escuchando voces que confirman u orientan su pensamiento delirante.

Otra alteración mental asociada al neuroconstructo teleológico es el **trastorno obsesivo-compulsivo** (TOC)[1247-1256], una enfermedad frecuente (2 % de prevalencia) y con graves repercusiones personales (10-27 % de intentos de suicidio) y laborales (la OMS lo incluye entre las veinte enfermedades más discapacitantes). Su etiología es multifactorial. Se ha asociado a factores genéticos, ya que los gemelos monocigóticos comparten la enfermedad en el 87 % de los casos. También se ha asociado a factores culturales, ya que la educación estricta con padres controladores, que reducen la autoestima de sus hijos, incrementa su incidencia. Si bien el TOC suele comenzar antes de los 20 años, también se han descrito casos que comienzan durante la vida adulta, y que pueden estar asociados a lesiones frontales (TOC adquirido)[1257-1260]. Este TOC tardío es responsable de hasta un 3 % de los casos de TOC.

El TOC se caracteriza por una tendencia compulsiva a controlar el futuro de forma estricta. Los pacientes repiten pensamientos y conductas, de una forma que escapa a su voluntad. La conducta repetida y compulsiva los lleva al agotamiento, y no les deja tiempo para la familia y los amigos. Los pensamientos repetitivos (rumiaciones obsesivas) interrumpen el curso de otros pensamientos, y suelen acompañarse de una conducta compulsiva y aparentemente orientada a evitar sucesos futuros de consecuencias supuestamente desastrosas. Las más frecuentes son las conductas de limpieza, las comprobaciones repetidas para evitar algún peligro, la pulcritud y el orden. En algunos pacientes, las repeticiones compulsivas son sustituidas por un enlentecimiento exagerado del proceso mental, o de la conducta motora.

El estudio neuropsicológico de estos pacientes muestra alteraciones en la planificación de conductas, y en la capacidad para bloquear conductas inadecuadas. Los estudios con resonancia magnética y tomografía de emisión de positrones sugieren que las anomalías conductuales del TOC están asociadas a alteraciones en el córtex frontorbitario, los ganglios basales y la corteza cingulada anterior[1256-1260]. En los casos en los que el TOC se muestra refractario a los tratamientos farmacológicos y psicológicos, y supone una discapacidad grave que se prolonga por más de 5 años, se han practicado lesiones que interrumpen la conexión de la corteza prefrontal con los ganglios basales. Los ganglios basales presentan conexiones cerradas con la corteza cerebral, y una circulación cortico-subcortical repetitiva podría ser la causa de las rumiaciones obsesivas, y de las compulsiones conductuales de estos pacientes. Esta actividad cortico-subcortical reverberante podría evitarse lesionando estos circuitos mediante una capsulotomía anterior, una cingulotomía, una tractotomía subcaudada o una leucotomía límbica, estrategias quirúrgicas que alivian sustancialmente a estos pacientes. Otra estrategia terapéutica útil es la estimulación magnética transcraneal de la corteza prefrontal dorsolateral. En su conjunto, estos resultados apoyan la idea de que el TOC está generado por una disfunción de los circuitos circulares de la corteza prefrontal con los ganglios basales[1261-1263]. Esta disfunción produce un cortocircuito en la elaboración de los planes de futuro generados por el neuroconstructo teleológico. En estos pacientes, los mismos planes se repiten compulsivamente, impidiendo la aparición de planes alternativos o a más largo plazo.

Los planes a largo plazo precisan de la corteza prefrontal y de la memoria de futuro, pero el estudio de su neurobiología está aún en sus comienzos. La «memoria de futuro» participa de la elaboración del neuroconstructo teleológico, un constructo que, como hemos indicado repetidamente, es de naturaleza potencial. Los constructos potenciales están ocultos mientras no sean actualizados por el neuroconstructo incidental, con lo cual no podrían ser identificados ni registrados mediante las técnicas hoy disponibles. El constructo teleológico probablemente está implicado en otros fenómenos como la conducta anticipatoria. La **conducta anticipatoria**[1264,1265] se caracteriza por iniciarse antes de la presencia del estímulo, y en previsión de que este pueda aparecer en el futuro. «Va a ocurrir esto, así que ahora hago esto otro para evitarlo, o para asegurarme de que ocurrirá». Muchas de nuestras conductas son anticipatorias, y disponen de un tiempo de preparación muy superior al que normalmente utilizan las conductas reactivas. No obstante, las conductas anticipatorias también pueden generar problemas psicológicos y neurológicos. Es posible que patologías del dolor como la **fibromialgia**[1266,1267], o alteraciones mentales como la **paranoia**, sean la consecuencia de una conducta anticipatoria inadecuada. Se han publicado evidencias clínicas de muy diversa naturaleza que sugieren que, algunos tipos de dolor están facilitados por la anticipación de situaciones futuras de daño. En esta anticipación «algésica» de daño, participan tanto la corteza prefrontal como otras estructuras vinculadas a ella, como el cíngulo.

Neuroconstructo teleológico, comentarios finales

El neuroconstructo teleológico almacena y planifica ciencia, arte, filosofía y religión. Podemos generar planes teleológicos a partir de aspectos narrativos (como la historia de la conquista de Canarias), formales (como la geometría de Euclides), episódicos (como la 5ª Sinfonía de Beethoven) o extendidos (como la construcción del imperio romano). Los animales que nos precedieron pueden disponer de elementos de los otros constructos potenciales comentados con anterioridad. Sin embargo, el constructo teleológico solo parece operar de forma significativa en nosotros.

En el neuroconstructo teleológico también aparece la religión. Las religiones son quizás la expresión más marcada de la mente teleológica, y no queremos afirmar con ello que las religiones sean una mera «expresión» del constructo teleológico y nada más. Tras la religión hay un pozo de conocimiento profundo que no puede ser reducido a ninguno de los esquemas y modelos que aquí presentamos. De este pozo intentamos beber cada día, pero no es este el lugar para hablar de ello. Lo que queremos comentar aquí es que la religión, como fenómeno social, político y cultural, también es un producto del neuroconstructo teleológico. La mayor parte de las religiones, aunque no todas, proponen futuros posibles como el cielo, el paraíso, el nirvana, o el infierno. Junto con estas propuestas, se presenta un conjunto de acciones cuya realización permitiría alcanzar ese futuro. Para llegar a ese futuro hemos de transformarnos, y para esta transformación hemos de evitar algunos actos e insistir en otros. Muchas religiones reinterpretan el presente a partir de «realidades ocultas», que están a la espera de ser desveladas.

Para que este desvelamiento ocurra (iluminación, conversión...) se proponen planes de acción, que generalmente tienen componentes teleológicos. Por tanto, las religiones contienen elementos que se almacenan en el neuroconstructo teleológico, y que pueden ser utilizados para generar planes a medio y largo plazo. Con esto no queremos indicar que la religión, como tal, esté almacenada en la memoria teleológica, o que solo sea un neuroconstructo más. Como ya indicamos al principio del libro, la ciencia hace modelos operativos de la realidad, solo eso. La ciencia no aspira a conocer la verdad, solo a crear modelos que permitan pronosticar el futuro y elaborar planes eficientes para su control.

Algo parecido podríamos afirmar de las ideologías. Las ideologías proponen una interpretación de la realidad a la que te puedes adherir. Si te adhieres al marxismo aceptas que el entorno social está a punto de cambiar hacia mejor. Este cambio es inexorable, ya que está impulsado por circunstancias sociales objetivas que, tarde o temprano, terminarán promoviéndolo (ej. depauperización creciente del proletariado). Este cambio hacia el socialismo primero (a cada cual lo que le corresponde por su trabajo) y hacia el comunismo después (a cada cual todo lo que desee), puede ser acelerado si el proletariado se organiza para precipitarlo (ej. tras un partido organizado por la vanguardia proletaria). El leninismo propone un plan concreto de organización, un plan en el que la vanguardia del proletariado (el partido comunista) precipita la agudización de las contradicciones del sistema socioeconómico-político capitalista, organiza a la mayoría del pueblo (los proletarios que al no disponer de la propiedad de los bienes de producción han de trabajar para vivir), y todos juntos promueven un cambio brusco (revolución) que reintegra el poder político, y la propiedad de los bienes de producción, a sus legítimos propietarios, los trabajadores. También aquí se trata de un plan claramente teleológico.

Los animales, sin neuroconstructo teleológico, no parecen disponer de la posibilidad de generar planes a largo plazo que permitan modificar su futuro. El altruismo animal no está movido por planes de futuro, está movido por los condicionantes locales del momento o por patrones conductuales trasmitidos genéticamente (ej. cuidado de las crías). El altruismo humano también está promovido por las condiciones del momento y por la herencia genética.

Sin embargo, a estos factores hay que añadir los planes generados por el neuroconstructo teleológico, planes que pueden estar estructurados en ideologías, o ser de elaboración estrictamente personal. Con nuestra elaboración teleológica, imaginamos mundos posibles y acciones para alcanzarlos. Esta capacidad es la capacidad más genuinamente humana y, seguramente, la que ha permitido que nuestra especie controle todos los nichos ecológicos de la tierra, y se prepare para acceder a nuevos nichos en el exterior.

Capítulo 28
La dinámica integrada de los neuroconstructos: en los límites de la mente abierta

En los capítulos anteriores hemos comentado algunos aspectos generales sobre la dinámica de nuestra mente abierta. Presentamos la mente como compuesta por capas jerarquizadas e interactivas. Estas capas permiten procesar desde lo más elemental de la información sensorial, hasta lo más general y complejo que la experiencia previa nos ha permitido analizar y almacenar. Con ello podemos responder con rapidez a los requerimientos del entorno inmediato, pero también podemos crear una visión del mundo y hacer planes para cambiarlo. En todos los casos, nuestra mente trabaja con constructos que aglutinan, en escenarios unitarios y coherentes, el inmenso caudal de información que nos llega a cada instante.

La dinámica integrada de los neuroconstructos

Entre todos los escenarios de la mente abierta, solo el elaborado por el constructo incidental alcanza la consciencia. Este constructo de duración breve se corresponde con el presente psicológico, con el instante actual. El constructo incidental se alimenta, por un lado, con la información suministrada por el constructo mínimo, y por otro, con el conjunto de constructos potenciales arriba referidos. El constructo mínimo resume la información proveniente de cada órgano sensorial y, tras agruparla, la integra luego con la información proveniente de los demás órganos y dispositivos sensores del cuerpo. Luego remite la información sensorial reprocesada al constructo incidental, el cual busca en las inmensas sabanas de datos de los neuroconstructos potenciales, aquellos datos que guardan relación con la información entrante. Aparecen así los neuroobjetos, que representan aspectos del entorno que guardan características comunes de proximidad, estabilidad temporal, evolución unitaria, etc.

Los constructos potenciales almacenan lo acontecido durante toda la vida del sujeto, cada neuroconstructo desde su perspectiva. El constructo incidental pedirá a cada neuroconstructo potencial la información en su formato característico. Al constructo episódico le pedirá información sobre acontecimientos pasados que guarden alguna relación con los acontecimientos presentes. Al narrativo le pedirá historias relacionadas. Al formal le pedirá los algoritmos lógicos que puedan resultar útiles en este momento. Al extendido le pedirá información sobre las relaciones sociales de las personas presentes. Al teleológico las expectativas de futuro generadas con anterioridad en condiciones similares a la actual.

Los constructos potenciales son objetos fascinantes, objetos completamente diferentes a cualquier dispositivo artificial que hayamos creado para el procesado y almacenamiento de la información. Por sí mismos no gestionan nada, son entidades que permanecen pasivas mientras no sean reclamadas por el constructo incidental. Sin embargo, cuando se les reclama información la suministran en un formato exquisitamente estructurado. Tras su activación, los constructos potenciales ya no volverán a ser iguales nunca más. Los nuevos constructos, remodelados por la información entrante del momento, soportan un cambio continuo e irreversible.

La información entrante no se almacena en un lugar particular de cada neuroconstructo, donde pueda permanecer «incontaminada» hasta que los mecanismos del recuerdo reclamen su presencia. En realidad, la nueva información se mezcla con toda la información previa, cambiando la estructura general del neuroconstructo. Los neuroconstructos potenciales no son almacenes para clasificar y depositar ordenadamente la información. Son «artilugios», por llamarlos de alguna manera, que continuamente mezclan todo con todo, remodelándose sin cesar. No tienen límite de almacenamiento porque la nueva información no precisa de una ubicación específica o única, como ocurre en el disco duro del ordenador. La nueva información se almacena en sábanas de datos que ya están ocupadas, y su almacenamiento consiste en «reconfigurar» más que en «añadir». Todos los neuroconstructos potenciales se están reconfigurando continuamente, cada uno con la información que le es propia. El resultado de esta reconfiguración pasará desapercibido hasta que la información del constructo potencial sea reclamada nuevamente por el constructo incidental (Fig. 28.1).

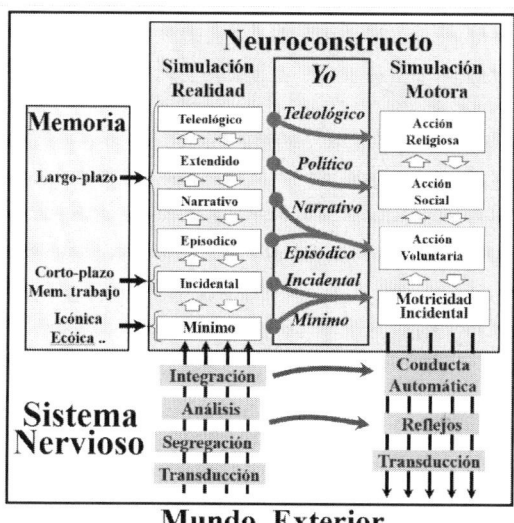

Fig 28.1 Simular el mundo

Para la descripción de los distintos neuroconstructos hemos acudido, a modo de ejemplo, a alteraciones neurológicas y psicológicas de alguna de sus funciones. Aunque estas presentaciones pueden resultar ilustrativas, también pueden promover una impresión falsa de precariedad mental. Si vemos la mente abierta solo a partir de sus disfunciones, podríamos percibirla como algo importante para nosotros, pero también demasiado delicado y vulnerable. Una mente así sería preocupante para el que la vive. Nuestra intención es otra. La perspectiva que presentamos quiere trasmitir un mensaje positivo y tranquilizador. Las cosas de la mente pueden ir mejor o peor, pero no hemos de preocuparnos en ningún caso, ya que solo se trata de neuroobjetos que circulan por nuestro escenario interior. Ideas, miedos, placeres y otros componentes que circulan de continuo por nuestra mente son tan solo «objetos». Neuroobjetos creados en la mente, y que hemos de considerar como lo que son. Si no lo hacemos, y permitimos al supervisor convertirlos en parte de nosotros mismos, estaríamos perdidos. Si nos dejamos encadenar a los «objetos» creados por nuestra mente, seremos arrastrados por ellos hacia su destino banal y efímero. Si soy la depresión, o la euforia que siento por momentos, estoy perdido. Si soy las ideas que ahora recorren mi mente, estoy en peligro. Cualquier debate podría destruir mi coherencia y condenarme al mismo ostracismo que tarde o temprano arrincona a las ideas. Todos los mecanismos y algoritmos de los que hemos hablado, desde las ideas y los sentimientos, hasta los aspectos aparentemente más íntimos de nuestros distintos yoes, son solo objetos. Ahí están, en la mente, en su medio natural. Desde esta perspectiva cabe preguntarse, ¿hay algo más aquí dentro, o solo soy un conjunto más o menos coherente de estos objetos tan vulnerables?

Desde distintos ámbitos de la psicología, la filosofía y la religión se nos presentan propuestas en las que nosotros, la vida, la materia y el conjunto del universo son mucho más que los objetos de nuestra mente. Propuestas en las que, el «ser» objetivo y externo y los «modelos» mentales son de naturaleza radicalmente distinta. Algunos afirman que el hombre solo puede acceder a modelos mentales, y que nunca conocerá la realidad tal como es, en el caso de que algo así exista. Otros afirman que, aunque los neuroobjetos creados por la ciencia son de gran utilidad práctica, el ser humano es capaz de conocer también mediante otros procedimientos. Este no es lugar para profundizar en estos aspectos, y quizás el futuro nos depare mejores oportunidades para ello. Lo que sí queremos hacer aquí es terminar la presentación de la mente abierta desde una perspectiva más «dinámica» y «humanista».

La dinámica automática de los neuroconstructos

Hemos diseccionado la mente abierta para mostrar, por separado, las principales «capas funcionales» que lo integran. Esto podría producir la falsa impresión de que cada capa puede interaccionar con las demás, pero manteniendo su autonomía. En realidad, esto no es así. La interacción entre los distintos neuroconstructos es muy intensa, tan masiva que todos los neuroconstructos podrían ser considerados como uno solo. Comentarlos por separado permite exponer la dinámica mental de una forma más ordenada. No obstante, esta estrategia expositiva no nos debe hacer creer que los neuroconstructos existen de forma independiente y pueden ser diseccionados con precisión.

Tampoco hemos de pensar que a cada neuroconstructo le corresponde alguna región cerebral concreta. A finales del siglo xix, los frenólogos pensaban que disponíamos de regiones corticales específicas para cada tarea. Según ellos, disponíamos de zonas corticales para nuestra conducta en la familia, zonas para la agresión y el delito, y para casi cualquier cosa que los humanos hacemos. Desde entonces, la concepción científica de nuestro sistema nervioso ha cambiado mucho. Hoy predomina la idea de que las tareas las hacen redes neuronales específicas, y de que los integrantes de cada red pueden estar dispersos por la corteza cerebral y los centros subcorticales. La conducta humana es monotélica. Si ejecutamos un patrón motor complejo no ejecutamos otro patrón contrario o, simplemente, diferente. Se selecciona uno, y ese es el que se ejecuta. Podemos identificar muchas redes neuronales diferentes que pueden trabajar en paralelo. Pero al final, todas las redes trabajan de forma conjunta e integrada. Nuestro cerebro es una red de redes. De la misma forma, nuestra mente es una mente de mentes o, en otros términos, un neuroconstructo que integra todos los neuroconstructos en uno solo. Este neuroconstructo global agrupa todos los neuroconstructos parciales, los efectivos (mínimo e incidental) y los potenciales (episódico, narrativo, formal, extendido y teleológico). Finalmente, todos los neuroconstructos funcionan como uno solo.

Con esta dinámica global, se integra la información del momento con la almacenada previamente y la información del entorno con la de la memoria. Toda la información disponible puja por controlar la dinámica de esta red de redes, de este neuroconstructo de neuroconstructos. Si todo el dispositivo estuviera a expensas de la información que nos llega del entorno a cada momento, la supresión de esta información, por ejemplo, con la deprivación sensorial, detendría todo el dispositivo mental. Esto no es así, y basta con cerrar los ojos en una habitación oscura y silenciosa para apercibirnos de que la mente, lejos de pararse, se dispara por caminos insospechados. En realidad, parar la mente es una tarea muy difícil, incluso para meditadores con miles de horas de práctica. Para nosotros es imposible. La mente solo parece ralentizarse un poco en las fases de sueño sincronizado, momento en el que estamos dormidos, pero no presentamos ensoñaciones. Pero incluso en estas condiciones, la mente no se para del todo. Se ralentiza, y pasamos a observar imágenes estáticas que luego no recordaremos al despertar. Por otro lado, podemos intentar orientar voluntariamente nuestra mente en una sola dirección. Por ejemplo, podemos hacer que nuestra mente siga la respiración y no admita ninguna otra tarea. El depósito de la atención voluntaria en estímulos particulares, o en tareas motoras simples, funciona por momentos. Segundos o minutos después, nuestra mente toma su propio rumbo, y comienza a atender a otros estímulos del entorno, o a tareas mentales nuevas e insospechadas. La red por defecto es un ejemplo de cómo nuestra mente global dispone de recursos propios, que no están siempre bajo el control de nuestra voluntad.

La red por defecto

¿Qué hace la mente cuando ni nosotros le proponemos tareas ni el entorno le pide soluciones? Cuando nada parece requerir sus servicios, la mente entra en una actividad frenética y generalmente muy bien estructurada. Es la denominada *actividad de reposo*. La actividad de reposo (*resting state activity*) aparece cuando no hay tareas urgentes para nuestra mente. En estas condiciones la mente activa una lista de tareas no resueltas que habían permanecido silentes durante la realización de tareas explícitas previas. Para algunos, esta actividad «residual» se traduce frecuentemente en «preocupaciones», siendo en ciertas condiciones patológica la base de las «rumiaciones» mentales reiterativas que se pueden observar, por ejemplo, en los TOC. Para otros, esta actividad residual resulta ser una ventaja personal, familiar y profesional de primer orden. Durante el reposo de tareas, se activa una red neuronal conocida como la *red por defecto*[1268-1279], una red cuyos centros principales (**área prefrontal medial** situada rostralmente a la corteza cingulada anterior y **núcleo precúneo** situado caudalmente a la corteza cingulada posterior), mantienen una intensa interconexión con la inmensa mayoría de las otras áreas de la corteza cerebral, y con numerosos centros subcorticales. Esta es quizás la red neuronal más compleja e interconectada de todo el cerebro, la red que más energía requiere para su funcionamiento. Cuando esta red se activa, las tareas pendientes comienzan a ejecutarse, solo que ahora utilizando una red muy interconectada. Esta red es capaz de encontrar soluciones nuevas a viejos problemas no resueltos, que precisan de asociaciones creativas que no resultaron evidentes cuando las tareas fueron abordadas desde la perspectiva «tradicional». Gracias a su profusa interconexión, la red por defecto sería capaz de asociar variables de muy diversa naturaleza, encontrando asociaciones que nunca habrían sido buscadas voluntariamente.

Muchos de los grandes descubrimientos de la ciencia pudieron realizarse justo cuando sus descubridores descansaban plácidamente. Son las «ocurrencias» inexplicables que cuentan muchos científicos. Ocurrencias que parecen surgir de la nada, y que podíamos ejemplificar en el descubrimiento de las leyes de la gravedad. Newton descansaba del trabajo de la mañana, cuando cae una manzana y, «eureka», toda la física de la gravedad clásica aparece repentinamente ante sus ojos. Descansar no es necesariamente una actividad ociosa e improductiva. Descansar «sin hacer nada» puede ser muy fructífero, ya que es el momento en el que la mente se libera de tareas voluntarias, y le permitimos que busque las soluciones a los problemas pendientes, ahora de forma libre y creativa. Son las soluciones que aparecen cuando no las buscamos, las soluciones insospechadas.

Por tanto, la dinámica interactiva entre los distintos neuroconstructos nunca se detiene. Es una dinámica que, como la de los motores de los barcos, nunca se apaga. No obstante, hay una diferencia esencial entre el rolar de los motores de los barcos y la actividad de nuestra mente. Los motores de los barcos no se detienen cuando este está en puerto y ya no mueve las hélices para navegar. Estos motores siguen rolando, no para hacer algo útil, sino para permanecer activos, y evitar el elevado coste que supondría volver a activarlos si se detienen. Cuando el cerebro está en «puerto» y no mueve las hélices para ejecutar tareas mentales voluntarias con un objetivo específico, tampoco se detiene. Solo que, en este caso, la actividad si resulta productiva. Se trata de buscar soluciones creativas para problemas no resueltos, y buscarlas mientras dejamos descansar a nuestros motores voluntarios.

La dinámica de los neuroconstructos desde la perspectiva humanista

Para comentar el modelo de los neuroconstructos desde la **perspectiva humanista**, elegimos la filosofía positiva y la Psicología del Ser. *Abraham Maslow*[1280-1282], uno de los principales exponentes de la psicología humanista estadounidense, propuso que el ser humano dispone de una tendencia básica hacia la salud mental, la cual se manifiesta en procesos continuos de búsqueda de autoactualización y autorrealización (hombre autorrealizado). En su propuesta, las necesidades humanas están organizadas de forma jerárquica, y de acuerdo con un orden que denominó «pirámide de la jerarquía de las necesidades». En la base de la pirámide estarían las necesidades más básicas, necesidades fisiológicas como la respiración, la alimentación o el sexo. Al ascender por la pirámide, nos encontramos primero con las necesidades de seguridad (salud, familia, empleo...) y luego con las de aceptación social (amistad, afecto...). A continuación, aparece la necesidad de autoestima (respeto, éxito...) y, finalmente, la de autorrealización (creatividad, moralidad, aceptación de los hechos...). En su estado realizado, el ser humano atiende todas sus necesidades, alcanzando la cima de la autorrealización solo cuando las necesidades de los estratos inferiores de la pirámide han sido resueltas. Cuando estas necesidades están resueltas, el ser humano está en disposición de experimentar la denominada *experiencia cumbre*[1283-1286], con la que la persona se siente completa, viva y autosuficiente. Entonces, se percibe a sí mismo como la continuación del mundo, y no como un ser independiente y aislado.

Para Maslow, las personas autorrealizadas presentarían «metamotivaciones» que las impulsan a desarrollar su potencial completo, y a promover el máximo potencial del grupo y de la sociedad en la que viven. Durante la experiencia cumbre, el individuo se percibe trascendiendo su ego, lo que facilita la aparición de conductas altruistas que permiten ir más allá de los propios intereses. Las experiencias «cumbre» son entonces sentidas como un momento autovalidante y autojustificativo, una experiencia que proporciona al sujeto su propio valor intrínseco, y cuya presencia ocasional le resulta tan relevante que da valor y provee de «sentido vital» a todo el resto de su existencia. Con las experiencias descritas por Maslow, lo que ocurre ahora es percibido como acorde a una finalidad que viaja hacia atrás desde algún momento en el futuro, hasta invadir el presente. Una de las características de estas experiencias es su desubicación espacio-temporal. La percepción de «sentido vital» proviene de no se sabe dónde ni cuándo, desplazando al sujeto más allá de su yo, para llevarlo a otro mundo habitado por una eternidad desubicada. La experiencia-cumbre no puede ser comunicada a quien no la haya experimentado en su propia vida, ya que, como comentamos, el lenguaje humano es básicamente un modo de señalización experiencial intersubjetiva[1287,1288]. Tampoco es susceptible de justificación, ya que cualquier intento de justificarla terminaría en una banalización de la propia experiencia.

Las experiencias-cumbre de Maslow guardan una marcada similitud con otras descritas a finales del siglo xix por William James. Las experiencias descritas por William James en su estudio *Las variedades de la experiencia religiosa* son muy similares a las **experiencias místicas** descritas previamente por autores muy diversos de diferentes culturas y religiones. Consideradas por algunos como el núcleo primordial de las religiones, estas experiencias suelen contener elementos propios del entorno sociorreligioso donde se producen[1289]. Por ejemplo, las experiencias místicas de los cristianos pueden incluir visiones de la Virgen María, una circunstancia que no se produce en las experiencias místicas de budistas o hinduistas. Sin embargo, todas estas experiencias disponen de un núcleo central que es igual en todos los casos, y que no depende de la cultura o la religión donde se produce[1289]. La similitud interreligiosa resulta evidente cuando se analizan las experiencias místicas ocurridas en musulmanes (ej. sufismo), taoístas, cristianos, budistas (ej. zen), hinduistas y creyentes judíos[1290-1298]. También se han descrito experiencias místicas no vinculadas a una religión particular[1299]. El núcleo central de estas experiencias místicas «ateas» también es similar al descrito por personas vinculadas a una religión, solo que sus contenidos accidentales están más asociados a elementos culturales (ej. pictóricos, musicales, poéticos...), o simplemente están ausentes. Las prácticas religiosas ya estaban presentes en las sociedades humanas más primitivas, y ninguna sociedad está libre de ellas. La actitud religiosa parece ser connatural al ser humano y, según algunos estudios recientes, también podría estar presente en homínidos como los neandertales.

No es este el lugar para profundizar en la experiencia-cumbre, en la mística o en la religión, las que quizás podrían ser consideradas como un salto hacia delante que trasciende las cotas más recientes y elevadas de la mente teleológica. Por encima de toda la conceptualización que aquí se presenta, hemos de mantener abierto nuestro corazón a lo que nos trasciende. Nuestra mente abierta es, como hemos podido comprobar, una herramienta inmensamente poderosa. Es la herramienta más poderosa la que ha conquistado el mundo. Sin embargo, solo somos humanos. Solo podemos ver lo que nuestra mente nos configura. Solo vemos sus «modelos», sus «objetos mentales». Aunque estamos obligados a utilizarlos para adaptarnos al mundo que nos rodea y para proyectar el mundo futuro que queremos, no hemos de perder la perspectiva a la que hemos llegado recorriendo las mentes que nos precedieron, y nuestra propia mente. La realidad no es lo que nuestra mente nos presenta. Nuestra mente nos presenta un «modelo», y hasta ahí podemos llegar. Solo podemos conocer el mundo como el ser humano puede hacerlo. Surgen, no obstante, preguntas que quizás aún hoy no podemos responder convenientemente. ¿Puede el ser humano desarrollar «artefactos» capaces de conocer más allá de lo que nosotros podemos hacerlo?, ¿es posible la existencia de mentes más poderosas que nuestra mente abierta? Y si fuera así, ¿podemos nosotros crear esas mentes? En los próximos capítulos haremos algunas consideraciones en esta dirección.

CUARTA PARTE:

La mente artificial, el producto más reciente de la mente humana

Capítulo 29
La mente artificial: robot, ciborg e inteligencia artificial (IA)

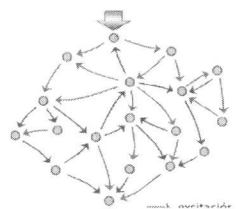

Todas las mentes comentadas hasta aquí se originaron de forma natural. Todas emergieron espontáneamente, siguiendo un avance que no se ha detenido nunca hasta la aparición de la mente abierta de la que dispone el ser humano. ¿Será este el final de la vertiginosa carrera de la mente universal? La respuesta es «no». La siguiente mente ya está aquí, y se trata de una mente creada por nosotros, la **mente artificial**. Su aparición es reciente, pero su desarrollo es fulgurante, ya que no está sometida a las mismas leyes que su creador. Como veremos al final del capítulo, en algunos aspectos estas nuevas mentes ya superan a la nuestra.

La concepción inicial de la mente artificial fue bastante anterior a su materialización en dispositivos reales. Descartes, en el siglo xvii, ya se preguntaba por la posibilidad de construir engranajes mecánicos que pudieran emular el pensamiento humano. A principios del siglo xx se comenzaron a construir calculadoras mecánicas cuya utilización se prolongó hasta la década de los 60. Entonces, el desarrollo de la electrónica permitió sustituir los engranajes mecánicos por estructuras eléctricas. Los nuevos dispositivos eléctricos ya van más allá del cálculo matemático, permitiendo hazañas tan espectaculares como descifrar el código nazi, una proeza con la que *Alan Turing*[1300,1301] influyó en el curso de la II Guerra Mundial. El desarrollo de la electrónica facilitó la creación de procesadores de propósito general (*hardware*), cuya función depende del programa introducido (*software*). Con ello se expandió enormemente la aplicación práctica de los ordenadores, que ganaron en potencia y rapidez de forma acelerada. De hecho, algunos pronostican que pronto unos dispositivos artificiales podrían crear otros, sin necesidad de involucrar directamente a la mente humana en el proceso creativo. A ese momento le denomina *singularidad*[1302]. Algunos expertos creen que la aparición de la singularidad no tardará mucho y que, cuando esto ocurra, será un evento rápido y fulgurante. En cuestión de minutos u horas, los dispositivos artificiales generados por otros dispositivos artificiales (**dispositivos metartificiales** de primera generación) podrían producir nuevos dispositivos metartificiales de segunda generación aún más inteligentes, que a su vez crearían la tercera generación, y así sucesivamente. El resultado sería un incremento imparable de la mente artificial que, en un breve intervalo, podría desplazar a la mente abierta del ser humano de su posición central y determinante. A continuación, se presenta una descripción del soporte material sobre el que crece la mente artificial, comparando sus ventajas y desventajas en relación con la mente humana. Como veremos, la mente de los dispositivos de soporte sobre los que se cimenta la inteligencia artificial actual se construye con mentes PAI. En el próximo capítulo comentaremos otra mente artificial más reciente, que pretende construirse sobre dispositivos capaces de utilizar las mentes cuánticas que aparecieron en los albores del universo.

Mente artificial vs. mente natural

El cerebro es un procesador líquido de información, que precisa unas condiciones estables de humedad y temperatura, y al que hay que alimentar continuamente con multitud de elementos químicos sin los cuales se deteriora de forma rápida e irreversible (ej. oxígeno y glucosa). Surgió espontáneamente en el seno de las aguas marinas, y al conquistar la tierra llevó consigo las condiciones de salinidad, temperatura, etc., en las que se había generado. Con la evolución, el cerebro aumentó sus capacidades, pero conservó su dependencia a las condiciones biológicas de la vida. Esta dependencia limita su desarrollo futuro, y su adaptación a entornos que resulten más demandantes que aquellos en los que ha evolucionado. El desarrollo de la mente del ser humano está sometido a las leyes de la evolución, por un lado, y a las dinámicas socioculturales, por otro. La acción de la adaptación evolutiva es necesariamente lenta y, aunque la edición génica podría acelerar la evolución de nuestro cerebro, este siempre estará condicionado por el soporte biológico que le es propio. Se trata de un soporte endeble basado en la química del carbono, y en procesos vitales que por su propia naturaleza son inestables y vulnerables.

Como ya hemos comentado en distintas ocasiones, el soporte físico de la mente natural utiliza el trasiego de iones (sodio, potasio...) a través de membranas celulares como base para el procesamiento de la información. La mente artificial utiliza el trasiego de electrones o fotones a través de puertas lógicas, construidas sobre nanocircuitos de silicio. Estos dispositivos funcionan con una dinámica digital, y resultan extremadamente rápidos y fiables. La información, una vez ha entrado en alguno de estos dispositivos, ya puede fluir libremente entre ellos, ser transferida y procesada a gran velocidad, y ser almacenada de forma estable. La mente artificial no está sometida al envejecimiento y al deterioro asociado a los fenómenos propios de la vida. Los dispositivos de la mente artificial pueden proyectarse a voluntad y sus tareas pueden modificarse sin necesidad de cambios estructurales, cambiando simplemente el *software* que modula el trasiego electrónico. Por ahora, el desarrollo de estos sustratos mentales ha de ser proyectado y ejecutado por el ser humano, por lo que la actividad de la mente artificial está controlada por nosotros. Sin embargo, esta situación podría cambiar pronto. Los dispositivos artificiales más complejos ya no pueden confeccionarse sin el uso de otros dispositivos artificiales más simples. El desarrollo de los microchips que pueblan nuestros ordenadores y teléfonos móviles ya no es posible si no contamos con otros dispositivos artificiales que faciliten los cálculos necesarios para su diseño y construcción.

En el capítulo 6 se comentó cómo la mente biológica se estructuró sobre la química del carbono, el hidrógeno, el nitrógeno y el oxígeno, y el trasiego del Na^+, K^+, Cl^- y Ca^{++} por las membranas de las células (Fig. 4.4). Aunque estos átomos también pueden generar estructuras homogéneas y estables (ej.

grafito), no son las más adecuados para la computación electrónica. Para ello es más practico usar metaloides como el boro, el silicio y el germanio, junto con metales como el galio y no metales como el fósforo (Fig. 29.1).

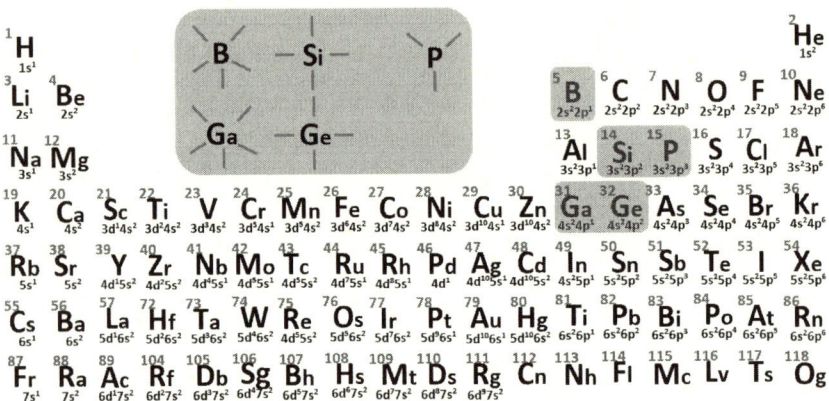

Fig. 29.1 Tabla periódica y microchips

Aquí, el **átomo estructurante clave es el silicio. Como el carbono,** el silicio dispone de 4 electrones en su última capa, con lo cual resulta muy reactivo (Fig. 29.2 A). Los electrones de valencia del silicio están en la tercera capa electrónica, y al estar más alejados del núcleo que los electrones del carbono (que están en la segunda capa), pueden liberarse del núcleo con más facilidad. Los electrones liberados pueden viajar de unos átomos a otros (corriente electrónica), por lo que se les denomina *electrones de la banda de conducción*. Los metales sólidos, como el hierro, disponen de electrones en su banda de conducción que pueden desplazarse fácilmente de unos átomos a otros. Por ello son considerados como materiales **conductores** de la corriente electrónica. Como el hierro, el silicio forma a temperatura ambiente estructuras sólidas (Fig. 29.2 B). Sin embargo, los electrones superficiales del silicio se resisten a saltar de unos átomos a otros **más de lo que lo hacen los electrones de los metales. Por ello, el s**ilicio no es un buen conductor electrónico. No obstante, el salto de sus electrones puede facilitarse proporcionándoles energía en forma de calor o luz. Al encontrarse entre los conductores y los aislantes de la corriente electrónica, el silicio es considerado como **semiconductor**.

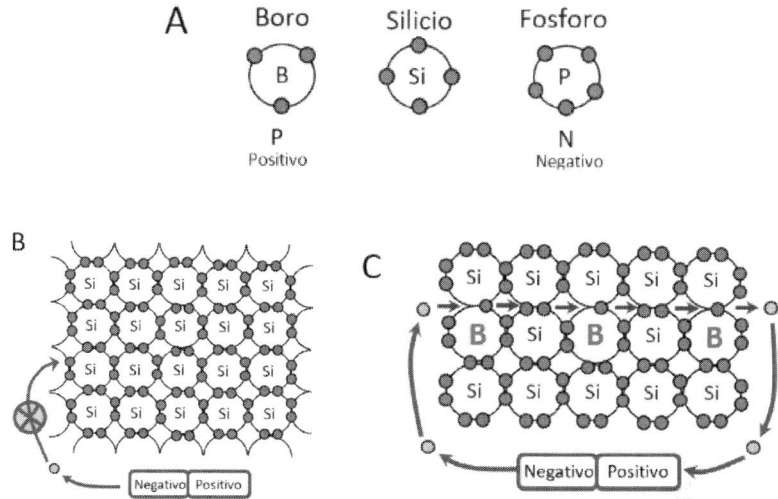

Fig. 29.2 Silicio para microchips

Una forma práctica de facilitar la conducción electrónica de los semiconductores es mezclar (dopaje) sus átomos con otros átomos que tengan más facilidad para captar (boro con 3 electrones en su última capa) o ceder (fósforo con 5 electrones en su última capa) los electrones de la banda de conducción. Los semiconductores dopados permiten el paso de la corriente cuando son incluidos en un circuito eléctrico (Fig. 29.2 B vs. C). Si se ponen en contacto dos semiconductores de silicio con distinto dopaje, los electrones tienden a fluir desde el que está dopado con **fósforo** (5 electrones - carga negativa; **semiconductor tipo N**) al que está dopado con **boro** (3 electrones - carga positiva; **semiconductor tipo P**).

A la unión de un semiconductor P con uno N se le denomina *diodo* (fig. 29.3 A vs. B). En trasiego electrónico por un diodo puede producir luz (**LED**; *light-emitting diode*), y con el dopaje adecuado se consiguen luces con longitudes de onda (color) selectivas. Cuando los fotones emitidos por un diodo se ponen en fase se producen los **diodos láser** (ej. los de las impresoras o los reproductores de DVD). Actualmente también se hacen LEDs a partir del carbono (**OLED**; *organic light-emitting diode*), que son habitualmente utilizadas en las pantallas de los móviles. No obstante, para el desarrollo de la mente artificial, lo más útil de los diodos es su capacidad para comportarse como una válvula, que permite el flujo de electrones en una dirección (Fig. 29.3 C), pero no en la otra (Fig. 29.3 D).

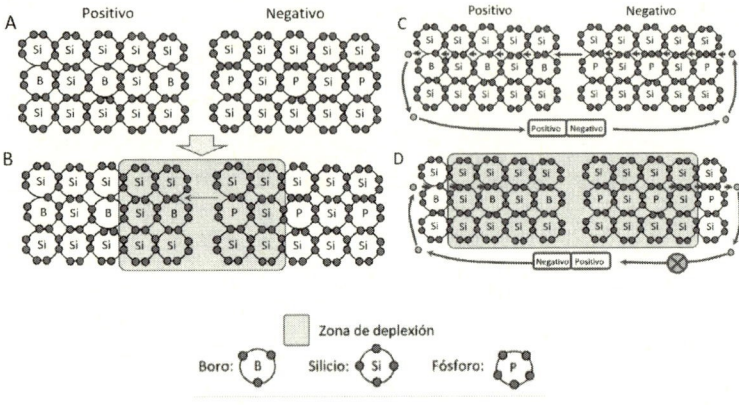

Fig. 29.3 Diodo

Con la inclusión de un semiconductor P entre dos semiconductores N se creó un dispositivo que resultó ser sumamente útil para el desarrollo de los ordenadores, el **transistor**. El transistor más habitual en los ordenadores es el transistor de efecto campo (FET, *field effect transistor*) que, como se muestra en la Fig. 29.4, permite el flujo de electrones desde un semiconductor N (emisor) al otro semiconductor N (colector), pasando por un semiconductor B (base) interpuesto. La cantidad de electrones que consiguen atravesar la capa del semiconductor B puede ser controlada extrayéndole sus electrones. La extracción de un número pequeño de electrones a la base hace que el flujo electrónico desde el emisor al colector se modifique de forma drástica. Con ello, las pequeñas corrientes de la base se transforman en grandes modificaciones de corriente entre el emisor y el colector, con lo que el transistor puede utilizarse como amplificador de corriente. Además, el transistor puede utilizarse para generar dos estados distintos, *ON* (con paso de corriente) y *OFF* (sin paso de corriente), un cambio que se hace sin tener que modificar la polaridad de la fuente de energía (como tendríamos que hacer si usamos un diodo). Esta capacidad del transistor se usa para generar el 0 y el 1 del código binario que, como comentaremos, es la base del procesamiento digital de la información.

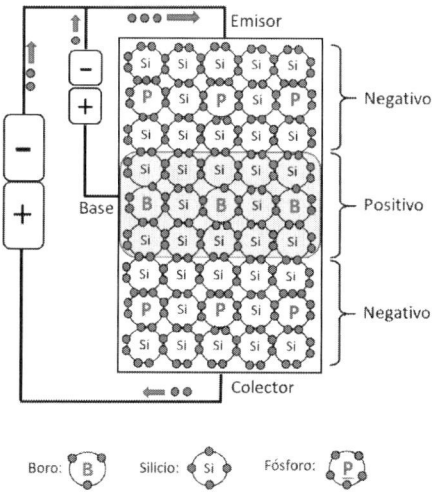

Boro: B   Silicio: Si   Fósforo: P

Fig. 29.4 Transistor

Los transistores se pueden combinar por millones en pequeñas superficies de silicio, generándose así inmensos circuitos para el procesamiento de la información digitalizada. Como se muestra en la figura 29.5, los datos provenientes del entorno son inicialmente digitalizados como secuencia de ceros y unos. Los primeros ordenadores desarrollados durante los años 50 y 60 eran ordenadores analógicos que trabajaban con señales continuas. Para sumar dos valores, estos ordenadores sumaban señales analógicas que representaban los valores a sumar, y medían el resultado. Para sumar 3 + 5, podían combinar señales de 3 y 5 voltios, midiendo luego los voltios resultantes de la suma. Sin embargo, en el mundo macroscópico las señales analógicas se contaminan con «ruido». Una señal de 3 voltios no se mantiene estable, fluctuando continuamente entre valores próximos (3,003, 3,001, 2,992...). Con ello se reduce la precisión del cálculo, imprecisión que aumenta con la acumulación de operaciones sucesivas. Como alternativa se desarrollaron los ordenadores digitales. Aparecía entonces el BIT, el elemento mínimo de trabajo de nuestros ordenadores digitales.

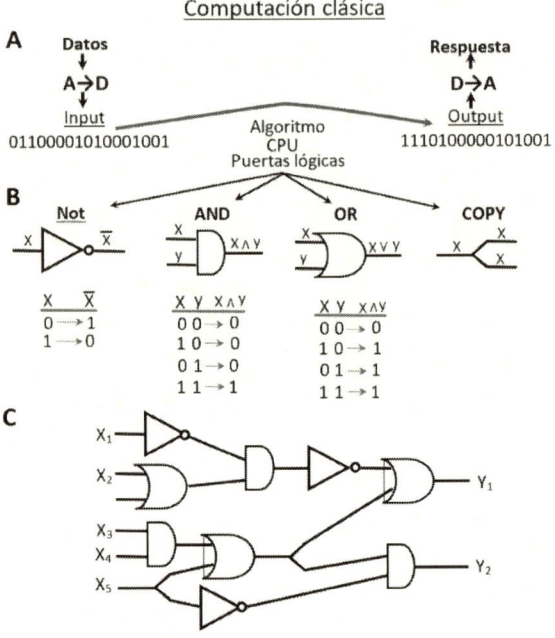

Fig. 29.5 Puertas lógicas clásicas

El **BIT** de los procesadores digitales es binario, y solo dispone de dos valores posibles, el 0 y el 1. Los voltajes inferiores a 1 voltio son considerados como un 0, mientras que los superiores a 3 voltios son considerados como un 1. Esta «compresión» binaria permite reducir sustancialmente los efectos deletéreos que el ruido genera en los cálculos informáticos. Cuando las señales analógicas son digitalizadas, sus fluctuaciones ruidosas desaparecen, pero su elemento mínimo de información, el BIT, solo puede albergar un cero o un uno. En estas circunstancias, los elementos computables han de estar compuestos por Bits agrupados en una sucesión.

¿Cómo se puede trabajar con palabras, frases o textos utilizando solo Bits? Para hacerlo, cada letra tiene que ser codificada en una sucesión de ceros y unos. El número de estados codificables con una sucesión de N BITS es 2^N, con lo que con 8 Bits disponemos de 256 elementos de codificación. Estos elementos ya son suficientes para codificar todas las letras del abecedario y muchos de los signos más habituales. En el código ASCII (*American Standard Code for Informaction Interchange*) se utilizan solo 7 Bits (127 valores) para representar las letras, los números y los signos más utilizados en los ordenadores. Cada conjunto de 7 números binarios representa una letra o signo. Por ejemplo, la representación binaria de la «A» es 1000001, y la de la «a» es 1100001. De esta forma, los ordenadores digitales pueden trabajar con textos, utilizando para ello la representación binaria de las letras. Los Bits se agrupan normalmente en unidades de 8, formando con ello un **BYTE u octeto**. Muchos de los ordenadores actuales trabajan con palabras de 64 Bits (8 BYTES) que son procesadas en paralelo. Las tareas de los ordenadores digitales suelen requerir un número muy grande de Bytes. Para codificar una letra nos basta con 1 BYTE, para codificar una fotografía de tamaño medio necesitamos 10^5 Bytes, y para una novela media 10^6 Bytes. Google maneja cada hora unos 10^{15} Bytes, e Internet puede acceder a no menos de 10^{21} Bytes. Un ordenador medio puede almacenar en su disco duro más de 10^{13} Bytes.

La actividad de los ordenadores digitales está modulada por un reloj interno cuyos pulsos (habitualmente más de 5×10^9 pulsos/segundo) son utilizados para realizar operaciones sencillas con palabras individuales de 64 Bits. Son operaciones simples que están controladas por la secuencia de órdenes del programa. En sistemas de programación de alto nivel, como el C++, cada secuencia de programa llama a un subprograma que incluye, a su vez, otras secuencias de órdenes de bajo nivel, que ya controlan el desplazamiento, el procesado y el almacenamiento de Bytes.

Los datos y las instrucciones del programa se mueven por micro circuitos electrónicos de estado sólido (microchips) capaces de almacenar inmensas sabanas de datos binarios. El procesado de la información se realiza en una unidad central de proceso (CPU, *Central Processing Unit*), que recibe los datos, y las instrucciones del programa que indican qué hacer con ellos. La CPU incluye una unidad lógico-aritmética ALU (*aritmetic-logic unit*), registros para los datos que se están procesando, y una unidad de control que recibe las instrucciones del programa y organiza la actividad de la CPU. Todo el dispositivo utiliza transistores, un invento de los años 20 (Julius Edgar Lilienfeld) que, como ya comentamos, en los años 50 pudo implementarse en un soporte sólido (semiconductor de silicio, arseniuro de galio...), y cuyo tamaño se ha ido reduciendo hasta conseguir construir cientos de miles de transistores interconectados por centímetro cuadrado. Esta reducción ha permitido incrementar el número de transistores en el circuito integrado de la CPU del ordenador, un número que en 2030 podría alcanzar los 10^{12} transistores.

Los transistores de las puertas lógicas de la CPU permiten realizar las operaciones booleanas sencillas en las que se basa el procesado de información binaria. Como se muestra en la figura 29.5 B, entre estas encontramos la operación AND (emite un 1 cuando las dos entradas son 1), OR (emite un 1 cuando cualquier entrada es un 1), OR-exclusiva (emite un 1 cuando solo una de las entradas es 1), NO-Y (emite un 1 siempre que las dos entradas no sean un 1), NO-O (emite un 1 siempre que las dos entradas sean un 0), y la NOR-exclusiva (emite un 1 cuando las dos entradas sean iguales). Se trata, por tanto, de dispositivos capaces de trabajar con los datos binarios del ordenador digital. En cada operación booleana de cada uno de los transistores de la CPU intervienen millones de electrones que actúan de forma conjunta (mentes PAI) y muy alejada de las operaciones que comentaremos luego para el caso de los ordenadores cuánticos. Las puertas lógicas son finalmente combinadas en circuitos más complejos, que realizarán las operaciones necesarias para el procesado digital de la información (Fig. 29.5 C).

Los ordenadores actuales son seriales, lo cual significa que no pueden realizar dos tareas simultáneamente. Las tareas a realizar son ordenadas en una secuencia temporal, siendo ejecutadas de forma sucesiva, una tras otra. Podemos tener la impresión de que nuestro ordenador realiza tareas en paralelo, pero esto ocurre porque habitualmente trabaja a tiempo compartido. El trabajo a tiempo compartido sigue siendo serial, solo que ahora el programa general se interrumpe de forma periódica, pasando de ejecutar subrutinas dedicadas a aspectos particulares como mirar el teclado, a ejecutar otras como poner datos por pantalla, hacer cálculos, etc. Por tanto, estas diversas actividades no se realizan conjuntamente. Son tareas «troceadas» que, aprovechando la velocidad de los ordenadores digitales, pueden irse ejecutando de forma parcial, cuando las interrupciones internas del ordenador, o ciertas secuencias de control incluidas en el programa principal lo permiten. No obstante, algunos ordenadores disponen de circuitos integrados con varias CPUs (*multi-core processors*), que permiten acelerar el análisis de la información.

Finalmente, los datos analizados son convertidos en secuencias analógicas (letras, imágenes...) y devueltas al exterior (Fig. 29.5 C). Por lo tanto, el procesado digital siempre conlleva la realización de un número ingente de operaciones secuenciales (seriales). Se trata de millones de tareas que pueden ser realizadas en un tiempo razonable gracias a que nuestros ordenadores ejecutan millones de operaciones por segundo. Esta capacidad ha permitido el desarrollo de infinidad de aplicaciones prácticas con las que la sociedad se ha digitalizado. Recientemente, estas aplicaciones han presentado un gran salto hacia delante gracias al desarrollo de la **inteligencia artificial** (IA).

Desarrollo de la IA

En los años 40 y 50 se desarrollaron distintos programas orientados a resolver problemas lógicos de naturaleza abstracta, y junto a ellos se desarrollaron otros que, como el programa de Arthur Samuel para jugar a las damas, también podían realizar tareas específicas. Estos programas generaron grandes expectativas, ya que no parecía existir un límite teórico que impidiera que los dispositivos artificiales pudieran alcanzar las habilidades del pensamiento humano. John McCarthy (1956) propuso entonces el concepto de **inteligencia artificial**, para identificar a las teorías, procedimientos y aplicaciones que permiten simular, complementar o expandir la inteligencia humana.

El optimismo generado inicialmente en torno a la IA comenzó a desinflarse luego, cuando se intentaron afrontar metas más ambiciosas, como el análisis de imágenes o del lenguaje humano. Las expectativas en torno a la IA han fluctuado mucho desde entonces. Durante años, una parte de los investigadores se conformó con desarrollar dispositivos que ayudaran a la mente humana a realizar tareas parciales, aunque sin pretender suplirla (**inteligencia artificial débil, estrecha o restringida**, *Artificial Narrow Intelligence* **ANI**). Dado que no se encontraban razones por las cuales los dispositivos artificiales no pudieran alcanzar a la mente humana, comenzaron a abordarse objetivos cada vez más ambiciosos, apareciendo la denominada *inteligencia artificial fuerte o general* (*Artificial General Intelligence* **AGI**), una inteligencia para resolver cualquier tarea, y no solo tareas específicas de apoyo al pensamiento humano.

Sistemas expertos

La estrategia para el desarrollo de la ANI utilizaba «algoritmos» diseñados a partir de la experiencia de expertos en ámbitos concretos. Los expertos aportan información sobre cómo ellos afrontan cada problema concreto, y esta información se utiliza para desarrollar algoritmos digitales que realizan la tarea de la misma forma que el experto (**sistema experto**). Un ejemplo de programa experto fue el desarrollado por Edward Feigenbaum en la Universidad de Stanford, un programa que con los datos aportados por un espectrómetro de masas permitía determinar la estructura molecular de compuestos químicos. Los algoritmos ANI utilizan las reglas dictadas por expertos en una disciplina de conocimiento desarrollada para analizar datos brutos y proponer modelos que permitan explicarlos. Es algo así como, «si detecto esto es que está pasando esto otro», o «si ocurre esto tengo que generar esta respuesta». Los sistemas expertos pueden generar soluciones prácticas y económicas en muchas situaciones y, de hecho, han venido utilizándose durante los últimos 50 años, en bancos, industrias y muchos otros ámbitos. Los sistemas expertos presentaron un desarrollo ulterior basado en la denominada *lógica difusa*[1303-1307]. Esta lógica remeda la lógica humana, por la cual nada es completamente blanco o negro, y todo tiene niveles intermedios de gris (ver comentarios posteriores). El uso de esta lógica facilitó el desarrollo del llamado *motor de inferencia*[1308-1310], el cual es capaz de realizar inferencias lógicas a partir de las reglas previamente implementadas, y de los datos disponibles en cada momento. Con estos motores, se simplifica y automatiza el desarrollo de sistemas expertos, agregándose muchas más reglas con menos esfuerzo de programación. Los sistemas expertos con motor de inferencia siguen siendo utilizados en situaciones que no demandan mucha inteligencia como, por ejemplo, para el control de equipos de aire acondicionado, o de lavavajillas. No obstante, los sistemas expertos son muy limitados cuando se requiere un grado elevado de inteligencia.

Los sistemas expertos se muestran particularmente limitados para realizar tareas que solemos referir como de **sentido común**. Se trata de tareas en las que hay que usar un pensamiento de tipo general que pueda ser aplicado a cualquier situación de la vida normal. Estas tareas se resisten a la formalización con sistema experto, ya que precisan de la gran cantidad de información que normalmente acumulamos a lo largo de nuestra vida. Muchos de los datos que almacenamos son aparentemente banales, pero sin ellos, los algoritmos y los sistemas expertos resultan poco fiables. Por ejemplo, para comprar en un supermercado es necesario disponer de una gran cantidad de información de muy diversa naturaleza, incluyendo tipos de alimentos, sabores, comidas, precios y un larguísimo etcétera. A lo largo de la vida, acumulamos información de cada uno de estos aspectos, información adquirida gracias a que estamos continuamente conectados con el entorno. Esto no ocurre con los dispositivos artificiales, a los cuales habitualmente hay que aportarles la información necesaria. Por ello, algunos expertos creen que no es posible desarrollar el «sentido común» en sistemas expertos que no estén conectados con su entorno, y puedan adquirir la información directamente. En los casos en los que hay que resolver tareas muy complejas, como el lenguaje humano, o que precisan utilizar cantidades ingentes de información provenientes del entorno o de la experiencia previa, los algoritmos utilizados en los sistemas expertos no son la solución. En estos casos, hemos de acudir a una estrategia completamente diferente, hemos de acudir a las redes neuronales artificiales.

Redes neuronales artificiales

En 1957, Frank Rosenblatt generó un modelo matemático que imitaba el funcionamiento de una neurona (perceptrón)[1311]. La conducta de esta neurona artificial se podía asociar a la de otras neuronas vecinas, creándose así una **red neuronal artificial** (RNA). Una de las ventajas capitales de las RNA es que pueden aprender de la experiencia. Para ello basta con que la experiencia vaya cambiando el peso de las conexiones entre las neuronas artificiales de la RNA. Otra de las ventajas importantes es que pueden conectarse directamente al entorno. En 1960, se implementó la primera RNA en un dispositivo electrónico (Mark 1 Perceptrón). Esta RNA se conectó con una cámara fotográfica, desarrollando luego ciertas habilidades para distinguir la cara de los hombres de la cara de las mujeres. No obstante, los resultados iniciales eran bastante limitados, y permanecieron así hasta que los desarrollos de la microelectrónica permitieron una potencia de cálculo muy superior, que facilitaba el diseño de redes neuronales artificiales mucho más complejas. Aparece entonces la denominada *machine learning*.

La *machine learning* (ML) [1312-1315] surge a principios de los años 80. Los dispositivos de ML utilizan muchas neuronas interconectadas mediante funciones complejas que pueden cambiar con la experiencia (sinapsis artificiales). El árbol de conexión y las reglas que rigen para la interacción neuronal y el aprendizaje sináptico, varía de una RNA a otra. Estas redes pronto muestran una gran capacidad para aprender de forma espontánea, y sin que nadie le postule normas concretas (aprendizaje no supervisado)[1316-1319]. Basta con establecer las reglas generales del aprendizaje sináptico, y con introducir en la red, muchos ejemplos a evaluar, cada uno vinculado a un resultado correcto. Las RNAs basadas en *machine learning* pronto superan a los sistemas expertos en muchas tareas complejas, ya que aprenden de forma automática. Además, estos aprendizajes proporcionan a la red nuevas e insospechadas capacidades, que habilitan funciones de generalización a partir de los datos. Pueden responder a estímulos que nunca se habían presentado antes. La red cambia sus pesos sinápticos con la entrada de cada dato, generando una respuesta que, de ser adecuada, refuerza las conexiones sinápticas asociadas a la respuesta. Por el contrario, las respuestas inadecuadas reducen la potencia de las sinapsis implicadas. Se trata de un **aprendizaje «supervisado»**[1320-1322], ya que todas las entradas recibidas por la RNA están acompañadas de información sobre la respuesta correcta, circunstancias que han de ser introducidas por un agente «supervisor», generalmente el programador humano de la red.

Para que una RNA basada en *machine learning* pueda generar respuestas fiables, hace falta alimentarla con muchos datos, habitualmente millones de datos. Una vez que la red ha aprendido la tarea deseada, la función de aprendizaje puede ser inhibida voluntariamente, con lo cual dejará de cambiar con la experiencia. En muchos casos, esta inhibición resulta deseable, ya que evita que los nuevos datos puedan desestabilizar la red, y hacer que esta pierda parte de las habilidades adquiridas previamente. Esto podría ocurrir, por ejemplo, si sobrealimentamos la red con datos falsos o sesgados (que promueven respuestas falsas), o pertenecientes solo a alguna modalidad particular de todas las modalidades posibles (que reducen la capacidad de generalización). Sin embargo, el bloqueo de la capacidad de aprendizaje puede limitar la utilidad de la red, que seguiría respondiendo adecuadamente a los datos antiguos, pero no adquiriría la habilidad de responder a nuevos datos que no estaban presentes antes de que el aprendizaje fuera bloqueado.

Durante los últimos años, el *machine learning* ha dado paso a una nueva modalidad de RNA, que permite un nuevo tipo de aprendizaje, el aprendizaje profundo o *deep learning* (DL)[1323-1327]. El *deep learning* está basado en el *machine learning*, y en realidad solo se trata de redes neuronales con muchas más neuronas artificiales, que además están distribuidas por capas internas interconectadas. Cada nueva neurona supone un incremento exponencial en los requerimientos de cómputo, por lo que el *deep learning* solo pudo utilizarse cuando el desarrollo de los ordenadores permitió hacer este cómputo en un intervalo de tiempo razonable. Las RNA con *deep learning* ofrecen nuevas ventajas como, por ejemplo, identificar relaciones complejas no lineales, y clasificar datos que, a la entrada de la red, no disponen de las respuestas correctas (aprendizaje no supervisado). En los últimos dos años, estas redes han mostrado capacidades insospechadas, y que ya permiten automatizar tareas como la visión por ordenador[1328-1330], el reconocimiento y generación del lenguaje humano[1331-1336], y la identificación de patrones en datos muy diversos que pasarían desapercibidos para el observador humano[1337-1341]. Estas nuevas habilidades ya resultan útiles en ámbitos tan distintos como el comercio, la salud, o la exploración del espacio. Además, dada su gran capacidad para la generalización, también pueden producir respuestas novedosas en ámbitos como la música, la pintura o la educación.

Las redes que utilizan *deep learning* también han comenzado a aplicarse al desarrollo de la **IA general** (AGI). Con ella se realizan tareas que agrupan aspectos diversos como, por ejemplo, producir música[1342,1343] o imágenes pictóricas[1344] en respuestas a órdenes verbales. Ya no resulta exagerado decir que los dispositivos artificiales están cerca de superar el **Test de Turing** que evalúa la inteligencia artificial en relación con la inteligencia humana. Según este test, un dispositivo con inteligencia artificial alcanzará el nivel de la inteligencia humana, cuando las conversaciones entre ambos no permitan al ser humano adivinar si habla con una máquina o con una persona. Para algunos, este límite ya se ha superado, particularmente en algunos ámbitos. Las RNA ya son capaces de jugar al GO[1345] y al ajedrez[1346] mejor que nosotros. También parecen superar las capacidades humanas en tareas tan diversas como el reconocimiento de imágenes, la traducción simultánea de idiomas, o el análisis semántico de documentos. Además, las RNA son capaces de aprender a una velocidad miles de veces más rápida que el cerebro humano, principalmente cuando se utilizan ordenadores potentes o microcircuitos específicos.

Dispositivos de soporte para la mente artificial

Las redes neuronales artificiales pueden ser implementadas en ordenadores convencionales. En este caso, su velocidad de proceso dependerá de la frecuencia de trabajo de su unidad central de procesado (CPU), y del número de CPUs que puedan trabajar en paralelo (habitualmente inferior a 16 CPUs). Algunas tarjetas gráficas que controlan la presentación de imágenes en nuestro ordenador pueden llegar a tener más de 128 GPUs (*graphical processing units*), unidades que también se pueden utilizar para acelerar el cómputo de las redes neuronales artificiales. Las GPUs realizan funciones más sencillas que las CPUs, pero que suelen ser suficientes para el cómputo de las RNA. Por ello, las redes programadas para usar las GPUs suelen funcionar con mayor celeridad que las programadas para CPUs. Se han desarrollado tarjetas especiales para el procesamiento específico de RNA, tarjetas que incluyen chips como el Kirin o los chips de Bionic, y que aceleran sustancialmente los cálculos de las redes neuronales. Este *hardware*, junto con el uso de marcos de trabajo (*frameworks* como el TensorFlow de Google o el Microsoft Cognitive Toolkit), **bibliotecas de subrutinas** (desarrolladas y cedidas por otros programadores), y de **pipelines** (que permiten procesar bloques de datos en paralelo), ha acelerado el desarrollo de nuevas soluciones IA para muchas tareas que, hasta hace pocos años, parecían escapar al procesamiento automático.

Bases de datos para el desarrollo de la mente artificial

Una de las limitaciones actuales para el desarrollo de RNAs es la carencia de **bases de datos** adecuadas para su entrenamiento. Los datos son el elemento sustancial que permite que la red pueda aprender de forma adecuada, y luego realizar una tarea de forma eficiente. El uso de bases de datos inadecuadas hace que las sinapsis de las RNA se pesen de forma incorrecta, y que las redes presenten una elevada tasa de respuestas inadecuadas. Bases de datos pequeñas generan un subajuste de la red, con lo que el aprendizaje es insuficiente y la RNA poco fiable. Por ejemplo, si solo un porcentaje muy pequeño de los datos personales incluidos en la muestra de entrenamiento hace referencia a personas que han padecido un infarto de miocardio, cuando preguntemos a la RNA por la posible enfermedad de un nuevo paciente es poco probable que su respuesta incluya el infarto de miocardio. Bases de datos que no representan a la población con la que luego trabajará la RNA, hace que esta desarrolle vicios funcionales asociados a los sesgos de muestreo. Por ejemplo, si se usan bases de datos con un bajo porcentaje de mujeres o de personas orientales, y se planea usar la RNA en todas las poblaciones, es probable que la red muestre conductas «sectarias», que podrían primar a los hombres blancos occidentales sobre las mujeres orientales. Las conductas de las RNAs son un reflejo de los datos con los que son entrenadas, con lo que las bases de datos son esenciales.

Las bases de datos disponibles crecen con rapidez, pero son aún insuficientes para muchas de las tareas que podrían ser implementadas en RNAs. En la actualidad, acudimos a una digitalización acelerada de toda la información. La información que hasta hace poco estaba almacenada en papel está siendo digitalizada. Esta digitalización abarca desde las partidas de nacimiento y la declaración de la renta, hasta las historias clínicas. A esta digitalización, generalmente mediada por gestores humanos, se añade actualmente la digitalización automática. Por ejemplo, cada vez es más habitual encontrar cámaras de video por las calles. Las imágenes obtenidas por estas cámaras eran, hasta hace poco, almacenadas en soporte magnético durante un tiempo, y luego eliminadas. Ahora ya es posible procesar las imágenes «en línea», almacenar permanentemente el resultado de estos análisis, y generar una respuesta inmediata si fuera necesario. Por ejemplo, en las imágenes obtenidas por una cámara situada en un aeropuerto se pueden seleccionar todas las caras de la imagen, identificar al sujeto de cada cara, determinar su estado de ánimo y, en el caso de que algún sujeto tenga antecedentes penales peligrosos, avisar al equipo de seguridad del aeropuerto. Esta respuesta rápida no es posible sin la concurrencia de RNAs bien entrenadas.

Además, con la adquisición directa de la información del entorno, se crean bases de datos amplias y bien proporcionadas, que permiten un entrenamiento intensivo de las RNAs, que derivará en respuestas cada vez más fiables. El objetivo de algunos es la digitalización completa de la realidad, de manera que todo lo que está en la realidad esté en el mundo digital, y que las RNAs ya no puedan equivocarse. En ese momento dispondríamos de dos vidas paralelas, la real y la digital. Es probable que esta circunstancia pueda beneficiarnos en alguna medida, pero lo que es seguro es que supondrá un medio de control por el cual unos pocos podrían determinar la vida de la mayoría. Esto nos llevaría a la paradoja de que la «democratización de la información», con la que se nos anunció la llegada de Internet, se transforme en la «autocracia de los gestores de la información». Evitar esto aún está en las manos de la mayoría, al menos en los países democráticos. Desarrollar leyes que promuevan una IA equitativa (para evitar los sesgos), explicable (para poder comprender como operan las RNA y hasta donde pueden llegar), responsable (para determinar los autores reales de los acontecimientos), y respetuosa con la privacidad (para evitar la difusión no deseada de información personal), es hoy más importante que nunca.

Redes neuronales naturales

Como ya comentamos, el procesamiento de la información en el sistema nervioso lo realizan sus **redes neuronales naturales** (RNN). No existen tareas que puedan ser gestionadas por una sola neurona o, lo que es lo mismo, no se han identificado neuronas individuales que, por sí mismas, se puedan ocupar de alguna tarea particular. Todas las tareas son gestionadas por grupos de neuronas interactivas, por redes neuronales.

Las neuronas de las RNN pueden agruparse en zonas determinadas, cuya lesión deteriora la tarea de la red. Un ejemplo de ello son las afasias, las apraxias y las agnosias ya comentadas. En otras ocasiones, las neuronas de la red pueden estar dispersas por distintas regiones cerebrales, y las comunicaciones axonales entre estas regiones resultan esenciales para su funcionamiento. Este es el caso de la Red por Defecto. Las lesiones de las redes neuronales distribuidas por distintas regiones cerebrales también pueden generar trastornos neurológicos específicos. En este caso, la lesión puede estar situada en las áreas cerebrales en las que se encuentran los somas neuronales de la red, o en los tractos nerviosos por los que transitan los axones que comunican a estas neuronas. Un ejemplo de esto es la afasia de conducción, un trastorno del lenguaje producido por la interrupción de las conexiones que unen el área de Wernicke, implicada en la comprensión lingüística, con el área de Broca, implicada en la emisión de la palabra. No obstante, en todos los casos las tareas las hacen redes neuronales, y nunca neuronas particulares. Pero ¿cómo son las redes neuronales de nuestro cerebro?

Disponemos de una gran diversidad de redes neuronales que, no obstante, comparten ciertas características comunes. Las RNN están integradas por miles, o cientos de miles de neuronas, conectadas por los axones emitidos por cada neurona[1347-1355]. Los axones se proyectan por el medio extracelular, interconectando neuronas próximas (redes neuronales locales), o distantes (redes neuronales dispersas)[1355-1360]. Con frecuencia, el axón de cada neurona termina contactando con varias neuronas, un contacto que puede ser directo (sinapsis eléctrica) o mediado por sustancias químicas (sinapsis química mediada por neurotransmisores)[443,444,1361-1368]. Estas conexiones sinápticas están continuamente sometidas a procesos de reajuste o pesado, pudiendo incluso ser anuladas (o creadas) para modular la dinámica de la red[1353,1369-1372]. Para ello, el axón dispone de una maquinaria motriz que le permite retraerse, para desconectar una sinapsis, o prolongarse, para moverse hacia otra neurona y establecer una nueva sinapsis. La conexión sináptica de una neurona sobre otra, también puede cambiar de posición. Cada neurona dispone de múltiples dendritas, procesos largos emitidos por el soma[1373,1374]. El soma suele emitir muchas dendritas, cada una de las cuales se puede dividir varias veces, generando una estructura arborescente. Las conexiones sinápticas establecidas directamente sobre el soma neuronal suelen ser más eficientes que las que se establecen con las dendritas. A su vez, las sinapsis dendríticas son más eficientes cuando se establecen sobre zonas próximas al soma, que cuando se establecen en regiones distales. El axón puede moverse, aproximando su sinapsis al soma (lo cual incrementa el peso sináptico y hace que la sinapsis sea más efectiva), o alejándola del soma de la neurona postsináptica (reduciendo el peso sináptico). Por tanto, una de las formas de modificar la interacción entre dos neuronas es cambiar la posición del contacto entre la neurona presináptica y la neurona postsináptica[1375,1376]. No obstante, y como veremos a continuación, la forma más habitual y rápida de modificar la interacción entre dos neuronas de la red no precisa de cambios estructurales.

Las sinapsis químicas disponen de una compleja maquinaria que puede modificarse de muchas maneras. El neurotransmisor es el agente químico que ha de viajar de una neurona (la presináptica) a otra neurona (la postsináptica), trasmitiendo así la información entre ellas. El peso de cada sinapsis química depende tanto de la cantidad de neurotransmisor liberado por la neurona presináptica, como del número de receptores postsinápticos a los que el neurotransmisor puede vincularse (Fig. 29.6). La cantidad de neurotransmisor liberado depende de su síntesis, de la actividad de los mecanismos de liberación, y de la actividad de los mecanismos que recaptan el neurotransmisor liberado y reducen su tiempo de actuación sobre el receptor postsináptico[1368,1377-1379]. El receptor postsináptico suele estar conectado a una compleja maquinaria química, que media entre la llegada del neurotransmisor y las modificaciones bioeléctricas postsinápticas.

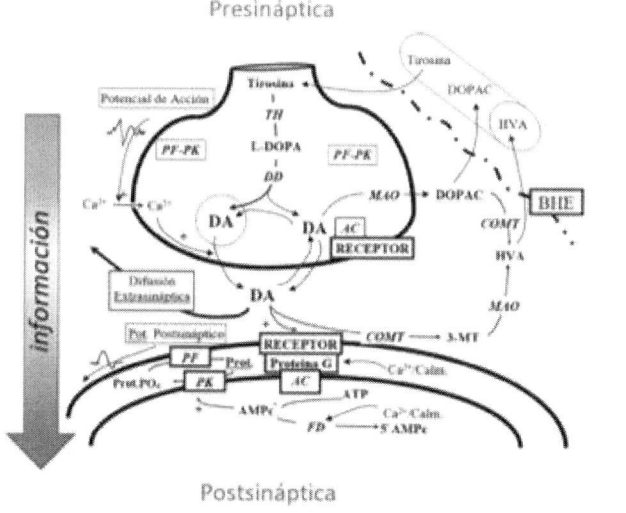

Fig. 29.6 Sinapsis química dopaminergica

Las neuronas se comportan como procesadores mixtos, con una parte analógica y otra digital. La parte analógica está situada en el soma y las dendritas de la neurona. La digital se corresponde con el axón de la neurona. El soma suma los potenciales de membrana analógicos (potenciales postsinápticos) generados por las aferencias sinápticas (Fig. 29.7 A).

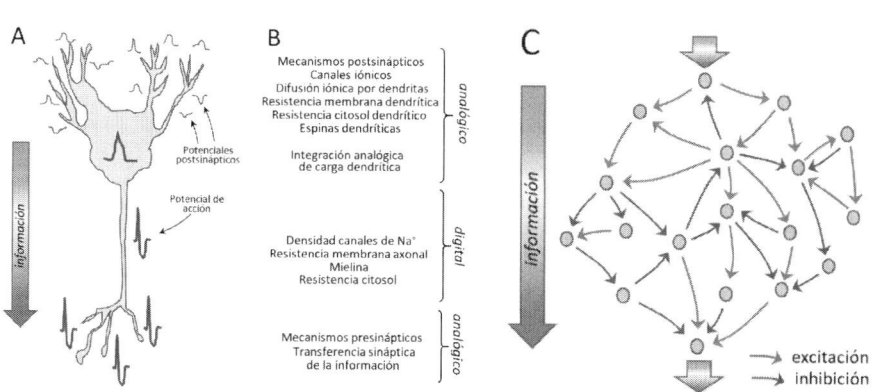

Fig 29.7 Neurona y redes neuronales

Una neurona puede recibir aferencias sinápticas de decenas o cientos de neuronas presinápticas. Los potenciales postsinápticos pueden despolarizar o hiperpolarizar la membrana. Todos estos potenciales se suman en el soma de la neurona y, cuando esta suma/resta analógica alcanza ciertos valores umbrales, la despolarización somática induce una nueva despolarización, que ahora se sitúa en la porción proximal del axón. Se trata del **potencial de acción**, un evento bioeléctrico digital (todo o nada) que, o se produce (1) o no se produce (0). Cuando se produce un potencial de acción, este se autopropaga por el axón de la neurona hasta alcanzar sus porciones más extremas (botón presináptico) y facilitar la liberación del neurotransmisor que actuará sobre la siguiente neurona. Todas las partes de la sinapsis química son plásticas y están cambiando continuamente.

Por tanto, el peso de las conexiones sinápticas de las redes neuronales puede cambiar por mecanismos muy diversos, ya sea por cambios estructurales (aparición/desaparición o reposicionamiento de la sinapsis) o por cambios químicos (de los mecanismos pre- o postsinápticos). Además, otras muchas variables estructurales y funcionales también participan en el procesamiento neuronal de la información. Este es el caso, por ejemplo, de la densidad de canales iónicos de membrana, del grosor de cada dendrita y del número de espinas dendríticas (Fig. 29.7 B). Por tanto, una neurona dista mucho de ser una simple puerta lógica. Se trata de un procesador analógico-digital de información, un procesador complejo que continuamente reajusta la actividad de muchos de sus componentes.

Como indicábamos antes, las funciones mentales nunca son realizadas por neuronas particulares. Todas las funciones mentales precisan de la actividad coordinada de cientos de miles de neuronas organizadas en red, y cuyas interacciones cambian continuamente (Fig. 29.7 C). La conformación de estas redes neuronales es muy variada, compleja y plástica. Si cada neurona puede recibir cientos o miles de aferencias sinápticas provenientes de otras neuronas de la red, y una red puede disponer de miles o millones de neuronas, hablamos de redes que, en comparación con las redes neuronales artificiales de las que hablaremos a continuación, resultan hipermasivas e hiperconectadas. Además, el sistema nervioso es una red de redes, cada una de las cuales mantiene un funcionamiento individual e independiente, pero coordinado con otras muchas redes neuronales. No comprendemos como tal galimatías funciona, y es capaz de responder al entorno de forma coherente y monotélica. Este es uno de los misterios más sorprendentes de nuestro sistema nervioso. Los neurocientíficos no salen de su asombro, un asombro que persiste desde hace más de 150 años, cuando el sistema nervioso comenzó a mostrarnos su belleza y complejidad. En los términos de *Sir Charles Sherrington* (1941): «Las células nerviosas son como puntos centelleantes de un telar encantado donde millones de vehículos centelleantes tejen un patrón fugaz, siempre un patrón significativo y perecedero, una inestable harmonía de subpatrones».

Diferencias entre las redes neuronales artificiales (RNAs) y las redes neuronales naturales (RNNs)

En los últimos 50 años se han creado numerosas **redes neuronales artificiales** (RNA) con diferente arquitectura, conectividad y aprendizaje sináptico. Algunas disponen de conexiones monocapa autorrecurrentes (ej. *additive grossberg, Optimal linear associative memory*...) o no autorrecurrentes (ej. *Hopfield, Boltzmann machine*...), otras tienen conexiones multicapa con actuación hacia delante (ej. Adaline, Perceptrón, *back-propagation*...), o adelante/atrás (ej. *temporal associative memory, fuzzy associative memory, neocognitron*...). Algunas utilizan estrategias de aprendizaje sináptico supervisado por refuerzo (ej. *Linear reward penalty, Adaptative heuristic critic*...), por corrección de error (perceptrón, *counterpropagation*...), o estocástico (*Boltzmann machine, Cauchy machine*...). Otras usan aprendizaje no supervisado hebbiano (*Hopfield, Learning matrix*...), o competitivo (*Learning vector quantizer, Topology preserving map*...). Algunas son redes heteroasociativas (*Adaptative heuristic critic, drive-reforcement*...), otras autoasociativas (*additive grossberg, Hopfield*...). Algunas redes son analógicas (*brain-State-In-Box, Counterpropagation*...), mientras otras son digitales (*discrete Hopfield, Adaptative resonance theory*...). Esta gran diversidad desborda los objetivos de este libro, pero puede consultarse en textos en castellano como los de Jones (*Las redes neuronales*, Editorial Bravex), Isasi Viñuela y Galván León (*Redes de neuronas artificiales*, Pearson, Prentice Hall), Hilera y Martínez (*Redes neuronales artificiales*, editorial RA-MA, serie Paradigma), Cobos (*Conexionismo y cognición*, Ediciones Pirámide), Martín del Brío y Molina (*Redes neuronales y sistemas borrosos*, editorial RA-MA, serie Paradigma), Sangësa i Solé (*Clasificación de redes neuronales*, Universitat Oberta de Catalunya), o en textos en inglés como los de Haykin (*Neural networks: a comprehensive foundation*, Prentice Hall), Gurney (*An introduction to neural networks*, UCL Press) Susan (*Biological cybernetics* https://doi.org/10.1007/s00422-024-00998-9), Zhang, He y Lin (*Neurocomputing* https://doi.org/10.1016/j.neucom.2024.128513). Aquí nos limitaremos a comentar algunas de las principales diferencias genéricas entre las RNAs y las NNAs.

Para empezar, las **conexiones sinápticas** en las RNAs son mucho más simples que las de la RNNs[1380-1384]. Las sinapsis de las RNA son simuladas mediante una función matemática, la cual suele ser una función escalón, lineal, logarítmica, sigmoidal o lineal rectificada. Para estimar la actividad de una red hay que calcular la actividad de cada una de sus neuronas, y para ello hemos de integrar la acción de todos sus *inputs* sinápticos (usando alguna de las funciones comentadas). Se trata, por tanto, de muchos cálculos que se hacen de forma secuencial, ya sea mediante la CPU del ordenador, la GPU de la tarjeta gráfica o los procesadores de las tarjetas específicas comentadas con anterioridad. Si una RNA dispone de 1000 neuronas y cada neurona está conectada con todas las demás, hemos de realizar un mínimo de 1000 x 1000 cálculos sinápticos, un millón de cálculos complejos cuya realización continuada es necesaria para determinar el estado de la RNA en cada momento.

Por lo tanto, una diferencia sustancial entre las RNAs y las RNNs es que, mientras las RNAs funcionan de forma **serial** (las tareas se ejecutan una después de la otra y nunca dos a la vez), las RNNs funcionan en **paralelo** (distintas partes del procesador ejecutan distintas tareas a la vez). En las RNAs, unos pocos procesadores gestionados por un organizador central, deberán turnarse para hacer los cálculos sinápticos de cada neurona, lo que retrasa el cálculo. En las RNNs, muchas zonas de la red funcionan a la vez, un trabajo en paralelo que acelera las respuestas. No obstante, el sustrato físico de las RNAs utiliza el trasiego electrónico como base del procesamiento de información, el cual es mucho más rápido que el trasiego iónico empleado por las RNNs. Los electrones fluyen por los transistores de las RNAs en femtosegundos, mientras que los iones (Na⁺, K⁺, Cl⁻) se mueven por las membranas celulares de la RNNs en milisegundos.

Otra diferencia importante entre RNAs y RNNs tiene que ver con la **arquitectura de la propia red**. La arquitectura de la RNA es estable y definida por el programador, y la única modificación estructural permitida suele ser la eliminación de las sinapsis improductivas. La arquitectura de las RNNs es mucho más compleja, y cambia continuamente. En las RNNs, una neurona puede establecer múltiples conexiones con otra, lo que no suele ocurrir en las RNAs. Las sinapsis de las RNNs que están más próximas al soma neuronal son más eficientes (con mayor «peso» funcional) que las que están en porciones más alejadas de los procesos dendríticos (menor «peso» funcional). Diferencias estructurales similares no suelen incluirse en las RNAs. La propia estructura de la sinapsis es más compleja en las RNNs (ej. con sinapsis múltiples y recíprocas) que en las RNAs (generalmente sinapsis únicas y unidireccionales). Los **mecanismos de pesado** y aprendizaje de las sinapsis también son mucho más complejos en las sinapsis químicas de las RNNs, que en las sinapsis electrónicas de las RNAs. Las sinapsis RNA disponen de una sola función, que además resulta ser relativamente simple (habitualmente una función lineal rectificada). Como hemos comentado, las sinapsis naturales son incomparablemente más complejas, y su pesado puede modificarse como consecuencia de cambios en múltiples factores presinápticos y postsinápticos.

Otra diferencia importante deriva del hecho de que las RNNs mantienen una intrincada relación entre ellas. No sabemos a ciencia cierta de cuántas redes neuronales distintas dispone nuestro sistema nervioso. Seguramente se trata de cientos de miles o millones. Por ejemplo, cada motoneurona α de las astas anteriores de la médula, implicada en el control de la contracción de fibras musculares, dispone de una red neuronal propia. Para contraer esas fibras musculares, mandamos una orden desde la corteza cerebral hasta la médula espinal. Esa orden no llega directamente a la motoneurona α, sino a un conjunto de pequeñas interneuronas que la rodean, y que integran la información proveniente de la corteza cerebral con información procedente de otras regiones del cerebro y de la médula espinal. Estas RNNs locales solo contienen unas 100 interneuronas y son, por tanto, redes neuronales muy simples. En otros casos, las redes son extremadamente complejas y presentan múltiples interacciones con otras redes. Este sería el caso, por ejemplo, de las redes cerebelosas o de las redes propias de los ganglios basales, redes que integran información de múltiples sensibilidades con información relativa a los planes motores en preparación o en ejecución activa. Todas estas redes naturales funcionan de forma coordinada. Como indicábamos, el sistema nervioso es una red de redes, que a su vez son redes de redes. Actualmente, podemos observar con precisión la actividad de una neurona individual, o de unas pocas neuronas próximas. No podemos observar la actividad conjunta de todas las neuronas que integran una RNN, no podemos ver «el telar mágico» que a cada momento funciona en nuestro cerebro. ¿Cómo es posible que tal complejidad funcione de forma coordinada y que, al final, nuestra conducta sea monotélica?

La red de redes que configura nuestro cerebro es de propósito general. Su función es adaptarnos al medio, utilizando para ello toda la información que nos llega en cada momento, y todos los recursos motores disponibles. Por el contrario, las RNA suelen estar orientadas a una tarea específica, como analizar imágenes o textos, o crear pictogramas, o conducir coches. En el mejor de los casos, ponemos a funcionar dos o tres redes agrupadas, de tal manera que la salida de una red se convierta en la entrada de otra. Este es el caso de los dispositivos recientes que agrupan procesadores de voz con generadores de imágenes o música. En estos casos, podemos dar órdenes verbales, que son analizadas por una RNA para procesar lenguaje natural, la cual pasará luego las instrucciones a otra RNA que ya dispone de un motor generativo de imágenes. El funcionamiento de estas redes nos resulta muy sorprendente, pero dista mucho de la actividad conjunta de la multitud de redes de las que dispone nuestro cerebro. Nuestro cerebro funciona como una red de propósito general, que integra la actividad de múltiples redes de propósito específico, y que está en contacto permanente con el medio ambiente, del cual aprende de forma permanente, y al cual controla con conductas motoras adaptativas. Aunque en la actualidad no se dispone de ninguna RNA con una capacidad similar, esto no tiene por qué seguir siendo siempre así. De hecho, los dispositivos artificiales actuales ya disponen de algunas ventajas a las que no podrán acceder las redes neuronales naturales de nuestro sistema nervioso.

Nuestro cerebro fue creado en el mar por efecto de la evolución. La evolución trabaja con el material disponible, generando prototipos diferentes y, por competencia entre ellos, seleccionando los más adecuados. Se reproducen los prototipos mejor adaptados al medio, que son aquellos que consiguen alcanzar la vida adulta y reproducirse. Con cada reproducción se generan individuos ligeramente diferentes a sus predecesores, individuos que volverán a competir por la perpetuación de sus genes. Uno de los resultados de este proceso evolutivo es el desarrollo progresivo de un sistema nervioso cada vez más eficiente. En esta perspectiva acorde con la evolución biológica clásica, se trata de un desarrollo «heurístico» que utiliza modificaciones aleatorias de «lo que hay», y se va quedando con las mejores modificaciones. Es, por tanto, una «búsqueda bruta» de soluciones que explora todas las posibilidades, pero que no precisa de un «supervisor» inteligente (su supervisor es la adaptación al medio), ni de un diseñador con experiencia. No obstante, el resultado siempre es el avance de la mente, ahora utilizando como dispositivo de soporte al sistema nervioso.

Nuestro sistema nervioso está confeccionado con material reciclado. Para comenzar, utiliza materiales usados por otras mentes precedentes. Por ejemplo, utiliza material de la mente reactiva molecular (para usarla como neurotransmisor), de la mente refleja (para generar respuestas rápidas a las demandas ambientales), de la mente activa (para orientarse en el medio ambiente), de la mente vegetativa (para mantener vivas a sus neuronas y células gliales), de la mente retrofleja (para aprender con la experiencia y almacenar información que pueda utilizarse con posterioridad), de la mente contextualizada (para agrupar los estímulos ambientales en escenarios unitarios que luego puedan ser utilizados para encontrar las respuestas más adecuadas), de la mente interindividual (para buscar soluciones en colaboración con otros individuos), y de la mente interactiva (para hacer que las soluciones encontradas sean inteligentes). El soporte físico de cada una de estas mentes ha sido agrupado en nuestro cerebro de forma eficiente. No obstante, es una integración «heurística» de soportes físicos, y el resultado final resulta disperso y caótico. La visión microscópica de nuestro cerebro impresiona por la falta de orden. No hay estructuras bien definidas para cada una de estas mentes, y todas ellas parecen puestas de forma errática y caprichosa. No ocurre lo mismo con los microchips que soportan las redes neuronales artificiales, los cuales sí fueron diseñados y construidos de forma proyectiva. Se trata, en todos los casos, de diseños elaborados hasta en sus más pequeños detalles, y luego supervisados por expertos. La visión microscópica de estos microchips impresiona por su orden y pulcritud extremos. Por tanto, por un lado, tenemos a nuestro sistema nervioso generado de forma heurística y, por otro, a los microchips de las RNA generados de forma proyectiva. Como ya comentamos, nuestro sistema nervioso genera una mente abierta que aún dispone de capacidades muy superiores a las producidas por las RNAs. Sin embargo, y como resultado de su construcción heurística, las RNNs del sistema nervioso arrastran una serie de limitaciones difícilmente superables. A continuación, presentaremos algunas de estas limitaciones.

Ventajas y limitaciones de las RNNs en relación con las RNAs

Para empezar, 150 años después de que iniciáramos el estudio de la actividad de nuestro cerebro, aún no sabemos cómo funciona. Se trata de 10^{13} neuronas, cada una de las cuales puede hacer sinapsis con miles de neuronas próximas o alejadas, y que están rodeadas de un número aún mayor de células gliales. Presentan una actividad relativamente rápida (milisegundos) cuyo escenario último está en el rango del nanómetro. No disponemos de medios técnicos para estudiar la actividad de estas redes neuronales tan complejas, rápidas y compactas. Aunque disponemos de mucha información que, además se incrementa día a día, no conocemos la dinámica fisiológica completa de ninguna de las redes neuronales complejas que pueblan nuestro cerebro. Ni las conocemos, ni parece que, con las técnicas disponibles, podamos conocerlas en el futuro inmediato. Tampoco disponemos de información precisa de los mecanismos utilizados por nuestro cerebro para almacenar y recuperar la información.

Por otro lado, disponemos de toda la información necesaria para conocer el funcionamiento de las RNAs, ya que, de hecho, las hemos proyectado nosotros. No obstante, aquí hemos de hacer una salvedad. Sabemos cómo funcionan y cómo aprenden las RNAs, a partir del «pesado» relativo de las sinapsis que conectan a sus neuronas. Sin embargo, una vez la RNA ha aprendido a realizar una tarea, no es fácil entender cómo lo hace. Disponemos de los valores de los pesos de cada una de sus sinapsis, pero esto no implica que sepamos cómo clasifica la información, la generaliza, y cómo la extrapola para que pueda ser utilizada con estímulos que nunca fueron presentadas a la red con anterioridad. En realidad, en muchos casos no sabemos hasta dónde llega la información que ha podido obtener la RNA a partir de los datos presentados. Esto es particularmente cierto con las RNAs que utilizan la DL, redes que con frecuencia muestran detalles que no fueron identificados por los operarios, y que, en ocasiones, ni siquiera se sospechó su existencia.

Otra diferencia entre RNAs y RNNs tiene que ver con la forma en que pueden ser activadas y desactivadas. Mientras las RNAs pueden pararse total o parcialmente, las RNNs no pueden ser detenidas. Tanto el aprendizaje como la actividad de las RNAs puede detenerse a voluntad, y esto resulta de utilidad cuando la red está generando respuestas inadecuadas, o cuando no queremos que aprenda más para evitar los fenómenos de sobreaprendizaje ya comentados. La actividad de las RNNs no puede ser interrumpida de forma reversible. Podemos bloquear de forma transitoria alguna de sus funciones sensoriales o motoras, por ejemplo, con anestésicos generales. Pero se trata siempre de bloqueos parciales y breves, y que, aunque alteran transitoriamente la actividad de la RNN, no la detienen completamente. Las RNNs, tampoco permiten la interrupción selectiva y reversible de los procesos asociados al aprendizaje y la memoria. Como ya comentamos, algunas lesiones cerebrales pueden afectar el aprendizaje o la memoria, pero esto generalmente se acompaña de la pérdida permanente de funciones.

Generado en el mar, el dispositivo de soporte del sistema nervioso es líquido, lo que lo hace muy vulnerable a las condiciones del entorno. Muchas de las condiciones del medio interno del sistema nervioso deben conservarse de forma estricta. De no ser así, las RNNs funcionarían de forma inadecuada y se podrían dañar irreversiblemente. Este es el caso del agua y los iones. Pequeños cambios en la hidratación del tejido nervioso, en la concentración de iones como el Na^+, K^+, Cl^-, el Ca^{++} y el Mg^{++}, o en la osmolaridad (concentración de sustancias disueltas en el medio intracelular vs. medio extracelular), pueden producir anomalías que van desde alteraciones en la actividad neuronal hasta la rotura masiva de neuronas. Estas células son particularmente vulnerables a la presión parcial de oxígeno y a la biodisponibilidad de glucosa, cuya alteración produce efectos inmediatos en la fisiología neuronal, y la muerte de estas células en pocos minutos. Las redes neuronales naturales también son muy vulnerables a los cambios de presión y temperatura. Por encima de 40 ºC, las proteínas de las neuronas comienzan a desnaturalizarse, produciendo alteraciones funcionales primero, y la muerte celular después. Las RNAs son mucho más estables. Una vez han aprendido, les basta con mantener ciertas condiciones de temperatura. Los cambios de variables como la humedad o presión parcial de oxígeno, son bien toleradas.

Las RNNs disponen de capacidades adaptativas y regenerativas que no están presentes en las RNAs. Estas capacidades permiten que las RNNs se adapten a cambios que, como la reducción moderada del número de neuronas o la alteración de un porcentaje de sus sinapsis, no modifican la dinámica de la red de forma significativa. No obstante, las redes naturales son más endebles que las RNAs. Las redes neuronales naturales están diseñadas para la vida en la tierra, y no pueden mantener su actividad en otras condiciones (ej. en condiciones de ingravidez, en el espacio o en el fondo del mar), a menos que se aíslen del entorno mediante equipos de protección adecuados. Las RNAs son mucho menos vulnerables a estas circunstancias.

Las RNNs del cerebro están integradas por células cuya condición vital también influye en la dinámica de la red. Como todas las células, las neuronas envejecen y mueren. Estas circunstancias suponen un plus de inestabilidad a largo plazo y, finalmente, determinan que todos los aprendizajes desaparezcan con el tiempo. Se trata de redes autolimitadas en el tiempo y cuya información no puede extraerse para ser incorporada a otras redes más sanas o más jóvenes. La RNA puede utilizarse indefinidamente y, en el caso de resultar ineficiente, la misma red puede reutilizarse para generar una nueva red, o su información puede traspasarse a otras RNAs. Esto no es posible con las redes naturales, que, con la muerte de sus células, sufren la pérdida permanente de la información que estas contenían. Es verdad que, con la escritura y los modernos medios de comunicación, una parte de esta información puede pasar a la descendencia. Sin embargo, lo que se transfiere por estos medios no es la información contenida en la red. Solo se trata de datos que, trasmitidos culturalmente, pueden ser utilizados para facilitar el entrenamiento de redes neuronales más jóvenes.

Las RNNs son más lentas que las RNAs, tanto en su funcionamiento como en la velocidad de aprendizaje. Esto hace que la transferencia de información entre individuos sea lenta y laboriosa. El entrenamiento educativo de las redes neuronales de los jóvenes precisa de muchos años, un intervalo temporal que para una red artificial podría ser de solo horas, días o meses. Con el envejecimiento, las redes neuronales naturales pierden sus capacidades de forma progresiva. Un ser humano con formación universitaria necesita 30 años para aprender. Luego podrá realizar su función profesional durante otros 30 años. Luego, durante los siguientes 30 años, sus habilidades profesionales se deterioran de forma progresiva, y finalmente desaparecen. Esto supone que la actividad productiva se limita a un 30-40 % de la posible vida operativa. Esta es una circunstancia que, de no solventarse, terminará por hacer preponderar a las mentes artificiales de las RNAs sobre las mentes abiertas de nuestros cerebros.

Para terminar este apartado haremos unos comentarios sobre los sesgos en el funcionamiento de redes naturales y artificiales. Las RNNs se desarrollaron heurísticamente con un objetivo principal, promover la pervivencia del sujeto que las sustenta. Orientadas hacia la pervivencia del individuo y de su especie, estas redes se estructuran en torno al yo, conjunto de algoritmos necesarios para identificar lo propio (que hay que proteger) y distinguirlo de lo ajeno (que puede resultar útil para proteger lo propio). Esto supone un sesgo difícilmente superable, un sesgo que afecta tanto al análisis de la información proveniente del entorno, como a la elaboración de los planes motores. Como ya comentamos en capítulos anteriores, solo una pequeña parte de los datos que continuamente alcanzan nuestro cerebro, es procesada convenientemente. El resto de los datos pueden llegar a los estadios iniciales del análisis sensorial, pero son rápidamente descartados. El criterio principal para esta selección es el de identificar y atender principalmente a aquellos estímulos más útiles para la supervivencia del individuo (y del yo). A partir de estos estímulos seleccionados, construimos escenarios interiores, escenarios que, al utilizar datos sesgados, solo representarán escenas egocentradas que puedan resultar útiles para la supervivencia.

Las RNAs también pueden generar análisis y respuestas sesgadas, solo que, en este caso, el sesgo se deriva principalmente del uso de datos sesgados. Si alimentamos una RNA con una muestra de datos que no representa la población de la que proviene, la «imagen poblacional» generada por la RNA, y las respuestas que esta puede generar también estarán sesgadas. Solo que aquí el sesgo se produce por un entrenamiento inadecuado de la red, y no por los intereses que esta pueda tener en generar algunos resultados en particular. Una forma de solventar sesgos en las RNAs es conectarlas directamente al entorno, de forma que los intereses del programador no puedan influir en su conducta. Actualmente se desarrollan dispositivos en esta dirección.

Conexión directa de la mente artificial al entorno

La información más utilizada por los humanos para generar su escenario interior es la que penetra por el sistema visual. Más del 50 % de nuestra corteza cerebral procesa información visual. La visión por computador pretende aportar esta posibilidad también a los dispositivos artificiales. En los últimos 50 años se han desarrollado numerosos algoritmos para la **visión artificial** por ordenador, muchos de los cuales están basados en técnicas tradicionales. Los primeros dispositivos de visión artificial fueron desarrollados durante los años 60, en la Universidad de Stanford y en el MIT. Estos dispositivos utilizaban cámaras cuyas imágenes permitían guiar un brazo robótico que movía bloques (visión activa). Era una tarea difícil para la época, ya que la información visual tenía que ser procesada con suficiente rapidez como para corregir la trayectoria de los movimientos del brazo durante el apilado de los bloques. Primero se identificaban los bloques a partir de sus contornos y se establecía su posición relativa, procediéndose luego a realizar los movimientos precisos que permitían apilar los bloques. Estos programas identificaban los objetos visuales relevantes, y dejaban de lado el resto de los objetos presentes en el campo visual. Algoritmos de esta naturaleza comenzaron a ser aplicados en procesos productivos, leyendo códigos de barras, identificando y contando piezas, detectando defectos en las piezas fabricadas, etc. No obstante, estos algoritmos visuales presentan serias limitaciones cuando la tarea a realizar es más compleja, y se precisa, por ejemplo, identificar caras o clasificar gestos.

Los estudios electrofisiológicos realizados en los años 70[1385-1391], demostraron que la corteza visual de los mamíferos procesa toda la imagen, incluyendo los contornos, colores y movimientos de todos los objetos presentes en el campo visual. Por ello, algunos autores defendieron la necesidad de analizar toda la imagen, identificando todos los objetos presentes, determinando su posición relativa, la textura de su superficie, la trayectoria de sus movimientos, etc. Estos análisis son mucho más complejos, y no pudieron hacerse con la potencia de cálculo de los ordenadores del momento.

El desarrollo de la IA basada en RNAs es el que finalmente ha permitido evaluar todos los componentes de la imagen. Se han utilizado distintas modalidades de RNAs para la visión artificial, si bien las que actualmente presentan mejores resultados son las RNAs que utilizan *deep learning* (DL) y convolución profunda[1392-1395]. Se trata de RNAs multicapa, en las cuales unas capas identifican objetos con características similares, pasando sus resultados a la capa siguiente. El resultado de este proceso secuencial es que las imágenes son sometidas a un proceso analítico ordenado que permite identificar características específicas en imágenes sucesivas. El reconocimiento facial es un ejemplo de esta modalidad de análisis[1396-1398]. Las primeras capas identifican caras en las imágenes (detección de objetos). La siguiente capa normaliza los rostros identificados, de forma que se adapten a una proyección (ej. proyección frontal) y tamaño determinado, y que permita comparar la cara detectada con otras caras. Las siguientes capas de la red, extraen los rasgos faciales y la relación entre ellos (nariz, orejas, boca...). La siguiente capa puede comparar la cara identificada con las caras presentes en un banco de datos, lo que facilita la identificación de la persona de la cara evaluada. Estas RNAs ya presentan una precisión y fiabilidad en la identificación de caras que es incluso superior a la de nuestro sistema visual (99,9 % de acierto en el reconocimiento de personas). La red puede disponer de capas adicionales que permiten estimar características del sujeto como su raza, su sexo, o su estatus social. Con capas adicionales se puede estimar el estado emocional del sujeto, particularmente cuando se trabaja con secuencias de video y se puede evaluar la aparición de gestos. Por tanto, las RNAs con IA que utiliza la convolución profunda, ya pueden informarse directamente de las características de sus interlocutores y, por ejemplo, analizar el curso de una reunión de personas, o el interés generado en una persona por la presentación de una idea o de un producto comercial.

Otra forma de conectarse al entorno es mediante el habla (procesamiento del lenguaje natural). La comunicación verbal directa de los dispositivos con inteligencia artificial y los humanos ya permite conectar dispositivos artificiales con el neuroconstructo narrativo humano. Con las RNAs, los dispositivos artificiales pueden contestar preguntas realizadas por interlocutores humanos en casi cualquier lengua, y hacerlo de forma convincente. La comunicación verbal, iniciada a finales de los años 50, comenzó a producir resultados interesantes a principios de los años 70. En ese momento, Joseph *Weizenbaun* desarrolló un programa (Eliza)[1399], que facilita la conversación «en línea» (aunque por escrito) entre un dispositivo automático y un interlocutor humano, conversación que era utilizada para apoyar emocionalmente al interlocutor. Aunque el dispositivo automático no realizaba un análisis semántico de los mensajes del interlocutor, sí podía utilizar sus textos para responderle de forma coherente. Eliza segmentaba las frases y localizaba sus palabras clave, generando con ellas nuevas frases que remitía al interlocutor. Carecía de universo semántico, pero era capaz de improvisar sobre cualquier tema propuesto por el interlocutor. Todo ello sin «comprender» sobre qué se estaba hablando. A pesar de que los interlocutores sabían que detrás había una máquina, pronto olvidaban *de facto* este hecho, ya que Eliza les producía la impresión de hablar con alguien comprensivo. Con frecuencia solicitaban autorización para conversar «a solas» con el ordenador, insistiendo en que la máquina los había comprendido. El propio *Weizenbaun* resaltó luego el peligro de estos programas, ya que podrían acabar interviniendo en actividades humanas para las que no estaban capacitados.

Con la introducción de la inteligencia artificial, la capacidad «verbal» de los dispositivos artificiales ha crecido enormemente. Los programas más recientes hacen un conjunto de análisis sucesivos de las palabras entrantes. Primero hacen un análisis morfológico de cada palabra para identificar sus características (género, tipo, número...). Debido a la ambigüedad del lenguaje natural, este análisis inicial no suele resultar concluyente (ej. banco para sentarse puede confundirse con banco para sacar dinero). Luego se practica un análisis sintáctico basado en la gramática del idioma correspondiente, y que es necesario para identificar la naturaleza de cada palabra (ej. nombres, verbos...). A continuación, se hace un análisis semántico mediante el cual cada palabra se asocia a uno o varios significados. Finalmente se hace un análisis pragmático que facilita el significado de la frase en su conjunto. Este análisis final puede hacer que se tenga que volver a repetir el análisis semántico de alguna de las palabras de la frase para terminar de atribuirle un significado específico, especialmente si su naturaleza ambigua impidió que con el análisis inicial se pudieran reducir las posibles alternativas semánticas a una sola. Con el uso de estos procedimientos, los programas de análisis verbal ya pueden buscar información (por ejemplo, utilizando buscadores Web), responder a preguntas (con la información almacenada en bancos de datos), y realizar traducción automática. Todo ello sin necesidad de supervisión humana directa.

El procesado verbal resulta más difícil cuando se parte de señales acústicas, ya que para convertirlas en palabras es necesario segmentarlas (separar palabras que se pronuncian juntas), e identificar la puntuación y la acentuación, que también pueden determinar el significado del texto. En la actualidad, estos métodos permiten una identificación adecuada de los textos en más del 95 **%** de los casos. Particularmente interesante han resultado los sistemas *Siri, Watson y Mastor*. **Siri** es un programa para móviles que procesa lenguaje natural hablado, respondiendo a preguntas o ejecutando órdenes mediante su conexión a Internet. Busca la información solicitada, y la ofrece al interlocutor de forma hablada, o aportándole los textos que ha localizado en páginas web. Siri también aprende de las charlas con los usuarios, mejorando progresivamente su comprensión en función de la pronunciación del interlocutor, de las palabras más habituales que utiliza, etc. Además, Siri aprende automáticamente a partir de miles de datos obtenidos de la web. Normalmente utiliza la red tanto para el análisis de voz como para consultar fuentes de información (Wikipedia, Twitter, *New York Times*...). **Watson** es un programa de IBM capaz de responder rápidamente a preguntas de muy diversa naturaleza. Trabaja con datos previamente almacenados por otros programas llamados «anotadores», y que han creado un inmenso banco de datos que Watson puede consultar, con lo que no necesita conectarse a Internet. El banco de datos es consultado una vez se ha analizado la pregunta, se han identificado posibles significados alternativos, y el programa se ha decidido por uno de ellos. Para poder realizar toda esta tarea «en línea» (y compitiendo con humanos), Watson dispone de 2880 procesadores. Las preguntas entran en Watson por escrito, y las respuestas son emitidas por un sintetizador de voz. Este programa puede ser particularmente útil cuando se precisan respuestas rápidas a un gran número de preguntas de distinta naturaleza (ej. preguntas legales, médicas, etc.). **Mastor** es un sistema de traducción automática de IBM que, tras el reconocimiento automático de las palabras, traduce el texto y genera una respuesta oral que permite la conversación automática entre hablantes de distintos idiomas.

Procesar el aspecto semántico del lenguaje natural hablado resulta particularmente difícil, ya que, a las múltiples acepciones de las palabras hay que añadir el desorden de estas dentro de las frases, las pausas incorrectas, y otros muchos aspectos que, como la ironía, hacen que el significado real pueda alejarse mucho del significado formal aparente. Tomar todos estos aspectos en consideración, usando solo algoritmos basados en la programación tradicional, ha resultado prácticamente imposible. Las RNAs aprenden a hacerlo bien, y sin que haya que añadirles las características del idioma con el que han de trabajar. En este campo se han utilizado con éxito distintos tipos de RNAs. Las redes neuronales convolucionales[1400-1403] resultan particularmente útiles para reconocer conceptos, rellenar frases incompletas, identificar sentimientos, y detectar ironía. Las redes neuronales recurrentes están más dedicadas a la clasificación de palabras y frases, y a la traducción automática. Para la traducción automática se están utilizando redes de larga memoria de corto plazo, una variante de las redes neuronales recurrentes. Estas redes utilizan el «factor olvido», lo que acelera el entrenamiento de la red, y permite hacer resúmenes de texto y realizar respuestas automáticas rápidas a preguntas específicas. Para las respuestas rápidas que son necesarias durante las conversaciones, se utiliza principalmente el aprendizaje por refuerzo. Esto permite actualizar el estado interno de la red durante la conversación, con lo que se conserva el contexto del diálogo.

Pensamiento lógico automático e inteligencia artificial generativa

La comprensión de textos, y el desarrollo de secuencias de pensamiento a partir de ellos, resulta más problemático. Algunos autores defienden que esto nunca será posible, ya que, al carecer de «intencionalidad», las máquinas nunca podrán entender el «significado» de las cosas. Se las puede enseñar a emitir respuestas que puedan resultar convincentes en primera instancia, pero que, al carecer de un valor semántico profundo, terminan generando incongruencias durante las conversaciones o los procesos de razonamiento prolongados. También se ha comentado que una parte significativa de los contenidos mentales del ser humano son «indecibles», y no disponen de palabras que los expresen. Por tanto, estos contenidos mentales no podrían ser pensados con palabras.

En el caso del lenguaje humano, nuestra opinión es que la lengua solo es un señalizador intersubjetivo de significados. Cuando el emisor y/o el receptor no disponen de significados para las palabras señalizadoras, el lenguaje natural no resulta útil, o resulta en comunicaciones erróneas. El uso de la lógica formal para elaborar pensamientos y deducciones complejas puede funcionar en algunas ocasiones, pero no lo hace en otras. El lenguaje natural es menos «lógico» de lo que aparenta. Muchas de las conclusiones generadas por nuestra mente abierta están basadas en procedimientos que nada tienen que ver con la lógica formal. Algo parecido ocurre con la lógica matemática. Muchas conclusiones con apariencia lógica no obedecen a inferencias deductivas o inductivas. De hecho, en los últimos años se hace especial hincapié en otras modalidades lógicas, que resultan menos matemáticas, pero que parecen más humanas. Este es el caso de las lógicas no monótonas, las cuales permiten retractarse de las conclusiones generadas por un proceso lógico, cuando algún dato disponible no parece compatible con dichas conclusiones. Nuestro pensamiento permite usar elementos poco definidos como «Había bastante gente» o «No he hablado lo suficiente». ¿Cuánto es bastante gente?, y lo suficiente ¿para qué?, ¿para convencer?, ¿para sacar la nota que me gustaría? La lógica formal no trabaja con este tipo de información, y hay que acudir a otras estrategias que, como las basadas en la lógica difusa, pueden utilizar conceptos y cantidades definidos solo parcialmente. La lógica formal solo trabaja con verdadero/falso, y elementos digitales («0» vs. «1»). La lógica difusa trabaja con «pocos», «la mayoría», o «algunos», y con «grados de verdad». Los valores ya no son 0 / 1, sino que van desde -1 a + 1 de forma continua[1404]. Una verdad de 0,8 es más verdad que una de 0,3. Y estas verdades «parciales» pueden ser sometidas a procesos de «inferencia difusa».

La aparición de las RNAs también hace evolucionar con rapidez el desarrollo del pensamiento automático. Un ejemplo son las **RNAs con motores generativos**[1405,1406]. Estas RNAs pueden partir de información «real» (fotos, planos, música, textos, etc.) y generar con ella información «sintética» que resulta plenamente «realista» para el observador humano. Estos motores están basados en el trabajo conjunto de dos **redes generativas adversarias**[1407-1411]. La primera RNA identifica las características básicas de los datos suministrados por el usuario y las utiliza para sintetizar datos similares. Esta habilidad la ha desarrollado tras haber sido alimentada de forma intensiva con un repositorio de muestras reales. Mediante un aprendizaje que puede ser supervisado o no supervisado, los pesos sinápticos de esta red aprenden a identificar las características genéricas de objetos específicos. Por ejemplo, las características que permiten distinguir la imagen de una casa de la de un árbol. Luego, estos pesos sinápticos son utilizados para generar objetos «sintéticos» que cumplen con las características básicas de los objetos «reales». El objeto sintético generado por la RNA «generativa» es presentado a la RNA «discriminativa», la cual determina si el objeto sintético resulta verosímil. Para ello, la red discriminativa es entrenada mediante aprendizaje supervisado, hasta que adquiere la habilidad para identificar objetos reales. Luego las dos redes, la generativa y la discriminativa, se ponen a trabajar en oposición, y de ahí el nombre de redes generativas adversarias. La red generativa sintetiza imágenes o textos que remite a la red discriminativa, la cual le remite de vuelta una valoración sobre la calidad realista de su síntesis. Con la valoración emitida por la red discriminativa, la red generativa cambia sus pesos, y vuelve a sintetizar nuevas imágenes o textos. Este proceso iterativo se repite muchas veces, hasta que la red discriminativa ya no distingue la información real proveniente de los repositorios de datos, de la información sintética producida por la red generativa. Cuando esto ha ocurrido, se interrumpe el aprendizaje de toda la red, la cual pasa a estar disponible para el usuario.

Un ejemplo de red generativa adversaria es el transformador generativo preentrenado (**GPT**; *Generative Pre-trained Transformer*)[1412-1416]. El primer GPT fue creado en 2018 por la empresa OpenIA. Este modelo ha sufrido sucesivas modificaciones (GPT-2, GPT-3...), y hoy trabaja con cientos de miles de millones de parámetros. Inicialmente fue entrenado con textos provenientes de Internet, decenas de miles de libros, etc., y tras su entrenamiento inicial, el aprendizaje del motor generativo fue detenido. Aparece entonces el **Chat GPT**, una aplicación que permite presentar preguntas al GPT desde cualquier ordenador. Otros proveedores, como Microsoft, Google o Amazon siguen pasos similares, con lo que las perspectivas actuales para estos dispositivos son muy elevadas.

Con todos estos avances, la IA ha dado un salto espectacular hacia delante, un salto que hasta hace pocos años parecía imposible. En este salto influyen dos circunstancias clave, el desarrollo de la potencia informática de cálculo, y el uso generalizado de las redes neuronales artificiales. No obstante, seguimos hablando de cálculo y simulación. Se simulan textos, imágenes, música y otras muchas cosas que, hasta hace pocos años, creíamos que eran productos exclusivos de la humanidad. Algunos de los productos generados por máquinas ofrecen incluso mayor precisión y fiabilidad que los producidos por el ser humano. Son, no obstante, cálculos y simulaciones. Son imitaciones muy convincentes, pero que, por ahora, no han dado el salto hacia la comprensión real del mundo. Pueden generar textos que, en ocasiones, pueden convencernos de que la máquina que habla comprende de lo que habla. Sin embargo, lo que parece haber aprendido es a generar respuestas convincentes y, en ocasiones, útiles, más que a comprender el sentido más genérico y profundo de aquello de lo que habla. Puede ocurrir aquí lo mismo que comentamos para Eliza, la interacción humano-máquina produce en el humano la impresión de que la máquina es un humano comprensivo y, ahora con las RNAs, un humano muy preparado e inteligente.

Robots y ciborgs

De la mano de las RNAs, la mente artificial evoluciona hoy con una rapidez sorprendente. No obstante, aún hay una distancia sustancial entre lo que cualquier mente artificial puede hacer y lo que hace nuestra mente abierta. Disponemos de muchas RNNs, cada una de ellas desarrollada por la evolución para responder «en línea» a tareas específicas. Nuestras RNNs están plenamente integradas, lo que las convierte en una fantástica red de redes que se integra en una mente única, nuestra mente abierta. Esta red de redes tiene una función de propósito general, la adaptación al entorno natural. La integración de todas las redes de nuestro cerebro multiplica la capacidad funcional de cada una de ellas, y su conexión permanente al entorno hace que todas las subredes se encuentren en un aprendizaje continuo, con la supervivencia como propósito general y telón de fondo. Las mentes artificiales de las que hemos hablado son mentes «parciales» que solo funcionan en entornos cognitivos restringidos. No obstante, la IA se orienta ahora hacia el desarrollo de dispositivos cuyos subcomponentes puedan realizar tareas específicas, pero que también puedan interaccionar entre ellas. Con ello se busca el desarrollo de una IA fuerte, capaz de adaptarse directamente al entorno natural. Se trata de dispositivos que puedan ver, oír y percibir el mundo en su conjunto, y a la vez, responder en línea a las condiciones ambientales del momento. Hablamos de los denominados *robots*.

Los **robots** son dispositivos que disponen de los elementos necesarios para detectar objetos del entorno, y actuar sobre ellos. El origen de la robótica es independiente del origen de la IA, aunque ahora ambas confluyen en los mismos dispositivos. Se han propuesto diversas definiciones de robot. La *Japan Robotics Association* lo define como «manipulador multifuncional que puede ser programado para la realización de tareas muy variadas», y la *IEEE Robotics and Automation Society* como «máquina inteligente para usos muy diversos como la exploración espacial, los servicios o la fabricación». La norma ISO 8373 europea define al robot como «manipulador mutifuncional programable en tres o más ejes y automáticamente controlado para ser utilizado en aplicaciones industriales». Todas las definiciones resaltan la capacidad de los robots para actuar sobre el mundo real y, hasta el día de hoy, la principal aplicación de estos ha sido la automatización de la producción industrial.

Los robots disponen de 6 elementos básicos: 1.- una estructura mecánica compuesta por distintos *elementos articulados* que le confieren robustez (equivale al esqueleto humano); 2.- los *actuadores* que generan los movimientos de los elementos articulados (equivalen al sistema muscular); 3.- los *elementos terminales* que le permiten realizar la tarea para la que fueron diseñados (por ejemplo soldadores o pulverizadores para soldar o pintar; equivalen a las manos humanas); 4.- la *unidad de control* que memoriza y ejecuta las tareas esperadas (equivale al cerebro); 5.- los *sensores ambientales* que permiten la localización de objetos en el entorno (equivalen a los órganos sensoriales humanos); 6.- el *interfaz de usuario* que facilitan la comunicación persona-máquina y, con ello, la programación de tareas y la comunicación durante su ejecución (equivale a lenguaje humano). Muchos robots disponen de brazos articulados que, situados sobre una plataforma, pueden realizar con gran precisión y rapidez un conjunto bien definido de tareas motoras. Estos brazos normalmente se integran en una cadena de producción que también dispone de operarios humanos, y la construcción de coches es un buen ejemplo. Luego aparecieron los llamados robots humanoides, los cuales ya disponen de brazos y piernas (u equivalentes) que les permiten realizar movimientos más parecidos a los movimientos humanos. Estos robots son una plataforma idónea para el desarrollo de una inteligencia artificial fuerte de propósito general, por lo que reciben importantes recursos económicos en muchos países.

Los primeros **robots humanoides** se desarrollaron en los años 60, y entre ellos destacaba *Shakey*, un robot con tres modalidades de sensores: una cámara de video, un sensor láser para medir distancias, y sensores superficiales para detectar el contacto con objetos próximos. Se pretendía que *Shakey* pudiera desplazarse libremente en habitaciones con obstáculos. Para ello tenía que identificar los obstáculos en las imágenes, hacer un plan de desplazamiento, y ejecutarlo, corrigiendo los movimientos al tropezar con obstáculos. Aunque fue un robot muy famoso y conocido en el mundo entero, sus capacidades eran muy limitadas. Los robots han sufrido desde entonces un desarrollo considerable[1417-1422]. Hoy conforman sistemas inteligentes y relativamente autónomos que incorporan, entre la percepción y la acción, un conjunto de funciones que incluyen el razonamiento, el aprendizaje y la comunicación[1423-1427]. Un ejemplo de estos nuevos robots es *STAIR*, un robot capaz de moverse por oficinas y entornos domésticos, y de recoger e interaccionar con numerosos objetos. Dispone de un banco de datos con miles de imágenes de objetos (vasos, tazas, grapadoras, martillos, etc.) obtenidas desde distintas perspectivas y condiciones de iluminación. Cada imagen del banco de datos incluye información sobre la utilidad del objeto representado, la forma de agarrarlos y manipularlos, etc. STAIR es entrenado para identificar, agarrar y manejar cada objeto, y para realizar con ellos tareas específicas de forma eficiente. El desarrollo de este robot norteamericano, y de otros que actualmente se desarrollan en Europa, China y Japón, reciben la atención de expertos en muy diversas disciplinas, así como inversiones de miles de millones de euros. Se pretende que estos robots humanoides lleguen a realizar tareas de servicio, incluyendo limpiar la casa, recoger objetos, usar el lavaplatos, preparar comidas, montar y desmontar muebles, etc.

Los robots ya disponen de suficientes habilidades en el manejo del lenguaje natural, lo cual les permite mantener conversaciones con las personas de la casa. Una vez acreditada su capacidad para ejecutar tareas hogareñas de forma segura, estos robots también podrían resultar de utilidad para el cuidado de personas mayores y niños. Para ello han de implementarse nuevas habilidades sociales, mejorando su manejo del lenguaje natural, y su capacidad para interpretar los gestos corporales y faciales de las personas, y estimar su estado de ánimo. Un ejemplo interesante en este aspecto son las cabezas robóticas de la empresa *Hanson Robotics* y los *geminoides* de *Hiroshi Ishiguro*. Estos robots disponen de un sistema para interpretar las expresiones faciales y la entonación de voz del interlocutor. También disponen de caras mecánicas cubiertas por una piel creada con polímeros sintéticos que producen una impresión similar a la de muy parecidos a la piel humana. Con estos dispositivos interconectados, el robot genera expresiones faciales que le permiten responder a las expresiones emocionales del interlocutor. Se produce así un intercambio asimétrico de «emociones», ya que, mientras uno de los interlocutores dispone de las emociones que intercambia, el otro interlocutor solo las imita[1428-1431]. Para el desarrollo rápido de habilidades sociales, se están implementando nuevas estrategias de aprendizaje, como el aprendizaje vicario que permitiría al robot imitar la acción de sus interlocutores. Además, cada robot puede adquirir directamente las habilidades sociales aprendidas por otros robots, aprendizajes que estarían disponibles en Internet, y que, bajados de la red, se incorporarían directamente al «cerebro» del robot. Esta modalidad global de aprendizaje podría ser muy rápida y eficiente, ya que cada robot se beneficiaría de las habilidades desarrolladas por miles de robots en otras partes del planeta. Esta posibilidad no está disponible para nuestra mente abierta, que siempre precisará de la práctica personal para aprender a moverse en sociedad.

Aunque las capacidades de los robots avanzan rápidamente, aún están muy lejos de las capacidades motoras controladas por nuestra mente abierta. No obstante, en algunos entornos en los que el ser humano no puede operar, los robots son los únicos agentes activos. Este es el caso de **robots submarinos**[1432-1434] como el *Scarab* (que en 1985 recuperó las cajas negras de un avión hundido a 2000 metros), y el *Arbo* y el *Alvin* (que recuperaron objetos del Titanic a 3800 m), y de **robots aéreos**[1435-1437] como el *UAV* (inicialmente utilizado en ámbitos militares y que ahora se utiliza para el control de incendios forestales, el seguimiento de plagas o la planificación urbanística). Los **robots espaciales**[1438-1440] han resultado particularmente exitosos. Los primeros fueron rusos, uno de los cuales, el *Lunojod 1*, fue depositado en la luna en 1970, donde recorrió más de 10 km durante once meses. En 1996 la NASA depositó en la superficie de Marte al pequeño robot *Sojourner*, el cual durante 83 días se movió a la velocidad de 36 metros por hora, remitiendo a la tierra fotos e información espectrométrica de las rocas marcianas. Luego se han lanzado otras sondas con robots como los *Spirit*, *Opportunity* y *Curiosity* que exploraron Marte, la *Cassini-Huygens* que exploró satélites de Neptuno, o el módulo robótico *Philae* que exploró el cometa 67P/Churgumov-Guerasimenko. A estos hay que añadir robots astronautas antropomorfos como el *Justin* introducido en 2007 con dos brazos, mano de 5 dedos y visión estereoscópica, y el *Robonaut* probado en la Estación Espacial Internacional en 2011.

Como afirmaban *Elaine Rich* y *Kevin Knight*, «la inteligencia artificial estudia la forma de conseguir que las computadoras hagan cosas que, por el momento, las personas hacen mejor». Así, muchas de las tareas de los robots actuales son copias simples de tareas que son habituales en humanos, remedando con inteligencia artificial el funcionamiento de componentes de la mente abierta. En ocasiones, los robots imitan estructuras o conductas de animales con alguna ventaja motriz, como es el caso de las arañas (que pesan poco y pueden trepar con facilidad), los caballos (que con cuatro patas son más estables y pueden desplazarse con mayor celeridad) o las abejas (que pueden volar y acercarse a sus objetivos sin ser detectadas). La aplicación de IA avanzada acelerará el desarrollo de robots eficientes, incrementando su interacción sensoriomotriz con el medio, su capacidad de análisis y toma de decisiones, y sus habilidades motoras. El futuro de la mente artificial no ha hecho más que empezar, y lo que el desarrollo integrado de la inteligencia artificial y la robótica puedan conseguir en el futuro puede resultarnos inconcebible hoy. Sin duda quedaríamos perplejos si pudiéramos contemplar los dispositivos artificiales con los que el ser humano convivirá con normalidad dentro de 50 años. Además, la mente abierta y la mente artificial se aproximan y se hacen cada vez más interdependientes, y esta aproximación comienza a alcanzar grados de «intimidad» que hacen que la frontera entre humanos y máquinas sea cada vez más difusa e imprecisa. Esta borrosidad se incrementará aún más con el desarrollo de las **prótesis neurales** o **neuroprótesis**[1441-1445], las cuales aproximan la aparición del **hombre biónico**, un híbrido parte hombre y parte máquina.

En los últimos 30 años se han presentado dispositivos que permiten controlar la actividad de algún órgano o función fisiológica de nuestro cuerpo. Un ejemplo es el marcapasos cardiaco, un dispositivo que modula las contracciones del corazón y que puede resucitar a pacientes en parada cardiaca. Dispositivos similares han comenzado a utilizarse para modular la actividad de otros músculos (ej. de los músculos diafragmáticos que participan en la respiración), y del propio tejido neuronal (ej. de las neuronas del núcleo subtalámico que están alteradas en la enfermedad de Parkinson)[1446-1448]. El uso de estos dispositivos tiende a generalizarse, y ya son utilizados para el control de aspectos tan diversos como el dolor[1449-1451] o la depresión[1452-1454]. Además, son dispositivos cada vez más inteligentes, y que se adaptan a las características del paciente implantado.

La creciente reducción del tamaño de los dispositivos eléctricos, junto con el desarrollo de la inteligencia artificial, darán a luz unidades cada vez más pequeñas, complejas e inteligentes, unidades que puedan ser implantadas en el tejido nervioso con gran facilidad. En la actualidad, el problema principal para conseguir implantes estables es la reacción del tejido neural hacia los objetos extraños. El tejido neural tiende a aislar los objetos extraños dentro de capas de células (principalmente astrocitos) que impiden la interacción directa entre los elementos funcionales de los dispositivos artificiales (eléctricos) y elementos funcionales del cerebro (neuronas). En los últimos años se han construido complejos microchips con cientos de microconectores organizados en peinetas, que pueden ser clavadas fácilmente en la corteza cerebral. Estos microconectores pueden registrar y amplificar la actividad eléctrica de las neuronas próximas, y trasmitirla por radio a dispositivos extracraneales. En algunos casos, los microchips implantables disponen de los medios para analizar las señales neurales, preprocesándolas antes de trasmitirlas al exterior. Algunos de estos microchips ya están en disposición de responder directamente a las señales provenientes del exterior o del propio cerebro.

Dispositivos de esta naturaleza están siendo utilizados para estimular el oído interno con el espectro de frecuencias de los sonidos ambientales (prótesis auditivas que estimulan las neuronas del oído interno mediante implantes cocleares)[1455-1460], y para estimular la corteza visual con imágenes obtenidas por cámaras de video (prótesis visuales que estimulan la retina o la corteza visual con microelectrodos)[1461-1465]. Las imágenes de una cámara situada en las gafas del usuario se trasforman en matrices de datos, que son utilizadas para generar una estimulación bidimensional (retinotópica) de la corteza visual. Producida de forma periódica, esta estimulación genera la impresión de recibir imágenes en movimiento que proceden del entorno inmediato. Con los dispositivos actuales, aún son imágenes de baja resolución espacial y temporal. Su resolución espacial depende del número de electrodos que pueden ser implantados. Este número no suele ser superior a unos pocos cientos de electrodos, generalmente producidos con la misma tecnología con la que se producen los microchips. La resolución temporal no sobrepasa los 2 o 3 estímulos por segundo, lo cual está condicionado por el tiempo que las neuronas estimuladas precisan para recuperarse del estímulo eléctrico, y volver a estar disponibles para responder a un nuevo estímulo. Tres estímulos por segundo es menos que las 30 imágenes por segundo que la corteza visual procesa en condiciones fisiológicas, pero es suficiente para permitir que los sujetos implantados puedan moverse por una habitación.

El problema principal para el implante crónico de neuroprótesis es la reacción astrocitaria al implante, una reacción que aleja los electrodos de las neuronas, interponiendo astrocitos reactivos entre ambos. Quizás nuevos materiales blandos e hipoactivos puedan facilitar esta integración cerebro-máquina[1466]. Entonces, el uso de las prótesis neurales podría generalizarse, con lo que el hombre biónico, parte humano y parte máquina, haría su aparición para quedarse. Hablaríamos entonces de una nueva mente, la **mente ciborg**. Una mente que sería heredera de la mente abierta de la que hoy disponemos, y de la mente artificial que estamos desarrollando[1444,1467-1474]. La mente ciborg, compuesta de elementos orgánicos y dispositivos artificiales, permitiría mejorar muchas de nuestras capacidades. Ya existen sujetos implantados de forma crónica con estos dispositivos. *Neil Harbisson* es un ejemplo. Él fue el primer sujeto reconocido como *ciborg* por el gobierno del Reino Unido. La mente ciborg podrá disponer de capacidades como la de almacenar los recuerdos propios en la nube, ver a distancia, o consultar directamente los inmensos bancos de datos disponibles en formato electrónico. Será una mente capaz de oír los infrasonidos de los elefantes y los ultrasonidos de los ratones, de ver los fotones ultravioletas procedentes de las flores y los fotones del infrarrojo que pueden atravesar la pared de las habitaciones. Será una mente en contacto directo con ordenadores que disponen de los últimos programas de inteligencia artificial, y que puede hablar directamente con otras mentes, independientemente de su naturaleza y de donde estas se encuentren.

Capítulo 30
La mente cuántica

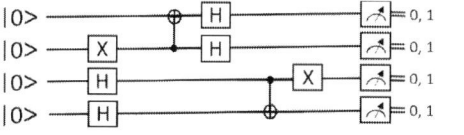

A lo largo del libro se han comentado las principales mentes que existen en nuestro planeta a día de hoy. Casi todas se han originado de forma natural y algunas, las más recientes, han sido producidas directamente por la última mente que apareció en la tierra, nuestra mente abierta. Nuestra mente, en expansión continua, no parará aquí. De hecho, ya está embarcada en un nuevo camino, la producción de la mente cuántica.

Como veremos, la mente cuántica dispone de las características generales de la mente, si bien algunas de estas características solo están operativas de forma transitoria. Según los criterios presentados en el capítulo 1, la mente solo puede operar sobre dispositivos de soporte con múltiples elementos interactuantes que promuevan la estabilidad del dispositivo (propiedad reflexiva), y que mantengan una interacción con el exterior (propiedad externalizadora e internalizadora). Sin componentes internos no es posible procesar información. Sin estabilidad el dispositivo de soporte se dispersa, y solo dispone de una existencia fugaz. Sin interacción con el mundo exterior, el dispositivo queda cautivo en su interior, y no podrá evolucionar. La mente cuántica que comentaremos presenta todas estas características. Tiene partes componentes, dispone de estabilidad interna, y sus partes componentes son sensibles al entorno y pueden responder a la información proveniente del exterior. No obstante, la interacción de la mente cuántica con el exterior no puede estar operativa de forma continua. De hecho, cualquier interacción supone un cambio radical en su naturaleza. Como veremos, la naturaleza ondulatoria de la mente cuántica solo opera cuando esta se encuentra aislada del exterior. Cualquier interacción hace que su naturaleza ondulatoria colapse, y que la mente cuántica deje de serlo y se convierta en una mente reactiva. Esta extrema sensibilidad a la interacción ha venido limitando el uso de elementos cuánticos en las mentes artificiales, y hoy supone un reto tecnológico de primer orden para el desarrollo de los procesadores cuánticos.

Presentaremos la mente cuántica como si solo fuera una mente artificial. Sin embargo, ya se dispone de evidencias sólidas que muestran la existencia de mentes cuánticas naturales. Algunas de estas evidencias se comentarán al final del capítulo. Hasta entonces nos centraremos en comentar las bases teóricas de la mente cuántica, los requisitos que han de exigirse a su dispositivo de soporte, el estado actual del desarrollo de estos dispositivos y las ventajas potenciales que podría reportar el uso de procesadores cuánticos de información.

Según comentan muchos expertos, nadie entiende bien cómo funciona el mundo a nivel de la nanoescala, en el ámbito cuántico. Armados con herramientas matemáticas precisas, los físicos cuánticos pueden actuar con eficiencia sobre el mundo de lo más pequeño y sin necesidad de «entender» cómo funciona[1475-1478]. Con estas matemáticas se han desarrollado muchos dispositivos de uso cotidiano, desde los fármacos hasta los móviles. No usaremos las matemáticas aquí, y dada la dificultad para alcanzar una imagen intuitiva del mundo cuántico, los lectores pueden saltar este apartado y continuar con el siguiente, donde hablaremos de las similitudes y diferencias entre los procesadores cuánticos y los convencionales. En realidad, con la información que se aportará a partir del siguiente apartado se puede adquirir una impresión realista de las limitaciones y ventajas que esperamos obtener con estos nuevos procesadores.

Bases teóricas para la confección de mentes cuánticas artificiales

Las matemáticas cuánticas funcionan, pero no ofrecen un modelo de la realidad que sea aceptable para todos los físicos. Se han propuesto muchos modelos con los que se pretende «comprender» el mundo cuántico. Sin embargo, ninguno de estos modelos convence a todos, y las discusiones que ello genera se prolongan sin descanso hasta la actualidad. Algunos físicos consideran que el nanomundo nunca será comprendido por una mente que, como la nuestra, ha sido desarrollada para operar en el macromundo, físicos que habitualmente son de la opinión de que mejor es «callar y calcular». En los términos que usamos aquí, podríamos también considerar la posibilidad de que para las mentes PAI que, como la nuestra, solo operan con promedios, la conducta cuántica de las mentes prebióticas individuales siempre resultará «extraña». En cualquier caso, si las grandes mentes de los físicos cuánticos no entienden bien, la de un neurocientífico menos. No obstante, a continuación, haremos una breve descripción de algunos fenómenos físicos del nanomundo para los que se dispone de claras evidencias, y que actualmente son utilizados para desarrollar los ordenadores cuánticos. Esta descripción no descenderá al mundo de las matemáticas, utilizando solo la herramienta para la cual nuestra mente está más dotada, la narración. Con esta descripción no estaremos habilitados para participar activamente en el desarrollo de ordenadores cuánticos, pero sí nos permitirá intuir la naturaleza de estos dispositivos, y las posibles consecuencias que el desarrollo de la mente cuántica puede tener en nuestra sociedad.

Para empezar, hemos de indicar que el soporte físico de la mente cuántica es el mismo soporte que el de la mente reactiva. En el capítulo 3 se presentaron las principales características de la mente reactiva atómica y molecular. La mente reactiva atómica es la mente más simple, ya que no contextualiza la información recibida, no aprende, no dispone de memoria y no planifica conductas futuras. Los átomos que participan en estas mentes no arrastran cambios en su estado interno asociados a experiencias previas, y cada nueva interacción de la mente reactiva con el mundo exterior se produce como si fuera la primera interacción.

Los átomos progresan según su naturaleza ondulatoria, una progresión que se acopla a la de otros átomos cercanos con los que puede tener una interacción «local». Denominábamos a esta mente como mente reactiva, ya que para ella lo único relevante es la presencia de otra mente próxima con la que interaccionar. Una característica esencial de la mente reactiva es la de mantener abierta la interacción de forma continua, ya que su naturaleza no se pierde o deteriora con la interacción. Lo sorprendente aquí es que el mismo soporte físico utilizado por la mente reactiva puede ser utilizado por la mente cuántica, solo que la mente cuántica procesa información justo cuando no hay interacción con el entorno. La mente reactiva procesa información mediante su interacción con el entorno, mientras que la mente cuántica lo hace cuando se ha cerrado el contacto con el universo, y los componentes de su dispositivo de soporte pueden interaccionar entre sí, sin recibir interrupciones desde el exterior.

La mente cuántica dispone de una dinámica interna que se proyecta hacia el futuro. Dispone, por tanto, de una modalidad de memoria única y singular, que persiste solo cuando el dispositivo de soporte está aislado del entorno. Cualquier interacción con el medio borrará la información en proceso, haciendo que la mente cuántica comience desde cero, y como si nada hubiera ocurrido antes. Este «borrado de información» convierte a la mente cuántica en mente reactiva. En otros términos, la mente reactiva procesa información mediante su interacción con el exterior, y no dispone de memoria que trasporte información desde una interacción a la siguiente. Por el contrario, la mente cuántica solo procesa información cuando está completamente aislada del entorno, circunstancia durante la cual su dinámica interna evoluciona de forma coherente y predecible, esto es, «con memoria». Cualquier interacción con el exterior bloquea la dinámica interna de la mente cuántica, borra su memoria y la convierte en una mente reactiva. Los ordenadores cuánticos, que comentaremos posteriormente, utilizan ambos estados, el estado reactivo para introducir y extraer información de la mente cuántica, y el estado cuántico para procesarla.

La mente reactiva y la mente cuántica utilizan el mismo dispositivo de soporte. ¿Cómo es posible? La explicación hay que buscarla en algunas características del átomo. En el capítulo 3 hicimos una descripción intuitiva del funcionamiento del átomo, y de cómo algunos aspectos de este funcionamiento son utilizados por la mente reactiva. Sin embargo, no se comentaron otros aspectos que ahora son necesarios para comprender la mente cuántica. Se habló entonces de que los componentes del átomo tienen una **naturaleza ondulatoria** que determina su evolución espacio-temporal. La naturaleza ondulatoria de los átomos nos resulta extraña, ya que **fluctúa en el vacío** y sin soporte subyacente. Las ondas del macromundo que habita nuestra mente abierta están producidas por interacciones locales de los componentes de un soporte físico. Por ejemplo, las olas del mar se producen por fluctuaciones locales de la presión hidrostática del agua, fluctuaciones que se propagan trasversalmente. La ola viaja de forma transversal a la superficie del mar, pero las moléculas de agua que la sustenta no lo hacen, solo fluctúan hacia arriba y hacia abajo. Son como las olas de personas en los estadios de futbol. La ola viaja, pero los aficionados solo se ponen de pie, y luego se sientan.

Muchas Otra característica de las ondas cuánticas son de es su **naturaleza estacionaria**. Una onda estacionaria se caracteriza porque sus oscilaciones no se dispersan, manteniéndose cautivas en regiones concretas del espacio. Pongamos el ejemplo de un electrón integrado en un átomo. El electrón (carga eléctrica negativa) es atraído por el núcleo atómico (carga positiva), con el que podría colapsar si no fuera por su naturaleza ondulatoria y por el principio de exclusión de Pauli. El primer electrón se sitúa lo más próximo al núcleo, pero su naturaleza ondulatoria, le impide acercarse más a los protones nucleares. El electrón es un fermión (spin semientero) que está sujeto al principio de exclusión de Pauli, por el cual dos ondas fermiónicas no pueden compartir el mismo espacio. Esto obliga a los electrones a respetar los espacios ocupados por otros electrones, y a permanecer a las distancias que, sucesivamente más alejadas del núcleo, conforman los orbitales atómicos. Al estar a distinta distancia del núcleo del átomo, cada onda electrónica tendrá distinta energía y distinta oscilación, configurándose así los orbitales electrónicos que a todos nos explicaron en el bachiller. No obstante, todos los electrones de todos los orbitales mantienen su naturaleza ondulatoria, comportándose como ondas estacionarias, ondas que solo fluctúan en regiones concretas del espacio y que no se propagan como lo hace, por ejemplo, una ola marina. Se parecen más a las ondas de las cuerdas de instrumentos como la guitarra. La onda de estas cuerdas vibra entre dos extremos y, aunque puede generar ondas en el aire que llegan hasta nuestros oídos, la vibración de la cuerda no se desplaza como tal.

Los electrones no vinculados a un átomo pueden desplazarse por el espacio, lo cual no hace desaparecer la naturaleza estacionaria de su onda. Ocurre como si la guitarra pudiera lanzar sus cuerdas por el espacio, y estas conservaran su vibración propia, solo que ahora viajando de un lugar a otro.

En realidad, el viaje de ondas estacionarias es algo más complejo en el mundo cuántico, ya que la onda cuántica extiende su radio de acción conforme se desplaza[1479]. Es como si la cuerda de una guitarra se alargara al ser lanzada por el aire, pero sin perder su vibración característica. Así, la onda estacionaria de un electrón que se desplaza por el espacio abierto puede entrar simultáneamente por dos agujeros muy separados, mucho más alejados que los extremos de la onda del mismo electrón cuando este está cautivo en un orbital atómico. Por tanto, la naturaleza estacionaria de las ondas de los electrones se conserva cuando estos viajan por el espacio abierto y amplían la separación de sus extremos. Esta apertura de la onda electrónica ha sido probada en numerosos experimentos, incluyendo el famoso experimento de la doble rendija. Este experimento es utilizado habitualmente para verificar la doble condición de onda y partícula de objetos cuánticos, como los electrones o los fotones.

Los elementos cuánticos disponen de dos naturalezas físicas incompatibles, la naturaleza ondulatoria que acabamos de comentar, y la naturaleza particulada que se comporta como un elemento material compacto y que se desplaza en una sola dirección, como una bala o un balón de futbol. Son naturalezas incompatibles que Niels Bohr denominó **naturalezas complementarias**, o sea, incompatibles pero reales. La «extrañeza» que produce la complementariedad onda-partícula es menor si asumimos que ambas naturalezas no están presentes de forma simultánea. La fluctuación ondulatoria de los componentes atómicos desaparece en cuanto la observamos, transformando la onda en partícula. Este fenómeno, denominado *colapso de la función de onda*, se produce siempre que se hace una medida, y no puede evitarse de ninguna manera (ej. mejorando la sensibilidad del dispositivo de medida). Se produce incluso cuando podemos estimar el estado de la partícula sin interactuar con ella (ej. midiendo otra partícula que tenga un estado asociado). Por tanto, el colapso de la función de onda es inexorable, y aparece siempre que conocemos, directa o indirectamente, el estado de un sistema cuántico.

Quizás lo más extraño de la dinámica cuántica es su **naturaleza probabilística**. La dinámica ondulatoria de los elementos cuánticos puede calcularse con la ecuación de Schrödinger, o con su equivalente, la matemática matricial de *Heisenberg*. Se trata de ecuaciones determinísticas que, conociendo el estado actual del sistema cuántico, permiten calcular su estado en cualquier momento futuro con el grado de precisión que se desee, naturalmente teniendo en cuenta el principio de indeterminación de *Heisenberg*. Según estas ecuaciones, el futuro de los dispositivos cuánticos está fatalmente determinado por su estado previo. Sin embargo, este determinismo no puede comprobarse experimentalmente, ya que solo funciona cuando el dispositivo cuántico está aislado. Si hacemos una medida, el dispositivo «cuántico» se hace «reactivo», y en ese momento solo dispondremos de certezas probabilísticas, y no de certezas absolutas. Con cada medida obtenemos valores bien definidos, pero que no indican el estado real y preciso que el sistema cuántico tenía antes de la medida. La ecuación de Schrödinger es determinística, pero, al usarla para estimar los valores de la medida, se convierte en probabilística.

Se podría pensar que la evolución de la función de onda es determinística, y que el elemento probabilístico lo aporta el colapso inducido por la medida. En este caso, el objeto cuántico estaría distribuido en el espacio-tiempo según la función de «onda» de Schrödinger, y el elemento probabilístico estaría generado por el colapso de «onda» a «partícula», un colapso que podría producirse en cualquier zona ocupada por la función de onda. En este caso, la ubicación de la distribución de la función de onda *nos informaría del espacio* donde puede producirse el colapso, mientras que la distribución de la amplitud de la onda *nos permitiría estimar la probabilidad* de que el colapso se produzca en un lugar u otro de la onda. Aunque esto podría justificar la complementariedad onda-partícula, y la naturaleza probabilística observada en los elementos cuánticos, la realidad parece ser más extraña y sorprendente. La «probabilidad» parece residir en la propia naturaleza de los elementos cuánticos. La escuela de Copenhague afirma que la naturaleza de los objetos cuánticos es, de por sí, probabilística, y que incluso la propia existencia del objeto cuántico dispone de una probabilidad. Según esta interpretación, los objetos cuánticos no existen de forma permanente, oscilando continuamente entre la existencia y la inexistencia.

Además, cuando los objetos cuánticos evolucionan libres de observación, pueden recorrer simultáneamente todos los caminos posibles (superposición cuántica). La superposición cuántica hace que, mientras no miremos su estado interno, los elementos cuánticos pueden estar simultáneamente en estados incompatibles (conejo vivo - conejo muerto en la famosa propuesta de Schrödinger)[28,1476,1477,1480-1482]. Esta posibilidad desaparece instantáneamente cuando miramos el interior del objeto cuántico. En ese momento, todas las posibilidades alternativas colapsan en una, y las demás posibilidades ya no serán operativas. En la interpretación de los muchos mundos de Hugh Everett, las posibilidades no observadas con la medida siguen existiendo, solo que, al estar situadas en otro universo, ya no resultan accesibles.

Otros fenómenos de interés para el desarrollo de los ordenadores cuánticos son los fenómenos de coherencia y no localidad. La interacción de dos unidades cuánticas, ya sean elementos subatómicos, átomos o moléculas, hace que sus ondas cuánticas comiencen a comportarse como ondas vinculadas. Los objetos vinculados de esta manera fluctúan de forma coherente, y lo que ocurra sobre uno de ellos influye «instantáneamente» en la conducta del otro (fenómeno de coherencia). La coherencia se produce principalmente en **bosones** (ej. fotones), partículas que, al contrario de los fermiones, no obedecen al principio de exclusión de Pauli, y que tienden a acoplar su función de onda. En ocasiones, este acoplamiento es extremo y todos los bosones acoplados se concentran en un mismo estado simple, que se conoce como condensación de Bose-Einstein, y que es la base del láser y de los fenómenos de superconductividad. Si dos objetos están vinculados mediante coherencia cuántica, y uno de ellos interacciona con otro objeto cuántico, la coherencia primigenia desaparece (fenómeno de decoherencia)[1483-1485]. Por tanto, cada vez que un elemento cuántico interacciona con otro, vincula su onda cuántica con él y la desvincula de los elementos con los que había interaccionado previamente. A temperatura ambiente, la alta agitación molecular facilita la interacción entre átomos cercanos, lo que reduce drásticamente la duración de la coherencia (tiempo de decoherencia)[1486-1488].

El vínculo entre ondas de objetos cuánticos puede ser absoluto (fenómeno de entrelazamiento)[1489-1491], e independiente de la posición relativa de estos objetos en el espacio (fenómeno de no localidad)[1492,1493]. Los objetos cuánticos entrelazados se comportan como un objeto unitario, con una única función de onda que evoluciona simultáneamente en todos ellos.

Si hacemos una medida en uno de estos objetos, y generamos el colapso de su función de onda, los otros objetos entrelazados también colapsarán, mostrando valores compatibles con los del objeto cuántico medido inicialmente. Para generar entrelazamiento se suele utilizar fotones más que electrones y utilizar sus spines como variable a medir. La razón para ello es que suele ser más fácil generar entrelazamiento entre fotones, y trabajar con observables discretos, como el spin, que con observables continuos, como el momento lineal o la posición. Los fotones que nacen de una misma fuente coherente están entrelazados. La distribución de las ondas de probabilidad de estos fotones está vinculada de tal manera que, si les dejamos alejarse por el universo, la medida del spin de un fotón determinará instantáneamente el spin de los demás fotones entrelazados.

El desarrollo de dispositivos cuánticos que puedan procesar información de forma fiable, solo puede hacerse tomando en consideración de forma estricta y meticulosa cada uno de estos fenómenos. Son fenómenos extraños y evasivos para nuestra mente abierta, una mente creada para interactuar con el macromundo y no con este insólito nanomundo. Como apunto Richard Feynman, los ordenadores cuánticos podrían ser la mejor manera de simular el comportamiento de los objetos cuánticos, y quizás nos ayuden a comprender definitivamente este mundo tan alejado y extraño, pero tan importante para nuestro futuro.

¿Qué diferencia un ordenador convencional de uno cuántico?

Como se comentó en el capítulo anterior, la unidad de procesamiento de la información en los ordenadores digitales es el **bit**, un elemento que solo dispone de dos valores posibles, el 0 y el 1. Ocho bits ordenados constituyen un **byte**, y varios bytes agrupados constituyen una **palabra** (ej. la agrupación de 8 bytes genera una palabra de 64 bits). La información se representa en el orden de los bits de cada palabra, la cual es procesada con cada golpe de reloj de la CPU. La CPU no puede procesar dos palabras a la vez, y estas deben de procesarse una tras otra, y siguiendo el curso serial de las instrucciones del programa. Aunque los ordenadores actuales pueden ejecutar millones de instrucciones por segundo, la velocidad de procesado se convierte en un factor limitante cuando el número de instrucciones a ejecutar es muy elevado. Esto ocurre con los procesos más avanzados de IA, así como en otras tareas complejas que, como la factorización de grandes números, son utilizadas para encriptar información y para otras actividades.

La velocidad de procesado de los ordenadores cuánticos puede ser mucho mayor, particularmente en el caso de algunas tareas que comentaremos luego. En los procesadores cuánticos, el elemento mínimo de trabajo es el **qubit** (*quantum bit*). La información contenida en un bit, o en un qubit, depende del número de estados en los que puedan estar. El bit solo dispone de dos estados (0 y 1), mientras el qubit dispone de una función continua de estados. Se trata de un vector de módulo unidad en un espacio vectorial complejo bidimensional, que se puede representar mediante la esfera de Bloch. Esta esfera muestra el estado del qubit como un punto en la superficie de una esfera de radio unidad. Este punto queda determinado por dos variables, la longitud y la latitud (o los ángulos θ y Φ en coordenadas esféricas). Por tanto, el qubit puede contener multitud de estados internos que se corresponden con la multitud de puntos que pueden ser definidos en la superficie de esta esfera. La información se representa en los ordenadores cuánticos como agrupaciones qubits (registros de qubits o registros cuánticos) que, en este caso, no tienen por qué ser múltiplos de 8 (como ocurría en el caso del byte). En los ordenadores digitales la información está representada por **combinaciones de bits próximos**, mientras que, en los ordenadores cuánticos, la información está representada como **correlaciones no locales de los qubits** de los registros cuánticos.

La información contenida en un registro cuántico de 8 qubits es incomparablemente mayor a la contenida en los 8 bits de un byte. Para generarnos una idea intuitiva de esta diferencia podemos comparar, en la figura 30.1, un fotograma binarizado con un holograma analógico. La fotografía de la parte alta ha sido pasada de color a blanco y negro, y luego binarizada como 0 o 1. Este proceso supone una evidente pérdida de información, ya que hay más información en la imagen de la izquierda que en la de la derecha. Algo parecido ocurre con los ordenadores digitales en los cuales cada punto o bit, solo tiene dos alternativas, el 0 o el 1. En la fotografía del holograma de la parte baja de la figura 30.1 se muestra como los mismos puntos pueden contener información diversa, que puede obtenerse modificando el ángulo de la luz incidente. La holografía almacena la información como interferencia de los fotones provenientes de todas las regiones del campo visual, con lo que cada punto del holograma contiene información de todo el conjunto de la imagen. Algo parecido ocurre con los dispositivos cuánticos, la información está dispersa por todo su soporte físico en forma de asociaciones no locales de qubits, y cada uno de los qubit que lo integran puede tener infinitos valores decimales entre 0 y 1. Por tanto, la información contenida en grupos de qubits es muy superior a la contenida en grupos de bits. Además, el procesado de qubits sigue un curso paralelo y no serial, y adquiere la velocidad incomparable del mundo cuántico.

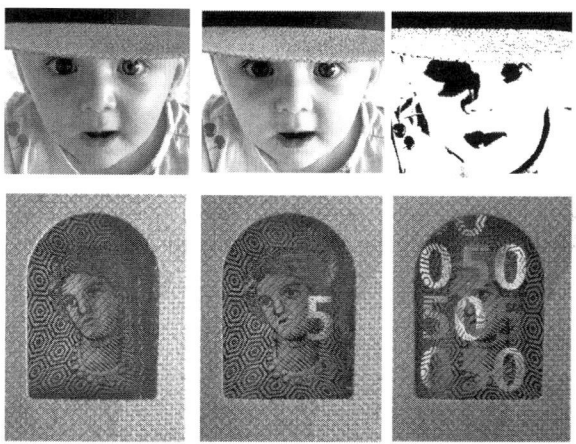

Fig. 30.1 Fotograma binarizado vs. holograma

No obstante, el qubit es un objeto cuántico cuyo estado interno no puede ser consultado directamente sin que se transforme en un bit «especial». Si queremos tener referencia de este estado interno hemos de hacer una medida, lo que hará colapsar su función de onda. Como consecuencia de este colapso, el resultado de la medida solo podrá ser un 0 (*ket 0*) o un 1 (*ket 1*), y la suma de las probabilidades de ambos estados siempre será uno. No obstante, antes de realizar la medida, los valores asociados al ket 0 y al ket 1 se encuentran en superposición cuántica y evolucionan por separado, lo cual permite desarrollar algoritmos que operen en paralelo sobre ambos estados.

El problema técnico principal para la construcción de ordenadores cuánticos es el de generar coherencia o entrelazamiento entre múltiples qubits, evitando luego su interacción con el exterior durante el procesamiento de la información. Cualquier interacción generaría un colapso de la función de onda del qubit implicado, interrumpiendo el procesado de información que está ocurriendo en el registro cuántico. Esto no ocurre, por ejemplo, en los registros holográficos que acabamos de comentar. La interferencia de las ondas fotónicas registrada en la placa holográfica es de naturaleza clásica, por lo que resulta estable y no se modifica con la observación del holograma. Sin embargo, la coherencia cuántica y el enmarañamiento de los qubits integrados en registros cuánticos, se altera con cualquier interacción con el mundo exterior. Cualquier medida practicada sobre un qubit del registro cuántico colapsará la función de onda de todos los qubits del registro.

Por tanto, los ordenadores cuánticos han de estar integrados por elementos del nanomundo que tengan interacción cuántica entre ellos, y que puedan ser aislados del mundo exterior durante el procesado de la información[1494-1498]. Los objetos macroscópicos no son buenos candidatos como soportes de información cuántica. Los objetos macroscópicos están compuestos por un número inmenso de elementos cuánticos subatómicos, atómicos y moleculares. Estos elementos están dispersos por el espacio subatómico vacío, donde fluctúan según la función de onda que los caracteriza. Cuando dos objetos cuánticos intercambian a distancia alguna partícula virtual (gluones o fotones), se genera el colapso transitorio de la función de onda de los objetos interactuantes, transformándolos en partículas. A continuación, la función de onda de cada objeto cuántico reaparece de forma espontánea, pero ahora ambos objetos presentan ondas cuánticas con fluctuaciones coherentes. Si en este momento cualquiera de los objetos cuánticos interacciona con otro objeto, el proceso se repite, con lo que las coherencias previas desaparecen y son sustituidas por una nueva coherencia cuántica entre los objetos que realizaron la última interacción. El resultado es que cualquier elemento cuántico se encuentra continuamente fluctuando entre su naturaleza ondulatoria y su naturaleza particulada, presentando, en cada ocasión, una decoherencia con el objeto de la interacción previa y una coherencia con el objeto con el que ha mantenido la última interacción. Esta sucesión de fenómenos es extremadamente rápida y no ha sido observada directamente. Su existencia se deriva de la teoría cuántica, por un lado, y de experimentos en los que se mide la actividad de conjunto de muchos elementos cuánticos.

Otro problema capital es como introducir la información en el sistema cuántico coherente, como ejecutar su procesado y como extraerla luego. Para introducirla hay que actuar sobre el sistema, haciéndolo fluctuar con elementos externos portadores de la información entrante, hasta situar el sistema cuántico en un estado de partida conocido y controlado. La figura 30.2 A muestra como el primer paso del procesado cuántico consiste en introducir la información que se va a procesar en el estado cuántico de los QUBITS del procesador. A continuación, los QUBITS deberán manipularse sin modificar su estado cuántico ni su asociación no local. Se han propuesto distintas **puertas lógicas cuánticas** para este proceso, incluyendo la puerta X, la Hadamard y la CNOT (Fig. 30.2 B). Luego estas puertas pueden asociarse en circuitos más complejos con los que ya se realiza la tarea deseada (Fig. 30.2 C)[1498-1500]. Para extraer la información, habremos de generar una nueva interacción, solo que ahora los elementos propios del procesador habrán de modular la actividad de elementos externos que puedan ser consultados luego, para obtener el resultado del cómputo cuántico (Fig. 30.1 A). Cada vez que preguntamos por el resultado del cómputo cuántico, el sistema se «resetea» y la información contenida en los elementos que constituyen el procesador se pierde. Por tanto, mirar los resultados es extraer la información procesada por el dispositivo cuántico y, necesariamente, «resetear» el procesador para iniciar un nuevo proceso.

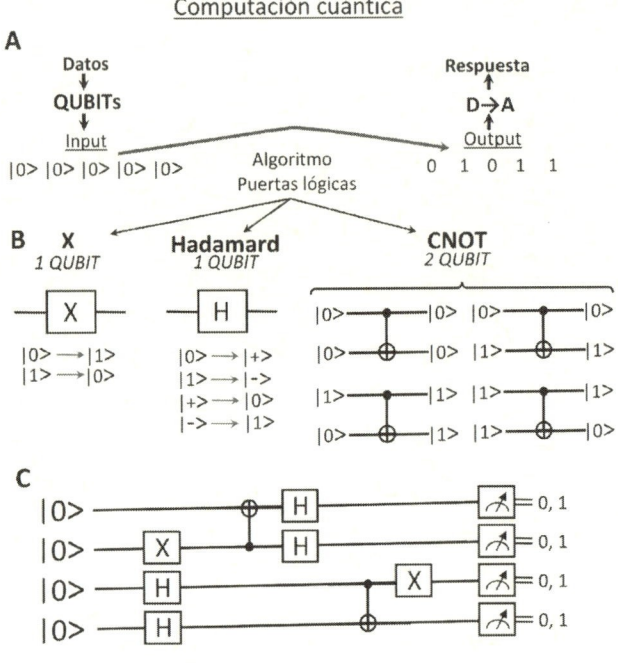

Fig. 30.2 Puertas lógicas cuánticas

Cualquier elemento que presente una dinámica cuántica podría ser utilizado para realizar esta modalidad de cómputo. Una posibilidad que está siendo utilizada es el atrapamiento de iones en un volumen pequeño, y su enfriamiento con láser. La manipulación de decenas de iones en este tipo de trampas aún resulta muy difícil. También se utilizan núcleos atómicos que son sometidos a polarización magnética mediante equipos de resonancia magnética nuclear. Otro soporte posible son los puntos cuánticos establecidos sobre una nanoestructura semiconductora que limita el movimiento de los electrones de la banda de conducción, o los huecos de la banda de valencia, o ambos. Otros sustratos utilizados son los semiconductores con uniones de Josephson y los diamantes con pares de nitróge-no-vacante. Estos son solo algunos de los soportes posibles para la futura mente cuántica, la cual se manipularía con algoritmos específicos como el de Shor, el de Grover, o el de Deutsch-Jozsa. También los soportes físicos asociados a la vida pueden ser utilizados como sustrato de la mente cuántica. De hecho, estos soportes ya fueron utilizados por la evolución para desarrollar mentes cuánticas en seres vivos, una circunstancia que comentaremos al final del capítulo.

Utilidad potencial de los ordenadores cuánticos

Hemos comentado las ventajas teóricas de los dispositivos cuánticos en relación con la de los dispositivos digitales. Nos preguntamos ahora si estas ventajas teóricas llegarán a transformarse en ventajas reales, que permitan a los ordenadores cuánticos del futuro superar la potencia de los ordenadores digitales. Creemos que esto ocurrirá, y que la naturaleza lo sabe, ya que, como veremos, ha desarrollado múltiples procedimientos cuánticos para mejorar la actividad de los seres vivos.

Peter W. **Shor** demostró, en la década de los 90, que la coherencia cuántica podía ser utilizada para solventar problemas de cálculo, para los cuales la computación digital clásica es muy poco eficiente. Este es el caso de la factorización de grandes números. Factorizar un número consiste en encontrar los números primos cuya multiplicación genera el número en cuestión. La búsqueda de estos números primos con ordenadores digitales implica la identificación de todos los números primos inferiores al número en cuestión, y la realización de todas las multiplicaciones posibles con estos números, hasta encontrar aquellas multiplicaciones cuyos resultados se correspondan con el número que está siendo factorizado. Se trata de un cálculo «bruto», para el cual la computación clásica no dispone de atajos posibles. Para esta tarea, los ordenadores cuánticos que trabajan en paralelo podrían encontrar soluciones con mucha mayor rapidez.

La ventaja del ordenador cuántico para la factorización de grandes números puede intuirse con el siguiente ejemplo. Se trata del problema del viajante que precisa desplazarse con rapidez entre dos ciudades (ciudad A y B en la Fig. 30.3).

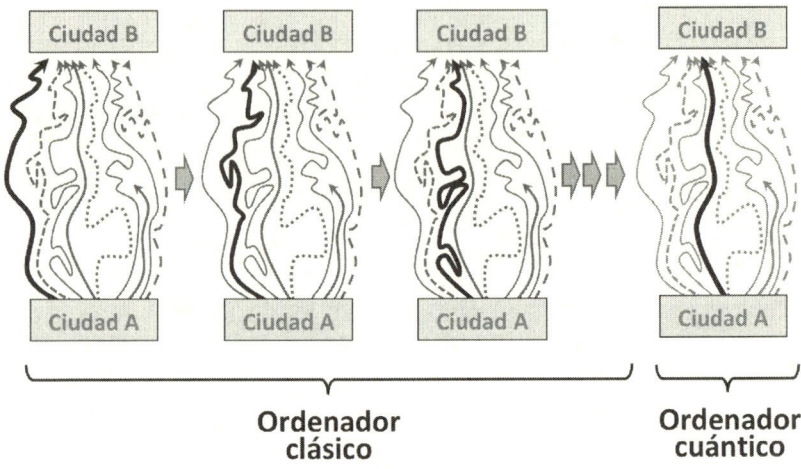

Fig. 30.3 El viajante cuántico

Las ciudades están conectadas por un elevado número de caminos posibles, muchos de los cuales son poco conocidos. Además, no se sabe si todos son practicables, y a qué velocidad se puede viajar por cada camino. Una posible solución a este problema es recorrer cada uno de los caminos de forma sucesiva y, con la información obtenida, seleccionar el camino más conveniente (izquierda de la imagen). Esta sería la solución que pueden aportar los ordenadores digitales actuales. Otra solución consiste en que el viajante se desdoble en tantos viajantes como caminos posibles, de forma que cada «clon de viajante» sea asignado a un camino diferente, y que todos los caminos puedan ser recorridos en paralelo (derecha de la imagen). Todos los «clones» colapsarían finalmente en el «clon» que llegue primero, recomponiéndose, en destino, al viajante original. El viajante habría encontrado así la forma más rápida para desplazarse entre ciudades. La superposición y la coherencia cuántica, comentados al principio del capítulo, muestran que este extraño viaje lo realizan los elementos cuánticos continuamente. Se desdoblan viajando como ondas por todas las rutas posibles, y colapsando de nuevo cuando, a su llegada, se les pregunta por cuál ha resultado ser la ruta más rápida (decoherencia). Haciendo trabajar a sus registros de qubits de forma paralela, esta estrategia la pueden seguir los ordenadores cuánticos para, por ejemplo, factorizar grandes números.

La propuesta inicial de Shor, generó una gran alarma en la década de los 90, ya que ponía en peligro los sistemas de encriptación de los bancos y otras entidades financieras. La encriptación de los mensajes numéricos remitidos por Internet está principalmente basada en la factorización de grandes números. El cálculo de números primos cuya multiplicación genere un número grande, es muy rápida en una dirección, pero extremadamente lenta en la otra. Si seleccionamos muchos números primos y los multiplicamos, obtendremos un número grande para el cual ya conocemos sus factores. Sin embargo, cuando la operación se invierte y seleccionamos un número grande para el cual hay que buscar números primos cuya multiplicación produzca el número seleccionado, la operación se hace muchísimo más compleja. En este caso, el cálculo solo puede hacerse en un tiempo razonable cuando se recorren en paralelo «todos los caminos posibles». Esto lo puede hacer el ordenador cuántico, pero no el ordenador convencional. Los sistemas financieros están a salvo, por ahora, ya que la factorización de un número grande puede llevar muchos años para un ordenador convencional. Con la aparición de los ordenadores cuánticos, estos cálculos se podrían hacer con gran celeridad, con lo que este procedimiento de encriptado quedará obsoleto. No obstante, en el problema está la solución. Los ordenadores cuánticos permitirán desarrollar nuevos procedimientos de encriptación que, basados en la coherencia y la no localidad de elementos cuánticos «enmarañados», permitirá la transferencia segura de información. En este caso, la transferencia de información ya será definitivamente inviolable, y nadie podrá observarla en su tránsito desde el origen del mensaje hasta su destino sin que quede constancia del intruso.

La capacidad teórica de cálculo de un ordenador cuántico crece de forma exponencial con el número de elementos que se ponen en coherencia cuántica. No obstante, la dificultad para desarrollar dispositivos cuánticos también crece sustancialmente con el número de qubits que se quieren hacer coherentes. En 2001, IBM y la Universidad de Stanford construyeron un ordenador cuántico con 7 qubits, que podía ejecutar el algoritmo de Shor comentado arriba. Desafortunadamente, este dispositivo solo pudo calcular los factores primos del número 15 (3 x 5). La eficiencia de los dispositivos cuánticos para realizar este cálculo ha ido aumentando con posterioridad. Por ejemplo, con un dispositivo de 4 qubits se consiguió factorizar el número 143 (13 x 11). El número de qubits que pueden hacerse coherentes también ha aumentado, pasando de 5 qubits en 2000, a 16 qubit en 2007, a 17 qubits en 2017, a 20 qubits en 2019 y a 443 qubits en 2022. Este incremento terminará generando un aumento drástico de la capacidad de cálculo de los ordenadores cuánticos. La potencia de cálculo de un ordenador cuántico con 30 qubits podría ser equivalente a la de un procesador convencional que pueda realizar 10 billones de operaciones en coma flotante por segundo. Como ya comentamos, la ventaja del ordenador cuántico podría ser mucho más evidente con ciertas tareas, para las cuales el ordenador convencional es poco útil. No obstante, la capacidad de cálculo de estos procesadores no solo depende del número de qubits, también está influida por otros factores como, por ejemplo, por el tiempo que los qubits pueden mantener su coherencia mutua.

La mente cuántica en los seres vivos

La **biología cuántica** comenzó a desarrollarse en los años 70. Klaus Schulten observó que los radicales libres generados en las mitocondrias poseen, en su capa externa, un electrón solitario cuyo spin se alinea con el campo magnético. Propuso entonces que los pares de radicales libres podrían tener sus electrones libres en coherencia cuántica (enmarañados o entrelazados), y que este entrelazamiento podría explicar la capacidad del petirrojo para orientarse en el campo magnético terrestre. En 1988, Schulten identificó un nuevo fotorreceptor en la retina de los animales que denominó criptocromo, y que podía producir radicales libres apareados[1501-1503]. Unos años después, Thorsten Ritz publicó evidencias de que el criptocromo de la retina de los petirrojos le proporcionaba la posibilidad de orientarse en el campo magnético, y de navegar con él alrededor del mundo[1504].

También la transferencia electrónica y protónica que normalmente se realiza en las paredes de las mitocondrias, parece estar mediada por efectos cuánticos. Los electrones y protones pueden viajar por las paredes de las mitocondrias, de una forma que no sería posible si no se comportan como onda. Se trata del **efecto túnel**[1476], que hace que estos elementos subatómicos puedan atravesar, como ondas, barreras impenetrables que no podrían cruzar como partículas. Las ondas cuánticas se distribuyen por el espacio según la función que caracteriza a cada elemento cuántico. Como ya comentamos, las ondas cuánticas son distintas de las ondas del macrocosmo con las que estamos familiarizados. Las ondas cuánticas que se extienden por el vacío subatómico no disponen de un sustrato que vehiculice su desplazamiento. Además, son ondas de probabilidad, lo cual significa, entre otras cosas, que su presencia en un lugar concreto depende de una probabilidad que puede calcularse con la función de onda de Schrödinger. Como onda, el electrón no está en ningún lugar específico, está disperso por muchos lugares, existiendo en todos ellos solo como una probabilidad. Esta onda probabilística puede cruzar barreras que no pueden ser cruzadas cuando los elementos cuánticos han colapsado en partículas. Para las ondas cuánticas del electrón no hay barreras infranqueables. Si una parte de la onda está en el otro lado de la barrera, y el electrón colapsa en ese punto, entonces el electrón habrá cruzado la barrera. El colapso anterior se había producido en un lado de la barrera impermeable, pero el nuevo colapso se ha producido en el otro lado, con lo cual el electrón ha saltado la barrera utilizando su función de onda.

Estos saltos cuánticos (efecto túnel) no son habituales, pero se producen, y su probabilidad depende del grosor de la barrera impermeable, y del número de elementos cuánticos que se encuentren en sus inmediaciones. Cuando hablamos de elementos cuánticos, como los electrones, hablamos de billones de elementos, con lo cual la probabilidad de que un electrón particular salte la barrera es baja, pero la probabilidad de que alguno de los electrones próximos a la barrera la salte es mucho más alta. De hecho, este salto se produce continuamente en los miles de transistores que pueblan nuestros móviles, y también lo hacen en los billones de mitocondrias de nuestro organismo.

Otro de los efectos cuánticos observados en mitocondrias y cloroplastos, es la capacidad de los electrones para viajar simultáneamente por todos los caminos posibles[1505-1510]. Las ondas cuánticas de los electrones viajan por la proteína clorofila de los cloroplastos, siguiendo a la vez todos los caminos posibles. Luego colapsan al final del camino más rápido y eficiente. No se trata de un tránsito aleatorio (Browniano) que le permite desplazarse por un camino u otro, pero nunca por varios a la vez. Se trata de un tránsito cuántico que le permite seguir todos los caminos, y que dispone de una probabilidad de colapso que será más elevada para la «parte» de la onda cuántica del electrón que ha seguido el camino más eficiente. Esto incrementa significativamente la eficiencia de los cloroplastos para transformar la energía lumínica proveniente del sol, en energía química. Esta eficiencia es superior a la de la mejor de las placas fotovoltaicas actúales, placas que transforman la energía lumínica en carga eléctrica.

Efectos cuánticos similares han sido utilizados para explicar ciertos comportamientos de nuestro ADN, o de algunos canales iónicos que determinan los potenciales de membrana de nuestras neuronas[1511-1513]. También parecen influir en la conducta de distintas especies animales, como la mariposa monarca o la mosca del vinagre. El comportamiento cuántico también es necesario para explicar aspectos neurofisiológicos como la distinción olfativa de sustancias quirales que, como el limoneno y el dipenteno, tienen los mismos componentes químicos, pero producen olores muy diferentes.

La mente cuántica del futuro

Por tanto, el mundo cuántico que ya está presente en los fenómenos de la vida, puede pasar a integrar algunos de los dispositivos artificiales que construimos en la actualidad. Probablemente, la potencia de estas mentes cuánticas será muy superior a las de las mentes artificiales de los ordenadores convencionales. No obstante, su desarrollo está aún en los primeros pasos, y la capacidad que finalmente puedan alcanzar las mentes cuánticas no puede estimarse aún.

Otro factor con consecuencias impredecibles es el desarrollo de dispositivos cuánticos provistos de inteligencia artificial. En el capítulo anterior comentamos algunas de las repercusiones que la IA ya ha comenzado a tener en la sociedad y en nuestra vida diaria. Una de las limitaciones para la aplicación generalizada de la IA está asociada a los requerimientos de cálculo que conlleva. Como ya comentamos, los cálculos de la IA se realizan en dispositivos digitales que procesan la información de forma serial. La introducción de dispositivos cuánticos, mucho más potentes para algunas operaciones habituales en la IA, podría suponer un salto adelante de consecuencias impredecibles. Actualmente extendemos y aceleramos el desarrollo de la mente basada en la IA y, por otro lado, iniciamos el desarrollo de una nueva mente basada en la inteligencia cuántica. Es posible que, en las próximas décadas, la IA y la inteligencia cuántica confluyan en dispositivos comunes. ¿En qué situación quedará nuestra mente abierta entonces?

Hoy somos agentes imprescindibles para el desarrollo de la mente artificial basada en la IA, y para el desarrollo de la mente cuántica. Cuando estas mentes alcancen su madurez, es probable que puedan reproducirse y progresar por sus propios medios. ¿Compartiremos con ellas un futuro común, o el futuro solo será suyo? ¿Conservará nuestra mente abierta el centro del escenario, o pasaremos a representar papeles secundarios en el avance universal de la mente?

QUINTA PARTE:

Todas las mentes son una sola

Capítulo 31
Sintropía mental

Hemos seguido el impresionante recorrido de la mente desde sus orígenes atómicos hasta nuestro cerebro, y desde nuestro cerebro hasta los productos artificiales creados por él. En este recorrido hemos podido observar saltos de la mente desde unos soportes materiales a otros. Saltos impredecibles y cambios insospechados que trasformaron desastres que, como las extinciones sucesivas de la vida en nuestro planeta, acabaron por ofrecer nuevas oportunidades para el avance de la mente.

La historia resumida de la mente natural

La explosión cuántica de la singularidad primigenia, y el enfriamiento subsiguiente del caldo energético resultante, podía haberse seguido de una dispersión y enfriamiento generalizado que no conllevara la aparición de mente alguna. En su lugar, generó partículas pequeñísimas de las que surgió la primera mente, la **mente reactiva** de los átomos. La segunda ley de la termodinámica, que pronosticaba una tendencia progresiva e inevitable al desorden, no impidió entonces el desarrollo de la mente. Las pequeñas mentes atómicas pronto habilitaron la aparición de nuevas mentes, que resultaron ser cada vez más complejas. Para ello tuvieron que conspirar circunstancias de muy diversa naturaleza, incluyendo las fuerzas gravitatorias que, oponiéndose a la inercia dispersiva del Big Bang, crearon las estrellas, las cuales utilizaron las leyes cuánticas para generar núcleos atómicos cada vez más complejos. No obstante, se trataba de núcleos atómicos que, con el inmenso calor del interior de las estrellas no podían evolucionar hacia estructuras más complejas, y que en el exterior de las estrellas se dispersarían por un espacio cada vez mayor, menos denso y más frío.

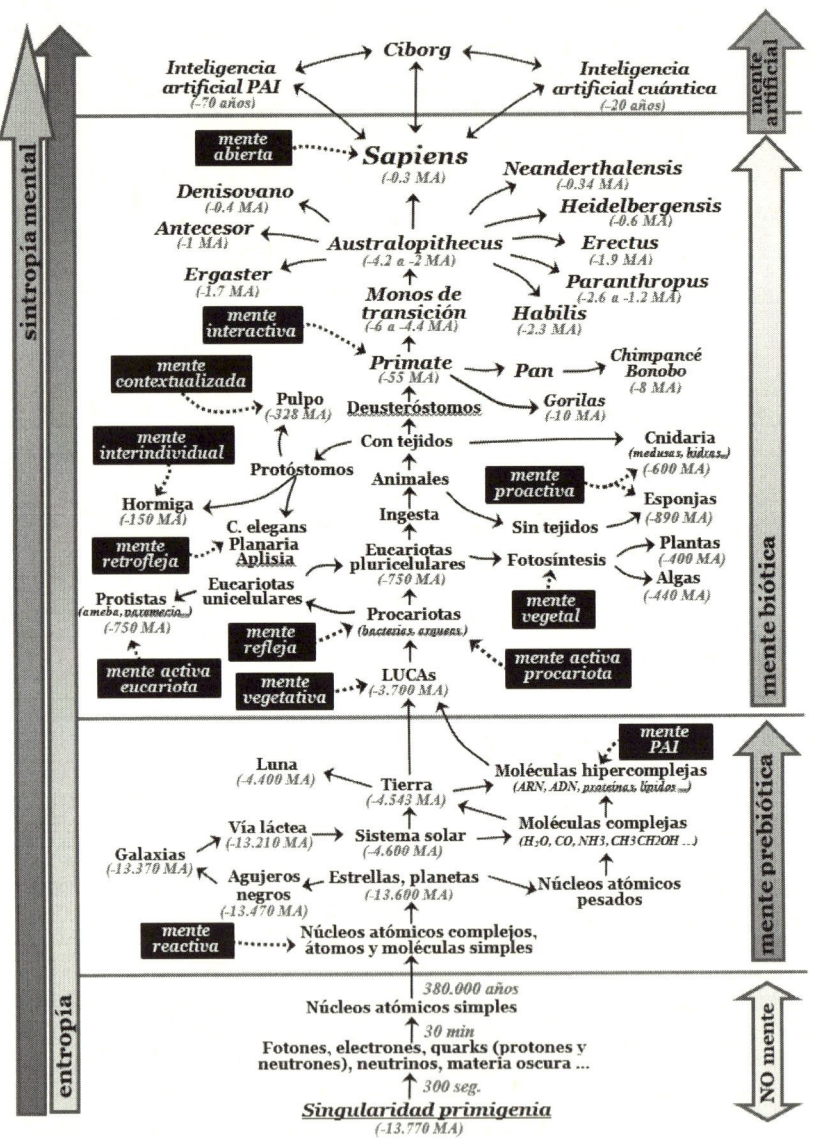

Fig. 31.1 Evolución de la sintropía mental: resumen

Un observador imparcial que pudiera analizar el universo de entonces, podría haber considerado que el futuro de las estrellas y de las pequeñas mentes atómicas que las componían, no podía ser otro que el enfriamiento energético o el colapso gravitatorio final. Las estrellas terminarían consumiendo su soporte energético y enfriándose, para dar paso a estructuras inertes en expansión o a agujeros negros aislados. Sin embargo, algunas circunstancias del momento promovieron una explosión de estrellas que dispersó por los espacios interestelares, a las pequeñas mentes reactivas nacidas en las propias estrellas. Comienza entonces la evolución de la mente reactiva, una evolución que transforma las pequeñas mentes reactivas de los átomos en mentes reactivas moleculares. Así, la mente reactiva simple se hace progresivamente más compleja, generando moléculas que, como las moléculas orgánicas, disponen de estructuras muy elaboradas.

Todo podía haber terminado en ese momento, pero la mente encontró una nueva forma de evolucionar. Los átomos y las moléculas dispersas fueron agregadas por la gravedad hasta producir grandes masas como los planetas, los satélites o los asteroides. Algunas de estas masas no eran tan frías como para impedir la interacción entre mentes moleculares reactivas, ni tan calientes como para destruir las mentes moleculares ya producidas. Situadas en un entorno planetario, las mentes reactivas se agrupan, evitando así su dispersión por el vacío intergaláctico. Las mentes reactivas situadas en planetas que se encuentran a la distancia adecuada de la estrella más próxima, pueden recibir la energía de sus fotones, utilizándola para calentarse y evolucionar. El soporte molecular de estas mentes reactivas gana en estabilidad y complejidad, aumentando su capacidad interactiva con mentes reactivas próximas.

No obstante, **á**tomos y moléculas disponen de un comportamiento relativamente «libre», que puede predecirse, pero solo de forma «probabilística». Podemos estimar con bastante exactitud lo que «suelen» hacer los átomos en determinadas condiciones. No obstante, solo se trata de una estimación de probabilidades que nunca se transforma en certeza. Podemos saber lo que harán la mayoría de los átomos cuando son sometidos a ciertas condiciones, pero no lo que hará un átomo en particular. ¿Cómo hacer mentes más complejas con componentes tan poco fiables? La mente encontró, también aquí, una solución de compromiso. El agrupamiento de las mentes reactivas iniciales permitió la aparición de las primeras **mentes promediadoras autocatalíticas inestables** (PAIs), mentes que procedieron a realizar una integración funcional masiva de multitud de mentes reactivas. Las mentes reactivas están sometidas a la variabilidad que les impone su naturaleza cuántica, lo que bloqueaba la evolución de la mente. Para evitar esta circunstancia, la mente PAI se cimentó sobre una estrategia promediadora. El «invento promediador» consistía en usar la acción promedio de los millones de átomos de su soporte físico, impidiendo que átomos o moléculas individuales pudieran determinar el comportamiento de la mente PAI. Aunque cada átomo puede ir por su cuenta y seguir su naturaleza cuántica, la actividad promedio de todos ellos es extraordinariamente estable y predecible. Esta estabilidad la proporciona la ley de los grandes números, ya que el soporte de la mente PAI normalmente incluye a millones de mentes reactivas. Aunque cada mente reactiva dispone de cierta aleatoriedad cuántica, todas tienen marcadas tendencias a repetir ciertos comportamientos derivados de su estructura, con lo cual los promedios son muy estables. Además, la función de onda de los elementos cuánticos que integran las mentes reactivas, presenta, a las temperaturas habituales en la superficie de muchos planetas, una frecuencia de colapso muy elevada. Esto hace que las mentes reactivas sean más estables, lo cual también repercute en la estabilidad de las mentes PAIs.

Alcanzada la «promediación», la mente comenzó a evolucionar a partir de la «autorreferencia». Aparece aquí la evolución por adaptación competitiva. De la infinidad de mentes PAI generadas, solo aquellas que mostraron alguna tendencia a la autopreservación se mantuvieron estables en el tiempo y prevalecieron. Pero ¿qué estrategias fueron utilizadas entonces para facilitar la autopreservación? Unas mentes PAI desarrollaron automatismos para cambiar su «interior» y adaptarlo al entorno. Son las **mentes vegetativas**. Con el avance de estas mentes la organización de la materia alcanza un grado de complejidad insospechado, apareciendo las primeras células y la vida. Las células aglutinan multitud de mentes PAI, que facilitan su adaptación y pervivencia.

Otras mentes PAI desarrollaron conductas que, en lugar de adaptar su medio interno al entorno, adaptaron el entorno a su medio interno. Se trataba de modificar el medio ambiente local de forma que fuera menos lesivo, y que aportara al soporte material de la mente los recursos necesarios para su pervivencia. Se producen así células que se adaptan generando respuestas simples y rápidas que modifican el medio local al que hay que adaptarse (mentes reflejas). La mente refleja evoluciona entonces hacia la **mente activa**. Mientras que la mente refleja solo es capaz de responder a las circunstancias externas del momento, la mente activa monitoriza el medio interno del soporte material sobre el que está implementada, generando nuevas conductas hacia el exterior que permitan mejorar su medio interno. Ya no se actúa solo en respuesta a las circunstancias coyunturales del medio externo, ahora también se actúa en función de las necesidades detectadas en el medio interno.

La mente presenta entonces un nuevo salto adelante, apareciendo la **mente proactiva**. Ahora ya no basta con buscar en el entorno algunos recursos de los que se carece. La mente proactiva dispone de expectativas para el futuro, y sabe que, aunque ahora puede no estar sufriendo grandes carencias, es probable que estas aparezcan con posterioridad. Lo mejor es planificar la provisión de posibles carencias futuras con tiempo suficiente, y antes de que aparezcan. Si dejamos que las carencias aparezcan, ya podría ser demasiado tarde. Es mejor impedir la aparición de carencias que tratar luego de solucionarlas. Pero ¿dónde y cómo buscar los elementos necesarios para la pervivencia futura? Sin información precisa, la búsqueda aleatoria podría ser una actividad peligrosa que malgasta los recursos disponibles sin obtener nuevos recursos del exterior. La mente proactiva evoluciona entonces adquiriendo una nueva función, la función «retrofleja». Aprenderá ahora de las conductas del pasado, distinguiendo las búsquedas azarosas y sin éxito, de las conductas planeadas y que consiguieron nuevos recursos. La nueva mente proactiva incorpora así una nueva función, la función retrofleja que le permite aprender y recordar de experiencias previas, y planificar nuevas estrategias motoras contando con esta información (mente proactiva retrofleja).

Los últimos saltos evolutivos de la mente han sido posibles porque las células simples (procariotas) han evolucionado a células mucho mayores y más complejas (eucariotas). Las eucariotas ya pueden agruparse, especializarse e interaccionar para formar tejidos, y organismos. Las células eucariotas en las que predomina la mente vegetativa generaron las plantas, organismos pluricelulares en los que la interacción de células con mente vegetativa gana complejidad, y crea **mentes vegetales**. Las células eucariotas en las que predomina la mente refleja, se agruparon, generando **mentes animales** con mente activa primero, retrofleja después, y luego proactiva. Para seguir por todos los caminos posibles, la mente explora entonces dos posibilidades alternativas, evolucionar a través de la interacción de los animales (mente interindividual), o hacerlo en el interior de cada uno de ellos. Para evolucionar dentro de cada animal, la mente encuentra el camino de la «contextualización». La contextualización va más allá de la planificación de conductas en función de la mera presencia de ciertos estímulos externos o internos, o de la estimación de posibles carencias futuras. La contextualización es mucho más, e implica tomar en consideración de forma simultánea toda la información disponible, y hacer con ella un contexto global que permita identificar las conductas más adaptativas. Se trata de internalizar el entorno, engendrar un mundo interior que represente el mundo exterior, y buscar en él las mejores conductas. Aparece así la **mente proactiva retrofleja contextualizada**, una mente capaz de integrar en un mismo escenario los estímulos relevantes del entorno con los del medio interno, y de estimar, a partir de esta integración, las posibles carencias futuras. A esto se añade la experiencia de lo ocurrido en escenarios similares del pasado, así como las consecuencias y resultados de las conductas generadas en condiciones parecidas. En este rico escenario ya es posible buscar internamente la mejor conducta. Y para ello, ahora se puede «actuar sin actuar», actuar internamente hasta encontrar la mejor estrategia motora, la que podrá llevar al éxito adaptativo. Por tanto, la ventaja principal de la contextualización es que permite «simular» múltiples conductas posibles en un «escenario virtual interior» que es «realista». De entre todas las conductas simuladas se selecciona la mejor, la cual es finalmente externalizada al mundo. El resultado es espectacular y las nuevas mentes contextualizadas resultan muy adaptativas.

Al estar implementada en un sustrato material que no se mueve, esta contextualización proactiva no resulta tan útil para la mente vegetal. La contextualización que se produce en la mente vegetal es mucho más pobre, centrándose en la identificación de aspectos como la ubicación de las fuentes de agua y de luz, o la presencia de agentes peligrosos en el entorno, y respondiendo a ellos mediante una modificación de su medio interno, y en mucha menor medida, mediante acciones hacia el exterior como la síntesis y liberación de agentes tóxicos, o la producción de movimientos muy lentos de orientación hacia la luz, el agua o los recursos materiales del suelo.

Por otro lado, la mente también evolucionó para aprovechar otra posibilidad, la de establecerse en las interacciones entre individuos, y no dentro de cada uno de ellos. Esta nueva mente hace que el grupo pueda prevalecer sobre los seres «individualistas». Aparece entonces la **mente interindividual**, una mente distribuida por el grupo. Cada sujeto dispone de una mente individual sencilla, pero que le permite interaccionar con otros individuos del grupo. Sin esta interacción, la mente interindividual resulta poco útil para el grupo, y para cada uno de los individuos que lo integra. La nueva mente grupal desarrolló un alto nivel de inteligencia, que va mucho más allá que la suma de las mentes de los individuos que integran el grupo. Las mentes de los individuos del grupo son poco desarrolladas y están principalmente orientadas a interaccionar de forma eficiente con otros individuos, una interacción que se produce en favor de la preservación del grupo. Es algo similar a lo que ocurre con las neuronas en nuestro cerebro. Nuestra mente es el resultado de la interacción de millones de neuronas, y ninguna de ellas, por sí sola, podrá realizar una tarea útil. La mente interindividual resulta extraordinariamente exitosa cuando los contextos son estables, pero no lo es tanto en situaciones en las que hay que «innovar o morir», ya que los individuos que la componen no son precisamente los más inteligentes y creativos de la naturaleza.

El siguiente salto evolutivo de la mente permitió agrupar lo mejor de los dos mundos, el mundo de los individuos que desarrollaron una mente proactiva retrofleja contextualizada avanzada, y el de aquellos con grandes habilidades para la interacción social dentro del grupo. Aparece entonces la **mente interactiva**, una mente que ha evolucionado principalmente en animales de tierra firme. Esta es la mente de nuestros ancestros mamíferos. La evolución competitiva de las numerosas mentes interactivas que proliferan en incontables especies, terminará por generar un nuevo salto hacia delante. Aparece entonces nuestra **mente abierta**, una mente compuesta de las numerosas mentes desarrolladas con anterioridad, a las que se añade una nueva propiedad, la capacidad de adquirir nuevos conocimientos y trasmitirlos a la descendencia mediante la instrucción. Aunque la información trasmitida por los genes a la descendencia sigue siendo esencial, también lo es la capacidad de trasmitir a las siguientes generaciones los nuevos «inventos» y «funciones». La acumulación de nueva información, y su trasmisión cultural, permiten el desarrollo del lenguaje, de la tecnología, de la ciencia, del arte y de un largo etc. Con todo ello, el *Homo sapiens* termina dominando su entorno inmediato primero, y el planeta entero luego.

La capacidad de esta nueva mente abierta es tan grande que no solo hace posible su supervivencia, sino que también le permite su autodestrucción y la destrucción de todo el planeta. Junto con estas increíbles capacidades, la mente abierta dispone de la posibilidad de crear otras mentes. Hace unos pocos años la mente abierta crea la **mente artificial**, una mente que surge sin contexto evolutivo directo, y que evoluciona con una celeridad vertiginosa. Ahora, la mente se ha liberado de su soporte material biológico. El soporte material sigue siendo necesario, pero la misma mente puede implementarse en distintos sustratos, con lo cual ya no está cautiva en estructuras físicas específicas, y puede emigrar de unos sustratos a otros. Desde este punto de vista se trata de una mente «eterna», aunque su eternidad actual depende del soporte y cuidado que le proporciona nuestra mente abierta. Finalmente, la mente artificial ha comenzado a fundirse con nuestra mente abierta, apareciendo la **mente ciborg**, una mente híbrida (carbono-silicio) que está en su proceso inicial de gestación, y que se produce por el implante de mentes artificiales en organismos naturales. En el futuro, el sustrato básico de la mente ciborg podría ser artificial, y los complementos, por ejemplo, la piel, podrían ser de origen natural.

¿Se puede operativizar el despliegue de la mente? La sintropía

El desarrollo y evolución de la mente universal parece seguir un curso progresivo, cuyo resultado es la aparición de estructuras mentales cada vez más organizadas y eficientes. Se trata de un proceso autoestructurante para el que no disponemos de leyes conocidas. Podemos modelizar el cosmos a partir de leyes físicas y químicas universales, leyes que se complementan con la acción de un azar ciego. También podemos pensar en la biología y la psicología como disciplinas que explican la conducta de los seres vivos a partir de las leyes básicas de la química y la física, y de la acción conjunta del azar y la necesidad. Si estos fueran los únicos motores, la aparición y el desarrollo de la mente habrían resultado extremadamente improbables. Lo probable sería que la segunda ley de la termodinámica despeñara la mente por el barranco del azar desordenado. Esto no es lo que ha ocurrido. La mente, como hemos comentado, ha ido sorteando cada uno de los obstáculos derivados del azar entrópico. El espectacular despliegue de la mente universal nos muestra la presencia de un «azar estructurante», que se opone al azar generador de entropía. Este azar estructurante no se detiene nunca, utilizando para su crecimiento cualquier dispositivo físico que reúna las condiciones mínimas comentadas en el capítulo 1 (Fig. 1.1).

El largo camino autoestructurante de la mente, siempre en ascenso, se dirige en la dirección opuesta a la que cabría esperar a partir de la segunda ley de la termodinámica. Va en la dirección opuesta a la entropía. La segunda ley afirma que la *energía disponible* para realizar un trabajo siempre se disipa, pasando inexorablemente a *energía no disponible*. Esta disipación de la energía disponible (entropía) parece dominar la evolución del universo, el cual se enfría de forma inexorable, precipitándose por el camino de lo aleatorio y lo desordenado. Sin embargo, el desarrollo de la mente siempre avanza en la dirección opuesta, promoviendo la complejidad y el orden. El crecimiento del orden asociado a la vida ya había resultado sospechoso para Erwin Schrödinger, uno de los padres de la física cuántica. En la década de los cuarenta, Schrödinger publicó un libro (*What is life?*)[1514] en el que propuso la existencia de una **entropía negativa** con el que la segunda ley de la termodinámica se hacía compatible con el desarrollo de la vida. La vida parecía oponerse a la acción de la entropía, creando orden donde la entropía debería generar desorden. Schrödinger sugirió la existencia de leyes naturales aún desconocidas, y capaces de generar esta «entropía negativa». *Léon Brillouin* sustituyo luego la «entropía negativa» por el término *neguentropía*[1515-1518], un término que, en los años 70, Albert Szent-Györgyi sustituyó por el de *sintropía*[1519]. El término *sintropía* ha sido utilizado luego en distintos ámbitos, como en la teoría de la información y en la estadística, siempre para referir conductas que se alejan de lo «aleatorio». Posteriormente, Mario Ludovico desarrolló una definición formal de la sintropía, aplicándola a la teoría de sistemas y us*á*ndola para evaluar el grado de organización de sistemas particulares.

Para Ludovico, los sistemas están formados por un conjunto de elementos interactuantes. Los sistemas con la máxima sintropía son aquellos cuyos componentes interaccionan de una forma absolutamente predecible. En los sistemas con la máxima entropía, la interacción entre sus componentes es completamente aleatoria, y la conducta del sistema resulta impredecible. Los sistemas pueden evolucionar hacia el orden o hacia el desorden, encontrándose siempre en valores intermedios entre el máximo desorden (máxima entropía posible; $E_{máx.}$) y el máximo orden (máxima sintropía posible; $S_{máx.}$). Ni la entropía ni la sintropía pueden sobrepasar un valor máximo, que depende del número de componentes del sistema, los cuales pueden funcionar de forma completamente desordenada o completamente ordenada. Dado que se trata de los únicos dos estados alternativos posibles, la suma de la sintropía del momento (sintropía actual; S_{act}) y la entropía del momento (entropía actual; E_{act}) ha de ser igual al valor de la entropía máxima del sistema. Por tanto, el valor de la *sintropía* de un sistema siempre será igual a al de la *máxima entropía posible* menos el valor de su *entropía actual*. Dado que la entropía máxima de un sistema se produce cuando todos sus elementos interaccionan de forma aleatoria, el valor de la $E_{máx.}$ viene representado por el logaritmo neperiano del número de componentes del sistema (N). Esto se expresa de forma resumida como:

$$S_{act} = E_{máx.} - E_{act} = \ln N - E_{act}$$

Por tanto, la suma de la entropía y la sintropía de un sistema a cada momento es un valor constante que está determinado por el $\ln N$ (*entropía potencial* o *transformación potencial*).

$$S_{act} + E_{act} = \ln N, \textit{constante}$$

El máximo desorden no puede sobrepasar un valor que depende del número de componentes que lo integran, lo que también es cierto para el máximo orden que aparecería cuando $E_{act}=0$. Dado que la sintropía máxima solo depende del número de componentes del sistema, los sistemas con pocos componentes podrán alcanzar la sintropía máxima con mayor facilidad. No obstante, con un menor número de posibles estados internos, la capacidad de computación de los sistemas con pocos componentes internos decrece exponencialmente con la reducción de N.

La sintropía mental

La sintropía podría resultar útil para describir el proceso autoestructurante de la mente. En la concepción de Ludovico, la sintropía puede aplicarse a cualquier sistema, incluyendo los sistemas vivos. Puede, por tanto, sustituir a la neguentropía de *Léon Brillouin* y a la entropía negativa que *Erwin Schrödinger* propuso para justificar la aparición y evolución de la vida. También podemos aplicarlo aquí para justificar la autoestructuración progresiva de la mente. Pero ¿cómo hacerlo? En la concepción de mente que proponemos aquí existen dos elementos básicos, la mente como tal, y el dispositivo de soporte que la sustenta. Asumimos que no hay mente sin dispositivo de soporte, y que un dispositivo de soporte no puede sustentar funciones mentales si no cumple los 6 requisitos presentados en la figura 1.1. Podríamos evaluar sintropía en los dispositivos de soporte de la mente, o en la propia mente. La mente, según se ha presentado a lo largo de todos los capítulos previos, se describe a partir de las funciones y tareas que realiza. Está cimentada sobre objetos físicos, pero trasciende a los mismos. Como veremos en el siguiente capítulo, mentes muy similares pueden funcionar sobre soportes muy diferentes, y mentes muy diferentes pueden actuar sobre dispositivos de soporte muy similares. Por tanto, la mente y su dispositivo de soporte están *íntimamente* relacionados, pero no son lo mismo. ¿Conviene evaluar la sintropía de la mente como tal, o la sintropía de su dispositivo de soporte?

En su definición actual, la sintropía no es aplicable a la mente. La definición operativa de sintropía propuesta por Ludovico calcula la sintropía actual como la diferencia entre la entropía máxima posible y la entropía actual. La sintropía del sistema sería el orden inesperado, el que no ha sucumbido a la entropía. Para esta estimación se precisa evaluar la entropía máxima a partir del número de componentes del sistema. Esto no es posible hacerlo con la mente, ya que no tiene componentes que puedan identificarse de forma precisa. Se trata de un «objeto unitario» del que solo observamos su comportamiento monotélico final.

La operativización de la sintropía propuesta por Ludovico sí que podría aplicarse al dispositivo de soporte de la mente, al menos de forma teórica. Sin embargo, esta aplicación no es factible, ya que el número de componentes del dispositivo de soporte de cualquiera de las mentes comentadas es enorme. Además, se trata de mentes compuestas por otras mentes, que a su vez contienen otras mentes, todas ellas con dispositivo de soporte propio.

Por tanto, hoy no disponemos de procedimientos efectivos para operativizar el despliegue de la mente, y llevarla a funciones matemáticas que podamos utilizar para evaluar su actividad y estimar su desarrollo futuro. A esto hemos de añadir una circunstancia sorprendente. La mente también puede utilizar la entropía para procesar información y para autoestructurarse.

La entropía como motor de la actividad mental

En el próximo capítulo comentaremos como la mente puede autoestructurarse y progresar a partir de cualquier dispositivo de soporte que reúna los requisitos mínimos presentados en la figura 1.1. Comentaremos ahora cómo puede autoestructurarse usando incluso la entropía como motor. Esta circunstancia parece imposible si consideramos la sintropía y la entropía como estados antagónicos y alternativos, pero, como veremos en los siguientes ejemplos, la mente también utiliza la entropía para autoestructurarse.

Los eventos bioeléctricos de membrana utilizados para procesar información ya se comentaron en el capítulo 12 (mente vegetal) y 19 (mente abierta). Como se recordará, la estrategia básica consiste en generar una distribución asimétrica de carga eléctrica en torno a las membranas celulares. Esta distribución asimétrica se genera modulando la concentración intracelular vs. extracelular de iones. El Na^+ y el Cl^- están más concentrados fuera de la célula, y el K^+ dentro de la célula. Esta asimetría es generada por una proteína que utiliza energía química (ATP) para transportar los iones por la membrana (bomba Na^+ - K^+ dependiente). Los iones tienden a atravesar la membrana, pero la membrana es más permeable para unos iones que para otros (ej. la permeabilidad para el Na^+ es un 4 % de la permeabilidad para el K^+). El resultado es que el interior de la membrana se hace negativo en relación con su exterior (- 70 milivoltios). Esta distribución de carga eléctrica (potencial de membrana), funciona como una pila cargada, y es utilizada como la energía que promueve la interacción del dispositivo de soporte de la mente[443,444,449,452,455].

Por la acción de esta energía electromagnética (las cargas similares se repelen y las cargas opuestas se atraen) los iones positivos tienden a entrar en la célula y los negativos a salir de ella. No lo hacen, ya que la membrana celular se lo impide, comportándose como una resistencia al flujo de carga. Para procesar información, las células abren o cierran canales de membrana que son selectivos y solo permiten el flujo transmembrana de algún ion particular. Por ejemplo, con la apertura de los canales de Na^+, este ion positivo tiende a entrar hacia el interior de la célula con carga negativa. La entrada masiva de Na^+ al interior de la célula hace que se pierda el potencial de membrana. Cuando el potencial de membrana llega a 0, el flujo de Na^+ ya no es impulsado por el gradiente de carga eléctrica, y debería detenerse. No lo hace, ya que aún sigue estando más concentrado en el exterior de la célula, y tiende a seguir entrando por azar, por la simple acción de la entropía. La entropía lo hace moverse aleatoriamente y, como hay más Na^+ fuera de la célula que dentro, el número de átomos de Na^+ que atravesarán la membrana hacia el interior de la célula seguirá siendo mayor que el de los que lo haga hacia fuera. Por tanto, el Na^+ sigue entrando, ahora contra gradiente de carga eléctrica. Dado que la entropía es, en esta ocasión, más fuerte que la energía electromagnética, el interior de la célula se hace positivo. Ahora el Na^+ tiende a viajar por el interior de la célula (por gradiente de carga y concentración), por lo que la entropía no solo facilita la polarización contraria de la membrana celular (cuyo interior ahora es positivo), sino que además promueve el viaje de este potencial por toda la membrana de la célula (potencial de acción). Así, los potenciales de acción de los millones de neuronas de cada red neuronal viajan de unas neuronas a otras, y este trasiego es utilizado por la red para procesar información, y realizar las tareas de la mente que le son propias.

El efecto estructurante de la entropía en el sustrato físico de la mente (que hemos comentado para el trasiego de Na$^+$), también es utilizado por otros iones y otros eventos de membrana para procesar información. Este es el caso, por ejemplo, de la entrada contra gradiente de carga que realiza el Cl$^-$ durante la producción del **potencial inhibitorio postsináptico**[443,444,449,1366,1520].

Estos ejemplos muestran como mente y entropía no son incompatibles. La mente puede estructurarse a partir de casi todo, y también de la entropía. La primera ley de la termodinámica afirma que la energía no se puede crear, pero tampoco se puede destruir. Siempre dispondremos de la misma cantidad de energía. La cuestión es que esta energía puede estar en los dos lados de la balanza, en el de la energía disponible o en el de la energía no disponible. El azar desplaza la energía hacia el lado no disponible, pero la mente lo hace hacia el lado disponible. ¿Qué desplazamiento terminará preponderando? Además, la energía no disponible generada por la entropía también puede ser utilizada por la mente para autoestructurarse. ¿Quién prevalecerá?, ¿el frío aleatorio de la entropía desordenada o el calor ordenado de la sintropía mental?

Hoy no podemos contestar esta pregunta trascendental de una forma asertiva. No sabemos hasta dónde llegará el progreso de la mente. La sintropía nos asegura que la mente seguirá progresando, pero ¿hasta cuándo? Como ya comentamos, en los últimos años hemos introducido nuevos agentes sobre los cuales también se desarrolla la mente. Se trata de los procesadores digitales, capaces de soportar mentes artificiales, que ya impulsan la inteligencia artificial con paso firme y acelerado. A ello seguramente añadiremos los procesadores cuánticos que quizás pronto permitan el desarrollo de una inteligencia artificial cuántica. ¿Hasta dónde podrá avanzar la mente sobre estos dispositivos de soporte?

La mente se despliega por cualquier dispositivo de soporte disponible. Para cimentar esta idea, en el próximo capítulo volveremos a hablar de la mente abierta y de la mente interindividual. Nuestra mente abierta y la mente interindividual de las hormigas disponen de dispositivos de soporte radicalmente diferentes. Sin embargo, la mente puede desarrollarse en ambos dispositivos, generando funciones que son sorprendentemente similares. La mente no es patrimonio del sistema nervioso, el sistema nervioso solo es uno de los soportes que utiliza la sintropía para hacer progresar a la mente universal.

Capítulo 32
La invarianza de sustrato: ¿la misma mente en distintos dispositivos de soporte?

Tendemos a considerar la mente como el producto del sistema nervioso. Esta consideración asume que el sistema nervioso se creó para poder dar hogar a la mente, y que esta no existía hasta la aparición del sistema nervioso. Ya hemos abundado en la idea de que la mente apareció antes que el sistema nervioso, e incluso antes que la vida. En la propuesta que hacemos aquí, la vida y el sistema nervioso son productos de la autoestructuración de la mente universal. Esta autoestructuración apareció en los albores del universo, generando primero mentes simples como la de los átomos y las moléculas, generando luego la vida, y progresando luego por ella, primero sobre células procariotas y eucariotas individuales, y luego sobre seres pluricelulares, algunos de los cuales agruparon parte de sus actividades mentales en el tejido nervioso. **La mente es el motor y no el producto final**. Como ejemplo de ello compararemos a continuación dos mentes que comparten importantes capacidades funcionales, pero que fueron desarrolladas sobre sustratos completamente diferentes, la mente interindividual de las hormigas y la mente interactiva y abierta del *Homo sapiens*. No volveremos aquí a abundar en nuevas descripciones de estas mentes, ya que solo se trata de comparar los datos ya descritos para ambas mentes.

Comparando el dispositivo de soporte de la mente interindividual de la hormiga con el de la mente abierta del ser humano

Como se recordará (Fig. 1.1), todas las mentes han de disponer de un dispositivo de soporte con **múltiples componentes independientes**. También ha de disponer de **recursos energéticos propios** para la interacción de sus componentes, y para la estabilidad y pervivencia del conjunto de su dispositivo de soporte. Además, este dispositivo ha de estar abierto a la acción del exterior (propiedad internalizadora), y ha de poder generar conductas (propiedad externalizadora) coherentes y unitarias (propiedad monotélica). Estos requisitos pueden encontrarse en dispositivos de soporte muy diferentes, y el desarrollo autoestructurante de la mente no está cautivo de ninguno de ellos. A continuación, pondremos ejemplos de cómo las mismas funciones mentales pueden aparecer en dispositivos de soporte tan diferentes como el de la mente interindividual de la hormiga y la mente abierta del ser humano.

Los elementos del dispositivo de soporte de la mente abierta son células (neuronas) con interacciones electroquímicas, mientras que los de la mente interindividual son animales enteros (hormigas), que interaccionan mediante olores, contacto físico y sonidos. Las hormigas se mueven continuamente, y trasportan con ellos sus órganos sensoriales (antenas...) y efectores (músculos, mandíbulas...). Las neuronas no se mueven, y permanecen en el interior del tejido nervioso con sus dispositivos sensoriales (receptores de membrana...) y efectores (liberación de neurotransmisores...) operativos. A pesar de estas notables diferencias, la organización funcional de ambos dispositivos de soporte presenta sorprendentes similitudes que sugieren que, una vez establecida en un dispositivo adecuado, las mentes tienden a adquirir una dinámica similar. Algunas de las similitudes que pueden observarse al comparar la dinámica de la mente interindividual de las hormigas y de nuestra mente abierta son: 1.- la **simplicidad y fiabilidad de los componentes** del dispositivo de soporte, 2.- la **localidad interactiva**, 3.- la **acción difusa no local**, 4.-la **actividad funcional en paralelo**, 5.- la **especialización** de los componentes, 6.- el **componente altruista** de los elementos del dispositivo de soporte, y 7.- el **despliegue ontogénico de funciones**.

Simplicidad y fiabilidad de los componentes del dispositivo de soporte

El sistema nervioso de cada hormiga es relativamente simple, al igual que su mente individual. Sin embargo, las hormigas agrupadas constituyen una nueva mente capaz de analizar el entorno y generar conductas mucho más adaptativas que las que puede generar la mente individual de cada hormiga. Esta mente no está en el cerebro de hormigas individuales, está en la interacción de las hormigas por el medio externo.

Cada hormiga es un organismo multicelular que dispone de su propio sistema nervioso y, consecuentemente, de su propia mente. Sabemos que para «cumplir con las vecinas», cada hormiga debe disponer de patrones de respuesta que sean fiables, esto es, patrones repetitivos que presenten las mismas respuestas a condiciones similares. Estos patrones han de ser similares para todos los miembros de una casta, de tal manera que, en cada lugar del nido, una hormiga de una casta ha de hacer lo mismo que cualquier otra hormiga de su casta haría. Si esto no fuera así, la colonia se trasformaría rápidamente en un caos inoperante. La fiabilidad de la mente interindividual solo puede alcanzarse cuando los miembros de la colonia presentan conductas fiables, y cuando la mente interindividual de la colonia predomina sobre la mente egoísta de cada individuo.

Lo mismo ocurre con la actividad de las neuronas de nuestro sistema nervioso. También las neuronas han de presentar respuestas homogéneas y fiables. Cada neurona responde de forma estable a la acción de los neurotransmisores que, liberados por otras neuronas, actúan sobre sus receptores de membrana. A su vez, cada neurona libera sus neurotransmisores modificando la actividad de las siguientes neuronas de la red neuronal en la que está inserta. Todas estas interacciones electroquímicas son fiables y repiten las mismas respuestas en las mismas condiciones.

Por supuesto, tanto las hormigas como las neuronas están compuestas por otras mentes más simples, que a su vez incluyen mentes aún más simples hasta llegar a las mentes reactivas atómicas. Las mentes reactivas no son fiables, ya que, como nos informa la física cuántica, su respuesta es siempre probabilística. Sin embargo, entre las mentes reactivas que las constituyen y la mente de las hormigas y del hombre median muchos componentes PAI, y la promediación PAI hace que la conducta de cada componente del dispositivo de soporte sea homogénea y fiable, a pesar de que sus integrantes más pequeños no lo son.

Localidad interactiva

Los componentes físicos que soportan la mente interindividual de las hormigas funcionan atendiendo solo a condiciones locales, esto es, a la interacción entre hormigas vecinas. Ninguna hormiga conoce toda la información procesada por la colonia, ni dispone de información sobre el resultado final que sus acciones particulares producen en la conducta general del hormiguero. Cada hormiga responde a estímulos químicos, ópticos, sonoros, de temperatura o táctiles, provenientes de su entorno inmediato. Ninguna hormiga sabe lo que pasa unos milímetros más allá. No conoce la estructura del nido, a pesar de que fueron las hormigas quienes lo construyeron. Alimentan y cuidan con esmero los cultivos de hongos, sin saber las consecuencias de su pérdida. A pesar de que nadie sabe lo que pasa, si cada hormiga cumple con sus vecinas, el nido progresa.

Al igual que las hormigas, las neuronas también responden principalmente a estímulos locales. En las interacciones sinápticas (neurotransmisión), un producto químico (el neurotransmisor) es liberado por una neurona en el interior de un pequeño espacio de ≈ 30 nanómetros de espesor (hendidura sináptica). En la hendidura sináptica el neurotransmisor se mueve por azar (movimiento browniano) hasta que tropieza con alguna proteína específica situada en la membrana postsináptica (receptor selectivo para cada neurotransmisor). Mediante el contacto neurotransmisor-receptor, la neurona presináptica modifica el potencial de la membrana postsináptica, despolarizándola (neurotransmisor excitador como el glutamato) o hiperpolarizándola (neurotransmisor inhibidor como el GABA). En pocos milisegundos en neurotransmisor es degradado o recaptado por la neurona que lo liberó, terminando así la interacción química local entre las dos neuronas. Se trata, por tanto, de una interacción puntual entre neuronas próximas que guarda claras similitudes con lo que ocurre, por ejemplo, cuando dos hormigas se encuentran e intercambian información.

Mediante estos mecanismos de entrada y salida de información, las neuronas interaccionan con sus vecinas, sin llegar a saber nunca lo que ocurre al conjunto del cerebro. Las neuronas de la corteza visual primaria solo saben de una pequeña parte del campo visual, las de la corteza auditivas de una banda particular de frecuencias sonoras, las táctiles de los estímulos recibidos en una parte muy parcial del cuerpo, etc. Algunas neuronas parecen disponer de una información más amplia que les permite asociar distintas modalidades sensoriales, o asociar información sensorial y motora. Así, en el polo sensorial del sistema nervioso podemos encontrar neuronas en las que confluyen estímulos de distinta naturaleza. En el polo motor nos encontramos neuronas que controlan fibras musculares de músculos particulares, junto con otras en las cuales está representado el músculo en su totalidad, o la acción motora en su conjunto. Algunas de estas neuronas no solo participan en la planificación del movimiento, sino que además reciben información sensitiva durante su ejecución, de forma que pueden asociar lo que se quería hacer, según el plan motor inicial, con lo que realmente se está haciendo. No obstante, y a pesar de esta convergencia de información, las neuronas solo entienden de lo que llega directamente a su entorno inmediato, ya sean neurotransmisores o potenciales eléctricos.

Por tanto, hormigas y neuronas responden principalmente a la acción local de otras hormigas o neuronas. No conocen su papel para el conjunto de la mente, pero basta con que su respuesta sea fiable, para que el hormiguero y el cerebro realicen su actividad de forma adaptativa.

La acción difusa no local

En ocasiones, los sistemas complejos han de cambiar su dinámica global para adaptarse con rapidez a las condiciones cambiantes del entorno. Estos cambios rápidos pueden beneficiarse de la acción de mecanismos que influyan simultáneamente sobre muchos elementos del dispositivo de soporte. Tanto el sistema nervioso de la mente abierta, como el hormiguero de la mente interindividual disponen de mecanismos como estos.

A la interacción sináptica local entre neuronas, hay que añadir otra por la cual una neurona puede modificar la actividad de cientos de neuronas vecinas con las que no presenta interacciones directas. Las neuronas liberan sustancias al medio extracelular cuya acción no se limita a la hendidura sináptica. Estas sustancias difunden sin oposición por el medio extracelular, estimulando receptores de múltiples neuronas distantes. Aquí, tanto el radio de acción como la duración del efecto son mucho mayores. Se habla entonces de **neuromodulación**. Mediante la acción neuromoduladora, una neurona puede modificar la actividad de decenas o centenares de neuronas próximas, pero que no están en contacto directo (ej. acción de la dopamina en el estriado).

Algo parecido puede ocurrir también en el hormiguero. Una hormiga puede liberar feromonas que afectarán la conducta de otras muchas hormigas. En ocasiones, las feromonas son liberadas en un lugar específico, modificando la conducta de otras hormigas que pasan por la zona. Como comentamos en el capítulo 18, mecanismos no locales como este son utilizados por las hormigas para realizar funciones grupales como la búsqueda y trasporte de alimento. Las hormigas dejan un rastro químico al pasar, que luego es utilizado por otras hormigas para identificar rutas hacia los lugares con los mejores alimentos para su colonia de hongos. En otras ocasiones, las hormonas son volátiles y, liberadas al aire, afectan a otras hormigas de las inmediaciones. Se habla entonces de espacio activo, ámbito que rodea a la hormiga que liberó la feromona, y en el cual su concentración es suficiente como para modificar la conducta de otras hormigas. Los espacios activos de las feromonas dependen de diversos factores como la cantidad de sustancia liberada, la tasa de difusión de la sustancia, y la estabilidad de la feromona en el entorno en el que fue liberada. Se trata de una función equivalente a la neuromodulación generada por las neuronas, la cual también tiene un ámbito de actuación que depende de la cantidad de sustancia liberada, de las condiciones físicas del medio extracelular por el que difunde (ej. infractuosidad...), y de la concentración de enzimas locales que metabolicen al neuromodulador. Los neuromoduladores suelen afectar a neuronas que se encuentran en un radio de 100-300 micras. Las feromonas afectan a hormigas que se pueden encontrar a 5-10 milímetros (ej. 2-butiril-2-octenal), hasta decenas de centímetros (ej. exanal).

La interacción química entre hormigas es el medio principal para la estructuración de la mente interindividual del hormiguero. En las hormigas esta interacción transmite información específica, participando en funciones como:

- Reconocimiento de los individuos del mismo hormiguero.
- Reconocimiento de subgrupos del hormiguero que realizan las mismas funciones (castas).
- Reconocimiento de rango social.
- Reconocimiento de estados reproductivos y del desarrollo de las crías.
- Activación de patrones de reproducción sexual.
- Activación de la defensa del hormiguero.
- Reclutamiento de individuos para hacer el nido, buscar alimento...
- Limpieza de otros miembros del hormiguero.
- Activación de respuestas grupales.
- Activación de la diferenciación en castas.
- Señalización del territorio del hormiguero.

La comunicación química entre neuronas y entre hormigas se complementa con señales de otra naturaleza. Las neuronas generan **potenciales de campo**, oscilaciones del campo eléctrico de una zona del tejido neuronal producidos por la fluctuación conjunta de miles de neuronas que se despolarizan e hiperpolarizan de forma síncrona. Estos potenciales facilitan la actividad de las redes neuronales al poner en fase a las neuronas de la red. En el caso de las hormigas, esta comunicación complementaria puede utilizar señales visuales, sonoras o táctiles. Las señales sonoras son particularmente importantes. Las hormigas estridulan frotando dos partes de su exoesqueleto, con lo que emiten un sonido similar a un chirrido (100-10 000 Hz). Este sonido puede ser utilizado para promover, junto con los estímulos químicos, conductas muy diversas como el trasporte de alimentos, o la ayuda defensiva de otras hormigas. La información química también se puede complementar con información visual. Para ello, unas hormigas realizan movimientos característicos frente a otras, lo que facilita la aparición de conductas como la migración del nido o la reclutación de compañeras para trasportar alimento.

La interacción entre las neuronas y entre las hormigas presentan claras similitudes. Las hormigas disponen de múltiples glándulas exocrinas que sintetizan feromonas. Estas glándulas pueden liberar más de 20 feromonas distintas, las cuales, como hemos visto, pueden realizar funciones muy selectivas. En este sentido, la mente interindividual de la hormiga presenta ciertas ventajas sobre la mente abierta. No obstante, las neuronas disponen de una ventaja adicional que hace que las interacciones entre los elementos de su dispositivo de soporte sean más rápidas y complejas. Las neuronas se encuentran integradas en redes que permiten una comunicación muy rápida entre cientos o miles de ellas. Esta comunicación se hace posible por las características estructurales de las neuronas. Cada neurona dispone de un cuerpo celular (soma) y de múltiples proyecciones que parten de este y pueden prolongarse a zonas distantes (dendritas y axones). Se trata de una proeza proyectiva por la cual una neurona con un pequeño soma (20 micras de promedio) dispone de larguísimas prolongaciones que le permiten contactar localmente con neuronas muy alejadas. La relación entre el tamaño relativo del soma neuronal y de su prolongación axonal es similar al que tendría un sujeto de 2 metros que dispusiera de un brazo de 100 kilómetros. Las neuronas pueden recibir cientos o miles de «prolongaciones» (axones) de otras neuronas. A su vez, cada neurona puede proyectar a múltiples neuronas vecinas (interneuronas) o distantes (neuronas de proyección). Esta conectividad masiva hace que, a pesar de que la interacción continúe siendo principalmente local (entre neuronas con membranas muy próximas), cada neurona pueda recibir con celeridad información de otras neuronas distantes que realicen tareas muy diferentes. De esta manera, la información difunde y confluye por el tejido nervioso con gran celeridad.

La imagen global que nos queda es que la mente intenta utilizar todas las características posibles de su dispositivo de soporte. Cada dispositivo tiene sus ventajas y sus limitaciones, lo que determina las diferencias operativas de las distintas mentes que hemos descrito.

Procesamiento en paralelo

Otra característica del sistema de soporte extendido de la mente del hormiguero que guarda similitud con el sistema nervioso de los animales es el procesamiento paralelo de la información. Muchos de los dispositivos electrónicos que utilizamos para procesar información, disponen de una arquitectura basada en un procesador central (CPU). La CPU recibe una cadena de órdenes que ejecuta de forma sucesiva. La CPU no puede ejecutar dos órdenes simultáneamente, por lo que hablamos de **proceso en serie**. Tanto el dispositivo de soporte de la mente interindividual de los insectos sociales, como el sistema nervioso de los animales, procesa información en paralelo. En el **procesamiento paralelo**, diferentes partes de la información son analizadas de forma simultánea por diferentes partes del procesador. Construir un soporte físico para ejecutar tareas paralelas, y confeccionar programas que lo puedan utilizar, es más difícil que realizar todo el proceso de forma serial. Este es uno de los motivos por los que la inmensa mayoría de los ordenadores actuales utilizan procesado serial, si bien esto cambia con las redes neuronales artificiales, la inteligencia artificial y los ordenadores cuánticos que ya utilizan procesado paralelo. No obstante, los procesadores naturales de información fueron implementados desde su inicio como procesadores paralelos, y tanto la mente interindividual de las hormigas como la mente abierta del hombre procesan información de esta forma.

La colonia de hormigas reacciona a circunstancias que ocurren de forma simultánea en regiones distantes del nido, circunstancias que pueden generar respuestas locales inmediatas (ej. alejar una hormiga enferma del hormiguero), pero también respuestas más amplias en la que participan miles de compañeros (ej. defender el nido de la agresión proveniente de otra colonia, o recuperar túneles hundidos por la última «riada»). En ambas circunstancias, la mente interindividual de la colonia procesa la información y organiza la respuesta de forma paralela. Cada hormiga es un elemento de procesamiento, con lo que un hormiguero con 10 millones de hormigas dispone de 10 millones de procesadores autónomos. El nido no dispone de nada parecido a una CPU. Nadie organiza el trabajo de los demás, y nadie evalúa los resultados de la actividad de cada cual. Como hemos visto, cada hormiga interacciona con sus vecinas próximas (interacción local) y con otras hormigas más distantes (acción difusa no local). El fruto final de esta interacción es el procesamiento paralelo masivo de la información

En el sistema nervioso de los animales también se produce un procesado paralelo masivo de la información. Nuestro cerebro no dispone, hasta donde conocemos, de una CPU por la que tenga que pasar toda la información para ser procesada de forma serial. Aunque hay cierta «serialidad» en el procesamiento de tareas complejas, en su inmensa mayoría la información es procesada por el cerebro animal de forma paralela. Por ejemplo, las distintas partes que componen una imagen (como los píxeles de nuestros televisores) son introducidas en el cerebro y procesadas por separado y a la vez (en paralelo) por grupos independientes de neuronas de la corteza cerebral visual. Lo habitual es que cada punto de información visual reciba un primer procesado en el que colaboran neuronas próximas (ej. la identificación de colores, bordes de los objetos, puntos en movimiento...).

De las distintas formas de interacción neuronal identificadas durante este procesamiento temprano de la información sensorial, una muy habitual es la «inhibición colateral». Las neuronas sensitivas primarias habitualmente disponen de un campo perceptivo amplio, que en el caso de neuronas corticales para el tacto alcanza varios milímetros de piel. Sin embargo, dentro de este campo perceptivo, hay una pequeña zona cuya estimulación genera la máxima respuesta neuronal. Para identificar la zona exacta donde se produjo el estímulo, las neuronas próximas compiten entre ellas mediante inhibición colateral. Las neuronas que reciben la excitación máxima conseguirán inhibir la actividad de sus vecinas, lo que permite establecer la localización precisa del estímulo. Este mecanismo, habitualmente referido como «el ganador se lo lleva todo», es un ejemplo de procesado neuronal paralelo. Aquí, un punto de estimulación es detectado y analizado por múltiples neuronas a la vez, neuronas cuya interacción permitirá estimar el lugar exacto de la piel donde se recibió el estímulo táctil.

Por tanto, el procesado paralelo de la información es otra característica en la que el sustrato de la mente interindividual y de la mente abierta coinciden.

Especialización

Las hormigas de un mismo hormiguero comparten sus características genéticas, una circunstancia similar a lo que ocurre con las neuronas de un mismo cerebro. Sin embargo, tanto las hormigas como las células cerebrales se diferencian morfológicamente, y se especializan en la realización de tareas particulares. Con la especialización en castas, los subgrupos de hormigas aumentan su utilidad para la colonia, la efectividad de la interacción de sus individuos, y la adaptación del grupo a su entorno. Sin embargo, ello conlleva una menor plasticidad conductual de los miembros del grupo. Las hormigas muy diferenciadas contribuyen con más eficiencia al funcionamiento del grupo, pero esto se produce a expensas de una reducción de la capacidad adaptativa de cada individuo. El costo para el individuo especializado es elevado, ya que será menos capaz de sobrevivir sin el apoyo del grupo. Además, la especialización de sus miembros también entraña ciertos riesgos para el propio grupo. Las hormigas muy especializadas disponen de una elevada inteligencia para resolver las tareas de su competencia, pero resultan muy torpes para el resto de tareas. Cuando la solución grupal no funciona, no se dispone de individuos inteligentes que puedan reorientar el comportamiento de todo el grupo hacia nuevas soluciones. Un ejemplo ilustrativo es la organización de los desplazamientos de grupos de hormigas. Si por cualquier circunstancia se produce una distribución circular de las feromonas utilizadas por el grupo para orientar los desplazamientos individuales, las hormigas comenzarán a caminar en círculo. Mientras más caminen más intensos será el rastro de feromonas, con lo que la pulsión a seguir «circulando» crece. En estas circunstancias, los rastros de olores, que resultaban tan útiles para acortar los desplazamientos hasta el alimento, se transforman en una trampa mortal, que hará que todas las hormigas perezcan sin haber abandonado la formación circular.

La especialización celular también entraña riesgos similares en el cerebro de los organismos. Nuestros cerebros están constituidos por individuos celulares sumamente especializados. Las neuronas están tan especializadas que han perdido funciones celulares tan básicas como la capacidad reproductiva, una función utilizada para determinar si un ser puede ser considerado como ser vivo. El costo de la pérdida de funciones generales derivada de la especialización de las células nerviosas es la incapacidad de la mayor parte de los sistemas nerviosos para reponer a las neuronas dañadas (aunque hay muy honrosas excepciones como el caso del sistema nervioso de la salamandra). Otra función normalmente asociada a la «vida animal» es la capacidad de desplazamiento. Las neuronas se desplazan durante la vida embrionaria, y cuando aún no se han diferenciado completamente (neuroblastos). Luego, los neuroblastos se diferencian a neuronas y la motilidad se pierde para siempre, con lo que las neuronas permanecerán indefinidamente en el mismo lugar, aunque pueden conservar cierta capacidad para realizar pequeños movimientos con sus prolongaciones axonales y dendríticas. Otro ejemplo de pobreza funcional de las neuronas es su completa incapacidad defensiva y sus notables limitaciones para procesar alimentos. Las neuronas son extremadamente dependientes: 1.- del alimento proveniente del entorno (sin glucosa suficiente las neuronas de nuestra corteza cerebral mueren en pocos minutos), 2.- de la acción metabólica de las células gliales de soporte (los astrocitos metabolizan la glucosa a otros productos más asimilables por las neuronas a las que alimentan de forma continuada durante toda la vida), 3.- de la acción defensiva de otras células gliales (las células de la microglía viajan continuamente por el tejido nervioso identificando, fagocitando, metabolizando y eliminando agentes potencialmente dañinos para las neuronas).

En definitiva, tanto los elementos del dispositivo de soporte de la mente interindividual de las hormigas, como los de la mente abierta del *Homo sapiens* se diferencian. En ambos casos, esta diferenciación genera importantes beneficios para la actividad mental, beneficios que no están exentos de riesgos, ni en el caso de las hormigas ni en el de las neuronas.

Altruismo

En el capítulo 18 comentamos la **conducta necrofórica** de las hormigas. Cuando la hormiga está seriamente deteriorada, se aleja de la colonia, atrae la atención de otras hormigas, y las anima para que formen con ella un ovillo, y la transporten hasta el basurero de la colonia. Todo ello es desencadenado por la hormiga enferma, y cursa con su colaboración durante todo el proceso. Es como un suicidio por eutanasia.

Las neuronas también presentan conductas suicidas similares. Este es el caso de la **apoptosis**, un proceso por el cual las neuronas dañadas activan su propia destrucción cuando, por su deterioro funcional, ya resultan poco útiles para el sistema nervioso. La apoptosis dispone de una serie compleja de mecanismos dedicados a identificar el deterioro funcional de la célula, determinar su repercusión para la viabilidad celular a largo plazo, y evaluar las consecuencias que una muerte celular lenta podría generar en la red neuronal de la neurona dañada. Cuando estas funciones celulares están seriamente comprometidas, la neurona activa un conjunto de mecanismos que degradan sus proteínas, su material genético, y las organelas de su citoplasma. A continuación, los desechos son agrupados y empaquetados. Luego, la neurona manda señales químicas por el medio extracelular, señales que atraen y activan a la microglía. Finalmente, las células microgliales terminan fagocitando y eliminando los restos de la célula apoptótica. Se trata, por tanto, de un «suicidio celular» por el cual las células dañadas facilitan su propia eliminación, evitando así que los desechos generados por su muerte puedan alterar la funcionalidad de las células vecinas. Podríamos hablar aquí también de suicidio por eutanasia.

La mente vegetativa de los orgánulos de las células también presenta conductas altruistas. Cada célula dispone de una maquinaria vegetativa compleja destinada a eliminar los componentes dañados. Un ejemplo ilustrativo es el de la mitofagia. Como recordaremos, las mitocondrias son el proveedor principal de la energía necesaria para que la célula pueda mantener su actividad. Las mitocondrias sufren daños que se acumulan a lo largo de la vida. Estos daños pueden repararse de forma parcial (fusión-fisión mitocondrial), pero cuando los daños se acumulan, la mitocondria resulta más perjudicial que beneficiosa. Las mitocondrias muy dañadas producen poca energía química (ATP) y muchos radicales libres tóxicos. Cuando esto ocurre, la mitocondria libera productos que activan su propia destrucción y degradación (mitofagia por la acción del autofagosoma y el lisosoma).

Despliegue ontogénico de funciones

También el desarrollo ontogénico del sistema nervioso, y la construcción de las colonias de hormigas, guardan ciertas similitudes. La hormiga dispone de unos 18 000 genes (ej. 17 064 genes en la *hormiga carpintero* y 18 564 genes en la *hormiga saltadora*). ¿Cómo es posible que un número tan escaso de instrucciones (genes) pueda generar conductas sociales tan complejas? Algo parecido, pero aún más llamativo, ocurre con el cerebro humano, el cual solo dispone de unos 23 000 genes. ¿Cómo tan pocos genes pueden organizar la posición de más de 100 000 000 000 de neuronas, cada una de ellas con cientos o miles de conexiones? Las instrucciones genéticas necesarias para la construcción del nido y del cerebro se encuentran «empaquetadas», y se despliegan de forma sucesiva. El «despliegue de genes» depende en ambos casos del momento de desarrollo individual, y de la posición de la célula en el cerebro o de la hormiga en el hormiguero. Así, un mismo gen puede jugar distintos papeles, y producir distintas proteínas, dependiendo del momento del desarrollo y de la célula en la que el gen es activado. Obviamente el número de posibles combinaciones de genes es muy superior al número de genes, y el orden en el que los genes se activan durante el desarrollo también determina el producto final. Aquí no funciona la propiedad conmutativa. A → B → C puede acabar generando resultados diferentes, e incluso opuestos, a A → C → B.

Estas circunstancias permiten que a partir de una única célula se puedan generar millones de células con características funcionales diferentes, a pesar de que todas ellas tengan exactamente los mismos genes. El orden en que los genes se despliegan está determinado por múltiples circunstancias, algunas provenientes del entorno químico inmediato, y otras del medio ambiente externo. Por ejemplo, la expresión de los genes implicados en el desarrollo de las redes neuronales visuales precisa de la llegada de información visual durante el desarrollo postnatal temprano. Las cataratas congénitas, que permiten la llegada de luz difusa, pero impiden la formación de imágenes en la retina del recién nacido, alteran la expresión génica, y una parte de las capacidades potenciales del sistema visual se pierde para siempre.

Un fenómeno similar ocurre con el dispositivo de soporte de la mente de las colonias de hormigas. Durante las primeras fases del desarrollo de las colonias, todas las hormigas obreras se parecen mucho. Cuando el número de hormigas crece y se hace preciso realizar nuevas tareas, las obreras comienzan a diferenciarse. Unas hormigas perderán parte de su cuerpo y reducirán su tamaño, lo cual les permitirá moverse por espacios reducidos y acercarse a los hongos para su cuidado. Otras crecerán más y desarrollarán sus mandíbulas, lo que las habilita para cortar hojas y trasportarlas al nido. Otras crecerán aún más, convirtiéndose en hormigas aptas para defender el nido de ataques externos. Las diferencias estructurales y funcionales de las hormigas de una colonia ya desarrollada son enormes. De forma similar a lo comentado para las neuronas del sistema visual, la interacción entre hormigas vecinas, y entre cada hormiga y su entorno inmediato, determina la forma en que se activan los genes y las características finales de cada hormiga.

Por tanto, las condiciones del entorno determinan el «despliegue» génico y la diferenciación de células a neuronas, y estas a las neuronas particulares de una red (ej. a neuronas visuales, motoras...). Lo mismo ocurre con cada hormiga, su «despliegue» génico determina la diferenciación de las hormigas obreras a hormigas de una u otra casta. Una vez diferenciadas, ni neuronas ni hormigas podrán cambiar su naturaleza, las neuronas visuales no podrán transformarse en células gliales, y las hormigas no podrán cambiar de casta (si bien aquí hay cierto grado de laxitud, ya que en algunos casos se pueden generar castas temporales).

La sintropía mental es invariante en relación con los dispositivos que la soportan: la invarianza de sustrato

Desde la perspectiva de la biología, la evolución es el producto del azar (entropía) y la necesidad (prevalencia de los seres que resultan más estables en un medio cambiante). Sin embargo, la evolución prebiótica y biótica de la mente que hemos comentado, sugiere otra perspectiva. El universo dispone de dos dinámicas opuestas, una hacia el desorden (entropía) y otra hacia el orden (sintropía). La entropía parece prevalecer en los grandes espacios, mientras que la sintropía conquista regiones reducidas en las que progresa de forma imparable, utilizando para ello todos los recursos materiales y energéticos disponibles. Según la primera ley de la termodinámica, la energía universal siempre nos acompañará, y será la utilización que de ella haga la sintropía la que determine el destino final de los acontecimientos. La progresión de la mente durante la evolución del universo muestra que también ella está sujeta a la acción de la sintropía. Esta tendencia la denominamos en el capítulo anterior *sintropía mental*. En este capítulo hemos comentado como esta sintropía mental puede saltar de unos soportes materiales a otros, y es independiente de los mismos.

La observación de grandes similitudes funcionales en mentes implementadas sobre soportes tan diferentes, genera la impresión de que la mente no es una función emergente de la interacción azarosa de los elementos integrados en su dispositivo de soporte. Al contrario. La mente parece desplegarse por doquier, utilizando para ello cualquier dispositivo de soporte que reúna las características mínimas que hemos comentado. Esta capacidad permite generar mentes con características comunes sobre soportes muy diferentes, presentando, por lo tanto, **invarianza de sustrato**. La invarianza de sustrato sugiere que la dinámica universal de la mente no se produce porque los objetos desarrollen una mente que les permita prevalecer en un entorno cambiante, sino porque la mente aprovecha todos los sustratos físicos posibles para progresar. La sintropía que observamos en la progresión de la vida sería una expresión de la sintropía mental. En realidad, todas las sintropías serían una expresión de la sintropía mental, la cual también determina la evolución prebiótica de la mente. La presencia de funciones mentales similares en sustratos materiales muy diferentes sugiere que el despliegue universal de la mente responde a una ley general, y es invariante en relación con sus posibles sustratos materiales de soporte. La invarianza de sustrato hace que mentes muy parecidas puedan surgir a partir de sustratos físicos muy diferentes, y que, dependiendo de las circunstancias, el mismo sustrato material pueda soportar mentes diferentes. Estas son ideas con cierta carga de profundidad, ya que permiten distinguir entre el desarrollo de la mente, identificado por sus capacidades operativas y el desarrollo del dispositivo físico que la soporta. Si la invarianza de sustrato es cierta, debería ser posible, al menos teóricamente, mover mentes de unos sustratos a otros, así como generar mentes «artificiales» que remeden en todo a las mentes naturales creadas por la evolución a lo largo de tantos millones de años.

Capítulo 33
¿Hasta dónde alcanza el largo recorrido de la mente por este universo?: algunos comentarios finales

La historia de la mente en perspectiva

¿Podemos estar seguros de que esto es todo? ¿Se puede afirmar que el final de la evolución de la mente es nuestra mente abierta y las mentes artificiales que con ella creamos? No nos atreveríamos a responder con un SÍ que pueda resultar convincente. Creo que no nos equivocamos mucho si afirmamos que una circunstancia invariante a lo largo de la evolución es que las mentes más evolucionadas pueden identificar a las mentes que la precedieron (perspectiva descendente), pero que no ocurre lo mismo en sentido contrario (perspectiva ascendente). Este libro es un ejemplo de perspectiva descendente. Hemos intentado describir a las mentes que nos precedieron, pero podría ocurrir que nuevas mentes, surgidas a partir de nosotros o de otros entornos planetarios, puedan aparecer y pasarnos inadvertidas. ¿Podemos asegurar que disponemos de la mente definitiva? Considerarnos a nosotros mismos como el centro del universo no es ni útil ni saludable.

Hemos podido seguir el proceso por el cual nuestra mente, más que una «creación» puntual y excepcional, es el fruto de un proceso lento pero inexorable de la propia naturaleza. Somos el universo que ha llegado a este punto, y no un punto que ha sido creado dentro del universo para darle sentido a este. Romper nuestro vínculo y desligarnos de la naturaleza, es una acción de extrema peligrosidad para nuestro futuro. Una acción así podría llevarnos a la extinción, un final prematuro por el cual la naturaleza nos deja de lado poniéndonos en la vía muerta de las especies que no han conseguido evolucionar convenientemente. Esta vía muerta ya ha funcionado para más del 98 % de las especies que en este planeta han sido (Arita H.T., 2016, *Crónicas de la extinción*, Fondo de Cultura Económica). En nuestro caso, no seríamos «derrotados» por otras especies, sino por nosotros mismos. Nuestro final se produciría como consecuencia de la capacidad de nuestra mente abierta, la cual nos habilita para construir, pero también para destruir la naturaleza que nos da sustento. Seríamos como el pez que se muerde la cola, solo que en nuestro caso morderíamos hasta autoengullirnos.

Por otro lado, también es posible que a la vez que se desarrolla la humanidad, se estén desarrollando mentes superiores que, contando con la perspectiva ascendente que comentábamos, no podemos identificar. Podríamos, en todo caso, detectar estas mentes como una hormiga observa la nuestra. La hormiga puede percibir trozos pequeños de nuestra piel, pero nunca podrá apercibirse de nuestra capacidad para la poesía. La hormiga no puede entender el significado de productos humanos como la música o las matemáticas. Nosotros podemos observarla en su conjunto, pero ella nunca nos podrá observar así. ¿Qué mentes posthumanas podrían estarse gestando? ¿Qué ocurrirá con el desarrollo de la IA y de la mente cuántica? Las mentes artificiales son, sin duda, mentes nuevas en expansión cuyas capacidades futuras podrían alcanzar horizontes a los que nunca llegaremos como especie.

Otra mente que podría estar estructurándose a nuestro alrededor es la **mente planetaria**. El funcionamiento de nuestro planeta tierra presenta en la actualidad características propias de la mente. De llegar a existir, esta mente planetaria dispondría de los requisitos básicos de las otras mentes: 1.- disponer de un soporte estable (el planeta); 2.- contener elementos interactuantes (nosotros y el resto de los seres vivos); y 3.- estar abierta al exterior (la galaxia y el resto del universo). Los elementos interactuantes del planeta están cada vez más conectados. Internet nos permite acceder, de forma casi instantánea, a personas distribuidas por el planeta. Esta red de conexiones, junto con otras como la radio y la televisión, nos permiten generar conductas globales que incluyan a millones de personas por todo el mundo. Esta interactividad podría permitirnos generar conductas unitarias monotélicas, mediante las cuales el planeta entero se comporte como un sujeto. Hasta ahora no hemos sido capaces, y los problemas para controlar el calentamiento global son un ejemplo. Las mentes que nos han precedido surgieron para preservar la integridad del soporte material que las sustenta. Preservar su soporte, en competencia con otras mentes que pretenden ocupar su nicho ecológico. Esta circunstancia no se produce aún en nuestro caso. La tierra parece flotar libre por la galaxia, y sin que percibamos la presencia de ninguna mente foránea. Si esta circunstancia cambiara, la a parición de una mente planetaria operativa podría acelerarse.

La consciencia, una oportunidad para visitar nuestra mente

En el primer capítulo separamos la mente y la consciencia, dos entidades que están normalmente asociadas pero que son de distinta naturaleza. En este libro hemos realizado una descripción evolutiva de la progresión de la mente en el universo conocido. De la naturaleza de la consciencia no se ha hablado en ningún momento. Si bien conocemos su existencia por «experiencia subjetiva», no entendemos bien qué es la consciencia. Para la descripción de nuestra mente abierta hemos utilizado las descripciones que la consciencia puede hacer de su dinámica normal y patológica. Esto no es posible hacerlo con las mentes que nos han precedido. Estas mentes también podrían disponer de consciencia, pero ni siquiera esto puede afirmarse con rotundidad. No sabemos bien qué es la consciencia, y quizás en un futuro texto podríamos intentar describir cómo interacciona con la mente y el cerebro, y qué se sabe y que no se sabe de su naturaleza. No obstante, disponemos de ella a cada momento, lo cual nos brinda una oportunidad única para visitar nuestra mente.

Muchos de los aspectos descritos en los capítulos dedicados a la mente abierta pueden ser visitados con la consciencia, y hacerlo puede resultar muy interesante y útil. Si observamos la dinámica de nuestra mente en silencio y con atención sostenida, podemos apercibirnos de muchas circunstancias que habitualmente pasan desapercibidas, pero que condicionan nuestra vida diaria. Como ya hemos comentado, nuestra mente transita en paralelo y a gran velocidad, y va mucho más rápida que nuestra consciencia. Además, una gran parte de la dinámica mental no resulta fácilmente accesible a la consciencia. Nuestra consciencia es un fenómeno serial que pasa de un estado al siguiente, mientras que nuestra mente es, en gran parte, de naturaleza paralela. Por si esto no fuera suficiente, nuestra mente sigue un curso propio que solo podemos interrumpir de forma ocasional y transitoria. Basta con intentar «no pensar en nada» para apercibirnos de que nuestra mente sigue su curso inexorable, arrastrando a nuestra consciencia por múltiples lugares mentales, y también por aquellos por los que no queríamos transitar. Por tanto, la visita consciente de la mente no es una tarea sencilla, y para hacerlo con propiedad hay que aprender técnicas específicas y entrenarse en su uso.

Se dispone de diversas técnicas que pueden facilitar la visita consciente de nuestra mente. Muchas de estas técnicas fueron desarrolladas en culturas y religiones orientales. De hecho, hay personas que dedican su vida a observar la mente, empleando muchas horas diarias en esta tarea. Dejarnos aconsejar por ellos puede impulsar nuestra capacidad para la visita consciente de nuestra mente. En muchos casos, la técnica recomendada supone la interrupción voluntaria de cualquier actividad, y la realización, en un ambiente pobre en estímulos, de una tarea mental simple que permita ralentizar nuestra mente. Se trata de parar y atender, desarrollando con ello nuestras capacidades atencionales y observacionales. No es una tarea fácil, pero sí es muy útil y, por experiencia personal, no puedo dejar de recomendarla.

Si atendemos a nuestra mente con paciencia y dedicación, podemos apercibirnos del surgimiento de las emociones, seguir el curso de ideas que han surgido espontáneamente, detectar la presencia del yo y de su forma de operar en cada circunstancia, y apercibirnos de una infinidad de otros acontecimientos mentales. Los acontecimientos mentales cotidianos nos arrastran por caminos que, en ocasiones, no querríamos recorrer. Hacerse consciente de la presencia de estos acontecimientos mentales incrementa nuestra libertad. Además, las visitas conscientes de la actividad mental pueden resultar muy ilustrativas. Mucho de lo descrito para nuestra mente abierta puede visitarse conscientemente, y hacerlo puede mostrarnos sus características de forma experiencial. Una vez hemos desarrollado actividades básicas para la meditación silenciosa, es posible mantener la atención meditativa durante la vida cotidiana. Con ello se desarrolla una especie de «metamente» capaz de monitorizar la actividad de la mente habitual, y que puede resultar muy útil en muchas circunstancias vitales.

Los meditadores expertos, ya sean orientales u occidentales, religiosos o no, con frecuencia refieren que la meditación no solo es útil, sino que también permite «ver» aspectos de la realidad que van más allá de lo evidente. Hemos comentado extensamente como las cosas no son como aparecen en nuestra mente. La mente es un proceso interesado, que nos muestra aquello que puede resultar útil para nuestra pervivencia individual, o para la pervivencia de nuestra especie. Como hemos visto, nuestra mente crea objetos virtuales, interpreta acontecimientos, elabora autorías para cada acción, etc. Por tanto, nuestra percepción dista mucho de ser objetiva. Construimos nuestro escenario interior de forma «interesada», y luego se activan funciones mentales que «externalizan» este escenario, y lo impregnan con una sensación inevitable de «autenticidad». El resultado es que creemos estar percibiendo directamente la realidad que nos rodea, y que la percibimos tal como es. Sin embargo, solo se trata de un proceso activo que genera neuroconstructos. Cuando creemos ver fuera solo miramos nuestro escenario interior. Ocurre como en la caverna de Platón. Solo vemos las sombras interesadas que se producen en nuestra caverna interior, confundiéndolas con los objetos reales que producen dichas sombras. Nuestra caverna añade un aspecto particularmente engañoso, ya que nuestra mente externaliza las sombras, que ahora parecen verse en el exterior de la caverna, y les añade una impresión irrefrenable de realidad. El resultado es que tenemos la impresión de «ver» todo lo que hay, y de que no se nos escapa nada. Además, creemos «ver» las cosas tal como en realidad son.

La dinámica mental comentada no es casual. Como ya indicamos, uno de los logros más importantes de la evolución mental es justamente la de confeccionar escenarios virtuales realistas del entorno. Son realistas porque nos permiten movernos en el mundo de forma eficiente. No son realistas porque nos ofrezcan una visión objetiva de la realidad. Solo son escenarios útiles, y los meditadores expertos aprenden a ver la «virtualidad» de estos escenarios. Cuando esta capacidad se desarrolla, el escenario pierde progresivamente su capacidad para generar la sensación de realidad objetiva, y se «desrealiza». Esta desrealización permite observar los hechos de una forma más independiente y objetiva, y se comienza a percibir el mundo más «como es» que «como nos interesa».

¿Cómo es el mundo que se percibe en estas circunstancias? Cuando preguntamos a estos meditadores expertos siempre indican, independientemente de su procedencia cultural o religiosa, que lo que perciben es inexpresable con palabras, es «indecible», «inefable». Como ya comentamos, las palabras solo señalan objetos, acciones o experiencias previas. Cuando decimos azul, señalamos una percepción visual que hemos tenido con anterioridad, y que no puede ser identificada por el ciego de nacimiento. El problema comunicativo de estos meditadores es que la experiencia de la realidad de la que ahora disponen es muy poco habitual, y nuestra cultura no dispone de palabras específicas para señalarlas. Estas experiencias conscientes se producen en todas las culturas y en todas las religiones. Cuando aparecen en entornos religiosos se las suele denominar *experiencias místicas* o, simplemente, como *despertar* o *iluminación*. En ambientes no religiosos se utilizan términos diversos como, por ejemplo, «experiencia oceánica». En todos los casos son experiencias de corta duración y que para el sujeto resultan muy significativas. Por tanto, desrealizar el mundo virtual que nos habita resulta útil para que no nos arrastre su percepción ni las ideas y sentimientos que genera. También puede facilitar la aparición de experiencias inusuales que nos pueden aportar una visión diferente de la realidad, una visión que para algunos resulta ser más objetiva e imparcial. En cualquier caso, la descripción de la mente que hemos presentado aquí puede facilitar el análisis consciente de muchos aspectos de nuestra mente, y la búsqueda de propiedades y atributos de la realidad que normalmente permanecen ocultos.

El desarrollo de la ciencia y la cultura nos impulsa hacia el futuro y, en la medida de cada cual, hemos de intentar participar en él. Somos parte de una humanidad sintiente y encarnada, una humanidad que avanza cada vez más deprisa hacia un futuro insospechado y esperanzador. Como ocurre con las hormigas, como individuos somos «poco», pero como miembros del grupo humano somos «todo». Vivir la humanidad da sentido a nuestra vida, y hace que nuestro tránsito efímero por este planeta se proyecte hasta abarcar todo el universo. Con la historia que aquí se cuenta hemos pretendido situarnos en esta perspectiva universal. Somos parte de este universo en evolución, una parte esencial, y hemos de realizar nuestro papel, y vivirlo conscientemente.

Glosario de conceptos básicos

Algoritmo promediador: algoritmo que determina la actividad monotélica de la mente según la dinámica mayoritaria de sus componentes, y no según la dinámica específica de alguno de sus componentes. Se trata de un algoritmo democrático que se rige según la acción de la mayoría de los componentes. Del dispositivo de soporte.

Conocimiento formal: conocimiento sustentado y trasmitido mediante lenguajes formales naturales (como las palabras) o culturales (como las matemáticas y la música).

Conocimiento informal: conocimiento adquirido por la experiencia y que no puede ser trasmitido mediante lenguajes formales.

Cierre de restricción: proceso por el cual la energía liberada en una reacción química no se disipa al medio, quedando restringida de tal forma que pueda ser utilizada para realizar un trabajo.

Conocimiento intermediario: intermediación sensitivo-motora que favorece el análisis profundo de la información procedente del medió y la elaboración de respuestas motoras complejas.

Dispositivo de soporte: conjunto de elementos interactuantes sobre los que se desarrolla una mente.

Elementos interactuantes: componentes básicos del dispositivo de soporte de la mente.

Emergencia estabilizada: capacidad autopoiética por la cual los sistemas críticos autoorganizados que disponen de una inestabilidad interna moderada generan funciones emergentes, sin desestabilizar el dispositivo de soporte.

Estructuración hipermental: capacidad natural para agrupar de forma interactiva mentes simples en otras más complejas.

Homúnculos: distribución topográfica de las sensibilidades y de las funciones motoras simples en el sistema nervioso humano.

Información consciente: conocimiento formal o informal que es presentado a la consciencia.

Información inconsciente: conocimiento formal o informal que no es presentado a la consciencia.

Localidad interactiva: proceso por el cual los elementos de los dispositivos de soporte solo interaccionan con elementos vecinos, no estando informado de sus efectos sobre la dinámica global del dispositivo, o sobre la mente resultante.

Localidad química: localidad interactiva que determina las reacciones químicas.

Mecanicismo mentalista: considera que la dinámica de la mente está determinada por interacciones locales entre los elementos de su dispositivo de soporte, interacciones que solo dependen de la naturaleza física de cada elemento del dispositivo de soporte. La dinámica mental sería como la del secundero del reloj, cuyo avance es el resultado de la interacción local de cada uno de los engranajes de la máquina del reloj con engranajes vecinos.

Mente: actividad funcional monotélica generada por dispositivos de soporte multicomponente que reúnen la propiedad reflexiva, internalizadora y externalizadora.

Mente individual: mente cuyo dispositivo de soporte pertenece a un solo individuo.

Mente dispersa: mente cuyo dispositivo de soporte está distribuido por varios individuos.

Mente reactiva: mente sin memoria, cuyos componentes presentan interacciones estereotipadas con el medio que no dependen de la experiencia previa. Son las mentes más simples.

Mente reactiva atómica: mente reactiva generada por átomos independientes.

Mente reactiva molecular: mente reactiva cuyo dispositivo de soporte son moléculas orgánicas o inorgánicas.

Mente promediadora autocatalítica inestable (PAI): mente con memoria, que mantiene un delicado equilibrio entre promediación, autocatálisis e inestabilidad. La **promediación** no utilizan las conductas de mentes reactivas individuales, y su actividad está basada en la conducta de la mayoría de los elementos del dispositivo de soporte. La **autocatálisis** hace que la dinámica global de la mente module la conducta de elementos individuales del dispositivo de soporte. La **inestabilidad** de las interacciones de los elementos del dispositivo de soporte impide que la dinámica global de la mente quede cautiva por «mínimos locales», lo que detendría su evolución.

Mente vegetativa: mente PAI que se adapta al entorno modulando la dinámica de los elementos de su dispositivo de soporte. Se trata de cambiar internamente para prevalecer.

Mente vegetal: mente integrada por numerosas mentes vegetativas que determinan su adaptación al medio. Se trata de adaptarse modificando las mentes vegetativas que la integran.

Mente refleja: mente PAI que se adapta al entorno modificando el propio entorno mediante respuestas estereotipadas a las condiciones ambientales.

Mente activa: mente PAI que se adapta al entorno mediante patrones motores complejos que van mucho más allá de las respuestas simples de la mente refleja.

Mente proactiva: mente activa cuya conducta adaptativa también está condicionada por el estado interno de su dispositivo de soporte.

Mente retrofleja: mente proactiva que dispone de una gran capacidad para almacenar información, y utilizarla luego para organizar la conducta adaptativa.

Mente escenificada: mente retrofleja capaz de integrar en un «escenario único» toda la información proveniente del medio con informaciones similares almacenadas en experiencias previas. Este escenario es luego utilizado para simular posibles respuestas, y elegir la más adecuada.

Mente individual: mente implementada en un único dispositivo.

Mente dispersa: mente deslocalizada por varios individuos, y cuya actividad depende de la actividad coordinada de todos ellos.

Mente interactiva: mente resultante de la integración operativa de mentes individuales y mentes dispersas.

Mente abierta: mente cuyo funcionamiento está determinado en gran medida por el uso de lenguajes formales y por la acumulación cultural de la información adquirida por la experiencia.

Mente natural: mente surgida espontáneamente y sin el diseño y supervisión de otra mente.

Mente artificial: mente diseñada y construida por otra mente.

Mente cuántica: mente natural o artificial cuyo funcionamiento obedece a las leyes cuánticas que dominan en el ámbito de los objetos más pequeños. Es una mente individual que no PAI.

Mente ciborg: mente resultante de la integración de una mente natural y otra artificial

Multilocalidad extendida: proceso por el cual los elementos de los dispositivos de soporte pueden interaccionar con múltiples elementos distantes. También aquí permanece operativa la localidad interactiva, ya que las interacciones a distancia se realizan a expensas de procesos físicos que conectan físicamente elementos remotos.

No localidad química: influencia de la dinámica global de un conjunto de reacciones químicas sobre los elementos químicos individuales intervinientes.

Neuroconstructo: Representación multisensorial creada por una mente escenificada. Al contrario que en el caso de los homúnculos, su distribución cerebral es compleja y poco conocida.

Neuroconstructo consciente: porción del neuroconstructo que se presenta a la consciencia. Es generado tras la simplificación de la información integrada en el neuroconstructo.

Neurobjeto: objeto incluido en un neuroconstructo. Se crean a partir de estímulos próximos, estables y que evolucionan conjuntamente en el tiempo.

Proceso ergódico: proceso que es capaz de recorrer todos sus estados posibles durante un periodo «razonable» de tiempo.

Propiedad reflexiva: interacción de los componentes del dispositivo de soporte que facilita la estabilidad y persistencia de la mente.

Propiedad internalizadora: capacidad de los elementos interactuantes de la mente para detectar las condiciones del entorno.

Propiedad externalizadora: capacidad de los elementos interactuantes de la mente para responder a la información proveniente del entorno.

Propiedad monotélica: capacidad para estructurar respuestas integradas y unitarias a las circunstancias del entorno. El monotelismo hace que los distintos componentes de cualquier conducta sean siempre coherentes. Si se generan dos respuestas diferentes a la vez, el dispositivo de soporte genera dos o más mentes, y no una sola. El término *monotélico* proviene de una palabra griega que significa «una sola voluntad».

Proceso explícito: proceso mental que repercute en la consciencia.

Proceso implícito: proceso mental que no repercute en la consciencia.

Reciclado mental: utilización del dispositivo de soporte de una mente para realizar tareas mentales diferentes de aquellas que realizaba con anterioridad. Generalmente se trata de reutilizar mentes en desuso para la realización de nuevas funciones adaptativas.

Sistema: conjunto de elementos con capacidades funcionales superiores a la de sus componentes individuales. Toda mente es un sistema, pero no todo sistema es una mente.

Yo: algoritmo que identifica lo que pertenece al individuo, segregándolo de lo que no le es propio. Puede ser el resultado de un proceso implícito o de un proceso explícito.

Bibliografía

1. Kong S. The origin of the universe and the emergence of mankind. Monterey Park: Art and Design Press INC.; 2023.

2. Bright M., PowerKids Press. The big bang and beyond. Planet Earth. New York, NY: PowerKIDS Press, 2018, p. 1 online resource (32 pages).

3. Barrow J. D., Curless J. The origin of the universe [spoken word]. Prince Frederick, M. D.: Recorded Books, 2018.

4. Barrow J. D. The origin of the universe. New York: BasicBooks; 1994.

5. Drake G. M. Advances in dark matter research. New York: Nova Science Publishers; 2021.

6. Small Press Expo Collection (Library of Congress). Dark matter. Toronto: self-published; 2017. p. numbers.

7. Lloyd C. Astrophysics: new research. Physics research and technology. New York: Nova Publishers, 2017, p. 1 online resource.

8. Li M., Li X-D., Wang S., Wang Y. Dark energy. New Jersey: World Scientific; 2015.

9. Matarrese S. Dark matter and dark energy: a challenge for modern cosmology. Dordrecht; New York: Springer; 2011.

10. Mann R. An introduction to particle physics and the standard model. Boca Raton: CRC Press; 2010.

11. Andersson N. Gravitational-wave astronomy: exploring the dark side of the Universe. First edition. ed. Oxford, United Kingdom: Oxford University Press; 2020.

12. Dubovichenko S. B. Radiative neutron capture: primordial nucleosynthesis of the universe. Berlin; Boston: De Gruyter; 2019.

13. Apparao K. M. V. Composition of cosmic radiation. London; New York: Gordon and Breach Science Publishers; 1975.

14. Skobel't s yn D. V. Primary cosmic radiation. New York: Consultants Bureau; 1975.

15. Neugebauer G., Soifer B. T. Sky surveys: protostars to protogalaxies: proceedings of a conference in honor of Gerry Neugebauer, held at the California Institute of Technology, Pasadena, California, 16-18 September 1992. Chelsea, MI: Astronomical Society of the Pacific; 1993.

16. Chiosi C., Renzini A., Ettore Majorana International Centre for Scientific Culture. Advanced School of Astronomy. Stellar nucleosynthesis: proceedings of the third workshop of the Advanced School of Astronomy of the Ettore Majorana Centre for Scientific Culture, Erice, Italy, May 11-21, 1983. Dordrecht, Holland; Boston Hingham, M. A., D. Reidel; Sold and distributed in the U.S.A. and Canada by Kluwer Academic Publishers; 1984.

17. Sloan D., Batista R. A., Hicks M. T., Davies R. L. Fine-tuning in the physical universe. Cambridge; New York, NY: Cambridge University Press; 2020.

18. Chown M. The matchbox that ate a forty-ton truck: what everyday things tell us about the universe. 1st American ed. New York: Faber and Faber; 2010.

19. Coe S. R. Deep Sky Observing: An Astronomical Tour. The Patrick Moore Practical Astronomy Series, 2nd ed. Cham: Springer International Publishing: Imprint: Springer, 2016, p. 1 online resource (XI, 339 pages 248 illustrations, 38 illustrations in color.

20. Gara P. Teensy weensy universe: quantum mechanical model of the universe as we know it. Classical and quantum mechanics. New York: Nova Science Publishers, Inc., 2019, p. 1 online resource.

21. Griffiths M. Planetary nebulae and how to observe them. New York: Springer; 2012.

22. Bambi C. Astrophysics of Black Holes: From Fundamental Aspects to Latest Developments. Astrophysics and Space Science Library, 1st ed. Berlin, Heidelberg: Springer Berlin Heidelberg: Imprint: Springer, 2016, p. 1 online resource (XI, 207 pages 35 illustrations).

23. Zanelli J., Teitelboim C. The black hole: 25 years after. Singapore; River Edge, N. J.: World Scientific; 1998.

24. Johnson J. A. Populating the periodic table: Nucleosynthesis of the elements. *Science* 2019; 363(6426): 474-8.

25. Johnson J. A, Fields BD, Thompson TA. The origin of the elements: a century of progress. *Philos Trans A Math Phys Eng Sci* 2020; 378(2180): 20190301.

26. Agundez M., Cernicharo J. The place of Quantum Chemistry in Molecular Astrophysics: Comment on "A never-ending story in the sky: The secrets of chemical evolution" by Cristina Puzzarini and Vincenzo Barone. *Phys Life Rev* 2020; 32: 119-20.

27. Baggott J. E. The quantum story: a history in 40 moments. Pbk. ed. Oxford England;: Oxford University Press; 2013.

28. Hawking S. The dreams that stuff is made of: the most astounding papers on quantum physics--and how they shook the scientific world. Philadelphia, PA: Running Press; 2011.

29. Jung K. A Proposed Interpretation of the Wave-Particle Duality. *Entropy (Basel)* 2022; 24(11).

30. Marrou J. P., Montenegro La Torre C, Jara M, De Zela F. Wave-particle duality in tripartite systems. *J Opt Soc Am A Opt Image Sci Vis* 2023; 40(4): C22-C9.

31. Churchill J., Du L., Gale C., Jackson G., Jeon S. Virtual Photons Shed Light on the Early Temperature of Dense QCD Matter. *Phys Rev Lett* 2024; 132(17): 172301.

32. Cederbaum L. S., Kuleff A. I. Stimulated Emission of Virtual Photons: Energy Transfer by Light. *J Phys Chem Lett* 2024; 15(28): 7357-62.

33. De Liberato S. Virtual photons in the ground state of a dissipative system. *Nat Commun* 2017; 8(1): 1465.

34. Tessarotto M., Cremaschini C. The Heisenberg Indeterminacy Principle in the Context of Covariant Quantum Gravity. *Entropy (Basel)* 2020; 22(11).

35. Anashin V. Free Choice in Quantum Theory: A p-adic View. *Entropy (Basel)* 2023; 25(5).

36. Andersson E., Öhberg P. Quantum information and coherence. Cham Switzerland; New York: Springer; 2014.

37. Caligiuri L. M. Frontiers in quantum computing. New York: Nova Science Publishers; 2020.

38. d'Espagnat B., Zwirn H. The Quantum World: Philosophical Debates on Quantum Physics. The Frontiers Collection, 1st ed. Cham: Springer International Publishing: Imprint: Springer, 2017, p. 1 online resource (XVII, 299 pages 11 illustrations).

39. Graham F. Daily briefing: The biggest Schrodinger's cat ever. *Nature* 2023.

40. Gill R. D. Schrodinger's Cat Meets Occam's Razor. *Entropy (Basel)* 2022; 24(11).

41. Schrodinger's cat is verified by a vibrating crystal. *Nature* 2023; 617(7959): 11.

42. Haus H. A., Kartner F. X. Optical quantum nondemolition measurements and the Copenhagen interpretation. *Phys Rev A* 1996; 53(6): 3785-91.

43. Baggott J. E. Quantum reality. First edition. ed. Oxford; New York: Oxford University Press; 2020.

44. Capellmann H. The Development of Elementary Quantum Theory. SpringerBriefs in History of Science and Technology, 1st ed. Cham: Springer International Publishing: Imprint: Springer, 2017. p. 1 online resource (VII, 98 pages).

45. Lahti P., Mittelstaedt P. Symposium on the Foundations of Modern Physics, 1987: the Copenhagen interpretation 60 years after the Como lecture, Joensuu, Finland, 6-8 August, 1987. Singapore; Teaneck, N. J.: World Scientific; 1987.

46. Perović S. From data to quanta: Niels Bohr's vision of physics. Chicago; London: The University of Chicago Press; 2021.

47. Puligandla R. Quantum theory: an examination of the Copenhagen interpretation. New Delhi: Sterling Publishers; 1977.

48. Butler-Bowdon T. 50 philosophy classics: your shortcut to the most important ideas on being, truth, and meaning. New updated edition. Second edition. ed. London; Boston: Nicholas Brealey Publishing; 2022.

49. Bohm D. Wholeness and the implicate order. London; New York: Routledge; 2002.

50. Bell J. A., American Chemical Society. Chemistry: a project of the American Chemical Society. New York: W.H. Freeman; 2005.

51. Middlecamp C., American Chemical Society. Chemistry in context: applying chemistry to society. Eighth edition. ed. New York, NY: McGraw-Hill Education; 2015.

52. Padmanabhan P., Young S. M., Henstridge M., Bhowmick S., Bhattacharya P. K., Merlin R. Observation of standing waves of electron-hole sound in a photoexcited semiconductor. *Phys Rev Lett* 2014; 113(2): 027402.

53. Kanazawa K., Sainoo Y., Konishi Y. *et al.* Anisotropic free-electron-like dispersions and standing waves realized in self-assembled monolayers of glycine on Cu(100). *J Am Chem Soc* 2007; 129(4): 740-1.

54. Amiranashvili S., Yu M. Y., Stenflo L., Brodin G., Servin M. Nonlinear standing waves in bounded plasmas. *Phys Rev E Stat Nonlin Soft Matter Phys* 2002; 66(4 Pt 2): 046403.

55. Ulazia A. The cognitive nexus between Bohr's analogy for the atom and Pauli's exclusion schema. *Endeavour* 2016; 40(1): 56-64.

56. Ono K., Austing D. G., Tokura Y., Tarucha S. Current rectification by Pauli exclusion in a weakly coupled double quantum dot system. *Science* 2002; 297(5585): 1313-7.

57. Levine R. D. On a classical limit for electronic degrees of freedom that satisfies the Pauli exclusion principle. *Proc Natl Acad Sci U S A* 2000; 97(5): 1965-9.

58. Chakraborty R., Mazziotti D. A. Sparsity of the wavefunction from the generalized Pauli exclusion principle. *J Chem Phys* 2018; 148(5): 054106.

59. Pan P., Woehl E., Dunn M. F. Protein architecture, dynamics and allostery in tryptophan synthase channeling. *Trends Biochem Sci* 1997; 22(1): 22-7.

60. Kornberg A. DNA replication. *Biochim Biophys Acta* 1988; 951(2-3): 235-9.

61. Kornberg A. DNA replication. *J Biol Chem* 1988; 263(1): 1-4.

62. Blitz L. The evolution of the interstellar medium. San Francisco: Astronomical Society of the Pacific; 1990.

63. Hulst J. Mvd. The interstellar medium in galaxies. Dordrecht; Boston: Kluwer Academic Publishers; 1997.

64. Kaothekar S. An introduction to molecular clouds. Advances in astronomy and astrophysics. New York: Nova Science Publishers, 2021, p. 1 online resource.

65. Stahler S. The Birth of Star Clusters. Astrophysics and Space Science Library, 1st ed. Cham: Springer International Publishing: Imprint: Springer, 2018, p. 1 online resource (XI, 199 pages 52 illustrations, 29 illustrations in color.

66. Davies J. K., Barrera L. H. The first decadal review of the Edgeworth-Kuiper Belt. Dordrecht; Boston: Kluwer Academic Publishers; 2004.

67. Berry O., Garlick M. A., Mackenzie M., Stimac V., Nye B., United States. National Aeronautics and Space Administration. The universe: a travel guide. 1st edition. ed. Carlton, Victoria: Lonely Planet; 2019.

68. Holmen J., Snekkestad T., Andersen F., Haltli F., Andersen M. S. Oort Cloud 2008 [sound recording]. Copenhagen: Dacapo, 2010.

69. Rector R. K. The solar system. New York: Enslow Publishing; 2019.

70. Kolb V. M., Goldman A. D., Rice K. *et al.* Astrobiology: an evolutionary approach. Boca Raton, FL: CRC Press; 2015.

71. Palen S., Blumenthal G. Understanding our universe. Fourth edition. ed. New York, NY: W. W. Norton & Company; 2021.

72. Pennazio S. Alexandr Oparin and the origin of life on Earth. *Riv Biol* 2009; 102(1): 95-118.

73. Miller S. L., Schopf J. W., Lazcano A. Oparin's "Origin of Life": sixty years later. *J Mol Evol* 1997; 44(4): 351-3.

74. Lazcano A. Alexandr I. Oparin and the Origin of Life: A Historical Reassessment of the Heterotrophic Theory. *J Mol Evol* 2016; 83(5-6): 214-22.

75. Royal Society of Chemistry. 100 years of physical chemistry: a collection of landmark papers. Cambridge: Royal Society of Chemistry; 2004.

76. Prigogine I., Rice S. A. Advances in chemical physics. New York,: Wiley; 1958. p. volumes.

77. American Chemical Society. ACS physical chemistry Au. Washington, DC; Columbus, OH: American Chemical Society; 2021.

78. Cramer F., Loewus D. I. Chaos and order the complex structure of living systems foreword by I. Prigogine transl. by D.I. Loewus. Weinheim New York Basel [etc.]: Vch; 1993.

79. George C., Prigogine I., Rosenfeld L., Kongelige danske videnskabernes selskab. Matematisk-fysiske meddelelser udgivet af det Kongelige Danske videnskabernes selskab. 38,12 The Macroscopic level of quantum mechanics. København: E. Munksgaard; 1972.

80. Nicolis G., Prigogine I. Self-organization in non-equilibrium systems from dissipative structures to order through fluctuations. New York Chichester Brisbane [etc.]: J. Wiley & sons; 1977.

81. Haken H. P. J. Laser theory. Berlin Heidelberg New York [etc.]: Springer Verl.; 1984.

82. Eigen M. From strange simplicity to complex familiarity a treatise on matter, information, life and thought. Oxford: Oxford university press; 2013.

83. Eigen M., Winkler-Oswatitsch R., Woolley P. Steps towards life a perspective on evolution transl. by Paul Woolley. Oxford New York Tokyo: Oxford university press; 1992.

84. Varela F. J., Maturana Romesín H. Autopoiesis and cognition the realisation of the living. Dordrecht Boston Lancaster: D. Reidel; 1980.

85. Manna S. S. Nonstationary but quasisteady states in self-organized criticality. *Phys Rev E* 2023; 107(4-1): 044113.

86. Najafi M. N., Cheraghalizadeh J., Herrmann H. J. Self-organized criticality in cumulus clouds. *Phys Rev E* 2021; 103(5-1): 052106.

87. Vidiella B., Guillamon A., Sardanyes J. *et al.* Engineering self-organized criticality in living cells. *Nat Commun* 2021; 12(1): 4415.

88. Walter N., Hinterberger T. Self-organized criticality as a framework for consciousness: A review study. *Front Psychol* 2022; 13: 911620.

89. Solé R. V., Manrubia S. C. Orden y caos en sistemas complejos. Barcelona: Upc; 1996.

90. Montevil M., Mossio M. Biological organisation as closure of constraints. *J Theor Biol* 2015; 372: 179-91.

91. Kauffman S. A. A world beyond physics: the emergence and evolution of life. New York, NY: Oxford University Press; 2019.

92. Lincoln T. A., Joyce G. F. Self-sustained replication of an RNA enzyme. *Science* 2009; 323(5918): 1229-32.

93. Vaidya N., Manapat M. L., Chen I. A., Xulvi-Brunet R., Hayden E. J., Lehman N. Spontaneous network formation among cooperative RNA replicators. *Nature* 2012; 491(7422): 72-7.

94. Gagnon L. G., Czajkowski M. E., Peacock-López E. Dynamic properties of a self-replicating peptide network with inhibition. *J Chem Phys* 2022; 157(22): 225101.

95. Issac R., Chmielewski J. Approaching exponential growth with a self-replicating peptide. *J Am Chem Soc* 2002; 124(24): 6808-9.

96. Lee D. H., Granja J. R., Martínez J. A., Severin K., Ghadiri M. R. A self-replicating peptide. *Nature* 1996; 382(6591): 525-8.

97. Ploger T. A., von Kiedrowski G. A self-replicating peptide nucleic acid. *Org Biomol Chem* 2014; 12(35): 6908-14.

98. Segre D., Lancet D., Kedem O., Pilpel Y. Graded Autocatalysis Replication Domain (GARD): kinetic analysis of self-replication in mutually catalytic sets. *Orig Life Evol Biosph* 1998; 28(4-6): 501-14.

99. Deamer D., Kuzina S. I., Mikhailov A. I., Maslikova E. I., Seleznev S. A. Origin of amphiphilic molecules and their role in primary structure formation. *J Evol Biochem Physiol* 1991; 27(3): 212-7.

100. Deamer D. W. Role of amphiphilic compounds in the evolution of membrane structure on the early earth. *Orig Life Evol Biosph* 1986; 17(1): 3-25.

101. Deamer D. W., Pashley R. M. Amphiphilic components of the Murchison carbonaceous chondrite: surface properties and membrane formation. *Orig Life Evol Biosph* 1989; 19(1): 21-38.

102. Damer B. A Field Trip to the Archaean in Search of Darwin's Warm Little Pond. *Life (Basel)* 2016; 6(2).

103. Djokic T., Van Kranendonk M. J., Campbell K. A., Walter M. R., Ward C. R. Earliest signs of life on land preserved in ca. 3.5 Ga hot spring deposits. *Nat Commun* 2017; 8: 15263.

104. Kerr R. A. Paleontology. Earliest signs of life just oddly shaped crud? *Science* 2002; 295(5561): 1812.

105. Evolution, the whole story. Richmond Hill, Ontario: Firefly Books; 2015.

106. Comite Editorial de Enfermedades Infecciosas y Microbiologia C. [Enfermedades Infecciosas y Microbiología Clínica: New stage, new challenges]. *Enferm Infecc Microbiol Clin* 2017; 35(1): 1-2.

107. Ramos J. M., Hernández I. [Methods for evaluating diagnostic tests in Enfermedades Infecciosas y Microbiología Clínica]. *Enferm Infecc Microbiol Clin* 1998; 16(4): 179-84.

108. Alberts B., Heald R., Johnson A. *et al*. Molecular biology of the cell. Seventh edition, International student edition. ed.

109. American Society for Cell Biology. Molecular biology of the cell. 1992. http://www.molbiolcell.org/.

110. Wilson J. H., Hunt T. Molecular biology of the cell: the problems book. 5th ed. New York: Garland Pub.; 2008.

111. Guzman N. M., Esquerra-Ruvira B., Mojica F. J. M. Digging into the lesser-known aspects of CRISPR biology. *Int Microbiol* 2021; 24(4): 473-98.

112. Mojica F. J. M., Montoliu L. On the Origin of CRISPR-Cas Technology: From Prokaryotes to Mammals. *Trends Microbiol* 2016; 24(10): 811-20.

113. De Leo AN. The Code Breaker: Jennifer Doudna, Gene Editing, and the Future of the Human Race. *Pract Radiat Oncol* 2022; 12(4): e251-e2.

114. Isaacson W. The code breaker: Jennifer Doudna, gene editing, and the future of the human race. New York: Simon, & Schuster; 2021.

115. Schuergers N., Lenn T., Kampmann R. *et al*. Cyanobacteria use micro-optics to sense light direction. *Elife* 2016; 5.

116. Bardy S. L., Ng S. Y. M., Jarrell K. F. Prokaryotic motility structures. *Microbiology (Reading)* 2003; 149(Pt 2): 295-304.

117. Jarrell K. F., Albers S. V. The archaellum: an old motility structure with a new name. *Trends Microbiol* 2012; 20(7): 307-12.

118. Macnab R. M. How bacteria assemble flagella. *Annu Rev Microbiol* 2003; 57: 77-100.

119. Mulczyk M. [Fimbria and their role in the biology of the bacterial cell]. *Postepy Hig Med Dosw* 1968; 22(1): 1-74.

120. Brock biology of microorganisms. 13th ed. ed. Boston: Pearson education; 2012.

121. Long H., Johri P., Gout J. F. *et al*. Paramecium Genetics, Genomics, and Evolution. *Annu Rev Genet* 2023; 57: 391-410.

122. Van Houten J. A Review for the Special Issue on Paramecium as a Modern Model Organism. *Microorganisms* 2023; 11(4).

123. Be'er A, Ariel G. A statistical physics view of swarming bacteria. *Mov Ecol* 2019; 7: 9.

124. Kearns D. B. A field guide to bacterial swarming motility. *Nat Rev Microbiol* 2010; 8(9): 634-44.

125. Partridge J. D., Harshey R. M. Swarming: flexible roaming plans. *J Bacteriol* 2013; 195(5): 909-18.

126. Wu Y., Jiang Y., Kaiser A. D., Alber M. Self-organization in bacterial swarming: lessons from myxobacteria. *Phys Biol* 2011; 8(5): 055003.

127. Stephens C. Bacterial sporulation: a question of commitment? *Curr Biol* 1998; 8(2): R45-8.

128. Archibald J. M. One plus one equals one: symbiosis and the evolution of complex life. First Edition. ed. Oxford, United Kingdom: Oxford University Press; 2014.

129. Margulis L. Symbiotic planet: a new look at evolution. 1st ed. New York: Basic Books; 1998.

130. Castro R., Abreu P., Calzadilla C. H., Rodríguez M. Increased or decreased locomotor response in rats following repeated administration of apomorphine depends on dosage interval. *Psychopharmacology (Berl)* 1985; 85(3): 333-9.

131. Bhattacharyya S., Bhattarai N., Pfannenstiel D. M., Wilkins B., Singh A., Harshey R. M. A heritable iron memory enables decision-making in Escherichia coli. *Proc Natl Acad Sci U S A* 2023; 120(48): e2309082120.

132. Yang C. Y., Bialecka-Fornal M., Weatherwax C. *et al.* Encoding Membrane-Potential-Based Memory within a Microbial Community. *Cell Syst* 2020; 10(5): 417-23 e3.

133. Walter M. R. Stromatolites. Amsterdam New York: Elsevier Scientific Pub. Co.; 1976.

134. Sussman R. The oldest living things in the world. Chicago: University of Chicago press; 2014.

135. Tewari V. C., Seckbach J., Tewari V. Stromatolites interaction of microbes with sediments. Dordrecht New York: Springer; 2011.

136. Burki F. The eukaryotic tree of life from a global phylogenomic perspective. *Cold Spring Harb Perspect Biol* 2014; 6(5): a016147.

137. Christa G. Kleptoplasty. *Curr Biol* 2023; 33(11): R465-R7.

138. Cruz S., Cartaxana P. Kleptoplasty: Getting away with stolen chloroplasts. *PLoS Biol* 2022; 20(11): e3001857.

139. Morales I., Sánchez A., Puertas-Avendano R., Rodríguez-Sabate C., Pérez-Barreto A., Rodríguez M. Neuroglial transmitophagy and Parkinson's disease. *Glia* 2020; 68(11): 2277-99.

140. Tikhonenkov D. V., Mikhailov K. V., Gawryluk R. M. R. *et al.* Microbial predators form a new supergroup of eukaryotes. *Nature* 2022; 612(7941): 714-9.

141. Adl S. M., Bass D., Lane C. E. *et al.* Revisions to the Classification, Nomenclature, and Diversity of Eukaryotes. *J Eukaryot Microbiol* 2019; 66(1): 4-119.

142. Eme L., Tamarit D., Caceres E. F. *et al.* Inference and reconstruction of the heimdallarchaeial ancestry of eukaryotes. *Nature* 2023; 618(7967): 992-9.

143. Gupta S. P., Khushboo, Gupta V. K., Minhas U., Kumar R., Sharma B. Euglena Species: Bioactive Compounds and their Varied Applications. *Curr Top Med Chem* 2021; 21(29): 2620-33.

144. Suzuki K. Large-Scale Cultivation of Euglena. *Adv Exp Med Biol* 2017; 979: 285-93.

145. Nakazawa M. C2 metabolism in Euglena. *Adv Exp Med Biol* 2017; 979: 39-45.

146. Nakazawa M., Inui H. Understanding wax ester synthesis in Euglena gracilis: Insights into mitochondrial anaerobic respiration. *Protist* 2023; 174(6): 125996.

147. Zhang K., Wan M., Zhang Z. *et al.* [Advances of studies on culture and product functions of Euglena gracilis]. *Sheng Wu Gong Cheng Xue Bao* 2024; 40(3): 705-21.

148. Brette R. Integrative Neuroscience of Paramecium, a "Swimming Neuron". *eNeuro* 2021; 8(3).

149. Van Houten J. Paramecium Biology. *Results Probl Cell Differ* 2019; 68: 291-318.

150. Yano J., Valentine M. S., Van Houten J. L. Novel Insights into the Development and Function of Cilia Using the Advantages of the Paramecium Cell and Its Many Cilia. *Cells* 2015; 4(3): 297-314.

151. Bhosale N. K., Parija S. C. Balamuthia mandrillaris: An opportunistic, free-living ameba - An updated review. *Trop Parasitol* 2021; 11(2): 78-88.

152. Guo X., Houpt E., Petri W. A., Jr. Crosstalk at the initial encounter: interplay between host defense and ameba survival strategies. *Curr Opin Immunol* 2007; 19(4): 376-84.

153. Sopina V. A. [The cell biology of amebas and ameba-flagellates--parasites of man and animals]. *Tsitologiia* 1997; 39(4-5): 361-86.

154. Chisholm R. L., Firtel R. A. Insights into morphogenesis from a simple developmental system. *Nat Rev Mol Cell Biol* 2004; 5(7): 531-41.

155. Medina J., Larsen T., Queller D. C., Strassmann J. E. In the social amoeba Dictyostelium discoideum, shortened stalks may limit obligate cheater success even when exploitable partners are available. *PeerJ* 2024; 12: e17118.

156. Strassmann J. E., Zhu Y., Queller D. C. Altruism and social cheating in the social amoeba Dictyostelium discoideum. *Nature* 2000; 408(6815): 965-7.

157. Gilbert O. M., Foster K. R., Mehdiabadi N. J., Strassmann J. E., Queller D. C. High relatedness maintains multicellular cooperation in a social amoeba by controlling cheater mutants. *Proc Natl Acad Sci U S A* 2007; 104(21): 8913-7.

158. Ostrowski E. A., Katoh M., Shaulsky G., Queller D. C., Strassmann J. E. Kin discrimination increases with genetic distance in a social amoeba. *PLoS Biol* 2008; 6(11): e287.

159. Bloomfield G., Skelton J., Ivens A., Tanaka Y., Kay R. R. Sex determination in the social amoeba Dictyostelium discoideum. *Science* 2010; 330(6010): 1533-6.

160. Flowers J. M., Li S. I., Stathos A. *et al.* Variation, sex, and social cooperation: molecular population genetics of the social amoeba Dictyostelium discoideum. *PLoS Genet* 2010; 6(7): e1001013.

161. Collier J. L., Rest J. S. Swimming, gliding, and rolling toward the mainstream: cell biology of marine protists. *Mol Biol Cell* 2019; 30(11): 1245-8.

162. Husnik F., Tashyreva D., Boscaro V., George E. E., Lukes J., Keeling P. J. Bacterial and archaeal symbioses with protists. *Curr Biol* 2021; 31(13): R862-R77.

163. Plattner H. Evolutionary Cell Biology of Proteins from Protists to Humans and Plants. *J Eukaryot Microbiol* 2018; 65(2): 255-89.

164. Silva V. S. D., Machado C. R. Sex in protists: A new perspective on the reproduction mechanisms of trypanosomatids. *Genet Mol Biol* 2022; 45(3): e20220065.

165. Slaveykova V., Sonntag B., Gutiérrez J. C. Stress and Protists: No life without stress. *Eur J Protistol* 2016; 55(Pt A): 39-49.

166. Brown G. C. Cell death by phagocytosis. *Nat Rev Immunol* 2024; 24(2): 91-102.

167. Uribe-Querol E., Rosales C. Phagocytosis. *Methods Mol Biol* 2024; 2813: 39-64.

168. Watanabe N., Nakada-Tsukui K., Nozaki T. Molecular Dissection of Phagocytosis by Proteomic Analysis in Entamoeba histolytica. *Genes (Basel)* 2023; 14(2).

169. Morales I., Sánchez A., Rodríguez-Sabate C., Rodríguez M. Striatal astrocytes engulf dopaminergic debris in Parkinson's disease: A study in an animal model. *PLoS One* 2017; 12(10): e0185989.

170. Garab G., Yaguzhinsky L. S., Dlouhy O., Nesterov S. V., Spunda V., Gasanoff E. S. Structural and functional roles of non-bilayer lipid phases of chloroplast thylakoid membranes and mitochondrial inner membranes. *Prog Lipid Res* 2022; 86: 101163.

171. Ostermeier M., Garibay-Hernández A., Holzer V. J. C., Schroda M., Nickelsen J. Structure, biogenesis and evolution of thylakoid membranes. *Plant Cell*, 2024.

172. Pérez-Boerema A., Engel B. D., Wietrzynski W. Evolution of Thylakoid Structural Diversity. *Annu Rev Cell Dev Biol* 2024.

173. Rantala M., Rantala S., Aro E. M. Composition, phosphorylation and dynamic organization of photosynthetic protein complexes in plant thylakoid membrane. *Photochem Photobiol Sci* 2020; 19(5): 604-19.

174. Rast A., Heinz S., Nickelsen J. Biogenesis of thylakoid membranes. *Biochim Biophys Acta* 2015; 1847(9): 821-30.

175. Variety of life. *Nature* 2015; 526(7571): 5-6.

176. Tudge C. The variety of life: a survey and a celebration of all the creatures that have ever lived. London; New York: Oxford University Press; 2000.

177. Barlow B. A., Wiens D. Host-Parasite Resemblance in Australian Mistletoes: The Case for Cryptic Mimicry. *Evolution* 1977; 31(1): 69-84.

178. Smith A. P. Ecology of a leaf color polymorphism in a tropical forest species: habitat segregation and herbivory. *Oecologia* 1986; 69(2): 283-7.

179. Gianoli E., Carrasco-Urra F. Leaf mimicry in a climbing plant protects against herbivory. *Curr Biol* 2014; 24(9): 984-7.

180. Pannell J. R. Leaf mimicry: chameleon-like leaves in a patagonian vine. *Curr Biol* 2014; 24(9): R357-9.

181. Mancuso S., Baluska F. Plant Ocelli for Visually Guided Plant Behavior. *Trends Plant Sci* 2017; 22(1): 5-6.

182. Baluska F., Mancuso S. Vision in Plants via Plant-Specific Ocelli? *Trends Plant Sci* 2016; 21(9): 727-30.

183. Mancuso S., Viola A., Temperini R. L'intelligence des plantes préface de Michael Pollan traduit de l'italien par Renaud Temperini.

627

184. Franks P. J., Adams M. A., Amthor J. S. *et al.* Sensitivity of plants to changing atmospheric CO2 concentration: from the geological past to the next century. *New Phytol* 2013; 197(4): 1077-94.

185. Heck W. W., Dunning J. A., Hindawi I. J. Interactions of environmental factors on the sensitivity of plants to air pollution. *J Air Pollut Control Assoc* 1965; 15(11): 511-5.

186. Hagihara T., Toyota M. Mechanical Signaling in the Sensitive Plant Mimosa pudica L. *Plants (Basel)* 2020; 9(5).

187. Dudley S. A., File A. L. Kin recognition in an annual plant. *Biol Lett* 2007; 3(4): 435-8.

188. Ciszak M., Comparini D., Mazzolai B. *et al.* Swarming behavior in plant roots. *PLoS One* 2012; 7(1): e29759.

189. Baluska F., Lev-Yadun S., Mancuso S. Swarm intelligence in plant roots. *Trends Ecol Evol* 2010; 25(12): 682-3.

190. Sanberg P. R. "Neural capacity" in Mimosa pudica: a review. *Behav Biol* 1976; 17(4): 435-52.

191. De Luccia T. P. Mimosa pudica, Dionaea muscipula and anesthetics. *Plant Signal Behav* 2012; 7(9): 1163-7.

192. Trewavas A. Aspects of plant intelligence. *Ann Bot* 2003; 92(1): 1-20.

193. Trewavas A. Aspects of plant intelligence: an answer to Firn. *Ann Bot* 2004; 93(4): 353-7.

194. Nakagaki T., Yamada H., Toth A. Maze-solving by an amoeboid organism. *Nature* 2000; 407(6803): 470.

195. Baluska F., Mancuso S. Plant neurobiology: From stimulus perception to adaptive behavior of plants, via integrated chemical and electrical signaling. *Plant Signal Behav* 2009; 4(6): 475-6.

196. Foster K. J., Miklavcic S. J. Toward a biophysical understanding of the salt stress response of individual plant cells. *J Theor Biol* 2015; 385: 130-42.

197. Li C., Li J., Chong K. *et al.* Toward a Molecular Understanding of Plant Hormone Actions. *Mol Plant* 2016; 9(1): 1-3.

198. Baluska F., Mancuso S. Root apex transition zone as oscillatory zone. *Front Plant Sci* 2013; 4: 354.

199. Baluska F., Mancuso S., Volkmann D., Barlow PW. Root apex transition zone: a signalling-response nexus in the root. *Trends Plant Sci* 2010; 15(7): 402-8.

200. Mancuso S., Marras A. M., Mugnai S. *et al.* Phospholipase dzeta2 drives vesicular secretion of auxin for its polar cell-cell transport in the transition zone of the root apex. *Plant Signal Behav* 2007; 2(4): 240-4.

201. Armada-Moreira A., Dar A. M., Zhao Z. *et al.* Plant electrophysiology with conformable organic electronics: Deciphering the propagation of Venus flytrap action potentials. *Sci Adv* 2023; 9(30): eadh4443.

202. Sibaoka T. Action potentials in plant organs. *Symp Soc Exp Biol* 1966; 20: 49-73.

203. Volkov A. G., Collins D. J., Mwesigwa J. Plant electrophysiology: pentachlorophenol induces fast action potentials in soybean. *Plant Sci* 2000; 153(2): 185-90.

204. Pickard B. G. Action potentials resulting from mechanical stimulation of pea epicotyls. *Planta* 1971; 97(2): 106-15.

205. Williams S. E., Pickard B. G. Properties of action potentials in Drosera tentacles. *Planta* 1972; 103(3): 222-40.

206. Baluska F., Mancuso S., Van Volkenburgh E. Barbara G. Pickard - Queen of Plant Electrophysiology. *Plant Signal Behav* 2021; 16(6): 1911400.

207. Ochatt S. Plant cell electrophysiology: applications in growth enhancement, somatic hybridisation and gene transfer. *Biotechnol Adv* 2013; 31(8): 1237-46.

208. Schlegel A. M., Haswell E. S. Analyzing plant mechanosensitive ion channels expressed in giant E. coli spheroplasts by single-channel patch-clamp electrophysiology. *Methods Cell Biol* 2020; 160: 61-82.

209. Fromm J., Lautner S. Electrical signals and their physiological significance in plants. *Plant Cell Environ* 2007; 30(3): 249-57.

210. Lautner S., Grams T. E., Matyssek R., Fromm J. Characteristics of electrical signals in poplar and responses in photosynthesis. *Plant Physiol* 2005; 138(4): 2200-9.

211. Kramer U. Planting molecular functions in an ecological context with Arabidopsis thaliana. *Elife* 2015; 4.

212. Jaksova J., Rac M., Bokor B. *et al.* Anaesthetic diethyl ether impairs long-distance electrical and jasmonate signaling in Arabidopsis thaliana. *Plant Physiol Biochem* 2021; 169: 311-21.

213. O'Hara P. J., Sheppard P. O., Thogersen H. *et al.* The ligand-binding domain in metabotropic glutamate receptors is related to bacterial periplasmic binding proteins. *Neuron* 1993; 11(1): 41-52.

214. Stern-Bach Y., Bettler B., Hartley M., Sheppard P. O., O'Hara P. J., Heinemann S. F. Agonist selectivity of glutamate receptors is specified by two domains structurally related to bacterial amino acid-binding proteins. *Neuron* 1994; 13(6): 1345-57.

215. Kuryatov A., Laube B., Betz H., Kuhse J. Mutational analysis of the glycine-binding site of the NMDA receptor: structural similarity with bacterial amino acid-binding proteins. *Neuron* 1994; 12(6): 1291-300.

216. Basse M. Trilobites Africae catalogus typorum.

217. Hahn G., Hahn R. Catalogus trilobitorum cum figuris (Trilobites carbonici et permici) VI Cummingellinae.

218. Lawrance P., Stammers S. Trilobites of the world an atlas of 1000 photographs. Manchester: Siri scientific press; 2014.

219. Lebrun P. Trilobites anatomie, écologie, classification, gisements. Paris: Cedim; 1995.

220. Levi-Setti R. The trilobite book a visual journey. Chicago (Ill.): University of Chicago press; 2014.

221. Rábano I., Gozalo Gutiérrez R., García-Bellido D., International trilobite conference. Advances in trilobite research. Madrid: Instituto geológico y minero de España; 2008.

222. Cartwright P., Halgedahl S. L., Hendricks J. R. *et al.* Exceptionally preserved jellyfishes from the Middle Cambrian. *PLoS One* 2007; 2(10): e1121.

223. Kosevich I. A. Ultrastructural and immunocytochemical evidence of a colonial nervous system in hydroids. *Front Neural Circuits* 2023; 17: 1235915.

224. Meech R. W. Phylogenetics of swimming behaviour in Medusozoa: the role of giant axons and their possible evolutionary origin. *J Exp Biol* 2022; 225(Suppl_1).

225. Pallasdies F., Goedeke S., Braun W., Memmesheimer R. M. From single neurons to behavior in the jellyfish Aurelia aurita. *Elife* 2019; 8.

226. Gornik S. G., Bergheim B. G., Morel B., Stamatakis A., Foulkes N. S., Guse A. Photoreceptor Diversification Accompanies the Evolution of Anthozoa. *Mol Biol Evol* 2021; 38(5): 1744-60.

227. Roberts N. S., Hagen J. F. D., Johnston R. J., Jr. The diversity of invertebrate visual opsins spanning Protostomia, Deuterostomia, and Cnidaria. *Dev Biol* 2022; 492: 187-99.

228. Fakan E. P., Allan B. J. M., Illing B., Hoey A. S., McCormick M. I. Habitat complexity and predator odours impact on the stress response and antipredation behaviour in coral reef fish. *PLoS One* 2023; 18(6): e0286570.

229. Faltine-González D., Havrilak J., Layden M. J. The brain regulatory program predates central nervous system evolution. *Sci Rep* 2023; 13(1): 8626.

230. Ge J., Li B., Liao M. *et al.* Ingestion, egestion and physiological effects of polystyrene microplastics on the marine jellyfish Rhopilema esculentum. *Mar Pollut Bull* 2023; 187: 114609.

231. Quigley K., Carey N., Álvarez Roa C. Physiological Characterization of the Coral Holobiont Using a New Micro-Respirometry Tool. *J Vis Exp* 2023; (194).

232. Fields C., Levin M. Why isn't sex optional? Stem-cell competition, loss of regenerative capacity, and cancer in metazoan evolution. *Commun Integr Biol* 2020; 13(1): 170-83.

233. García-Rodríguez J., Cunha A. F., Morales-Guerrero A. *et al.* Reproductive and environmental traits explain the variation in egg size among Medusozoa (Cnidaria). *Proc Biol Sci* 2023; 290(2004): 20230543.

234. Vimalkumar K., Sangeetha S., Félix L., Kay P., Pugazhendhi A. A systematic review on toxicity assessment of persistent emerging pollutants (EPs) and associated microplastics (MPs) in the environment using the Hydra animal model. *Comp Biochem Physiol C Toxicol Pharmacol* 2022; 256: 109320.

235. Botton-Amiot G., Martínez P., Sprecher S. G. Associative learning in the cnidarian Nematostella vectensis. *Proc Natl Acad Sci U S A* 2023; 120(13): e2220685120.

236. Cheng K. Learning in Cnidaria: A systematic review. *Learn Behav* 2021; 49(2): 175-89.

237. Cheng K. Learning in Cnidaria: a summary. *Commun Integr Biol* 2023; 16(1): 2240669.

238. Zang H., Nakanishi N. Expression Analysis of Cnidarian-Specific Neuropeptides in a Sea Anemone Unveils an Apical-Organ-Associated Nerve Net That Disintegrates at Metamorphosis. *Front Endocrinol (Lausanne)* 2020; 11: 63.

239. Benita O., Nesher N., Shomrat T. Neurophysiological measurements of planarian brain activity: a unique model for neuroscience research. *Biol Open* 2024; 13(8).

240. Reho G., Menger Y., Goumon Y., Lelievre V., Cadiou H. Behavioral and pharmacological characterization of planarian nociception. *Front Mol Neurosci* 2024; 17: 1368009.

241. Rice G. E., Jr., Lawless R. H. Behavior variability and reactive inhibition in the maze behavior of Planaria dorotocephala. *J Comp Physiol Psychol* 1957; 50(1): 105-8.

242. Thompson R., Mc C. J. Classical conditioning in the planarian, Dugesia dorotocephala. *J Comp Physiol Psychol* 1955; 48(1): 65-8.

243. Weigert M., Schmidt U., Boothe T. *et al.* Content-aware image restoration: pushing the limits of fluorescence microscopy. *Nat Methods* 2018; 15(12): 1090-7.

244. Westerman R. A. Somatic Inheritance of Habituation of Responses to Light in Planarians. *Science* 1963; 140(3567): 676-7.

245. Siefert P., Lau H., Leutz V. *et al.* Acetylcholine and choline in honey bee (Apis mellifera) worker brood food are seasonal and age-dependent. *Sci Rep* 2024; 14(1): 18274.

246. Adams K., Byrne T. Histamine alters environmental place preference in planaria. *Neurosci Lett* 2019; 705: 202-5.

247. Deochand N., Costello M. S., Deochand M. E. Behavioral Research with Planaria. *Perspect Behav Sci* 2018; 41(2): 447-64.

248. Phelps B. J., Miller T. M., Arens H. *et al.* Preliminary evidence from planarians that cotinine establishes a conditioned place preference. *Neurosci Lett* 2019; 703: 145-8.

249. Byrne J. H., Hawkins R. D. Nonassociative learning in invertebrates. *Cold Spring Harb Perspect Biol* 2015; 7(5).

250. Cropper E. C., Jing J., Perkins M. H., Weiss K. R. Use of the Aplysia feeding network to study repetition priming of an episodic behavior. *J Neurophysiol* 2017; 118(3): 1861-70.

251. Hawkins R. D. Possible contributions of a novel form of synaptic plasticity in Aplysia to reward, memory, and their dysfunctions in mammalian brain. *Learn Mem* 2013; 20(10): 580-91.

252. Hawkins R. D., Byrne J. H. Associative learning in invertebrates. *Cold Spring Harb Perspect Biol* 2015; 7(5).

253. Riegel D. C. Discovering Memory: Using Sea Slugs to Teach Learning and Memory. *J Undergrad Neurosci Educ* 2020; 19(1): R19-R22.

254. Kandel E. R. The molecular biology of memory storage: a dialogue between genes and synapses. *Science* 2001; 294(5544): 1030-8.

255. Nargeot R., Simmers J. Functional organization and adaptability of a decision-making network in aplysia. *Front Neurosci* 2012; 6: 113.

256. Pichon Y., Prime L., Benquet P., Tiaho F. Some aspects of the physiological role of ion channels in the nervous system. *Eur Biophys J* 2004; 33(3): 211-26.

257. Pittenger C., Kandel E. R. In search of general mechanisms for long-lasting plasticity: Aplysia and the hippocampus. *Philos Trans R Soc Lond B Biol Sci* 2003; 358(1432): 757-63.

258. Reissner K. J., Shobe J. L., Carew T. J. Molecular nodes in memory processing: insights from Aplysia. *Cell Mol Life Sci* 2006; 63(9): 963-74.

259. Roberts A. C., Glanzman D. L. Learning in Aplysia: looking at synaptic plasticity from both sides. *Trends Neurosci* 2003; 26(12): 662-70.

260. Cropper E. C., Evans C. G., Hurwitz I. *et al.* Feeding neural networks in the mollusc Aplysia. *Neurosignals* 2004; 13(1-2): 70-86.

261. Marcus E. A., Nolen T. G., Rankin C. H., Stopfer M., Carew T. J. Development of behavior and learning in Aplysia. *Experientia* 1988; 44(5): 415-23.

262. Strumwasser F. The cellular basis of behavior in Aplysia. *J Psychiatr Res* 1971; 8(3): 237-57.

263. Tache Y., Garrick T., Raybould H. Central nervous system action of peptides to influence gastrointestinal motor function. *Gastroenterology* 1990; 98(2): 517-28.

264. Styfhals R., Zolotarov G., Hulselmans G. *et al.* Cell type diversity in a developing octopus brain. *Nat Commun* 2022; 13(1): 7392.

265. Hochner B. An embodied view of octopus neurobiology. *Curr Biol* 2012; 22(20): R887-92.

266. Hochner B. How nervous systems evolve in relation to their embodiment: what we can learn from octopuses and other molluscs. *Brain Behav Evol* 2013; 82(1): 19-30.

267. Martoja R., May R. M. [Neurosensory cells and subacetabular ganglion in the brachial apparatus of the cephalopod Octopus vulgaris Lamarck]. *C R Hebd Seances Acad Sci* 1955; 240(25): 2440-2.

268. Matus A. I. Histochemical localization of biogenic monoamines in the cephalic ganglia of Octopus vulgaris. *Tissue Cell* 1973; 5(4): 591-601.

269. Rossi F., Graziadei P. [New contribution to the knowledge of the nervous system of the tentacles of cephalopods. II. Ganglion funiculi or peripheral medulla of tentacles of the octopus]. *Acta Anat (Basel)* 1956; 26(3): 165-74.

270. Saidel W. M. Connections of the octopus optic lobe: an HRP study. *J Comp Neurol* 1982; 206(4): 346-58.

271. Wells M., Wells J. The control of ventilatory and cardiac responses to changes in ambient oxygen tension and oxygen demand in octopus. *J Exp Biol* 1995; 198(Pt 8): 1717-27.

272. Wells M. J. Nervous control of the heartbeat in octopus. *J Exp Biol* 1980; 85: 111-28.

273. Ku C. A., Igelman A. D., Huang S. J. *et al.* Improved Rod Sensitivity as Assessed by Two-Color Dark-Adapted Perimetry in Patients With RPE65-Related Retinopathy Treated With Voretigene Neparvovec-rzyl. *Transl Vis Sci Technol* 2023; 12(4): 17.

274. Nahmad-Rohen L., Qureshi Y. H., Vorobyev M. The Colours of Octopus: Using Spectral Data to Measure Octopus Camouflage. *Vision (Basel)* 2022; 6(4).

275. Napoli F. R., Daly C. M., Neal S. *et al.* Cephalopod retinal development shows vertebrate-like mechanisms of neurogenesis. *Curr Biol* 2022; 32(23): 5045-56 e3.

276. Pungor J. R., Allen V. A., Songco-Casey J. O., Niell C. M. Functional organization of visual responses in the octopus optic lobe. *Curr Biol* 2023; 33(13): 2784-93 e3.

277. Temple S. E., How M. J., Powell S. B., Gruev V., Marshall N. J., Roberts N. W. Thresholds of polarization vision in octopuses. *J Exp Biol* 2021; 224(7).

278. Kawashima S., Ikeda Y. Evaluation of Visual and Tactile Perception by Plain-Body Octopus (Callistoctopus aspilosomatis) of Prey-Like Objects. *Zoolog Sci* 2021; 38(6): 495-505.

279. Kawashima S., Yasumuro H., Ikeda Y. Plain-Body Octopus's (Callistoctopus aspilosomatis) Learning about Objects via Both Visual and Tactile Sensory Inputs: A Pilot Study. *Zoolog Sci* 2021; 38(5): 383-96.

280. Tarvin R. D. A Sucker for Taste. *Cell* 2020; 183(3): 587-8.

281. Amodio P., Josef N., Shashar N., Fiorito G. Bipedal locomotion in Octopus vulgaris: A complementary observation and some preliminary considerations. *Ecol Evol* 2021; 11(9): 3679-84.

282. Flash T., Zullo L. Biomechanics, motor control and dynamic models of the soft limbs of the octopus and other cephalopods. *J Exp Biol* 2023; 226(Suppl_1).

283. Hooper S. L. Octopus movement: push right, go left. *Curr Biol* 2015; 25(9): R366-8.

284. Kennedy E. B. L., Buresch K. C., Boinapally P., Hanlon R. T. Octopus arms exhibit exceptional flexibility. *Sci Rep* 2020; 10(1): 20872.

285. Kuuspalu A., Cody S., Hale M. E. Multiple nerve cords connect the arms of octopuses, providing alternative paths for inter-arm signaling. *Curr Biol* 2022; 32(24): 5415-21 e3.

286. Olson C. S., Ragsdale C. W. Toward an Understanding of Octopus Arm Motor Control. *Integr Comp Biol* 2023; 63(6): 1277-84.

287. Zullo L., Di Clemente A., Maiole F. How octopus arm muscle contractile properties and anatomical organization contribute to arm functional specialization. *J Exp Biol* 2022; 225(6).

288. Zullo L., Eichenstein H., Maiole F., Hochner B. Motor control pathways in the nervous system of Octopus vulgaris arm. *J Comp Physiol A Neuroethol Sens Neural Behav Physiol* 2019; 205(2): 271-9.

289. Brocco S. L., Cloney R. A. Reflector cells in the skin of Octopus dofleini. *Cell Tissue Res* 1980; 205(2): 167-86.

290. Mathger L. M., Shashar N., Hanlon R. T. Do cephalopods communicate using polarized light reflections from their skin? *J Exp Biol* 2009; 212(Pt 14): 2133-40.

291. Osorio D. Cephalopod behaviour: Skin flicks. *Curr Biol* 2014; 24(15): R684-5.

292. Packard A. Proceedings: Chromatophore fields in the skin of the octopus. *J Physiol* 1974; 238(1): 38P-40P.

293. Packard A., Sanders G. What the octopus shows to the world. *Endeavour* 1969; 28(104): 92-9.

294. Huang K. L., Chiao C. C. Can cuttlefish learn by observing others? *Anim Cogn* 2013; 16(3): 313-20.

295. Josef N., Amodio P., Fiorito G., Shashar N. Camouflaging in a complex environment--octopuses use specific features of their surroundings for background matching. *PLoS One* 2012; 7(5): e37579.

296. Finn J. K., Tregenza T., Norman M. D. Defensive tool use in a coconut-carrying octopus. *Curr Biol* 2009; 19(23): R1069-70.

297. Huffard C. L., Boneka F., Full R. J. Underwater bipedal locomotion by octopuses in disguise. *Science* 2005; 307(5717): 1927.

298. Hölldobler B., Wilson E. O. The ants. Berlin: Springer; 1990.

299. Hölldobler B., Wilson E. O. Journey to the ants a story of scientific exploration. Cambridge (Mass.) London: The Belknap press of Harvard university press; 1995.

300. Kronauer D. J., Schoning C., Pedersen J. S., Boomsma J. J., Gadau J. Extreme queen-mating frequency and colony fission in African army ants. *Mol Ecol* 2004; 13(8): 2381-8.

301. Barth M. B., Moritz R. F., Kraus F. B. The evolution of extreme polyandry in social insects: insights from army ants. *PLoS One* 2014; 9(8): e105621.

302. Fitzpatrick J. L., Baer B. Polyandry reduces sperm length variation in social insects. *Evolution* 2011; 65(10): 3006-12.

303. Evison S. E., Hughes W. O. Genetic caste polymorphism and the evolution of polyandry in Atta leaf-cutting ants. *Naturwissenschaften* 2011; 98(8): 643-9.

304. Munoz-Valencia V., Kahkonen K., Montoya-Lerma J., Díaz F. Characterization of a New Set of Microsatellite Markers Suggests Polygyny and Polyandry in Atta cephalotes (Hymenoptera: Formicidae). *J Econ Entomol* 2020; 113(6): 3021-7.

305. Wilson E. O., Gómez Durán J. Ma. Kingdom of ants: José Celestino Mutis and the dawn of natural history in the New World. Baltimore, Md.: Johns Hopkins University Press; 2010.

306. Smith C. R., Mutti N. S., Jasper W. C., Naidu A., Smith C. D., Gadau J. Patterns of DNA methylation in development, division of labor and hybridization in an ant with genetic caste determination. *PLoS One* 2012; 7(8): e42433.

307. Molet M., Maicher V., Peeters C. Bigger helpers in the ant Cataglyphis bombycina: increased worker polymorphism or novel soldier caste? *PLoS One* 2014; 9(1): e84929.

308. Peeters C., Lin C. C., Quinet Y., Martins Segundo G., Billen J. Evolution of a soldier caste specialized to lay unfertilized eggs in the ant genus Crematogaster (subgenus Orthocrema). *Arthropod Struct Dev* 2013; 42(3): 257-64.

309. Powell S., Price S. L., Kronauer D. J. C. Trait evolution is reversible, repeatable, and decoupled in the soldier caste of turtle ants. *Proc Natl Acad Sci U S A* 2020; 117(12): 6608-15.

310. Wetterer J. K., Schultz T. R., Meier R. Phylogeny of fungus-growing ants (Tribe Attini) based on mtDNA sequence and morphology. *Mol Phylogenet Evol* 1998; 9(1): 42-7.

311. Villesen P., Mueller U. G., Schultz T. R., Adams R. M., Bouck A. C. Evolution of ant-cultivar specialization and cultivar switching in Apterostigma fungus-growing ants. *Evolution* 2004; 58(10): 2252-65.

312. Fernández-Marin H., Zimmerman J. K., Rehner S. A., Wcislo W. T. Active use of the metapleural glands by ants in controlling fungal infection. *Proc Biol Sci* 2006; 273(1594): 1689-95.

313. Veal D. A., Trimble J. E., Beattie A. J. Antimicrobial properties of secretions from the metapleural glands of Myrmecia gulosa (the Australian bull ant). *J Appl Bacteriol* 1992; 72(3): 188-94.

314. Vieira A. S., Bueno O. C., Camargo-Mathias M. I. Morphophysiological differences between the metapleural glands of fungus-growing and non-fungus-growing ants (Hymenoptera, Formicidae). *PLoS One* 2012; 7(8): e43570.

315. Vieira A. S., Camargo-Mathias M. I., Roces F. Comparative morpho-physiology of the metapleural glands of two Atta leaf-cutting ant queens nesting in clayish and organic soils. *Arthropod Struct Dev* 2015; 44(5): 444-54.

316. Cafaro M. J., Poulsen M., Little A. E. *et al.* Specificity in the symbiotic association between fungus-growing ants and protective Pseudonocardia bacteria. *Proc Biol Sci* 2011; 278(1713): 1814-22.

317. Little A. E., Currie C. R. Black yeast symbionts compromise the efficiency of antibiotic defenses in fungus-growing ants. *Ecology* 2008; 89(5): 1216-22.

318. Little A. E., Murakami T., Mueller U. G., Currie C. R. The infrabuccal pellet piles of fungus-growing ants. *Naturwissenschaften* 2003; 90(12): 558-62.

319. Francoeur C. B., May D. S., Thairu M. W. *et al.* Burkholderia from Fungus Gardens of Fungus-Growing Ants Produces Antifungals That Inhibit the Specialized Parasite Escovopsis. *Appl Environ Microbiol* 2021; 87(14): e0017821.

320. Currie C. R., Mueller U. G., Malloch D. The agricultural pathology of ant fungus gardens. *Proc Natl Acad Sci U S A* 1999; 96(14): 7998-8002.

321. Farias A. P., Camargo R. D. S., Andrade Sousa K. K., Caldato N., Forti L. C. Nest Architecture and Colony Growth of Atta bisphaerica Grass-Cutting Ants. *Insects* 2020; 11(11).

322. Forti L. C., Protti de Andrade A. P., Camargo R. D., Caldato N., Moreira A. A. Discovering the Giant Nest Architecture of Grass-Cutting Ants, Atta capiguara (Hymenoptera, Formicidae). *Insects* 2017; 8(2).

323. Sasaki T., Pratt S. C. The Psychology of Superorganisms: Collective Decision Making by Insect Societies. *Annu Rev Entomol* 2018; 63: 259-75.

324. Cerda X., van Oudenhove L., Bernstein C., Boulay R. R. A list of and some comments about the trail phero-mones of ants. *Nat Prod Commun* 2014; 9(8): 1115-22.

325. Holman L. Queen pheromones: The chemical crown governing insect social life. *Commun Integr Biol* 2010; 3(6): 558-60.

326. Holman L., Lanfear R., d'Ettorre P. The evolution of queen pheromones in the ant genus Lasius. *J Evol Biol* 2013; 26(7): 1549-58.

327. Tullio A. D., Angelis F. D., Reale S. *et al.* Investigation by solid-phase microextraction and gas chromatogra-phy/mass spectrometry of trail pheromones in ants. *Rapid Commun Mass Spectrom* 2003; 17(18): 2071-4.

328. Cammaerts M. C., Rachidi Z., Bellens F., De Doncker P. Food collection and response to pheromones in an ant species exposed to electromagnetic radiation. *Electromagn Biol Med* 2013; 32(3): 315-32.

329. Dussutour A., Nicolis S. C., Shephard G., Beekman M., Sumpter D. J. The role of multiple pheromones in food recruitment by ants. *J Exp Biol* 2009; 212(Pt 15): 2337-48.

330. Hughes W. O., Goulson D. The use of alarm pheromones to enhance bait harvest by grass-cutting ants. *Bull Entomol Res* 2002; 92(3): 213-8.

331. Moser J. C., Brownlee R. C., Silverstein R. Alarm pheromones of the ant atta texana. *J Insect Physiol* 1968; 14(4): 529-35.

332. Ichimura T., Uemoto T., Hara A., Mackin K. J. Emergence of altruism behavior in army ant-based social evolutionary system. *Springerplus* 2014; 3: 712.

333. Smith A. A., Holldober B., Liebig J. Cuticular hydrocarbons reliably identify cheaters and allow enforcement of altruism in a social insect. *Curr Biol* 2009; 19(1): 78-81.

334. Strassmann J. E. Altruism and relatedness at colony foundation in social insects. *Trends Ecol Evol* 1989; 4(12): 371-4.

335. Chandra V., Fetter-Pruneda I., Oxley P. R. *et al.* Social regulation of insulin signaling and the evolution of eusociality in ants. *Science* 2018; 361(6400): 398-402.

336. Kim H. W., Lee D. H. Effects of Taurine on Eusociality of Ants. *Adv Exp Med Biol* 2019; 1155: 239-48.

337. Quque M., Villette C., Criscuolo F., Sueur C., Bertile F., Heintz D. Eusociality is linked to caste-specific differences in metabolism, immune system, and somatic maintenance-related processes in an ant species. *Cell Mol Life Sci* 2021; 79(1): 29.

338. Robinson S. D., Schendel V., Schroeder C. I. *et al.* Intra-colony venom diversity contributes to maintaining eusociality in a cooperatively breeding ant. *BMC Biol* 2023; 21(1): 5.

339. Romiguier J., Borowiec M. L., Weyna A. *et al.* Ant phylogenomics reveals a natural selection hotspot prece-ding the origin of complex eusociality. *Curr Biol* 2022; 32(13): 2942-7 e4.

340. Walsh J. T., Signorotti L., Linksvayer T. A., d'Ettorre P. Phenotypic correlation between queen and worker brood care supports the role of maternal care in the evolution of eusociality. *Ecol Evol* 2018; 8(21): 10409-15.

341. Qiu H. L., Cheng D. F. A Chemosensory Protein Gene Si-CSP1 Associated With Necrophoric Behavior in Red Imported Fire Ants (Hymenoptera: Formicidae). *J Econ Entomol* 2017; 110(3): 1284-90.

342. Gordon D. M. Dependence of necrophoric response to oleic acid on social context in the ant, Pogonomyrmex badius. *J Chem Ecol* 1983; 9(1): 105-11.

343. Qiu H. L., Lu L. H., Shi Q. X., Tu C. C., Lin T., He Y. R. Differential necrophoric behaviour of the ant Solenopsis invicta towards fungal-infected corpses of workers and pupae. *Bull Entomol Res* 2015; 105(5): 607-14.

344. Shubin N. Your inner fish: a journey into the 3.5-billion-year history of the human body. 1st Vintage Books ed. New York: Vintage Books; 2009.

345. Eibl-Eibesfeldt I., Schmitt O., Helmreich V., Busnel R-G. Éthologie biologie du comportement traduction, O. [Olivier] Schmitt... Dr Violette Helmreich édité sous la direction de R. G. [René Guy] Busnel. Jouy-en-Josas (Yvelines): N.E.B. Éditions scientifiques; 1972.

346. Eibl-Eibesfeldt I., Meunier D. Contre l'agression contribution à l'histoire naturelle des comportements élémentaires traduit de l'allemand par Denise Meunier. Paris: Stock; 1972.

347. Stringer C. B. The origin of our species. London: A. Lane; 2011.

348. Grine F. E., Fleagle J. G., Leakey R. E. Stony Brook human evolution symposium and workshop. The first humans origin and early evolution of the genus Homo contributions from the third Stony Brook Human Evolution Symposium and Workshop, October 3-October 7, 2006. [Dordrecht]: Springer; 2009.

349. Guatelli-Steinberg D. What teeth reveal about human evolution. Cambridge New York: Cambridge university press; 2016.

350. King G. E. Primate behavior and human origins. 1st ed. ed. London New York: Routledge Taylor, & Francis group; 2016.

351. Schwartz J. H., Tattersall I. The human fossil record Volume 1 Terminology and craniodental morphology of genus Homo (Europe). New York: Wiley-Liss; 2002.

352. Schwartz J. H., Tattersall I. The human fossil record Volume 2 Craniodental morphology of Genus Homo (Africa and Asia). New York: Wiley-Liss; 2003.

353. Waal F. B. Md. Our inner ape: a leading primatologist explains why we are who we are. New York: Riverhead Books; 2005.

354. Claidiere N., Smith K., Kirby S., Fagot J. Cultural evolution of systematically structured behaviour in a non-human primate. *Proc Biol Sci* 2014; 281(1797).

355. Crook J. H. Primate societies and individual behaviour. *J Psychosom Res* 1968; 12(1): 11-9.

356. Kamilar J. M., Cooper N. Phylogenetic signal in primate behaviour, ecology and life history. *Philos Trans R Soc Lond B Biol Sci* 2013; 368(1618): 20120341.

357. Reynolds V. Primate behaviour and the origins of war. *Med War* 1987; 3(2): 111-6.

358. Roberts A. C. Primate orbitofrontal cortex and adaptive behaviour. *Trends Cogn Sci* 2006; 10(2): 83-90.

359. Köhler W. The mentality of apes [translated from the second revised German edition by Ella Winter]. London: Routledge; 1999.

360. Linden E. Apes, men, and language. Updated, with a new afterword. ed. Harmondsworth, Middlesex, England; New York, N.Y., U.S.A.: Penguin; 1981.

361. Gillespie-Lynch K., Greenfield P. M., Lyn H., Savage-Rumbaugh S. Gestural and symbolic development among apes and humans: support for a multimodal theory of language evolution. *Front Psychol* 2014; 5: 1228.

362. Kellogg W. N. CommunicationCommunication and language in the home-raised chimpanzee. The gestures, "words," and be- havioral signals of home-raised apes are critically examined. *Science* 1968; 162(3852): 423-7.

363. Novack M. A., Waxman S. Becoming human: human infants link language and cognition, but what about the other great apes? *Philos Trans R Soc Lond B Biol Sci* 2020; 375(1789): 20180408.

364. Romski M. A. Two decades of language research with great apes. *ASHA* 1989; 31(5): 81-2.

365. Rumbaugh D. M. Comparative psychology and the great apes: their competence in learning, language, and numbers. *Psychol Rec* 1990; 40(1): 15-39.

366. Savage-Rumbaugh S., Rumbaugh D. M., McDonald K. Language learning in two species of apes. *Neurosci Biobehav Rev* 1985; 9(4): 653-65.

367. Sherwood C. C., Broadfield D. C., Holloway R. L., Gannon P. J., Hof P. R. Variability of Broca's area homologue in African great apes: implications for language evolution. *Anat Rec A Discov Mol Cell Evol Biol* 2003; 271(2): 276-85.

368. Waal F. B. Md. Chimpanzee politics: power and sex among apes. 25th anniversary ed. Baltimore, Md.: Johns Hopkins University Press; 2007.

369. Arcadi A. C. Wild chimpanzees: social behaviour of an endangered species.

370. Riss D., Goodall J. The recent rise to the alpha-rank in a population of free-living chimpanzees. *Folia Primatol (Basel)* 1977; 27(2): 134-51.

371. Birch H. G., Clark G. Sex-hormones and social behavior in chimpanzees. *Anat Rec* 1948; 101(4): 693.

372. Casanova C., Mondragon-Ceballos R., Lee P. C. Innovative social behavior in chimpanzees (Pan troglodytes). *Am J Primatol* 2008; 70(1): 54-61.

373. Matsuzawa T. Evolution of the brain and social behavior in chimpanzees. *Curr Opin Neurobiol* 2013; 23(3): 443-9.

374. Wallis J., Lemmon W. B. Social behavior and genital swelling in pregnant chimpanzees (Pan troglodytes). *Am J Primatol* 1986; 10(2): 171-83.

375. International Alt/Self Map C. A same gene for altruism and selfishness in primates. *Med Sci (Paris)* 2007; 23(4): 440-4.

376. Bethell E. J., Waller B. M. Altruism or cooperation in captive chimpanzees, Pan troglodytes? *Folia Primatol (Basel)* 2005; 76(4): 242-4.

377. Hirata S. Chimpanzee social intelligence: selfishness, altruism, and the mother-infant bond. *Primates* 2009; 50(1): 3-11.

378. Lemoine S. R. T., Samuni L., Crockford C., Wittig R. M. Parochial cooperation in wild chimpanzees: a model to explain the evolution of parochial altruism. *Philos Trans R Soc Lond B Biol Sci* 2022; 377(1851): 20210149.

379. Silk J. B. Reciprocal altruism. *Curr Biol* 2013; 23(18): R827-8.

380. Warneken F., Hare B., Melis A. P., Hanus D., Tomasello M. Spontaneous altruism by chimpanzees and young children. *PLoS Biol* 2007; 5(7): e184.

381. Warneken F., Tomasello M. Varieties of altruism in children and chimpanzees. *Trends Cogn Sci* 2009; 13(9): 397-402.

382. Cahn C., Hare B., Yamamoto S. Bonobo cognition and behaviour: Brill; 2015.

383. Hamlin J. K. Social Behavior: Bonobos Are Nice but Prefer Mean Guys. *Curr Biol* 2018; 28(4): R164-R6.

384. Wobber V., Wrangham R., Hare B. Bonobos exhibit delayed development of social behavior and cognition relative to chimpanzees. *Curr Biol* 2010; 20(3): 226-30.

385. Palagi E., Paoli T., Tarli S. B. Reconciliation and consolation in captive bonobos (Pan paniscus). *Am J Primatol* 2004; 62(1): 15-30.

386. Samuni L., Langergraber K. E., Surbeck M. H. Characterization of Pan social systems reveals in-group/out-group distinction and out-group tolerance in bonobos. *Proc Natl Acad Sci U S A* 2022; 119(26): e2201122119.

387. Wilson B. J., Brosnan S. F., Lonsdorf E. V., Sanz C. M. Consistent differences in a virtual world model of ape societies. *Sci Rep* 2020; 10(1): 14075.

388. Wilson M. L., Boesch C., Fruth B. *et al.* Lethal aggression in Pan is better explained by adaptive strategies than human impacts. *Nature* 2014; 513(7518): 414-7.

389. Clay Z., Pika S., Gruber T., Zuberbuhler K. Female bonobos use copulation calls as social signals. *Biol Lett* 2011; 7(4): 513-6.

390. Clay Z., Zuberbuhler K. Communication during sex among female bonobos: effects of dominance, solicitation and audience. *Sci Rep* 2012; 2: 291.

391. Genty E., Clay Z., Hobaiter C., Zuberbuhler K. Multi-modal use of a socially directed call in bonobos. *PLoS One* 2014; 9(1): e84738.

392. Lavin E. G., Polo P., Newton-Fisher N. E., Izquierdo I. B. Dominance style and intersexual hierarchy in wild bonobos from Wamba. *Behav Processes* 2022: 104627.

393. Palagi E., Paoli T. Play in adult bonobos (Pan paniscus): modality and potential meaning. *Am J Phys Anthropol* 2007; 134(2): 219-25.

394. Paoli T., Palagi E., Tarli S. M. Reevaluation of dominance hierarchy in bonobos (Pan paniscus). *Am J Phys Anthropol* 2006; 130(1): 116-22.

395. Shibata S., Furuichi T. Comparative analysis of intragroup intermale relationships: a study of wild bonobos (Pan paniscus) in Wamba, Democratic Republic of Congo and chimpanzees (Pan troglodytes) in Kalinzu Forest Reserve, Uganda. *Primates* 2024; 65(4): 243-55.

396. Grine F. E., Fleagle J. G., Leakey R. E. Stony Brook human evolution symposium and workshop. The first humans origin and early evolution of the genus Homo contributions from the third Stony Brook Human Evolution Symposium and Workshop, October 3-October 7, 2006. [Dordrecht]: Springer; 2009.

397. Bruner E., Battaglia-Mayer A., Caminiti R. The parietal lobe evolution and the emergence of material culture in the human genus. *Brain Struct Funct* 2023; 228(1): 145-67.

398. Wood B., Collard M. The human genus. *Science* 1999; 284(5411): 65-71.

399. Klein R. G. The human career human biological and cultural origins. 2nd ed. ed. Chicago (Ill.): University of Chicago press; 1999.

400. Wade N. Before the dawn: recovering the lost history of our ancestors. New York: Penguin Press; 2006.

401. Foley R. Humans before humanity. Oxford Cambridge (Mass.): Blackwell publ.; 1995.

402. Henke W., Tattersall I., Hardt T. Handbook of paleoanthropology in collaboration with Thorolf Hardt. Berlin: Springer; 2007.

403. Lewin R., Foley R. Principles of human evolution. 2nd ed. ed. Malden (Mass.): Blackwell; 2004.

404. Zhu R. X., Potts R., Xie F. *et al.* New evidence on the earliest human presence at high northern latitudes in northeast Asia. *Nature* 2004; 431(7008): 559-62.

405. Gilbert W. H., White T. D., Asfaw B. Homo erectus, Homo ergaster, Homo "cepranensis," and the Daka cranium. *J Hum Evol* 2003; 45(3): 255-9.

406. Willems E. P., van Schaik C. P. The social organization of Homo ergaster: Inferences from anti-predator responses in extant primates. *J Hum Evol* 2017; 109: 11-21.

407. Bartolini-Lucenti S., Cirilli O., Pandolfi L. *et al.* Zoogeographic significance of Dmanisi large mammal assemblage. *J Hum Evol* 2022; 163: 103125.

408. Scardia G., Neves W. A., Tattersall I., Blumrich L. What kind of hominin first left Africa? *Evol Anthropol* 2021; 30(2): 122-7.

409. Athreya S., Hopkins A. Conceptual issues in hominin taxonomy: Homo heidelbergensis and an ethnobiological reframing of species. *Am J Phys Anthropol* 2021; 175 Suppl 72: 4-26.

410. Buck L. T., Stringer C. B. Homo heidelbergensis. *Curr Biol* 2014; 24(6): R214-5.

411. Godinho R. M., Fitton L. C., Toro-Ibacache V. *et al.* The biting performance of Homo sapiens and Homo heidelbergensis. *J Hum Evol* 2018; 118: 56-71.

412. Gómez-Robles A., Bermúdez de Castro J. M., Martinon-Torres M., Prado-Simon L., Arsuaga J. L. A geometric morphometric analysis of hominin lower molars: Evolutionary implications and overview of postcanine dental variation. *J Hum Evol* 2015; 82: 34-50.

413. Hautavoine H., Arnaud J., Balzeau A., Mounier A. Quantifying hominin morphological diversity at the end of the middle Pleistocene: Implications for the origin of Homo sapiens. *Am J Biol Anthropol* 2024; 184(2): e24915.

414. Peyregne S., Slon V., Kelso J. More than a decade of genetic research on the Denisovans. *Nat Rev Genet* 2024; 25(2): 83-103.

415. Zeberg H., Jakobsson M., Paabo S. The genetic changes that shaped Neandertals, Denisovans, and modern humans. *Cell* 2024; 187(5): 1047-58.

416. Conde-Valverde M., Martínez I., Quam R., Arsuaga J. L. The ear of the Sima de los Huesos hominins (Atapuerca, Spain). *Anat Rec (Hoboken)* 2024; 307(7): 2410-24.

417. Marquet J. C., Freiesleben T. H., Thomsen K. J. *et al.* The earliest unambiguous Neanderthal engravings on cave walls: La Roche-Cotard, Loire Valley, France. *PLoS One* 2023; 18(6): e0286568.

418. Mateos A., Goikoetxea I., Leonard W. R., Martín-González J. A., Rodríguez-Gómez G., Rodríguez J. Neandertal growth: what are the costs? *J Hum Evol* 2014; 77: 167-78.

419. Mounier A., Balzeau A., Caparros M., Grimaud-Herve D. Brain, calvarium, cladistics: A new approach to an old question, who are modern humans and Neandertals? *J Hum Evol* 2016; 92: 22-36.

420. Quilodran C. S., Río J., Tsoupas A., Currat M. Past human expansions shaped the spatial pattern of Neanderthal ancestry. *Sci Adv* 2023; 9(42): eadg9817.

421. Viscardi L. H., Paixao-Cortes V. R., Comas D. *et al.* Searching for ancient balanced polymorphisms shared between Neanderthals and Modern Humans. *Genet Mol Biol* 2018; 41(1): 67-81.

422. Wroe S., Parr W. C. H., Ledogar J. A. *et al.* Computer simulations show that Neanderthal facial morphology represents adaptation to cold and high energy demands, but not heavy biting. *Proc Biol Sci* 2018; 285(1876).

423. Xing S., Martinon-Torres M., Bermúdez de Castro J. M., Wu X., Liu W. Hominin teeth from the early Late Pleistocene site of Xujiayao, Northern China. *Am J Phys Anthropol* 2015; 156(2): 224-40.

424. McDougall I., Brown F. H., Fleagle J. G. Stratigraphic placement and age of modern humans from Kibish, Ethiopia. *Nature* 2005; 433(7027): 733-6.

425. Hublin J. J., Ben-Ncer A., Bailey S. E. *et al.* New fossils from Jebel Irhoud, Morocco and the pan-African origin of Homo sapiens. *Nature* 2017; 546(7657): 289-92.

426. Richter D., Grun R., Joannes-Boyau R. *et al.* The age of the hominin fossils from Jebel Irhoud, Morocco, and the origins of the Middle Stone Age. *Nature* 2017; 546(7657): 293-6.

427. Sedrati M., Morales J. A., Duveau J. *et al.* A Late Pleistocene hominin footprint site on the North African coast of Morocco. *Sci Rep* 2024; 14(1): 1962.

428. Stringer C. The origin and evolution of Homo sapiens. *Philos Trans R Soc Lond B Biol Sci* 2016; 371(1698).

429. Arranz-Otaegui A., González Carretero L., Ramsey M. N., Fuller D. Q., Richter T. Archaeobotanical evidence reveals the origins of bread 14,400 years ago in northeastern Jordan. *Proc Natl Acad Sci U S A* 2018; 115(31): 7925-30.

430. Bocquentin F., Bar-Yosef O. Early Natufian remains: evidence for physical conflict from Mt. Carmel, Israel. *J Hum Evol* 2004; 47(1-2): 19-23.

431. Haklay G., Gopher A. A New Look at Shelter 131/51 in the Natufian Site of Eynan (Ain-Mallaha), Israel. *PLoS One* 2015; 10(7): e0130121.

432. Maher L. A., Stock J. T., Finney S., Heywood J. J., Miracle P. T., Banning E. B. A unique human-fox burial from a pre-Natufian cemetery in the Levant (Jordan). *PLoS One* 2011; 6(1): e15815.

433. Smith P. Diet and attrition in the Natufians. *Am J Phys Anthropol* 1972; 37(2): 233-8.

434. Perkins D., Jr. Fauna of Catal Huyuk: evidence for early cattle domestication in Anatolia. *Science* 1969; 164(3876): 177-9.

435. Pirsig W., Onerci M. A newborn's nose from the 6th millennium BC in Catal Huyuk. *Int J Pediatr Otorhinolaryngol* 2000; 52(1): 105-7.

436. Lawlor R. Voices of the first day: awakening in the Aboriginal dreamtime. Rochester, Vt.s.l.: Inner Traditions International; Distributed in the United States by American International Distribution Corp.; 1991.

437. Gimbutas M. The goddesses and gods of Old Europe, 6500-3500 BC, myths and cult images. New and updated ed. Berkeley: University of California; 1982.

438. Gimbutas M. The civilization of the goddess ed. by Joan Marler. San Francisco (Calif.): HarperSanFrancisco; 1991.

439. Davidson B. Time-Life Books. African kingdoms. New York: Time-Life Books; 1971.

440. Buss D. M. How Can Evolutionary Psychology Successfully Explain Personality and Individual Differences? *Perspect Psychol Sci* 2009; 4(4): 359-66.

441. Miller G. F. The mating mind: how sexual choice shaped the evolution of human nature. 1st ed. New York: Doubleday; 2000.

442. Brooks A. Guns, germs and steel: A short history of everybody for the last 13, 000 years. *BMJ* 1999; 318(7193): 1294A.

443. Barrett K. E., Ganong W. F., Barman S. M., Boitano S., Brooks H. L. Ganong's review of medical physiology. Twenty-fifth edition. ed. New York; London: McGraw-Hill Education; 2016.

444. Hall J. E., Hall M. E., Hall J. E., Guyton A. C. Guyton and Hall textbook of medical physiology. Fourteenth edition / ed. Philadelphia, PA: Elsevier; 2021.

445. Marzvanyan A., Alhawaj A. F. Physiology, Sensory Receptors. StatPearls. Treasure Island (FL); 2024.

446. Haines D. E., Mihailoff G. A. Fundamental neuroscience for basic and clinical applications. Fifth edition. ed. Philadelphia, PA: Elsevier; 2018.

447. González E. J., Merrill L., Vizzard M. A. Bladder sensory physiology: neuroactive compounds and receptors, sensory transducers, and target-derived growth factors as targets to improve function. *Am J Physiol Regul Integr Comp Physiol* 2014; 306(12): R869-78.

448. Felten D. L., O'Banion M. K., Maida M. S., Netter F. H. ScienceDirect (Online service). Netter's atlas of neuroscience. 3rd edition. ed.

449. Kandel E. R., Schwartz J. H., Jessell T. M. Essentials of neural science and behavior. Norwalk, CT: Appleton & Lange; 1995.

450. Purves D. Brains: how they seem to work. Upper Saddle River, N.J.: FT Press Science; 2010.

451. Purves D. Principles of cognitive neuroscience. Second edition. ed. Sunderland, Mass.: Sinauer Associates Inc. Publishers; 2013.

452. Purves D. Neuroscience. Sixth edition. ed. New York: Oxford University Press; 2018.

453. Pinel J. P. J. Biopsychology. 8th ed. Boston: Allyn, & Bacon; 2011.

454. Martin A. R. From neuron to brain. Sixth edition. ed. New York: Sinauer Associates / Oxford University Press; 2021.

455. Nicholls J. G. From neuron to brain. 5th ed. Sunderland, Mass.: Sinauer Associates; 2012.

456. Bruce V., Green P. R., Georgeson M. A., Bruce V. Visual perception: physiology, psychology, & ecology. 4th ed. Hove; New York: Psychology Press; 2003.

457. Smith R. L., Sivaprasad S., Chong V. Retinal Biochemistry, Physiology and Cell Biology. *Dev Ophthalmol* 2016; 55: 18-27.

458. Yao X., Wang B. Intrinsic optical signal imaging of retinal physiology: a review. *J Biomed Opt* 2015; 20(9): 090901.

459. Eldredge D. H., Miller J. D. Physiology of hearing. *Annu Rev Physiol* 1971; 33: 281-310.

460. Fettiplace R., Kim K. X. The physiology of mechanoelectrical transduction channels in hearing. *Physiol Rev* 2014; 94(3): 951-86.

461. Moore D. R. Anatomy and physiology of binaural hearing. *Audiology* 1991; 30(3): 125-34.

462. Zenner H. P. [Mechanism of hearing and cochlear physiology]. *Otolaryngol Pol* 2002; 56(6): 657-60.

463. Gilbertson T. A., Damak S., Margolskee R. F. The molecular physiology of taste transduction. *Curr Opin Neurobiol* 2000; 10(4): 519-27.

464. Hadley K., Orlandi R. R., Fong K. J. Basic anatomy and physiology of olfaction and taste. *Otolaryngol Clin North Am* 2004; 37(6): 1115-26.

465. Uneyama H., Takeuchi K. New frontiers in gut nutrient sensor research--from taste physiology to gastroenterology: preface. *J Pharmacol Sci* 2010; 112(1): 6-7.

466. Bogaerts M., Deggoujf N., Huart C. *et al.* Physiology of the mouth and pharynx, Waldeyer's ring, taste and smell. *B-ENT* 2012; 8 Suppl 19: 13-20.

467. Llorens J. The physiology of taste and smell: how and why we sense flavors. *Water Sci Technol* 2004; 49(9): 1-10.

468. Schiffman S. S., Gatlin C. A. Clinical physiology of taste and smell. *Annu Rev Nutr* 1993; 13: 405-36.

469. Di Fabio R. P., Emasithi A. Aging and the mechanisms underlying head and postural control during voluntary motion. *Phys Ther* 1997; 77(5): 458-75.

470. Ionut-Cristian S., Dan-Marius D. Using Inertial Sensors to Determine Head Motion-A Review. *J Imaging* 2021; 7(12).

471. Johansen-Berg H., Lloyd D. M. The physiology and psychology of selective attention to touch. *Front Biosci* 2000; 5: D894-904.

472. Spille J. L., Grunwald M., Martin S., Mueller S. M. Stop touching your face! A systematic review of triggers, characteristics, regulatory functions and neuro-physiology of facial self touch. *Neurosci Biobehav Rev* 2021; 128: 102-16.

473. Cambier J., Masson M., Dehen H. Abrégé de neurologie. 2. éd. entièrement refondue. ed. Paris: Masson; 1975.

474. Patten J. Neurological differential diagnosis: an illustrated approach. London New York: H. Starke; Springer-Verlag; 1977.

475. Rossi-Durand C. Proprioception and myoclonus. *Neurophysiol Clin* 2006; 36(5-6): 299-308.

476. Lefaucheur J. P. [Electrophysiological assessment of reflex pathways involved in spasticity]. *Neurochirurgie* 2003; 49(2-3 Pt 2): 205-14.

477. Rodríguez M., Méndez E. Quantal processing of visual information in the brain. *Neuroscience* 1998; 84(3): 641-4.

478. Kanabus M., Szelag E., Rojek E., Poppel E. Temporal order judgement for auditory and visual stimuli. *Acta Neurobiol Exp (Wars)* 2002; 62(4): 263-70.

479. Su Y. H., Poppel E. Body movement enhances the extraction of temporal structures in auditory sequences. *Psychol Res* 2012; 76(3): 373-82.

480. Bachmann T. Visual masking: Contributions from and comments on Bruce Bridgeman. *Conscious Cogn* 2018; 64: 13-8.

481. Breitmeyer B. G., Ogmen H. Recent models and findings in visual backward masking: a comparison, review, and update. *Percept Psychophys* 2000; 62(8): 1572-95.

482. Herzog M. H. Spatial processing and visual backward masking. *Adv Cogn Psychol* 2008; 3(1-2): 85-92.

483. Kouider S., Dehaene S. Levels of processing during non-conscious perception: a critical review of visual masking. *Philos Trans R Soc Lond B Biol Sci* 2007; 362(1481): 857-75.

484. Macknik S. L. Visual masking approaches to visual awareness. *Prog Brain Res* 2006; 155: 177-215.

485. Macknik S. L., Martínez-Conde S. The role of feedback in visual masking and visual processing. *Adv Cogn Psychol* 2008; 3(1-2): 125-52.

486. Bailey M. C. D., du Hoffmann J. F., Dalley J. W. A multimodal approach connecting cortical and behavioural responses to the visual continuity illusion. *Brain Neurosci Adv* 2024; 8: 23982128241251685.

487. Giersch A., Lalanne L., van Assche M., Elliott M. A. On disturbed time continuity in schizophrenia: an elementary impairment in visual perception? *Front Psychol* 2013; 4: 281.

488. Large M. E., Aldcroft A., Vilis T. Perceptual continuity and the emergence of perceptual persistence in the ventral visual pathway. *J Neurophysiol* 2005; 93(6): 3453-62.

489. O'Herron P., von der Heydt R. Representation of object continuity in the visual cortex. *J Vis* 2011; 11(2).

490. Rao H. M., Abzug Z. M., Sommer M. A. Visual continuity across saccades is influenced by expectations. *J Vis* 2016; 16(5): 7.

491. Yi D. J., Turk-Browne N. B., Flombaum J. I., Kim M. S., Scholl B. J., Chun M. M. Spatiotemporal object continuity in human ventral visual cortex. *Proc Natl Acad Sci U S A* 2008; 105(26): 8840-5.

492. Chow S. L. Iconic memory, location information, and partial report. *J Exp Psychol Hum Percept Perform* 1986; 12(4): 455-65.

493. Coltheart M. Iconic memory. *Philos Trans R Soc Lond B Biol Sci* 1983; 302(1110): 283-94.

494. Leising K., Magnotti J., Elliott C., Nerz J., Wright A. Properties of iconic and visuospatial working memory in pigeons and humans using a location change-detection procedure. *Learn Behav* 2023; 51(3): 228-45.

495. Mack A., Clarke J., Erol M. Attention, expectation and iconic memory: A reply to Aru and Bachmann (2017). *Conscious Cogn* 2018; 59: 60-3.

496. Mack A., Erol M., Clarke J. Iconic memory is not a case of attention-free awareness. *Conscious Cogn* 2015; 33: 291-9.

497. Persuh M., Genzer B., Melara R. D. Iconic memory requires attention. *Front Hum Neurosci* 2012; 6: 126.

498. Thomas L. E., Irwin D. E. Voluntary eyeblinks disrupt iconic memory. *Percept Psychophys* 2006; 68(3): 475-88.

499. Bijsterveld K. Beyond Echoic Memory: Introduction to the Special Issue on Auditory History. *Public Hist* 2015; 37(4): 7-13.

500. Engle R. W., Fidler DS., Reynolds L. H. Does echoic memory develop? *J Exp Child Psychol* 1981; 32(3): 459-73.

501. Nishihara M., Inui K., Morita T. *et al.* Echoic memory: investigation of its temporal resolution by auditory offset cortical responses. *PLoS One* 2014; 9(8): e106553.

502. Dabic S., Rey A. E., Navarro J., Versace R. Haptic modality takes its time: Dynamic of activations of sensory modalities in perceptual and memory processes. *Int J Psychol* 2018; 53(3): 237-42.

503. Hojatmadani M., Reed K. B. The Role of Spatial and Modality Cues on Visual and Haptic Memory. *IEEE Trans Haptics* 2022; 15(1): 154-63.

504. Liu J., Song A. Discrimination and memory experiments on haptic perception of softness. *Percept Mot Skills* 2008; 106(1): 295-306.

505. Szubielska M., Szewczyk M., Mohring W. Adults' spatial scaling from memory: Comparing the visual and haptic domain. *Mem Cognit* 2022; 50(6): 1201-14.

506. Poppel E. Boredom as a gateway for the discovery of time as a concept. *Psych J* 2024; 13(3): 345-6.

507. Yang T., Li X., Li Y., Poppel E., Bao Y. Temporal twilight zone and beyond: Timing mechanisms in consciously delayed actions. *Psych J* 2020; 9(6): 791-803.

508. Poppel E. A hierarchical model of temporal perception. *Trends Cogn Sci* 1997; 1(2): 56-61.

509. Poppel E. Lost in time: a historical frame, elementary processing units and the 3-second window. *Acta Neurobiol Exp (Wars)* 2004; 64(3): 295-301.

510. Arrighi R., Arecchi F. T., Farini A., Gheri C. Cueing the interpretation of a Necker Cube: a way to inspect fundamental cognitive processes. *Cogn Process* 2009; 10 Suppl 1: S95-9.

511. Bertamini M., Masala L., Meyer G., Bruno N. Vision, haptics, and attention: new data from a multisensory Necker cube. *Perception* 2010; 39(2): 195-207.

512. Kornmeier J., Pfaffle M., Bach M. Necker cube: stimulus-related (low-level) and percept-related (high-level) EEG signatures early in occipital cortex. *J Vis* 2011; 11(9): 12.

513. Laukkonen R. E., Tangen J. M. Can observing a Necker cube make you more insightful? *Conscious Cogn* 2017; 48: 198-211.

514. Polgari P., Causin J. B., Weiner L., Bertschy G., Giersch A. Novel method to measure temporal windows based on eye movements during viewing of the Necker cube. *PLoS One* 2020; 15(1): e0227506.

515. Wernery J., Atmanspacher H., Kornmeier J., Candia V., Folkers G., Wittmann M. Temporal Processing in Bistable Perception of the Necker Cube. *Perception* 2015; 44(2): 157-68.

516. Behrmann M., Nishimura M. Agnosias. *Wiley Interdiscip Rev Cogn Sci* 2010; 1(2): 203-13.

517. Coslett H. B. Sensory Agnosias. In: Gottfried J. A., ed. Neurobiology of Sensation and Reward. Boca Raton (FL); 2011.

518. Haque S., Vaphiades M. S., Lueck C. J. The Visual Agnosias and Related Disorders. *J Neuroophthalmol* 2018; 38(3): 379-92.

519. Hrbek J. [Pathophysiological interpretation and classification of agnosias]. *Cesk Neurol Neurochir* 1977; 40(1): 7-17.

520. Humphreys G. W., Riddoch M. J. Object agnosias. *Baillieres Clin Neurol* 1993; 2(2): 339-59.

521. Marx P. [Visual agnosias]. *Cesk Oftalmol* 1976; 32(2): 120-7.

522. Miceli G., Caccia A. The Auditory Agnosias: a Short Review of Neurofunctional Evidence. *Curr Neurol Neurosci Rep* 2023; 23(11): 671-9.

523. Andersen M. K. G., Bertelsen M., Gundestrup S., Gronskov K., Kessel L. Phenotypic characteristics of Danish patients with achromatopsia. *Acta Ophthalmol* 2024; 102(6): e893-e905.

524. Eshel Y. M., Abaev O., Yahalom C. Achromatopsia: Long term visual performance and clinical characteristics. *Eur J Ophthalmol* 2024; 34(4): 986-91.

525. Kasmann-Kellner B., Hoffmann MB. [Achromatopsia: Clinical aspects, diagnostics, genes, brain and quality of life]. *Ophthalmologie* 2023; 120(9): 975-86.

526. Bartolomeo P., Miceli G. Definition: Object color agnosia. *Cortex* 2023; 167: 65.

527. Bruyer R. [Color agnosia: a brief review]. *Acta Psychiatr Belg* 1977; 77(3): 309-38.

528. Aviezer H., Hassin R. R., Bentin S. Impaired integration of emotional faces and affective body context in a rare case of developmental visual agnosia. *Cortex* 2012; 48(6): 689-700.

529. Aviezer H., Landau A. N., Robertson L. C. *et al.* Implicit integration in a case of integrative visual agnosia. *Neuropsychologia* 2007; 45(9): 2066-77.

530. Faust C. [Development and disintegration of optic agnosia following traumatic lesions of the brain]. *Nervenarzt* 1951; 22(5): 176-9.

531. Cambier J. [Simultagnosia of autistic people: a failing right hemisphere]. *Rev Prat* 2021; 71(5): 477-81.

532. Michel F., Henaff M. A. Seeing without the occipito-parietal cortex: Simultagnosia as a shrinkage of the attentional visual field. *Behav Neurol* 2004; 15(1-2): 3-13.

533. Miller N. R. Bilateral visual loss and simultagnosia after lumboperitoneal shunt for pseudotumor cerebri. *J Neuroophthalmol* 1997; 17(1): 36-8.

534. Giersch A., Humphreys G. W., Boucart M., Kovacs I. The computation of occluded contours in visual agnosia: Evidence for early computation prior to shape binding and figure-ground coding. *Cogn Neuropsychol* 2000; 17(8): 731-59.

535. Devinsky O., Farah M. J., Barr W. B. Chapter 21 Visual agnosia. *Handb Clin Neurol* 2008; 88: 417-27.

536. Feinberg T. E., Schindler R. J., Ochoa E., Kwan P. C., Farah M. J. Associative visual agnosia and alexia without prosopagnosia. *Cortex* 1994; 30(3): 395-411.

537. Farah M. J. Visual agnosia: disorders of object recognition and what they tell us about normal vision. Cambridge, Mass.: MIT Press; 1990.

538. Farah M. J. Visual agnosia. 2nd ed. Cambridge, Mass.: MIT Press; 2004.

539. Campbell R., Manning L. Optic aphasia: a case with spared action naming and associated disorders. *Brain Lang* 1996; 53(2): 183-221.

540. Ferreira C. T., Giusiano B., Ceccaldi M., Poncet M. Optic aphasia: evidence of the contribution of different neural systems to object and action naming. *Cortex* 1997; 33(3): 499-513.

541. Iorio L., Falanga A., Fragassi N. A., Grossi D. Visual associative agnosia and optic aphasia. A single case study and a review of the syndromes. *Cortex* 1992; 28(1): 23-37.

542. Kwon M., Lee J. H. Optic aphasia: a case study. *J Clin Neurol* 2006; 2(4): 258-61.

543. Schnider A., Benson D. F., Scharre D. W. Visual agnosia and optic aphasia: are they anatomically distinct? *Cortex* 1994; 30(3): 445-57.

544. Veronelli L., Bonandrini R., Caporali A., Licciardo D., Corbo M., Luzzatti C. Clinical and structural disconnectome evaluation in a case of optic aphasia. *Brain Struct Funct* 2024.

545. DeGutis J., Kirsch L., Evans T. C. *et al.* Perceptual heterogeneity in developmental prosopagnosia is continuous, not categorical. *Cortex* 2024; 176: 37-52.

546. Faghel-Soubeyrand S., Richoz A. R., Waeber D. *et al.* Neural computations in prosopagnosia. *Cereb Cortex* 2024; 34(5).

547. Halder T., Ludwig K., Schenk T. Binocular rivalry reveals differential face processing in congenital prosopagnosia. *Sci Rep* 2024; 14(1): 6687.

548. Josephs K. A., Josephs K. A., Jr. Prosopagnosia: face blindness and its association with neurological disorders. *Brain Commun* 2024; 6(1): fcae002.

549. Rahavi A., Malaspina M., Albonico A., Barton J. J. S. "Looking at nothing": An implicit ocular motor index of face recognition in developmental prosopagnosia. *Cogn Neuropsychol* 2023; 40(2): 59-70.

550. Buchtel H. A., Stewart J. D. Auditory agnosia: apperceptive or associative disorder? *Brain Lang* 1989; 37(1): 12-25.

551. Holmes E., Utoomprurkporn N., Hoskote C., Warren J. D., Bamiou D. E., Griffiths T. D. Simultaneous auditory agnosia: Systematic description of a new type of auditory segregation deficit following a right hemisphere lesion. *Cortex* 2021; 135: 92-107.

552. Kazui S., Naritomi H., Sawada T., Inoue N., Okuda J. Subcortical auditory agnosia. *Brain Lang* 1990; 38(4): 476-87.

553. Klarendic M., Gorisek V. R., Granda G., Avsenik J., Zgonc V., Kojovic M. Auditory agnosia with anosognosia. *Cortex* 2021; 137: 255-70.

554. Miceli G., Caccia A. Cortical disorders of speech processing: Pure word deafness and auditory agnosia. *Handb Clin Neurol* 2022; 187: 69-87.

555. Slevc L. R., Shell A. R. Auditory agnosia. *Handb Clin Neurol* 2015; 129: 573-87.

556. Lachowska M., Pastuszka A., Sokolowsk J., Szczudlik P., Niemczyk K. Cortical Deafness Due to Ischaemic Strokes in Both Temporal Lobes. *J Audiol Otol* 2021; 25(3): 163-70.

557. Wong C., Chabot N., Kok M. A., Lomber S. G. Amplified somatosensory and visual cortical projections to a core auditory area, the anterior auditory field, following early- and late-onset deafness. *J Comp Neurol* 2015; 523(13): 1925-47.

558. Gainotti G., Quaranta D., Luzzi S. Apperceptive and Associative Forms of Phonagnosia. *Curr Neurol Neurosci Rep* 2023; 23(6): 327-33.

559. Van Lancker D. R., Cummings J. L., Kreiman J., Dobkin B. H. Phonagnosia: a dissociation between familiar and unfamiliar voices. *Cortex* 1988; 24(2): 195-209.

560. Van Lancker D. R., Kreiman J., Cummings J. Voice perception deficits: neuroanatomical correlates of phonagnosia. *J Clin Exp Neuropsychol* 1989; 11(5): 665-74.

561. Heilman K. M., Scholes R., Watson R. T. Auditory affective agnosia. Disturbed comprehension of affective speech. *J Neurol Neurosurg Psychiatry* 1975; 38(1): 69-72.

562. Taniwaki T., Tagawa K., Sato F., Iino K. Auditory agnosia restricted to environmental sounds following cortical deafness and generalized auditory agnosia. *Clin Neurol Neurosurg* 2000; 102(3): 156-62.

563. Fujii T., Fukatsu R., Watabe S. *et al.* Auditory sound agnosia without aphasia following a right temporal lobe lesion. *Cortex* 1990; 26(2): 263-8.

564. Vignolo L. A. Auditory agnosia. *Philos Trans R Soc Lond B Biol Sci* 1982; 298(1089): 49-57.

565. Darvesh S., Cash M. K., Martin E., Engelhardt E. Expressive amusia and aphasia: the story of Maurice Ravel. *Dement Neuropsychol* 2024; 18: e20230108.

566. Hoarau C., Pralus A., Moulin A. *et al.* Deficits in congenital amusia: Pitch, music, speech, and beyond. *Neuropsychologia* 2024; 202: 108960.

567. Sihvonen A. J., Ferguson M. A., Chen V., Soinila S., Sarkamo T., Joutsa J. Focal Brain Lesions Causing Acquired Amusia Map to a Common Brain Network. *J Neurosci* 2024; 44(15).

568. Sihvonen A. J., Sarkamo T. Music processing and amusia. *Handb Clin Neurol* 2022; 187: 55-67.

569. Tillmann B., Graves J. E., Talamini F. *et al.* Auditory cortex and beyond: Deficits in congenital amusia. *Hear Res* 2023; 437: 108855.

570. Douglas K. M., Bilkey D. K. Amusia is associated with deficits in spatial processing. *Nat Neurosci* 2007; 10(7): 915-21.

571. Foxton J. M., Dean J. L., Gee R., Peretz I., Griffiths T. D. Characterization of deficits in pitch perception underlying 'tone deafness'. *Brain* 2004; 127(Pt 4): 801-10.

572. Zarate J. M. The neural control of singing. *Front Hum Neurosci* 2013; 7: 237.

573. Huang W. T., Liu C., Dong Q., Nan Y. Categorical perception of lexical tones in mandarin-speaking congenital amusics. *Front Psychol* 2015; 6: 829.

574. Li M., Tang W., Liu C., Nan Y., Wang W., Dong Q. Vowel and Tone Identification for Mandarin Congenital Amusics: Effects of Vowel Type and Semantic Content. *J Speech Lang Hear Res* 2019; 62(12): 4300-8.

575. Nan Y., Sun Y., Peretz I. Congenital amusia in speakers of a tone language: association with lexical tone agnosia. *Brain* 2010; 133(9): 2635-42.

576. Reed C. L., Cahn S. J., Cory C., Szaflarski J. P. Impaired perception of harmonic complexity in congenital amusia: a case study. *Cogn Neuropsychol* 2011; 28(5): 305-21.

577. Satoh M., Takeda K., Kuzuhara S. A case of auditory agnosia with impairment of perception and expression of music: cognitive processing of tonality. *Eur Neurol* 2007; 58(2): 70-7.

578. Von Stockert F. G., Tresser E. [Melody deafness in acoustic functional shift; with the problem of sensory hearing mutism]. *Arch Psychiatr Nervenkr Z Gesamte Neurol Psychiatr* 1954; 192(2): 174-84.

579. Ackermann H., Hertrich I., Ziegler W. [Prosodic disorders in neurologic diseases--a review of the literature]. *Fortschr Neurol Psychiatr* 1993; 61(7): 241-53.

580. Mavlov L. Amusia due to rhythm agnosia in a musician with left hemisphere damage: a non-auditory supramodal defect. *Cortex* 1980; 16(2): 331-8.

581. Belfi A. M., Bruss J., Karlan B., Abel T. J., Tranel D. Neural correlates of recognition and naming of musical instruments. *Neuropsychology* 2016; 30(7): 860-8.

582. Wang L., Higgins D., Delgardo M., Chang C., Hamberger M. J., McKhann G. M. Awake intraoperative mapping for the prevention of amusia. *Neurosurg Focus* 2024; 56(2): E8.

583. Kumar A., Wroten M. Agnosia. StatPearls. Treasure Island (FL); 2024.

584. Kubota S., Yamada M., Satoh H., Satoh A., Tsujihata M. Pure Amorphagnosia without Tactile Object Agnosia. *Case Rep Neurol* 2017; 9(1): 62-8.

585. Facci L., Basilico S., Sellitto M., Gelosa G., Gandola M., Bottini G. Unilateral tactile agnosia as an onset symptom of corticobasal syndrome. *Front Hum Neurosci* 2024; 18: 1401578.

586. Platz T. Tactile agnosia. Casuistic evidence and theoretical remarks on modality-specific meaning representations and sensorimotor integration. *Brain* 1996; 119 (Pt 5): 1565-74.

587. Sakurai Y. Tactually-related cognitive impairments: sharing of neural substrates across associative tactile agnosia, agraphesthesia, and kinesthetic reading difficulty. *Acta Neurol Belg* 2023; 123(5): 1893-902.

588. Veronelli L., Ginex V., Dinacci D., Cappa S. F., Corbo M. Pure associative tactile agnosia for the left hand: clinical and anatomo-functional correlations. *Cortex* 2014; 58: 206-16.

589. Mauguiere F., Isnard J. [Tactile agnosia and dysfunction of the primary somatosensory area. Data of the study by somatosensory evoked potentials in patients with deficits of tactile object recognition]. *Rev Neurol (Paris)* 1995; 151(8-9): 518-27.

590. Talmasov D., Ropper A. H. Tactile asymbolia. *J Clin Neurosci* 2016; 26: 164-5.

591. Guard O., Graule A., Spautz J. M., Dumas R. [Confabulatory anomia from visual and tactile agnosia in a case of multi-infarct dementia. Neuropsychological study (author's transl)]. *Encephale* 1981; 7(3): 275-91.

592. Swinkels L. M. J., van Schie H. T., Veling H., Ter Horst A. C., Dijksterhuis A. The self-generated full body illusion is accompanied by impaired detection of somatosensory stimuli. *Acta Psychol (Amst)* 2020; 203: 102987.

593. Zhang Y., Wang L., Jiang Y. My own face looks larger than yours: A self-induced illusory size perception. *Cognition* 2021; 212: 104718.

594. Botella J., Suero M., Duran J. I. On the Reality of Illusory Conjunctions. *J Gen Psychol* 2017; 144(3): 187-205.

595. Chen N., Watanabe K. Color-shape associations affect feature binding. *Psychon Bull Rev* 2021; 28(1): 169-77.

596. Vul E., Rieth C. A., Lew T. F., Rich A. N. The structure of illusory conjunctions reveals hierarchical binding of multipart objects. *Atten Percept Psychophys* 2020; 82(2): 550-63.

597. Wu Y., Wang Q. The Distinctness of Illusory and Non-Illusory Conjunctions in the Perception of Chinese Words: Assessing the Roles of Stimulus Exposure Time. *Percept Mot Skills* 2023; 130(6): 2430-49.

598. Heled E., Ohayon M., Oshri O. Working memory in intact modalities among individuals with sensory deprivation. *Heliyon* 2022; 8(6): e09558.

599. Sahoo S., Naskar C., Singh A., Rijal R., Mehra A., Grover S. Sensory Deprivation and Psychiatric Disorders: Association, Assessment and Management Strategies. *Indian J Psychol Med* 2022; 44(5): 436-44.

600. Andersen H. S. [Sensory deprivation]. *Ugeskr Laeger* 1992; 154(39): 2665-70.

601. Ferrari G., Giordani L., Muscatello C. F. [Pathology of sensory deprivation. Critical review]. *Riv Sper Freniatr Med Leg Alien Ment* 1971; 95(4): 686-720.

602. Nagatsuka Y. [Studies on sensory deprivation]. *Shinrigaku Kenkyu* 1966; 37(1): 44-59.

603. Flynn W. R. Visual hallucinations in sensory deprivation. A review of the literature, a case report and a discussion of the mechanism. *Psychiatr Q* 1962; 36: 55-65.

604. Heimler B., Amedi A. Are critical periods reversible in the adult brain? Insights on cortical specializations based on sensory deprivation studies. *Neurosci Biobehav Rev* 2020; 116: 494-507.

605. Rinaldi L., Merabet L. B., Vecchi T., Cattaneo Z. The spatial representation of number, time, and serial order following sensory deprivation: A systematic review. *Neurosci Biobehav Rev* 2018; 90: 371-80.

606. Ziskind E. An Explanation of Mental Symptoms Found in Acute Sensory Deprivation: Researches 1958-1963. *Am J Psychiatry* 1965; 121: 939-46.

607. Zubek J. P. Effects of Prolonged Sensory and Perceptual Deprivation. *Br Med Bull* 1964; 20: 38-42.

608. Abe K., Oda N., Araki R., Igata M. Macropsia, micropsia, and episodic illusions in Japanese adolescents. *J Am Acad Child Adolesc Psychiatry* 1989; 28(4): 493-6.

609. Copperman S. M. Micropsia. *N Y State J Med* 1986; 86(10): 543-4.

610. González Mingot C., Velázquez Benito A., Gil Villar M. P., Iniguez Martínez C. Macropsia, micropsia, allesthesia and dyschromatopsia after occipital intraparenchymal haemorrhage. *Neurologia* 2011; 26(3): 188-9.

611. Schneck J. M. Micropsia: Lilliput revisited. *N Y State J Med* 1986; 86(6): 321.

612. Sokolowski T. [Macropsia and micropsia in the process of binocular vision]. *Klin Oczna* 1976; 46(4): 403-6.

613. Harris C. S. Perceptual adaptation to inverted, reversed, and displaced vision. *Psychol Rev* 1965; 72(6): 419-44.

614. Klopp H. W. [Rotated and inverted vision]. *Dtsch Z Nervenheilkd* 1951; 165(2): 231-60.

615. Solms M., Kaplan-Solms K., Saling M., Miller P. Inverted vision after frontal lobe disease. *Cortex* 1988; 24(4): 499-509.

616. Zeidman L. A., Melen O., Gottardi-Littell N. *et al.* Susac syndrome with transient inverted vision. *Neurology* 2004; 63(3): 591.

617. Beaulieu L. D., Schneider C., Masse-Alarie H., Ribot-Ciscar E. A new method to elicit and measure movement illusions in stroke by means of muscle tendon vibration: the Standardized Kinesthetic Illusion Procedure (SKIP). *Somatosens Mot Res* 2020; 37(1): 28-36.

618. de Jonge A. B. A visual illusion of movement. *Vision Res* 1982; 22(11): 1413.

619. Marken R. S., Shaffer D. M. The power law of movement: an example of a behavioral illusion. *Exp Brain Res* 2017; 235(6): 1835-42.

620. Pittera D., Ablart D., Obrist M. Creating an Illusion of Movement between the Hands Using Mid-Air Touch. *IEEE Trans Haptics* 2019; 12(4): 615-23.

621. Carreras Y. M. M. [Erythropsia]. *Rev Esp Otoneurooftalmol Neurocir* 1966; 25(145): 182-8.

622. Vaphiades M. S., Grondines B. D., Curcio C. A. Erythropsia and Chromatopsia: Case Study and Brief Review. *Neuroophthalmology* 2021; 45(1): 56-60.

623. Wu C. W., Doughman D. J. Erythropsia revisited. *J Cataract Refract Surg* 2007; 33(3): 548-9.

624. Jain A. K., Sharma P. Ethionamide induced blue vision (cyanopsia): Case report. *Indian J Tuberc* 2020; 67(3): 333-5.

625. Kitakawa T., Nakadomari S., Kuriki I., Kitahara K. Evaluation of early state of cyanopsia with subjective color settings immediately after cataract removal surgery. *J Opt Soc Am A Opt Image Sci Vis* 2009; 26(6): 1375-81.

626. Arnold O. H., Potzl O. [A case of transient xanthopsia and analysis of its functional aspects]. *Wien Z Nervenheilkd Grenzgeb* 1957; 13(4): 323-36.

627. Arnold W. N., Loftus L. S. Xanthopsia and van Gogh's yellow palette. *Eye (Lond)* 1991; 5 (Pt 5): 503-10.

628. von Eyben F. E., Grann E., Dyrlund B. Xanthopsia treated with thiamine. *Acta Ophthalmol (Copenh)* 1985; 63(5): 591-2.

629. Schaadt A. K., Brandt S. A., Kraft A., Kerkhoff G. Holmes and Horrax (1919) revisited: impaired binocular fusion as a cause of "flat vision" after right parietal brain damage - a case study. *Neuropsychologia* 2015; 69: 31-8.

630. Anastasopoulos G. [On the problem of hemianoptic hallucinations., disorders of orientation and optic allesthesia]. *Wien Z Nervenheilkd Grenzgeb* 1952; 6(1): 34-48.

631. Blythe I. M., Bromley J. M., Ruddock K. H., Kennard C., Traub M. A study of systematic visual perseveration involving central mechanisms. *Brain* 1986; 109 (Pt 4): 661-75.

632. Critchley M. Types of visual perseveration: "paliopsia" and "illusory visual spread". *Brain* 1951; 74(3): 267-99.

633. Hori H., Terao T., Nakamura J. Visual perseveration: a new side effect of maprotiline. *Acta Psychiatr Scand* 2000; 101(6): 476-7.

634. Maillot F., Belin C., Perrier D., Larmande P. [Visual perseveration and palinopsia: a visual memory disorder?]. *Rev Neurol (Paris)* 1993; 149(12): 794-6.

635. Kalita J., Misra U. K., Kumar M., Bansal R., Uniyal R. Is Palinopsia in Migraineurs a Phenomenon of Impaired Habituation of Visual Cortical Neurons? *Clin EEG Neurosci* 2022; 53(3): 196-203.

636. Lahiri D. Palinopsia. *Cortex* 2020; 133: 399.

637. Lahiri D., Ardila A., Chatterjee S., Dubey S., Ray B. K. Dyskinetopsic Palinopsia: Palinopsia Accompanied by Moving Afterimages. *Cogn Behav Neurol* 2020; 33(4): 266-70.

638. Campbell R., Garwood J., Franklin S., Howard D., Landis T., Regard M. Neuropsychological studies of auditory-visual fusion illusions. Four case studies and their implications. *Neuropsychologia* 1990; 28(8): 787-802.

639. Vinnik E., Itskov P., Balaban E. A proposed neural mechanism underlying auditory continuity illusions. *J Acoust Soc Am* 2010; 128(1): EL20-5.

640. Warren R. M., Warren R. P. Auditory illusions and confusions. *Sci Am* 1970; 223(6): 30-6.

641. Wong V. S., Adamczyk P., Dahlin B., Richman D. P., Wheelock V. Cerebral venous sinus thrombosis presenting with auditory hallucinations and illusions. *Cogn Behav Neurol* 2011; 24(1): 40-2.

642. Xu L., Furukawa S., Middlebrooks J. C. Cortical mechanisms for auditory spatial illusions. *Acta Otolaryngol* 2000; 120(2): 263-6.

643. Radziun D., Korczyk M., Szwed M., Ehrsson H. H. Are blind individuals immune to bodily illusions? Somatic rubber hand illusion in the blind revisited. *Behav Brain Res* 2024; 460: 114818.

644. Wolters C., Harzem J., Witthoft M., Gerlach A. L., Pohl A. Somatosensory Illusions Elicited by Sham Electromagnetic Field Exposure: Experimental Evidence for a Predictive Processing Account of Somatic Symptom Perception. *Psychosom Med* 2021; 83(1): 94-100.

645. Berent I. The illusion of the mind-body divide is attenuated in males. *Sci Rep* 2023; 13(1): 6653.

646. Chen W. Y., Huang H. C., Lee Y. T., Liang C. Body ownership and the four-hand illusion. *Sci Rep* 2018; 8(1): 2153.

647. D'Angelo M., di Pellegrino G., Frassinetti F. Invisible body illusion modulates interpersonal space. *Sci Rep* 2017; 7(1): 1302.

648. D'Angelo M., di Pellegrino G., Frassinetti F. The illusion of having a tall or short body differently modulates interpersonal and peripersonal space. *Behav Brain Res* 2019; 375: 112146.

649. Fiorio M., Modenese M., Cesari P. The rubber hand illusion in hypnosis provides new insights into the sense of body ownership. *Sci Rep* 2020; 10(1): 5706.

650. Guterstam A., Larsson D. E. O., Szczotka J., Ehrsson H. H. Duplication of the bodily self: a perceptual illusion of dual full-body ownership and dual self-location. *R Soc Open Sci* 2020; 7(12): 201911.

651. Hsu T. Y., Zhou J. F., Yeh S. L., Northoff G., Lane T. J. Intrinsic neural activity predisposes susceptibility to a body illusion. *Cereb Cortex Commun* 2022; 3(1): tgac012.

652. Preatoni G., Dell'Eva F., Valle G., Pedrocchi A., Raspopovic S. Reshaping the full body illusion through visuo-electro-tactile sensations. *PLoS One* 2023; 18(2): e0280628.

653. Pyasik M., Ciorli T., Pia L. Full body illusion and cognition: A systematic review of the literature. *Neurosci Biobehav Rev* 2022; 143: 104926.

654. Ryu H., Seo K. The illusion of having a large virtual body biases action-specific perception in patients with mild cognitive impairment. *Sci Rep* 2021; 11(1): 24058.

655. Tuena C., Zeng L., Hashmi M., Riva G. VRBodyMem: A Virtual Full-Body Illusion for the Study of Episodic Memory. *Cyberpsychol Behav Soc Netw* 2023; 26(9): 724-6.

656. Carter R., Ffytche D. H. On visual hallucinations and cortical networks: a trans-diagnostic review. *J Neurol* 2015; 262(7): 1780-90.

657. Coerver K. A., Subramanian P. S. Visual hallucinations in psychiatric, neurologic, and ophthalmologic disease. *Curr Opin Ophthalmol* 2020; 31(6): 475-82.

658. Diederich N. J. [Causes of visual hallucinations in Parkinson's disease]. *Nervenarzt* 2022; 93(4): 392-401.

659. Fraser C. L., Lueck C. J. Illusions, hallucinations, and visual snow. *Handb Clin Neurol* 2021; 178: 311-35.

660. Muller A. J., Shine J. M., Halliday G. M., Lewis S. J. Visual hallucinations in Parkinson's disease: theoretical models. *Mov Disord* 2014; 29(13): 1591-8.

661. Waters F., Collerton D., Ffytche D. H. *et al.* Visual hallucinations in the psychosis spectrum and comparative information from neurodegenerative disorders and eye disease. *Schizophr Bull* 2014; 40 Suppl 4(Suppl 4): S233-45.

662. Weil R. S., Lees A. J. Visual hallucinations. *Pract Neurol* 2021.

663. Larsen M. [Photopsies can have other causes than retinal detachment]. *Ugeskr Laeger* 2004; 166(33): 2779.

664. Cohen M. A., Alfonso C. A., Haque M. M. Lilliputian hallucinations and medical illness. *Gen Hosp Psychiatry* 1994; 16(2): 141-3.

665. Dunne R. M., Duignan J., Tubridy N. *et al.* Posterior reversible encephalopathy syndrome with Lilliputian hallucinations secondary to Takayasu's arteritis. *Radiol Case Rep* 2020; 15(10): 1999-2002.

666. Goldin S. Lilliputian hallucinations; eight illustrative case histories. *J Ment Sci* 1955; 101(424): 569-76.

667. Hendrickson J., Adityanjee. Lilliputian hallucinations in schizophrenia: case report and review of literature. *Psychopathology* 1996; 29(1): 35-8.

668. Podoll K., Robinson D. Recurrent Lilliputian hallucinations as visual aura symptom in migraine. *Cephalalgia* 2001; 21(10): 990-2.

669. Sandahl A. [On Lilliputian hallucinations]. *Nord Psykiatr Tidsskr* 1962; 16: 283-99.

670. Dewhurst K. Autoscopic hallucinations. *Ir J Med Sci* 1954; (342): 263-7.

671. Gajaram G., Lake T., Nguyen D., Sangha S., Jolayemi A. Autoscopic Hallucinations in an African American Female Patient With Schizophrenia. *Cureus* 2021; 13(2): e13510.

672. Leischner A. [Autoscopic hallucinations (heautoscopy)]. *Fortschr Neurol Psychiatr Grenzgeb* 1961; 29: 550-85.

673. Ohry A. Extracampine hallucinations. *Lancet* 2003; 361(9367): 1479.

674. Sato Y., Berrios G. E. Extracampine hallucinations. *Lancet* 2003; 361(9367): 1479-80.

675. Shapiro C. M., Kasem H., Tewari S. My musica case of musical reminiscence diagnosed courtesy of the BBC. *J Neurol Neurosurg Psychiatry* 1991; 54(1): 88-9.

676. Schachter M. [Morphopsic hallucinations by vascular spasm in a patient with internal frontal hyperostosis (Morgagni-Morel Syndrome); psychological examination at the Rorschach test]. *Schweiz Arch Neurol Psychiatr* 1947; 58(2): 306-14.

677. Anand S. Alice in Wonderland Syndrome and Charles Bonnet Syndrome: Similar but not so similar! *Aust N Z J Psychiatry* 2019; 53(6): 585.

678. Birrell H., Tang K. C. An atypical case of Charles Bonnet syndrome secondary to advanced cataracts. *Med J Aust* 2022; 216(4): 182-3.

679. Firbank M. J., daSilva Morgan K., Collerton D. *et al.* Investigation of structural brain changes in Charles Bonnet Syndrome. *Neuroimage Clin* 2022; 35: 103041.

680. Irizarry R., Sosa Gómez A., Tamayo Acosta J., González Díaz L. Charles Bonnet Syndrome in the Setting of a Traumatic Brain Injury. *Cureus* 2022; 14(9): e29293.

681. Karagol A. Charles Bonnet Syndrome Prevalence in a Younger Ophtalmology Outpatient Population. *Psychiatr Danub* 2021; 33(Suppl 4): 604-8.

682. Randeblad P., Singh A., Peters D. Charles Bonnet Syndrome Adversely Affects Vision-Related Quality of Life in Patients with Glaucoma. *Ophthalmol Glaucoma* 2024; 7(1): 30-6.

683. Voit M., Jerusik B., Chu J. Charles Bonnet Syndrome as Another Cause of Visual Hallucinations. *Cureus* 2021; 13(1): e12922.

684. Granek M., Shalev A., Weingarten A. M. Khat-induced hypnagogic hallucinations. *Acta Psychiatr Scand* 1988; 78(4): 458-61.

685. Kompanje E. J. 'The devil lay upon her and held her down'. Hypnagogic hallucinations and sleep paralysis described by the Dutch physician Isbrand van Diemerbroeck (1609-1674) in 1664. *J Sleep Res* 2008; 17(4): 464-7.

686. Liddon S. C. Sleep paralysis and hypnagogic hallucinations. Their relationship to the nightmare. *Arch Gen Psychiatry* 1967; 17(1): 88-96.

687. McDonald C. A clinical study of hypnagogic hallucinations. *Br J Psychiatry* 1971; 118(546): 543-7.

688. Schneck J. M. An evaluation of hypnagogic hallucinations. *Psychiatr Q* 1968; 42(2): 232-4.

689. Schneck J. M. Hypnagogic hallucinations. Herman Melville's Moby Dick. *N Y State J Med* 1977; 77(13): 2145-7.

690. Van Sweden B. Hypnagogic hallucinations and REM-sleep: an alternative pathophysiology. *Acta Neurol Belg* 2000; 100(1): 44-5.

691. Drouin E., Pereon Y. Peduncular hallucinosis according to Jean Lhermitte. *Rev Neurol (Paris)* 2019; 175(6): 377-9.

692. Fenelon G. From Dreams to Hallucinations: Jean Lhermitte's Contribution to the Study of Peduncular Hallucinosis and the Dissociation of States. *J Neuropsychiatry Clin Neurosci* 2022; 34(1): 16-29.

693. Giacanelli V. U. [Head injury and Lhermitte's peduncular hallucinosis]. *G Med Mil* 1950; 97(1): 14-26.

694. Kosty J. A., Mejia-Munne J., Dossani R., Savardekar A., Guthikonda B. Jacques Jean Lhermitte and the syndrome of peduncular hallucinosis. *Neurosurg Focus* 2019; 47(3): E9.

695. Cheyne J. A., Rueffer S. D., Newby-Clark I. R. Hypnagogic and hypnopompic hallucinations during sleep paralysis: neurological and cultural construction of the night-mare. *Conscious Cogn* 1999; 8(3): 319-37.

696. Ohayon M. M., Priest R. G., Caulet M., Guilleminault C. Hypnagogic and hypnopompic hallucinations: pathological phenomena? *Br J Psychiatry* 1996; 169(4): 459-67.

697. Gillinder L., Liegeois-Chauvel C., Chauvel P. What deja vu and the "dreamy state" tell us about episodic memory networks. *Clin Neurophysiol* 2022; 136: 173-81.

698. Hatano K., Shimizu T., Matsumoto H., Suzuki I., Hashida H. Dreamy State, Delusions, Audiovisual Hallucinations, and Metamorphopsia in a Lesional Lateral Temporal Lobe Epilepsy Followed by Ipsilateral Hippocampal Sclerosis. *Case Rep Neurol* 2019; 11(2): 209-16.

699. Hogan R. E., Kaiboriboon K. The "dreamy state": John Hughlings-Jackson's ideas of epilepsy and consciousness. *Am J Psychiatry* 2003; 160(10): 1740-7.

700. Vignal J. P., Maillard L., McGonigal A., Chauvel P. The dreamy state: hallucinations of autobiographic memory evoked by temporal lobe stimulations and seizures. *Brain* 2007; 130(Pt 1): 88-99.

701. Aicardi J. Dreamy state: a case report from the selected writings of John Hughlings Jackson. Brain 1874. *Epileptic Disord* 2001; 3(2): 51-4.

702. Armbrust-Figueiredo J. [Manifestations of the "dreamy state" in temporal epilepsy]. *Hospital (Rio J)* 1960; 57: 915-28.

703. Calcedo Ordoñez A. [Epilepsy and recalled experiences (a case of "dreamy state")]. *Actas Luso Esp Neurol Psiquiatr* 1970; 29(1): 43-50.

704. Fornazzari L., Fischer C. E., Ringer L., Schweizer T. A. "Blue is music to my ears": multimodal synesthesias after a thalamic stroke. *Neurocase* 2012; 18(4): 318-22.

705. Melero H., Ríos-Lago M., Peña-Melián A., Álvarez-Linera J. Achromatic synesthesias - a functional magnetic resonance imaging study. *Neuroimage* 2014; 98: 416-24.

706. Stevenson R. J., Tomiczek C. Olfactory-induced synesthesias: a review and model. *Psychol Bull* 2007; 133(2): 294-309.

707. Sperling W., Mueller H., Kornhuber J., Biermann T. Is tinnitus an acoasm? *Med Hypotheses* 2011; 77(2): 216-9.

708. Thorn A. S., Gathercole S. E. Language differences in verbal short-term memory do not exclusively originate in the process of subvocal rehearsal. *Psychon Bull Rev* 2001; 8(2): 357-64.

709. Woods R. H., Kerr D., Woods L. F., Raghavan R., Cornelius P., Brown A. Children and young adults with profound and multiple learning disabilities: Evidence of intelligible subvocal language. *Res Dev Disabil* 2023; 143: 104633.

710. Azuonye I. O. Diagnosis made by hallucinatory voices. *BMJ* 1997; 315(7123): 1685-6.

711. Craig A. D. Disembodied hallucinatory voices: comment on Sommer *et al.*, 2008 Brain 131, 3169-77. *Brain* 2009; 132(Pt 10): e123; author reply e4.

712. Nishiyama A. [Hallucinatory voices arguing (described by K. Schneider)]. *Seishin Shinkeigaku Zasshi* 1987; 89(4): 282-90.

713. Oswald I. Induction of illusory and hallucinatory voices with considerations of behaviour therapy. *J Ment Sci* 1962; 108: 196-212.

714. Coebergh J. A., Lauw R. F., Bots R., Sommer I. E., Blom J. D. Musical hallucinations: review of treatment effects. *Front Psychol* 2015; 6: 814.

715. Colon-Rivera H. A., Oldham M. A. The mind with a radio of its own: a case report and review of the literature on the treatment of musical hallucinations. *Gen Hosp Psychiatry* 2014; 36(2): 220-4.

716. Donnet A., Regis H. [Musical hallucinations]. *Rev Med Interne* 1991; 12(4): 303-5.

717. Evers S. Musical hallucinations. *Curr Psychiatry Rep* 2006; 8(3): 205-10.

718. Golden E. C., Josephs K. A. Minds on replay: musical hallucinations and their relationship to neurological disease. *Brain* 2015; 138(Pt 12): 3793-802.

719. Vitorovic D., Biller J. Musical hallucinations and forgotten tunes - case report and brief literature review. *Front Neurol* 2013; 4: 109.

720. Carter J. L. Visual, somatosensory, olfactory, and gustatory hallucinations. *Psychiatr Clin North Am* 1992; 15(2): 347-58.

721. Ercoli T., Bagella C. F., Frau C. *et al.* Phantosmia in Parkinson's Disease: A Systematic Review of the Phenomenology of Olfactory Hallucinations. *Neurol Int* 2023; 16(1): 20-32.

722. Majumdar S., Jones N. S., McKerrow W. S., Scadding G. The management of idiopathic olfactory hallucinations: a study of two patients. *Laryngoscope* 2003; 113(5): 879-81.

723. Martin P., Scharfetter C. [Olfactory hallucinations in depression]. *Fortschr Neurol Psychiatr* 1993; 61(9): 293-300.

724. Kroemer S., Kawohl W. Gustatory and olfactory hallucinations under therapeutic dosing of bupropion. *J Neuropsychiatry Clin Neurosci* 2011; 23(2): E53.

725. Kulick C. V., Montgomery K. M., Nirenberg M. J. Comprehensive identification of delusions and olfactory, tactile, gustatory, and minor hallucinations in Parkinson's disease psychosis. *Parkinsonism Relat Disord* 2018; 54: 40-5.

726. Russo S. [Olfactory & gustatory hallucinations]. *Rass Neuropsichiatr* 1957; 11(1-2): 41-72.

727. Janssen P. M., Schreuder A. H., Koehler P. J. Delayed dysosmia and dysgeusia after thalamic infarction. *J Neurol Sci* 2015; 348(1-2): 286-7.

728. Kuhn M., Abolmaali N., Smitka M., Podlesek D., Hummel T. [Dysosmia: current aspects of diagnostics and therapy]. *HNO* 2013; 61(11): 975-84; quiz 85.

729. Rousseau C., Malaty J. Dysosmia and drug tolerance with use of venlafaxine. *BMJ Case Rep* 2021; 14(4).

730. Sheng W. H., Liu W. D., Wang J. T., Chang S. Y., Chang S. C. Dysosmia and dysgeusia in patients with COVID-19 in northern Taiwan. *J Formos Med Assoc* 2021; 120(1 Pt 2): 311-7.

731. Ayad T., Khoueir P., Saliba I., Moumdjian R. Cacosmia secondary to an olfactory groove meningioma. *J Otolaryngol* 2007; 36(4): E51-3.

732. Ferreira M. F., Magalhaes D. A., Duarte R. C. Eggnog No More: A Case of Cacosmia and Cacogeusia Following COVID-19 Infection. *Prim Care Companion CNS Disord* 2022; 24(4).

733. Magnavita N. Cacosmia in healthy workers. *Br J Med Psychol* 2001; 74 Part 1: 121-7.

734. Romberg K. D. Cacosmia. *JAMA* 1971; 218(4): 596.

735. Erdogan B. A., Eldahshan A. A New Mystery: Phantosmia after COVID-19 Infection. *Prague Med Rep* 2022; 123(3): 188-92.

736. Hahner A., Hummel T. Classic Phantosmia. *Dtsch Arztebl Int* 2020; 117(41): 689.

737. Hirsch A. R. Parkinsonism: the hyposmia and phantosmia connection. *Arch Neurol* 2009; 66(4): 538-9; author reply 9.

738. Levy L. M., Henkin R. I. Physiologically initiated and inhibited phantosmia: cyclic unirhinal, episodic, recurrent phantosmia revealed by brain fMRI. *J Comput Assist Tomogr* 2000; 24(4): 501-20.

739. Macario S., Hsieh J. W., Daskalou D., Voruz F., Landis B. N. [Parosmia and phantosmia: clinical update]. *Rev Med Suisse* 2022; 18(798): 1837-42.

740. Lewandowski K. E., DePaola J., Camsari G. B., Cohen B. M., Ongur D. Tactile, olfactory, and gustatory hallucinations in psychotic disorders: a descriptive study. *Ann Acad Med Singap* 2009; 38(5): 383-5.

741. Fontenelle L. F., Lopes A. P., Borges M. C., Pacheco P. G., Nascimento A. L., Versiani M. Auditory, visual, tactile, olfactory, and bodily hallucinations in patients with obsessive-compulsive disorder. *CNS Spectr* 2008; 13(2): 125-30.

742. Kataoka H., Sawa N., Sugie K., Ueno S. Can dopamine agonists trigger tactile hallucinations in patients with Parkinson's disease? *J Neurol Sci* 2014; 347(1-2): 361-3.

743. Nakamura M., Koo J. Drug-Induced Tactile Hallucinations Beyond Recreational Drugs. *Am J Clin Dermatol* 2016; 17(6): 643-52.

744. Pao M., Lohman C., Gracey D., Greenberg L. Visual, tactile, and phobic hallucinations: recognition and management in the emergency department. *Pediatr Emerg Care* 2004; 20(1): 30-4.

745. Bennett A. O. M. Consciousness and hallucinations in schizophrenia: the role of synapse regression. *Aust N Z J Psychiatry* 2008; 42(11): 915-31.

746. Khan I., Khan M. A. B. Sensory and Perceptual Alterations. StatPearls. Treasure Island (FL); 2024.

747. Lindahl J. R., Kaplan C. T., Winget E. M., Britton W. B. A phenomenology of meditation-induced light experiences: traditional buddhist and neurobiological perspectives. *Front Psychol* 2014; 4: 973.

748. Bauer S. M., Schanda H., Karakula H. *et al.* Culture and the prevalence of hallucinations in schizophrenia. *Compr Psychiatry* 2011; 52(3): 319-25.

749. Gross G., Huber G. [Psychopathology of schizophrenia and brain imaging]. *Fortschr Neurol Psychiatr* 2008; 76 Suppl 1: S49-56.

750. Jimenez-Jimenez F. J., Orti-Pareja M., Gasalla T., Tallon-Barranco A., Cabrera-Valdivia F., Fernández-Lliria A. Cenesthetic hallucinations in a patient with Parkinson's disease. *J Neurol Neurosurg Psychiatry* 1997; 63(1): 120.

751. Koreki A., Mashima Y., Oda A., Koizumi T., Koyanagi K., Onaya M. You are already dead: Case report of nihilistic delusions regarding others as one representation of Cotard's syndrome. *PCN Rep* 2023; 2(2): e93.

752. Pietkiewicz I. J., Klosinska U., Tomalski R. Delusions of Possession and Religious Coping in Schizophrenia: A Qualitative Study of Four Cases. *Front Psychol* 2021; 12: 628925.

753. Hambrecht M., Kaumeier S. [Pseudo-hallucinations after long-term lithium treatment]. *Nervenarzt* 1993; 64(11): 747-9.

754. Parker G., Coroneo M. Pseudo-hallucinations are for real in some patients with a bipolar disorder. *Australas Psychiatry* 2023; 31(2): 162-4.

755. Reda G. C., Vella G. [Pseudo-hallucinations; clinical & phenomenological aspects]. *Riv Sper Freniatr Med Leg Alien Ment* 1957; 81(4): 831-81.

756. Taylor F. K. On pseudo-hallucinations. *Psychol Med* 1981; 11(2): 265-71.

757. Wearne D., Curtis G. J., Genetti A., Samuel M., Sebastian J. Where pseudo-hallucinations meet dissociation: a cluster analysis. *Australas Psychiatry* 2017; 25(4): 364-8.

758. Barahona R. Living the Non-Dream: An Examination of the Links Between Dreaming, Enactment, and Transformations in hallucinosis. *Psychoanal Q* 2020; 89(4): 689-714.

759. Futamura A., Kawamura M., Ono K. [Musical Hallucinosis]. *Brain Nerve* 2018; 70(11): 1147-56.

760. Galetta K. M., Prasad S. Historical Trends in the Diagnosis of Peduncular Hallucinosis. *J Neuroophthalmol* 2018; 38(4): 438-41.

761. Oldoini M. G. Hallucinosis and reverie: Alice's pain and its transformations in the consulting room. *Int J Psychoanal* 2018; 99(2): 334-54.

762. Cecchini M. A., Parra M. A., Brazzelli M., Logie R. H., Della Sala S. Short-term memory conjunctive binding in Alzheimer's disease: A systematic review and meta-analysis. *Neuropsychology* 2023; 37(7): 769-89.

763. Cowan N. Short-term memory based on activated long-term memory: A review in response to Norris (2017). *Psychol Bull* 2019; 145(8): 822-47.

764. Gilardone G., Longo C., Papagno C. The Role of Working Memory and Short-Term Memory in Sentence Comprehension: A Systematic Review and Meta-Analysis in Probable Alzheimer's Disease. *Neuropsychol Rev* 2024; 34(2): 530-47.

765. Malaia E., Wilbur R. B. Visual and linguistic components of short-term memory: Generalized Neural Model (GNM) for spoken and sign languages. *Cortex* 2019; 112: 69-79.

766. Manohar S. G., Pertzov Y., Husain M. Short-term memory for spatial, sequential and duration information. *Curr Opin Behav Sci* 2017; 17: 20-6.

767. Masse N. Y., Rosen M. C., Freedman D. J. Reevaluating the Role of Persistent Neural Activity in Short-Term Memory. *Trends Cogn Sci* 2020; 24(3): 242-58.

768. Nee D. E., Jonides J. Trisecting representational states in short-term memory. *Front Hum Neurosci* 2013; 7: 796.

769. Norris D. Short-term memory and long-term memory are still different. *Psychol Bull* 2017; 143(9): 992-1009.

770. Norris D., Kalm K. Chunking and data compression in verbal short-term memory. *Cognition* 2021; 208: 104534.

771. Phylactou P., Traikapi A., Papadatou-Pastou M., Konstantinou N. Sensory recruitment in visual short-term memory: A systematic review and meta-analysis of sensory visual cortex interference using transcranial magnetic stimulation. *Psychon Bull Rev* 2022; 29(5): 1594-624.

772. Ramos A. A., Machado L. A Comprehensive Meta-analysis on Short-term and Working Memory Dysfunction in Parkinson's Disease. *Neuropsychol Rev* 2021; 31(2): 288-311.

773. Wu Z., Buckley M. J. Prefrontal and Medial Temporal Lobe Cortical Contributions to Visual Short-Term Memory. *J Cogn Neurosci* 2022; 35(1): 27-43.

774. Yatziv T., Kessler Y. A two-level hierarchical framework of visual short-term memory. *J Vis* 2018; 18(9): 2.

775. Koene R. A., Hasselmo M. E. First-in-first-out item replacement in a model of short-term memory based on persistent spiking. *Cereb Cortex* 2007; 17(8): 1766-81.

776. Davelaar E. J., Goshen-Gottstein Y., Ashkenazi A., Haarmann H. J., Usher M. The demise of short-term memory revisited: empirical and computational investigations of recency effects. *Psychol Rev* 2005; 112(1): 3-42.

777. Cohen M., Grossberg S. Neural dynamics of speech and language coding: developmental programs, perceptual grouping, and competition for short-term memory. *Hum Neurobiol* 1986; 5(1): 1-22.

778. Jones G. Why Chunking Should be Considered as an Explanation for Developmental Change before Short-Term Memory Capacity and Processing Speed. *Front Psychol* 2012; 3: 167.

779. Kleinberg J., Kaufman H. Constancy in short-term memory: bits and chunks. *J Exp Psychol* 1971; 90(2): 326-33.

780. Mathy F., Feldman J. What's magic about magic numbers? Chunking and data compression in short-term memory. *Cognition* 2012; 122(3): 346-62.

781. Norris D., Kalm K., Hall J. Chunking and redintegration in verbal short-term memory. *J Exp Psychol Learn Mem Cogn* 2020; 46(5): 872-93.

782. Quinlan P. T., Cohen D. J. Grouping and binding in visual short-term memory. *J Exp Psychol Learn Mem Cogn* 2012; 38(5): 1432-8.

783. Crystal J. D. Temporal foundations of episodic memory. *Learn Behav* 2024; 52(1): 35-50.

784. Demonty M., Coppalle R., Bastin C., Geurten M. The use of distraction to improve episodic memory in ageing: A review of methods and theoretical implications. *Can J Exp Psychol* 2023; 77(2): 130-44.

785. Fan C. L., Sokolowski H. M., Rosenbaum R. S., Levine B. What about "space" is important for episodic memory? *Wiley Interdiscip Rev Cogn Sci* 2023; 14(3): e1645.

786. Madore K. P., Wagner A. D. Readiness to remember: predicting variability in episodic memory. *Trends Cogn Sci* 2022; 26(8): 707-23.

787. Mendonca A. R., Loureiro L. M., Norte C. E., Landeira-Fernández J. Episodic memory training in elderly: A systematic review. *Front Psychol* 2022; 13: 947519.

788. Nolden S., Turan G., Guler B., Gunseli E. Prediction error and event segmentation in episodic memory. *Neurosci Biobehav Rev* 2024; 157: 105533.

789. Schmid D. G., Scott N. M., Tomporowski P. D. Physical Activity and Children's Episodic Memory: A Meta-Analysis. *Pediatr Exerc Sci* 2024; 36(3): 155-69.

790. Dede A. J. O., Smith C. N. The Functional and Structural Neuroanatomy of Systems Consolidation for Autobiographical and Semantic Memory. *Curr Top Behav Neurosci* 2018; 37: 119-50.

791. Kumar A. A. Semantic memory: A review of methods, models, and current challenges. *Psychon Bull Rev* 2021; 28(1): 40-80.

792. McCarthy R. A., Warrington E. K. Past, present, and prospects: Reflections 40 years on from the selective impairment of semantic memory (Warrington, 1975). *Q J Exp Psychol (Hove)* 2016; 69(10): 1941-68.

793. Palacio N., Cardenas F. A systematic review of brain functional connectivity patterns involved in episodic and semantic memory. *Rev Neurosci* 2019; 30(8): 889-902.

794. Zannino G. D., Caltagirone C., Carlesimo G. A. The contribution of neurodegenerative diseases to the modelling of semantic memory: A new proposal and a review of the literature. *Neuropsychologia* 2015; 75: 274-90.

795. Mochizuki-Kawai H. [Neural basis of procedural memory]. *Brain Nerve* 2008; 60(7): 825-32.

796. Backhaus J., Junghanns K. Daytime naps improve procedural motor memory. *Sleep Med* 2006; 7(6): 508-12.

797. Baxter B. S., Mylonas D., Kwok K. S. *et al.* The effects of closed-loop auditory stimulation on sleep oscillatory dynamics in relation to motor procedural memory consolidation. *Sleep* 2023; 46(10).

798. Harrington D. L., Haaland K. Y., Yeo R. A., Marder E. Procedural memory in Parkinson's disease: impaired motor but not visuoperceptual learning. *J Clin Exp Neuropsychol* 1990; 12(2): 323-39.

799. Hayward W., Buch E. R., Norato G. *et al*. Procedural Motor Memory Deficits in Patients With Long-CO-VID. *Neurology* 2024; 102(3): e208073.

800. Hong J. Y., Gallanter E., Muller-Oehring E. M., Schulte T. Phases of procedural learning and memory: characterisation with perceptual-motor sequence tasks. *J Cogn Psychol (Hove)* 2019; 31(5-6): 543-58.

801. Muller N. C., Genzel L., Konrad B. N. *et al*. Motor Skills Enhance Procedural Memory Formation and Protect against Age-Related Decline. *PLoS One* 2016; 11(6): e0157770.

802. Tempel T., Frings C. Forgetting motor programmes: retrieval dynamics in procedural memory. *Memory* 2014; 22(8): 1116-25.

803. Flores A., Fullana M. A., Soriano-Mas C., Andero R. Lost in translation: how to upgrade fear memory research. *Mol Psychiatry* 2018; 23(11): 2122-32.

804. Brewin C. R., Andrews B. Creating Memories for False Autobiographical Events in Childhood: A Systematic Review. *Appl Cogn Psychol* 2017; 31(1): 2-23.

805. Jou J., Flores S. How are false memories distinguishable from true memories in the Deese-Roediger-McDermott paradigm? A review of the findings. *Psychol Res* 2013; 77(6): 671-86.

806. Muschalla B., Schonborn F. Induction of false beliefs and false memories in laboratory studies-A systematic review. *Clin Psychol Psychother* 2021; 28(5): 1194-209.

807. Gold P. E. Acetylcholine modulation of neural systems involved in learning and memory. *Neurobiol Learn Mem* 2003; 80(3): 194-210.

808. Hasselmo M. E. The role of acetylcholine in learning and memory. *Curr Opin Neurobiol* 2006; 16(6): 710-5.

809. Ardila-Ardila A., Moreno C. B., Ardila-Gómez S. E. [Scopolamine poisoning (burundanga): loss of the ability to make decisions]. *Rev Neurol* 2006; 42(2): 125-8.

810. Gomila Muñiz I., Puiguriguer Ferrando J., Quesada Redondo L. [Drug facilitated crime using burundanga: First analytical confirmation in Spain]. *Med Clin (Barc)* 2016; 147(9): 421.

811. Aggleton J. P. EPS Mid-Career Award 2006. Understanding anterograde amnesia: disconnections and hidden lesions. *Q J Exp Psychol (Hove)* 2008; 61(10): 1441-71.

812. Jaffard R., Beracochea D., Cho Y. The hippocampal-mamillary system: anterograde and retrograde amnesia. *Hippocampus* 1991; 1(3): 275-8.

813. Ji Y., Xie Y., Wang T. *et al*. Four patients with infarction in key areas of the Papez circuit, with anterograde amnesia as the main manifestation. *J Int Med Res* 2020; 48(7): 300060520939369.

814. Kaplan K., Hunsberger H. C. BenzoDiazepine-induced anterograde amnesia: detrimental side effect to novel study tool. *Front Pharmacol* 2023; 14: 1257030.

815. Brown A. S. Consolidation theory and retrograde amnesia in humans. *Psychon Bull Rev* 2002; 9(3): 403-25.

816. Jarrard L. E. Retrograde amnesia and consolidation: anatomical and lesion considerations. *Hippocampus* 2001; 11(1): 43-9.

817. Meeter M., Eijsackers E. V., Mulder J. L. Retrograde amnesia for autobiographical memories and public events in mild and moderate Alzheimer's disease. *J Clin Exp Neuropsychol* 2006; 28(6): 914-27.

818. Millin P. M., Moody E. W., Riccio D. C. Interpretations of retrograde amnesia: old problems redux. *Nat Rev Neurosci* 2001; 2(1): 68-70.

819. Squire L. R., Clark R. E., Knowlton B. J. Retrograde amnesia. *Hippocampus* 2001; 11(1): 50-5.

820. Arena J. E., Rabinstein A. A. Transient global amnesia. *Mayo Clin Proc* 2015; 90(2): 264-72.

821. Larner A. J. Transient global amnesia: Model, mechanism, hypothesis. *Cortex* 2022; 149: 137-47.

822. Liampas I., Raptopoulou M., Siokas V. *et al*. The long-term prognosis of Transient Global Amnesia: a systematic review. *Rev Neurosci* 2021; 32(5): 531-43.

823. Marazzi C., Scoditti U., Ticinesi A. *et al*. Transient global amnesia. *Acta Biomed* 2014; 85(3): 229-35.

824. Miller T. D., Butler C. R. Acute-onset amnesia: transient global amnesia and other causes. *Pract Neurol* 2022; 22(3): 201-8.

825. Spiegel D. R., Smith J., Wade R. R. *et al*. Transient global amnesia: current perspectives. *Neuropsychiatr Dis Treat* 2017; 13: 2691-703.

826. Huang H., Li R., Zhang J. A review of visual sustained attention: neural mechanisms and computational models. *PeerJ* 2023; 11: e15351.

827. Lu S., Liu M., Yin L., Yin Z., Liu X., Zheng W. The multi-modal fusion in visual question answering: a review of attention mechanisms. *PeerJ Comput Sci* 2023; 9: e1400.

828. Schwartz B. D., Tomlin H. R., Evans W. J., Ross K. V. Neurophysiologic mechanisms of attention: a selective review of early information processing in schizophrenics. *Front Biosci* 2001; 6: D120-34.

829. Lindsay G. W. Attention in Psychology, Neuroscience, and Machine Learning. *Front Comput Neurosci* 2020; 14: 29.

830. Lu Z. L. Mechanisms of attention: Psychophysics, cognitive psychology, and cognitive neuroscience. *Jpn J Psychon Sci* 2008; 27(1): 38-45.

831. Mounts J. R. From classic to current: a look back on attention research in the American Journal of Psychology. *Am J Psychol* 2012; 125(4): 423-34.

832. Posner M. I., Rothbart M. K. Fifty years integrating neurobiology and psychology to study attention. *Biol Psychol* 2023; 180: 108574.

833. Arif Y., Spooner R. K., Wiesman A. I., Embury C. M., Proskovec A. L., Wilson T. W. Modulation of attention networks serving reorientation in healthy aging. *Aging (Albany NY)* 2020; 12(13): 12582-97.

834. Bradshaw J. L., Waterfall M. L., Phillips J. G., Iansek R., Mattingley J. B., Bradshaw J. A. Re-orientation of attention in Parkinson's disease: an extension to the vibrotactile modality. *Neuropsychologia* 1993; 31(1): 51-66.

835. Georgiou-Karistianis N., Churchyard A., Chiu E., Bradshaw J. L. Reorientation of attention in Huntington disease. *Neuropsychiatry Neuropsychol Behav Neurol* 2002; 15(4): 225-31.

836. Adler J., Beutel M. E., Knebel A., Berti S., Unterrainer J., Michal M. Altered orientation of spatial attention in depersonalization disorder. *Psychiatry Res* 2014; 216(2): 230-5.

837. Bahrami B., Carmel D., Walsh V., Rees G., Lavie N. Spatial attention can modulate unconscious orientation processing. *Perception* 2008; 37(10): 1520-8.

838. Chillemi G., Calamuneri A., Quartarone A. *et al.* Endogenous orientation of visual attention in auditory space. *J Adv Res* 2019; 18: 95-100.

839. Grubb J. D., Reed C. L., Bate S., Garza J., Roberts R. J., Jr. Walking reveals trunk orientation bias for visual attention. *Percept Psychophys* 2008; 70(4): 688-96.

840. Liu T., Hou Y. Global feature-based attention to orientation. *J Vis* 2011; 11(10).

841. Baghdadi G., Towhidkhah F., Rostami R., Raza M. Response of the Pre-Oriented Goal-Directed Attention to Usual and Unusual Distractors: A Preliminary Study. *Basic Clin Neurosci* 2017; 8(2): 155-65.

842. Tanaka Y., Kume Y., Kodama A. Association between on-road driving performance test and usual walking speed or sustainable attention in the elderly; Preliminary survey. *Traffic Inj Prev* 2022; 23(1): 57-60.

843. Grewal P., Viswanathan J., Barton J. J., Lanyon L. J. Line bisection under an attentional gradient induced by simulated neglect in healthy subjects. *Neuropsychologia* 2012; 50(6): 1190-201.

844. Na D. L., Adair J. C., Choi S. H., Seo D. W., Kang Y., Heilman K. M. Ipsilesional versus contralesional neglect depends on attentional demands. *Cortex* 2000; 36(4): 455-67.

845. Nakamura K., Honda M., Okada T. *et al.* Attentional modulation of parieto-occipital cortical responses: implications for hemispatial neglect. *J Neurol Sci* 2000; 176(2): 136-43.

846. Ptak R., Fellrath J. Spatial neglect and the neural coding of attentional priority. *Neurosci Biobehav Rev* 2013; 37(4): 705-22.

847. Ricci R., Salatino A., Garbarini F. *et al.* Effects of attentional and cognitive variables on unilateral spatial neglect. *Neuropsychologia* 2016; 92: 158-66.

848. Shida K., Amimoto K., Fukata K., Osaki S., Takahashi H., Makita S. The Effect of Trunk Position on Attentional Disengagement in Unilateral Spatial Neglect. *Neurol Int* 2022; 14(4): 1036-45.

849. Kanezawa S., Narita W., Yokoi K. *et al.* Conscious Hemiasomatognosia with No Somatosensory Disturbance Other Than a Unique Problem in Tactile Localization. *Intern Med* 2021; 60(13): 2129-34.

850. Mori E. [Anosognosia and hemiasomatognosia in stroke patients with right-hemisphere damage]. *Rinsho Shinkeigaku* 1982; 22(10): 881-90.

851. Suzuki N., Amano T., Gotoh F. [Responsible lesions for conscious hemiasomatognosia]. *Rinsho Shinkeigaku* 1982; 22(6): 543-51.

852. Anosognosia for Hemiplegia and Falls After Stroke: A Prospective Correlational Study. *Rehabil Nurs* 2023; 48(1): E3-E4.

853. Acharya A. B., Sánchez-Manso J. C. Anosognosia. StatPearls. Treasure Island (FL); 2024.

854. Andrade K., Guieysse T., Medani T., Koechlin E., Pantazis D., Dubois B. The dual-path hypothesis for the emergence of anosognosia in Alzheimer's disease. *Front Neurol* 2023; 14: 1239057.

855. Barrett A. M. Spatial Neglect and Anosognosia After Right Brain Stroke. *Continuum (Minneap Minn)* 2021; 27(6): 1624-45.

856. Byrd E. M., Strang C. E., Qiao X., Loan L., Miltner R. S., Jablonski R. A. Anosognosia for Hemiplegia and Falls After Stroke: A Prospective Correlational Study. *Rehabil Nurs* 2023; 48(1): 14-22.

857. Kletenik I., Gaudet K., Prasad S., Cohen A. L., Fox M. D. Network Localization of Awareness in Visual and Motor Anosognosia. *Ann Neurol* 2023; 94(3): 434-41.

858. Brozzoli C., Dematte M. L., Pavani F., Frassinetti F., Farne A. Neglect and extinction: within and between sensory modalities. *Restor Neurol Neurosci* 2006; 24(4-6): 217-32.

859. Kluger B. M., Meador K. J., Garvan C. W., Loring D. W., Townsend D. T., Heilman K. M. A test of the mechanisms of sensory extinction to simultaneous stimulation. *Neurology* 2008; 70(18): 1644-5.

860. Bagunya J., Martínez M., Rubio F., Peres-Serra J. [Transcortical motor aphasia and motor negligence]. *Neurologia* 1986; 1(1): 39-43.

861. Dehen H., Cambier J. [Somatesthetic, visual, auditory negligence and lack of motor persistence due to a limited right hemispheric lesion]. *Nouv Presse Med* 1980; 9(4): 249.

862. Schott B., Laurent B., Mauguiere F., Chazot G. [Motor negligence in a case of right thalamic hematoma (author's transl)]. *Rev Neurol (Paris)* 1981; 137(6-7): 447-55.

863. Heilman K. M., Schwartz H. D., Watson R. T. Hypoarousal in patients with the neglect syndrome and emotional indifference. *Neurology* 1978; 28(3): 229-32.

864. Bartolomeo P. Visual neglect: getting the hemispheres to talk to each other. *Brain* 2019; 142(4): 840-2.

865. Cao L., Ye L., Xie H., Zhang Y., Song W. Neural substrates in patients with visual-spatial neglect recovering from right-hemispheric stroke. *Front Neurosci* 2022; 16: 974653.

866. Emerson R. L., García-Molina A., López Carballo J. *et al.* Visual search in unilateral spatial neglect: The effects of distractors on a dynamic visual search task. *Appl Neuropsychol Adult* 2019; 26(5): 401-10.

867. Fong K. N. K., Ting K. H., Zhang X., Yau C. S. F., Li L. S. W. The Effect of Mirror Visual Feedback on Spatial Neglect for Patients after Stroke: A Preliminary Randomized Controlled Trial. *Brain Sci* 2022; 13(1).

868. Knoppe K., Schlichting N., Schmidt-Wilcke T., Zimmermann E. Increased scene complexity during free visual exploration reveals residual unilateral neglect in recovered stroke patients. *Neuropsychologia* 2022; 177: 108400.

869. Mak J., Kocanaogullari D., Huang X. *et al.* Detection of Stroke-Induced Visual Neglect and Target Response Prediction Using Augmented Reality and Electroencephalography. *IEEE Trans Neural Syst Rehabil Eng* 2022; 30: 1840-50.

870. Ye L. L., Cao L., Xie H. X., Shan G. X., Zhang Y. M., Song W. Q. Visual-spatial neglect after right-hemisphere stroke: behavioral and electrophysiological evidence. *Chin Med J (Engl)* 2019; 132(9): 1063-70.

871. Gainotti G., D'Erme P., de Bonis C. [Clinical aspects and mechanisms of visual-spatial neglect]. *Rev Neurol (Paris)* 1989; 145(8-9): 626-34.

872. Bradbury N. A. Do I have your attention? Attention and engagement: What are they, and do I want them? *Adv Physiol Educ* 2023; 47(2): 318-25.

873. Thiessen A., Brown J., Beukelman D., Hux K. The effect of human engagement depicted in contextual photographs on the visual attention patterns of adults with traumatic brain injury. *J Commun Disord* 2017; 69: 58-71.

874. Zivony A., Lamy D. Attentional capture and engagement during the attentional blink: A "camera" metaphor of attention. *J Exp Psychol Hum Percept Perform* 2016; 42(11): 1886-902.

875. Giersch A. Saccadic Eye Movement System and Agency Disorders: Yes, They Are Related! *Biol Psychiatry Cogn Neurosci Neuroimaging* 2018; 3(2): 103-4.

876. Go H., Danckert J., Anderson B. Saccadic eye movement metrics reflect surprise and mental model updating. *Atten Percept Psychophys* 2022; 84(5): 1553-65.

877. Langer K. G., Piechowski-Jozwiak B., Bogousslavsky J. Hemineglect and Attentional Dysfunction. *Front Neurol Neurosci* 2019; 44: 89-99.

878. Ollari J. A. [Attention systems and unilateral neglect]. *Rev Neurol* 2001; 32(5): 478-83.

879. Binkofski F., Fink G. [Apraxias]. *Nervenarzt* 2005; 76(4): 493-509; quiz 10-1.

880. Geschwind N. The apraxias: neural mechanisms of disorders of learned movement. *Am Sci* 1975; 63(2): 188-95.

881. Heilman K. M., Watson R. T. The disconnection apraxias. *Cortex* 2008; 44(8): 975-82.

882. Hrbek J. [Pathophysiological interpretation and classification of apraxias]. *Cesk Neurol Neurochir* 1977; 40(1): 31-9.

883. Leiguarda R. C., Marsden C. D. Limb apraxias: higher-order disorders of sensorimotor integration. *Brain* 2000; 123 (Pt 5): 860-79.

884. Nielsen J. M. The cortical motor pattern apraxias. *Res Publ Assoc Res Nerv Ment Dis* 1948; 27 (1 vol.): 565-81.

885. Barbieri C., De Renzi E. The executive and ideational components of apraxia. *Cortex* 1988; 24(4): 535-43.

886. Buxbaum L. J. Ideational apraxia and naturalistic action. *Cogn Neuropsychol* 1998; 15(6-8): 617-43.

887. De Renzi E., Lucchelli F. Ideational apraxia. *Brain* 1988; 111 (Pt 5): 1173-85.

888. Mozaz M. J. Ideational and ideomotor apraxia: a qualitative analysis. *Behav Neurol* 1992; 5(1): 11-7.

889. Poeck K. Ideational apraxia. *J Neurol* 1983; 230(1): 1-5.

890. Iwata M., Sugishita M., Yoshida S., Toyokura Y. [Left unilateral ideo-motor apraxia due to the lesion in the posterior half of the corpus callosum (author's transl)]. *Rinsho Shinkeigaku* 1980; 20(9): 721-7.

891. Tessari A., Toraldo A., Lunardelli A., Zadini A., Rumiati R. I. STIMA: a short screening test for ideo-motor apraxia, selective for action meaning and bodily district. *Neurol Sci* 2015; 36(6): 977-84.

892. Verstichel P., Meyrignac C. [Left unilateral melokinetic apraxia and left dynamic apraxia following partial callosal infarction]. *Rev Neurol (Paris)* 2000; 156(3): 274-7.

893. Della Sala S., Francescani A., Spinnler H. Gait apraxia after bilateral supplementary motor area lesion. *J Neurol Neurosurg Psychiatry* 2002; 72(1): 77-85.

894. Mihalj M., Titlic M., Marovic A., Bulovic B., Srdelic-Mihalj S. Gait apraxia. *Bratisl Lek Listy* 2010; 111(2): 101-2.

895. Nadeau S. E. Gait apraxia: further clues to localization. *Eur Neurol* 2007; 58(3): 142-5.

896. Yanagisawa N., Ueno E., Hayashi R., Tokuda T., Takou K. [Apraxia of gait and disorders in posture and locomotion]. *Rinsho Shinkeigaku* 1993; 33(12): 1310-2.

897. Coslett H. B., Gonzales Rothi L. J., Valenstein E., Heilman K. M. Dissociations of writing and praxis: two cases in point. *Brain Lang* 1986; 28(2): 357-69.

898. Ohigashi Y., Hamanaka T., Asano K., Morimune S. [Agraphia of the left hand--its characteristics and mechanism of development]. *No To Shinkei* 1983; 35(11): 1065-72.

899. Caceres A. [Buccofacial apraxia]. *Rev Neuropsiquiatr* 1970; 33(1): 53-61.

900. Maeshima S., Truman G., Smith D. S., Dohi N., Itakura T., Komai N. Buccofacial apraxia and left cerebral haemorrhage. *Brain Inj* 1997; 11(11): 777-82.

901. Mani R. B., Levine D. N. Crossed buccofacial apraxia. *Arch Neurol* 1988; 45(5): 581-4.

902. Marti I., Moreno F., Mendioroz M., Marti Masso J. [Crossed buccofacial apraxia]. *Neurologia* 2001; 16(7): 322-4.

903. Ohigashi Y., Hamanaka T., Ohashi H. *et al.* [Heterogeneity of bucco-facial apraxia]. *Folia Psychiatr Neurol Jpn* 1980; 34(1): 35-43.

904. Liu W., Narayanan V. Ataxia with oculomotor apraxia. *Semin Pediatr Neurol* 2008; 15(4): 216-20.

905. Saghazadeh A., Hafizi S., Hosseini F., Ashrafi M. R., Rezaei N. Early-Onset Friedreich's Ataxia With Oculomotor Apraxia. *Acta Med Iran* 2017; 55(2): 128-30.

906. Sonmez H. K., Gulmez Sevim D., Gultekin M., Simsir G., Basak A. N. Ocular findings of oculomotor apraxia/ataxia type 1. *Can J Ophthalmol* 2023; 58(1): e44-c6.

907. Ferrazzano G., Muroni A., Conte A. *et al.* Development of a Clinical Rating Scale for the Severity of Apraxia of Eyelid Opening, Either Isolated or Associated with Blepharospasm. *Mov Disord Clin Pract* 2020; 7(8): 950-4.

908. Hopfing L., Bologna M., Berardelli A., Fasano A. Functional eyelid opening apraxia: a kinematic study. *Eur J Neurol* 2018; 25(8): e95-e7.

909. Tawfik H. A., Dutton J. J. Debunking the Puzzle of Eyelid Apraxia: The Muscle of Riolan Hypothesis. *Ophthalmic Plast Reconstr Surg* 2023; 39(3): 211-20.

910. Lakke J. P. Axial apraxia in Parkinson's disease. *J Neurol Sci* 1985; 69(1-2): 37-46.

911. Lakke J. P., van Weerden T. W., Staal-Schreinemachers A. Axial apraxia, a distinct phenomenon. *Clin Neurol Neurosurg* 1984; 86(4): 291-4.

912. Argenta G., Rizzo P. A. [Dressing Apraxia: Clinical Contribution]. *Riv Neurol* 1964; 34: 514-23.

913. Hayakawa Y., Suzuki K., Fujii T., Yamadori A. [A case with dressing apraxia]. *No To Shinkei* 1996; 49(2): 171-5.

914. Hecaen H., de A. J. [Clinical and anatomical problem of an apraxia of dressing]. *Sist Nerv* 1951; 3(1): 1-18.

915. Ohara S. Dressing and constructional apraxia in a patient with dentato-rubro-pallido-luysian atrophy. *J Neurol* 2001; 248(12): 1106-8.

916. Yamazaki K., Hirata K., Mimuro I., Kaitoh Y. A case of dressing apraxia: contributory factor to dressing apraxia. *J Neurol* 2001; 248(3): 235-6.

917. Bourqui M., Lancheros M., Assal F., Laganaro M. The encoding of speech modes in motor speech disorders: whispered versus normal speech in apraxia of speech and hypokinetic dysarthria. *Clin Linguist Phon* 2024: 1-22.

918. Costa B. M., Brescancini C. R., Ortiz K. Z. Assessment protocol for acquired apraxia of speech. *Codas* 2023; 36(1): e20220251.

919. Melle N., Gallego C., Lahoz-Bengoechea J. M., Nieva S. Differential spectral characteristics of the Spanish fricative /s/ in the articulation of individuals with dysarthria and apraxia of speech. *J Commun Disord* 2024; 109: 106428.

920. Murray E., Velleman S., Preston J. L., Heard R., Shibu A., McCabe P. The Reliability of Expert Diagnosis of Childhood Apraxia of Speech. *J Speech Lang Hear Res* 2023: 1-18.

921. Jeannerod M. Motor cognition what actions tell the self. Oxford: Oxford University Press; 2006.

922. Nielsen T. I., Praetorius N., Kuschel R. Volitional aspects of voice performance: an experimental approach. *Scand J Psychol* 1965; 6(3): 201-8.

923. Censor N., Harris H., Sagi D. A dissociation between consolidated perceptual learning and sensory adaptation in vision. *Sci Rep* 2016; 6: 38819.

924. Ramachandran V. S., Brang D., McGeoch P. D. Dynamic reorganization of referred sensations by movements of phantom limbs. *Neuroreport* 2010; 21(10): 727-30.

925. Ramachandran V. S., Hirstein W. The perception of phantom limbs. The D. O. Hebb lecture. *Brain* 1998; 121 (Pt 9): 1603-30.

926. Ramachandran V. S., Rogers-Ramachandran D. Synaesthesia in phantom limbs induced with mirrors. *Proc Biol Sci* 1996; 263(1369): 377-86.

927. Ramachandran V. S., Rogers-Ramachandran D. Phantom limbs and neural plasticity. *Arch Neurol* 2000; 57(3): 317-20.

928. Wegner D. M. The illusion of conscious will. New edition ed. Cambridge, Massachusetts: MIT Press; 2017.

929. Fourneret P., Jeannerod M. Limited conscious monitoring of motor performance in normal subjects. *Neuropsychologia* 1998; 36(11): 1133-40.

930. Daprati E., Franck N., Georgieff N. *et al.* Looking for the agent: an investigation into consciousness of action and self-consciousness in schizophrenic patients. *Cognition* 1997; 65(1): 71-86.

931. Blakemore S. J., Wolpert D. M., Frith C. D. Abnormalities in the awareness of action. *Trends Cogn Sci* 2002; 6(6): 237-42.

932. Akita S., Akiyama T., Mimura M. [Somatoparaphrenia]. *Brain Nerve* 2017; 69(6): 629-38.

933. D'Imperio D., Tomelleri G., Moretto G., Moro V. Modulation of somatoparaphrenia following left-hemisphere damage. *Neurocase* 2017; 23(2): 162-70.

934. Feinberg T. E., Venneri A. Somatoparaphrenia: evolving theories and concepts. *Cortex* 2014; 61: 74-80.

935. Gandola M., Invernizzi P., Sedda A. *et al.* An anatomical account of somatoparaphrenia. *Cortex* 2012; 48(9): 1165-78.

936. Blanke O., Arzy S., Landis T. Illusory reduplications of the human body and self. *Handb Clin Neurol* 2008; 88: 429-58.

937. Critchley M. Observations on anosodiaphoria. *Encephale* 1957; 46(5-6): 540-6.

938. Matsumine H., Shimizu T., Sato K., Mizuno Y. [Anosognosia, 2)anosodiaphoria]. *No To Shinkei* 1995; 47(12): 1196-7.

939. Prigatano G. P. Denial, anosodiaphoria, and emotional reactivity in anosognosia. *Cogn Neurosci* 2013; 4(3-4): 201-2.

940. Rodríguez G., Azariah A., Ritter A. M. *et al.* Generalized anosognosia, anosodiaphoria, and visual hallucinations with bilateral enucleation after severe bifrontal brain injury: a case report describing similarities with and differences from Anton syndrome. *Neurol Sci* 2024; 45(6): 2769-74.

941. Saring W., Prosiegel M., von Cramon D. [Anosognosia and anosodiaphoria in brain-damaged patients]. *Nervenarzt* 1988; 59(3): 129-37.

942. Smith A. J., Campbell R. W., Harrison P. K., Harrison D. W. Functional cerebral space theory: Towards an integration of theory and mechanisms of left hemineglect, anosognosia, and anosodiaphoria. *NeuroRehabilitation* 2016; 38(2): 147-54.

943. Delgado M. G., Bogousslavsky J. Misoplegia. *Front Neurol Neurosci* 2018; 41: 23-7.

944. Loetscher T., Regard M., Brugger P. Misoplegia: a review of the literature and a case without hemiplegia. *J Neurol Neurosurg Psychiatry* 2006; 77(9): 1099-100.

945. Pearce J. M. Misoplegia. *Eur Neurol* 2007; 57(1): 62-4.

946. Critchley M. Personification of paralysed limbs in hemiplegics. *Br Med J* 1955; 2(4934): 284-6.

947. Obayashi M., Tanaka S., Komachi H. [A woman case of presenting personification of paralytic upper limb after right thalamic hemorrhage]. *Nihon Naika Gakkai Zasshi* 2008; 97(1): 153-4.

948. Shimazaki T. [Personification; a psychopathological study of the feeling of nature]. *Confin Psychiatr* 1958; 1(4): 249-68.

949. Berend D., Dolev S., Frenkel S., Hanemann A. Towards holographic "brain" memory based on randomization and Walsh-Hadamard transformation. *Neural Netw* 2016; 77: 87-94.

950. Knight G. R. Holographic associative memory and processor. *Appl Opt* 1975; 14(5): 1088-92.

951. Muroi T., Katano Y., Kinoshita N., Ishii N. Dual-page reproduction to increase the data transfer rate in holographic memory. *Opt Lett* 2017; 42(12): 2287-90.

952. Shats V. [Memory circuits--holographic aspects]. *Harefuah* 1999; 137(11): 550-4.

953. Shimobaba T., Kuwata N., Homma M. *et al.* Convolutional neural network-based data page classification for holographic memory. *Appl Opt* 2017; 56(26): 7327-30.

954. Wess O., Roder U. A holographic model for associative memory chains. *Biol Cybern* 1977; 27(2): 89-98.

955. Gazzaniga M. S., Bogen J. E., Sperry R. W. Some functional effects of sectioning the cerebral commissures in man. *Proc Natl Acad Sci U S A* 1962; 48(10): 1765-9.

956. Gazzaniga M. S., Bogen J. E., Sperry R. W. Observations on visual perception after disconnexion of the cerebral hemispheres in man. *Brain* 1965; 88(2): 221-36.

957. Gazzaniga M. S., Bogen J. E., Sperry R. W. Dyspraxia following division of the cerebral commissures. *Arch Neurol* 1967; 16(6): 606-12.

958. Gazzaniga M. S., Sperry R. W. Language after section of the cerebral commissures. *Brain* 1967; 90(1): 131-48.

959. Gazzaniga M. S., LeDoux J. E. The integrated mind. New York: Plenum Press; 1978.

960. Ledoux J. E., Risse G. L., Springer S. P., Wilson D. H., Gazzaniga M. S. Cognition and commissurotomy. *Brain* 1977; 100 Pt 1: 87-104.

961. LeDoux J. E., Smylie C. S., Ruff R., Gazzaniga M. S. Left hemisphere visual processes in a case of right hemisphere symptomatology. Implications for theories of cerebral lateralization. *Arch Neurol* 1980; 37(3): 157-9.

962. LeDoux J. E., Wilson D. H., Gazzaniga M. S. Block design performance following callosal sectioning. Observations on functional recovery. *Arch Neurol* 1978; 35(8): 506-8.

963. Fuchs T., Broschmann D. [Disorders of the will in psychopathology]. *Nervenarzt* 2017; 88(11): 1252-8.

964. Hesse W. [Motivation, volition, and ambivalence: A contribution to understanding of long-term impairments among schizophrenic patients]. *Fortschr Neurol Psychiatr* 2001; 69(9): 410-6.

965. Preckel K., Scheele D., Eckstein M., Maier W., Hurlemann R. The influence of oxytocin on volitional and emotional ambivalence. *Soc Cogn Affect Neurosci* 2015; 10(7): 987-93.

966. Deuel R. K., Doar B. P. Developmental manual dyspraxia: a lesson in mind and brain. *J Child Neurol* 1992; 7(1): 99-103.

967. Altiparmak T., Genis B., Cosar B. Paroxysmal Alien Hand Syndrome: Case Report and Literature Review. *J Clin Neurol* 2022; 18(2): 250-2.

968. Gharehbagh S. S., Itani M. [Alien hand syndrome is a rare symptom of stroke]. *Ugeskr Laeger* 2021; 183(6).

969. Le K., Zhang C., Greisman L. Alien hand syndrome - a rare presentation of stroke. *J Community Hosp Intern Med Perspect* 2020; 10(2): 149-50.

970. Pradhan A., Reddy A. J., Rajendran A., Nawathey N., Bachir M., Brahmbhatt H. An Investigation on the Preconditions and Diagnosis Methods for Alien Hand Syndrome. *Cureus* 2022; 14(2): e22381.

971. Wan Yusoff W. R., Hanafi M. H., Ibrahim A. H., Kassim N. K., Suhaimi A. Unilateral neglect or alien hand syndrome? A diagnostic challenge. *J Taibah Univ Med Sci* 2021; 16(2): 288-91.

972. Grabe H. J., Moller B., Willert C., Spitzer C., Rizos T., Freyberger H. J. Interhemispheric transfer in alexithymia: a transcallosal inhibition study. *Psychother Psychosom* 2004; 73(2): 117-23.

973. Larsen J. K., Brand N., Bermond B., Hijman R. Cognitive and emotional characteristics of alexithymia: a review of neurobiological studies. *J Psychosom Res* 2003; 54(6): 533-41.

974. Merriam A. E., Wyszynski B. Interhemispheric transfer deficit in alexithymia. *Am J Psychiatry* 1990; 147(7): 955-6.

975. Richter J., Moller B., Spitzer C. *et al.* Transcallosal inhibition in patients with and without alexithymia. *Neuropsychobiology* 2006; 53(2): 101-7.

976. TenHouten W. D., Hoppe K. D., Bogen J. E., Walter D. O. Alexithymia and the split brain. II. Sentential-level content analysis. *Psychother Psychosom* 1985; 44(1): 1-5.

977. TenHouten W. D., Seifer M. J., Siegel P. C. Alexithymia and the split brain: VII. Evidence from graphologic signs. *Psychiatr Clin North Am* 1988; 11(3): 331-8.

978. TenHouten W. D., Walter D. O., Hoppe K. D., Bogen J. E. Alexithymia and the split brain. V. EEG alpha-band interhemispheric coherence analysis. *Psychother Psychosom* 1987; 47(1): 1-10.

979. TenHouten W. D., Walter D. O., Hoppe K. D., Bogen J. E. Alexithymia and the split brain: VI. Electroencephalographic correlates of alexithymia. *Psychiatr Clin North Am* 1988; 11(3): 317-29.

980. Dennett D. C. Consciousness explained. Boston: Little Brown; 1991.

981. Chadzynska M., Osuchowska-Koscijanska A., Bednarek A. [The perception of authorship in schizophrenia - the analysis of activity patterns in autonarrations]. *Psychiatr Pol* 2014; 48(6): 1225-35.

982. Mirucka B. The sense of body ownership in schizophrenia: research in the rubber hand illusion paradigm. *Psychiatr Pol* 2016; 50(4): 731-40.

983. Prikken M., van der Weiden A., Baalbergen H. *et al.* Multisensory integration underlying body-ownership experiences in schizophrenia and offspring of patients: a study using the rubber hand illusion paradigm. *J Psychiatry Neurosci* 2019; 44(3): 177-84.

984. Franck N., Farrer C., Georgieff N. *et al.* Defective recognition of one's own actions in patients with schizophrenia. *Am J Psychiatry* 2001; 158(3): 454-9.

985. Abraham W. C., Jones O. D., Glanzman D. L. Is plasticity of synapses the mechanism of long-term memory storage? *NPJ Sci Learn* 2019; 4: 9.

986. Cotton K., Ricker T. J. Examining the relationship between working memory consolidation and long-term consolidation. *Psychon Bull Rev* 2022; 29(5): 1625-48.

987. Hebscher M., Wing E., Ryan J., Gilboa A. Rapid Cortical Plasticity Supports Long-Term Memory Formation. *Trends Cogn Sci* 2019; 23(12): 989-1002.

988. Klier C., Buratto L. G. Stress and long-term memory retrieval: a systematic review. *Trends Psychiatry Psychother* 2020; 42(3): 284-91.

989. Pastotter B., Tempel T., Bauml K. T. Long-Term Memory Updating: The Reset-of-Encoding Hypothesis in List-Method Directed Forgetting. *Front Psychol* 2017; 8: 2076.

990. Slotnick S. D. The hippocampus and long-term memory. *Cogn Neurosci* 2022; 13(3-4): 113-4.

991. B J. M. B., Persaud M. R., Smith D., Kapczinski F. P., Frey B. N. Explicit emotional memory biases in mood disorders: A systematic review. *Psychiatry Res* 2019; 278: 162-72.

992. Berry C. J., Shanks D. R., Henson R. N. A unitary signal-detection model of implicit and explicit memory. *Trends Cogn Sci* 2008; 12(10): 367-73.

993. Engelkamp J., Wippich W. Current issues in implicit and explicit memory. *Psychol Res* 1995; 57(3-4): 143-55.

994. Tucker D. M., Luu P., Johnson M. Neurophysiological mechanisms of implicit and explicit memory in the process of consciousness. *J Neurophysiol* 2022; 128(4): 872-91.

995. Voss J. L., Paller K. A. Brain substrates of implicit and explicit memory: the importance of concurrently acquired neural signals of both memory types. *Neuropsychologia* 2008; 46(13): 3021-9.

996. Ettlinger M., Margulis E. H., Wong P. C. Implicit memory in music and language. *Front Psychol* 2011; 2: 211.

997. Loprinzi P. D., Edwards M. K. Exercise and Implicit Memory: A Brief Systematic Review. *Psychol Rep* 2018; 121(6): 1072-85.

998. Reber P. J. The neural basis of implicit learning and memory: a review of neuropsychological and neuroimaging research. *Neuropsychologia* 2013; 51(10): 2026-42.

999. Spataro P., Saraulli D., Cestari V., Costanzi M., Sciarretta A., Rossi-Arnaud C. Implicit memory in schizophrenia: a meta-analysis. *Compr Psychiatry* 2016; 69: 136-44.

1000. Ward E. V., Berry C. J., Shanks D. R. Age effects on explicit and implicit memory. *Front Psychol* 2013; 4: 639.

1001. Bevandic J., Chareyron L. J., Bachevalier J. *et al.* Episodic memory development: Bridging animal and human research. *Neuron* 2024; 112(7): 1060-80.

1002. Kwok S. C., Xu X., Duan W. *et al.* Autobiographical and episodic memory deficits in schizophrenia: A narrative review and proposed agenda for research. *Clin Psychol Rev* 2021; 83: 101956.

1003. Muehlroth B. E., Rasch B., Werkle-Bergner M. Episodic memory consolidation during sleep in healthy aging. *Sleep Med Rev* 2020; 52: 101304.

1004. Smith S. A. Virtual reality in episodic memory research: A review. *Psychon Bull Rev* 2019; 26(4): 1213-37.

1005. Sugar J., Moser M. B. Episodic memory: Neuronal codes for what, where, and when. *Hippocampus* 2019; 29(12): 1190-205.

1006. Grilli M. D., Verfaellie M. Personal semantic memory: insights from neuropsychological research on amnesia. *Neuropsychologia* 2014; 61: 56-64.

1007. Reilly J., Peelle J. E., García A., Crutch S. J. Linking somatic and symbolic representation in semantic memory: the dynamic multilevel reactivation framework. *Psychon Bull Rev* 2016; 23(4): 1002-14.

1008. Gatus A., Jamieson G., Stevenson B. Past and Future Explanations for Depersonalization and Derealization Disorder: A Role for Predictive Coding. *Front Hum Neurosci* 2022; 16: 744487.

1009. Michal M., Beutel M. E. [Depersonalisation/derealization - clinical picture, diagnostics and therapy]. *Z Psychosom Med Psychother* 2009; 55(2): 113-40.

1010. Miyasato K., Kanai S., Osumi M. [Depersonalization-derealization syndrome]. *Ryoikibetsu Shokogun Shirizu* 2003; (38): 599-603.

1011. Wang S., Zheng S., Zhang X. *et al.* The Treatment of Depersonalization-Derealization Disorder: A Systematic Review. *J Trauma Dissociation* 2024; 25(1): 6-29.

1012. Yang J., Millman L. S. M., David A. S., Hunter E. C. M. The Prevalence of Depersonalization-Derealization Disorder: A Systematic Review. *J Trauma Dissociation* 2023; 24(1): 8-41.

1013. Bak R., Tumu P., Hui C., Kay D., Burnett J., Peng D. A review of delusions of parasitosis, part 1: presentation and diagnosis. *Cutis* 2008; 82(2): 123-30.

1014. Edlich R. F., Cross C. L., Wack C. A., Long W. B., 3rd. Delusions of parasitosis. *Am J Emerg Med* 2009; 27(8): 997-9.

1015. Hylwa S. A., Bury J. E., Davis M. D., Pittelkow M., Bostwick J. M. Delusional infestation, including delusions of parasitosis: results of histologic examination of skin biopsy and patient-provided skin specimens. *Arch Dermatol* 2011; 147(9): 1041-5.

1016. Lee C. S. Delusions of parasitosis. *Dermatol Ther* 2008; 21(1): 2-7.

1017. Sandoz A., LoPiccolo M., Kusnir D., Tausk F. A. A clinical paradigm of delusions of parasitosis. *J Am Acad Dermatol* 2008; 59(4): 698-704.

1018. Verdoux H., Bourgeois M. A partial form of lycanthropy with hair delusion in a manic-depressive patient. *Br J Psychiatry* 1993; 163: 684-6.

1019. Benezech M., Chapenoire S. Lycanthropy: wolf-men and werewolves. *Acta Psychiatr Scand* 2005; 111(1): 79; author reply

1020. Garlipp P., Godecke-Koch T., Dietrich D. E., Haltenhof H. Lycanthropy--psychopathological and psychodynamical aspects. *Acta Psychiatr Scand* 2004; 109(1): 19-22.

1021. Silva J. A., Leong G. B. Lycanthropy and delusional misidentification. *Acta Psychiatr Scand* 2005; 111(2): 162; author reply

1022. Delgado M. G., Bogousslavsky J. De Clerambault Syndrome, Othello Syndrome, Folie a Deux and Variants. *Front Neurol Neurosci* 2018; 42: 44-50.

1023. Dikaia V. I. [Clinico-psychopathologic varieties of the acute Kandinsky-Clerambault syndrome in schizophrenia]. *Zh Nevropatol Psikhiatr Im S S Korsakova* 1985; 85(8): 1200-6.

1024. Marchais P. [Structure of mental disorders and diagnostic criteria. On Clerambault syndrome]. *Ann Med Psychol (Paris)* 1996; 154(2): 126-30; discussion 30-1.

1025. Panteleeva G. P. [Clinico-diagnostic evaluation of acute delirious syndromes in schizophrenia]. *Zh Nevropatol Psikhiatr Im S S Korsakova* 1989; 89(1): 63-8.

1026. Cote I. Current perspectives on multiple personality disorder. *Hosp Community Psychiatry* 1994; 45(8): 827-9.

1027. Hocke V., Schmidtke A. ["Multiple personality disorder" in childhood and adolescence]. *Z Kinder Jugendpsychiatr Psychother* 1998; 26(4): 273-84.

1028. Horiguchi T. [Multiple personality disorder(dissociative identity disorder)]. *Ryoikibetsu Shokogun Shirizu* 2003; (38): 523-7.

1029. Marmer S. S., Fink D. Rethinking the comparison of borderline personality disorder and multiple personality disorder. *Psychiatr Clin North Am* 1994; 17(4): 743-71.

1030. Murray J. B. Dimensions of multiple personality disorder. *J Genet Psychol* 1994; 155(2): 233-46.

1031. Piper A., Jr. Multiple personality disorder. *Br J Psychiatry* 1994; 164(5): 600-12.

1032. Salama A. A. Multiple personality disorder. *J Med Assoc Ga* 1995; 84(2): 75-9.

1033. Saxena M., Tote S., Sapkale B. Multiple Personality Disorder or Dissociative Identity Disorder: Etiology, Diagnosis, and Management. *Cureus* 2023; 15(11): e49057.

1034. Stankiewicz S., Golczynska M. [Dispute over the multiple personality disorder: theoretical or practical dilemma?]. *Psychiatr Pol* 2006; 40(2): 233-43.

1035. Aguera Ortiz L. F. [Capgras syndrome or delirium of doubles. Presentation of a new case]. *Actas Luso Esp Neurol Psiquiatr Cienc Afines* 1990; 18(6): 349-53.

1036. Mi Y., Qin Q., Xing Y., Tang Y. Capgras Syndrome as the Core Manifestation of Early-Onset Alzheimer's Disease. *J Alzheimers Dis* 2022; 87(1): 155-60.

1037. Shah K. P., Jain S. B., Wadhwa R. Capgras Syndrome. StatPearls. Treasure Island (FL); 2024.

1038. Sharawat I. K., Panda P. K., Gupta R. Pediatric Acute-Onset Neuropsychiatric Syndrome with Capgras Syndrome. *Ann Indian Acad Neurol* 2021; 24(4): 600-1.

1039. von Siebenthal A., Descloux V., Borgognon C., Massardi T., Zumbach S. Evolution of Capgras syndrome in neurodegenerative disease: the multiplication phenomenon. *Neurocase* 2021; 27(2): 160-4.

1040. Walfisch R., Danieli P. P., Mosheva M., Hochberg Y., Shilton T., Gothelf D. Capgras syndrome in children and adolescents: A systematic review. *Gen Hosp Psychiatry* 2024; 89: 32-40.

1041. Mojtabai R. Fregoli syndrome. *Aust N Z J Psychiatry* 1994; 28(3): 458-62.

1042. Teixeira-Dias M., Dadwal A. K., Bell V., Blackman G. Neuropsychiatric Features of Fregoli Syndrome: An Individual Patient Meta-Analysis. *J Neuropsychiatry Clin Neurosci* 2023; 35(2): 171-7.

1043. Ardila A., Bernal B., Rosselli M. Should Broca's area include Brodmann area 47? *Psicothema* 2017; 29(1): 73-7.

1044. Berent I., Pan H., Zhao X. *et al.* Language universals engage Broca's area. *PLoS One* 2014; 9(4): e95155.

1045. Bohsali A. A., Triplett W., Sudhyadhom A. *et al.* Broca's area - thalamic connectivity. *Brain Lang* 2015; 141: 80-8.

1046. Brown S., Yuan Y. Broca's area is jointly activated during speech and gesture production. *Neuroreport* 2018; 29(14): 1214-6.

1047. Caplan D. Why is Broca's area involved in syntax? *Cortex* 2006; 42(4): 469-71.

1048. Carreiras M., Pattamadilok C., Meseguer E., Barber H., Devlin JT. Broca's area plays a causal role in morphosyntactic processing. *Neuropsychologia* 2012; 50(5): 816-20.

1049. Costantini I., Morgan L., Yang J. *et al.* A cellular resolution atlas of Broca's area. *Sci Adv* 2023; 9(41): eadg3844.

1050. Fadiga L., Craighero L., D'Ausilio A. Broca's area in language, action, and music. *Ann N Y Acad Sci* 2009; 1169: 448-58.

1051. Fazio P., Cantagallo A., Craighero L. *et al.* Encoding of human action in Broca's area. *Brain* 2009; 132(Pt 7): 1980-8.

1052. Fedorenko E., Blank I. A. Broca's Area Is Not a Natural Kind. *Trends Cogn Sci* 2020; 24(4): 270-84.

1053. Hecaen H., Consoli S. [Analysis of language disorders in lesions of Broca's area]. *Neuropsychologia* 1973; 11(4): 377-88.

1054. Heim S., Opitz B., Friederici A. D. Broca's area in the human brain is involved in the selection of grammatical gender for language production: evidence from event-related functional magnetic resonance imaging. *Neurosci Lett* 2002; 328(2): 101-4.

1055. Hickok G., Rogalsky C. What does Broca's area activation to sentences reflect? *J Cogn Neurosci* 2011; 23(10): 2629-31; discussion 32-5.

1056. Kuhn S., Brass M., Gallinat J. Imitation and speech: commonalities within Broca's area. *Brain Struct Funct* 2013; 218(6): 1419-27.

1057. Kunert R., Willems R. M., Casasanto D., Patel A. D., Hagoort P. Music and Language Syntax Interact in Broca's Area: An fMRI Study. *PLoS One* 2015; 10(11): e0141069.

1058. Lindenberg R., Fangerau H., Seitz R. J. "Broca's area" as a collective term? *Brain Lang* 2007; 102(1): 22-9.

1059. Musso M., Moro A., Glauche V. *et al.* Broca's area and the language instinct. *Nat Neurosci* 2003; 6(7): 774-81.

1060. Watt D. F. Broca's aphasias and area 44. *J Neuropsychiatry Clin Neurosci* 1993; 5(2): 221-2.

1061. Ahmad A., Jagdhane N., Ademmer K., Choudhari K. Carl Wernicke of the Wernicke Area: A Historical Review. *World Neurosurg* 2024; 185: 225-33.

1062. Binder J. R. The Wernicke area: Modern evidence and a reinterpretation. *Neurology* 2015; 85(24): 2170-5.

1063. Binder J. R. Current Controversies on Wernicke's Area and its Role in Language. *Curr Neurol Neurosci Rep* 2017; 17(8): 58.

1064. DeWitt I., Rauschecker J. P. Wernicke's area revisited: parallel streams and word processing. *Brain Lang* 2013; 127(2): 181-91.

1065. Hill H., Mirazon Lahr M., Beaudet A. Brain evolution and language: A comparative 3D analysis of Wernicke's area in extant and fossil hominids. *Prog Brain Res* 2023; 275: 117-42.

1066. Hrbek J. [A criticism of the century-old dogma attributing a leading role in speech to the auditory apparatus. Wernicke's center is nonexistent. The central integrator of speech and all semiotic systems in the proprioceptive logasthetic section of the area supramarginalis in the dominant hemisphere]. *Cesk Neurol Neurochir* 1976; 39(5): 233-49.

1067. Javed K., Reddy V., Das J. M., Wroten M. Neuroanatomy, Wernicke Area. StatPearls. Treasure Island (FL); 2024.

1068. Selnes O. A., Knopman D. S., Niccum N., Rubens A. B. The critical role of Wernicke's area in sentence repetition. *Ann Neurol* 1985; 17(6): 549-57.

1069. Wise R. J., Scott S. K., Blank S. C., Mummery C. J., Murphy K., Warburton E. A. Separate neural subsystems within 'Wernicke's area'. *Brain* 2001; 124(Pt 1): 83-95.

1070. Barton J. J., Rubino C., Albonico A., Jackson M., Davies-Thompson J. Right hemi-alexia. *Cortex* 2022; 157: 288-303.

1071. Bhat D. I., Santosh Kumar S. A., Pai S. S., Chandramouli B. A. Alexia Without Agraphia: Can Write But Not Read! *Neurol India* 2022; 70(5): 2231-42.

1072. Levy D. F., Silva A. B., Scott T. L. *et al.* Apraxia of speech with phonological alexia and agraphia following resection of the left middle precentral gyrus: illustrative case. *J Neurosurg Case Lessons* 2023; 5(13).

1073. Starrfelt R., Woodhead Z. Reading and alexia. *Handb Clin Neurol* 2021; 178: 213-32.

1074. González R., Rojas M., Ardila A. Alexia and agraphia in Spanish. *Int J Lang Commun Disord* 2020; 55(6): 875-83.

1075. Henderson V. W. Alexia and Agraphia from 1861 to 1965. *Front Neurol Neurosci* 2019; 44: 39-52.

1076. Kurosaki Y., Hashimoto R., Tatsumi H., Hadano K. Pure agraphia after infarction in the superior and middle portions of the left precentral gyrus: Dissociation between Kanji and Kana. *J Clin Neurosci* 2016; 26: 150-2.

1077. Salazar-Orellana J. L. I., Prado-Miranda G., Maldonado-Ortiz A. Agraphia: Presenting Feature of Syndrome of Transient Headache and Neurological Deficits With Cerebrospinal Fluid Lymphocytosis (HaNDL). *Cureus* 2021; 13(2): e13178.

1078. Tiu J. B., Carter A. R. Agraphia. StatPearls. Treasure Island (FL); 2024.

1079. Beeke S., Wilkinson R., Maxim J. Prosody as a compensatory strategy in the conversations of people with agrammatism. *Clin Linguist Phon* 2009; 23(2): 133-55.

1080. Schonberger E., Heim S., Meffert E. *et al.* The neural correlates of agrammatism: Evidence from aphasic and healthy speakers performing an overt picture description task. *Front Psychol* 2014; 5: 246.

1081. Thompson C. K., Cho S., Hsu C. J. *et al.* Dissociations Between Fluency And Agrammatism In Primary Progressive Aphasia. *Aphasiology* 2012; 26(1): 20-43.

1082. Chandregowda A., Duffy J. R., Machulda M. M., Lowe V. J., Whitwell J. L., Josephs K. A. Dynamic aphasia with emerging agrammatism, anomia, and aberrant frontal behaviors in a case of atypical parkinsonism. *Neurol Clin Neurosci* 2022; 10(5): 262-5.

1083. Kristensson J., Longoni F., Ostberg P., Rodseth Smith S., Ake S., Saldert C. Anomia in left hemisphere stroke, multiple sclerosis and Parkinson's disease - a comparative study. *Disabil Rehabil* 2024; 46(11): 2294-316.

1084. Moretta P., Trojano L. Voice-specific proper name anomia ('phonoanomia') after bilateral temporal hemorrhagic brain lesions. *Cortex* 2022; 148: 89-98.

1085. Simic T., Desjardins M. E., Courson M., Bedetti C., Houze B., Brambati S. M. Treatment-induced neuroplasticity after anomia therapy in post-stroke aphasia: A systematic review of neuroimaging studies. *Brain Lang* 2023; 244: 105300.

1086. Holloman A. L., Drummond S. S. Perceptual and acoustical analyses of phonemic paraphasias in nonfluent and fluent dysphasia. *J Commun Disord* 1991; 24(4): 301-12.

1087. Kurowski K., Blumstein S. E. Phonetic basis of phonemic paraphasias in aphasia: Evidence for cascading activation. *Cortex* 2016; 75: 193-203.

1088. Lecours A. R., Lhermitte F. Phonemic paraphasias: linguistic structures and tentative hypothesis. *Cortex* 1969; 5(3): 193-228.

1089. Nelson M. J., Moeller S., Basu A. *et al.* Taxonomic Interference Associated with Phonemic Paraphasias in Agrammatic Primary Progressive Aphasia. *Cereb Cortex* 2020; 30(4): 2529-41.

1090. Roch Lecours A., Lhermitte F. [Research on the language of aphasic patients. 4. Analysis of a corpus of neologisms; concept of monemic paraphasia]. *Encephale* 1972; 61(4): 295-315.

1091. Christman S. S. Target-related neologism formation in jargonaphasia. *Brain Lang* 1994; 46(1): 109-28.

1092. Giovannetti T., Hopkins M. W., Crawford J., Bettcher B. M., Schmidt K. S., Libon D. J. Syntactic comprehension deficits are associated with MRI white matter alterations in dementia. *J Int Neuropsychol Soc* 2008; 14(4): 542-51.

1093. Routier A., Habert M. O., Bertrand A. *et al.* Structural, Microstructural, and Metabolic Alterations in Primary Progressive Aphasia Variants. *Front Neurol* 2018; 9: 766.

1094. Devi A., Kavya G. Dysgraphia disorder forecasting and classification technique using intelligent deep learning approaches. *Prog Neuropsychopharmacol Biol Psychiatry* 2023; 120: 110647.

1095. G S. A., Ponniah RJ. The Modularity of Dysgraphia. *J Psycholinguist Res* 2023; 52(6): 2903-17.

1096. Afshangian F., Wellington J., Pashmoforoosh R. *et al.* The impact of visual and motor skills on ideational apraxia and transcortical sensory aphasia. *Appl Neuropsychol Adult* 2023: 1-11.

1097. Boatman D., Gordon B., Hart J., Selnes O., Miglioretti D., Lenz F. Transcortical sensory aphasia: revisited and revised. *Brain* 2000; 123 (Pt 8): 1634-42.

1098. Byeon H., Koh H. W. Health science students' perceptions of motor and sensory aphasia caused by stroke. *J Phys Ther Sci* 2016; 28(6): 1772-4.

1099. Gao S. R. [Transcortical sensory aphasia]. *Zhonghua Shen Jing Jing Shen Ke Za Zhi* 1988; 21(4): 208-11, 54.

1100. Kwon M., Shim W. H., Kim S. J., Kim J. S. Transcortical Sensory Aphasia after Left Frontal Lobe Infarction: Loss of Functional Connectivity. *Eur Neurol* 2017; 78(1-2): 15-21.

1101. Nishio S., Takemura N., Ikai Y., Baba T. Sensory aphasia after closed head injury. *J Clin Neurosci* 2004; 11(4): 442-4.

1102. Otsuki M., Soma Y., Koyama A., Yoshimura N., Furukawa H., Tsuji S. Transcortical sensory aphasia following left frontal infarction. *J Neurol* 1998; 245(2): 69-76.

1103. Peskine A., Galland A., Chounlamountry A. W., Pradat-Diehl P. [Sensory syndrome and aphasia after left insular infarct]. *Rev Neurol (Paris)* 2008; 164(5): 459-62.

1104. Aronoff M., Meir I., Padden C., Sandler W. The Roots of Linguistic Organization in a New Language. *Interact Stud* 2008; 9(1): 133-53.

1105. Huybregts M. Phonemic clicks and the mapping asymmetry: How language emerged and speech developed. *Neurosci Biobehav Rev* 2017; 81(Pt B): 279-94.

1106. Michel G. F., Babik I., Nelson E. L., Campbell J. M., Marcinowski E. C. How the development of handedness could contribute to the development of language. *Dev Psychobiol* 2013; 55(6): 608-20.

1107. Woll B. Moving from hand to mouth: echo phonology and the origins of language. *Front Psychol* 2014; 5: 662.

1108. Nzomiwu C. L., Sote E. O., Oredugba F. A. Translation and Validation of the Nigerian Pidgin English Version of the Early Childhood Oral Health Impact Scale (NAIJA ECOHIS). *West Afr J Med* 2018; 35(2): 102-8.

1109. Kolodny O., Lotem A., Edelman S. Learning a generative probabilistic grammar of experience: a process-level model of language acquisition. *Cogn Sci* 2015; 39(2): 227-67.

1110. Levelt W. J. [Generative grammar and psycholinguistics. 1. Introduction in generative grammar]. *Ned Tijdschr Psychol* 1966; 21(5): 317-37.

1111. MacNeilage P. F. Prolegomena to a theory of the sound pattern of the first spoken language. *Phonetica* 1994; 51(1-3): 184-94.

1112. Nobrega V. A., Miyagawa S. The precedence of syntax in the rapid emergence of human language in evolution as defined by the integration hypothesis. *Front Psychol* 2015; 6: 271.

1113. Dediu D., Moisik S. R., Baetsen W. A., Bosman A. M., Waters-Rist A. L. The vocal tract as a time machine: inferences about past speech and language from the anatomy of the speech organs. *Philos Trans R Soc Lond B Biol Sci* 2021; 376(1824): 20200192.

1114. Chen P., Li Z., Li Y., Ahmad S. S., Kamal M. A., Huo X. The Language Development Via FOXP2 in Autism Spectrum Disorder: A Review. *Curr Pharm Des* 2020; 26(37): 4789-95.

1115. Fisher S. E., Scharff C. FOXP2 as a molecular window into speech and language. *Trends Genet* 2009; 25(4): 166-77.

1116. Li H. [FOXP2 and its relevance to language]. *Sheng Li Ke Xue Jin Zhan* 2013; 44(6): 453-7.

1117. Morgan A., Fisher S. E., Scheffer I., Hildebrand M. FOXP2-Related Speech and Language Disorder. In: Adam MP., Feldman J., Mirzaa GM. *et al.*, eds. GeneReviews((R)). Seattle (WA); 1993.

1118. Mozzi A., Forni D., Clerici M. *et al.* The evolutionary history of genes involved in spoken and written language: beyond FOXP2. *Sci Rep* 2016; 6: 22157.

1119. Ashkenazi S., Henik A., Ifergane G., Shelef I. Basic numerical processing in left intraparietal sulcus (IPS) acalculia. *Cortex* 2008; 44(4): 439-48.

1120. Bermejo-Velasco P. E., Castillo-Moreno L. [Acalculia: its classification, aetiology and clinical management]. *Rev Neurol* 2006; 43(4): 223-7.

1121. Willmes K. Acalculia. *Handb Clin Neurol* 2008; 88: 339-58.

1122. Ardila A., Rosselli M. Spatial acalculia. *Int J Neurosci* 1994; 78(3-4): 177-84.

1123. Benavides-Varela S., Piva D., Burgio F. *et al.* Re-assessing acalculia: Distinguishing spatial and purely arithmetical deficits in right-hemisphere damaged patients. *Cortex* 2017; 88: 151-64.

1124. Benson D. F., Weir W. F. Acalculia: acquired anarithmetia. *Cortex* 1972; 8(4): 465-72.

1125. Hirayama K., Taguchi Y., Tsukamoto T. [A case of pure anarithmetia associated with disability in processing of abstract spatial relationship]. *Rinsho Shinkeigaku* 2002; 42(10): 935-40.

1126. González-Garrido A. A., Ruiz-Sandoval J. L., Gómez-Velázquez F. R., de Alba J. L., Villasenor-Cabrera T. Hypercalculia in savant syndrome: central executive failure? *Arch Med Res* 2002; 33(6): 586-9.

1127. Ogun S. A., Arabambi B., Oshinaike O. O., Akanji A. A human calculator: a case report of a 27-year-old male with hypercalculia. *Neurocase* 2022; 28(2): 158-62.

1128. Fehr T., Wallace G. L., Erhard P., Herrmann M. The neural architecture of expert calendar calculation: a matter of strategy? *Neurocase* 2011; 17(4): 360-71.

1129. Lee E. A. L., Scott M., Black M. H. *et al.* "He Sees his Autism as a Strength, Not a Deficit Now": A Repeated Cross-Sectional Study Investigating the Impact of Strengths-Based Programs on Autistic Adolescents. *J Autism Dev Disord* 2024; 54(5): 1656-71.

1130. Newport G. How do they do it? Insight on calendar skills from an Asperger's savant. *J Autism Dev Disord* 2006; 36(2): 285-6.

1131. Henri-Bhargava A., Stuss D. T., Freedman M. Clinical Assessment of Prefrontal Lobe Functions. *Continuum (Minneap Minn)* 2018; 24(3, BEHAVIORAL NEUROLOGY AND PSYCHIATRY): 704-26.

1132. Lee S., Williams Z. M. Role of Prefrontal Cortex Circuitry in Maintaining Social Homeostasis. *Biol Psychiatry* 2024.

1133. Jones D. T., Graff-Radford J. Executive Dysfunction and the Prefrontal Cortex. *Continuum (Minneap Minn)* 2021; 27(6): 1586-601.

1134. Kietzman H. W., Gourley S. L. How social information impacts action in rodents and humans: the role of the prefrontal cortex and its connections. *Neurosci Biobehav Rev* 2023; 147: 105075.

1135. Kolk S. M., Rakic P. Development of prefrontal cortex. *Neuropsychopharmacology* 2022; 47(1): 41-57.

1136. Levy R. The prefrontal cortex: from monkey to man. *Brain* 2024; 147(3): 794-815.

1137. Passingham R. E., Lau H. Do we understand the prefrontal cortex? *Brain Struct Funct* 2023; 228(5): 1095-105.

1138. Fuster J. M. The prefrontal cortex and its relation to behavior. *Prog Brain Res* 1991; 87: 201-11.

1139. Fuster J. M. The prefrontal cortex. Fifth edition. ed. Amsterdam; Boston: Elsevier/AP, Academic Press is an imprint of Elsevier; 2015.

1140. Cosme D., Mobasser A., Pfeifer J. H. If you're happy and you know it: neural correlates of self-evaluated psychological health and well-being. *Soc Cogn Affect Neurosci* 2023; 18(1).

1141. Davis M. M., Modi H. H., Skymba H. V. *et al.* Thumbs up or thumbs down: neural processing of social feedback and links to social motivation in adolescent girls. *Soc Cogn Affect Neurosci* 2023; 18(1).

1142. Barrash J., Bruss J., Anderson S. W. *et al.* Lesions in different prefrontal sectors are associated with different types of acquired personality disturbances. *Cortex* 2022; 147: 169-84.

1143. Barrash J., Stuss D. T., Aksan N. *et al.* "Frontal lobe syndrome"? Subtypes of acquired personality disturbances in patients with focal brain damage. *Cortex* 2018; 106: 65-80.

1144. Barrash J., Tranel D., Anderson S. W. Acquired personality disturbances associated with bilateral damage to the ventromedial prefrontal region. *Dev Neuropsychol* 2000; 18(3): 355-81.

1145. Clark L., Manes F. Social and emotional decision-making following frontal lobe injury. *Neurocase* 2004; 10(5): 398-403.

1146. Eslinger P. J. Neurological and neuropsychological bases of empathy. *Eur Neurol* 1998; 39(4): 193-9.

1147. Eslinger P. J., Damasio A. R. Severe disturbance of higher cognition after bilateral frontal lobe ablation: patient EVR. *Neurology* 1985; 35(12): 1731-41.

1148. Mah L., Arnold M. C., Grafman J. Impairment of social perception associated with lesions of the prefrontal cortex. *Am J Psychiatry* 2004; 161(7): 1247-55.

1149. Al Ain S., Carre A., Fantini-Hauwel C., Baudouin J. Y., Besche-Richard C. What is the emotional core of the multidimensional Machiavellian personality trait? *Front Psychol* 2013; 4: 454.

1150. Aziz A., Vallejo D. An exploratory study of the facets of Type A personality and scores on the Machiavellian Behavior (MACH-B) Scale. *Psychol Rep* 2007; 101(2): 555-60.

1151. Duradoni M., Gursesli M. C., Martucci A., González Ayarza I. Y., Colombini G., Guazzini A. Dark Personality Traits and Counterproductive Work Behavior: A PRISMA Systematic Review. *Psychol Rep* 2023: 332941231219921.

1152. Jahangir M., Shah S. M., Zhou J. S., Lang B., Wang X. P. Machiavellianism: Psychological, Clinical, and Neural Correlations. *J Psychol* 2024: 1-14.

1153. Liang T., Wang X., Ng S., Xu X., Ning Z. The dark side of mental toughness: a meta-analysis of the relationship between the dark triad traits and mental toughness. *Front Psychol* 2024; 15: 1403530.

1154. Ortet-Walker J., Garofalo C., Vidal-Arenas V. *et al.* The Spanish Short Dark Tetrad (SD4): Association With Personality and Psychological Problems. *Psicothema* 2024; 36(2): 195-204.

1155. Zlatkovic A., Gojkovic V., Dostanic J., Djuric V. Structure of resilience: A Machiavellian contribution or 'paddle your own canoe'. *PLoS One* 2024; 19(4): e0302257.

1156. Fotheringham J. B. Psychopathic personality; a review. *Can Psychiatr Assoc J* 1957; 2(1): 52-75.

1157. Lewis M., Ireland J. L., Abbott J., Ireland C. A. Initial development of the Psychopathic Processing and Personality Assessment (PAPA) across populations. *Int J Law Psychiatry* 2017; 54: 118-32.

1158. Lilienfeld S. O., Watts A. L., Murphy B. *et al.* Personality Disorders as Emergent Interpersonal Syndromes: Psychopathic Personality as a Case Example. *J Pers Disord* 2019; 33(5): 577-622.

1159. Moss K., Prins H. Severe (psychopathic) personality disorder: a review. *Med Sci Law* 2006; 46(3): 190-207.

1160. Murray L., Waller R., Hyde L. W. A systematic review examining the link between psychopathic personality traits, antisocial behavior, and neural reactivity during reward and loss processing. *Personal Disord* 2018; 9(6): 497-509.

1161. Seara-Cardoso A., Viding E. Functional Neuroscience of Psychopathic Personality in Adults. *J Pers* 2015; 83(6): 723-37.

1162. Gao Y., Glenn A. L., Schug R. A., Yang Y., Raine A. The neurobiology of psychopathy: a neurodevelopmental perspective. *Can J Psychiatry* 2009; 54(12): 813-23.

1163. Jovev M., Whittle S., Yucel M., Simmons J. G., Allen N. B., Chanen A. M. The relationship between hippocampal asymmetry and temperament in adolescent borderline and antisocial personality pathology. *Dev Psychopathol* 2014; 26(1): 275-85.

1164. Laakso M. P., Vaurio O., Koivisto E. *et al.* Psychopathy and the posterior hippocampus. *Behav Brain Res* 2001; 118(2): 187-93.

1165. Loomans M. M., Tulen J. H., van Marle H. J. [The neurobiology of antisocial behaviour]. *Tijdschr Psychiatr* 2010; 52(6): 387-96.

1166. Raine A., Ishikawa SS., Arce E. *et al.* Hippocampal structural asymmetry in unsuccessful psychopaths. *Biol Psychiatry* 2004; 55(2): 185-91.

1167. Buckholtz J. W., Treadway M. T., Cowan R. L. *et al.* Mesolimbic dopamine reward system hypersensitivity in individuals with psychopathic traits. *Nat Neurosci* 2010; 13(4): 419-21.

1168. Vaessen T., Hernaus D., Myin-Germeys I., van Amelsvoort T. The dopaminergic response to acute stress in health and psychopathology: A systematic review. *Neurosci Biobehav Rev* 2015; 56: 241-51.

1169. Yildirim B. O., Derksen J. J. Mesocorticolimbic dopamine functioning in primary psychopathy: A source of within-group heterogeneity. *Psychiatry Res* 2015; 229(3): 633-77.

1170. D'Iorio A., Benedetto G. L. D., Santangelo G. A meta-analysis on the neuropsychological correlates of Borderline Personality Disorder: An update. *Neurosci Biobehav Rev* 2024; 165: 105860.

1171. Di Bartolomeo A. A., Siegel A., Fulham L., Fitzpatrick S. Borderline personality disorder and social connectedness: A systematic review. *Personal Disord* 2024; 15(4): 213-25.

1172. Links P. S., Ross J. Good Psychiatric Management of Borderline Personality Disorder: Foundations and Future Challenges. *Am J Psychother* 2024: appipsychotherapy20230044.

1173. Herpertz S. C., Nagy K., Ueltzhoffer K. *et al.* Brain Mechanisms Underlying Reactive Aggression in Borderline Personality Disorder-Sex Matters. *Biol Psychiatry* 2017; 82(4): 257-66.

1174. Thompson R. G., Jr.., Eaton N. R., Hu M. C., Hasin DS. Borderline personality disorder and regularly drinking alcohol before sex. *Drug Alcohol Rev* 2017; 36(4): 540-5.

1175. Vest N. A., Murphy K. T., Tragesser S. L. Borderline personality disorder features and drinking, cannabis, and prescription opioid motives: Differential associations across substance and sex. *Addict Behav* 2018; 87: 46-54.

1176. Carpenter R. W., Trela C. J., Lane S. P., Wood P. K., Piasecki T. M., Trull T. J. Elevated rate of alcohol consumption in borderline personality disorder patients in daily life. *Psychopharmacology (Berl)* 2017; 234(22): 3395-406.

1177. Helle A. C., Watts A. L., Trull T. J., Sher K. J. Alcohol Use Disorder and Antisocial and Borderline Personality Disorders. *Alcohol Res* 2019; 40(1).

1178. Wycoff A. M., Carpenter R. W., Hepp J., Lane S. P., Trull T. J. Drinking motives moderate daily-life associations between affect and alcohol use in individuals with borderline personality disorder. *Psychol Addict Behav* 2020; 34(7): 745-55.

1179. Fulham L., Forsythe J., Fitzpatrick S. The relationship between emptiness and suicide and self-injury urges in borderline personality disorder. *Suicide Life Threat Behav* 2023; 53(3): 362-71.

1180. Gratz K. L., Kiel E. J., Mann A. J. D., Tull M. T. The prospective relation between borderline personality disorder symptoms and suicide risk: The mediating roles of emotion regulation difficulties and perceived burdensomeness. *J Affect Disord* 2022; 313: 186-95.

1181. Isaeva ER., Ryzhova D. M., Stepanova A. V., Mitrev I. N. Assessment of Suicide Risk in Patients with Depressive Episodes Due to Affective Disorders and Borderline Personality Disorder: A Pilot Comparative Study. *Brain Sci* 2024; 14(5).

1182. Tull M. T., Baer M. M., Spitzen T. L. *et al.* The roles of borderline personality disorder symptoms and dispositional capability for suicide in suicidal ideation and suicide attempts: Examination of the COMT Val158Met polymorphism. *Psychiatry Res* 2021; 302: 114011.

1183. Baptista A., Chambon V., Hoertel N. *et al.* Associations Between Early Life Adversity, Reproduction-Oriented Life Strategy, and Borderline Personality Disorder. *JAMA Psychiatry* 2023; 80(6): 558-66.

1184. Krause-Utz A. Stimulating research on childhood adversities, borderline personality disorder, and complex post-traumatic stress disorder. *Borderline Personal Disord Emot Dysregul* 2021; 8(1): 11.

1185. Lee S. S. M., Keng S. L., Yeo G. C., Hong R. Y. Parental invalidation and its associations with borderline personality disorder symptoms: A multivariate meta-analysis. *Personal Disord* 2022; 13(6): 572-82.

1186. Mainali P., Rai T., Rutkofsky I. H. From Child Abuse to Developing Borderline Personality Disorder Into Adulthood: Exploring the Neuromorphological and Epigenetic Pathway. *Cureus* 2020; 12(7): e9474.

1187. Coleman S. R. M., Oliver A. C., Klemperer E. M., DeSarno M. J., Atwood G. S., Higgins S. T. Delay discounting and narcissism: A meta-analysis with implications for narcissistic personality disorder. *Personal Disord* 2022; 13(3): 210-20.

1188. Farzand M., Cerkez Y., Baysen E. Effects of Self-Concept on Narcissism: Mediational Role of Perceived Parenting. *Front Psychol* 2021; 12: 674679.

1189. Green A., MacLean R., Charles K. Female Narcissism: Assessment, Aetiology, and Behavioural Manifestations. *Psychol Rep* 2022; 125(6): 2833-64.

1190. Jauk E., Kanske P. Can neuroscience help to understand narcissism? A systematic review of an emerging field. *Personal Neurosci* 2021; 4: e3.

1191. Krizan Z., Herlache A. D. The Narcissism Spectrum Model: A Synthetic View of Narcissistic Personality. *Pers Soc Psychol Rev* 2018; 22(1): 3-31.

1192. Roche M. J., Pincus A. L., Lukowitsky M. R., Menard K. S., Conroy D. E. An integrative approach to the assessment of narcissism. *J Pers Assess* 2013; 95(3): 237-48.

1193. Sedikides C., Hart C. M. Narcissism and conspicuous consumption. *Curr Opin Psychol* 2022; 46: 101322.

1194. Chester D. S., Lynam D. R., Powell D. K., DeWall C. N. Narcissism is associated with weakened frontostriatal connectivity: a DTI study. *Soc Cogn Affect Neurosci* 2016; 11(7): 1036-40.

1195. Mao Y., Sang N., Wang Y. *et al.* Reduced frontal cortex thickness and cortical volume associated with pathological narcissism. *Neuroscience* 2016; 328: 50-7.

1196. Cramer P. Narcissism and Attachment: The Importance of Early Parenting. *J Nerv Ment Dis* 2019; 207(2): 69-75.

1197. Marcinko D., Jaksic N., Rudan D. *et al.* Pathological Narcissism, Negative Parenting Styles and Interpersonal Forgiveness among Psychiatric Outpatients. *Psychiatr Danub* 2020; 32(3-4): 395-402.

1198. Rawn K. P., Keller P. S., Widiger T. A. Parent Grandiose Narcissism and Child Socio-Emotional Well Being: The Role of Parenting. *Psychol Rep* 2023: 332941231208900.

1199. Andanson J., Pourre F., Maffre T., Raynaud J. P. [Social skills training groups for children and adolescents with Asperger syndrome: A review]. *Arch Pediatr* 2011; 18(5): 589-96.

1200. Scharfstein L. A., Beidel D. C., Sims V. K., Rendon Finnell L. Social skills deficits and vocal characteristics of children with social phobia or Asperger's disorder: a comparative study. *J Abnorm Child Psychol* 2011; 39(6): 865-75.

1201. Tse J., Strulovitch J., Tagalakis V., Meng L., Fombonne E. Social skills training for adolescents with Asperger syndrome and high-functioning autism. *J Autism Dev Disord* 2007; 37(10): 1960-8.

1202. Doi H., Fujisawa T. X., Kanai C. *et al.* Recognition of facial expressions and prosodic cues with graded emotional intensities in adults with Asperger syndrome. *J Autism Dev Disord* 2013; 43(9): 2099-113.

1203. Balfe M., Tantam D. A descriptive social and health profile of a community sample of adults and adolescents with Asperger syndrome. *BMC Res Notes* 2010; 3: 300.

1204. Macintosh K., Dissanayake C. A comparative study of the spontaneous social interactions of children with high-functioning autism and children with Asperger's disorder. *Autism* 2006; 10(2): 199-220.

1205. Muller E., Schuler A., Yates G. B. Social challenges and supports from the perspective of individuals with Asperger syndrome and other autism spectrum disabilities. *Autism* 2008; 12(2): 173-90.

1206. Fuster J. M., Alexander G. E. Neuron activity related to short-term memory. *Science* 1971; 173(3997): 652-4.

1207. Miller E. K., Erickson C. A., Desimone R. Neural mechanisms of visual working memory in prefrontal cortex of the macaque. *J Neurosci* 1996; 16(16): 5154-67.

1208. Kubota K., Niki H. Prefrontal cortical unit activity and delayed alternation performance in monkeys. *J Neurophysiol* 1971; 34(3): 337-47.

1209. Niki H. Prefrontal unit activity during delayed alternation in the monkey. II. Relation to absolute versus relative direction of response. *Brain Res* 1974; 68(2): 197-204.

1210. Niki H. Prefrontal unit activity during delayed alternation in the monkey. I. Relation to direction of response. *Brain Res* 1974; 68(2): 185-96.

1211. Rushworth M. F., Hadland K. A., Paus T., Sipila P. K. Role of the human medial frontal cortex in task switching: a combined fMRI and TMS study. *J Neurophysiol* 2002; 87(5): 2577-92.

1212. Rushworth M. F., Kennerley S. W., Walton M. E. Cognitive neuroscience: resolving conflict in and over the medial frontal cortex. *Curr Biol* 2005; 15(2): R54-6.

1213. Rushworth M. F., Passingham R. E., Nobre A. C. Components of switching intentional set. *J Cogn Neurosci* 2002; 14(8): 1139-50.

1214. Vanderhasselt M. A., De Raedt R., Baeken C., Leyman L., D'Haenen H. The influence of rTMS over the right dorsolateral prefrontal cortex on intentional set switching. *Exp Brain Res* 2006; 172(4): 561-5.

1215. Ruiz-Castaneda P., Daza-González M. T., Santiago-Molina E. Negative Symptoms and Behavioral Alterations Associated with Dorsolateral Prefrontal Syndrome in Patients with Schizophrenia. *J Clin Med* 2021; 10(15).

1216. Braun C. M., Larocque C., Daigneault S., Montour-Proulx I. Mania, pseudomania, depression, and pseudo-depression resulting from focal unilateral cortical lesions. *Neuropsychiatry Neuropsychol Behav Neurol* 1999; 12(1): 35-51.

1217. des Lauriers A., Allilaire J. F. [Pseudodepression]. *Soins Psychiatr* 1982; (23): 17-8.

1218. Ito E., Oka K., Koshikawa F. Dorsolateral prefrontal cortex sensing analgesia. *Biophys Physicobiol* 2022; 19: 1-10.

1219. Krummenacher P., Candia V., Folkers G., Schedlowski M., Schonbachler G. Prefrontal cortex modulates placebo analgesia. *Pain* 2010; 148(3): 368-74.

1220. Taylor J. J., Borckardt J. J., George M. S. Endogenous opioids mediate left dorsolateral prefrontal cortex rTMS-induced analgesia. *Pain* 2012; 153(6): 1219-25.

1221. Wu Q., Li X., Zhang Y., Chen S., Jin R., Peng W. Analgesia of noninvasive electrical stimulation of the dorsolateral prefrontal cortex: A systematic review and meta-analysis. *J Psychosom Res* 2024; 185: 111868.

1222. Castillo Rangel C., Marin G., Díaz Chiguer D. L. *et al.* Radiofrequency Cingulotomy as a Treatment for Incoercible Pain: Follow-Up for 6 Months. *Healthcare (Basel)* 2023; 11(19).

1223. Cosgrove G. R., Rauch S. L. Stereotactic cingulotomy. *Neurosurg Clin N Am* 2003; 14(2): 225-35.

1224. Richter E. O., Davis K. D., Hamani C., Hutchison W. D., Dostrovsky J. O., Lozano A. M. Cingulotomy for psychiatric disease: microelectrode guidance, a callosal reference system for documenting lesion location, and clinical results. *Neurosurgery* 2004; 54(3): 622-28; discussion 8-30.

1225. Dougherty D. D., Weiss A. P., Cosgrove G. R. *et al.* Cerebral metabolic correlates as potential predictors of response to anterior cingulotomy for treatment of major depression. *J Neurosurg* 2003; 99(6): 1010-7.

1226. Ridout N., O'Carroll R. E., Dritschel B., Christmas D., Eljamel M., Matthews K. Emotion recognition from dynamic emotional displays following anterior cingulotomy and anterior capsulotomy for chronic depression. *Neuropsychologia* 2007; 45(8): 1735-43.

1227. Hadano K., Nakamura H., Hamanaka T. Effortful echolalia. *Cortex* 1998; 34(1): 67-82.

1228. Thompson A. E., Thompson P. D. Frontal lobe motor syndromes. *Handb Clin Neurol* 2023; 196: 443-55.

1229. Bien N., Roebroeck A., Goebel R., Sack A. T. The brain's intention to imitate: the neurobiology of intentional versus automatic imitation. *Cereb Cortex* 2009; 19(10): 2338-51.

1230. Kendler K. S. Demography of paranoid psychosis (delusional disorder): a review and comparison with schizophrenia and affective illness. *Arch Gen Psychiatry* 1982; 39(8): 890-902.

1231. Kendler K. S., Klee A. Bruno Schulz's 1930 article "The Hereditary Relationships of Old-Age Paranoid Psychosis". *Am J Med Genet B Neuropsychiatr Genet* 2024; 195(4): e32965.

1232. Nava R., Castiglioni M., Don P. W., Di Brita C., Colmegna F., Clerici M. Lockdown and Psychosis: A Paranoid Delusion. *Prim Care Companion CNS Disord* 2020; 22(6).

1233. Schachter M. [Delirious belief of being loved. (Clinico-psychological contribution to the study of minor forms of erotomanic delirium)]. *Riv Neurobiol* 1966; 12(1): 41-54.

1234. Bhatia M. S. De Clerambault's syndrome. *J Indian Med Assoc* 1996; 94(8): 322.

1235. Calil L. C., Terra J. R. [The De Clerambault's syndrome: a bibliographic revision]. *Braz J Psychiatry* 2005; 27(2): 152-6.

1236. Sampogna G., Zinno F., Giallonardo V., Luciano M., Del Vecchio V., Fiorillo A. The de Clerambault syndrome: more than just a delusional disorder? *Int Rev Psychiatry* 2020; 32(5-6): 385-90.

1237. Valadas M., Bravo L. E. A. De Clerambault's syndrome revisited: a case report of Erotomania in a male. *BMC Psychiatry* 2020; 20(1): 516.

1238. Higgins A. Media mania, megalomania and misleading research: the need for caution in scientific publication. *Vet J* 2003; 166(3): 213-4.

1239. Loredo-Narciandi J. C., Castro-Tejerina J. The Clay of Evolution: Megalomania in (Evolutionary) Psychology. *Integr Psychol Behav Sci* 2022; 56(1): 297-307.

1240. Money-Kyrle R. E. Megalomania. *Am Imago* 1965; 22(1): 142-54.

1241. Sleigh A. Hitler: a study in megalomania. *Can Psychiatr Assoc J* 1966; 11(3): 218-9.

1242. Berna F., Huron C., Kazes M. *et al.* Chronic persecutory delusion and autobiographical memories in patients with schizophrenia: a diary study. *Isr J Psychiatry Relat Sci* 2014; 51(1): 25-33.

1243. Startup H., Freeman D., Garety P. A. Persecutory delusions and catastrophic worry in psychosis: developing the understanding of delusion distress and persistence. *Behav Res Ther* 2007; 45(3): 523-37.

1244. De Souza B., McMichael A. A new somatic-type delusional disorder subtype: delusion inversus. *Dermatol Online J* 2019; 25(10).

1245. Joseph S. M., Siddiqui W. Delusional Disorder. StatPearls. Treasure Island (FL); 2024.

1246. Phan B., Yang C. Electroconvulsive Therapy for the Treatment of Somatic Delusions. *Cureus* 2024; 16(2): e54577.

1247. Fairbrother N., Beck Q. M., Keeney C. L. Perinatal Timing of Obsessive-Compulsive Disorder Onset. *J Clin Psychiatry* 2024; 85(3).

1248. Ozsoy T., Balaban O. Obsessive-compulsive disorder and its association with work addiction and job stress. *Work* 2024.

1249. Perera M. P. N., Gotsis E. S., Bailey N. W., Fitzgibbon B. M., Fitzgerald P. B. Exploring functional connectivity in large-scale brain networks in obsessive-compulsive disorder: a systematic review of EEG and fMRI studies. *Cereb Cortex* 2024; 34(8).

1250. Zhang Y. D., Shi D. D., Wang Z. Neurobiology of Obsessive-Compulsive Disorder from Genes to Circuits: Insights from Animal Models. *Neurosci Bull* 2024.

1251. Bhattacharya M., Kashyap H., Reddy Y. C. J. Cognitive Training in Obsessive-Compulsive Disorder: A Systematic Review. *Indian J Psychol Med* 2024; 46(2): 110-8.

1252. Elsouri K. N., Heiser S. E., Cabrera D., Alqurneh S., Hawat J., Demory M. L. Management and Treatment of Obsessive-Compulsive Disorder (OCD): A Literature Review. *Cureus* 2024; 16(5): e60496.

1253. Lahey C. A., Fawcett E. J., Pevie N., Seim R. B., Fawcett J. M. Obsessive-Compulsive Disorder: A Medical School Curriculum and Textbook Review. *J Med Educ Curric Dev* 2024; 11: 23821205241242262.

1254. Singh A., Anjankar V. P., Sapkale B. Obsessive-Compulsive Disorder (OCD): A Comprehensive Review of Diagnosis, Comorbidities, and Treatment Approaches. *Cureus* 2023; 15(11): e48960.

1255. Stiede J. T., Spencer S. D., Onyeka O. *et al.* Obsessive-Compulsive Disorder in Children and Adolescents. *Annu Rev Clin Psychol* 2024; 20(1): 355-80.

1256. Yu L., Li Y., Yan J. *et al.* Transcranial Magnetic Stimulation for Obsessive-Compulsive Disorder and Tic Disorder: A Quick Review. *J Integr Neurosci* 2022; 21(6): 172.

1257. Harmelech T., Roth Y., Tendler A. Transcranial Magnetic Stimulation in Obsessive-Compulsive Disorder. *Psychiatr Clin North Am* 2023; 46(1): 133-66.

1258. Huey E. D., Zahn R., Krueger F. *et al.* A psychological and neuroanatomical model of obsessive-compulsive disorder. *J Neuropsychiatry Clin Neurosci* 2008; 20(4): 390-408.

1259. Qing X., Gu L., Li D. Abnormalities of Localized Connectivity in Obsessive-Compulsive Disorder: A Voxel-Wise Meta-Analysis. *Front Hum Neurosci* 2021; 15: 739175.

1260. Robbins T. W., Vaghi M. M., Banca P. Obsessive-Compulsive Disorder: Puzzles and Prospects. *Neuron* 2019; 102(1): 27-47.

1261. Burguiere E., Monteiro P., Mallet L., Feng G., Graybiel A. M. Striatal circuits, habits, and implications for obsessive-compulsive disorder. *Curr Opin Neurobiol* 2015; 30: 59-65.

1262. Pearlman D. M., Vora H. S., Marquis B. G., Najjar S., Dudley L. A. Anti-basal ganglia antibodies in primary obsessive-compulsive disorder: systematic review and meta-analysis. *Br J Psychiatry* 2014; 205(1): 8-16.

1263. Szechtman H., Ahmari S. E., Beninger R. J. *et al.* Obsessive-compulsive disorder: Insights from animal models. *Neurosci Biobehav Rev* 2017; 76(Pt B): 254-79.

1264. Brunia C. H. Neural aspects of anticipatory behavior. *Acta Psychol (Amst)* 1999; 101(2-3): 213-42.

1265. Krebs B. L., Chudeau K. R., Eschmann C. L., Tu CW., Pacheco E., Watters J. V. Space, time, and context drive anticipatory behavior: Considerations for understanding the behavior of animals in human care. *Front Vet Sci* 2022; 9: 972217.

1266. Jurado-Priego L. N., Cueto-Urena C., Ramírez-Expósito M. J., Martínez-Martos J. M. Fibromyalgia: A Review of the Pathophysiological Mechanisms and Multidisciplinary Treatment Strategies. *Biomedicines* 2024; 12(7).

1267. Skare T. L., de Carvalho JF. Ear Complaints in Fibromyalgia: A Narrative Review. *Rheumatol Ther* 2024.

1268. Andrews-Hanna J. R. The brain's default network and its adaptive role in internal mentation. *Neuroscientist* 2012; 18(3): 251-70.

1269. Borserio B. J., Sharpley C. F., Bitsika V., Sarmukadam K., Fourie P. J., Agnew L. L. Default mode network activity in depression subtypes. *Rev Neurosci* 2021; 32(6): 597-613.

1270. Buckner R. L. The serendipitous discovery of the brain's default network. *Neuroimage* 2012; 62(2): 1137-45.

1271. Hafkemeijer A., van der Grond J., Rombouts S. A. Imaging the default mode network in aging and dementia. *Biochim Biophys Acta* 2012; 1822(3): 431-41.

1272. Jenkins A. C. Rethinking Cognitive Load: A Default-Mode Network Perspective. *Trends Cogn Sci* 2019; 23(7): 531-3.

1273. Johansson E., Xiong H. Y., Polli A., Coppieters I., Nijs J. Towards a Real-Life Understanding of the Altered Functional Behaviour of the Default Mode and Salience Network in Chronic Pain: Are People with Chronic Pain Overthinking the Meaning of Their Pain? *J Clin Med* 2024; 13(6).

1274. Luo W., Liu B., Tang Y., Huang J., Wu J. Rest to Promote Learning: A Brain Default Mode Network Perspective. *Behav Sci (Basel)* 2024; 14(4).

1275. Mevel K., Grassiot B., Chetelat G., Defer G., Desgranges B., Eustache F. [The default mode network: cognitive role and pathological disturbances]. *Rev Neurol (Paris)* 2010; 166(11): 859-72.

1276. Otti A., Gundel H., Wohlschlager A., Zimmer C., Sorg C., Noll-Hussong M. [Default mode network of the brain. Neurobiology and clinical significance]. *Nervenarzt* 2012; 83(1): 16, 8-24.

1277. Ouchi Y., Kikuchi M. A review of the default mode network in aging and dementia based on molecular imaging. *Rev Neurosci* 2012; 23(3): 263-8.

1278. Smallwood J., Bernhardt B. C., Leech R., Bzdok D., Jefferies E., Margulies D. S. The default mode network in cognition: a topographical perspective. *Nat Rev Neurosci* 2021; 22(8): 503-13.

1279. Zagkas D., Bacopoulou F., Vlachakis D., Chrousos GP., Darviri C. How Does Meditation Affect the Default Mode Network: A Systematic Review. *Adv Exp Med Biol* 2023; 1425: 229-45.

1280. Maslow A. H., Frager R. Motivation and personality. 3rd ed. New York; London: Harper, & Row; 1987.

1281. Maslow A. H., Stephens D. C., Heil G., Maslow A. H. Maslow on management. 1st edition ed. New York: John Wiley; 1998. p. 1 online resource (xxiii, 312 p.).

1282. Maslow A. H. Toward a psychology of being. 3rd ed. cNew York: J. Wiley & Sons; 1999.

1283. Blanchard W. H. Psychodynamic aspects of the peak experience. *Psychoanal Rev* 1969; 56(1): 87-112.

1284. Hammer M. Reflections on one's own death as a peak experience. *Ment Hyg* 1971; 55(2): 264-5.

1285. Siebert A. My transforming peak experience was diagnosed as paranoid schizophrenia. *New Dir Ment Health Serv* 2000; (88): 103-11.

1286. Strijbosch W., Mitas O., van Gisbergen M., Doicaru M., Gelissen J., Bastiaansen M. From Experience to Memory: On the Robustness of the Peak-and-End-Rule for Complex, Heterogeneous Experiences. *Front Psychol* 2019; 10: 1705.

1287. Agrawal D., Chukkali S., Singh S. Antecedents and Consequences of Grit Among Working Adults: A Transpersonal Psychology Perspective. *Front Psychol* 2022; 13: 896231.

1288. Grof S. [Theoretical and empirical foundations of transpersonal psychology]. *Cesk Psychiatr* 1994; 90(2): 78-90.

1289. Martín Velasco J. El fenómeno místico. Estudio comparado. Madrid: Editorial Trotta; 1999.

1290. Elsen C., Kapleau P., Tokusho B., Yasutani H. Les Trois piliers du zen, enseignement, pratique, illumination [the Three pillars of zen, teaching, practice and enlightment]. Textes rassemblés... présentés [et traduits du japonais] par Philip Kapleau. Traduit de l'américain par Claude Elsen. [Paris: Stock; 1972.

1291. Croix J. dl., Ruano de la Iglesia L., Sacramentado C. dJ., Jesús M. dN. Vida y obras de san Juan de La Cruz, doctor de la Iglesia universal... doctor de la Iglesia universal... revisada y aumentada con notas por Matias del Niño Jesus... edición crítica de las obras del doctor místico, notas y apéndices por Lucinio Ruano. 6a edición ed. Madrid: Editorial católica; 1972.

1292. Eckhart J., Quero Sánchez A. Sermones y lecciones sobre el capítulo 24, 23-31 del Eclesiástico ed. de Andrés Quero Sánchez. Pamplona: EUNSA Ed. Universidad de Navarra; 2010.

1293. Eckhart J., Diederichs E. Meister Eckharts Reden der Unterscheidung. Bonn: A. Marcus und E. Weber; 1913.

1294. Eckhart J., Evans C. dB. The Works of Meister Eckhart... Translation by C. de B. Evans. London, J. M. Watkins; 1952.

1295. Eckhart J., Jouvet L. L'essentiel de maître Eckhart 13 sermons traduits par Laurent Jouvet.

1296. Rūmī Ġa-D., Barks C., Deregnaucourt J., Deregnaucourt J. L'essentiel de Rûmî traduit de l'anglais [et préfacé] par Jacques Deregnaucourt. Paris: Almora éditions; 2023.

1297. Laenen J. H. Frederik Weinreb en de joodse mystiek. Baarn: Ten Have; 2003.

1298. Rijnders H. De golem ontsluierd: over joodse mystiek en Kabbala. Deventer: Ankh-Hermes; 1991.

1299. Hulin M. La mystique sauvage aux antipodes de l'esprit. 2e éd. ed. Paris: Puf; 2013.

1300. Teuscher C. Alan Turing: life and legacy of a great thinker. Berlin; New York: Springer; 2004.

1301. Turing A., Yang X-S. Artificial intelligence, evolutionary computing and metaheuristics: in the footsteps of Alan Turing. Heidelberg: Springer; 2013.

1302. Kurzweil R. The singularity is near: when humans transcend biology. New York: Viking; 2005.

1303. Bandemer H., Gottwald S. Fuzzy sets, fuzzy logic, fuzzy methods with applications. Chichester New York Brisbane: J. Wiley and sons; 1995.

1304. Buckley J. J., Eslami E. An introduction to fuzzy logic and fuzzy sets. Heidelberg: Springer; 2002.

1305. Klir G. J., Yuan B. Fuzzy sets and fuzzy logic theory and applications. Upper Saddle River: Prentice Hall; 1995.

1306. McNeill F. M., Thro E. Fuzzy logic a practical approach. Boston: AP Professional; 1994.

1307. Mukaidono M. Fuzzy logic for beginners. Singapore: World Scientific; 2001.

1308. Gu C. Building Embedded Systems Programmable Hardware. The expert's voice in embedded systems. 1st ed. p. 1 online resource (XXI, 322 p. 117 illus. in color.).

1309. Barr A., Feigenbaum E. A. The Handbook of artificial intelligence / Vol.1. London: Pitman; 1981.

1310. Frankish K., Ramsey W. M. The Cambridge handbook of artificial intelligence. p. 1 online resource (xi, 354 pages).

1311. Rosenblatt F. The perceptron: a probabilistic model for information storage and organization in the brain. *Psychol Rev* 1958; 65(6): 386-408.

1312. Sidey-Gibbons J. A. M., Sidey-Gibbons CJ. Machine learning in medicine: a practical introduction. *BMC Med Res Methodol* 2019; 19(1): 64.

1313. Summers H. D. Practical machine learning for disease diagnosis. *Cell Rep Methods* 2021; 1(6): 100103.

1314. Lorica B. Practical Machine Learning Techniques for Building Intelligent Applications (Audio Book). 1st edition ed. p. 1 online resource (2584 pages).

1315. Pandey M., Rautaray S. S., SpringerLink (Online service). Machine Learning: Theoretical Foundations and Practical Applications. Studies in Big Data, 1st ed. p. XI, 172 p. 71 illus., 55 illus. in color.

1316. Berry M. W., Mohamed A., Yap B. W., SpringerLink (Online service). Supervised and Unsupervised Learning for Data Science. Unsupervised and Semi-Supervised Learning, 1st ed. p. VIII, 187 p. 55 illus., 45 illus. in color.

1317. Hinton G. E., Sejnowski T. J. Unsupervised learning: foundations of neural computation. Cambridge, Mass.: MIT Press; 1999.

1318. Kyan M., Muneesawang P., Jarrah K., Guan L. Unsupervised learning: a dynamic approach. IEEE Press Series on Computational Intelligence. Hoboken: Wiley; 2014. p. 1 online resource (289 p.).

1319. Li X., Wong K-C., SpringerLink (Online service). Natural Computing for Unsupervised Learning. Unsupervised and Semi-Supervised Learning, 1st ed. p. VI, 273 p. 121 illus., 79 illus. in color.

1320. Cearns M., Hahn T., Baune B. T. Recommendations and future directions for supervised machine learning in psychiatry. *Transl Psychiatry* 2019; 9(1): 271.

1321. Jiang T., Gradus J. L., Rosellini A. J. Supervised Machine Learning: A Brief Primer. *Behav Ther* 2020; 51(5): 675-87.

1322. López-Sánchez M., Hernández-Ocana B., Chávez-Bosquez O., Hernández-Torruco J. Supervised Deep Learning Techniques for Image Description: A Systematic Review. *Entropy (Basel)* 2023; 25(4).

1323. Deep learning: Cambridge University Press; 2011.

1324. Baldi P. Deep learning in science.

1325. Bishop C. M., Bishop H. Deep Learning.

1326. Drori I. The science of deep learning.

1327. Goodfellow I., Bengio Y., Courville A. Deep learning.

1328. Deep Learning for Medical Image Analysis.

1329. Limami F., Hdioud B., Oulad Haj Thami R. Contextual emotion detection in images using deep learning. *Front Artif Intell* 2024; 7: 1386753.

1330. Misera L., Muller-Franzes G., Truhn D., Kather J. N. Weakly Supervised Deep Learning in Radiology. *Radiology* 2024; 312(1): e232085.

1331. Bear Don't Walk Iv O. J., Pichon A., Nieva H. R. *et al.* Auditing Learned Associations in Deep Learning Approaches to Extract Race and Ethnicity from Clinical Text. *AMIA Annu Symp Proc* 2023; 2023: 289-98.

1332. Chang Q., Li X., Duan Z. Graph global attention network with memory: A deep learning approach for fake news detection. *Neural Netw* 2024; 172: 106115.

1333. Heo S., Uhm K. E., Yuk D. *et al.* Deep learning approach for dysphagia detection by syllable-based speech analysis with daily conversations. *Sci Rep* 2024; 14(1): 20270.

1334. Huang D. L., Zeng Q., Xiong Y. *et al.* A Combined Manual Annotation and Deep-Learning Natural Language Processing Study on Accurate Entity Extraction in Hereditary Disease Related Biomedical Literature. *Interdiscip Sci* 2024; 16(2): 333-44.

1335. Luan S., Ding Y., Shao J. *et al.* Deep learning for head and neck semi-supervised semantic segmentation. *Phys Med Biol* 2024; 69(5).

1336. Perea-Trigo M., Botella-López C., Martínez-Del-Amor M. A., Álvarez-García J. A., Soria-Morillo L. M., Vegas-Olmos J. J. Synthetic Corpus Generation for Deep Learning-Based Translation of Spanish Sign Language. *Sensors (Basel)* 2024; 24(5).

1337. Gabriel W., Picciani M., The M., Wilhelm M. Deep Learning-Assisted Analysis of Immunopeptidomics Data. *Methods Mol Biol* 2024; 2758: 457-83.

1338. Martínez J., Nowroozilarki Z., Jafari R., Mortazavi B. J. Data-Driven Guided Attention for Analysis of Physiological Waveforms With Deep Learning. *IEEE J Biomed Health Inform* 2022; 26(11): 5482-93.

1339. Mathema V. B., Sen P., Lamichhane S., Oresic M., Khoomrung S. Deep learning facilitates multi-data type analysis and predictive biomarker discovery in cancer precision medicine. *Comput Struct Biotechnol J* 2023; 21: 1372-82.

1340. Musa N., Gital A. Y., Aljojo N. *et al.* A systematic review and Meta-data analysis on the applications of Deep Learning in Electrocardiogram. *J Ambient Intell Humaniz Comput* 2023; 14(7): 9677-750.

1341. Piao C., Lv M., Wang S. *et al.* Multi-objective data enhancement for deep learning-based ultrasound analysis. *BMC Bioinformatics* 2022; 23(1): 438.

1342. Pan J., Yu S., Zhang Z., Hu Z., Wei M. The Generation of Piano Music Using Deep Learning Aided by Robotic Technology. *Comput Intell Neurosci* 2022; 2022: 8336616.

1343. Wang X. Music Similarity Detection Guided by Deep Learning Model. *Comput Intell Neurosci* 2023; 2023: 1263620.

1344. Zhang J., Duan Y., Gu X. Research on Emotion Analysis of Chinese Literati Painting Images Based on Deep Learning. *Front Psychol* 2021; 12: 723325.

1345. Yoshida H. [Deep Learning and AlphaGo]. *Brain Nerve* 2019; 71(7): 681-94.

1346. Czech J., Willig M., Beyer A., Kersting K., Furnkranz J. Learning to Play the Chess Variant Crazyhouse Above World Champion Level With Deep Neural Networks and Human Data. *Front Artif Intell* 2020; 3: 24.

1347. Gansel K. S. Neural synchrony in cortical networks: mechanisms and implications for neural information processing and coding. *Front Integr Neurosci* 2022; 16: 900715.

1348. Sotero R. C. Modeling the Generation of Phase-Amplitude Coupling in Cortical Circuits: From Detailed Networks to Neural Mass Models. *Biomed Res Int* 2015; 2015: 915606.

1349. Uhlhaas P. J., Roux F., Rodríguez E., Rotarska-Jagiela A., Singer W. Neural synchrony and the development of cortical networks. *Trends Cogn Sci* 2010; 14(2): 72-80.

1350. Haber S. N. The primate basal ganglia: parallel and integrative networks. *J Chem Neuroanat* 2003; 26(4): 317-30.

1351. Hoshi E. Cortico-basal ganglia networks subserving goal-directed behavior mediated by conditional visuo-goal association. *Front Neural Circuits* 2013; 7: 158.

1352. Jackson T. B., Bernard J. A. Cerebello-basal Ganglia Networks and Cortical Network Global Efficiency. *Cerebellum* 2023; 22(4): 588-600.

1353. Rodríguez-Sabate C., Morales I., Rodríguez M. The Influence of Aging on the Functional Connectivity of the Human Basal Ganglia. *Front Aging Neurosci* 2021; 13: 785666.

1354. Rodríguez-Sabate C., Morales I., Puertas-Avendano R., Rodríguez M. The dynamic of basal ganglia activity with a multiple covariance method: influences of Parkinson's disease. *Brain Commun* 2020; 2(1): fcz044.

1355. Ventriglia F. Neural modeling and neural networks. 1st ed. ed. Oxford [England] New York: Pergamon Press; 1994.

1356. Heilingoetter C. L., Jensen M. B. Histological methods for ex vivo axon tracing: A systematic review. *Neurol Res* 2016; 38(7): 561-9.

1357. Lieberman A. R. The axon reaction: a review of the principal features of perikaryal responses to axon injury. *Int Rev Neurobiol* 1971; 14: 49-124.

1358. Stefano M., Cordella F., Loppini A., Filippi S., Zollo L. A Multiscale Approach to Axon and Nerve Stimulation Modeling: A Review. *IEEE Trans Neural Syst Rehabil Eng* 2021; 29: 397-407.

1359. Wang L. M., Kuhl E. Mechanics of axon growth and damage: A systematic review of computational models. *Semin Cell Dev Biol* 2023; 140: 13-21.

1360. Lim S., Kaiser M. Developmental time windows for axon growth influence neuronal network topology. *Biol Cybern* 2015; 109(2): 275-86.

1361. González-Hernández T., Rodríguez M. Compartmental organization and chemical profile of dopaminergic and GABAergic neurons in the substantia nigra of the rat. *J Comp Neurol* 2000; 421(1): 107-35.

1362. Pederson T. Eric Kandel and Charlie Rose: a stylish synapse. Review of The Brain Series (televised on The Charlie Rose Show, syndicated by the Public Broadcasting System, now available on DVD). *FASEB J* 2011; 25(5): 1438-40.

1363. Marcassa G., Dascenco D., de Wit J. Proteomics-based synapse characterization: From proteins to circuits. *Curr Opin Neurobiol* 2023; 79: 102690.

1364. Peng L., Bestard-Lorigados I., Song W. The synapse as a treatment avenue for Alzheimer's Disease. *Mol Psychiatry* 2022; 27(7): 2940-9.

1365. Tansey E. M. The synapse: people, words and connections. *Neuronal Signal* 2022; 6(2): NS20220017.

1366. Siegel G. J. Basic neurochemistry molecular, cellular, and medical aspects editors R. Wayne Albers... Scott T. Brady... Donald L. Price. Seventh edition ed. Amsterdam: Elsevier; 2006.

1367. Martin E. A., Lasseigne A. M., Miller A. C. Understanding the Molecular and Cell Biological Mechanisms of Electrical Synapse Formation. *Front Neuroanat* 2020; 14: 12.

1368. O'Brien J. The ever-changing electrical synapse. *Curr Opin Neurobiol* 2014; 29: 64-72.

1369. Black M. M. Axonal transport: The orderly motion of axonal structures. *Methods Cell Biol* 2016; 131: 1-19.

1370. Bray N. Axon guidance: Setting up for seeing in slow motion. *Nat Rev Neurosci* 2015; 16(7): 374-5.

1371. Monnerie H., Tang-Schomer M. D., Iwata A., Smith D. H., Kim H. A., Le Roux PD. Dendritic alterations after dynamic axonal stretch injury in vitro. *Exp Neurol* 2010; 224(2): 415-23.

1372. Shigeoka T., Jung H., Jung J. *et al.* Dynamic Axonal Translation in Developing and Mature Visual Circuits. *Cell* 2016; 166(1): 181-92.

1373. Ali F., Kwan A. C. Interpreting in vivo calcium signals from neuronal cell bodies, axons, and dendrites: a review. *Neurophotonics* 2020; 7(1): 011402.

1374. Pokorny J. [Structure and function of dendrites]. *Cesk Fysiol* 1991; 40(2): 189-201.

1375. Morales I., Sánchez A., Rodríguez-Sabate C., Rodríguez M. The astrocytic response to the dopaminergic denervation of the striatum. *J Neurochem* 2016; 139(1): 81-95.

1376. Morales I., Sánchez A., Rodríguez-Sabate C., Rodríguez M. The degeneration of dopaminergic synapses in Parkinson's disease: A selective animal model. *Behav Brain Res* 2015; 289: 19-28.

1377. Rodríguez M., González S., Morales I., Sabate M., González-Hernández T., González-Mora JL. Nigrostriatal cell firing action on the dopamine transporter. *Eur J Neurosci* 2007; 25(9): 2755-65.

1378. Rodríguez M., Pereda E., González J., Abdala P., Obeso JA. How is firing activity of substantia nigra cells regulated? Relevance of pattern-code in the basal ganglia. *Synapse* 2003; 49(4): 216-25.

1379. Rodríguez M., González J., Sabate M., Obeso J., Pereda E. Firing regulation in dopaminergic cells: effect of the partial degeneration of nigrostriatal system in surviving neurons. *Eur J Neurosci* 2003; 18(1): 53-60.

1380. Hilera González JRn., Martínez Hernando V. J. Redes neuronales artificiales: fundamentos, modelos y aplicaciones. Madrid: RA-MA; 1995.

1381. Pino Diez R. l., Gómez Gómez A., Abajo Martínez Nsd. Introducción a la inteligencia artificial: sistemas expertos, redes neuronales artificiales y computación evolutiva. Oviedo: Universidad de Oviedo, Servicio de Publicaciones; 2001.

1382. Bahmer A., Gupta D., Effenberger F. Modern Artificial Neural Networks: Is Evolution Cleverer? *Neural Comput* 2023; 35(5): 763-806.

1383. Li Q., Sorscher B., Sompolinsky H. Representations and generalization in artificial and brain neural networks. *Proc Natl Acad Sci U S A* 2024; 121(27): e2311805121.

1384. García P., Suárez C. P., Rodríguez J., Rodríguez M. Unsupervised classification of neural spikes with a hybrid multilayer artificial neural network. *J Neurosci Methods* 1998; 82(1): 59-73.

1385. Hubel D. H. The Visual Cortex of the Brain. *Sci Am* 1963; 209: 54-62.

1386. Hubel D. H. Specificity of responses of cells in the visual cortex. *J Psychiatr Res* 1971; 8(3): 301-7.

1387. Hubel D. H. The visual cortex of normal and deprived monkeys. *Am Sci* 1979; 67(5): 532-43.

1388. Hubel D. H. Exploration of the primary visual cortex, 1955-78. *Nature* 1982; 299(5883): 515-24.

1389. Hubel D. H. Evolution of ideas on the primary visual cortex, 1955-1978: a biased historical account. *Biosci Rep* 1982; 2(7): 435-69.

1390. Hubel D. H., Wiesel T. N. Early exploration of the visual cortex. *Neuron* 1998; 20(3): 401-12.

1391. Livingstone M. S., Hubel D. H. Anatomy and physiology of a color system in the primate visual cortex. *J Neurosci* 1984; 4(1): 309-56.

1392. Westfall M. Toward biologically plausible artificial vision. *Behav Brain Sci* 2023; 46: e290.

1393. D'Antoni F., Russo F., Ambrosio L. *et al*. Artificial Intelligence and Computer Vision in Low Back Pain: A Systematic Review. *Int J Environ Res Public Health* 2021; 18(20).

1394. Gao Q., Zhang X., Tian C., Gao H., Ju Z. Editorial: Human-centered robot vision and artificial perception. *Front Robot AI* 2024; 11: 1406280.

1395. Jirik M., Moulisova V., Hlavac M., Zelezny M., Liska V. Artificial neural networks and computer vision in medicine and surgery. *Rozhl Chir* 2022; 101(12): 564-70.

1396. Li W., Cen X., Pang L., Cao Z. HyperFace: A Deep Fusion Model for Hyperspectral Face Recognition. *Sensors (Basel)* 2024; 24(9).

1397. Perkins S. W. The Deep Plane Face and Neck Lift. *Facial Plast Surg* 2024.

1398. Ouyang W., Zeng X., Wang X. *et al*. DeepID-Net: Deformable Deep Convolutional Neural Networks for Object Detection. *IEEE Trans Pattern Anal Mach Intell* 2017; 39(7): 1320-34.

1399. Weizenbaum J. Computer power and human reason: from judgment to calculation. Harmondsworth, Middlesex, England; New York, N.Y.: Penguin; 1984.

1400. Angrick M., Herff C., Mugler E. *et al*. Speech synthesis from ECoG using densely connected 3D convolutional neural networks. *J Neural Eng* 2019; 16(3): 036019.

1401. Li Z., Liu F., Yang W., Peng S., Zhou J. A Survey of Convolutional Neural Networks: Analysis, Applications, and Prospects. *IEEE Trans Neural Netw Learn Syst* 2022; 33(12): 6999-7019.

1402. Tan Z., Chen J., Kang Q., Zhou M., Abusorrah A., Sedraoui K. Dynamic Embedding Projection-Gated Convolutional Neural Networks for Text Classification. *IEEE Trans Neural Netw Learn Syst* 2022; 33(3): 973-82.

1403. Xu H., Chen Y., Zhang D. Semantic Interpretation for Convolutional Neural Networks: What Makes a Cat a Cat? *Adv Sci (Weinh)* 2022; 9(35): e2204723.

1404. Lin C. T., Lee C. S. G. Neural fuzzy systems: a neuro-fuzzy synergism to intelligent systems. Upper Saddle River, NJ: Prentice Hall PTR; 1996.

1405. Ashraf A. R., Mackey T. K., Fittler A. Search Engines and Generative Artificial Intelligence Integration: Public Health Risks and Recommendations to Safeguard Consumers Online. *JMIR Public Health Surveill* 2024; 10: e53086.

1406. Peng C., Yang X., Chen A. *et al*. Generative large language models are all-purpose text analytics engines: text-to-text learning is all your need. *J Am Med Inform Assoc* 2024; 31(9): 1892-903.

1407. Laino M. E., Cancian P., Politi L. S., Della Porta M. G., Saba L., Savevski V. Generative Adversarial Networks in Brain Imaging: A Narrative Review. *J Imaging* 2022; 8(4).

1408. Liu J., Li K., Dong H., Han Y., Li R. Medical Image Processing based on Generative Adversarial Networks: A Systematic Review. *Curr Med Imaging* 2023.

1409. Skandarani Y., Lalande A., Afilalo J., Jodoin P. M. Generative Adversarial Networks in Cardiology. *Can J Cardiol* 2022; 38(2): 196-203.

1410. Wenzel M. Generative Adversarial Networks and Other Generative Models. In: Colliot O., ed. Machine Learning for Brain Disorders. New York, NY; 2023: 139-92.

1411. Ko K., Yeom T., Lee M. SuperstarGAN: Generative adversarial networks for image-to-image translation in large-scale domains. *Neural Netw* 2023; 162: 330-9.

1412. Costa I. C. P., Nascimento M. C. D., Treviso P. *et al*. Using the Chat Generative Pre-trained Transformer in academic writing in health: a scoping review. *Rev Lat Am Enfermagem* 2024; 32: e4194.

1413. Gondode P., Garg N., Duggal S., Bairagi S. Transforming medical education: Conversational Generative Pre-trained Transformer's (ChatGPT) integral role in simulation zones. *Indian J Anaesth* 2024; 68(7): 664-6.

1414. Heng J. J. Y., Teo D. B., Tan L. F. The impact of Chat Generative Pre-trained Transformer (ChatGPT) on medical education. *Postgrad Med J* 2023; 99(1176): 1125-7.

1415. Roman A., Al-Sharif L., Al Gharyani M. The Expanding Role of ChatGPT (Chat-Generative Pre-Trained Transformer) in Neurosurgery: A Systematic Review of Literature and Conceptual Framework. *Cureus* 2023; 15(8): e43502.

1416. Tan L. F., Ng I. K. S., Teo D. Artificial intelligence tools in medical education beyond Chat Generative Pre-trained Transformer (ChatGPT). *Postgrad Med J* 2024; 100(1187): 697-8.

1417. Dalla Libera F., Ishiguro H. Geminoid Studies: Science and Technologies for Humanlike Teleoperated Androids. 1st ed. Singapore: Springer Singapore: Imprint: Springer, 2018, p. 1 online resource (XIII, 466 pages 202 illustrations, 115 illustrations in color.

1418. Harada K., Yoshida E., Yokoi K. Motion planning for humanoid robots. London; New York: Springer; 2010.

1419. Laumond J-P., Venture G., Watier B. Biomechanics of Anthropomorphic Systems. Springer Tracts in Advanced Robotics, 1st ed. Cham: Springer International Publishing: Imprint: Springer, 2019. p. 1 online resource (VIII, 310 pages 100 illustrations, 67 illustrations in color.

1420. Leonardis A., Melhuish C., Mistry M., Witkowski M. Advances in Autonomous Robotics Systems: 15th Annual Conference, TAROS 2014, Birmingham, UK, September 1-3, 2014. Proceedings. Lecture Notes in Artificial Intelligence 8717. 1st ed. Cham: Springer International Publishing: Imprint: Springer, 2014, p. 1 online resource (XIV, 284 pages 151 illustrations).

1421. Mombaur K., Berns K. Modeling, simulation and optimization of bipedal walking. Berlin; New York: Springer; 2013.

1422. Solis J., Ng K. Musical robots and interactive multimodal systems. Berlin: Springer-Verlag; 2011.

1423. Kurbis A. G., Kuzmenko D., Ivanyuk-Skulskiy B., Mihailidis A., Laschowski B. StairNet: visual recognition of stairs for human-robot locomotion. *Biomed Eng Online* 2024; 23(1): 20.

1424. Ramuzat N., Stasse O., Boria S. Benchmarking Whole-Body Controllers on the TALOS Humanoid Robot. *Front Robot AI* 2022; 9: 826491.

1425. Sang-Eun P., Ye Ji H., Youngjin M., Jaesoon C. Analysis of gait pattern during stair walk for improvement of gait training robot. *Annu Int Conf IEEE Eng Med Biol Soc* 2017; 2017: 1905-8.

1426. Shih C. L., Chiou C. J. The motion control of a statically stable biped robot on an uneven floor. *IEEE Trans Syst Man Cybern B Cybern* 1998; 28(2): 244-9.

1427. Vatankhah M., Kobravi H., Ritter A. Bio-inspired Model of Humanoid Robot for Ascending Movement. *Annu Int Conf IEEE Eng Med Biol Soc* 2019; 2019: 5287-90.

1428. Ishiguro H., Dalla Libera F., SpringerLink (Online service). Geminoid studies: science and technologies for humanlike teleoperated androids.

1429. Kanda T., Ishiguro H. Human-robot interaction in social robotics. Boca Raton, FL: CRC Press; 2012. p. 1 online resource (xix, 343 p.).

1430. Kasaki M., Ishiguro H., Asada M., Osaka M., Fujikado T., SpringerLink (Online service). Cognitive neuroscience robotics. A, Synthetic approaches to human understanding.

1431. Kasaki M., Ishiguro H., Asada M., Osaka M., Fujikado T., SpringerLink (Online service). Cognitive neuroscience robotics. B, Analytic approaches to human understanding.

1432. Kim J. Camera-Based Net Avoidance Controls of Underwater Robots. *Sensors (Basel)* 2024; 24(2).

1433. Li G., Liu G., Leng D., Fang X., Li G., Wang W. Underwater Undulating Propulsion Biomimetic Robots: A Review. *Biomimetics (Basel)* 2023; 8(3).

1434. Sun L., Wang Y., Hui X., Ma X., Bai X., Tan M. Underwater Robots and Key Technologies for Operation Control. *Cyborg Bionic Syst* 2024; 5: 0089.

1435. Chu X., Schwaner M. J., An J., Wang S., McGowan C. P., Au K. W. S. From behavior to bio-inspiration: Aerial reorientation and multi-plane stability in kangaroo rats, computational models, and robots. *Integr Comp Biol* 2024.

1436. Meng J., Buzzatto J., Liu Y., Liarokapis M. On Aerial Robots with Grasping and Perching Capabilities: A Comprehensive Review. *Front Robot AI* 2021; 8: 739173.

1437. Nguyen P. H., Kovac M., Arrue B. C. Editorial: Soft aerial robots: Design, control, and applications of morphologically adaptive flyers. *Front Robot AI* 2023; 10: 1196942.

1438. Robots in space. *Nature* 2004; 428(6986): 877.

1439. Nevejans N. [Chapter 8. Humans or robots in space. Ethical and legal approaches.]. *J Int Bioethique Ethique Sci* 2019; 30(3): 135-57.

1440. Sands T. Inducing Performance of Commercial Surgical Robots in Space. *Sensors (Basel)* 2023; 23(3).

1441. Bishop A. A neuroprosthesis for Parkinson's disease. *Nat Biotechnol* 2023; 41(12): 1689.

1442. Card N. S., Wairagkar M., Iacobacci C. *et al.* An Accurate and Rapidly Calibrating Speech Neuroprosthesis. *N Engl J Med* 2024; 391(7): 609-18.

1443. Lestak J. Visual Neuroprosthesis - Stimulation of Visual Cortical Centers in The Brain. Design of Non-Invasive Transcranial Stimulation of Functional Neurons. *Cesk Slov Oftalmol* 2024; 80(3): 132-7.

1444. Qi Y., Sun Y., Liu Q., Zhang Q., Cai H., Zheng Q. Editorial: The intersection of artificial intelligence and brain for high-performance neuroprosthesis and cyborg systems. *Front Neurosci* 2023; 17: 1133002.

1445. Silva A. B., Littlejohn K. T., Liu J. R., Moses D. A., Chang E. F. The speech neuroprosthesis. *Nat Rev Neurosci* 2024; 25(7): 473-92.

1446. Rodríguez-Oroz M. C., Rodríguez M., Guridi J. *et al.* The subthalamic nucleus in Parkinson's disease: somatotopic organization and physiological characteristics. *Brain* 2001; 124(Pt 9): 1777-90.

1447. Obeso I., Wilkinson L., Casabona E. *et al.* The subthalamic nucleus and inhibitory control: impact of subthalamotomy in Parkinson's disease. *Brain* 2014; 137(Pt 5): 1470-80.

1448. Rodríguez-Oroz M. C., Zamarbide I., Guridi J., Palmero M. R., Obeso J. A. Efficacy of deep brain stimulation of the subthalamic nucleus in Parkinson's disease 4 years after surgery: double blind and open label evaluation. *J Neurol Neurosurg Psychiatry* 2004; 75(10): 1382-5.

1449. Pires M. P., McBenedict B., Ahmed I. E. *et al.* Exploring the Thalamus as a Target for Neuropathic Pain Management: An Integrative Review. *Cureus* 2024; 16(5): e60130.

1450. Shaheen N., Shaheen A., Elgendy A. *et al.* Deep brain stimulation for chronic pain: a systematic review and meta-analysis. *Front Hum Neurosci* 2023; 17: 1297894.

1451. Zhang S., Zhang J., Yang Y., Zang W., Cao J. Activation of Pedunculopontine Tegmental Nucleus Alleviates the Pain Induced by the Lesion of Midbrain Dopaminergic Neurons. *Int J Mol Sci* 2024; 25(11).

1452. Byrne D. How deep brain stimulation is helping people with severe depression. *Nature* 2023.

1453. Idlett-Ali S. L., Salazar C. A., Bell M. S., Short E. B., Rowland N. C. Neuromodulation for treatment-resistant depression: Functional network targets contributing to antidepressive outcomes. *Front Hum Neurosci* 2023; 17: 1125074.

1454. Runia N., Bergfeld I. O., de Kwaastenict B. P. *et al.* Deep brain stimulation normalizes amygdala responsivity in treatment-resistant depression. *Mol Psychiatry* 2023; 28(6): 2500-7.

1455. Lorens A., Piotrowska A., Skarzynski H., Obrycka A. [Application of implantable electronic prostheses for patients with hearing impairment]. *Pol Merkur Lekarski* 2005; 19(111): 487-9.

1456. Cambridge G., Taylor T., Arnott W., Wilson W. J. Auditory training for adults with cochlear implants: a systematic review. *Int J Audiol* 2022; 61(11): 896-904.

1457. Moore B. C. J. The perception of emotion in music by people with hearing loss and people with cochlear implants. *Philos Trans R Soc Lond B Biol Sci* 2024; 379(1908): 20230258.

1458. Obeidallah A. S., Hamad M. K., Holland R. M., Cohen A. R., Kobets A. J. Cochlear Implants: What the Neurosurgeon Needs to Know. *Cureus* 2022; 14(10): e29998.

1459. Pavani F., Bottari D. Neuroplasticity following cochlear implants. *Handb Clin Neurol* 2022; 187: 89-108.

1460. Spitzer E. R., Waltzman S. B. Cochlear implants: the effects of age on outcomes. *Expert Rev Med Devices* 2023; 20(12): 1131-41.

1461. Kim S., Roh H., Im M. Artificial Visual Information Produced by Retinal Prostheses. *Front Cell Neurosci* 2022; 16: 911754.

1462. Lozano A., Suárez J. S., Soto-Sánchez C. *et al.* Neurolight: A Deep Learning Neural Interface for Cortical Visual Prostheses. *Int J Neural Syst* 2020; 30(9): 2050045.

1463. Najarpour Foroushani A., Pack C. C., Sawan M. Cortical visual prostheses: from microstimulation to functional percept. *J Neural Eng* 2018; 15(2): 021005.

1464. Walter P. [Electronic visual prostheses]. *Klin Monbl Augenheilkd* 2005; 222(6): 471-9.

1465. Wang J., Zhao R., Li P. *et al.* Clinical Progress and Optimization of Information Processing in Artificial Visual Prostheses. *Sensors (Basel)* 2022; 22(17).

1466. González C., Rodríguez M. A flexible perforated microelectrode array probe for action potential recording in nerve and muscle tissues. *J Neurosci Methods* 1997; 72(2): 189-95.

1467. Ibanez A. Intellectual cyborgs and the future of science. *Trends Cogn Sci* 2023; 27(9): 785-7.

1468. Giaconi C., Nahuelhual P., Dote J., Cubillos R., Fuentes G., Zuñiga J. Experiences of the use of 3D printed hand ortoprosthesis (Cyborg Beast) in adolescents with congenital hand amputation and their main caregivers: A study of cases. *Rev Chil Pediatr* 2019; 90(5): 539-44.

1469. Zuñiga J., Katsavelis D., Peck J. *et al.* Cyborg beast: a low-cost 3d-printed prosthetic hand for children with upper-limb differences. *BMC Res Notes* 2015; 8: 10.

1470. Bollella P., Pita M., Gamella M., Halamek J. Implantable bioelectrochemistry: 70 years across "Cyborg" organisms and logically operated bioelectronics. *Bioelectrochemistry* 2023; 154: 108505.

1471. Fukuda T. Cyborg and Bionic Systems: Signposting the Future. *Cyborg Bionic Syst* 2020; 2020: 1310389.

1472. Orive G., Taebnia N., Dolatshahi-Pirouz A. A New Era for Cyborg Science Is Emerging: The Promise of Cyborganic Beings. *Adv Healthc Mater* 2020; 9(1): e1901023.

1473. Li Q., Nan K., Le Floch P. *et al.* Cyborg Organoids: Implantation of Nanoelectronics via Organogenesis for Tissue-Wide Electrophysiology. *Nano Lett* 2019; 19(8): 5781-9.

1474. Service R. F. Bioelectronics. The cyborg era begins. *Science* 2013; 340(6137): 1162-5.

1475. Gillespie D. T. A quantum mechanics primer. Aylesbury, Eng., International Textbook Co.; 1973.

1476. French A. P., Taylor E. F. An introduction to quantum physics. 1st ed. New York: Norton; 1978.

1477. Eisberg R. M., Resnick R. Quantum physics of atoms, molecules, solids, nuclei, and particles. 2nd ed. New York: Wiley; 1985.

1478. Von Neumann J. Fundamentos matemáticos de la mecánica cuántica. Madrid: Consejo Superior de Investigaciones Científicas, Instituto de Matemáticas "Jorge Juan; 1949.

1479. Feynman R. P. Qed: the strange theory of light and matter. Princeton, NJ: Princeton University Press; 2014.

1480. Bruce C. Schrödinger's rabbits: the many worlds of quantum. Washington, DC: Joseph Henry Press; 2004.

1481. Ball P. Beyond weird: why everything you thought you knew about quantum physics is different. Chicago: The University of Chicago Press; 2018.

1482. Sproull R. L., Phillips W. A. Modern physics: the quantum physics of atoms, solids, and nuclei. Dover edition, third edition. ed. Mineola, New York: Dover Publications, Inc.; 2015.

1483. Cai X., Feng Y., Ren J., Peng Y., Zheng Y. Quantum decoherence dynamics in stochastically fluctuating environments. *J Chem Phys* 2024; 161(4).

1484. Gustin I., Kim C. W., McCamant D. W., Franco I. Mapping electronic decoherence pathways in molecules. *Proc Natl Acad Sci U S A* 2023; 120(49): e2309987120.

1485. Mei K. J., Borrelli W. R., Vong A., Schwartz B. J. Using Machine Learning to Understand the Causes of Quantum Decoherence in Solution-Phase Bond-Breaking Reactions. *J Phys Chem Lett* 2024; 15(4): 903-11.

1486. Hall L. T., Hill C. D., Cole J. H. *et al.* Monitoring ion-channel function in real time through quantum decoherence. *Proc Natl Acad Sci U S A* 2010; 107(44): 18777-82.

1487. Mavadia S., Frey V., Sastrawan J., Dona S., Biercuk M. J. Prediction and real-time compensation of qubit decoherence via machine learning. *Nat Commun* 2017; 8: 14106.

1488. Petrosky T., Barsegov V. Quantum decoherence, Zeno process, and time symmetry breaking. *Phys Rev E Stat Nonlin Soft Matter Phys* 2002; 65(4 Pt 2A): 046102.

1489. Glover C., Barabasi A. L. Measuring Entanglement in Physical Networks. *Phys Rev Lett* 2024; 133(7): 077401.

1490. Urena J., Sojo A., Bermejo-Vega J., Manzano D. Entanglement detection with classical deep neural networks. *Sci Rep* 2024; 14(1): 18109.

1491. Cohen R. S., Horne M., Stachel J. J. Quantum mechanical studies for Abner Shimony. Dordrecht: Kluwer academic publ.; 1997.

1492. Cassinello A. S. La realidad cuántica. Primera edición. ed. Barcelona: Crítica editorial; 2012.

1493. Bell J. S. Speakable and unspeakable in quantum mechanics: collected papers on quantum philosophy. Revised ed. Cambridge; New York: Cambridge University Press; 2004.

1494. Heidt A. Quantum computing aims for diversity, one qubit at a time. *Nature* 2024; 632(8024): 464-5.

1495. Nalecz-Charkiewicz K., Charkiewicz K., Nowak R. M. Quantum computing in bioinformatics: a systematic review mapping. *Brief Bioinform* 2024; 25(5).

1496. Bacon D., Martín-Delgado M., Roetteler M. Theory of Quantum Computation, Communication, and Cryptography: 6th Conference, TQC 2011, Madrid, Spain, May 24-26, 2011, Revised Selected Papers. Theoretical Computer Science and General Issues 6745. 1st ed. Berlin, Heidelberg: Springer Berlin Heidelberg: Imprint: Springer, 2014, p. 1 online resource (X, 209 pages 37 illustrations).

1497. Chiribella G., D'Ariano G. M., Perinotti P. Quantum theory from first principles: an informational approach. Cambridge, United Kingdom; New York, NY: Cambridge University Press; 2017.

1498. Clegg B. Quantum computing: the transformative technology of the qubit revolution. London: Icon Books Ltd; 2021.

1499. Devoret M. H., Huard B., Schoelkopf R., Cugliandolo L. F. Quantum machines: measurement and control of engineered quantum systems. First edition. ed. Oxford, United Kingdom: Oxford University Press; 2014.

1500. Mummaneni B. C., Liu J., Lefkidis G., Hubner W. Laser-Controlled Implementation of Controlled-NOT, Hadamard, SWAP, and Pauli Gates as Well as Generation of Bell States in a 3d-4f Molecular Magnet. *J Phys Chem Lett* 2022; 13(11): 2479-85.

1501. Solov'yov I. A., Domratcheva T., Schulten K. Separation of photo-induced radical pair in cryptochrome to a functionally critical distance. *Sci Rep* 2014; 4: 3845.

1502. Solov'yov I. A., Mouritsen H., Schulten K. Acuity of a cryptochrome and vision-based magnetoreception system in birds. *Biophys J* 2010; 99(1): 40-9.

1503. Solov'yov I. A., Schulten K. Reaction kinetics and mechanism of magnetic field effects in cryptochrome. *J Phys Chem B* 2012; 116(3): 1089-99.

1504. Ritz T., Adem S., Schulten K. A model for photoreceptor-based magnetoreception in birds. *Biophys J* 2000; 78(2): 707-18.

1505. DeVault D., Chance B. Studies of photosynthesis using a pulsed laser. I. Temperature dependence of cytochrome oxidation rate in chromatium. Evidence for tunneling. *Biophys J* 1966; 6(6): 825-47.

1506. Hopfield J. J. Electron transfer between biological molecules by thermally activated tunneling. *Proc Natl Acad Sci USA* 1974; 71(9): 3640-4.

1507. Hopfield J. J. On electron transfer. *Biophys J* 1976; 16(10): 1239-40.

1508. Hopfield J. J., Onuchic JN., Beratan DN. A molecular shift register based on electron transfer. *Science* 1988; 241(4867): 817-20.

1509. Cha Y., Murray C. J., Klinman J. P. Hydrogen tunneling in enzyme reactions. *Science* 1989; 243(4896): 1325-30.

1510. Rucker J., Cha Y., Jonsson T., Grant K. L., Klinman J. P. Role of internal thermodynamics in determining hydrogen tunneling in enzyme-catalyzed hydrogen transfer reactions. *Biochemistry* 1992; 31(46): 11489-99.

1511. McFadden J., Al-Khalili J. A quantum mechanical model of adaptive mutation. *Biosystems* 1999; 50(3): 203-11.

1512. Godbeer A. D., Al-Khalili J. S., Stevenson P. D. Modelling proton tunnelling in the adenine-thymine base pair. *Phys Chem Chem Phys* 2015; 17(19): 13034-44.

1513. Litt A., Eliasmith C., Kroon F. W., Weinstein S., Thagard P. Is the brain a quantum computer? *Cogn Sci* 2006; 30(3): 593-603.

1514. Schrödinger E. What is life? The physical aspect of the living cell. Cambridge Eng.New York, The University press;The Macmillan company; 1945.

1515. Ji S. Energy and negentropy in enzymic catalysis. *Ann N Y Acad Sci* 1974; 227: 419-37.

1516. Matsuno K. Temporal cohesion as a candidate for negentropy in biological thermodynamics. *Biosystems* 2023; 230: 104957.

1517. Quarati P., Scarfone AM., Kaniadakis G. Energy from Negentropy of Non-Cahotic Systems. *Entropy (Basel)* 2018; 20(2).

1518. Scully M. O. Extracting work from a single thermal bath via quantum negentropy. *Phys Rev Lett* 2001; 87(22): 220601.

1519. Szent-Györgyi A., Kaminer B. Search and discovery: a tribute to Albert Szent-Györgyi. New York: Academic Press; 1977.

1520. Levitan I. B., Kaczmarek L. K. The neuron: cell and molecular biology. Fourth edition. ed. Oxford; New York: Oxford University Press; 2015.